分子生物学

主编 黄立华

科学出版社

北京

内 容 简 介

全书共 17 章，从内容上可以分为两大部分。第一部分包括第 1～13 章，主要介绍 DNA 复制、RNA 转录、蛋白质翻译和基因表达调控等分子生物学的基本原理，属于基础分子生物学。第二部分包括第 14～17 章，主要介绍近年来分子生物学的发展，如基因组学、转录物组学、蛋白质组学和基因编辑技术等，属于现代分子生物学。通过这样的安排，同学们在掌握基础分子生物学的基础上，能够紧跟当今分子生物学的最新进展，做到与时俱进。为了方便线上学习，本书将大量的课后拓展内容、科学家小故事、视频课程、思维导图、课程思政等放入线上平台，同学们可以通过扫描相应章节的二维码来访问和学习。同时，本教材配套了电子课件方便教学。

本书可供全国高等院校生物科学、生物技术、生物工程，以及农、林、医、药、食品、环境等专业的教师和学生使用，也可作为相关专业研究人员的参考书。

图书在版编目（CIP）数据

分子生物学 / 黄立华主编. -- 北京：科学出版社，2025.3.
ISBN 978-7-03-081382-4

Ⅰ．Q7

中国国家版本馆CIP数据核字第2025LM3414号

责任编辑：刘 畅 韩书云 / 责任校对：严 娜
责任印制：肖 兴 / 封面设计：马晓敏

科 学 出 版 社 出版
北京东黄城根北街 16 号
邮政编码：100717
http://www.sciencep.com

北京建宏印刷有限公司印刷
科学出版社发行 各地新华书店经销

*

2025 年 3 月第 一 版　开本：889×1194　1/16
2025 年 3 月第一次印刷　印张：21 1/4
字数：585 000
定价：128.00元
（如有印装质量问题，我社负责调换）

《分子生物学》编写人员名单

主　编： 黄立华（华南师范大学）

副主编： 陈　兵（河北大学）　马　义（暨南大学）

参编人员（按姓氏拼音排序）：

谷　峻（华南师范大学）	黄真池（岭南师范学院）	赖建彬（华南师范大学）
李洪清（华南师范大学）	梁　山（华南师范大学）	梁普平（中山大学）
刘建凤（河北大学）	柳峰松（河北大学）	牛康康（华南师范大学）
任充华（华南师范大学）	宋　飞（华南师范大学）	孙姝兰（华南师范大学）
王　璋（华南师范大学）	王亚琴（华南师范大学）	吴建新（华南师范大学）
相　辉（华南师范大学）	杨之帆（湖北大学）	

序 言
Foreword

分子生物学（molecular biology）最早的含义是以物理学及化学来解释生命的概念。20世纪30年代，科学家试图用生物大分子的性质来解释这些生物大分子所衍生出来的生命现象，尤其关注核酸和蛋白质。并且，核酸和蛋白质的关系始终是这个领域最核心的问题。1953年，DNA双螺旋结构的发现标志着分子生物学的诞生。随后，"中心法则"揭示了DNA的核苷酸序列与蛋白质的氨基酸序列之间的关联性，即遗传密码。因此，分子生物学是在分子水平上研究生命现象、生命本质、生命活动及其规律的一门学科，主要研究核酸和蛋白质等生物大分子的结构、功能及其在遗传信息和代谢信息传递中的作用与规律。在分子生物学的发展过程中，它迅速而深刻地改变了生物学的面貌，与许多学科进行了交叉与融合，形成了分子生态学、分子系统学、分子进化等分支学科，同时也极大地推动了基因组学、蛋白质组学、代谢组学等新兴学科的产生和发展。分子生物学给生命科学带来的影响，可能远远超出了我们的想象。

近年来，分子生物学领域新的理论和技术层出不穷，尤其是以基因组学和基因编辑为代表，它们正极大地推动着分子生物学这门学科向前快速发展。如何更好地传承经典的分子生物学理论，同时汲取新的科学发现？这不仅是教育工作者的责任，也是每一位从事生命科学研究的科学工作者应该思考的问题。据我所知，《分子生物学》教材一般都是由资深学者来编纂的。让我感到非常高兴的是，一批来自华南师范大学、河北大学、暨南大学、中山大学、湖北大学、岭南师范学院6所高等院校的中青年教师勇敢地承担起了这个艰巨的任务。这些老师既是一线的教学工作者，也是深耕分子生物学领域的科研工作者，这使得该教材能够很好地兼顾分子生物学经典理论与当代的最新科研进展，从而更好地帮助学生理解和掌握分子生物学的理论及了解其应用。

该教材编写简明扼要，逻辑清晰。前半部分重点介绍分子生物学的基本理论，围绕分子生物学"三大生物学过程"及其表达调控机制来展开。后半部分着重介绍分子生物学领域的最新进展，如基因组学、转录物组学、蛋白质组学及基因编辑技术。书中给出了各章节的思维导图，指出了章节重点和难点，以及章节知识点之间的相互联系。在每章的结尾，还以数字资源的形式安排了"课后拓展"，不仅拓展了相关的知识点，还专门安排了与章节内容相关的"科学家小故事"，用科学家的故事激励同学们树立远大的理想，培养同学们的爱国情怀及科学精神等。从该教材的设计和内容可以看出，编者是经过深入的思考和讨论的，付出了巨大的努力。我相信由这6所高校相关老师精心编写的《分子生物学》教材能够为我国分子生物学教学和人才培养做出积极贡献，我特别推荐这本《分子生物学》教材，希望大家积极支持，在教学实践过程中不断提升和完善它。

（康乐　中国科学院院士）

2025年2月20日于北京

前 言
Preface

人们常说"21世纪是生命科学的世纪",这是因为以分子生物学为代表的生命科学正极大地引领着科学的发展,并改变了人类的生活。对此有些人可能还有些怀疑。那么当你进行新冠病毒核酸检测时,当你穿着由转基因棉花制成的衣服时,当你从婴儿时期就开始接种各种疫苗时……你是否想过这些都是分子生物学在现实生活中的具体应用?

从1941年比德尔和塔特姆揭示分子生物学领域的第一个重要发现"一个基因编码一种酶",转眼80多年过去了。相比其他经典的学科如遗传学、生态学等,分子生物学仍然算是一门年轻的学科。但几乎没有哪一门学科能够像分子生物学这样深刻地改变了人们对生命本质的认识,尤其是2000年6月完成的人类基因组计划草图,它不仅将生命的奥秘尽数呈现在人们眼前,还极大地增强了人们研究生命科学的技能。从此之后,分子生物学更加快速地发展,形成了许多交叉学科如分子生态学、分子系统地理学、分子免疫学等,并促进了一大批新兴学科如基因组学、转录物组学、蛋白质组学、生物信息学等的诞生。在生命科学领域,从未看到有哪一个学科能像分子生物学这样在短期内暴发出如此强大的生命力和影响力!也难怪哈佛大学教授F. H. Westheimer讲道:"近40年最伟大的知识革命可能已在生物学中发生了。今天,一个不懂点分子生物学知识的人能被认为是受过教育的人吗?"

为帮助同学们更好地学习分子生物学知识,我们组织了华南师范大学、河北大学、暨南大学、中山大学、湖北大学、岭南师范学院6所不同类型高校的老师,结合我们多年的一线授课经验,编写了这本《分子生物学》教材。从整体上本书分为两大部分,第一部分为基础分子生物学,主要包括4个基本内容:DNA复制、RNA转录、蛋白质翻译和基因表达调控,这部分内容重点讲解分子生物学的基本原理;第二部分为现代分子生物学,这部分内容重点讲解近年来分子生物学的发展情况,包括基因组学、转录物组学、蛋白质组学和基因编辑技术。通过这样的安排,同学们可以在掌握基础分子生物学的基础上,紧跟当今分子生物学的最新发展,与时俱进。为方便同学们学习,我们在教学资源中给出了全书框架图,并在各章首给出了思维导图,以指出该章的重点和难点,以及该章知识点之间的相互联系。在每章的结尾,我们以数字资源的形式安排了"课后拓展",一方面对该章内容进行拓展,开阔同学们的视野,拓宽知识面;另一方面还专门安排了与该章内容相关的"科学家小故事",用科学家的故事激励同学们树立远大的理想,培养同学们的爱国情怀、对科学的探索精神等,将教育做到润物细无声。此外,我们还设计了"思考与挑战"环节,以提高学生的创新思维能力。最后,我们还为每章制作了相应的视频课程,方便同学们自学。这样的设计更加贴近本科生学习的特点。我们希望通过这种编排,能够使知识线条更加简练,使同学们在学习过程中逐步感觉到书本"由厚变薄";另外,通过知识点的拓展、知识点之间的联系,使学生在学习结束后能深切体会到书本"由薄变厚",从而方便并加深同学们对分子生物学知识的学习和理解。

本书各章的编写人员分别为：第1章（黄立华）、第2章（黄真池、牛康康）、第3章（李洪清）、第4章（马义）、第5章（梁普平）、第6章（王亚琴）、第7章（梁山）、第8章（孙姝兰）、第9章（刘建凤、柳峰松）、第10章（黄立华）、第11章（谷峻）、第12章（杨之帆、吴建新、赖建彬）、第13章（陈兵）、第14章（王璋）、第15章（相辉）、第16章（宋飞）、第17章（任充华）。此外，思维导图和名词索引由黄立华负责制作。

河北大学生命科学学院唐婷（第9章），黄贤亮、郑飞、孙英民（第13章）及华南师范大学生命科学学院朱克森（第15章）等参与了部分章节的工作。此外，本书在编写过程中得到华南师范大学生命科学学院阳成伟、李雪峰、李胜、冯启理等教授的大力支持和帮助，并获得华南师范大学教材建设基金资助，在此表示衷心的感谢！书中部分插图引自 Molecular Biology、Molecular Biology of the Gene 和 Genome 3，在此向原书作者 R. F. Weaver、D. P. Clark、N. J. Pazdernik、M. R. McGehee、J. D. Watson、T. A. Baker、S. P. Bell、A. Gann、M. Levine、R. M. Losick、T. A. Brown 等表示感谢！

本书适用于大学阶段生物学及相关各专业分子生物学的教学，也可作为生物学专业研究生或相关领域研发人员的参考书。鉴于我们知识和能力所限，书中可能会出现不足之处，敬请各位读者批评指正，我们将竭力在将来的再版中加以完善。

华南师范大学生命科学学院

黄立华

2025年1月

目　录 Contents

序言
前言

第1章　绪论 ... 1

1.1 分子生物学概述 ... 1
1.1.1 什么是分子生物学？ ... 1
1.1.2 分子生物学的主要研究内容 ... 2
1.1.3 分子生物学研究的共性 ... 2
1.1.4 分子生物学与其他学科之间的联系 ... 2

1.2 分子生物学发展简史 ... 3
1.2.1 分子生物学的萌芽阶段 ... 3
1.2.2 分子生物学的理论形成阶段 ... 4
1.2.3 分子生物学的发展阶段 ... 7
1.2.4 现代分子生物学阶段 ... 8

1.3 展望分子生物学的未来 ... 10
1.3.1 DNA 存储 ... 10
1.3.2 基因编辑与医学 ... 10
1.3.3 合成生物学 ... 10

第2章　DNA与染色体 ... 13

2.1 生命的遗传物质 ... 13
2.1.1 遗传物质的发现 ... 13
2.1.2 RNA 也是遗传物质 ... 14

2.2 DNA 的结构 ... 16
2.2.1 DNA 一级结构 ... 16
2.2.2 DNA 二级结构 ... 16
2.2.3 DNA 的高级结构 ... 22

2.3 染色体与基因组 ... 23
2.3.1 染色体 ... 23
2.3.2 基因组 ... 26
2.3.3 基因组图谱 ... 30

2.4 DNA 变性与复性 ... 31
2.4.1 DNA 变性 ... 31
2.4.2 DNA 复性 ... 32

2.5 DNA 与基因 ... 32
2.5.1 经典的基因概念 ... 33
2.5.2 拟等位基因 ... 33
2.5.3 顺反子 ... 34
2.5.4 现代基因的概念 ... 35

第3章　DNA的复制 ... 37

3.1 DNA 复制的基本特征 ... 37
3.1.1 DNA 的半保留复制 ... 37
3.1.2 DNA 复制方向为 $5' \rightarrow 3'$ ... 38
3.1.3 DNA 分子的半不连续复制 ... 39
3.1.4 DNA 复制的起点和方向 ... 40
3.1.5 DNA 新链的起始需要 RNA 引物 ... 41
3.1.6 DNA 复制的模式 ... 42
3.1.7 DNA 聚合酶及其作用机制 ... 43

3.2 DNA 复制的过程 ... 46
3.2.1 DNA 复制的起始 ... 46
3.2.2 参与 DNA 复制的蛋白质及其功能 ... 47
3.2.3 DNA 复制体的结构与复制的"长号模型" ... 50
3.2.4 冈崎片段的加工连接 ... 51
3.2.5 DNA 复制的终止 ... 51
3.2.6 结束复制 ... 52

3.3 DNA 末端复制问题 ... 52
3.3.1 共联体 ... 52

3.3.2 用蛋白质作为引物 ·········· 53
3.3.3 端粒的复制 ·········· 53
3.4 DNA 复制的调控 ·········· 55
3.4.1 甲基化对 DNA 复制起始的调控 ·········· 55
3.4.2 RNA 转录对 DNA 复制的调控 ·········· 55
3.4.3 细胞周期对 DNA 复制的影响 ·········· 56

第 4 章 DNA 的突变与修复 ·········· 59

4.1 DNA 损伤 ·········· 59
4.1.1 DNA 的自发性损伤 ·········· 59
4.1.2 物理因素引起的损伤 ·········· 62
4.1.3 化学因素引起的损伤 ·········· 64
4.2 DNA 损伤与突变 ·········· 65
4.2.1 根据 DNA 碱基序列改变进行分类 ·········· 65
4.2.2 根据突变原进行分类 ·········· 66
4.3 DNA 损伤的修复 ·········· 66
4.3.1 错配修复 ·········· 66
4.3.2 切除修复 ·········· 68
4.3.3 重组修复 ·········· 69

第 5 章 DNA 的转座 ·········· 73

5.1 转座现象与转座子 ·········· 73
5.2 转座子的分类、特征及转座机制 ·········· 73
5.2.1 原核生物的转座子 ·········· 76
5.2.2 真核生物的转座子 ·········· 81
5.3 转座的遗传效应 ·········· 87
5.4 转座子的应用 ·········· 87

第 6 章 RNA 转录过程 ·········· 90

6.1 转录的基本概念及特征 ·········· 90
6.1.1 转录的基本概念 ·········· 90
6.1.2 转录的特征 ·········· 90
6.2 原核生物 RNA 的转录 ·········· 91
6.2.1 原核生物的转录酶和启动子 ·········· 91
6.2.2 转录的过程 ·········· 95
6.3 真核生物 RNA 的转录 ·········· 100
6.3.1 真核生物的转录酶 ·········· 100
6.3.2 真核生物的启动子和调控元件 ·········· 102
6.3.3 真核生物 RNA 转录的过程 ·········· 106
6.3.4 顺式作用元件与反式作用因子 ·········· 109

第 7 章 RNA 的加工 ·········· 115

7.1 RNA 初始转录产物的特征 ·········· 115
7.1.1 mRNA 初始转录产物 ·········· 115
7.1.2 rRNA 初始转录产物 ·········· 116
7.1.3 tRNA 初始转录产物 ·········· 116
7.2 RNA 加工的主要形式 ·········· 117
7.3 RNA 加帽 ·········· 117
7.3.1 不同类型的 RNA 帽子 ·········· 118
7.3.2 RNA 加帽的过程 ·········· 118
7.3.3 RNA 加帽的生物学功能 ·········· 119
7.4 RNA 3′ 端多腺苷酸化 ·········· 121
7.4.1 RNA 加尾现象 ·········· 121
7.4.2 RNA 加尾信号 ·········· 121
7.4.3 加尾的过程 ·········· 122
7.4.4 RNA 加尾的生物学功能 ·········· 122
7.5 内含子的剪接 ·········· 124
7.5.1 Ⅰ 型内含子及其自我剪接 ·········· 125
7.5.2 Ⅱ 型内含子及其剪接 ·········· 127
7.5.3 Ⅲ 型内含子 ·········· 128
7.5.4 pre-mRNA 的内含子剪接 ·········· 128
7.5.5 tRNA 前体内含子的剪接和加工 ·········· 136
7.6 RNA 编辑 ·········· 137
7.6.1 替代编辑 ·········· 137
7.6.2 插入 / 删除编辑 ·········· 138

第 8 章 蛋白质翻译过程 ·········· 142

8.1 蛋白质合成的装置 ·········· 142
8.1.1 mRNA 的结构与功能 ·········· 142
8.1.2 tRNA 的结构与功能 ·········· 147
8.1.3 氨酰 tRNA 合成酶的结构与功能 ·········· 149
8.1.4 核糖体的结构与功能 ·········· 151
8.2 蛋白质翻译的过程 ·········· 155
8.2.1 翻译的起始 ·········· 155
8.2.2 翻译的延伸 ·········· 161
8.2.3 翻译的终止 ·········· 166

第9章 染色体和DNA水平的调控 …… 172

9.1 染色体水平的调控——染色质修饰与重建 …… 172
9.1.1 组蛋白乙酰化与去乙酰化 …… 173
9.1.2 组蛋白甲基化与去甲基化 …… 174
9.1.3 染色质重塑有关的复合体 SWI/SNF 蛋白 …… 175

9.2 DNA 水平的调控 …… 177
9.2.1 DNA 重排与基因表达 …… 177
9.2.2 DNA 甲基化 …… 180
9.2.3 基因丢失 …… 182
9.2.4 基因扩增 …… 182

第10章 RNA水平调控（上）——转录水平调控 …… 185

10.1 原核生物的转录调控 …… 186
10.1.1 操纵子的概念 …… 186
10.1.2 乳糖操纵子的发现 …… 186
10.1.3 原核生物的调控模型 …… 188
10.1.4 乳糖利用操纵子 …… 190
10.1.5 色氨酸操纵子 …… 195
10.1.6 不利生长条件下的应急反应 …… 198
10.1.7 操纵子调控综合实例：λ噬菌体溶原和裂解途径的调控 …… 200

10.2 真核生物的转录调控 …… 205
10.2.1 转录激活因子 …… 206
10.2.2 转录抑制因子 …… 207
10.2.3 外界信号控制转录因子的机制 …… 208
10.2.4 信号整合与组合控制 …… 209
10.2.5 RNA 选择性剪接 …… 211

第11章 RNA水平调控（下）——转录后水平调控 …… 217

11.1 反义 RNA …… 218
11.1.1 反义 RNA 在原核生物基因表达调控中的作用 …… 218
11.1.2 反义 RNA 在真核生物基因表达调控中的作用 …… 218

11.2 RNA 干扰 …… 219
11.2.1 RNAi 现象的发现 …… 219
11.2.2 RNAi 的特征 …… 219
11.2.3 RNAi 的作用机制 …… 220
11.2.4 RNAi 的应用 …… 221

11.3 microRNA …… 222
11.3.1 miRNA 的发现历程 …… 222
11.3.2 miRNA 生物学形成过程 …… 222
11.3.3 miRNA 的作用方式 …… 224
11.3.4 miRNA 的应用 …… 224

11.4 piRNA …… 224
11.4.1 piRNA 的发现历程 …… 225
11.4.2 piRNA 的生物合成 …… 225
11.4.3 piRNA 的作用机制 …… 226
11.4.4 piRNA 的生物学功能 …… 226

11.5 lncRNA …… 228
11.5.1 lncRNA 在转录后水平的调控机制 …… 228
11.5.2 lncRNA 在其他水平的调控机制 …… 229
11.5.3 lncRNA 的生物学功能 …… 229

第12章 蛋白质水平调控 …… 232

12.1 翻译水平调控 …… 232
12.1.1 同一操纵子内不同基因的蛋白质合成量差异 …… 232
12.1.2 信息体与蛋白质的合成 …… 233
12.1.3 核糖体蛋白质合成的自体调控 …… 234
12.1.4 mRNA 的寿命对翻译的调节 …… 234
12.1.5 终止密码解读的移码与通读调节 …… 235
12.1.6 翻译中的弱化子调控 …… 235

12.2 翻译后水平调控 …… 236
12.2.1 蛋白质前体的加工 …… 236
12.2.2 蛋白质转运 …… 239
12.2.3 蛋白质折叠 …… 241
12.2.4 蛋白质降解 …… 242

第13章 表观遗传学调控 …… 246

13.1 表观遗传学概述 …… 246
13.1.1 表观遗传学现象 …… 246
13.1.2 表观遗传学的发展 …… 247
13.1.3 表观遗传学与人类的疾病 …… 247
13.1.4 表观遗传学的主要研究内容 …… 248

13.2 DNA 甲基化 248
- 13.2.1 DNA 甲基化的概念与种类 248
- 13.2.2 DNA 甲基化的机制 249
- 13.2.3 DNA 甲基化的生物学功能 250
- 13.2.4 DNA 甲基化的检测方法 250
- 13.2.5 DNA 甲基化研究的具体实例 252

13.3 RNA 甲基化 253
- 13.3.1 常见的 RNA 甲基化修饰及发生机制 253
- 13.3.2 RNA 甲基化修饰的生物学功能 254
- 13.3.3 RNA 甲基化修饰的检测方法 255
- 13.3.4 RNA 甲基化研究的具体实例 257

13.4 组蛋白翻译后修饰 257
- 13.4.1 组蛋白乙酰化修饰 257
- 13.4.2 组蛋白磷酸化修饰 259
- 13.4.3 组蛋白甲基化修饰 260
- 13.4.4 组蛋白泛素化修饰 262

13.5 表观遗传学的综合实例 263
- 13.5.1 X 染色体失活 263
- 13.5.2 基因组印记 263

第 14 章 基因组学 267

14.1 基因组测序技术的原理 267
- 14.1.1 前直读法 267
- 14.1.2 直读法 267
- 14.1.3 第二代测序技术 269
- 14.1.4 第三代测序技术 271

14.2 基因组的组装与注释 273
- 14.2.1 基因组组装的基本概念 273
- 14.2.2 二代测序基因组的组装 274
- 14.2.3 三代测序基因组的组装 275
- 14.2.4 基因组注释 275

14.3 基因组学的发展与展望 277

第 15 章 转录物组学 279

15.1 转录物组测序的原理 279
- 15.1.1 二代转录物组测序技术 280
- 15.1.2 三代长读长转录物组测序技术 281
- 15.1.3 直接 RNA 测序技术 284
- 15.1.4 二代普通转录物组和三代长读长转录物组测序技术的比较 284
- 15.1.5 单细胞转录物组及空间转录物组 285

15.2 转录物组数据分析方法 289
- 15.2.1 转录物组数据分析的主要思路 289
- 15.2.2 普通二代转录物组数据分析 290
- 15.2.3 三代转录物组数据分析 295

第 16 章 蛋白质组学 299

16.1 蛋白质组学研究方法 299
- 16.1.1 蛋白质的提取 299
- 16.1.2 蛋白质的分离 300
- 16.1.3 蛋白质的鉴定 303

16.2 蛋白质相互作用研究 306
- 16.2.1 酵母双杂交系统 307
- 16.2.2 基于质谱的蛋白质相互作用研究方法 307
- 16.2.3 细胞共定位技术 308
- 16.2.4 蛋白质芯片技术 308
- 16.2.5 蛋白质成像技术 308

第 17 章 基因编辑技术 312

17.1 CRISPR/Cas 系统 312
- 17.1.1 CRISPR/Cas9 系统 313
- 17.1.2 CRISPR/Cpf1 系统 314
- 17.1.3 DNA 碱基编辑器 315
- 17.1.4 基于 CRISPR/Cas13 系统的 RNA 编辑技术 317
- 17.1.5 PE 编辑器 317

17.2 基因编辑系统的呈递方式 319
- 17.2.1 病毒呈递策略 319
- 17.2.2 物理呈递策略 319
- 17.2.3 化学呈递策略 319

17.3 人工靶向核酸酶衍生技术 320
- 17.3.1 人工转录因子 320
- 17.3.2 基于 CRISPR 的动态成像技术 321
- 17.3.3 基于 CRISPR/Cas 的核酸检测技术 322
- 17.3.4 基于 CRISPR 的免疫沉淀技术 322

名词索引 324

第 1 章 绪 论

思维导图

分子生物学（molecular biology）是一门非常有意思的学科，也是生物学的核心课程之一。尽管同学们还没有学习这门课程，但其实它已经跟同学们有了非常密切的接触。你可能在想，新冠病毒的核酸检测算不算分子生物学呢？核酸检测当然属于分子生物学在现实生活中的应用了。核酸检测的对象是病毒的 RNA 分子，因此冠状病毒的复制及调控就属于分子生物学研究的范畴。此外，核酸检测的方法是"实时荧光定量 PCR"（real time fluorogenic quantitative PCR），它是一种经典的分子生物学实验方法。因此，你可以发现曾经在全世界大流行的新冠病毒，就是分子生物学研究的对象之一。

这里再列举一个例子，还是与新冠病毒有关——新冠病毒疫苗。相信你也听说过"mRNA 疫苗"吧？mRNA 疫苗被注射进入人体后，在人体内合成相应的蛋白质，并产生抗原，从而激活人体的免疫反应。这个过程也属于分子生物学。你可能还会想到转基因作物或转基因食品。通过转基因技术将一种来自苏云金芽孢杆菌（*Bacillus thuringiensis*，*Bt*）的毒素蛋白基因转入棉花体内，获得转基因棉花，从而可以防治棉花害虫。这种转 *Bt* 基因的棉花已经在我国被广泛种植。因此，我们身上穿的衣服可能来源于这种转基因棉。另外，转基因食品也与我们的生活密切相关。2019 年，美国食品药品监督管理局（Food and Drug Administration，FDA）批准了转基因三文鱼及其鱼卵进入美国，使其成为美国 FDA 批准的第一种也是目前唯一一种允许食用的转基因动物。转基因食品是否会危害人们的身体健康呢？如果深入了解一下转基因作物或转基因食品的原理，就不难得出正确的判断了。转基因作物或转基因食品所用到的原理和技术都属于分子生物学的研究范畴。从以上几个简单的事例可以发现，分子生物学已经走进了我们的现实生活。

1.1 分子生物学概述

1.1.1 什么是分子生物学？

从广义上来讲，分子生物学是指在分子水平上研究生命现象、生命本质、生命活动及其规律的学科。这样讲，你可能会觉得有点抽象。那我们再看看狭义上的分子生物学概念：在核酸与蛋白质水平上研究基因的复制、表达、调控及基因的突变与交换等的分子机制，又称为"基因的分子生物学"。

1.1.2 分子生物学的主要研究内容

分子生物学的研究内容主要指：从分子水平上阐明细胞的生长、分裂、分化、运动及互作等五大特性，即通过揭示这些规律来帮助我们认识生命现象。凡是与此相关的都属于分子生物学的研究范畴。例如，生物大分子如何控制细胞的分化、组织的分化、个体的发育、物种的进化等科学问题。为帮助理解，我们这里再列举几个具体的例子。例如，哪些基因决定水稻的产量？花儿为什么这样红？可否人为地调控花的颜色？遗传疾病发生的机制是什么？毛毛虫如何转变为美丽的蝴蝶？这些问题都属于分子生物学研究的范畴。可以简单归纳为：从分子水平去解析生命现象。由此可见，分子生物学研究的内容是非常广泛的，最大的特点是从分子水平去开展研究工作，最主要的目的是揭示生命现象的本质。

按照狭义的分子生物学定义，我们可以将分子生物学的研究内容概括为以下几个方面。

1. 基因和基因组的结构与功能

揭示基因的结构与功能一直是分子生物学的重要研究内容之一。近年来，随着基因组测序技术的大规模应用，越来越多的基因组被测序。揭示这些基因组的结构，并解析其中各个基因的功能将是现在及未来很长一段时间内分子生物学研究的重要内容。基因和基因组功能的阐释，不仅可以帮助我们更好地理解各个具体的生物学过程，也有助于从进化的角度解释生命现象。

2. DNA 的复制、转录和翻译的基本过程

这方面的研究重点是 DNA 或基因在各系统相关的酶与蛋白质等因子的作用下，按照中心法则进行自我复制、转录、逆转录和翻译。同时，对 mRNA 分子进行各种剪接、加工修饰、编辑，以及将新生多肽链折叠成有功能的空间结构。

3. 基因表达调控的规律

基因表达的实质是遗传信息的转录和翻译。在生物个体的生长、发育和繁殖过程中，遗传信息按照一定的时间和空间（组织）传递，并且还时刻受到周围环境因子的显著影响。

4. 基因工程技术

以 DNA 重组、基因测序和基因编辑为代表的基因工程技术正极大地推动着分子生物学的快速发展。DNA 重组疫苗、转基因作物、基因编辑动物等给农业生产、畜牧业育种、医疗健康等领域带来了革命性的改变，正在引领着人类进入"生命科学的世纪"。

1.1.3 分子生物学研究的共性

分子生物学之父——弗朗西斯·克里克（Francis Crick）认为分子生物学主要基于两个基本原理：序列假说（sequence hypothesis）和中心法则（central dogma）。前者是指核酸片段的特异性完全由其碱基序列决定，而且这种序列决定了某一蛋白质的氨基酸密码。后者是指储存在 DNA 中的遗传信息，通过 DNA 的自我复制得以永存，再通过转录成为信使 RNA，进而翻译成蛋白质的过程，是控制生命现象的一种遗传信息传递的中心法则（图 1.1）。

图 1.1 遗传信息传递的中心法则

依据这两个基本原理，分子生物学遵循三大基本原则：①构成生物核酸与蛋白质大分子的单体是相同的。在动物、植物、微生物及人类等所有生物物种间都具有共同的核酸语言，即构成核酸大分子的单体均是 A、T（U）、C、G；所有生物物种间也都具有共同的蛋白质语言，即构成蛋白质大分子的单体均是 20 种基本氨基酸。②生物大分子单体的排列决定了不同生物性状的差异和个性特征。③所有生物遗传信息表达的中心法则都是相同的。

1.1.4 分子生物学与其他学科之间的联系

揭示生命现象的学科有很多，如生物化学、细胞生物学、发育生物学、遗传学等。这些学科

与分子生物学有哪些区别与联系呢？从分子生物学的定义可以知道，分子生物学主要是从分子水平揭示生命现象的本质。这一点与其他的学科有所不同。例如，生物化学侧重于研究生物代谢的化学反应，细胞生物学侧重于研究细胞的结构与功能，遗传学主要研究生物性状的遗传规律。但是，随着科学技术的发展，尤其是分子生物学技术的突飞猛进，很多学科的研究也逐渐深入分子水平，并由此形成了很多交叉学科，如分子细胞生物学、分子遗传学、分子免疫学、分子病毒学等。除此之外，一些侧重于宏观研究的学科如生态学、分类学等也开始借用分子生物学的手段进行研究，并形成了新的交叉学科，如分子生态学、分子系统地理学等。由此可见，分子生物学已经发展成为整个生物学的核心基础，并有力地促进了其他生物学学科的发展。

1.2 分子生物学发展简史

分子生物学是一门非常年轻的学科，其发展历史大致可以划分为以下 4 个阶段。

1.2.1 分子生物学的萌芽阶段

分子生物学具体从什么时候开始形成一门学科的，这个问题很难回答。但普遍的观点认为，分子生物学起源于经典的遗传学。

1.2.1.1 生物的性状是由遗传因子控制的

1865 年，孟德尔（Gregor Mendel）发表了他对豌豆 7 个性状遗传的研究结果。孟德尔推断遗传因子是颗粒式的（particulate），每个亲本将遗传颗粒传给子代。我们现在称这些遗传颗粒为基因（gene）。通过统计一定的表型（phenotype）或可观察特征，如种子的形状（圆滑或皱缩）、颜色（黄色或绿色）、豆荚的形状（饱满或皱缩）及茎秆的长度（高秆或矮秆）等，孟德尔得出了两个非常重要的遗传学定律，即独立分离定律和独立分配定律。

通过孟德尔的实验，人们认识到了生物的性状（表型）是由某种遗传因子控制的，该遗传因子能够从亲代传递给子代，从而使子代也表现出相似的遗传性状。然而，这种遗传因子存在于哪里呢？

1.2.1.2 遗传因子位于染色体上

摩尔根（Thomas Hunt Morgan）以黑腹果蝇（Drosophila melanogaster）为研究材料，将红眼果蝇（显性）与白眼果蝇（隐性）杂交后，大部分 F_1 代是红眼的。用 F_1 代的雄性红眼与其红眼姐妹杂交后，产生约 1/4 的雄性白眼，但没有雌性白眼。换言之，眼色表型是性连锁的，在这个实验中眼色随性别一起传递。为什么会这样呢？我们现在知道，性别和眼色一起传递是因为控制这些性状的基因都位于同一条 X 染色体上。摩尔根进一步推测染色体上紧密相邻（连锁）的基因比相距较远的基因更有可能同时进行分配，并意识到可以据此确定染色体上基因的相对位置，进而提出了绘制遗传图谱（genetic map）的方法。这里用一个例子解释一下同一条染色体上 3 个基因分离的情形。这些基因的排列状况可以用 3 次交配来确定，每次交配只调查其中的两个基因（双因子交配）。AB 和 ab 之间的交配会产生 4 种类型的后代：两种亲本基因型（AB 和 ab）、两种重组基因型（Ab 和 aB）。AC 和 ac 之间的交配同样会产生两种亲本基因型（AC 和 ac）和两种重组基因型（Ac 和 aC），而 BC 和 bc 之间的交配将产生亲本基因型（BC 和 bc）和重组基因型（Bc、bC）。每一个交配都将产生一个特定比率的亲本基因型和重组基因型后代。例如，第 1 组交配产生 30% 的重组子，第 2 组产生 10%，第 3 组产生 25%。这些数据告诉我们，基因 a 和 c 的距离较 a 和 b、b 和 c 的距离近，而 a 和 b 之间与 b 和 c 之间的遗传距离更为接近，最符合这些数据的基因排列顺序是 a-c-b（图 1.2）。

图 1.2 根据 3 个双因子交配实验推测的 3 个基因在染色体上的排列顺序（Watson et al., 2015）

利用上述推理，哥伦比亚大学摩尔根领导的研究小组在 1915 年之前确定了超过 85 个果蝇突变基因的位置。每个基因被放在染色体的一个特定位点上。最重要的是，每一条染色体上的所有基因都排成一条线，基因的排列是严格线性而没有分支的。图 1.3 是果蝇一条染色体的遗传图，图上基因间的距离是用图距单位（map unit）表示的。

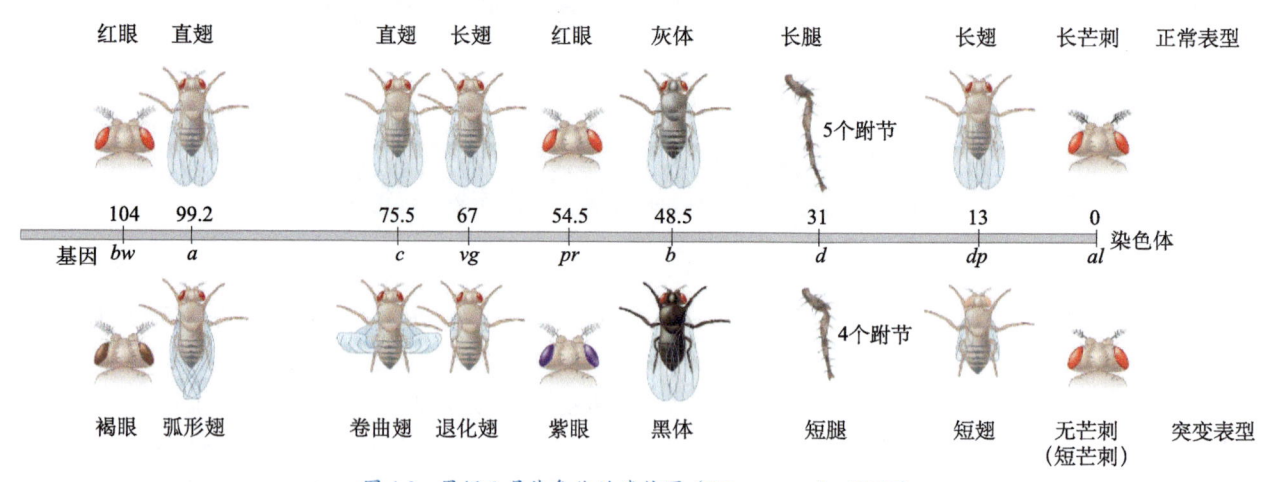

图 1.3 果蝇 2 号染色体的遗传图（Watson et al., 2015）

孟德尔通过遗传杂交实验，发现了遗传因子的存在；摩尔根则进一步将这种遗传因子（基因）定位于染色体上。从这个角度上，我们可以说分子生物学是从经典的遗传学中开始萌芽的。

1.2.2 分子生物学的理论形成阶段

分子生物学在 19 世纪初就开始萌芽了，但此时并没有形成具体的分子生物学理论。直到 1941 年，比德尔（George Beadle）和塔特姆（Edward Tatum）发现基因突变会引起酶的改变，即一个基因控制着一种特定的酶，因此他们首次给出了基因的定义"一个基因编码一种酶"，这才形成了分子生物学关于基因的概念。这一发现被认为是分子生物学领域的第一个重要发现，成为分子生物学的重要理论之一。

1.2.2.1 一个基因编码一种酶

比德尔和塔特姆（图 1.4）以粗糙脉孢霉（*Neurospora crassa*）为实验材料，使用诱变剂引入突变，获得了很多粗糙脉孢霉的突变体。研究表明，当通过加入某种缺陷酶在正常情况下产生的中间产物后，很多突变体恢复了正常的生长。他们的实验证明了，一个缺陷型只涉及单个基因的突变，缺陷基因造成了缺陷（或缺失）酶。换句话说，一个基因产生一种酶。这就是"一个基因编码一种酶"假说。尽管这个发现被称为分子生物学史上第一个最重要的发现，但是我们现在知道该假说并不完全正确。原因有以下几个方面：①一个基因携带的信息只能合成一条多肽链，但有时候一个酶是由多条多肽链组成的。②很多基因携带着产生多肽的信息，而多肽不都是酶。③有些基因的产物不是多肽而是 RNA。该假说对

图 1.4 比德尔（A）和塔特姆（B）

原核生物和低等真核生物是正确的，但对高等真核生物来说，还必须被限定在某些条件下。

1.2.2.2 DNA 是主要的遗传物质

孟德尔通过豌豆杂交实验发现了"遗传因子"的存在。那么这个"遗传因子"到底是什么呢？1944年，美国细菌学家艾弗里（Oswald T. Avery，图1.5A）进行了著名的肺炎链球菌转化实验，这个实验第一次证明遗传物质是DNA而不是蛋白质。此后，1952年，美国微生物学家赫尔希（Alfred Hershey，图1.5B）采用另外一种实验——噬菌体侵染实验，进一步证明了DNA是遗传物质，并于1969年获得了诺贝尔生理学或医学奖。有关这两个实验的具体信息，我们将会在第2章详细介绍。

图1.5 艾弗里（A）和赫尔希（B）

1.2.2.3 DNA 双螺旋结构

在噬菌体侵染实验之后，仅仅过了一年，1953年，沃森（James Watson）和克里克（Francis Crick）（图1.6A）根据当时已有的化学和物理学实验数据［主要是来自富兰克林（Rosalind Franklin）（图1.6B）和威尔金斯（Maurice Wilkins）的 DNA 晶体 X 射线衍射数据（图1.7）］以及碱基比例实验等研究结果，提出了 DNA 双螺旋模型。DNA 的物理结构长得像"旋转楼梯"，AT、CG 分别通过氢键配对，组成了"旋转楼梯"的台阶，不同碱基之间通过磷酸二酯键牢固相连，构成了"旋转楼梯"的扶手。DNA 双螺旋模型的提出，彻底开启了分子生物学时代，使遗传的研究深入到分子层次，"生命之谜"被打开。原来是这样一种长相像"旋转楼梯"一样的 DNA 分子

使生命得以不断延续！1962年，沃森和克里克因为DNA结构的发现，获得了诺贝尔生理学或医学奖。

图1.6 沃森（A左）、克里克（A右）和富兰克林（B）

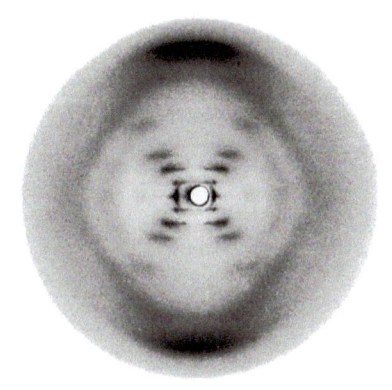

图1.7 DNA 晶体 X 射线衍射图
图像的规则性图案表明 DNA 是一个螺旋

1.2.2.4 遗传密码的破译

知道了遗传物质是 DNA，那么遗传信息是如何编码的呢？已知在自然界中存在20种氨基酸，但仅有4种碱基，显然一种碱基代表一种氨基酸是不行的。如果每两个碱基代表一种氨基酸，4种碱基也只能编码 4^2=16 种氨基酸的信息。所以至少需要3个碱基编码一种氨基酸，这样4种碱基可以编码 4^3=64 种氨基酸的信息。此时有研究者提出了共线性假设，这是非常重要的。共线性的意思是沿 DNA 链排列的核苷酸组合编码沿多肽链排列的氨基酸。事实上，亚诺夫斯基（Charles Yanofsky）和布伦纳（Sydney Brenner）在20世纪60年代初期就已经通过对细菌蛋白质的突变分析观察到这种共线性的存在。Brenner 和 Crick 在1961年首次证明了3个碱基的组合确定一种氨基酸。但是3个碱基的特定组合（密码子）确定哪

一种氨基酸呢？

1961年，德国科学家尼伦伯格（Marshall Nirenberg）（图1.8A）和马泰伊（Heinrich Mattaei）将体外合成的多聚核苷酸poly（U）（UUUUU…）加入到能合成蛋白质的无细胞体系中，产生的是只含苯丙氨酸的多肽，所以UUU这一组核苷酸肯定编码的是苯丙氨酸。霍拉纳（Gobind Khorana）（图1.8B）在尼伦伯格重要发现的基础上又建立了一种能合成出具有特定碱基序列的多核苷酸分子的有效方法。这一简便快速的生物化学方法加速了余下所有密码的逐一破译。1966年，全部密码子被破译，64个密码子中有61个编码相应的氨基酸，其他的3个密码子为终止密码子，不编码任何一种氨基酸。1968年，霍拉纳和尼伦伯格获得了诺贝尔生理学或医学奖。

图1.8 尼伦伯格（A）和霍拉纳（B）

1.2.2.5 信使RNA的发现

有了遗传密码，那么遗传密码是在哪里被解读的呢？大家已经知道遗传信息DNA位于细胞核内的染色体上，而蛋白质是在细胞质中的核糖体上合成的，那么细胞核内的遗传信息是如何从细胞核中的染色体DNA传递到细胞质中的核糖体上去的？看起来，这中间需要一个信使来充当遗传信息传递的中介。

1960年，法国科学家雅各布（Francois Jacob）和莫诺（Jacques Monod）在对大肠杆菌乳糖代谢的研究中发现了β-半乳糖苷酶是在有乳糖存在的条件下才表达的一种"诱导酶"，并鉴定出两种影响β-半乳糖苷酶合成的突变体：一类是抑制活性酶合成的突变体，另一类是酶的组成型合成突变体（即无论有无乳糖存在，酶均表现出永久性合成的特点）。为了阐明组成型突变的遗传机制，Jacob和Monod采用细菌的"接合式"杂交实验，将含有β-半乳糖苷酶组成型突变基因的染色体片段转移给具有诱导型β-半乳糖苷酶基因的正常受体菌。实验结果表明，在供体菌未将具有RNA的核糖体转移给受体菌的前提下，一旦组成型β-半乳糖苷酶基因（*lacZ*）进入受体菌后，β-半乳糖苷酶就开始表现组成型合成。实验结果完全证明了β-半乳糖苷酶的合成与核糖体中的RNA没有直接的联系。他们的实验结果证明：基因通过一种RNA严格地控制着蛋白质的合成。由于高等真核生物的基因被包装在细胞核中，蛋白质的合成是在细胞质中完成的。该实验结果说明，RNA是一种寿命较短的从基因到核糖体的中介物。因此，这种中介RNA被称为"信使RNA"（messenger RNA，mRNA）。

1.2.2.6 乳糖操纵子模型

了解了遗传信息从DNA到蛋白质的流动，那么这个过程是如何被调控的呢？20世纪中期，Monod在研究中发现，大肠杆菌在含有两种糖源的培养基里生长时，必定先消耗掉其中的一种糖源，然后再消耗另一种糖源，这种现象称为"二次生长"现象。1953年，Monod利用免疫学方法证明了β-半乳糖苷酶在加入乳糖后被迅速诱导增加。乳糖的分解与利用是由乳糖诱导合成的β-半乳糖苷酶的作用所引发的。Monod首次从"诱导"这一崭新的角度思考大肠杆菌对乳糖环境的"适应性"问题。利沃夫（Andre Lwoff）发现噬菌体在"溶原化"细菌体内以一种隐藏的形式存在着，通过紫外线的照射可以引起"溶原化"细菌裂解并释放噬菌体。为了揭示"溶原化"细菌被紫外线照射后裂解的机制，Lwoff招聘了Jacob，他是一位刚从军队退役的青年医生。通过几年的努力，Jacob利用高频重组菌株在不同时间终止细菌的接合，将原噬菌体在细菌染色体上的整合位点进行了非常准确的定位，并发现噬菌体一旦进入另一细菌细胞时就能被诱导产生新的噬菌体，但溶原性细菌对其他噬菌体的感染又具有"免疫力"，以及溶原性细菌可被紫外线诱导产生新的噬菌体后代等现象。

Monod 和 Jacob 分别观察到了基因的"诱导"调节现象。在此基础上，1961 年，三人（图 1.9）共同提出了"操纵子模型"，他们认为功能相关的基因在进化上紧密排列在一起，并接受调节基因的共同调控。"操纵子模型"揭示了基因表达的调控机制。1965 年，三人获得了诺贝尔生理学或医学奖。他们关于"操纵子模型"的研究解开了生物体内信息交换循环圈中的最后环节——基因表达的调控机制，开创了分子生物学研究的新天地。

图 1.9　莫诺（A）、雅各布（B）和利沃夫（C）

从以上的这些发现可以看出，在 19 世纪中期发现了 DNA 双螺旋模型、mRNA、三联体密码子、操纵子模型等一系列分子生物学理论，奠定了分子生物学的基础。这个阶段称为分子生物学的理论形成阶段。

1.2.3　分子生物学的发展阶段

分子生物学的发展阶段开始于 20 世纪后期，主要的特点是遗传工程大量应用于分子生物学研究中。

1.2.3.1　限制性核酸内切酶的发现

1965 年，阿伯（Werner Arber）第一个描述了核酸限制性内切现象，史密斯（Hamilton O. Smith）第一个纯化了限制性核酸内切酶并鉴定了其性质，纳坦斯（Daniel Nathans）则用这些酶将猿猴空泡病毒 40（SV40 病毒）的 DNA 切割成了特定的片段，并绘制了 SV40 病毒基因组的"物理图谱"。1978 年，这三人获得了诺贝尔生理学或医学奖（图 1.10）。

1.2.3.2　重组 DNA

1972 年，杰克逊（David Jackson）、西蒙

图 1.10　阿伯（A）、史密斯（B）和纳坦斯（C）

斯（Robert Symons）和伯格（Paul Berg）（图 1.11）利用限制性核酸内切酶 *Eco*R I 和连接酶获得了一个既含 SV40 病毒的基因，又含有噬菌体 DNA 片段的人工重组 DNA 分子，被认为是第一个重组 DNA 分子。科学史将这一工作视为"遗传工程"的开始。

图 1.11　伯格

他们的工作创造性地实现了来自不同物种的 DNA 分子的体外遗传重组。该实验为未来的分子生物学研究和遗传改造展示了一个清晰、美好的前景，引发了一场分子生物学革命。

1.2.3.3　聚合酶链反应

20 世纪 60 年代，科恩伯格（Arthur Kornberg）利用高纯度的 DNA 聚合酶，实现了使 DNA 在体外进行 20 倍的复制，然而研究过程中的重重困难使得众多的涉足者并没有继续下去。穆利斯（Kary Mullis）（图 1.12）广泛查阅了 Kornberg 等的原始论文，确定了试剂的最适浓度、测试引物的最佳大小、制定反应体系的必需组分等。经过几个月的准备后，实验获得了成功。1983 年，Mullis 建立了在仅有极少量模板 DNA 的前提下实现目标 DNA 片段以几何级数扩增的"聚合酶链反应"（polymerase chain reaction，PCR），并于 1993 年获得了诺贝尔化学奖。后来，人们从水生栖热菌（*Thermus aquaticus*）中成功提取了耐热性的 DNA 聚合酶，并借助计算机程序，最终实现了整个 PCR 扩增反应的自动化。PCR 以少量的 DNA 分子为模板，经过变性-退火-延伸的多次循环，以接近指数扩增的形式产生大量的目标 DNA 分子。该技术已经成为常用的且最重要的分子生

物学技术之一。其应用范围从基本的基因扩增扩展到基因克隆、基因改造、传染源分析、遗传指纹鉴定等,甚至扩展到许多非生物学领域。这项发明对分子生物学家研究工作的影响程度几乎超过了其他任何技术。PCR 一度成为分子生物学实验的代名词。

图 1.12 穆利斯

1.2.4 现代分子生物学阶段

20 世纪末进入现代分子生物学阶段。在这个阶段,人们从研究单个基因的特性,发展到从整体上研究基因在生物体内的功能及其调控。这里简单列举几个例子。

1.2.4.1 胚胎早期发育控制

1995 年的诺贝尔生理学或医学奖被授予三位国际上著名的发育生物学家刘易斯（Edward B. Lewis）、威绍斯（Eric F. Wieschaus）和尼斯莱因-福尔哈德（Christiane Nüsslein-Volhard）,他们三人的研究揭开了胚胎如何由一个细胞发育成完美的特化器官如脑和腿的遗传秘密。他们发现一些重要的基因能控制果蝇的胚胎发育,这为研究人类的胚胎发育和阐明畸形产生的机制奠定了重要的理论基础。

1.2.4.2 细胞周期调控

2001 年的诺贝尔生理学或医学奖被授予美国科学家哈特韦尔（Leland H. Hartwell）、英国科学家亨特（R. Timothy Hunt）和纳斯（Paul M. Nurse）三位科学家。他们在细胞分裂的循环周期中找到了其中的关键调节因子。这种研究能够被应用于肿瘤诊断中,并有可能最终为肿瘤的治疗开辟一条新的道路。

1.2.4.3 细胞程序性死亡研究

2002 年的诺贝尔生理学或医学奖被授予英国科学家布伦纳（Sydney Brenner）、美国科学家霍维茨（Robert Horvitz）和英国科学家萨尔斯顿（John Sulston）,以表彰他们发现了在器官发育和"细胞程序性死亡"过程中的基因表达调控规律。

"细胞程序性死亡"是细胞一种生理性、主动性的"自觉自杀行为",这些细胞死得有规律,似乎是按照编好的"程序"进行的。这种细胞死亡又称为"细胞凋亡"。包括人类在内的高等生物均是由细胞组成的,细胞的诞生固然非常重要,但细胞的死亡也非常重要。我们每个人都是由受精卵发育而成的。受精卵分裂逐步形成大量的功能不同的细胞,发育成大脑、躯干、四肢等。在发育过程中,细胞不但要恰当地诞生,而且要恰当地死亡。例如,人在胚胎阶段是有尾巴的,正因为组成尾巴的细胞恰当地死亡,才使我们在出生后没有尾巴。如果这些细胞没有恰当地死亡,就会出现长尾巴的新生儿。从胚胎、新生儿、婴儿、儿童到青少年,在这一系列人体发育成熟之前的阶段,总体来说细胞诞生的多,死亡的少,所以身体才能发育。发育成熟后,人体内细胞的诞生和死亡处于动态平衡,一个成年人体内每天都有上万亿细胞诞生,同时又有上万亿细胞"程序性死亡"。在健康的机体中,细胞的生死总是处于良性的动态平衡中,如果这种平衡被破坏,人就会患病。如果该死亡的细胞没有死亡,就可能导致细胞恶性增长,形成癌症。如果不该死亡的细胞过多地死亡,比如受艾滋病病毒（HIV）的攻击,不该死亡的淋巴细胞大批死亡,就会破坏人体的免疫系统,导致艾滋病（AIDS）发作。

1.2.4.4 DNA 测序技术

进入 21 世纪,有一项新技术极大地促进了分子生物学研究,那就是 DNA 测序技术。在 21 世纪初的前 10 年间,DNA 测序飞速发展,成本快速下降,这使得研究人员开始在越来越多的物种中开展基因组测序研究。最有名的例子就是 1990 年启动的人类基因组计划。其宗旨在于测定组成人类染色体中所包含的 30 亿碱基对，从而绘制人类基因组图谱，并且解析其编码的所有基因，达到破译人类遗传信息的最终目的。2000 年 6 月 26 日，时任美国总统的克林顿宣布，人类基因组草图的绘制工作顺利完成（图 1.13）。人类基因组计划因对预防治疗遗传疾病、破解人类遗传密码具有里程碑式的意义，与曼哈顿原子弹计划、阿波罗登月计划并称为 20 世纪人类自然科学史上三大科学计划。

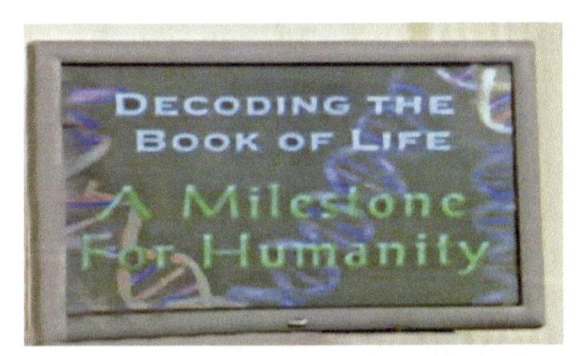

图 1.13 克林顿宣布人类基因组草图的绘制工作完成

人类基因组计划极大地促进了 DNA 测序技术的发展，并随后促进了其他生物的基因组测序工作。随后，人们陆续提出了各种基因组测序计划。例如，万种植物基因组计划（The Plant 10 000 Genomes Project，10KP），试图对 1 万种植物的基因组进行测序；i5K（The 5000 Insect Genome Project），努力破译 5000 种节肢动物的基因组；B10K（The Bird 10 000 Genomes），计划破译所有的 10 500 种禽类物种的基因组。所有这些工作将帮助人们更好地理解生物是如何进化的。

1.2.4.5 基因编辑技术

如果说 20 世纪生命科学最伟大的技术是 PCR，那么 21 世纪最伟大的技术很可能是 CRISPR 基因编辑。正如人们所说的那样，这一革命性的发现为整个生物技术领域提供了无限可能。CRISPR（clustered regulatory interspaced short palindromic repeat）是成簇规律间隔短回文重复，是近年来发展起来的可以对基因组完成精确修饰的一种技术。法国微生物学家沙彭蒂耶（Emmanuelle Charpentier）与美国生物学家道德纳（Jennifer Anne Doudna）因为对 CRISPR 技术的贡献获得了 2020 年诺贝尔化学奖（图 1.14）。

图 1.14 沙彭蒂耶（A）和道德纳（B）

自 CRISPR/Cas9 基因编辑技术诞生以来，科学家对其进行了大量的优化与改造。现在的 CRISPR 基因编辑技术可以变得更精准，带来的脱靶效应（指修改了不应修改的基因）更少。此外，CRISPR 系统也已经超越了 DNA，能够对 RNA 进行有效编辑。如今，科学家基于 CRISPR 体系，已经开发出了"单碱基"基因编辑系统，能够对基因进行"微调"。如果说以前的基因编辑是把书的一页纸撕下，再粘上一页新的纸的话，这种"单碱基"基因编辑系统，就好像是把书页上的错别字给单独修改，有着更高的精度。近年来，CRISPR 因其特有的等位基因特异性，在体外诊断领域受到越来越多的关注，在癌基因突变和单核苷酸变异检测方面具有巨大的潜在诊断能力。

通过以上的介绍，我们快速回顾了分子生物学近 80 年的发展历史。可以看到，分子生物学的每一个重要发现几乎都伴随着一个诺贝尔奖的诞生，可见分子生物学的重要性！此外，我们也注意到，分子生物学已经快速渗透到我们的日常生活中。2013 年，罗伯特·韦弗（Robert F. Weaver）在他主编的《分子生物学》一书中引用了哈佛大学教授弗兰克·韦斯特海默（Frank H. Westheimer）曾经说过的一句话："近 40 年最伟大的知识革命可能已在生物学中发生了。今天，一个不懂得点分子生物学知识的人能被认为是受过教育的人吗？"因此，我们更有理由、有时代的紧迫感和责任感去学好这门课程。

1.3 展望分子生物学的未来

1.3.1 DNA 存储

当前，随着互联网应用的普及，用户每秒钟都会在互联网上生成 PB 级的数据。如何存储这些不断产生的海量的数据将是一个巨大的挑战。DNA 存储将可能解决这一难题。DNA 存储的原理是将数据由原来的 0 和 1 编码转换为 A、T、C 和 G 四种核苷酸来编码。然后，这个遗传密码被合成一个实际的 DNA 分子，"编码"过程就完成了。检索数据有点复杂，必须执行"处理"和"解码"两个步骤。模拟随机存取存储器的是一种聚合酶链反应，它锁定序列的目标部分，然后对其进行复制、测序、解码，并根据错误进行调整，以检索原始数据。

由于生物学技术的进步，特别是高通量 DNA 测序和合成技术的进步，以前只出现在科幻小说中的 DNA 存储技术正在兴起。现在，科学家已经可以将一本书、一部电影或者一个完整的计算机操作系统存储于 DNA 中，并通过测序的方式 100% 正确地"阅读"它。

1.3.2 基因编辑与医学

基因编辑技术可以准确地针对某个特定的碱基进行编辑，这意味着今后该技术将有望用于治疗由碱基突变引起的各类遗传疾病。杜氏肌营养不良（Duchenne muscular dystrophy，DMD）是一种罕见的肌肉萎缩症，是由肌营养不良蛋白 dystrophin 基因突变引起的。杜克大学格斯巴赫（Charles Gersbach）研究组应用 CRISPR/Cas9 在 DMD 小鼠中将 dystrophin 基因突变的 23 号外显子剪切，从而合成了一个截短的但功能很强的抗肌萎缩蛋白，这是生物学家首次成功地利用 CRISPR 基因编辑技术治愈一只患遗传疾病的成年活体哺乳动物。

基因编辑技术联合免疫疗法在肿瘤及 HIV/AIDS 治疗中具有广泛的应用前景。嵌合抗原受体 T 细胞免疫治疗（chimeric antigen receptor T cell immuno-therapy，CAR-T）是非常有前景的肿瘤治疗方法。美国斯隆凯特林癌症纪念中心萨德莱恩（Michel Sadelain）研究组发现 CRISPR/Cas9 技术将 CAR 基因特异性靶向插入到细胞的 TRAC 基因座位点，极大地增强了 T 细胞效力，编辑的细胞大大优于传统在急性淋巴细胞白血病小鼠模型中产生的 CAR-T 细胞。2016 年 10 月，四川大学华西医院的肿瘤医生卢铀领导的一个团队首次在人体中开展 CRISPR 试验，从晚期非小细胞肺癌患者体内提取出免疫细胞，再利用 CRISPR/Cas9 技术剔除细胞中的 *PD-1* 基因，更有助于激活 T 细胞去攻击肿瘤细胞，最后将基因编辑过的细胞重新注入患者体内。这种方法将有望在今后用于癌症的治疗。

目前基因编辑在医学上的应用基本上都还处于实验室研究阶段，要进入临床应用仍存在很多需要克服的技术难题，并有可能将面临巨大的伦理学风险。

1.3.3 合成生物学

合成生物学（synthetic biology）通过将"基因"重新组装，并连接成网络，让细胞来完成设计人员设想的各种任务。合成生物学将是未来分子生物学研究的热点领域之一。2008 年，美国史密斯（Smith）等报道了世界上第一个完全由人工化学合成、组装的细菌基因组。2010 年，在美国文特尔研究所，由文特尔（Craig Venter）带领的研究小组成功创造了一个新的细菌物种——"Synthia"。他们将山羊支原体（*Mycoplasma capricolum*）（细菌 A）的细胞核消除；将蕈状支原体（*M. mycoides*）（细菌 B）的 DNA 序列解码并拷贝到计算机中。然后通过人工合成的方法将细菌 B 的 DNA 重新制作出来添加到细菌 A 的细胞中并激活它。2010 年 5 月 20 日，吉布森（Gibson）和他的同事在文特尔研究所宣布，世界上第一个由纯人工合成创造的细菌物种诞生了。2019 年 5 月 16 日，英国剑桥大学的科学家钦

（Jason W. Chin）等在实验室成功创造了世界上第一个完全合成并且彻底改变 DNA 密码的生命体。它是普遍存在于土壤和人类肠道中的一种大肠杆菌（*Escherichia coli*），与其天然近亲相似，但依靠一套较小的遗传指令存活。被合成细菌的 DNA 与自然界中其他细菌不同，因此病毒将难以在其体内传播，这使得该细菌具有抗病毒的能力，在生物制药业上具有巨大的应用潜力。

一些专家提出应该制造一个配备有生物芯片的细胞机器人，让它在我们的动脉中游动，检测并消除导致血栓的动脉粥样硬化。还有一些研究人员认为，运用合成生物学还可以制成各种各样的细菌，用来消除水污染、清除垃圾、处理核废料等。但是也有一些谨慎的研究人员认为，合成生物学存在某些潜在危险，它会颠覆纳米技术和传统基因工程学的概念。如果合成生物学提出的创建新生命体的设想得以实现，科学家就必须有效防止这一技术的滥用，防止生物伦理冲突以及一些现在还无法预知的灾难。

鉴于合成生物学的巨大应用前景，它很可能在未来给我们带来新一轮技术革命的浪潮，并催生下一次生物技术革命。

思考与挑战

1. 你能设想一下，分子生物学将会如何改变我们的生活吗？

2. 你了解哪些分子生物学家的生平趣事，能跟我们分享一下吗？

3. "有其父必有其子"与"一母生九子，九子各不同"是否矛盾？如何从生物学角度给予解释？

数字课程学习

1. 什么是分子生物学
2. 分子生物学发展简史（上）
3. 分子生物学发展简史（下）

课后拓展

1. 温故而知新
2. 拓展与素质教育

主要参考文献

Robert F. Weaver. 2014. 分子生物学. 郑用琏, 等译. 北京: 科学出版社.

郑用琏. 2018. 基础分子生物学. 3 版. 北京: 科学出版社.

Adli M. 2018. The CRISPR tool kit for genome editing and beyond. *Nature Communications*, 9(1): 1911.

Church G. M., Gao Y., Kosuri S. 2012. Next-generation digital information storage in DNA. *Science*, 337: 1628.

Cong L., Ran F. A., Cox D., *et al*. 2013. Multiplex genome engineering using CRISPR/Cas systems. *Science*, 339(612): 819-823.

Erlich Y., Zielinski D. 2017. DNA fountain enables a robust and efficient storage architecture. *Science*, 355: 950-954.

Franklin R. E., Gosling R. G. 1953. Molecular configuration in sodium thymonucleate. *Nature*, 171: 740-741.

Fredens J., Wang K., de la Torre D., *et al.* 2019. Total synthesis of *Escherichia coli* with a recoded genome. *Nature*, 569 (7757): 514-518.

Goldman N., Bertone P., Chen S., *et al.* 2013. Towards practical, high-capacity, low-maintenance information storage in synthesized DNA. *Nature*, 494: 77-80.

Jinek M., Chylinski K., Fonfara I., *et al.* 2012. A programmable dual-RNA—guided DNA endonuclease in adaptive bacterial immunity. *Science*, 337 (6096): 816-821.

Watson J. D., Baker T. A., Bell S. P., *et al.* 2015. Molecular Biology of the Gene. 7th ed. New York: Cold Spring Harbor Laboratory Press.

第 2 章
DNA 与染色体

思维导图

我们经常听说"种瓜得瓜,种豆得豆""有其父必有其子""一母生九子,九子各不同"等,这种生命的传承是由什么因素控制的呢?生命的遗传物质到底是什么?

2.1 生命的遗传物质

2.1.1 遗传物质的发现

2.1.1.1 DNA 是细菌和病毒的遗传物质

1928 年,弗雷德里克·格里菲思(Frederick Griffith)通过肺炎链球菌转化实验发现了遗传因子。肺炎链球菌会引发肺炎使小鼠致死。有荚膜多糖的肺炎链球菌,其菌落外观光滑(smooth),称为"S"型;无荚膜多糖的菌,其外观粗糙(rough),称为"R"型。细菌的毒性由其荚膜多糖决定,荚膜多糖使细菌能够逃脱宿主免疫系统的破坏,故 S 型肺炎链球菌是致死菌,而 R 型菌无毒。当 S 型细菌被热处理致死后,它们就不会再对动物造成伤害。然而,当热灭活的 S 型细菌和无毒的 R 型活细菌一起被注射到小鼠体内时,会使小鼠感染肺炎死亡,并且能从小鼠的血液中分离到有毒的 S 型细菌(图 2.1)。

实验中,热灭活的 S 菌为Ⅲ型,活的 R 菌为Ⅱ型,从混合感染中恢复的有毒菌,其具有光滑的Ⅲ型外观。这说明死亡的Ⅲ型 S 菌的某些物质可以转化活的Ⅱ型 R 菌,使其产生荚膜多糖从而具有毒性。从无细胞系统中得到死亡的Ⅲ型 S 菌的提取物,将其加入活的Ⅱ型 R 菌中同样能完成转化实验,并能从被接种的琼脂培养基上检测到活的Ⅲ型 S 菌。1944 年,Avery 等对转化物质进行了纯化,证明它就是 DNA。将一个菌株中的 DNA 转化到另一个菌株中,可将遗传特性从这个细菌菌株转移到另一个细菌菌株。

在证明了 DNA 是细菌的遗传物质后,还需证明 DNA 是否是其他生命系统的遗传物质。T2 噬菌体是一种感染大肠杆菌的病毒。把噬菌体颗粒添加到细菌中时,它们会吸附在细菌的表面,将一些物质注入细菌细胞内,大约 20 min 后,细菌细胞破裂,释放出大量的子代噬菌体。

阿尔佛雷德·赫尔希(Alfred Hershey)和玛莎·蔡斯(Martha Chase)在 1952 年进行了噬菌

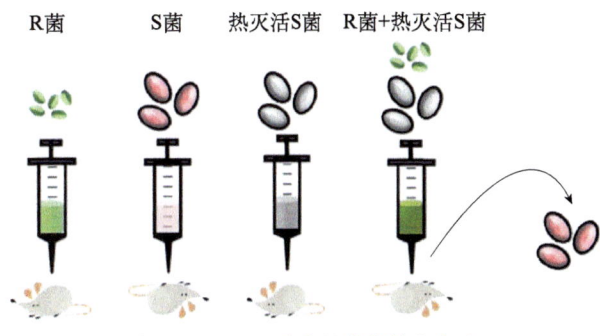

图 2.1 Griffith 肺炎链球菌转化实验
(van Holde & Zlatanova, 2018)

体侵染细菌实验。他们将噬菌体的 DNA 用放射性 ^{32}P 标记，蛋白质用放射性 ^{35}S 标记。用被标记的 T2 噬菌体感染细菌后，将被感染的细菌在搅拌器中搅拌，离心分离出两个组分：一个组分是从细菌表面释放出来的噬菌体外壳，由蛋白质组成，含有大约 80% 的 ^{35}S；另一个组分含有受感染的细菌，包括大约 70% 的 ^{32}P。此前已有研究表明，噬菌体复制发生在细胞内，因此在感染期间，噬菌体的遗传物质必须进入细胞。^{32}P 标记主要出现在含有感染细菌的组分中。感染产生的子代噬菌体颗粒含有大约 30% 的 ^{32}P（图 2.2）。后代获得的蛋白质还不到原始噬菌体所含蛋白质的 1%。噬菌体侵染细菌实验表明 DNA 是某些病毒的遗传物质。当噬菌体的 DNA 和蛋白质成分被不同的放射性同位素标记时，只有 DNA 被传递给由感染细菌产生的后代噬菌体。实验中亲本噬菌体的 DNA 进入细菌，成为子代噬菌体的一部分，这正是遗传物质的预期行为。

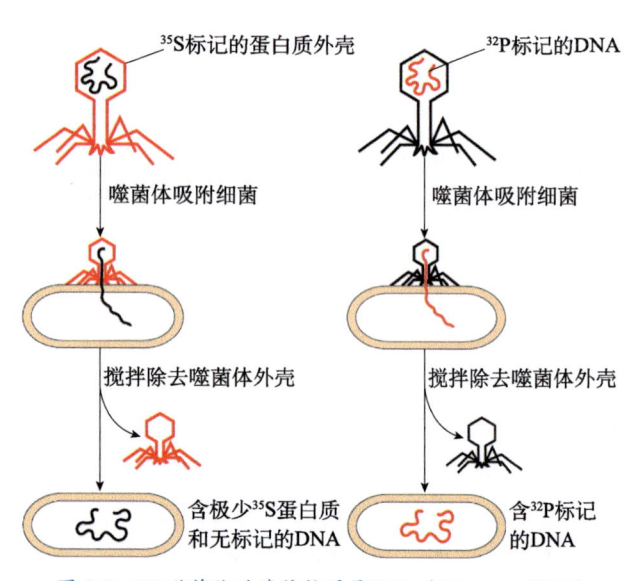

图 2.2　T2 噬菌体的遗传物质是 DNA（Weaver，2011）

噬菌体具有与细胞基因组相似特性的遗传物质：它的特性得到忠实的表达，并遵循与细胞特性遗传相同的规则。T2 噬菌体侵染细菌实验进一步证明了 DNA 是细胞或病毒的遗传物质。

2.1.1.2　DNA 是真核细胞的遗传物质

当 DNA 被加入到含真核细胞的培养基中时，它可以进入细胞，并在细胞中产生新的蛋白质。特定的基因进入细胞会使细胞表达出其对应的蛋白质，这种外源 DNA 进入动物细胞的现象称为转染，其本质与细菌转化类似。被引入受体细胞中的 DNA 成为其基因组的一部分，并随之遗传，新 DNA 的表达导致细胞产生新的表型（图 2.3 中胸苷激酶的合成）。起初，这些实验只在单个生长中的培养细胞才能获得成功。后来，外源 DNA 通过显微注射方式被导入小鼠卵细胞中，并稳定整合到小鼠的基因组。这些实验有力地证明了：DNA 是真核生物的遗传物质，它可以在不同物种之间转移并保持功能。

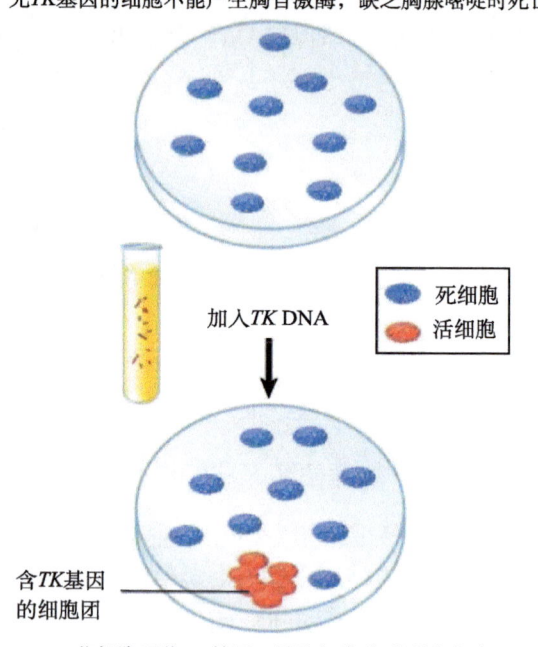

图 2.3　加入外源 DNA 转染成功后真核细胞获得新的表型（Krebs et al.，2018）

2.1.2　RNA 也是遗传物质

所有已知的有细胞结构的生命体和许多病毒的遗传物质都是 DNA。不过，有些病毒（RNA 病毒）的遗传物质是 RNA。例如，烟草花叶病毒（tobacco mosaic virus，TMV）的遗传物质是 RNA。

烟草花叶病毒呈圆筒状，直径为 18 nm、长度为 300 nm，由 2130 个蛋白质亚基构成外壳，环绕着一个 RNA 分子核心（图 2.4）。TMV 衣壳有自组装现象。纯化的衣壳蛋白和病毒 RNA 混合后会自发形成病毒颗粒。这些病毒颗粒可以通

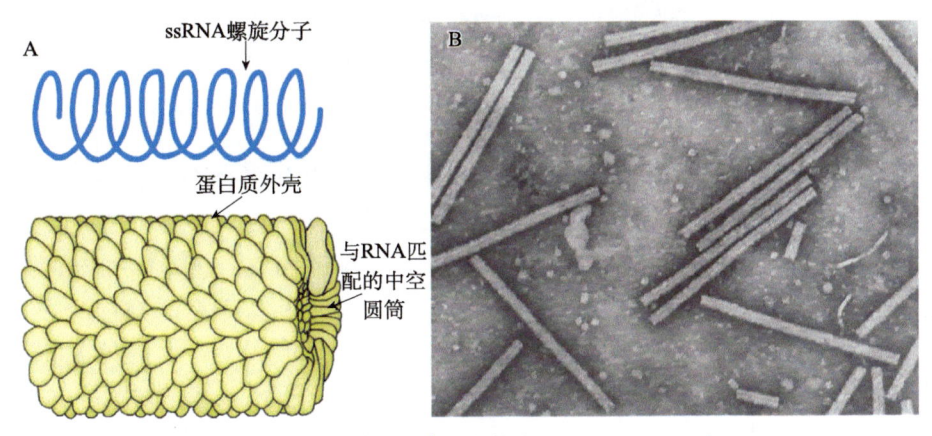

图 2.4 烟草花叶病毒的结构（Clark et al., 2019）
A. 烟草花叶病毒呈圆筒状结构，单链RNA（ssRNA）基因组被包装在螺旋形蛋白质外壳中；
B. 电子显微照片显示烟草花叶病毒是棒状粒子

过冷却来分解，也可以通过温和的升温来重新组装。把 TMV 放在水和苯酚中振荡，就可以把病毒的蛋白质部分和 RNA 分开，也可由分开的这两部分重新组装成有感染力的病毒。1956 年，吉雷尔（A. Gierer）和施拉姆（G. Schraman）发现从 TMV 中分离出的 RNA 也能侵染植物，产生典型的 TMV 所致的病斑，如用 RNA 酶处理，则RNA 就失去感染能力，而分离出的蛋白质部分无这种感染力。这个实验证明了 TMV 的遗传物质是 RNA，而不是蛋白质。

1957 年，美国的弗伦克尔-康拉特（H. Fraenkel-Conrat）和辛格（B. Singer）用实验进一步证实了这一结论。他们从 TMV 中分离出两个不同株系：M（masked strain）和 HR（Holmes ribgrass strain），它们感染植物产生的病斑形态不同。若将两种病毒的蛋白质外壳互换一下，可重建成"杂种" TMV，它们仍具有感染能力，所产生的病斑形态和"杂种" TMV 的 RNA 一致，和蛋白质无关（图 2.5）。由此看来，病斑的遗传信息不是由蛋白质而是由 RNA 来传递的。根据以上实验可以得出 RNA 是遗传物质的结论。

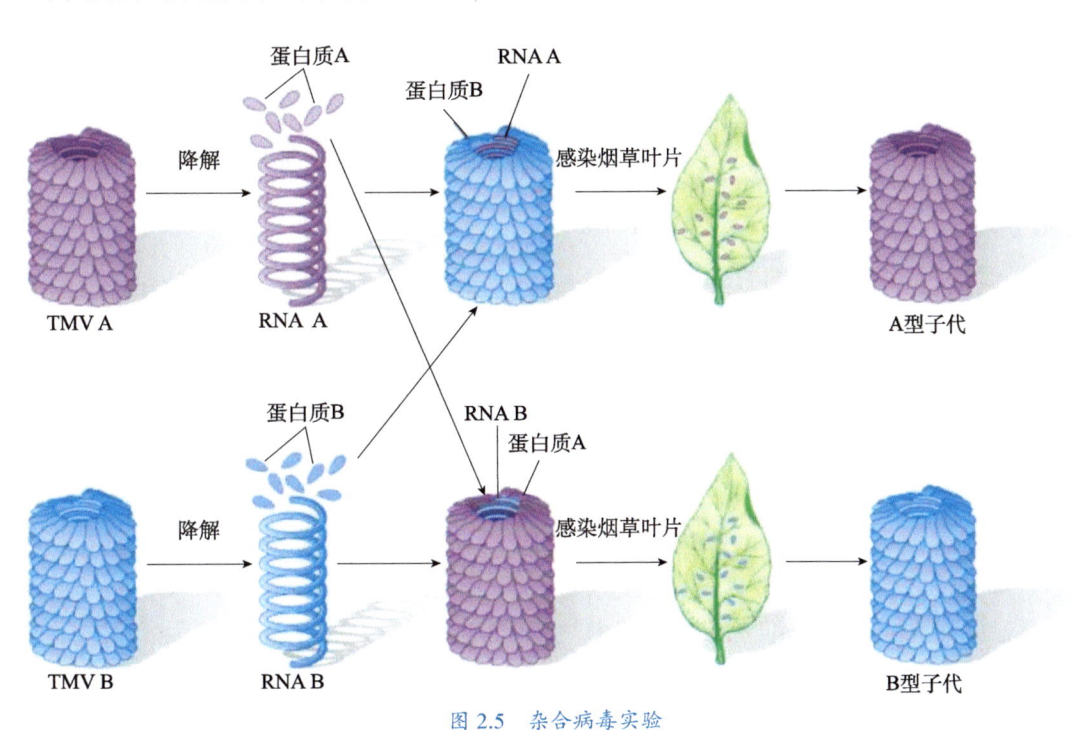

图 2.5 杂合病毒实验

2.2 DNA 的结构

核酸最初是从真核细胞的细胞核中分离出来的。1869 年，瑞士医生米舍（F. Miescher）从脓细胞中提取到一种富含磷元素的酸性化合物，因存在于细胞核中而将它命名为"核素"（nuclein）。1872 年，在鲑鱼的精子细胞核中发现了大量类似的酸性物质，随后在多种组织细胞中也发现了这类物质的存在。因为这类物质都是从细胞核中提取出来的，而且都具有酸性，所以将其称为核酸（nucleic acid）。

2.2.1 DNA 一级结构

脱氧核糖核酸简称 DNA，是一种高分子化合物，其基本单位是由磷酸、脱氧核糖和含氮碱基组成的脱氧核苷酸。所有的 DNA 中，磷酸和脱氧核糖相同，而含氮碱基主要有 4 种，即腺嘌呤（A）、鸟嘌呤（G）、胞嘧啶（C）和胸腺嘧啶（T），4 种碱基对应的脱氧核苷酸分别称为腺嘌呤脱氧核苷酸、鸟嘌呤脱氧核苷酸、胞嘧啶脱氧核苷酸和胸腺嘧啶脱氧核苷酸。许多个脱氧核苷酸经 3′, 5′-磷酸二酯键聚合成为 DNA 链。多个脱氧核苷酸残基以这种方式连接而成的链式分子就是 DNA。DNA 的一级结构就是指构成一个 DNA 分子的各个脱氧核苷酸结构单元的排列次序。DNA 有线形和环形结构。线形的 DNA 有两个不对称的末端：5′-磷酸基团和 3′-羟基。核酸的一级结构习惯按照从 5′ 到 3′ 的方向书写，如 5′p-GATCGGAAATC-OH 3′。

虽然组成 DNA 分子的碱基只有 4 种，且它们的配对方式也只有 A 与 T 配对、C 与 G 配对两种，但 DNA 是一种长链高分子化合物，含有脱氧核苷酸的数目多，碱基在长链中的排列顺序千变万化。理论上 DNA 链中碱基可以以任意顺序排列。假设 DNA 链的脱氧核苷酸数目为 N，碱基的排列方式可达到 4^N 种。碱基数目和排列方式的不同构成了 DNA 分子的多样性。特定的碱基排列顺序构成了 DNA 分子的特异性。DNA 分子中 4 种核苷酸千变万化的序列排列反映了生物界物种的多样性和复杂性。自然界中 DNA 常以线性或环形存在。绝大多数 DNA 分子都由两条碱基互补的单链构成，在少数生物如某些噬菌体或病毒中是以单链形式存在的。

DNA 不仅具有严格的化学组成和独特的碱基排列顺序，还因碱基排列顺序的差异形成特定的空间结构。DNA 一级结构决定着其高级结构，研究 DNA 一级结构对阐明遗传物质的结构、功能及表达调控都非常重要。

2.2.2 DNA 二级结构

2.2.2.1 DNA 双螺旋模型

20 世纪 50 年代，DNA 的碱基序列中蕴藏着遗传信息的观念已经得到广泛的认同。其中最重要的三个实验基础是：X 射线衍射实验数据表明 DNA 是一种规则螺旋结构；DNA 分子密度测量表明这种螺旋结构由两条多核苷酸链组成；不论碱基的数目多少，G 的含量总是与 C 一样，A 的含量总是与 T 一样。在这些重要研究基础的启发下，沃森（Watson）和克里克（Crick）的洞察力非凡，以立体化学上的最适构象建立了一个与 DNA 的 X 射线衍射资料相符的 DNA 双螺旋模型。此模型是一个能够在分子水平上阐述遗传基本特征的 DNA 二级结构，能解释当时所知道的 DNA 分子的一切理化性质，并将 DNA 分子的结构特性与其携带和传递遗传信息的功能联系起来。DNA 二级结构是指两条多核苷酸链反向平行盘绕所形成的双螺旋结构。

DNA 结构受到环境条件的影响。此模型所描述的是 DNA 钠盐在较高湿度下的结构，是 B 型双螺旋，称为 B-DNA 结构（图 2.6）。B-DNA 钠盐结构是大多数 DNA 在细胞中的构象。DNA 双螺旋模型的要点如下。

（1）DNA 是由两条反向平行的多核苷酸链围绕同一中心轴构成的螺旋结构，主要为右手螺旋。要区分右手螺旋和左手螺旋，观察者必须从上往下看螺旋轴，在右手螺旋中，每条链在离开观察

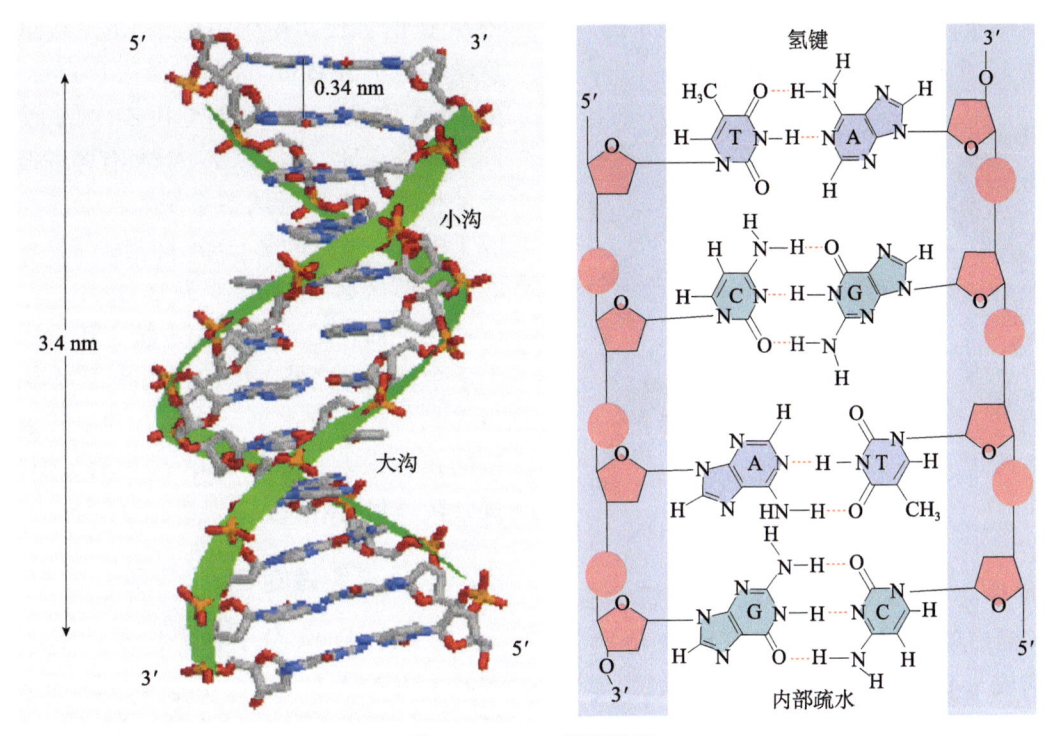

图 2.6 DNA 双螺旋模型

者时都是顺时针旋转的；而在左手螺旋中，每条链在离开观察者时都是逆时针旋转的。双螺旋的直径为 2.0 nm。多核苷酸链的方向由核苷酸间的磷酸二酯键的走向决定，一条为 5′→3′，另一条为 3′→5′。

（2）核苷酸的磷酸基团与脱氧核糖位于双螺旋的外侧，两者交替排列，通过磷酸二酯键相连，构成 DNA 分子的骨架，脱氧核糖环平面与纵轴大致平行。磷酸基团带负电荷，当 DNA 在体外溶液中时，电荷被结合的金属离子中和。在细胞中，某些带正电荷的蛋白质提供一些中和力。这些蛋白质在细胞中 DNA 的组织结构形成方面起着重要作用。

（3）碱基通过糖苷键与主链糖基相连。每条链的碱基局限于螺旋内部，碱基的分子平面与螺旋轴垂直。同一平面的碱基在两条主链间以氢键相连，形成碱基对，G 与 C 配对，A 与 T 配对。碱基之间的这种一一对应的关系称为碱基互补配对原则。基于这个原则，DNA 中腺嘌呤的数量等于胸腺嘧啶的数量，鸟嘌呤和胞嘧啶的数量也是相等的。A 与 T 之间可以形成 2 个氢键，G 与 C 之间可以形成 3 个氢键（图 2.6）。碱基对层叠于双螺旋的内侧。顺着螺旋轴心从上向下看，可见碱基对平面与 DNA 的纵轴垂直，且螺旋的轴心穿过氢键的中点。顺着螺旋轴方向，每 10 个核苷酸对螺旋缠绕一圈，相邻碱基对之间呈 36°，碱基对平面之间的距离为 0.34 nm，每圈螺旋长 3.4 nm。

（4）双螺旋两条链间有螺旋形的沟槽，较浅的沟槽深约 1.2 nm，叫小沟（minor groove），较深的沟槽深约 2.2 nm，叫大沟（major groove）。在双螺旋结构的表面是完全相同的磷酸和脱氧核糖骨架，不携带任何遗传信息。只有在沟内，非组蛋白才能识别到不同的碱基顺序。大沟和小沟内碱基对中的氮原子和氧原子朝向分子表面。这些原子可以与其他核酸分子、蛋白质分子相互作用，参与遗传信息的识别和基因表达的调控。

2.2.2.2 A-DNA 和 Z-DNA

在生物体中，DNA 的二级结构和高级结构都是可以变化的。一般情况下，DNA 的二级结构分为两大类：一类是右手螺旋，如 A-DNA 和 B-DNA；另一类是左手螺旋，即 Z-DNA（图 2.7）。在盐浓度较高或添加乙醇的溶液中，DNA 结构可能会改变为 A 型，仍然是右旋的，但每 2.3 nm 转一圈，每转一圈有 11 个碱基对。在乙醇或高盐溶液中具有交替 GC 序列的 DNA 分子往往呈 Z 型，其碱基以"之"字形排列，呈左手螺旋。每圈螺旋含 12 个碱基对，长 4.6 nm。

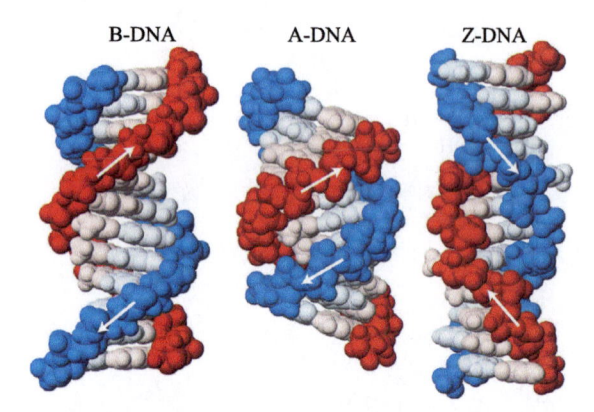

图 2.7 三种 DNA 构象对比（Krebs et al., 2018）

在生物体中，DNA 常以 B-DNA 形式存在。若 DNA 双链中的一条链被相应的 RNA 链所替换，则变构成 A-DNA。当 DNA 处于转录状态时，DNA 模板链与由它转录所得的 RNA 链间形成的双链就是 A-DNA 构象。由此可见，A-DNA 构象对基因表达有重要意义。另外，B-DNA 双链都被 RNA 链所替代而得到由两条 RNA 链组成的双螺旋结构也呈 A-DNA 构象。虽然 B-DNA 是最常见的 DNA 构象，但 A-DNA 和 Z-DNA 似乎具有不同的生物活性。例如，Z-DNA 有两种调控基因转录的模式。在邻近调控系统（转录区与调节区相邻）中，调节区的 Z-DNA 抑制转录区的转录。只有当调节区 Z-DNA 转变为 B-DNA 后，转录才得以活化。而在远距离调控系统（转录区在调节区上千个碱基对之外）中，控制区变为 Z-DNA 构象可提高负超螺旋水平，产生有利于转录区双链解链的扭转张力，招募 RNA 聚合酶与模板链结合，提升转录起始活性。

2.2.2.3 三股螺旋 DNA 分子

双螺旋 DNA 分子在一定条件下可形成三股螺旋（图 2.8A），又称 Hoogsteen DNA 或 H-DNA。第三条链沿着双螺旋的大沟，通过与双螺旋中的一条链形成 Hoogsteen 碱基对（图 2.8B）而形成稳定的三螺旋结构。

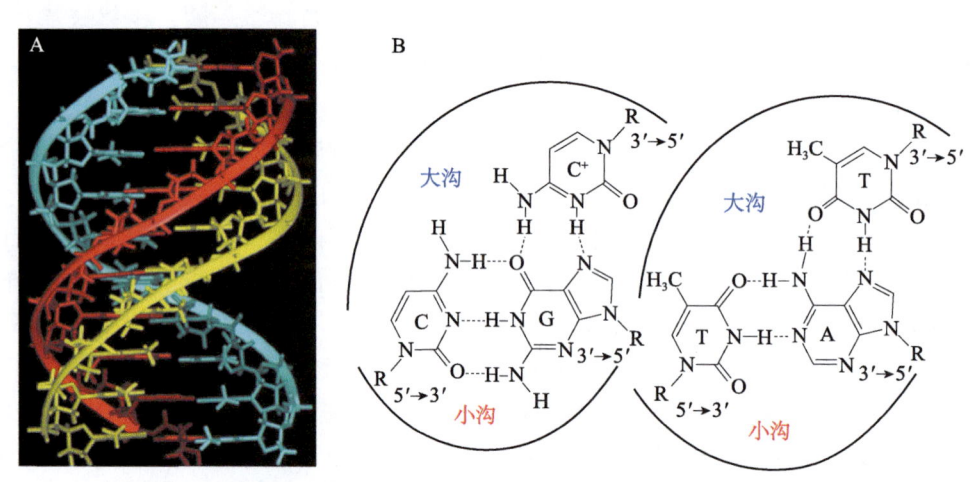

图 2.8 双螺旋 DNA 的三股螺旋和 Hoogsteen 碱基对（Boutorine et al., 2013）
A. 双螺旋 DNA 大沟处的三股螺旋：多聚嘌呤链（红）、多聚嘧啶链（蓝绿）和多聚嘧啶链（黄）；
B. Hoogsteen 碱基对实例 C : G-C 和 T : A-T

除了双螺旋中的氢键配对，嘌呤碱基还具有再形成两个氢键的潜在位点。若是 G，两个位点为 N7 和 O6；若是 A，两个位点是 N7 和 6 号位的—NH。这些氢键供体和受体可以导致 Hoogsteen 碱基对的形成，其中 T 与 A 配对，质子化的 C 与 G 配对。三股螺旋依赖于一条链中的长链嘌呤，另一条链中只有嘧啶。Hoogsteen 碱基对有顺式和反式两种：反式是指第三条链与嘌呤链反平行排列，顺式是指第三条链与嘌呤链平行排列。这种结构的形成涉及三段碱基序列，每一段序列要么全是嘌呤，要么全是嘧啶，而且整个区域必须是一个镜面状的回文结构，具有互补关系（图 2.9）。

在 H-DNA 中，腺嘌呤与两个胸腺嘧啶配对，鸟嘌呤与两个胞嘧啶配对。这种情况下，一个配对是正常的，另一个是侧向的。此外，为了形成 C5G5C 三角形，其中一个氢键需要额外的质子（H）。因此，酸性条件促进了 H-DNA 的形成。高酸度还倾向于质子化 DNA 主干上的磷酸基团，

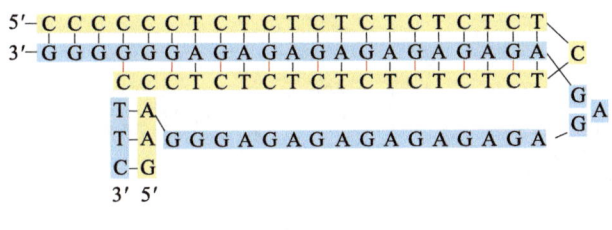

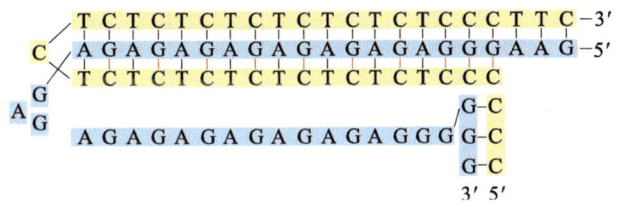

图 2.9 Hoogsteen DNA 的序列特点（Clark et al., 2019）

从而减少它们的负电荷。这减弱了三条链之间的排斥力，有助于形成三股螺旋。

尽管形成 H-DNA 有这些复杂的序列要求，但对天然 DNA 的计算机搜索表明，可能形成三链 H-DNA 的潜在序列在随机基础上比预期的频率要高得多。三螺旋结构的形成可以影响 DNA 的复制、重组和转录，还可能阻止特定的蛋白质与 DNA 的结合，从而对基因表达起调控作用。H-DNA 已被实验证实可以促进突变。例如，在细菌和哺乳动物基因组中，H-DNA 的位置与易位等重排的断裂点相关。

2.2.2.4 四股螺旋DNA分子

G-四链体（G4）和 i-motif（iM）结构都属于 DNA 二级结构的一种。这两种 DNA 四链体结构分别在 1962 年（Gellert et al., 1962）和 1993 年（Gehring et al., 1993）首次在体外被发现，但是生物体内是否存在这些结构，一直没有确凿的证据。直到近几年，随着研究的不断推进，人们才获得了这两种 DNA 结构在生物体内可能存在的相关证据（图 2.10）。

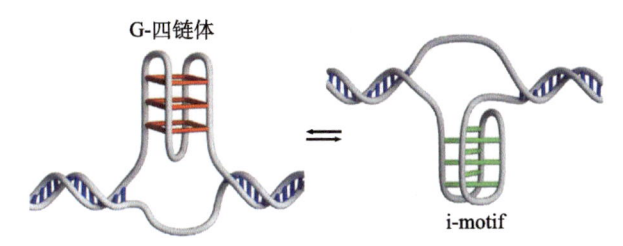

图 2.10 人体细胞核中的 i-motif 结构（Zeraati et al., 2018）

G4 是由一段富含鸟嘌呤的 DNA 序列形成的四链体结构，目前比较经典的形成 G4 结构的 DNA 序列符合公式：$\cdots G_{3+}N_{1\sim 7}G_{3+}N_{1\sim 7}G_{3+}N_{1\sim 7}G_{3+}\cdots$（N 代表 A、T 或 C）。当成束的 G 出现并达到 4 束时，4 个鸟嘌呤（G）就可以通过 Hoogsteen 氢键连接构成 G-quartet 平面结构（图 2.11A；Rhodes & Lipps, 2015）。具体来说，每一个鸟嘌呤的 N1、N2 位和另一个鸟嘌呤的 O6、N7 位形成 2 个 Hoogsteen 氢键，所以一个 G-quartet 由 8 个 Hoogsteen 氢键连接而成。G4 结构就是由多个这样的 G-quartet 平面结构堆积而成的（图 2.11B）。由于一价的金属阳离子（如 Na^+、K^+）可以插入到 G-quartet 之间，通过形成配位键稳定 G-quartet，因此一价的金属阳离子可以起到稳定 G4 结构的作用。

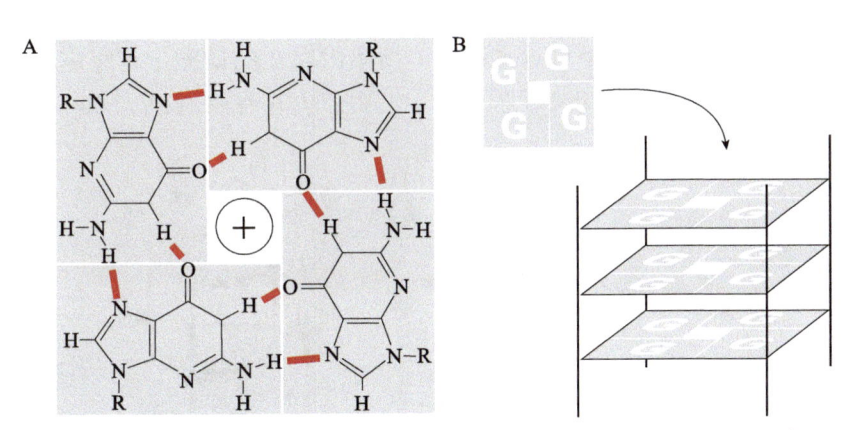

图 2.11 G-quartet 平面结构（A）和 G4 结构（B）（Rhodes & Lipps, 2015）

G4 结构具有多态性，造成多态性的主要原因有 4 个：①构成 G4 的 G-quartet 平面数量多样。G4 可以由 2 个 G-quartet 平面组成，也可以由 3 个或 4 个 G-quartet 平面组成。一般来说，G-quartet 越多，G4 结构越稳定（图 2.12）。②连接环（connecting ring）的长短多样。连接鸟嘌呤链段（G-tract）的

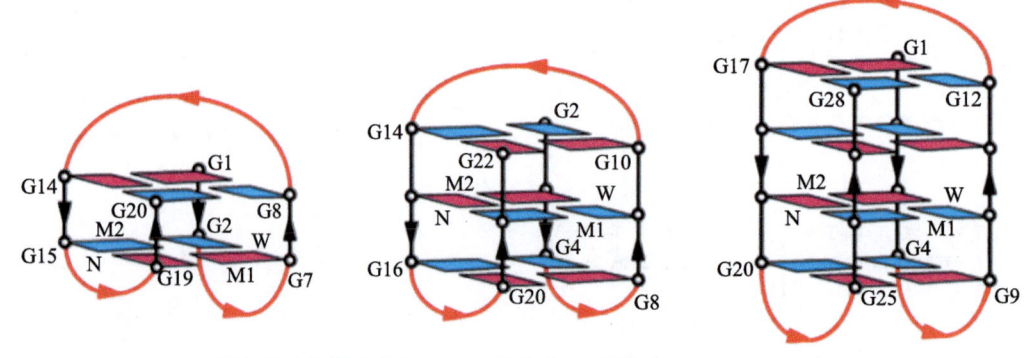

图 2.12　含有不同 G-quartet 平面的 G4 结构（Hu et al., 2009）
W、M1、M2 和 N 分别表示宽槽、中 1 槽、中 2 槽和窄槽

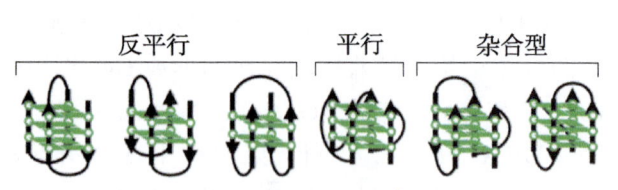

图 2.13　反平行 G4、平行 G4 和杂合型 G4 结构
（Yaku et al., 2012）

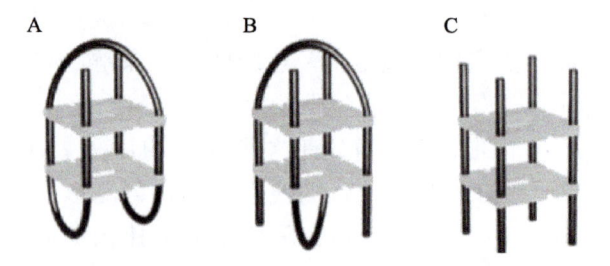

图 2.14　分别由一条链（A）、两条链（B）和四条链（C）构成的 G4 结构（Simonsson, 2001）

环结构的长度是高度可变的，最短可以只有一个碱基，而长的可以超过 7 个碱基。③ G-tract 的方向多样。根据 G-tract 的方向不同，G4 结构可以分为平行、反平行和杂合型（图 2.13）。④ 构成 G4 结构的 DNA 链多样。G4 结构可以由一条 DNA 单链构成，也可以由多条 DNA 单链构成（图 2.14）。

i-motif 结构是由一段富含胞嘧啶的 DNA 序列形成的四链体结构，形成 i-motif 结构的序列一般符合公式：$\cdots C_{3+}N_{1\sim7}C_{3+}N_{1\sim7}C_{3+}N_{1\sim7}C_{3+}\cdots$（N 代表 A、T 或 G）。在酸性条件下，质子化的 C 会和另一个 C 形成 $C \cdot C^+$ 碱基对（图 2.15A）（Guéron & Leroy, 2000）。多个 $C \cdot C^+$ 碱基对交叉堆积就形成了四链体结构，称为 i-motif。由于 $C \cdot C^+$ 碱基对中有一个 C 需要质子化，因此在酸性条件下，i-motif 结构更加稳定。与 G4 结构一样，i-motif 结构也有多样性。当 DNA 链含有 4 段富含胞嘧啶的序列时，该 DNA 链就可以折叠形成分子内 i-motif，i-motif 也可以由两条或四条 DNA 链形成，这种结构称为链间 i-motif 结构（图 2.15B）。

关于这两种四链体结构在体内是否存在一直有争论。然而，近些年随着相关的研究越来越多，研究方法也更加丰富，关于这两种结构在生物体内存在的证据也越来越多。经研究发现，在生物体内存在特异结合 G4 和 i-motif 结构的蛋白

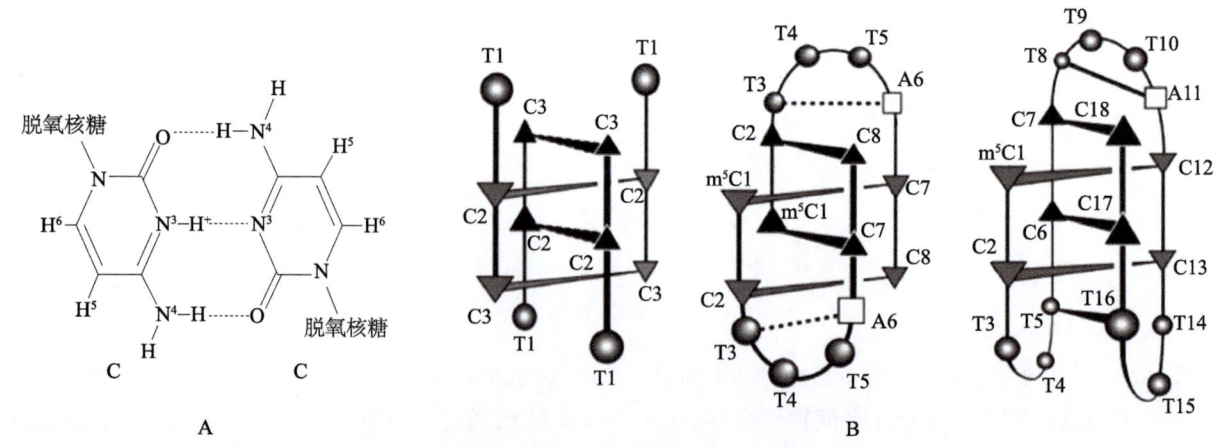

图 2.15　$C \cdot C^+$ 碱基对（A）及分别由四条、两条和一条链构成的 i-motif 结构（B）（Guéron & Leroy, 2000）

质（González et al.，2009；Williams et al.，2017；Paramasivam et al.，2009；Niu et al.，2018），这些结合蛋白对四链体 DNA 的亲和性要远远高于对双链 DNA 和单链 DNA 的亲和性，这为证明体内存在 G4 和 i-motif 结构提供了间接的证据。另外一个主要的间接证据是研究人员开发了很多特异识别 G4 和 i-motif 结构的小分子化合物，如吡啶抑制素（PDS）、5,10,15,20-四（N-甲基-4-吡啶基）卟啉（TMPyP4）等，用这些小分子化合物处理细胞或组织后，发现那些与 G4 或 i-motif 相关的基因的表达水平发生了上调或下调（David et al.，2016；Fedoroff et al.，2000；Khan et al.，2007）。此外，如果体内存在 DNA 四链体结构，那体内也应该存在打开 DNA 四链体结构的途径，不然这些"不正常"的结构会给基因组造成损伤。有研究表明，在体内打开 G4 结构的是一类解旋酶。例如，人的沃夫综合征蛋白（WRN）和布卢姆综合征蛋白（BLM）及酵母的慢性生长抑制因子 1（Sgs1）等解旋酶可以打开 G4 结构（Lipps & Rhodes，2009）。哺乳动物的范科尼贫血相关蛋白 DANCJ 和线虫中的直系同源蛋白 DOG-1 解旋酶均可以打开 G4 结构（Cheung et al.，2002；Kruisselbrink et al.，2008；London et al.，2008），这也从另一个侧面证明 G4 和 i-motif 在体内真实存在。对棘尾虫 Stylonychia lemnae 端粒的研究发现，其细胞中端粒 DNA 包含一段 TTTTGGGGTTTTGGGG 单链序列，这段序列可以形成分子间的 G4 结构（Schaffitzel et al.，2001）。沙菲策尔（Schaffitzel）等用棘尾虫端粒 G4 结构制备了特异识别反平行结构的抗体 Sty49 和特异识别平行结构的抗体 Sty3，然后用这两种抗体对棘尾虫细胞核进行免疫荧光染色，发现 Sty49 可以使大部分的核区显色，而 Sty3 则不能，说明在生物体内的生理条件下，棘尾虫端粒 DNA 可以形成反平行 G4 结构。2013 年，比菲（Biffi）等通过噬菌体展示技术从人类的抗体文库中筛选到特异识别 G4 结构的单链抗体 BG4。运用 BG4 对人类细胞进行免疫荧光染色，结果发现在人类的细胞核中存在大量的 G4 结构，而且在不同的细胞时期，这些结构是动态变化的。2018 年，泽拉蒂（Zeraati）等运用同样的方法，筛选到特异识别 i-motif 结构的单链抗体 iMab。用 iMab 对人类细胞进行免疫荧光染色，结果发现在人类的细胞核中存在大量的 i-motif 结构，而且当通过改变培养箱中 CO_2 的浓度进而改变细胞的 pH 时，细胞中的 i-motif 结构也随之发生变化。这些结构特异抗体染色实验充分地证明了 G4 和 i-motif 结构确实在生物体内存在。

（1）G-四链体的生物学功能。G4 结构参与端粒的功能、DNA 复制及基因转录等。很多生物的端粒序列都是富含鸟嘌呤的重复序列，所以很容易形成 G4 结构。目前关于端粒中 G4 结构的功能主要包括：①抑制端粒酶的活性，使端粒修复不能正常进行，从而使端粒更快地变短（Sun et al.，1997；Read et al.，2001；Burger et al.，2005；Zahler et al.，1991）；②抑制端粒 DNA 的复制；③防止核酸酶对端粒的降解（Piazza et al.，2012；Ding et al.，2004；Paeschke et al.，2010；Bochman et al.，2012；Lin et al.，2013）。G4 结构参与 DNA 复制。G4 结构对 DNA 复制可能有双重作用：一是抑制 DNA 复制；二是作为复制起始的识别位点。在 DNA 复制的起始阶段，DNA 双链首先要打开，这时很容易瞬间形成单链的 G4 结构，所形成的 G4 结构就有可能抑制 DNA 聚合酶与 DNA 的结合从而抑制 DNA 的复制，此时需要 DNA 解旋酶（DNA helicase）来解开 G4 结构。因此，DNA 聚合酶与 DNA 解旋酶两者的相互配合，是保证遗传信息不受 G4 结构的影响而能正确复制的关键（Brosh，2013；Wickramasinghe et al.，2015）。但是，在人和老鼠基因组中，有 3 万～5 万个复制起始位点，80%～90% 的复制起始位点都富含 GC 并有可能形成 G4 和 i-motif 结构。这些在复制起始位点上的 G4 结构可能是 DNA 复制起始识别所必需的（Valton et al.，2014）。G4 结构参与基因转录。在人类基因组中，约 50% 基因的调控区都有可能存在 G4 结构。因此，G4 结构被认为与基因转录调控有关（Huppert & Balasubramanian，2005）。第一个发现生物体内 G4 结构影响基因表达的是人致癌基因 c-MYC（Simonsson et al.，1998；Siddiqui-Jain et al.，2002）。许多实验证实，G4 结构的形成或破坏，都有可能改变基因的转录及表达（Verma et al.，2008；Hershaman et al.，2008；Huppert，2008；Fernando et al.，2009；Gray et al.，2014）。G4 结构可能通过影响调控因子与基因启动子的结合或改变染色质稳定性来调控基因的转录及表达（Hershaman *et al.*, 2008; Hegyi, 2015; Clynes *et al.*, 2013）。

（2）i-motif 的生物学功能。考虑到 i-motif 和 G4 结构在序列上的互补性，可以推测，i-motif 结构的生物学功能应该和 G4 结构有重叠或联系。研究表明，人的端粒序列可以形成 i-motif 结构（Chen *et al.*, 2012），用羧基修饰的单层碳纳米管稳定端粒 i-motif 结构，抑制了端粒酶，导致端粒的无帽化、DNA 的损伤和细胞的凋亡（Leroy *et al.*, 1994; Phan *et al.*, 2000）。在一些癌基因如 *c-MYC*、*bcl-2*、*VEGF* 和 *RET* 等的启动子上发现了 i-motif 结构（Brooks *et al.*, 2010; Sun & Hurley, 2009; Simonsson *et al.*, 2000; Kendrick *et al.*, 2009; Guo *et al.*, 2007; Guo *et al.*, 2008）。*c-MYC* 基因编码一个转录因子，在细胞周期和细胞生长过程中发挥重要的功能，该基因在很多癌细胞中的表达出现异常。经研究发现，在 *c-MYC* 基因的启动子上存在一个 i-motif 结构，并且鉴定到与之结合的蛋白质 hnRNPK。该蛋白质结合 i-motif 序列后可以激活 *c-MYC* 的转录（Berberich & Postel, 1995）。

2.2.3 DNA 的高级结构

2.2.3.1 正超螺旋 DNA 和负超螺旋 DNA

DNA 的高级结构是指 DNA 双螺旋进一步扭曲盘绕所形成的更复杂的特定空间结构，包括超螺旋（superhelix）、线性双链中的纽结（knot）、多重螺旋等。其中，超螺旋结构是 DNA 高级结构的主要形式，可分为正超螺旋（右手超螺旋）与负超螺旋（左手超螺旋）两大类。正超螺旋是过度缠绕的双螺旋，负超螺旋是细胞内常见的 DNA 高级结构形式。它们在不同类型的拓扑异构酶作用下或在特殊情况下可以相互转变（图 2.16）。

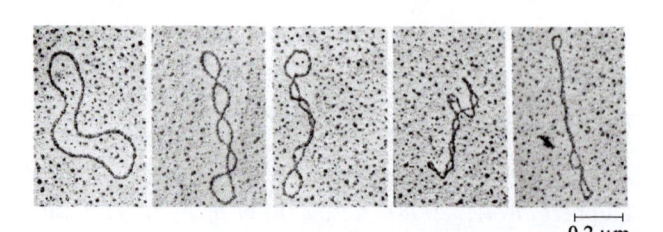

图 2.16 用电镜发现的 SV40 病毒和多瘤病毒的环形 DNA 的超螺旋（Vinograd *et al.*, 1965）

超螺旋是有方向的。绳子的两股以右旋方向缠绕，如果在一端使绳子向缠紧的方向旋转，再将绳子两端连接起来，会产生一个左旋的超螺旋，以解除外加的旋转造成的胁变，这样的超螺旋称正超螺旋。如果在一端使绳子向缠松的方向旋转，再将绳子两端连接起来，会产生一个右旋的超螺旋，以解除外加的旋转所造成的胁变，这样的超螺旋称负超螺旋。

由于 DNA 是一种柔性结构，其确切的分子参数既取决于周围的离子环境，也取决于与之结合的蛋白质的结构和化学性质。线性 DNA 分子的末端游离，可以自由旋转，以适应双螺旋结构两条链相互缠绕次数的变化。如果两端共价连接形成环状 DNA 分子，在两条链的磷酸-糖骨架不发生中断的情况下，两条链间相互缠绕的绝对次数不能改变。也就是说，环状 DNA 受到拓扑结构的限制。即使是真核生物染色体上的线性 DNA 分子，由于其长度太大、存在于染色质中及与其他细胞成分相互作用，它们也受到拓扑结构的限制。尽管如此，DNA 还是参与了细胞中的许多动态过程。例如，双螺旋中两条相互缠绕的链必须迅速分离才能完成 DNA 复制或转录出 RNA。因此，了解 DNA 的拓扑结构，掌握细胞在 DNA 复制、转录和其他染色体行为中如何适应和利用拓扑约束是分子生物学的重要基础。

2.2.3.2 超螺旋 DNA 的生物学意义

从细菌和真核细胞中提取的环状 DNA 分子通常是负超螺旋。此外，真核细胞中核小体也引入了负超螺旋。在核小体中，DNA 双螺旋以左手螺旋方式缠绕蛋白质核心约两圈。左手螺旋方式与 DNA 双链的右手螺旋方向相反，等同于负超螺旋。负超螺旋积蓄的自由能有助于 DNA 复制、转录等生命活动中双螺旋的解链。

唯一含有正超螺旋 DNA 的生物体是某些生活在极端高温环境（如温泉）中的嗜热微生物。正超螺旋被认为是过度缠绕，解开正超螺旋需要更高的能量。故嗜热微生物中 DNA 的正超螺旋状态可阻止 DNA 在高温中变性，提高 DNA 在极端高温环境中的稳定性。

2.3 染色体与基因组

2.3.1 染色体

存在于真核生物细胞核内，在细胞分裂间期能被碱性染料着色的物质称为染色质（chromatin），它是由 DNA、组蛋白、非组蛋白和少量 RNA 组成的复合物，是细胞分裂间期遗传物质的存在形式。1879 年，德国生物学家弗莱明（W. Fleming）用染料将细胞核中的丝状和粒状的物质染红，发现这些物质平时散漫地分布在细胞核中，当细胞分裂开始时，散漫的染色物质便浓缩，形成一定数目的条状物；到分裂完成时，条状物又疏松为散漫状。这种在真核生物细胞分裂期具有一定形态特征的高度浓缩的染色质称为染色体（chromosome）。染色质和染色体是遗传物质在不同时期存在的两种不同形式。

除了遗传物质 DNA，染色体还携带各种与 DNA 结合的蛋白质。对于高等生物体中较大的染色体来说尤其如此。其中，组蛋白在维持染色体结构上起着非常重要的作用。细菌也有类似组蛋白的蛋白质。然而，这些蛋白质在结构和功能上都与高等生物体内的真正组蛋白有很大的区别。

含有两套同源拷贝染色体的细胞或生物体称为二倍体（diploid，$2n$，n 是指一套完整的染色体的数目）。那些只含有一套染色体拷贝的细胞或生物体称为单倍体（haploid，n）。人类有 2×23 条染色体（$n=23$，$2n=46$）。二倍体生物的生殖细胞（配子）只有每条染色体的一个拷贝，因此是单倍体。这种携带正常二倍体生物每个基因的一个拷贝的、单一的、完整的一组染色体称为单倍体基因组（haploid genome）。不同的生物体可能有不同数目的染色体，如人的染色体有 46 条，果蝇的染色体有 8 条，水稻的染色体有 24 条。

细菌只有一条染色体（单拷贝，$n=1$），因此是单倍体。如果单倍体生物体的一个基因有缺陷，那么这个生物体可能会受到严重威胁，因为受损的基因不再包含细胞所需的正确信息。高等生物体通常是二倍体，每条染色体、每个基因都有副本，从而避免了这一困境。如果基因的一个拷贝有缺陷，另一个拷贝可能产生细胞所需的正确产物。二倍体的另一个优点是，它允许同一基因的两个拷贝之间重组。重组在促进遗传变异方面的进化上非常重要。需要注意的是，单倍体细胞可能包含多个特定基因的拷贝。例如，大肠杆菌的单个染色体携带延伸因子 *EF-Tu* 基因的 2 个拷贝和核糖体 RNA 基因的 7 个拷贝。在酿酒酵母的单倍体细胞中，多达 40% 的基因是重复拷贝。严格地说，只有位于同源染色体上相同位置的重复拷贝才被视为真正的等位基因。因此，其他的重复拷贝不能算作真正的等位基因。

有些细胞中每条染色体有两个以上拷贝。有三个拷贝的细胞或生物体称为三倍体（triploid），有四个拷贝的细胞或生物体称为四倍体（tetraploid），以此类推。现代农作物许多是多倍体，常由多个祖先杂交而来。这样的多倍体往往个体更大，产量更高。

特殊情况下，细胞中只有某一条染色体的拷贝减少或增多。染色体数目不规则的细胞被称为非整倍体（aneuploid）。在高等动物中，尽管某些非整倍体细胞在特定培养条件下可以存活，但非整倍体通常对整个有机体是致命的。在植物中，它在更大程度上是可以容忍的。然而，在极少数情况下，非整倍体动物可以存活下来。部分三倍体是导致某些人类疾病的原因。例如，唐氏综合征个体有三个 21 号染色体拷贝。一个特定染色体存在三个拷贝的个体称为三体（trisomics）。

2.3.1.1 原核生物染色体

下面以大肠杆菌染色体为例来了解原核生物的染色体。大肠杆菌细胞中的大部分 DNA 由一个长度为 460 万 bp 的闭合环状 DNA 分子组成。DNA 被包装在细胞中称为类核的区域。这个区域的 DNA 浓度非常高，可能为 30～50 mg/mL，并且包含所有与 DNA 相关的蛋白质，如聚合酶、阻遏物和其他蛋白质。在正常生长中，DNA 不断复制，当生长速率最快时，每个细胞平均有两个基因组拷贝。在电子显微镜下观察类核的结构，可以清楚地发现，DNA 由 50~100 个结构域或环组成，其末端与部分附着在细胞膜上的蛋白质结合。环的大小为 50~100 kb。目前尚不清楚这些环是静态的还是动态的，但一种模型表明，在环基部 DNA 可能缠绕在聚合酶或其他酶作用位点上。大肠杆菌染色体作为一个整体是负超螺旋的，超螺旋密度（σ 值）约为 -0.06。但有证据表明，个别结构域可能是独立的超螺旋。

染色体的环状 DNA 结构域与一些 DNA 结合蛋白相互作用后进一步凝缩。其中含量最丰富的是蛋白质 Hu。Hu 是一种带正电荷的碱性小分子蛋白的二聚体，DNA 包裹在表面与其发生非特异性结合。另一种与 DNA 结合的蛋白质是 H-NS，以前也称蛋白质 H1。它是一种单体中性蛋白质，在序列上也与 DNA 发生非特异性结合，但它似乎更偏爱 DNA 固有弯曲的区域。这些蛋白质也称为组蛋白样蛋白，它们具有压缩 DNA 的作用，是将 DNA 包装到类核中所必需的，并具有稳定和约束染色体超螺旋的作用。这意味着，尽管分离时染色体的超螺旋密度约为 -0.06，即 DNA 大约 17 圈双螺旋中伴有一个超螺旋。实际上，约有一半 DNA 被限制为永久缠绕在 Hu 等蛋白质周围。只有大约一半的超螺旋不受约束，能够自由扭转和缠绕。也有人认为 RNA 聚合酶和 mRNA 分子及位点特异性 DNA 结合蛋白等可能在 DNA 结构域的组织中起重要作用。例如，整合宿主因子在结构上与 Hu 相似，能与特定的 DNA 序列结合，并使 DNA 弯曲 140°，影响结构域的形成。尽管尚未检测到核小体等高度有序的 DNA-蛋白质复合物，但类核的组织结构可能相当复杂。

2.3.1.2 真核生物染色体

真核细胞比细菌大得多，通常直径为 10~100 μm。例如，人结缔组织中的成纤维细胞直径约为 15 μm，体积和干重是大肠杆菌细胞的几千倍。变形虫是一种单细胞原生动物，其细胞直径约为 0.5 mm，是成纤维细胞的 30 倍以上。真核细胞和原核细胞一样，都被质膜包围。然而，与原核细胞不同的是，大多数真核细胞膜系统发达，这些膜包裹着特定的亚细胞室和细胞器（哺乳动物成熟红细胞除外），并将它们从细胞质中分离出来。植物细胞和大多数真菌细胞被细胞壁包围，这使细胞具有坚硬的形状，并允许细胞快速扩张。所有真核细胞都有相同的细胞器和其他亚细胞结构。许多细胞器被一层磷脂膜包围，但细胞核、线粒体和叶绿体被两层膜包围。每个细胞器膜和细胞器内部的每个空间都有一组独特的蛋白质，使它能够执行其特定的功能，包括催化必要化学反应的酶。

1. 真核生物染色体的结构

细胞 DNA 的总长度是细胞直径的 10 万倍，DNA 的组装对细胞结构至关重要。同样重要的是，DNA 分子在细胞分裂过程中必须精确地分配到子细胞中，避免打结或缠绕在一起。压缩和组织染色体 DNA 的任务由含量丰富且被称为组蛋白（histone）的核蛋白完成。组蛋白和 DNA 的复合物称为染色质。

从质量上看，染色质大约一半是 DNA，一半是蛋白质，分散在间期细胞的细胞核中。有丝分裂期间染色质进一步折叠和压缩成光学显微镜下可见的中期染色体。虽然每条真核细胞的染色体都包含数百万个单独的蛋白质分子，但每个染色体只包含一个极长的线性 DNA 分子。例如，人类染色体中最长的 DNA 分子有 2.8×10^8 bp，或者说几乎 10 cm 长！由这种巨大长度的 DNA 压缩成的细胞核中的微小结构就是染色质（图 2.17）。特殊的组织方式使得染色质容易参与到转录、复制、修复和重组等生理活动中。

染色质以伸展和浓缩的形式存在。组蛋白是染色质中含量最丰富的蛋白质，主要有 H1、H2A、H2B、H3 和 H4 五种，它们组成了一个小

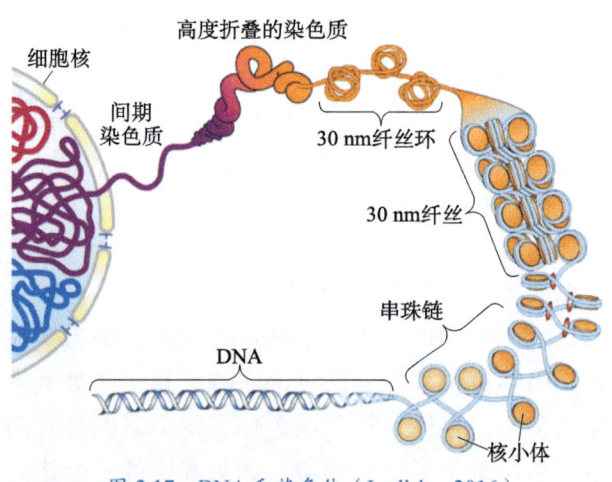

图 2.17　DNA 和染色体（Lodish，2016）

的碱性蛋白质家族。组蛋白富含带正电荷的碱性氨基酸，能与 DNA 中带负电荷的磷酸基团相互作用。当从细胞核中提取并在电子显微镜下观察时，染色质的外观取决于溶液的盐浓度。在低盐浓度和无二价阳离子（如 Mg^{2+}）的情况下，分离的染色质类似于细绳上的珠子（图 2.18A）。在这种伸展形式中，线是称为接头 DNA 的游离 DNA，由它连接称为核小体（nucleosome）的珠状结构。核小体由 DNA 和组蛋白组成，直径约 10 nm，是染色质的基本结构单位。如果在生理盐浓度下分离染色质，它呈现出直径约 30 nm 的更加浓缩的纤维状形态（图 2.18B）。

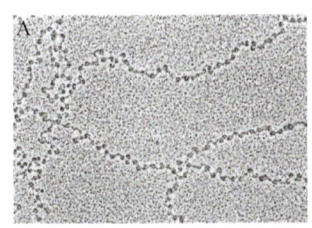

图 2.18　电子显微镜下伸展和浓缩形式的染色质
（Lodish，2016）

A. 在低盐浓度缓冲液中分离的染色质具有伸展的"串珠状"外观，"珠子"是直径为 10 nm 的核小体，"线"是接头 DNA；B. 在生理盐浓度（0.15 mol/L KCl）的缓冲液中分离的染色质呈直径 30 nm 的凝聚纤丝

2. 核小体的结构

与核小体的 DNA 相比，它们之间的接头 DNA 更容易被核酸酶消化。如果严格控制核酸酶的处理，所有的接头 DNA 就都可以被消化，释放出单个含 DNA 的核小体。核小体由一个蛋白质核心组成，DNA 缠绕在其表面，类似线缠绕在线轴上。核小体的核心是八聚体，含有组蛋白 H2A、H2B、H3 和 H4 各两个。X 射线结晶学表明，八聚体的组蛋白核心是由互锁的组蛋白亚单位组成的大致圆盘状结构（图 2.19）。在没有组蛋白 H2A 和 H2B 的情况下，组蛋白 H3 和 H4 折叠成四聚体。H2A 和 H2B 的两个杂二聚体再与 H3-H4 四聚体结合。在与 DNA 相互作用的区域，组蛋白八聚体表面的正电荷将带负电荷的 DNA 固定在其表面。

所有真核生物的核小体都含有约 147 bp 的 DNA，这些 DNA 绕在球状组蛋白核心周围，约 1.67 圈。接头 DNA 的长度在不同物种之间变化较大，甚至在同一生物体的不同细胞之间也有较大差异，长 10～90 bp。在细胞复制过程中，DNA 在复制分叉通过后不久就组装成核小体。这一过程依赖于特定的分子伴侣（chaperone），这些分子伴侣与组蛋白结合，并将它们与新复制的 DNA 一起组装成核小体。

3. 30 nm 纤丝的结构

当用等渗缓冲液（与细胞液相同盐浓度的缓冲液，约 0.15 mol/L KCl，0.004 mol/L $MgCl_2$）提取时，大多数染色质表现为直径约 30 nm 的纤丝（参见图 2.18B）。尽管进行了多年的研究，但关于 30 nm 染色质纤丝中核小体的排列仍然存在争议。目前，有相当多的实验支持并被广泛接受的是螺线管模型，该模型认为：核小体螺旋排列成螺线管，每圈含 6 个或更多个核小体（图 2.19A）。另一个获得较多支持的是两起点螺旋模型，该模型认为：含两个起点螺旋，核小体像硬币一样交替堆积成两条"链"，这些链缠绕成一个左手双螺旋（图 2.19B）。30 nm 的纤丝还包括 H1，这是第五种主要的组蛋白。H1 在 DNA 进入和离开核小

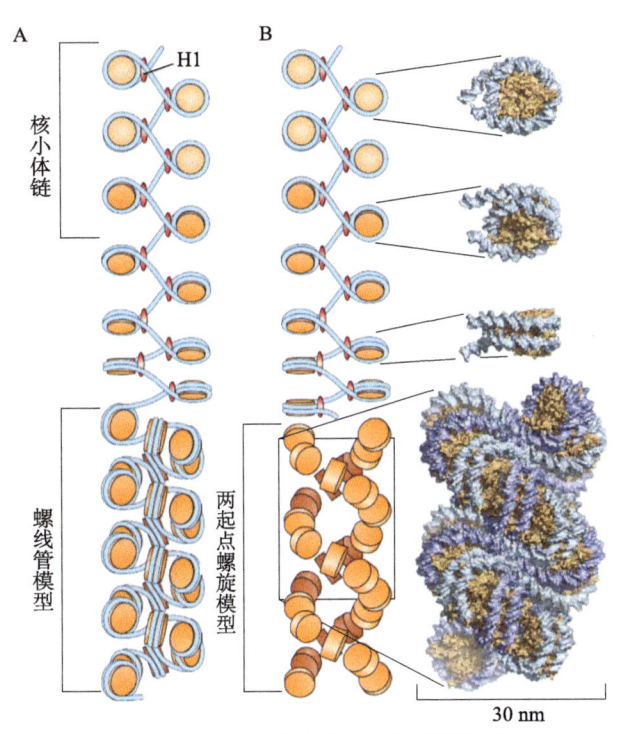

图 2.19　30 nm 染色质纤丝的结构模型

A. 在螺线管模型中，核小体以左手螺旋排列，每转 6 个或更多个核小体（Kruithof et al.，2009）；B. 在两起点螺旋模型中，核小体（顶部）的"之"字带折叠成两起点螺旋（底部）（Woodcock et al.，1984）

体核心的位置时与之结合，但 DNA 在 30 nm 纤丝中的结构在原子分辨率下是未知的，其结构尚不清楚。染色体区域中未被转录或复制的染色质主要凝聚为 30 nm 的纤丝形式，并以高阶折叠结构存在，其详细构象目前尚不清楚。染色质的活跃转录和复制区域常呈伸展的串珠状。

4. 染色质结构的保守性

所有真核生物细胞中染色质的一般结构都非常相似，这表明染色质的结构在真核细胞进化的早期就被优化了。4 个核心组蛋白（H2A、H2B、H3 和 H4）的氨基酸序列在远亲物种之间高度保守。例如，来自海胆组织和小牛胸腺的组蛋白 H3 的序列只有一个氨基酸不同，而来自豌豆和小牛胸腺的 H3 只有 4 个氨基酸不同。显然，在进化过程中，与组蛋白氨基酸序列显著偏离的氨基酸被强烈地选择出来。然而，与其他主要组蛋白的序列相比，H1 的氨基酸序列在不同生物体中的差异较大。所有真核生物的组蛋白在序列上的相似性表明，它们折叠成非常相似的三维构象，在所有现代真核生物共同祖先的早期进化中，组蛋白的功能是最优化的。

尽管如此，次要组蛋白的变体也是存在的，特别是在脊椎动物中。例如，一种特殊形式的 H2A，称为 H2AX，在染色质所有区域的一小部分核小体中取代 H2A 进入核小体中。在染色体 DNA 的双链断裂位点，H2AX 被磷酸化，可能是作为修复蛋白的结合位点参与染色体的修复过程。在着丝粒的核小体中，H3 被一种称为 CENP-A 的变异组蛋白取代，CENP-A 在有丝分裂过程中参与纺锤体微管的结合。组蛋白 H3 的一个变体，被称为 H3.3，取代了 DNA 转录区域中的主要组蛋白 H3，可能是因为 RNA 聚合酶在染色质中转录 DNA 时，组蛋白八聚体必须被组蛋白伴侣蛋白移开。大多数次要的组蛋白变体与主要的组蛋白在序列上仅略有不同。组蛋白序列的这些微小变化可能会影响核小体的稳定性，以及核小体折叠成 30 nm 纤丝和其他高级结构的趋势。

5. 组蛋白尾巴修饰

组成核小体核心的每个组蛋白都有一个 19～39 个氨基酸残基组成的无序的、灵活的 N 端，这些残基从核小体的球状结构延伸出来；H2A 和 H2B 蛋白还有一个从球状组蛋白八聚体核心延伸出来的灵活的 C 端。这些末端称为组蛋白尾巴，是染色质从串珠状构象凝缩成 30 nm 纤丝所必需的。实验表明，组蛋白 H4 的 N 端尾巴，特别是第 16 位赖氨酸，对于形成 30 nm 纤丝是至关重要的。这种带正电荷的赖氨酸与 30 nm 纤丝堆叠的核小体中下一个核小体的 H2A-H2B 界面上的负电层相互作用。

组蛋白尾巴可发生多种翻译后修饰，如乙酰化、甲基化、磷酸化和泛素化。组蛋白的修饰及其对基因功能的影响将在后面的章节进行详细的介绍。

2.3.2 基因组

基因组（genome）最早由德国汉堡大学植物学教授汉斯·温克勒（Hans Winkler）于 1920 年提出。现在，基因组指生物体内遗传信息的集合，是某个特定物种全部遗传物质的总和。这些遗传物质包括 DNA 或 RNA（病毒 RNA）。基因组 DNA 包括编码 DNA、非编码 DNA、线粒体 DNA 和叶绿体 DNA。基因组是生物体的一整套基因。

2.3.2.1 原核生物基因组

自 1995 年第一个完整的基因组测序完成后，基因组测序的速度和范围都有了很大的提高。第一批被测序的基因组是小于 2 Mb 的小细菌基因组。在 2002 年，大约 3200 Mb 的人类基因组已经完成测序。现在已经完成对多种生物基因组的测序，包括细菌、古菌、酵母、其他单细胞真核生物、植物和动物（包括蠕虫、苍蝇和哺乳动物等）。从基因组序列中得到的最重要的信息应该是基因的数量。生殖支原体是一种能独立生活的寄生细菌，其基因组在所有已知有细胞结构生物中最小，大约有 470 个基因。普通细菌的基因组有 1700～7500 个基因。最小的单细胞真核生物基因组大约有 5300 个基因。线虫和果蝇分别大约有 21 700 个和 17 000 个基因。令人惊讶的是，对于哺乳动物基因组来说，基因的数目也只有 2 万～2.5 万个。

在原核生物和单细胞真核生物中，大多数基因都是独一无二的。然而，在多细胞真核生物中，一些基因以基因家族的形式存在。当然，也有些基因是独一无二的，或者说这个家族只有一个成员，但许多基因家族有 10 个或更多的成员。与基因的数目相比，基因家族的数量可能更能说明生物体的整体复杂性。根据已有研究成果，原核生物和病毒的基因组有以下几个特征。

1. 基因组较小，几乎无重复序列

原核生物大多只有一条染色体，DNA 分子较小。原核生物基因组的大小相差十几倍，从 0.6 Mb 到不到 8 Mb。所有基因组大小在 1.5 Mb 以下的原核生物都是寄生生物，生活在为它们提供小分子的真核宿主内。它们的基因组大小表明了细胞有机体所需的最小功能的基因数量。与基因组较大的原核生物相比，基因组小的原核生物所有类别的基因在数量上都有所减少，但最显著的减少是编码与代谢功能（主要由宿主细胞提供）、基因表达调控有关的酶的基因数量。

2. 存在转录单元

原核生物 DNA 序列中功能相关的 RNA 和蛋白质基因，在染色体中往往串联在一个或几个特定部位，形成功能单位或转录单元，它们可被一起转录为含多个 mRNA 的分子，叫多顺反子 mRNA。在大肠杆菌中，由几个结构基因及其操纵基因、启动基因组成的操纵子也是一种转录功能单位。例如，乳糖操纵子转录成编码 β-半乳糖苷酶、半乳糖苷通透酶、半乳糖苷乙酰转移酶等三种酶的多顺反子 mRNA；色氨酸操纵子转录成编码邻氨基苯甲酸合酶、磷酸核糖邻氨基苯甲酸转移酶、吲哚甘油磷酸合酶、异构酶、色氨酸合酶等 5 种酶的多顺反子 mRNA；组氨酸操纵子转录成一条多顺反子 mRNA，再翻译成组氨酸合成途径中的 9 种酶。

3. 有重叠基因

在一些细菌和动物病毒中有重叠基因，即同一段 DNA 能携带两种不同蛋白质的信息。1973 年，魏纳（Weiner）和韦伯（Weber）在研究一种大肠杆菌 RNA 病毒时发现，有两个基因从同一起点开始翻译，一个在 400 bp 处结束生成较小的蛋白质；而在 3% 的情况下，翻译可以一直进行下去直到 800 bp 处碰到双重终止信号时才停止，从而合成较大的蛋白质。1977 年，桑格（Sanger）在 Nature 上发表了 ΦX174 DNA 的全部核苷酸序列，发现了重叠基因。除了 ΦX174，SV40 病毒、G4 噬菌体的 DNA 中也存在基因重叠现象。基因重叠可能是生物进化过程中自然选择的结果。

2.3.2.2 真核生物基因组

不像原核生物有真细菌和古菌两个不同的遗传谱系，所有的真核生物都来自同一原始祖先，在遗传上都是相近的。所有真核生物的遗传亲缘关系指的是真核生物核基因组部分，而不是已经成为现代真核生物细胞一部分的线粒体或叶绿体 DNA 分子。所有真核生物都有原核生物所缺少的许多高级特征。

1. 真核生物基因组的总体结构

与细菌、细胞器和病毒中看到的精简而紧凑的基因组不同，真核细胞的核基因组非常大。在人类中，每个细胞核中有超过 60 亿 bp 的 DNA。绿色开花植物日本重楼，其基因组的长度超过 1500 亿 bp，比人类基因组大 45 倍。除了拥有大量的 DNA，真核生物的基因组还分裂成多条线性染色体。由于大多数真核生物是二倍体，因此同源染色体成对存在。染色体的数量与生物体的复杂性无关，如单细胞酵母（Saccharomyces cerevisiae）有 32 条染色体（即每个二倍体基因组有 16 对），拟南芥有 10 条，人类有 46 条，有些蕨类植物有数百条。对真核生物基因组结构最有趣的早期发现之一是，DNA 的数量与基因的数量并不相关。这种现象称为 C 值矛盾（或悖理）。这种差异是由真核生物中的非编码 DNA 造成的。

与细菌的非编码 DNA 相对较少不同，真核生物有相当多的非编码 DNA。即使是相对原始的真核生物，如酵母，也有近 50% 的非编码 DNA。因此，酵母的 DNA 含量约为大肠杆菌的 3 倍，但基因数量仅为大肠杆菌的 1.5 倍。高等真核生物含有更大比例的非编码 DNA。在哺乳动物中，如老鼠和人，其 DNA 大小有 300 Mb，却只含有约 2 万个基因。这意味着超过 95% 的 DNA 序列是非编码的。

然而，一些开花植物的基因数量与哺乳动物大致相同，但 DNA 含量是哺乳动物的 100 倍。一些两栖动物，如青蛙和蝾螈，拥有几乎同样多的 DNA。在真核生物中发现的大量非编码 DNA 可以根据位置和序列进行分类。在原核生物中，几

乎所有的非编码 DNA 都以短片段的形式存在于基因之间。在人类基因组中，基因间 DNA 的数量是高度可变的。在人类基因组的某些区域发现了大片段的基因间 DNA，而在其他区域，基因之间的距离较近。

不仅非编码的 DNA 散布在真核染色体上的基因之间，而且基因本身也经常被非编码的 DNA 间断。这些插入序列称为内含子（intron），而 DNA 中包含编码信息的区域称为外显子（exon）。大多数真核生物基因由外显子和内含子交替组成。

在酵母等低等单细胞真核生物中，内含子相对较少，而且通常相当短。相反，在高等真核生物中，大多数基因都有内含子，而且往往比外显子长。在一些基因中，内含子可能占据 DNA 的 90% 甚至更多。例如，*CFTR* 基因突变导致囊性纤维化，基因大小为 25 万 bp，有 24 个外显子，编码含 1480 个氨基酸的蛋白质。由于 1480 个氨基酸只需要 4440 bp 来编码，这意味着囊性纤维化基因中实际上只有约 2% 的基因在编码 DNA，其余的序列由 23 个内含子组成。

虽然罕见，但真核生物基因可以聚集在一起，而且有证据表明，一些真核生物基因实际上是作为操纵子转录的。大利什曼原虫是一种小型单细胞真核生物，通常称为锥虫，其基因组有许多大小不一的不同基因簇。每个基因簇被转录为一个单元。在线虫中，大约 15% 的基因存在于操纵子中。这些操纵子不包含功能相关的基因，而是受相同因子调控的基因。在其他真核生物中，如拟南芥，有证据表明一些小的非编码 RNA 基因是多顺反子的。尽管还没有证据证明人的多个 microRNA 基因被转录为一条 RNA，但发现有些 microRNA 在发育过程中成簇聚集并且功能相近。

2. 重复序列是真核 DNA 的一个显著特征

单一序列是指在基因组中只出现一次（或在二倍体基因组中出现两次）的序列。几乎所有细菌的 DNA 都由单一序列构成，其中绝大多数 DNA 是编码蛋白质的基因。然而，在高等生物中，单一序列可能只占总 DNA 的 20%。在人类中，全基因组只有 2% 的单一序列，大约 50% 的基因组是各种重复序列。顾名思义，重复序列就是在整个基因组中重复多次的 DNA 序列。有些是彼此直接相连的串联重复，有些则在基因组中呈分散重复。有些重复序列是真正的基因，但大多数重复序列是非编码 DNA。

重复序列家族中的单个成员之间很少是每个碱基都相同的。但是，它们明显是在共有序列基础上通过微小的改变而衍生出来的。实践中比对很多相关的个体序列，并找出在每个位置最常发现的那些碱基，可以推导出这样的共有序列。换句话说，共有序列是通过比较许多不同但相关的序列得出的平均值。

在真核生物细胞中发现了一类相对较小的重复序列，即假基因。这些是真基因有缺陷的复制副本，其缺陷阻碍了它们的表达。一些假基因可以转录，其产物 mRNA 能调节其他基因的表达，但不能翻译成蛋白质。假基因只有一到两个拷贝，可能紧挨着原始功能基因，也可能远离，甚至存在于其他染色体上。从数量上讲，假基因只占 DNA 的一小部分。然而，它们在分子进化中非常重要，因为它们是新基因的先驱。有时，基因复制后的两个拷贝都具有功能，这样有可能导致相关基因家族的形成。随着多个副本适应于执行相似但相关的角色，它们逐渐或多或少产生分歧。因此，一个基因家族的重复序列是密切相关的，但不是完全相同的。其中一个例子是 HOX 基因簇，它编码转录因子，在发育过程中调控生物形体发育。基因簇的第一个基因在发育过程中最早表达，而最后一个基因在最后表达。

基因组中有成百上千个拷贝的序列称为中度重复序列，大约 25% 的人类基因组属于这一类别。这包括高使用率基因的多个拷贝，如核糖体 RNA 的拷贝，以及重复多次的非编码 DNA 片段。由于每个原核细胞含有 10 000 个或更多的核糖体，因此它们的 DNA 通常含有 6 个 rRNA 基因拷贝。在更大更复杂的真核细胞中，rRNA 基因有成百上千个拷贝。到目前为止，在所研究的每一种生命形式中，rRNA 基因在基因组中以线性簇的形式排列。这些 RNA 被表达为多顺反子 RNA，然后被加工成单独的 rRNA。

许多中度重复的非编码 DNA 属于长散在核元件（long interspersed nuclear element，LINE），它们被认为是逆转录病毒的祖先。在哺乳动物每个单倍体基因组中，L1 家族有 20 000～50 000 个拷贝。一个完整的 L1 元件约为 7000 bp，包含两个编码序列。然而，大多数单独的 L1 元件都较短，并因序列重排扰乱了编码序列，使它们不起作用。大量的重复序列家族中的单拷贝序列通常是有缺陷的，并且大多数拷贝相对于亲本序列有大量缺失。不过，核糖体 RNA 基因是唯一例外。

此外，10% 的人类 DNA 由几十万到几百万个拷贝的序列组成。这种高度重复的 DNA 大部分由短散在核元件（short interspersed nuclear element，SINE）组成。目前认为这些序列几乎都是无功能的。最著名的 SINE 是 300 bp 的 Alu 元件，在其序列的 170 bp 处有一个限制性核酸内切酶 Alu Ⅰ 的识别位点 AGCT，故命名为 Alu 元件。人类单倍体基因组中散布有 300 000～500 000 个拷贝的 Alu 元件，也就是说平均 4～6 kb 中就有一个 Alu 元件，占人类遗传信息的 6%～8%。最近的研究表明，它们可能与 RNA 聚合酶Ⅱ结合，抑制基因转录。

3. 卫星 DNA

卫星 DNA 是高度重复的串联重复序列 DNA。当用氯化铯密度梯度离心法分离基因组 DNA 时，重复的 DNA 会形成较轻的条带，像卫星一样伴随在基因组带的附近（图 2.20）。

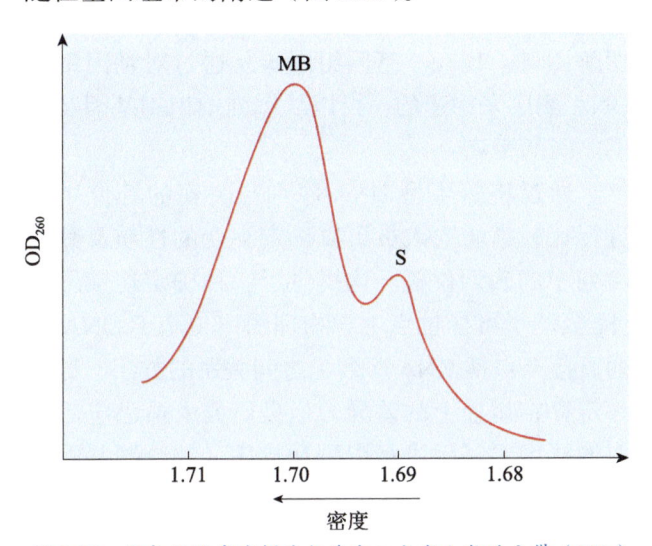

图 2.20 用氯化铯密度梯度超速离心分离小鼠的主带（MB）和卫星（S）DNA（Klug，2020）

卫星 DNA 的数量变化很大。在哺乳动物如老鼠中，其卫星 DNA 约占 DNA 的 8%；而在果蝇中，卫星 DNA 占比近 50%。在减数分裂过程中，当同源染色体联会等待重组时，长串联重复序列往往不会对齐。不相等的互换将产生一个较短和一个较长的重复 DNA 片段。因此，在同一群体中，串联重复序列的确切数量因个体而异。

原位杂交实验证明，大部分卫星 DNA 位于染色体的着丝粒部分，也有一些在染色体臂上。这类 DNA 是高度浓缩的、惰性的，永久地紧紧缠绕在异染色质中。卫星 DNA 不转录，其功能不明，可能与染色体的稳定性有关。

4. 小卫星和 VNTR

由短串联重复序列组成，但拷贝数比卫星 DNA 少得多的 DNA 片段称为可变数目串联重复序列（variable number of tandem repeat，VNTR）。这些重复序列长度约为 25 bp 时被归类为小卫星 DNA，如果重复序列长度小于 13 bp 则称为微卫星 DNA（microsatellite DNA）或短串联重复序列（short tandem repeat，STR）。在哺乳动物中，VNTR 很常见，散布在整个基因组中。最常见的小卫星 DNA 之一是在真核细胞端粒（telomere）中发现的重复序列。

端粒是真核生物线性基因组 DNA 末端的一种特殊结构，它是一段 DNA 重复序列和蛋白质形成的复合体。其 DNA 序列相当保守，一般由多个短寡核苷酸串联在一起构成。端粒对于维持染色体的稳定性至关重要。由于 RNA 引物启动 DNA 复制的机制，线性 DNA 分子的末端在每一轮复制中都会缩短几个碱基。在那些被允许继续生长和分裂的细胞中，末端序列被端粒酶修复。如果端粒变得太短，细胞就会自杀，以防止出现异常分化、癌变和衰老等问题。人类的端粒 DNA 长 5～15 kb，由重复的 GGGTTA 组成。它具有保护线性 DNA 的完整复制、保护染色体末端和决定细胞的寿命等功能，有关端粒的研究是分子生物学的研究热点之一。

由于同源染色体间的不均匀交换，某种 VNTR 的重复次数有个体上的差异。虽然 VNTR 是非编码 DNA 而不是真正的基因，但不同的版本间可视为等位基因。例如，一些高度可变的 VNTR 可能有多达 1000 个不同的等位基因，几乎每个个体都有独特的模式。DNA 指纹技术可依据这一数量变异被应用于个体识别中。

综上所述，真核生物基因组具有以下特点：①真核生物基因组庞大，通常远大于原核生物的基因组。②真核生物基因组的大部分序列为非编码序列，占整个基因组的 90% 以上。该特点是真核生物与细菌和病毒之间最主要的区别。③真核生物基因组存在大量的重复序列。④真核生物基因组的转录产物为单顺反子。⑤绝大部分真核生物基因是断裂基因，有内含子结构，并在 mRNA 加工成熟过程中去除。⑥真核生物基因组存在大量的顺式作用元件，包括启动子、增强子、沉默子、调控序列和可诱导元件等；顺式作用元件本身不编码任何蛋白质，通过与反式作用因子相互作用参与基因表达的调控。⑦真核生物基因组中存在大量的 DNA 多态性。DNA 多态性是指 DNA 序列中发生变异而导致的个体间核苷酸序列的差异，主要包括单核苷酸多态性（single nucleotide polymorphism，SNP）和串联重复序列多态性（tandem repeat polymorphism）两类。

5. 细胞器基因组

真核细胞的两种细胞器（线粒体和叶绿体）也含有 DNA，具有半独立自主遗传特性。大多数细胞器基因组的形式是具有独特序列的单个环状 DNA 分子。线粒体 DNA 简写为 mtDNA，叶绿体 DNA 简写为 cpDNA。少数单细胞真核生物的 mtDNA 是线性分子。由于每个细胞有多个细胞器，因此每个细胞中有许多细胞器基因组。

叶绿体基因组相对较大，在高等植物中通常在 140 kb 左右，在单细胞真核生物中通常不到 200 kb。这与较大的噬菌体基因组的大小相当，如 T4 噬菌体的基因组约为 165 kb。每个细胞器有多个基因组拷贝，在高等植物中通常为 20~40 个拷贝。

线粒体基因组总的大小相差超过一个数量级。动物细胞具有较小的线粒体基因组，如哺乳动物约为 16.6 kb。每个细胞有数百个线粒体，每个线粒体都有多个 DNA 拷贝。线粒体 DNA 相对于核 DNA 的总量很小，估计不到 1%。在酵母中，线粒体基因组要大得多。在酿酒酵母中，不同菌株的 mtDNA 大小不同，但平均大小约为 80 kb。每个细胞大约有 22 个线粒体，相当于每个细胞器大约有 4 个基因组。在分裂的细胞中，线粒体 DNA 的比例可以高达 18%。

长期以来，人们认为线粒体基因组仅为线粒体编码蛋白质。如今，科学家已发现一种叫海默因或海默素（humanin）的多肽，由 24 个氨基酸组成，由哺乳动物线粒体基因组 16S rRNA 基因内一个 75 bp 的小可读框（MT-RNR2）编码，在线粒体外具有保护细胞和神经的功能，如能够保护神经细胞免于各种阿尔茨海默病相关因素诱导的凋亡。

总的来说，线粒体和叶绿体作为两种半独立自主遗传的细胞器，有各自的基因组 DNA，都有自己相对独立的 DNA 复制、转录和翻译系统。细胞器基因组通常是环状的 DNA 分子。除了少数蛋白质，线粒体和叶绿体中的大多数蛋白质由核基因编码。

2.3.3 基因组图谱

定义基因组的内容本质上意味着对生物体染色体上发现的遗传位点进行测绘和排序。连锁图谱以重组频率为单位显示基因座之间的距离。它依赖可视或可观察标记之间的重组而受限。这些标记要么是直接可见的（如表型性状），要么是可以以其他方式可视化的（如电泳）。用限制性核酸内切酶将 DNA 切割成片段，并测量切割位点之间的物理距离，即碱基对中 DNA 的长度（通过电泳凝胶上的迁移确定），从而构建限制性核酸内切酶图谱。现在，基因组图谱是通过对基因组的 DNA 测序来构建的，可以从序列中识别基因及它们之间的距离。

通过将野生型 DNA 序列与突变的等位基因进行比较，研究人员可以确定突变的性质及其在序列中的确切位置。这提供了一种确定连锁图谱（完全基于可变位点）和物理图谱（基于 DNA 序列，甚至包括 DNA 序列）之间关系的方法。尽管必定存在规模上的差异，但是研究人员已应用类似的技术对基因进行识别和排序，并绘制基因组图谱。毫无例外，其方法都是描述一系列重叠的 DNA 片段，并将其连接成一个连续的图谱。最关键的特征是，每个片段都可通过与相邻片段的重叠性被识别，并可确保没有任何片段的丢失。这一原理既适用于将大片段组装成图谱，也适用于连接组装成片段的序列。

绘制基因组图谱的一个目的是获得常见变异的目录。根据观察到的每个基因组的单核苷酸多态性（single nucleotide polymorphism，SNP）的频率进行预测，在整个人类群体中（考虑所有活着的人类个体的基因组），应该有超过 1000 万个 SNP 出现的频率超过 1%。现在可以对完整的个体基因组进行测序，并可以评估个体 DNA 水平的变异，既包括中性 SNP，也包括那些与疾病或疾病易感性相关的 SNP。

2.4　DNA 变性与复性

2.4.1　DNA 变性

由于氢键相对较弱，当 DNA 受热时，氢键容易发生断裂，如果温度升高到足够高，两条链最终会分离，这种现象称为 DNA 熔链或变性。每个 DNA 分子都有一个取决于其碱基组成的熔链温度（melting temperature，T_m），它被严格定义为熔链曲线上中点的温度，即 50% 的双链 DNA 转变为单链 DNA 时所对应的温度值。

DNA 在 260 nm 处吸光度最大，并且双螺旋 DNA 的光吸收比单链 DNA 低 40%。当 DNA 溶液温度升高到接近水的沸点时，双螺旋 DNA 分子发生熔链，DNA 溶液在最大吸收波长 260 nm 处的紫外线吸收值显著增加，原因是无序 DNA 比双螺旋 DNA 吸收更多的紫外线，这一现象称为增色效应（hyperchromic effect）。相反，减色效应（hypochromic effect）则是指双螺旋 DNA 中的碱基堆积降低了其对紫外线的吸收能力的现象（图 2.21）。

实验室常应用此原理通过检测 OD_{260}/OD_{280} 值（R 值）判断核酸的纯度和质量。如提取核酸时，测定 DNA 溶液在 260 nm、320 nm、230 nm、280 nm 下的吸光度分别代表了核酸、背景（溶液浑浊度）、盐浓度和蛋白质等有机物的吸光度值。OD_{260}/OD_{280} 值体现了核酸中的蛋白质等有机物的污染程度，纯 DNA 溶液的值为 1.8，纯 RNA 溶液的值为 2.0。当值小于 1.8 时，说明溶液中蛋白质等有机物的污染比较明显；当值大于 2.2 时，说明核酸已经被水解成了单核苷酸。

在解链过程中，DNA 从高度有序的双螺旋结构向无规则单链结构转变。T_m 值是 DNA 的一个重要的特征常数，其大小主要与下列因素有关。

1. DNA 中 GC 碱基对的比例

总体而言，GC 的含量越高，DNA 的 T_m 值也越高。这是因为 AT 碱基对只形成两个氢键，而 GC 碱基对形成三个氢键。溶液中双螺旋 DNA 分子中相邻两个碱基对会有重叠，形成疏水内核，产生了疏水性的碱基堆积（base stacking），称碱基堆积力（base stacking force），是维系双螺旋的重要因素。碱基对的两个碱基形成螺旋桨状扭曲，可提高相邻碱基对间的碱基堆积力，稳定 DNA。GC 碱基对比 AT 碱基对更有利于与相邻碱基对产生碱基堆积，碱基堆积力更强。

2. 溶液中的离子强度

两条 DNA 链的骨架包含了带负电荷的磷酸基团，当这些负电荷没有被中和时，DNA 双链间的静电斥力将驱使两条链分开。DNA 在较高的离子强度的溶液中更稳定，这是因为溶液中的阳离子减轻了主链上带负电荷的磷酸基团之间的静电斥力，从而起到了稳定作用。在低离子强度的溶液中，未被中和的负电荷将会降低双螺旋的稳定

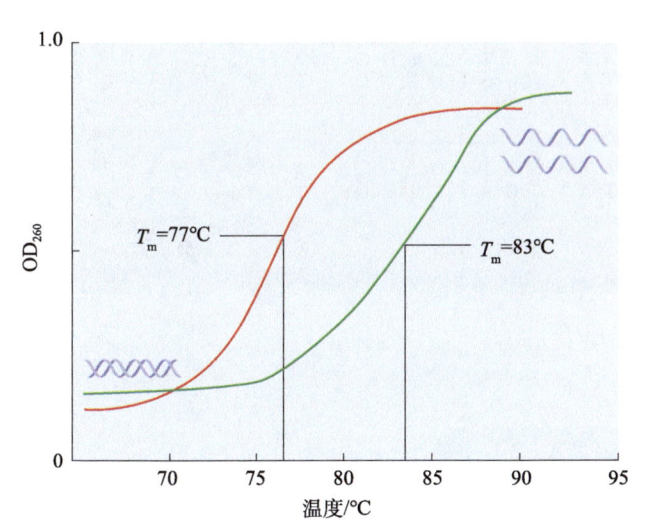

图 2.21　两个不同 GC 含量的 DNA 分子的紫外吸收随温度的增加（增色效应）（Klug，2020）

熔点为 83℃ 的分子比熔点为 77℃ 的分子具有更高的 GC 含量

性。在纯水中，即使在室温下，DNA 也会发生熔链现象。在离子强度较低的溶液中，DNA 的 T_m 值较低且范围宽，在离子强度较高的溶液中，T_m 值较高且范围窄。因此，DNA 样品一般在含盐缓冲溶液中比较稳定。

3. pH

极端的 pH 会破坏氢键。高度碱性的 pH 会使碱基去质子化，从而消除碱基形成氢键的能力。当 pH 为 11.3 时，DNA 就会完全变性。相反，非常低的 pH 会导致过度的质子化，也会阻止氢键的形成。

4. DNA 的均一性

一些病毒 DNA、人工合成的多腺嘌呤–胸腺嘧啶脱氧核苷酸等均质 DNA（homogeneous DNA）的解链温度范围较窄，而异质 DNA（heterogeneous DNA）的解链温度范围较宽，因此 T_m 值也可作为衡量 DNA 样品均一性的标准。

2.4.2 DNA 复性

如果 DNA 分子经过熔链后形成的单链被冷却，单链 DNA 将通过碱基配对识别它们的互补链，重新形成双链 DNA，这一过程称为退火（annealing）或复性（renaturation）。在生理条件下的溶液中，GC 含量为 40%（哺乳动物基因组的典型数值）的 DNA 约在 87℃变性，因此双链 DNA 在细胞温度下是稳定的，且在适当的条件下，DNA 的变性是可逆的。碱基互补配对的概念是所有涉及核酸的过程的核心。碱基对的破坏对双链核酸的功能至关重要，而形成碱基对的能力对单链核酸的活性至关重要。复性依赖于互补链之间的特定碱基配对。复性分两个阶段进行。首先，溶液中的单链 DNA 偶然相遇，如果它们的序列是互补的，两条碱基对就会产生一个短的双链区域。然后，碱基配对的这个区域沿着分子延伸，就像拉链一样，形成一个很长的双链。完全复性可恢复原始双螺旋的属性（图 2.22）。复性的性质适用于任何两个互补的核酸序列。但当涉及来自不同来源的核酸时，这种反应更普遍地被称为杂交（hybridization），比如 DNA 与 RNA 杂交的情况。两种核酸杂交的能力构成了对其互补性的精确测试，因为只有互补序列才能形成双链。DNA-DNA、DNA-RNA 或 RNA-RNA 组合可以发生变性和复性（杂交），可以是分子间，也可以是分子内的。两个单链核酸的杂交程度取决于它们的互补性。在适当的条件下，两个序列不需要完全互补就可以杂交。如果它们相似但不相同，则形成不完美的双链，其中碱基配对在两条单链不互补的位置中断。为了进行适当的退火，DNA 必须缓慢冷却，以便单链有时间找到正确的互补链。同时，应该保持适当的稍高温度，以破坏只有一个或几个碱基的区域上随机形成的氢键。这个温度以低于 T_m 20~25℃为宜。

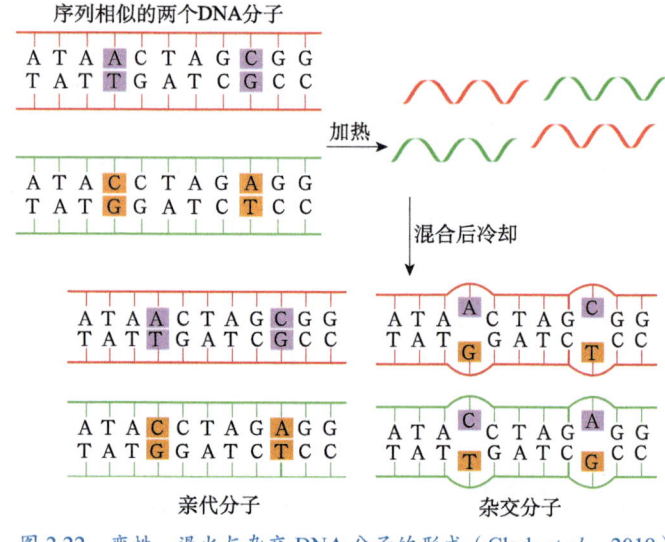

图 2.22 变性、退火与杂交 DNA 分子的形成（Clark et al., 2019）

2.5 DNA 与基因

每一种生物的遗传基础都是它的基因组。基因组是一个很长的 DNA 序列，是某物种单倍体细胞中一套完整的遗传信息，包括染色体 DNA、质粒和细胞器 DNA（线粒体 DNA 和叶绿体 DNA）中所有的基因和基因间区域。基因组本身并不在生物体的发育过程中扮演积极的角色，而是基因组内 DNA 序列的表达产物决定了生物体的生长和发育。通过一系列复杂的相互作用，DNA 序列指导生物体在合适的时间、合适的细胞和合适的亚细胞结构内产生 RNA 和蛋白质。蛋白质在生物体的发育中扮演着一系列不同的角色，如构成生物体的结构，执行生命所需的代谢反应，并作为转录因子、受体、信号转导途径中的关键角色同其他分子参与调节新陈代谢。

基因组包含每个 DNA 序列上的遗传信息。基因组的功能是通过一个个具体基因的功能来实现的。只有弄清每个基因的功能及实现其功能所需要的各种条件才能阐明基因组的功能。每个基因都是一个 DNA 序列，编码一种类型的 RNA，在大多数情况下，最终编码一种多肽。组成基因组的每条染色体都包含大量的基因。例如，原核生物支原体的基因组有 500 个左右的基因，人类的基因组大约有 2 万个基因，而水稻的基因组可能包含多达 5 万～6 万个基因。

2.5.1 经典的基因概念

行使生物学功能的是位于 DNA 上的一个个基因。生命的各种遗传性状正是依靠这一个个基因来发挥其作用。早在 1941 年，比德尔和塔特姆就发现碱基突变会引起酶的改变。他们首次给出了经典的基因定义：一个基因编码一种酶。这种观点认为，基因是彼此孤立、呈线性排列在染色体上的遗传实体；基因是最小的功能单位（functional unit），是不可分割的突变单位（mutation unit），是最基本的交换单位（cross-over unit）。经典的基因概念总的特征是，基因是三位一体的最小的遗传单位。

2.5.2 拟等位基因

随着基因研究的不断深入，经典的基因概念也遇到了不少的挑战。1925 年，斯特蒂文特（Alfred Henry Sturtevant）在研究果蝇复眼时发现，果蝇的复眼由位于 X 染色体 16A 位置上的一对等位基因控制。当染色体畸形造成该基因拷贝数增加时，果蝇复眼中小眼的数量显著减少，这种现象称为基因的剂量效应（图 2.23）。原来控制复眼发育的基因并没有发生任何改变，但相应的表型却显著地改变了。除此之外，当控制复眼发育的基因拷贝数不变，但其在染色体上的位置发生改变时，小眼的排列方式由原来的圆形转变为棒形，表型也发生了改变，这种现象称为基因的位置效应（图 2.23 和图 2.24）。位置效应的形成很可能是由于基因所处的染色体的状态发生了改变。有些染色体位置高度螺旋，导致 RNA 聚合酶无法与 DNA 模板结合，从而会抑制基因的表达。而另外一些染色体位置则可能正好相反，并且周围可能还存在增强子等会导致基因激活表达。由此可见，基因并不是孤立的，它会受到周围染色体环境变化的影响。

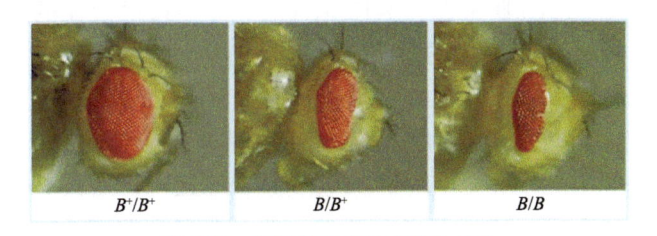

图 2.23 果蝇复眼形状的剂量效应

B^+/B^+. 果蝇正常野生型，椭圆形，由约 800 个小眼组成；
B/B^+. 杂合体眼，长棒状，由约 350 个小眼组成；
B/B. 纯合体眼，长棒状，由约 70 个小眼组成

基因型	小眼数	表型	=16A片段
B^+/B^+	779		
B/B^+	358		
B/B	68		
B^D/B^+	45		

图 2.24 果蝇复眼形状的剂量效应和位置效应

在分子生物学研究中还发现了一些比较特殊的现象，也对经典的基因概念产生了一定的挑战。经研究发现，某两个在染色体上相邻的基因，

如 a 和 a′，它们可以紧密连锁，并且控制着同一个或高度相似的性状。这些紧密连锁、控制同一性状的基因称为拟等位基因。既然拟等位基因控制同一性状又紧密连锁，是不是就是同一个基因呢？由于经典的基因概念认为，基因是最小的交换单位，基因内部不能发生交换，而 a 和 a′ 之间可以发生交换，所以被看作是两个不同的基因。后来发现，多数拟等位基因实际上是同一个基因，是同一顺反子内的不同交换子。

2.5.3 顺反子

顺反子的发现。1955 年，美国科学家本泽（S. Benzer）研究噬菌体侵染大肠杆菌，以大肠杆菌 T4 噬菌体 RⅡ 区段突变体为材料，完成遗传重组和功能互补实验后，提出了顺反子概念，认为一个基因就是一个顺反子。T4 噬菌体侵染宿主大肠杆菌 B 菌株和 K12 菌株后，产生边缘模糊的白色小噬菌斑（野生型表型）。当 RⅡ 区段突变以后，不能侵染 K12 菌株，且侵染 B 菌株后产生边缘清晰的圆形大噬菌斑（突变型表型）。

经研究发现，在 T4 噬菌体 RⅡ 区段负责其对大肠杆菌 K12 菌株的侵染，获得了多个在 RⅡ 区段存在突变的突变体。这说明 T4 噬菌体 RⅡ 区段存在多个突变单位（图 2.25）。考虑到基因是基本的突变单位，每一个突变单位是不是都代表着一个基因？RⅡ 区段究竟存在多少个基因呢？

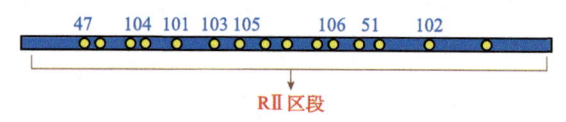

图 2.25　T4 噬菌体 RⅡ 区段的突变单位

例如，图 2.25 中的 RⅡ47 和 RⅡ101 位于两个相邻的区域，如果它们控制相同的性状，那么它们是两个等位基因还是同一个基因或顺反子呢？这就涉及基因是如何划分的问题，或者如何区分拟等位基因和顺反子？这看起来是一个比较复杂的问题，解决这个问题的方法是进行顺反试验。顺反试验就是根据顺式表型和反式表型来确定两个突变体是否属于同一个基因（顺反子）。

对于需要进行鉴定的两个 DNA 片段，首先，在这两个片段中间分别引入一个单突变。然后，通过杂交建立一个双突变杂合二倍体。这个杂合二倍体在染色体上有两种不同的排列方式，一种为两个突变体位点位于同一条染色体上，这种排列称为顺式排列，另一种为两个突变位点分别位于两条不同的染色体上，这种排列称为反式排列。最后，根据这两种排列所产生的表型来判断两个 DNA 片段属于两个拟等位基因，还是属于同一个基因。

顺式突变，总有一条染色体没有发生变化。由于未发生变化的染色体可以进行功能互补，因此顺式突变永远是野生型，这样顺式排列就无法用于区分顺反子，因此顺反子主要是根据反式排列的表型来确定。

如何根据反式排列来确定顺反子？以图 2.26 为例解释如何判断 A 和 B 这两个相连的 DNA 片段是两个拟等位基因还是属于同一个基因。先通过单位点突变和杂交试验，获得反式排列的双突变杂合体。如果表型为野生型，说明突变后两条染色体的功能仍然可以彼此互补。也就是说，A 和 B 是两个不同的基因，那么显然 A 基因突变不会对 B 基因造成影响，B 位点所在的区域中的功能保持完整，它可以在功能上补偿对面座位上 B 位点的突变。而 B 基因突变也不会对 A 基因造成影响。同理，A 位点也会产生功能上的互补作用。由于 A 和 B 位点都产生了功能上的互补，因此突变并没有造成基因产物功能上的改变，最后的表型为野生型。或者说，反式排列突变后，如果表型为野生型，意味着两个突变位点位于两个不同的基因中。

假设两个突变位点位于同一个基因中，分别用 A 和 A′ 来表示。由于 A 和 A′ 属于同一个基因，那么这个基因内部任何一个位点发生突变都会造成基因功能的改变。如图 2.26 所示，在上面的染色体中，如果 A 位点发生突变，那么 A 位点所在

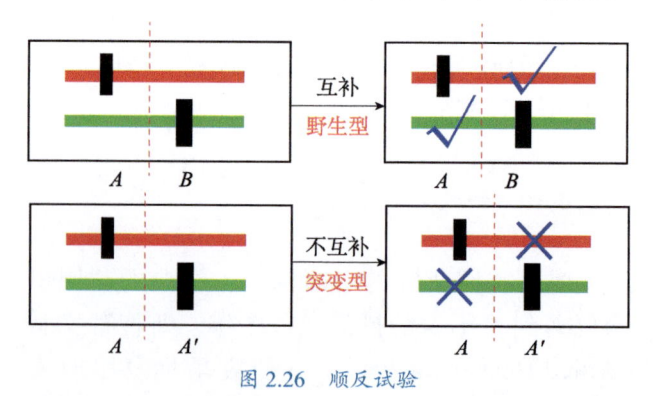

图 2.26　顺反试验

的整个基因，包括 A' 位点的功能都会改变，这样就无法对 A' 位点突变产生功能上的互补。同样，下面的染色体上 A' 位点突变后，这条染色单体上的 A 片段的功能也会受到影响，从而不能为对面座位上的 A 突变位点产生功能互补。由于 A 和 A' 位点都无法产生功能上的互补，最终的表型为突变型。或者说，反式排列突变后，如果表现为突变型，意味着两个突变位点位于同一个基因中。

在顺反试验中，如果两个突变位点可以形成功能上的互补，就会产生野生型表型，则这两个突变位点属于两个不同的基因，如果两个突变位点不能形成功能上的互补，就会产生突变型表型，则这两个突变位点属于同一个基因，即顺反子。从顺反试验中可以发现，同一个顺反子内部不同的突变位点或片段之间可以发生交换。因为在顺反试验中，双突变的杂合子的建立就是通过杂交获得的，杂交过程中两个突变位点所在的染色体片段必然发生了交换。另外，同一个顺反子内部可以存在多个不同的突变位点，即突变单位。以上两条都与经典的基因概念相矛盾。经典的基因概念告诉我们，一个基因就是一个基因的突变单位，基因内部不能发生交换。因此，在顺反试验后，人们提出了新的基因概念，即顺反子。

顺反子是一段完整的 DNA 链，包括 5′ 和 3′ 非编码区、外显子和内含子区。一个顺反子编码一条完整的多肽链，即一个基因编码一种蛋白质，而不是编码一种酶。其次，顺反子是一个具有特定功能的、完整的、可分割的、最小的遗传单位。顺反子内部可以存在多个交换单位和突变单位，这是对经典的基因概念的重大修订。基因的概念经历了至少两次重大的发展。1941 年，Beadle 和 Tatum 提出的经典的基因概念，一个基因编码一种酶，认为基因是编码酶的基因，内部不能交换，也不存在多个突变单位。1957 年，Benzer 以 T4 噬菌体为材料，在 DNA 分子水平上研究基因内部的精细结构，提出了顺反子（cistron）、突变子（muton）和重组子（recon）的概念。顺反子是一个遗传功能单位，一个顺反子决定一条多肽链，能产生一种多肽的就是一个顺反子，顺反子也就是现代基因的同义词。这就使以前"一个基因编码一种酶"的假说发展为"一个基因编码一种多肽链"。顺反子是遗传上不可分割的功能单位，但它并不是一个突变单位或重组单位，而要比它们大得多。一个顺反子可以包含一系列突变单位——突变子。突变子由 DNA 中一个或若干个核苷酸构成。重组子代表一个空间单位，有起点和终点，可以是若干个密码子的重组，也可以是单个核苷酸的互换。总之，顺反子学说打破了"三位一体"的基因概念，把基因具体化为 DNA 分子上特定的一段序列——顺反子，其内部又是可分的，包含多个突变子和重组子。

2.5.4 现代基因的概念

现代基因是指一段有功能的 DNA 序列，是一个遗传功能单位，编码功能性蛋白质多肽链或 RNA 所必需的全部碱基序列，负载特定的遗传信息，并在一定条件下调节、表达遗传信息，指导蛋白质合成。一个基因除了包括编码终产物为多肽、蛋白质或 RNA 的序列，还包括为保证转录所必需的调控序列，如含有内含子及相应编码区上游 5′ 端和下游 3′ 端的非编码序列。

现代分子生物学的不断发展，特别是 DNA 分子克隆技术、DNA 序列的快速测定及核酸杂交技术等现代手段的不断涌现，为进一步深入研究基因结构和功能提供了有利条件，发现了多种不同特征的基因，如移动基因、断裂基因、重叠基因、假基因等，丰富了人们对基因本质的认识。

思考与挑战

1. 简述 DNA 双螺旋模型，评判其在分子生物学发展史中的重要意义。
2. 比较原核与真核生物基因组结构特点的异同。
3. 试述真核生物染色体上组蛋白的种类、组蛋白修饰的类型及其生物学意义。
4. 什么是 DNA 的 T_m 值？它受哪些因素的影响？
5. 简述实验室如何应用增色效应或减色效应判断核酸的纯度和质量。

数字课程学习

1. 生命的遗传物质
2. DNA 分子的结构
3. DNA 的变性与复性
4. 顺反子
5. 生物进化 C 值矛盾

课后拓展

1. 温故而知新
2. 拓展与素质教育
3. DNA 双螺旋结构的发现

主要参考文献

戴余军，仇小艳，李长春．2021．现代分子生物学（第五版）同步辅导与习题集．西安：西北工业大学出版社．

杨荣武．2017．分子生物学．2版．南京：南京大学出版社．

朱玉贤，李毅，郑晓峰，等．2019．现代分子生物学．5版．北京：高等教育出版社．

Boutorine A. S., Novopashina D. S., Krasheninina O. A., et al. 2013. Fluorescent probes for nucleic acid visualization in fixed and live cells. *Molecules*, 18: 15357-15397.

Chleif R. 1993. Genetics and Molecular Biology. 2nd ed. London: The Johns Hopkins University Press.

Clark D. P., Pazdermik N. J., McGehee M. R. 2019. Molecular Biology. 3rd ed. London: Academic Press of Elsevier.

Guéron M., Leroy J. L. 2000. The i-motif in nucleic acids. *Curr Opin Struct Biol*, 10: 326-331.

Hu L., Lim K. W., Bouaziz S., et al. 2009. Giardia telomeric sequence d(TAGGG)4 forms two intramolecular G-quadruplexes in K^+ solution: effect of loop length and sequence on the folding topology. *J Am Chem Soc*, 131: 16824-16831.

Klug W. 2020. Concepts of Genetics. 12th ed. Harlow: Pearson Education Limited.

Krebs J. E., Goldstein E. S., Kilpatrick S. T. 2018. Ewin's Genes XII. Burlington: Jones & Bartlett Learning.

Kruithof M., Chien F. T., Routh A., et al. 2009. Single-molecule force spectroscopy reveals a highly compliant helical folding for the 30-nm chromatin fiber. *Nature Structural & Molecular Biology*, 16(5): 534-540.

Lodish H. 2016. Molecular Cell Biology. 8th ed. New York: W. H. Freeman Macmilan Learning.

Ou H. D., Sébastien P., Deerinck T. J., et al. 2017. ChromEMT: Visualizing 3D chromatin structure and compaction in interphase and mitotic cells. *Science*, 357(6349): eaag0025.

Passarge E. 2018. Color Atlas of Genetics. 5th ed. New York: Thieme.

Rhodes D., Lipps H. J. 2015. G-quadruplexes and their regulatory roles in biology. *Nucleic Acids Res*, 43: 8627-8637.

Simonsson T. 2001. G-quadruplex DNA structures—variations on a theme. *Biol Chem*, 382: 621-628.

van Holde K. E., Zlatanova J. 2018. The Evolution of Molecular Biology. London: Academic Press of Elsevier.

Vinograd J., Lebowitz J., Radloff R., et al. 1965. The twisted circular form of polyoma viral DNA. *Proceedings of the National Academy of Sciences of the United States of America*, 53(5): 1104-1111.

Watson J. D., Baker T. A., Bell S. P., et al. 2015. Molecular Biology of the Gene. 7th ed. New York: Cold Spring Harbor Laboratory Press.

Weaver F. W. 2011. Molecular Biology. 5th ed. New York: McGraw-Hill.

Woodcock C. L., Frado L. L., Rattner J. B. 1984. The higher-order structure of chromatin: evidence for a helical ribbon arrangement. *J Cell Biol*, 99: 42-52.

Yaku H., Fujimoto T., Murashima T., et al. 2012. Phthalocyanines: a new class of G-quadruplex-ligands with many potential applications. *Chem Commun (Camb)*, 48: 6203-6216.

Zeraati M., Langley D. B., Schofield P., et al. 2018. i-motif DNA structures are formed in the nuclei of human cells. *Nature Chemistry*, 10: 631-637.

第 3 章
DNA 的复制

DNA 作为主要的遗传物质，它必须具备的基本特征是能够准确地进行自我复制。自 1953 年沃森（Watson）和克里克（Crick）提出 DNA 双螺旋模型后，许多科学家对 DNA 复制的基本过程和分子机制进行了深入、系统的研究。DNA 复制是亲代双链 DNA 分子在 DNA 聚合酶及相关蛋白质的作用下，分别以每条单链 DNA 分子为模板，聚合与模板链碱基互补配对的游离脱氧核糖核苷三磷酸，合成两条与亲代 DNA 分子完全相同的子代双链 DNA 分子的过程。然而，由于 DNA 复制过程的复杂性，有关 DNA 复制过程中的部分分子机制还未能完全揭示。例如，在双链 DNA 分子复制过程中，各种蛋白质在分子水平的结构变化及协调作用，是否还有新的蛋白质参与；DNA 复制如何实现高速度和高保真；高等真核生物中 DNA 复制起始位点的鉴别和应用等。这些问题的解决有赖于生物学新技术如冷冻电镜、高通量测序、单分子实时动态观察等的发展。本章将主要介绍 DNA 复制的基本特征，DNA 聚合酶的作用机制，DNA 复制的起始、延伸、终止过程及其涉及的相关蛋白质的功能，复制的细胞周期调控及线性末端 DNA 的复制等内容。

3.1 DNA 复制的基本特征

3.1.1 DNA 的半保留复制

Watson 和 Crick 在提出 DNA 双螺旋模型时就对 DNA 的复制过程进行了科学的预测。根据其作为遗传物质的特点，推测 DNA 双链分子会彼此分离，作为模板，按 AT 和 GC 配对的原则合成两条新链，这种方式称为半保留复制。如何证明 DNA 复制为半保留复制呢？1958 年，梅塞尔森（Meselson）和斯塔尔（Stahl）利用氯化铯（CsCl）密度梯度离心实验为半保留复制提供了有力的科学证据。该实验的核心要点为：①如何标记亲代和子代 DNA 链；②如何对亲代和子代 DNA 链进行区分。他们采用同位素 ^{14}N 和 ^{15}N 分别对亲代和子代 DNA 链进行标记，同时，由于标记 ^{15}N 的 DNA 链比标记 ^{14}N 的 DNA 链质量大，因此可以通过氯化铯密度梯度离心区分质量不同的双链 DNA。在普通培养基中对细菌进行培养，可以获得 ^{14}N 标记的双链 DNA（LL 链）；在含 ^{15}N 的培养基中培养的细菌含有 ^{15}N 标记的双链 DNA（HH 链）。氯化铯密度梯度离心的原理为，重盐溶液在高速离心的情况下，会在离心管中形成密度梯度，靠近管底部分的溶液密度会更高（离心力更大）。如果选择密度合适的盐溶液，可以使 DNA 分子离心时位于管的中部，并可以使重链 DNA 和轻链 DNA 在离心管中的不同位置形成条带。可以预见，当 DNA 两条链均为 ^{14}N（LL）标记时，离心后，其条带分布在离管底较远处；而被 ^{15}N 标记的双链（HH），则离管底较近。如果双链为杂合（LH），离心后，其条带的位置应位于 LL 和 HH 之间（图 3.1A）。实验时，在含有 ^{15}N 的培养基中生长的细菌 DNA 进行密度梯度离心时，其条带出现的位置在 HH 处，将细菌转移到普通培养基生长一代时，DNA 条带会出现在 LH 处；而将

细菌转移到普通培养基生长两代后，其 DNA 条带分别位于 LH 和 LL 处。上述结果说明，DNA 复制后双链保留了一条原来的模板链（图 3.1B）。除了半保留复制的方式，当时也有推测 DNA 可能也存在全保留复制和随机复制，但 Meselson 和 Stahl 的实验排除了上述两种 DNA 复制的可能性。

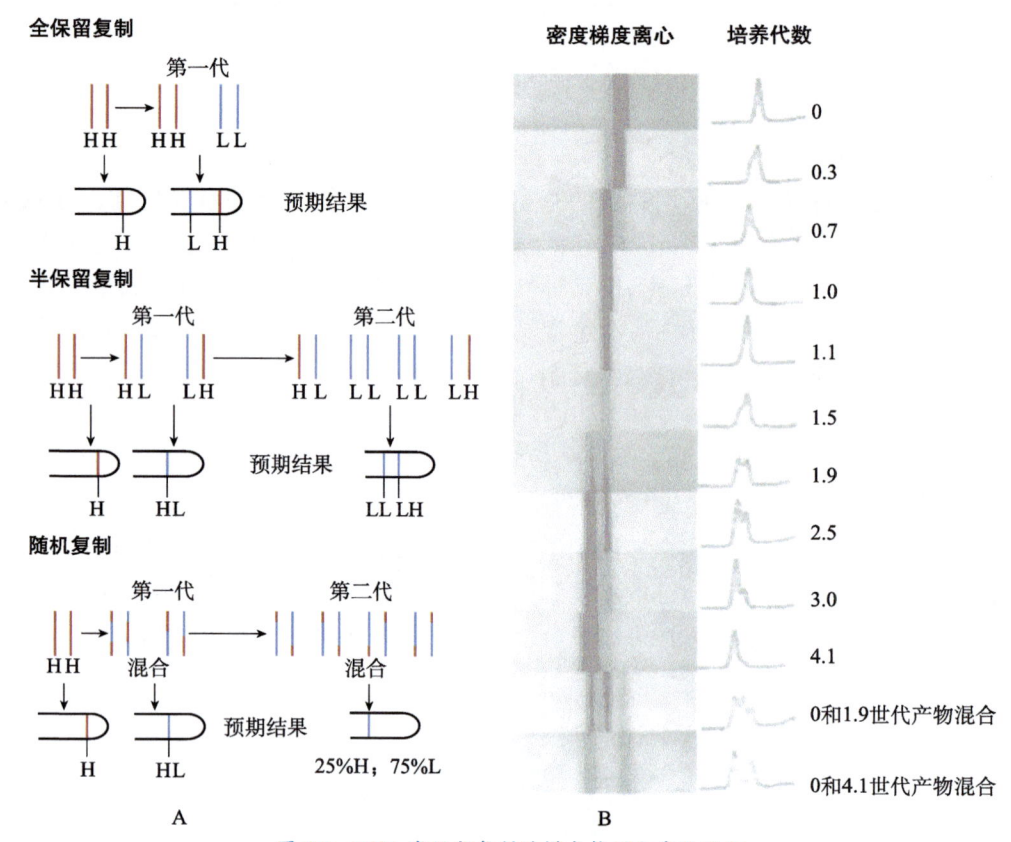

图 3.1 DNA 半保留复制的模式推测和实验验证

A. DNA 复制模式的推测及可能的实验结果；B. 利用氯化铯密度梯度离心的实验方法验证 DNA 半保留复制（Meselson & Stahl, 1958）。H. ^{15}N 标记的重链；L. ^{14}N 标记的轻链

3.1.2 DNA 复制方向为 5′→3′

DNA 双螺旋模型是由两条碱基互补配对、反向平行的多聚脱氧核糖核苷酸链组成的，单链分子是由脱氧核苷酸之间的 3′ 羟基和 5′ 磷酸基团形成磷酸二酯键连接而成的。DNA 的合成方向为 5′→3′，这是由 DNA 聚合酶的特性决定的。1956 年，科恩伯格（Kornberg）成功地从大肠杆菌中分离到 DNA 聚合酶 I 后，又相继分离到 DNA 聚合酶 II 和 DNA 聚合酶 III，所有 DNA 聚合酶的作用均为 5′→3′ 合成 DNA 链。

在磷酸二酯键形成过程中，引物链 3′ 羟基基团攻击核苷三磷酸的 α-磷酰基团，释放焦磷酸基团，焦磷酸水解释放能量和两个磷酸分子。焦磷酸水解是 DNA 合成的驱动力，单个核苷酸添加到 DNA 分子上，如果不计算焦磷酸水解释放能量，其反应的自由能 $\Delta G=-3.5$ kcal/mol；如果该反应与焦磷酸水解偶联，可使得自由能 $\Delta G=-7$ kcal/mol，其相对应的平衡常数约为 10^5，如此高的平衡常数意味着 DNA 合成反应是完全不可逆的。

从 DNA 合成过程中碱基的掺入情况看，如果 DNA 链的延伸方向为 3′→5′，新生 DNA 单链

的 5′ 端必须带有三个磷酸基团才能与 dNTP 的 3′ 羟基发生聚合反应。那么，dNTP 所具有的强烈负电荷与新生 DNA 链 5′ 端所带的强烈负电荷之间产生静电斥力，将阻止 dNTP 向 DNA 链 5′ 端靠近。另外，当复制发生错误需要进行校正时，聚合酶必须先对错误掺入的 dNMP 进行切除，随后还需动用其他酶系统添加两个磷酸基团，形成三磷酸末端后，才能保证下一次聚合反应的进行，从而费时费能（图 3.2）。

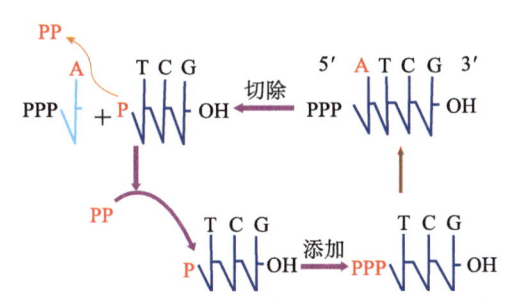

图 3.2　DNA 复制方向为 5′→3′ 有利于 DNA 对错误合成的修复

3.1.3　DNA 分子的半不连续复制

DNA 的合成是在引物的 3′ 端按照碱基互补配对原则，产生一条新的 DNA 链的过程。然而在细胞中，DNA 双链的复制是同时进行的，这就需要将双螺旋的两条链分开。分开的模板链与未复制的双链 DNA 之间的连接区称为复制叉（replication fork），复制叉向着未复制的 DNA 双链区域连续运动，其后留下指导两个子代 DNA 链形成的单链 DNA 模板。DNA 反向平行的性质及 DNA 聚合酶作用的单一方向，使得复制叉上两条暴露的模板中仅有一条能够随着复制叉的运动进行连续的复制。此模板指导下新合成的 DNA 链称为前导链（leading strand）。另一条 DNA 模板指导下的 DNA 链的合成与复制叉运动的方向相反，此模板指导下合成的 DNA 链称为后随链（lagging strand）。后随链必须以不连续方式进行合成。虽然 DNA 聚合酶在模板链解开后就能复制前导链，但是后随链在其能够复制之前，必须等复制叉运动并暴露出足够长的模板后才能进行合成。当新的后随链模板暴露足够长后，DNA 合成才起始，并持续至它抵达后随链 DNA 的上一个新合成片段的 5′ 端为止。

新生链的复制过程中，后随链是否采用不连续复制，其片段的大小如何？1968 年，冈崎（Reiji Okazaki）分别采用脉冲标记实验和脉冲追踪实验对上述问题进行了研究。在脉冲标记实验中，冈崎利用 T4 噬菌体侵染大肠杆菌后，以同位素标记的 dTTP 进行非常短时间的标记。经过 2 s、7 s、15 s、30 s、60 s 和 120 s 的脉冲标记后，提取噬菌体 DNA，经变性后进行氯化铯密度梯度离心，检测具有放射性 DNA 片段的大小。结果表明，经同位素标记不同时间（尤其是复制的早期，如 2～30 s）的新合成 DNA 片段的沉降系数（S）几乎都为 10～20S，对应 DNA 片段大小为 1000～2000 bp（图 3.3A）。为了研究脉冲标记实验中所发现的 10～20 S 的小片段在复制全过程中的去向，冈崎进行了脉冲追踪实验。在该实验中，他将实验菌株先进行同位素标记培养 30 s，然后转入正常培养基中继续培养 15 min；随后分离 DNA，并对其 DNA 进行密度梯度离心，结果发现小片段已被连接成为 70～120 S 的大片段。上述实验结果表明，DNA 链合成时，最早出现的是 1000～2000 bp 的片段，这种片段称为冈崎片段。

奇怪的是，上述结果表明，前导链和后随链的复制方式均为不连续复制，这与预测的结果不相符。科学家通过进一步的研究表明，在大肠杆菌的细胞内存在 dUTP 和 dTTP 两种类似物，其浓度比大约为 1∶300，而 DNA 聚合酶Ⅲ不能区分这两者。一旦将 dUMP 聚合到 DNA 分子中，会导致产生大量的突变。为应对此种情况，细胞中由 ung 基因编码的尿嘧啶-N-糖苷酶（ungase）可以迅速将已经插入到 DNA 分子中的 dUMP 碱基切除，再由其他的酶完成修复。在前导链合成的过程中，约 1200 个核苷酸就有一个 dUMP 被切除，这样就会得到与冈崎片段相似大小的 1000～2000 bp 的片段，这种片段称为 dUMP 片段。冈崎选用 DNA 连接酶突变体再次进行脉冲追踪实验，结果发现连接酶突变后冈崎片段与 dUMP 片段均不能被连接成大片段（两者的加工均需要连接酶）（图 3.3B）。这进一步证明了在脉冲标记实验中，后随链的冈崎片段与前导链的 dUMP 片段均以相似的大小出现在研究结果中。1978 年，奥利韦拉（Olivera）据此提出了 DNA 复制的半不连续模式。

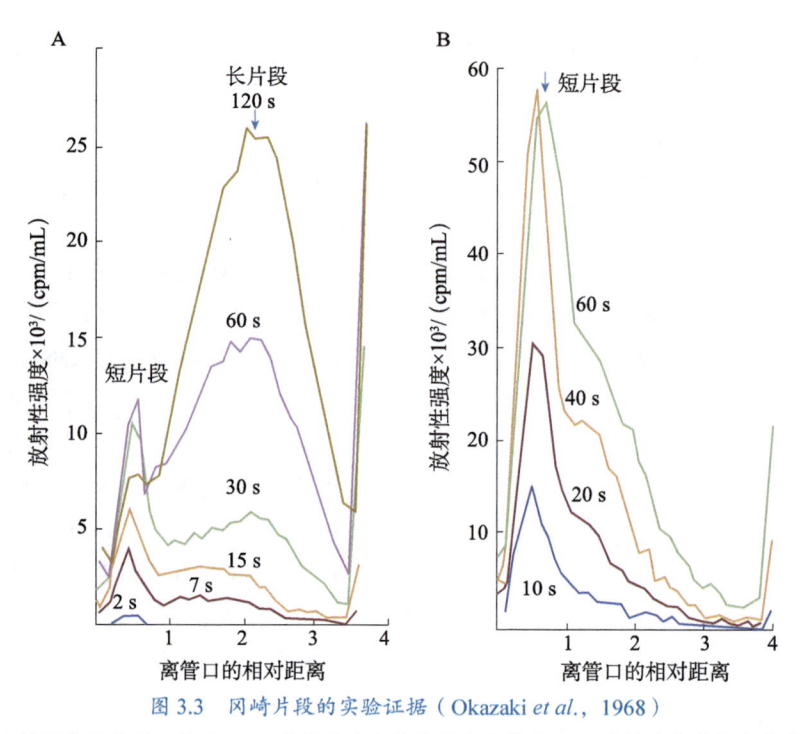

图 3.3　冈崎片段的实验证据（Okazaki et al., 1968）

A. DNA 分子复制的脉冲标记实验结果，显示 DNA 复制中存在长片段和短片段；B. 采用连接酶突变体进行脉冲追踪实验，显示短片段 DNA 富集

3.1.4　DNA 复制的起点和方向

DNA 复制是遗传物质传递的需要。涉及 DNA 复制的相关序列或蛋白质的突变体较难获得，因此早期研究 DNA 复制过程主要采用一些温度敏感性突变体，这些突变体可以用不同的温度控制 DNA 复制的发生或延伸。随着分子生物学技术的发展，采用 DNA 克隆的方法可以快速、简便地捕获大肠杆菌、酵母中的复制起始序列。该方法利用复制起始序列缺失的质粒（不含复制起始序列但具有用于筛选的抗性基因）为载体，克隆目标生物基因组 DNA 文库序列。通过转化，选择正常生长的菌落即可得到含有复制起始位点的 DNA 片段。一旦获得了含有起始位点的质粒，就可以通过分段克隆的方法，确定复制起始位点的最小区段。

通过复制起始位点克隆的方法，齐斯金德（Zyskind）确定了 E. coli 复制起始位点 oriC 的最小区段为 245 bp。通过与其他细菌比较，发现它们存在相似的序列，包括富含 AT 区域和回文对称序列。这种特殊的结构易于 DNA 局部解链，以及与 DNA 复制相关蛋白质相结合。

DNA 复制是从复制起始位点开始向两个方向展开的复制，称为双向复制。如果复制叉仅向一个方向展开，则称为单向复制。大肠杆菌基因组为环状 DNA 分子，只有一个起始位点，其复制起始位点与复制终点是分开的。在一个单向复制的环状 DNA 分子中，复制起始位点与复制终点是首尾相连的。大多数原核生物的 DNA 复制是单起始位点，按双向复制的方式进行。真核生物的 DNA 复制也是按双向进行的，但在一条染色体上有多个复制起始位点，表现为多复制子。DNA 分子无论是按双向复制还是按单向复制，其复制叉都是以一定的速度逐渐延伸的。

如何验证 DNA 复制的方式呢？1963 年，约翰·凯恩斯（John Cairns）利用 ^{3}H 放射自显影技术，将 E. coli 复制慢停的突变体培养在含 ^{3}H 标记的培养基中，直到复制进行到第二周期后，加入溶菌酶裂解，提取完整的环状 DNA，并将其固定到载玻片上，覆盖 X 光片进行放射自显影，最后获得了类 "θ" 字母的图像（图 3.4）。这不仅证明了 DNA 半保留复制的正确性，而且获得了 DNA 复制渐进过程的证据，同时提出了大肠杆菌 DNA 从一个起始位点开始按双向模式进行复制的结论。1973 年，久劳希茨（Gyurasits）和韦克（Wake）在枯草杆菌中也证实了复制叉分别向两个方向延伸（图 3.5）。同年，休伯曼（Huberman）和蔡（Tsai）以果蝇为材料的类似实验也表明真核生物

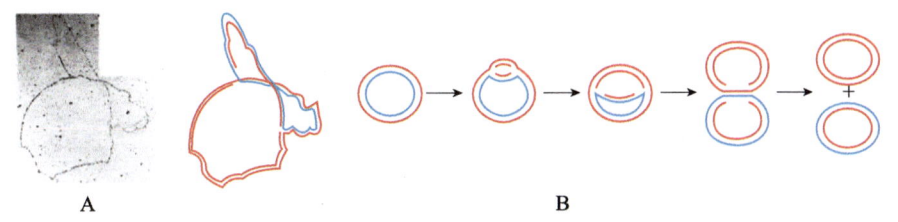

图 3.4　大肠杆菌中单复制起始位点双向复制（Cairns, 1963）
A. 放射自显影图像；B. 示意图

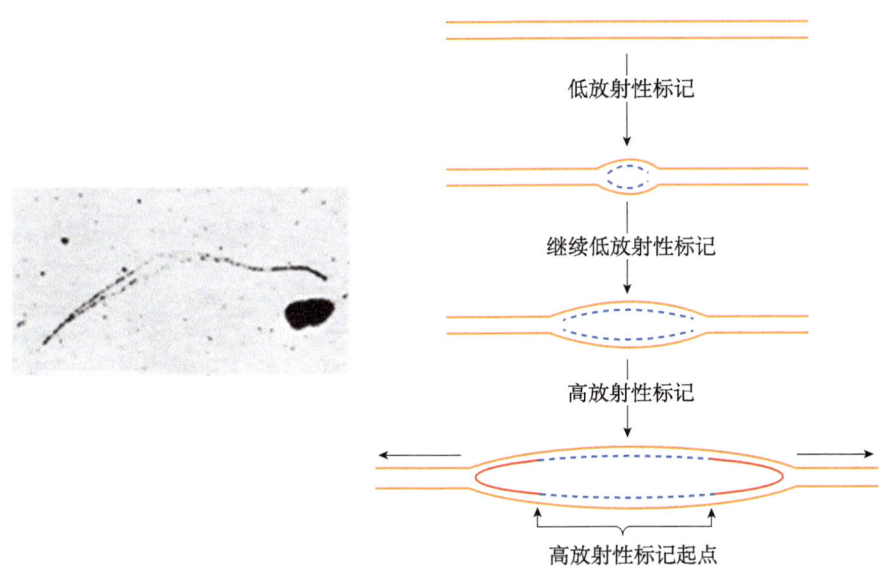

图 3.5　枯草杆菌中单复制起始位点双向复制（Gyurasits & Wake, 1973）

中 DNA 复制为双向复制，并且真核生物染色体上存在多个复制起始位点。

3.1.5　DNA 新链的起始需要 RNA 引物

DNA 聚合酶需要游离 3′-OH 作为引物才能发挥其功能，它不能够从头启动新 DNA 链的合成。与 DNA 聚合酶不同的是，RNA 聚合酶具备从头开始合成新 RNA 链的能力。引发酶（primase）是一种能在单链 DNA 模板上合成短 RNA 引物（5~10 nt 长度）的特殊的 RNA 聚合酶。因此，细胞可以利用引发酶先期合成一段 RNA 引物，随后 DNA 聚合酶就可以在引物的 3′-OH 上完成碱基的聚合，从而合成新的 DNA 链。

前导链和后随链都需要引发酶来启动 DNA 的合成，但是引发酶在这两种链上工作的频率却相差极大。每条前导链只需要一条 RNA 引物；相反，后随链的不连续合成意味着每个冈崎片段都需要新引物。因为一个复制叉可复制数百万碱基对，所以后随链的合成需要数百乃至数千冈崎片段及其相关的 RNA 引物。

DNA 复制需要 RNA 引物的最有力证据是 DNase 不能完全降解冈崎片段，总会留下一些 10~12 nt 的 RNA 小片段。这项研究工作主要是由冈崎（Reiji Okazaki）的夫人冈崎恒子（Tuneko Okazaki）及同事完成的，她们发现完整引物的长度为 10~12 nt。为降低核酸酶活性，从而避免降解 RNA 引物，研究者以核酸酶 H 缺失或 DNA 聚合酶 I 的核酸酶活性缺失或两者都缺失的突变菌株为研究对象开展研究，这样可大幅度提高完整 RNA 引物的产量。为了只标记完整引物，研究者用加帽酶、鸟苷酰转移酶及 [α-^{32}P] GTP 标记 RNA 引物的 5′ 端（鸟苷酰转移酶可以将 GMP 添加到 RNA 的 5′ 端磷酸盐上）。如果引物在 5′ 端被降解，那么它就会失去这些磷酸盐，也就不能被标记。用此方法对引物进行放射性标记后，研究者用 DNase 处理冈崎片段，去除其 DNA 部分。然后，将剩余的标记引物进行凝胶电泳（图 3.6）。实验结果显示，所有突变菌株中的 RNA 引物均产

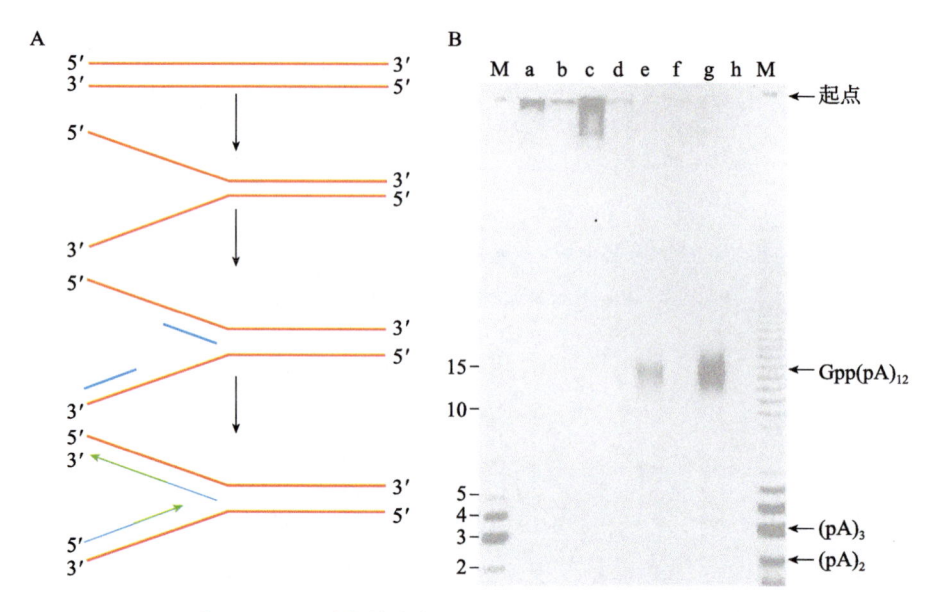

图 3.6 DNA 的复制需要 RNA 引物（Kitani et al., 1985）

A. 复制的引物结合处；B. 实验证据，图中 a、b、c、d 为样品未经 DNA 酶处理时，显示较高分子量的 RNA 引物与 DNA 连接的产物，e、g 显示加入 DNA 酶作用后的产物，被 DNA 酶降解的片段仅留下 10～12 nt 的 RNA 片段，而在 RNase H 和 DNA 酶处理的样品（f、h）中，没有放射性产物，M 表示标准分子量

生了清晰可见的条带，长度为（11±1）nt。野生菌株没有产生可检测的条带，核酸酶显然已经降解了大多数或全部完整的 RNA 引物。

3.1.6 DNA 复制的模式

3.1.6.1 "从头起始"复制

DNA 复制一般具有固定的复制起始位点，在起始位点处形成复制叉后，以双向复制的形式开始前导链和后随链的合成，这种复制模式称为"从头起始"的复制或复制叉式复制。细胞中复制的起始与细胞周期相适应，完成一轮复制后，下一轮的复制会从起始位点开始新一轮的复制。大肠杆菌基因组为环状 DNA，1963 年，Cairns 对大肠杆菌的 DNA 复制进行研究时，在电子显微镜下发现复制从一个起始位点开始，双链 DNA 的两个复制叉分别向两边展开，复制图形表现出"θ"结构。因此，这种环状 DNA 复制的方式，也称为"θ"型复制（图 3.4）。真核生物染色体 DNA 含有多个复制子，每一个复制子的每一轮复制也均是从一个起始位点开始，两个复制叉分别向两边展开，所以真核生物的复制也属于这一类型。绝大多数线型 DNA 分子的复制也属于这种类型。

3.1.6.2 滚环复制

大肠杆菌病毒 ΦX174 具有单链环状 DNA 基因组，ΦX174 病毒进入寄主细胞后，单链 DNA 经复制成为双链复制型（RF）。随后，双链复制型以滚环复制的方式产生大量的单链病毒分子。如图 3.7 所示，滚环复制的起始是在 RF 型 DNA 分子的正链上形成一个切口，暴露其 3′ 端羟基作为引物，以另一个单环负链为模板，开始启动新生正链的合成，从而置换另一端的正链。进一步

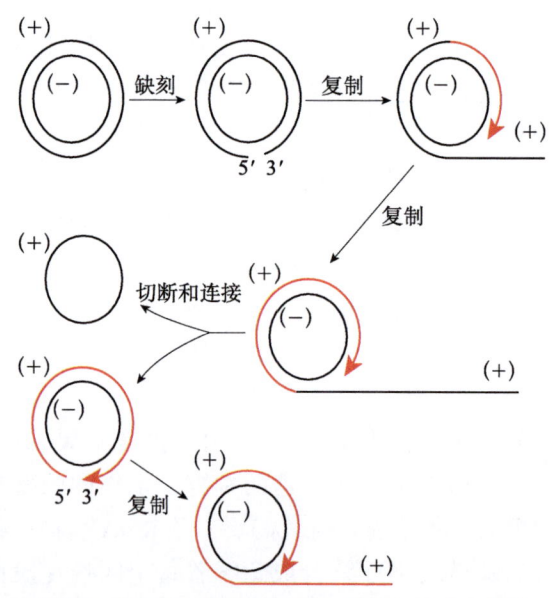

图 3.7 ΦX174 单链环状 DNA 基因组的滚环复制

的复制导致出现两倍基因组的长度，其中一份被切割和环化，产生正链的单链环状 DNA 分子。其余的部分继续复制，产生更多的环状分子。这种复制方式不同于"θ"模型，像一个倒置的 σ，也称为"σ"型复制。

滚环复制方式不仅存在于单链环状 DNA，λ 噬菌体中双链 DNA 的复制也采用这种方式。λ 噬菌体 DNA 早期复制在采用"θ"模型产生几个拷贝双链环状 DNA 分子后，进入滚环复制，合成线状的双链 DNA 分子，其复制叉类似大肠杆菌 DNA 复制，前导链不断合成，而后随链按冈崎片段合成的方式合成。子代 DNA 达到几个基因组的长度后，分段包装成噬菌体。从上述两个例子可以看出，滚环复制中前导链的启动不需要引物，直接在 3′ 羟基上启动复制，整个复制过程只有一个复制叉，也称为单向复制（图 3.8）。

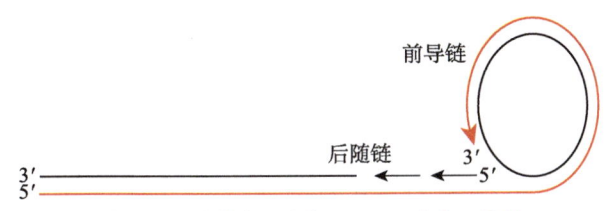

图 3.8 λ 噬菌体双链线状 DNA 的滚环复制

3.1.6.3 线粒体 DNA 的 D 环复制

真核生物线粒体 DNA 呈双链环状，共生学说认为其起源于原核生物，但其复制方式与原核生物完全不同，其采用的方式为 D 环复制。线粒体双链 DNA 分子中有两个复制起始位点，分别位于两条极性单链上，而且其相距较远，复制起始后，首先在重链的复制起点处形成复制泡，从 5′→3′ 的方向单方向进行，连续地复制前导链（新生轻链 L 链）。同时将另一条亲代轻链进行排除和置换，形成三链泡状的 D 环结构。当前导链复制到达第二个复制起点处时，以亲代轻链为模板，按相反的方向连续复制后随链（新生重链 H 链）。最后合成出两个环状 DNA 分子（图 3.9）。这种 DNA 复制有时也称为"置换式"。

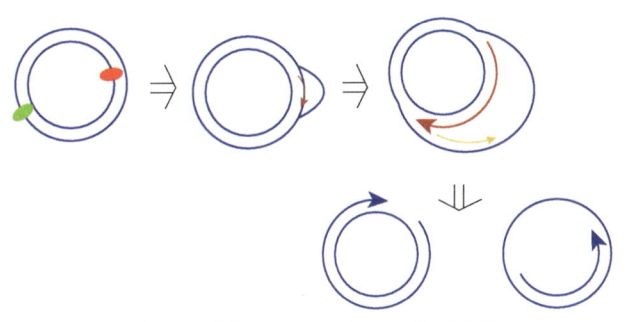

图 3.9 线粒体 DNA 的 D 环复制模型

3.1.7 DNA 聚合酶及其作用机制

DNA 合成需要模板、引物和 4 种脱氧核糖核苷三磷酸（dGTP、dCTP、dATP、dTTP），脱氧核糖核苷三磷酸通过 2′-脱氧核糖上的 5′ 羟基连接 3 个磷酸基团。最内侧的磷酸基团（最靠近脱氧核糖的基团）称为 α 磷酸，而中间的和最外侧的基团分别称为 β 磷酸和 γ 磷酸（图 3.10）。引物-模板配对（primer-template junction）提供 DNA 复制起始的底物，模板指导所有互补脱氧核苷酸添加到新合成的单链 DNA 分子中，而引物是与模板互补的小段序列，其与模板单链区毗邻的地方暴露 3′-OH，新的核苷酸 5′ 磷酸基团与此连接使得 DNA 链得以延伸。DNA 新生链通过引物 3′ 端的延伸而形成。在此反应中，引物链 3′ 端的羟基基团攻击引入的核苷三磷酸的 α 磷酸基团，释放一个焦磷酸分子，焦磷酸很快被焦磷酸酶水解成 2 个磷酸分子，该过程为 DNA 合成提供能量（图 3.11）。

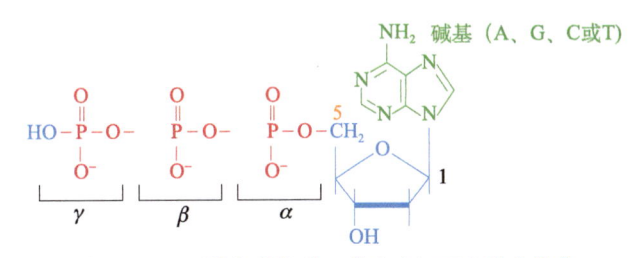

图 3.10 2′-脱氧核糖核苷三磷酸（dNTP）的结构式

DNA 聚合酶是催化 DNA 合成的关键酶，DNA 聚合酶的三维结构类似于一只右手，可分为手指域、拇指域和手掌域三部分，三部分分工协作完成新的核苷酸的准确掺入。手指域和拇指域由 α 螺旋构成，手指域中的几个残基可与引入的 dNTP 结合，并且一旦引入的 dNTP 与模板之间形成正确的碱基配对，手指域立即发生结构变化，

图 3.11 DNA 链延伸过程

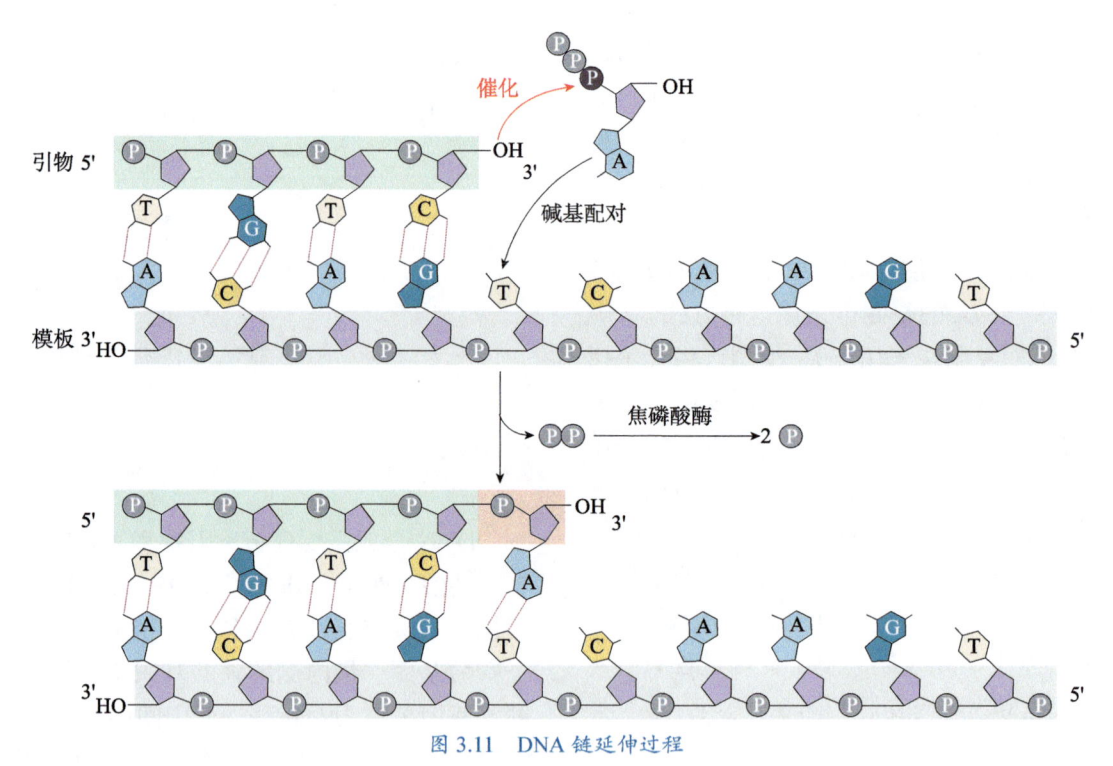

DNA 合成由掺入 dNTP 的 α 焦磷酸的亲核攻击引发。这导致引入的引物 3′ 端延伸一个核苷酸并释放一个焦磷酸分子；焦磷酸很快被焦磷酸酶水解成 2 个磷酸分子

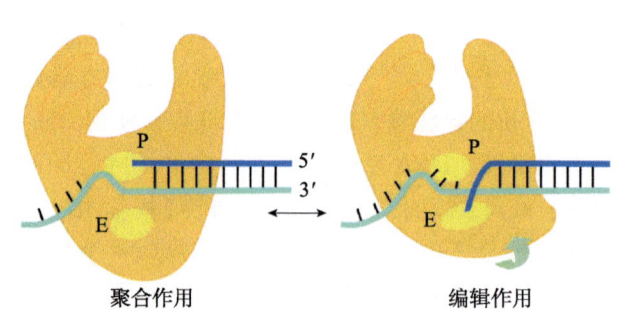

图 3.12 DNA 聚合酶的三维结构

图示 DNA 聚合酶与引物-模板接头结合的模式图，新合成的 DNA 与手掌域相连；DNA 聚合酶具有 DNA 合成（P）和编辑（E）的功能位点

包围住 dNTP。聚合酶手指域的这种闭合形式可以使引入的核苷酸与其中催化性的金属离子密切接触，从而催化磷酸二酯键的形成（图 3.12）。

为了保证 DNA 合成的准确性，DNA 聚合酶具有监测碱基准确掺入的机制。由于 DNA 聚合酶作用的底物是 4 种脱氧核糖核苷酸，说明其对核苷酸没有特异性，但可以通过监测碱基对之间的宽度来确定碱基配对是否准确。当形成正确的碱基配对时，DNA 聚合酶会"抓住"模板和引入的核苷酸。图 3.13 所示为引入核苷酸与 DNA 模板上的碱基准确配对之后，DNA 聚合酶结构发生

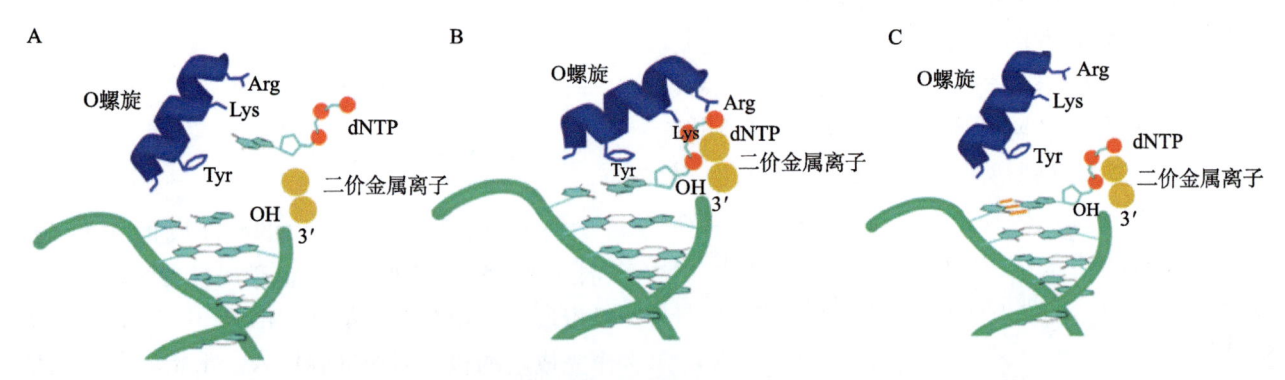

图 3.13 DNA 聚合酶在正确碱基掺入时的作用模式图

A. DNA 聚合酶上的 O 螺旋、模板引物结合体、待掺入的碱基；B. 新的碱基进入与模板上的碱基配对的位置，O 螺旋旋转，其中酪氨酸与碱基之间形成 π-π 键，另外两个氨基酸与磷酸之间形成离子键；C. 碱基配对形成，随后引物上的 3′ 羟基将攻击 α 磷酸形成磷酸二酯键

的变化。其中主要的变化是在手指域打开的构象中，一个被称为O螺旋（O helix）的结构远离引入的核苷酸。当聚合酶为闭合构象时，此螺旋旋转40°，并与引入的dNTP形成几处重要的相互作用结构。其中O螺旋上的酪氨酸与dNTP的碱基形成堆积作用，两个带电荷氨基酸残基Lys和Arg与磷酸基团结合。这些相互作用共同使dNTP就位，并由与DNA聚合酶结合的两个金属离子（黄色）介导完成催化反应。

与手指域和拇指域不同，手掌域与催化的关联不紧密，而是与最新合成的DNA相互作用。这有两个目的：①维持引物及活性部位的正确位置；②帮助维持DNA聚合酶与其底物之间实现紧密连接。这种连接有助于DNA聚合酶每次与引物-模板接头结合时，具有添加许多dNTP的能力。

DNA聚合酶的催化反应是非常快的，DNA聚合酶能在引物链上每秒添加1000个核苷酸。DNA合成的速度主要取决于DNA聚合酶的延伸能力。延伸能力（processivity）是酶合成多聚体产物的一种特性。对于DNA聚合酶，其延伸能力定义为每次酶与引物-模板结合时所添加的核苷酸的平均数。

为保证生物遗传物质的稳定性，细胞对DNA合成的精确度要求极高（约每添加10^{10}碱基对产生一个错误）。仅依靠碱基配对的正确性和几何学系统，无法达到细胞内要求的DNA合成的精确度。影响DNA聚合酶发生错误的主要因素来源于碱基偶然地变换成"错误"的互变异构体（亚氨基或烯醇）。碱基的这种互变异构体使不正确的碱基对可以位于催化中心正确的位置。这种错误的纠正可由DNA聚合酶中的核酸酶执行。DNA聚合酶中具有外切核酸酶活性位点，它可以从DNA的3′端，即从DNA链的生长端开始降解DNA，去除错配的核苷酸。为什么DNA聚合酶具有将刚合成的DNA降解的功能呢？当了解到这种外切核酸酶有很强的降解含错误碱基对DNA的倾向时，它的功能就变得清晰了。这样，当不正确的核苷酸被添加到DNA新合成链中时，校正外切核酸酶可将此核苷酸从引物链的3′端除去。这个新加长DNA的"校正"给了DNA聚合酶第二次添加正确核苷酸的机会。

DNA聚合酶编辑位点的作用是如何被激活的呢？一般来说，引物上最新加入的碱基如果配对不正确，会导致模板-引物与手掌域的相互作用减弱，从而导致引物上添加核苷酸的能力降低，这种情况下会增加校正外切核酸酶的活性。当错配核苷酸被除去后，DNA聚合酶与模板-引物的亲和力恢复，DNA合成继续进行。

DNA聚合酶的校正外切核酸酶的作用极大地增加了DNA合成的精确度。DNA聚合酶每添加10^5个核苷酸就会插入1个不正确的核苷酸，校正外切核酸酶将不正确配对碱基的发生概率降低到每添加10^7个核苷酸出现1次，而最终实现在细胞中观察到的实际突变概率，即每添加10^{10}个核苷酸出现1次错误。

原核生物大肠杆菌中至少有5种DNA聚合酶（表3.1）：DNA聚合酶Ⅰ～Ⅴ，而DNA聚合酶Ⅲ（DNA Pol Ⅲ）是大肠杆菌DNA复制过程中主要的聚合酶。大肠杆菌基因组全长为4.6 Mb，由2个复制叉进行复制，其复制由具有高度延伸能力的DNA聚合酶Ⅲ复合体完成。大肠杆菌DNA聚合酶Ⅰ（DNA Pol Ⅰ）的分子量为1.03×10^5，经枯草杆菌蛋白酶处理后，C端会形成6.8×10^4大小的片段，该片段具有5′→3′聚合DNA的功能和3′→5′外切校正功能，但效率较低，该片段也称为Klenow片段；N端会形成3.5×10^4的小片段，它具有5′→3′外切核酸酶的活性。鉴于DNA聚合酶Ⅰ的上述特点，它主要作用于DNA合成过程中冈崎片段的加工：①它能将DNA合成位点最

表3.1 大肠杆菌中的DNA聚合酶及其功能

聚合酶	外切核酸酶	亚基数	功能强弱	功能
DNA聚合酶Ⅰ	5′→3′ 3′→5′	1	弱（10～100）	冈崎片段加工
DNA聚合酶Ⅱ	3′→5′	1	弱	DNA修复
DNA聚合酶Ⅳ	无	1	非常弱（2～4）	旁路修复
DNA聚合酶Ⅴ	无	1	非常弱	旁路修复
DNA聚合酶Ⅲ核心酶	3′→5′	3	弱（10～100）	DNA复制
DNA聚合酶Ⅲ全酶	3′→5′	10	非常强（>10^5）	DNA复制

上游的 RNA 或 DNA 迅速除去，去除冈崎片段上的 RNA 引物；②其延伸能力不强，每次结合仅能添加 20~100 个核苷酸，适用于合成先前被 RNA 引物占据的短区域（<10 个核苷酸），以及对单链 DNA 缺口进行 DNA 的合成补齐；③其 5′ 外切核酸酶还可以除去 RNA 酶 H 所不能作用的 RNA-DNA 连接处。因为 DNA 聚合酶 I 和 DNA 聚合酶 III 都与 DNA 复制有关，所以这两种酶都必须有高度的精确性。因此，这两种酶都携带有相关的校正外切核酸酶活性。E. coli 中的另外 3 种 DNA 聚合酶主要用于 DNA 的修复，它们无校正活性。

真核细胞中通常有 15 种以上的 DNA 聚合酶。其中，对于基因组复制至关重要的有 3 种：DNA 聚合酶 δ、DNA 聚合酶 ε 及 DNA 聚合酶 α/引发酶（表 3.2）。这些真核生物的 DNA 聚合酶均由多个亚基构成。DNA 聚合酶 α/引发酶主要参与新 DNA 链的起始，它由两个亚基的 DNA 聚合酶 α 和两个亚基的引发酶组成。引发酶合成 RNA 引物后，所产生的 RNA 引物-模板接头立即与 DNA 聚合酶 α 结合以启动 DNA 的合成。因为 DNA 聚合酶 α/引发酶的延伸能力相对较低，所以很快就被高延伸性的 DNA 聚合酶 δ 或 ε 取代。DNA 聚合酶 δ 或 ε 取代 DNA 聚合酶 α/引发酶的过程称作聚合酶的切换（polymerase switching），这导致在真核细胞复制叉上有 3 种不同的 DNA 聚合酶在工作。与细菌细胞中类似，真核细胞中其他的 DNA 聚合酶大多参与 DNA 的修复。

表 3.2　哺乳动物中主要的 DNA 聚合酶及可能的作用

聚合酶	可能的作用
DNA 聚合酶 α	引发两条链的复制
DNA 聚合酶 δ	延伸后随链
DNA 聚合酶 ε	延伸前导链
DNA 聚合酶 β	DNA 修复
DNA 聚合酶 γ	线粒体 DNA 的复制

3.2　DNA 复制的过程

3.2.1　DNA 复制的起始

DNA 复制起始序列一般称作复制起始位点（replication initiation site）。不同的生物具有数量不同的复制起始位点。大肠杆菌只有一个复制起始位点，而真核生物每条染色体上可有一至数千个复制起始位点。

DNA 复制从复制起始位点到终止这一区域称为复制子（replicon），它是 DNA 进行复制的基本单位。大肠杆菌中的单条染色体只有一个复制起始位点，所以整条染色体是一个复制子。真核生物染色体具有多个复制子，每个复制子都有一个复制起始位点。指导 DNA 复制起始的顺式元件是特定的 DNA 序列，也称为复制器（replicator），是 DNA 解旋及 DNA 合成起始位点。对起始位点进行特异性识别的蛋白质称为起始子（initiator）。虽然不同物种包括细菌、病毒和真核细胞中的起始子及其识别的 DNA 序列不同，但它们都具有相似的作用模式。所有已知起始子均由 ATP 结合蛋白和水解蛋白调节，并且有共同的 ATP 结合基序。

DNA 复制始于起始子蛋白与特异 DNA 序列的结合，复制起始所需的其他蛋白质并不需要与 DNA 特异性地结合。其他蛋白质通过相互作用及对特殊 DNA 结构（如单链 DNA 或引物-模板接头）的亲和性而聚集到起始器上。起始子蛋白在复制起始过程中执行的功能：①与复制器中的特异 DNA 序列结合；②与复制起始过程中另外的必需因子相互作用，将其聚集到复制器上；③扭曲或解旋其结合位点附近的 DNA 区域以利于双链 DNA 打开。图 3.14 所示为大肠杆菌起始子蛋白 DnaA 与 DNA oriC 中的 9 个核苷酸重复单位元件结合，利用 ATP 提供的能量在局部打开 DNA 双链。DnaA 还与 DnaB 和 DnaC 在 oriC 中的 13 个核苷酸单位重复区相互作用，使该区域内 20 bp 的 DNA 链分离。此区域 DNA 解旋给其他复制蛋白提供了单链 DNA 模板，用于起始复制中的 RNA 引物合成和 DNA 聚合。

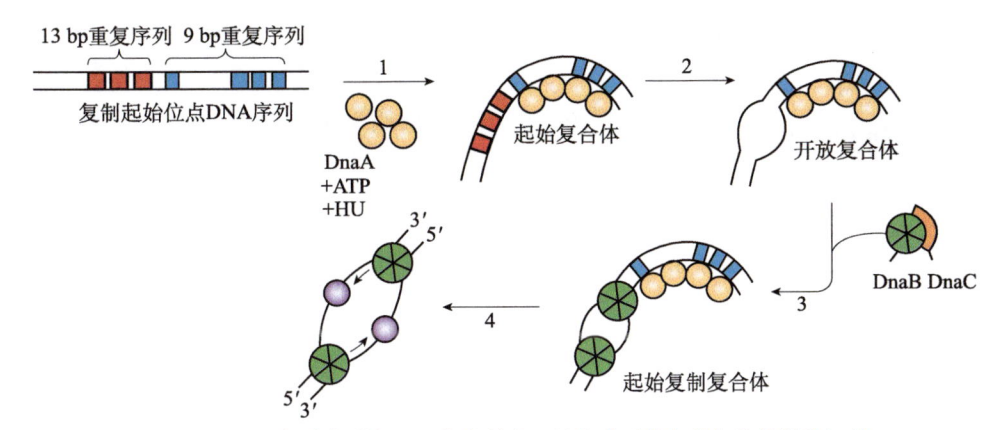

图 3.14　大肠杆菌复制起始子与复制起始位点序列结合并起始复制的机制

DnaA 蛋白在 HU 蛋白和 ATP 参与下引起 DNA 复制起始位点弯曲，形成开放复合体，随后 DnaB 和 DnaC 结合到 oriC 上，形成起始复制复合体，随后引发酶 DnaG 结合上去合成一段 RNA 引物，起始 DNA 复制

真核细胞中 DNA 复制的起始子称为起始点识别复合体（origin recognition complex，ORC），它由 6 个蛋白质组成。ORC 的功能在酵母细胞中有详细的研究，它可识别酵母复制器上的保守序列，与大肠杆菌 DnaA 的作用类似。ORC 结合起始位点上的特异 DNA 序列，进而招募真核细胞 DNA 解旋酶到复制器，该过程需要水解 ATP。与 DnaA 不同的是，与酵母复制器结合的 ORC 自身并不指导相邻 DNA 链的分离，但 ORC 可直接或间接地将其他复制蛋白全部召集到复制器上。

3.2.2　参与 DNA 复制的蛋白质及其功能

3.2.2.1　拓扑异构酶

拓扑异构酶可以除去 DNA 解旋时在复制叉上产生的超螺旋。随着复制叉上 DNA 链的分离，复制叉前面的双链 DNA 变得更加正超螺旋化，这种超螺旋的积累是 DNA 解旋酶消除了两链间碱基配对的结果。如果 DNA 链保持不断裂，则不会有调节 DNA 双链解旋的连环数（两条 DNA 链互绕的次数）的减少。因此，随着 DNA 解旋酶的行进，DNA 必须在越来越少的碱基对中维持同样数目的连环数。事实上，当超螺旋数保持不变时，每 10 个 DNA 碱基解旋时就有约 1 个 DNA 连环被除去。如果没有机制来消除这些超螺旋累积的话，复制器将在不断上升的压力面前陷于停顿。对于细菌的环形染色体，此问题非常明显，但真核生物染色体也有同样的问题。因为真核生物染色体虽然不是闭合的环状，但原则上它们能通过沿着其长度方向的旋转来消除引入的超螺旋。然而事实并非如此，因为不可能每次当螺旋解开一圈时，就旋转长达几百万碱基对长度的 DNA。由 DNA 解旋酶的作用所引入的超螺旋，可通过拓扑异构酶对在复制叉前未被复制的双链 DNA 的作用来消除。这些酶是通过断裂一条或两条 DNA 链但不让其脱落，并且让同等数目的 DNA 链通过断口来完成的。此作用消除了超螺旋的累积。通过这种方式，拓扑异构酶作为一个"转环"，快速地消除了 DNA 解旋时所产生的超螺旋累积。

3.2.2.2　DNA 解旋酶

DNA 复制时双链 DNA 的解链需要 DNA 解旋酶（DNA helicase）催化，这种酶利用核苷三磷酸（一般为 ATP）水解的能量结合到单链 DNA 上，并沿着其定向移动，使局部 DNA 处于单链状态。在复制叉上作用的 DNA 解旋酶通常为环形的六聚体蛋白（图 3.15）。这些环形的蛋白质复合体环绕着复制叉上的一条链行进。与 DNA 聚合酶一样，DNA 解旋酶也具有延伸性，在每次与底物结合后，可解开 DNA 链上的多个碱基对。在复制叉上发现的环形六聚体 DNA 解旋酶，因为环绕着 DNA 而显现出高度的延伸能力，DNA 解旋酶只有当到达其环绕的 DNA 的末端时才解离下来。

DNA 解旋酶在单链 DNA 上都是沿着一定的方向运动。这是所有 DNA 解旋酶都具有的特性，称作极性（polarity）。DNA 解旋酶可以有 $5' \to 3'$

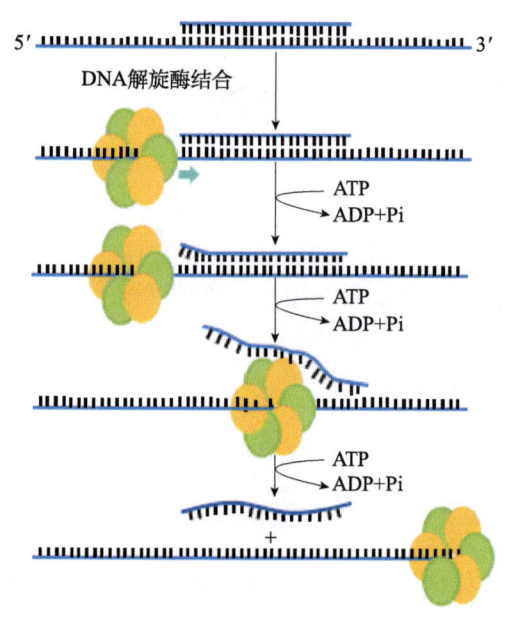

图 3.15　DNA 解旋酶及其作用机制

或 3′→5′ 的极性，极性方向是由结合的（或被环形解旋酶环绕的）DNA 链而不是去除的那一条链决定的。以复制叉的后随链模板上作用的 DNA 解旋酶为例，其 5′→3′ 的极性使 DNA 解旋酶朝向复制叉双链区域行进。与所有以定向方式沿 DNA 链运动的酶一样，DNA 解旋酶沿单链 DNA 的运动也需要消耗化学能量，此能量由 ATP 水解提供。

3.2.2.3　单链 DNA 结合蛋白

经过 DNA 解旋酶作用后，新产生的单链 DNA 必须保持碱基未配对的状态，直至可被用作 DNA 合成的模板为止。为了使分开的单链保持稳定，单链 DNA 结合蛋白（single-stranded DNA binding protein，SSB）迅速与其结合。一个 SSB 的结合会促进另一个 SSB 与其紧邻的单链 DNA 结合，这称为协同结合（cooperative binding），这种现象的发生是因为与紧邻的单链 DNA 区域结合的 SSB 分子之间也能够相互结合。多个 SSB 分子与单链 DNA 之间的相互作用，使得已有一个或多个 SSB 的位点比其他位点更易结合新的 SSB。协同结合使单链 DNA 随着 DNA 解旋酶的释放而很快被 SSB 覆盖。一旦被 SSB 覆盖，单链 DNA 即处于伸直状态，有利于其作为模板进行 DNA 的合成或 RNA 引物的合成。SSB 以序列非特异性方式与单链 DNA 相互作用。SSB 主要通过与磷酸骨架的相互静电作用及与 DNA 碱基的相互堆积

作用和单链 DNA 接触。与序列特异性的 DNA 结合蛋白不同，SSB 与单链 DNA 碱基之间几乎没有氢键的作用（图 3.16）。

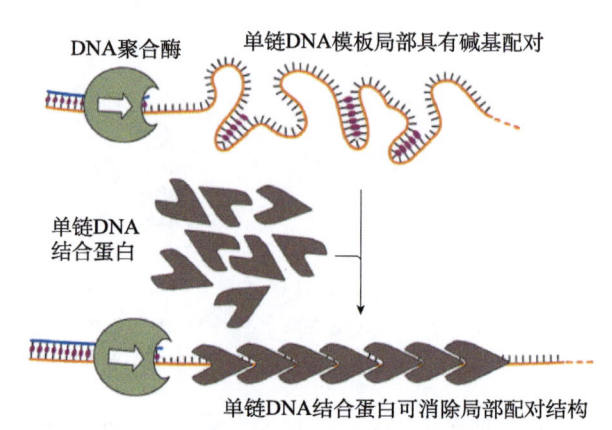

图 3.16　单链 DNA 结合蛋白及其作用机制

3.2.2.4　DNA 聚合酶全酶

DNA 聚合酶全酶是由核心酶和对其有增强功能的其他多个蛋白质组成的复合体的总称（表 3.3）。

表 3.3　大肠杆菌 DNA 聚合酶Ⅲ全酶的亚基组成及功能（Herendee & Kelly, 1996）

亚基	分子质量 /kDa	功能	多亚基复合体
α	29.9	DNA 聚合酶	核心酶 / Pol Ⅲ / Pol Ⅲ* / Pol Ⅲ 全酶
ε	27.5	3′→5′ 外切酶	
θ	8.6	增强 ε 外切酶活性	
τ	71.1	二聚化核心蛋白；结合 γ 复合体	
γ	47.5	结合 ATP	γ 复合体（DNA 依赖的 ATP 酶）
δ	38.7	结合 β	
δ′	36.9	结合 γ 和 δ	
χ	16.6	结合 SSB	
ψ	15.2	结合 χ 和 γ	
β	40.6	滑动夹	

大肠杆菌 DNA 聚合酶Ⅲ全酶含有 3 个拷贝的核心 DNA 聚合酶Ⅲ、1 个拷贝的五蛋白 γ 复合体（滑动夹装载器）、3 个 τ 蛋白和 1 个 β 滑动夹蛋白（图 3.17）。核心 DNA 聚合酶Ⅲ的 3 个拷贝与 γ 复合体的连接由 3 个 τ 蛋白介导，这对于全酶的形成是至关重要的。与 3 个拷贝的 DNA 聚

合酶相结合的γ复合体的相同亚基同时与DNA解旋酶有较微弱的相互作用。

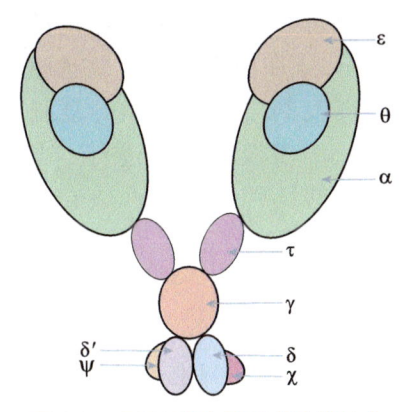

图 3.17　DNA 聚合酶 III 全酶的组成

图中显示两个 DNA 聚合酶 III 蛋白与 τ 蛋白和 γ 复合体形成的结构

3.2.2.5　DNA 滑动夹装载器和滑动夹

在没有其他蛋白质参与的情况下，DNA 聚合酶在复制叉上仅能合成 20~100 bp 后就从模板上脱落下来，但细胞内 DNA 聚合酶通常可以一次合成成千上万的碱基对，这说明细胞内 DNA 聚合酶在工作时可能被束缚在模板上。经研究发现，DNA 聚合酶在细胞内确实被称为滑动夹（sliding clamp）的蛋白质黏附在模板 DNA 上。滑动夹由多个相同的亚基构成，并组装成"油炸圈饼"的形状。夹子中央的孔洞大得足以环绕 DNA 双螺旋并在 DNA 和蛋白质之间留下一层一个或两个水分子大的空间。这些夹子沿着 DNA 滑动，并不与 DNA 分离，在复制叉处还与 DNA 聚合酶紧密结合，聚合酶与滑动夹所形成的复合体在 DNA 合成时沿着 DNA 模板高效地移动（图 3.18）。

在无滑动夹的情况下，DNA 聚合酶平均每合成 20~100 bp 就从 DNA 模板上解离并散落开。在滑动夹存在的情况下，DNA 聚合酶的活性部位仍经常从 DNA 的 3′-OH 端脱落，但是其与滑动夹的结合阻止了聚合酶从 DNA 上散开。通过保持 DNA 聚合酶与 DNA 的紧密接触，滑动夹使 DNA 聚合酶能迅速地重新结合到同一引物-模板接头上，大大提升了 DNA 聚合酶的延伸能力。

当单链 DNA 模板完全复制后，DNA 聚合酶必须从 DNA 和滑动夹上释放下来，此释放依赖于 DNA 聚合酶与滑动夹之间亲和力的变化。与引物-模板结合的 DNA 聚合酶与滑动夹虽然具有很高的亲和力，但当 DNA 聚合酶到达单链 DNA 模板的末端（如冈崎片段的末端）时，DNA 聚合酶构象发生变化，降低了其与滑动夹及 DNA 之间的亲和力。因此，当 DNA 聚合酶完成一段 DNA 复制时，它会被滑动夹释放，用于在新的引物-模板接头上工作。释放 DNA 聚合酶后，滑动夹并不立即从复制的 DNA 上脱落下来，而是 DNA 新合成出的蛋白质通过与滑动夹蛋白相互作用而执行其功能。真核细胞中染色质组装的酶通过与真核 DNA 滑动夹［称为增殖细胞核抗原（proliferating cell nuclear antigen，PCNA）］之间的相互作用被募集到 DNA 的复制部位。类似地，冈崎片段修复所涉及的真核蛋白也与滑动夹蛋白相互作用。不论何种情况，这些蛋白质均通过与滑动夹的相互作用在最需要它们的时候聚集到新的 DNA 合成部位。滑动夹蛋白是病毒、细菌、酵母及人类等生物中 DNA 复制体系的保守部件。与其功能保守相一致的是，源自这些不同生物的滑动夹的结构也是保守的，不论何种情况，滑动夹均为相同的六边形对称且有相同的直径。尽管其整体结构非常类似，但形成滑动夹的亚基数目却不相同。

滑动夹在溶液中是一个闭合的环，必须打开这个环才能套在 DNA 双螺旋上。这一过程由滑

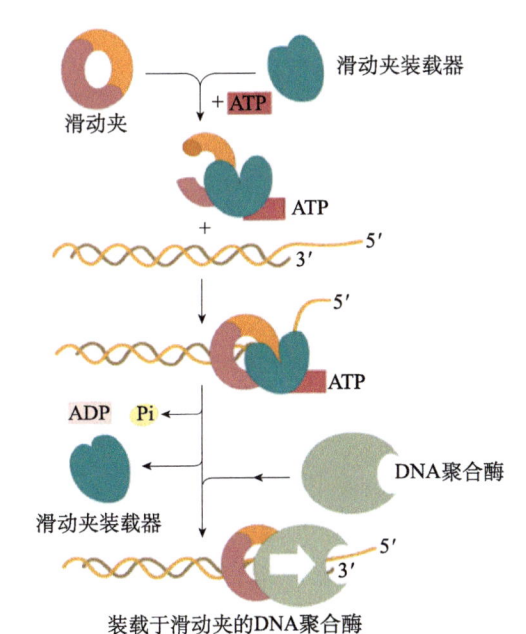

图 3.18　滑动夹的装载示意图

动夹装载器（sliding clamp loader）完成。滑动夹装载器是一类特殊的蛋白质复合体，它能催化滑动夹的打开并将其安放在 DNA 上。这些酶通过结合 ATP 并将其水解而将滑动夹环置于 DNA 的引物-模板接头上。滑动夹装载器还能在滑动夹不使用的时候将其从 DNA 上移除，像 DNA 解旋酶和拓扑异构酶一样，这些酶可以改变其靶复合物（滑动夹）的构象，但并不改变其化学组成。滑动夹只有当不再被其他酶使用时才能从 DNA 上移除。参与原核生物和真核生物 DNA 合成的相关蛋白质如表 3.4 所示。

表 3.4 参与原核生物和真核生物 DNA 合成的相关蛋白质

蛋白质	主要功能	大肠杆菌	真核生物
解旋酶	DNA 解链	DnaB	解旋酶
单链结合蛋白	防止单链 DNA 复性	SSB	RPA
引发酶	引物合成	DnaG	DNA Pol α
DNA 聚合酶	DNA 合成前导链	DNA Pol Ⅲ	DNA Pol ε
DNA 聚合酶	DNA 合成后随链	DNA Pol Ⅲ	DNA Pol δ
滑动夹	聚合酶行进性	β/DnaN	PCNA
滑动夹装载器	滑动夹装载	T-复合物	RF-C
RNase H	去 RNA 引物	RNase H	RNase H
5′→3′外切酶	去 RNA-DNA 碱基	DNA Pol Ⅰ	5′→3′外切酶
DNA 聚合酶	填补冈崎片段缺口	DNA Pol Ⅰ	DNA Pol
DNA 连接酶	连接后随链单链缺刻	DNA 连接酶	DNA 连接酶

3.2.3 DNA 复制体的结构与复制的"长号模型"

简单的 DNA 合成模式是在引物-模板接头处仅产生一条 DNA 新链。但在细胞中，DNA 双链的两条链是同时进行复制的。这就要求将双螺旋的两条链分开以形成两条 DNA 模板链。刚分开的模板链与未复制的双链 DNA 之间的连接区称为复制叉（replication fork）。多种蛋白质及其复合物聚集在复制叉形成复制体（replisome），利用两条模板链进行前导链和后随链的合成。前导链 DNA 的合成在模板解开后就能进行，而后随链在其能够复制之前，必须等复制叉运动并暴露出足够长的模板后才能进行。当新的后随链模板暴露足够长后，DNA 合成起始并持续至它抵达后随链 DNA 的上一个合成片段的 5′端为止。

DNA 复制是由多种蛋白质共同参与的复杂酶促反应过程，大肠杆菌中包括 DNA 聚合酶Ⅲ、引发酶、DNA 解旋酶、单链结合蛋白等众多的蛋白质分子集中在复制叉处，组成一个复制体，共同完成 DNA 分子的复制。当同时在前导链和后随链模板上进行 DNA 合成时，两个 DNA 聚合酶如何在复制叉处保持连接？一个解释此偶联效应的模型认为，复制器利用了 DNA 的柔性。当解旋酶在复制叉处解开 DNA 螺旋时，合成前导链模板暴露，并与 DNA 聚合酶结合，合成一条连续的 DNA 互补链。相反，后随链模板并不是立即与 DNA 聚合酶作用，而是以单链 DNA 的形式伸出，并与单链结合蛋白（SSB）迅速结合。引发酶与 DNA 解旋酶相互作用从而被激活，在后随链模板上合成一条新的 RNA 引物，所产生的 RNA-DNA 杂交体被滑动夹装载器识别为引物-模板接头，滑动夹在此处组装，当后随链上的 DNA 聚合酶完成前一个冈崎片段合成时，即从模板上释放，由于该聚合酶与前导链上的 DNA 聚合酶和滑动夹装载器保持着联系，因此在加入新的滑动夹后，该 DNA 聚合酶立即与 RNA 引物-模板接头在理想的位置结合。由于后随链聚合酶合成一条冈崎片段的时间比 RNA 引物的合成和滑动夹组装的时间短，后随链 DNA 聚合酶准备并等待滑动夹装载器（γ复合体）释放引物-模板接头。通过和引物-模板接头的结合，后随链复制每形成一个新环后启动下一轮冈崎片段的合成。这个模型称为"长号模型"（有时也称为"回环模型"），以比喻在后随链模板上 DNA 聚合酶和 DNA 解旋酶之间形成的单链 DNA 环状结构大小的变化（图 3.19）。

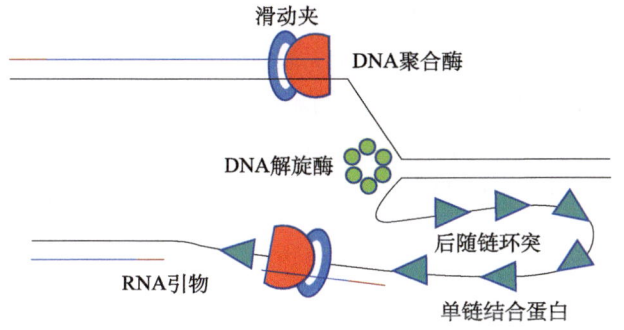

图 3.19 DNA 复制的"长号模型"

H（RNase H）可以识别并除去 RNA 引物的大部分序列，此酶特异性地降解与 DNA 碱基配对的 RNA（其名称中的"H"意指 RNA-DNA 杂交链中的杂交）。除了与 DNA 末端直接连接的核糖核苷酸，RNA 酶 H 可除去其他所有的 RNA 引物部分，这是由于 RNA 酶 H 只能断裂 2 个核糖核苷酸之间的键。最后一个核糖核苷酸是由从 5′ 端降解 RNA 或 DNA 的外切核酸酶（Pol Ⅰ）除去的。RNA 引物除去后在双链 DNA 中留下的缺口，形成引物-模板接头，这是 DNA 聚合酶理想的底物。DNA 聚合酶 Ⅰ（Pol Ⅰ）填补此缺口直至每个核苷酸碱基配对，DNA 连接酶将最后的单链断裂处连接封闭，DNA 的合成才结束（图 3.20）。

3.2.4 冈崎片段的加工连接

要完成 DNA 的复制，用于起始 DNA 合成的 RNA 引物就必须被除去并用 DNA 取代。RNA 酶

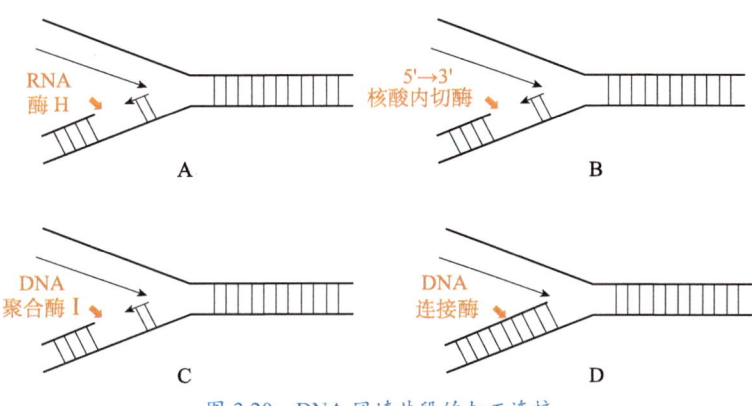

图 3.20 DNA 冈崎片段的加工连接
A. RNA 酶 H 识别并降解大部分 RNA 引物；B. 核酸内切酶降解 RNA 引物上的最后一个核糖核苷酸；C. DNA 聚合酶 Ⅰ 填补缺口；D. DNA 连接酶封闭断裂处

3.2.5 DNA 复制的终止

DNA 复制通常从一个起点开始，以两个复制叉向相反方向运动。对线状 DNA 分子而言，每一个复制叉到达线状分子的末端时，复制就停止。在真核生物多复制子中，两个相邻复制子在交汇点发生融合，复制停止。大肠杆菌 DNA 为单起点双向复制，其两个复制叉反向而行在终点相遇，终止 DNA 的复制过程。大肠杆菌中是否存在特殊的终止复制的结构呢？经研究发现，大肠杆菌 DNA 复制过程中的两个复制叉总是在一个固定的位点相遇，这个特殊的位点包含两个分别由三个终止子组成的终止区域，分别为 *TerE*、*TerD*、*TerA* 和 *TerF*、*TerB*、*TerC*，其中每一个终止子含有相对保守的 22 bp 序列，分别负责对不同的复制叉行使终止的功能。为了保证 DNA 复制的完整性，每一个复制叉必须穿过另一个复制叉的终止区才能到达自身的终止区，并可在其中三个位点的任意位点发生终止。如果两个复制叉的延伸速度不一致，或因某种原因一个复制叉的延伸过程被拖延，先期到达终止区的复制叉会停留等待。目前已经分离出终止子利用蛋白 Tus，这种蛋白质能识别终止序列形成复合体，以防止 DNA 过度复制（图 3.21）。

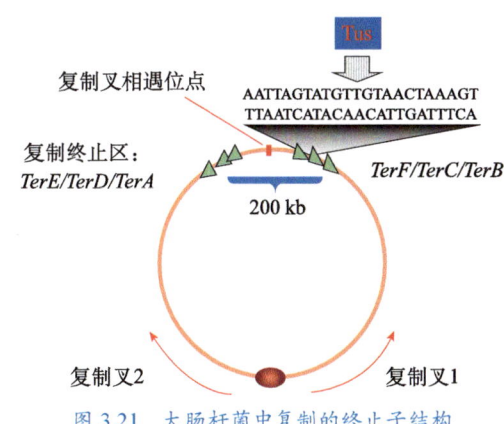

图 3.21 大肠杆菌中复制的终止子结构

3.2.6 结束复制

环形染色体复制完成后，产生的子代DNA分子如铰链般连接在一起。铰链是描述两个相连的圆环（类似于链中的连环）的一般性术语。为了使这些染色体分离到子细胞中，两个环形DNA分子必须相互分离。此分离是由拓扑异构酶Ⅱ来完成的。这些酶具有断裂一条双链DNA分子并使第二条双链DNA分子通过此缺口的能力。这样，拓扑异构酶Ⅱ催化两个子代DNA分子中的一个断裂并使另一个子代分子通过这个缺口。此反应使两个子代染色体解开铰环，并使它们分配到两个分离的细胞中。

3.3 DNA 末端复制问题

细胞中DNA的复制需要RNA引物进行起始，当RNA引物被降解后，聚合酶和连接酶可以修复引物切除后的空缺。对于环状DNA而言，所有的地方都可以得到完整的修复。但对于线状DNA来说，位于后随链5′端的冈崎片段的RNA引物被切除后，DNA聚合酶没有可被利用的3′羟基来启动DNA的复制填补缺口，从而导致每经过一轮DNA复制后，5′端就会缩短一次（图3.22），即所谓的末端复制问题（end replication problem）。

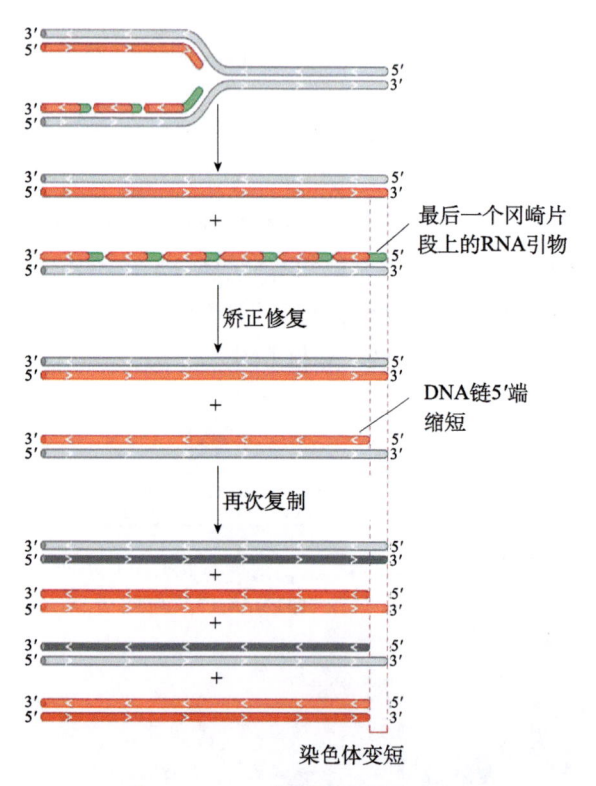

图 3.22　DNA 复制过程中 5′ 端缩短

3.3.1 共联体

细胞解决末端复制问题有多种方法。其中之一是多个基因组形成共联体。1972年，Watson根据从被感染的噬菌体中分离得到的T4噬菌体的串联体，最早提出了线性DNA避免5′端缩短的共联体假说（图3.23）。这一假说认为，在线状DNA分子的两端具有碱基序列完全相同的末端，从而保证合成的两条子代DNA分子在5′端的单链缺口处互补，形成共联体。T7噬菌体复制起始位点位于距离端点17%处，在线状DNA分子的两端，具有相似性很高的167 bp的正向重复序列，其中有一个RNaseⅢ识别位点。当两条子代DNA分子合成后，随即在被切除引物RNA缺口处进行互补配对，形成双链，即共联体（图3.23A、B）。此时，利用前一个DNA分子尾部的3′-OH进行聚合反应，从而补齐缺口；随后，RNaseⅢ在切点处进行错位酶切（图3.23C），产生3′-OH，并游离出部分单链模板（图3.23D）。DNA聚合酶便可利用3′-OH完成5′端缺口的补齐工作（图3.23E）。

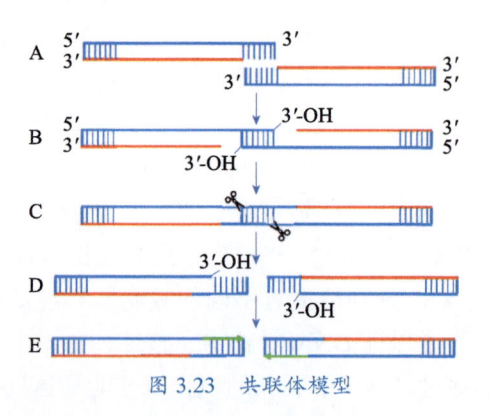

图 3.23　共联体模型

3.3.2 用蛋白质作为引物

另一种解决方法是用蛋白质代替 RNA 作为每个染色体末端最后一个冈崎片段的引物。在这种情况下,"引物蛋白"与后随链模板结合并用一个氨基酸来提供 3'-OH,从而代替正常情况下 RNA 引物提供的 3'-OH。通过与最后的后随链结合,引物蛋白与染色体的 5' 端形成共价连接(图 3.24)。这种在末端连接复制蛋白质的情况,在某些具线性染色体的细菌(多数细菌是环形染色体)的染色体末端以及在某些具线性染色体的细菌病毒和动物病毒的染色体末端都有发现。

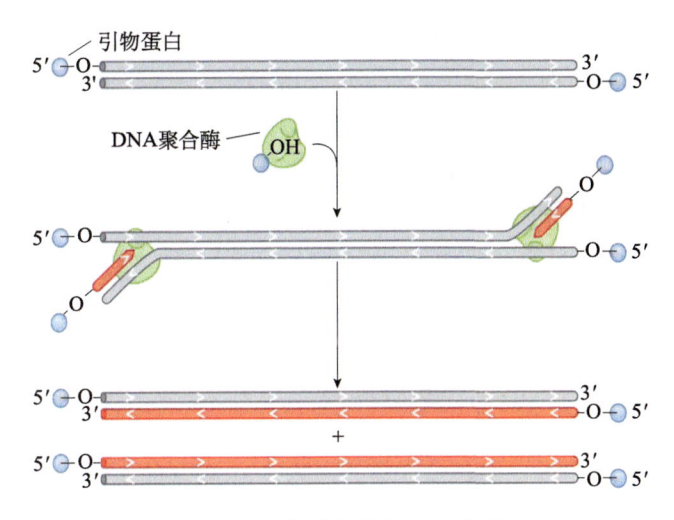

图 3.24 引物蛋白引导 DNA 复制

3.3.3 端粒的复制

与细菌和病毒不同,真核细胞使用完全不同的方法来维持其染色体末端的完整性。真核生物染色体末端由端粒(telomere)DNA 序列结构保护,它们通常由首尾相接的富含 TG 的重复 DNA 序列构成。例如,人的端粒含有很多首尾相接的重复序列 5'-TTAGGG-3'。这种末端重复序列绝大部分是双链的,只有每条染色体最末端 3' 端突出为单链 DNA(悬挂链)。这种独特的结构可作为新的 DNA 复制起始位点来克服末端复制问题。

端粒 DNA 序列合成由端粒酶介导。端粒酶是一种新型的 DNA 聚合酶,它不需要外源模板,含有蛋白质和 RNA 组分(核糖核蛋白)。端粒酶的作用是延伸其 DNA 底物的 3' 端,但与其他 DNA 聚合酶不同的是,端粒酶不需要外源 DNA 模板来指导新 dNTP 的添加,而是利用其 RNA 组分作为模板,将端粒序列添加到染色体末端的 3' 端,特异性地延伸特定单链 DNA 序列的 3'-OH。端粒酶不同寻常的功能的关键所在是该酶的 RNA 组分,称为端粒酶 RNA(telomere RNA,TER)。在不同物种中,TER 大小为 150~1300 bp。在所有生物中,此 RNA 序列含有 1.5 拷贝的完整端粒序列(对人而言,此序列是 5'-UAACCCUAA-3'),能与端粒 3' 端的单链 DNA

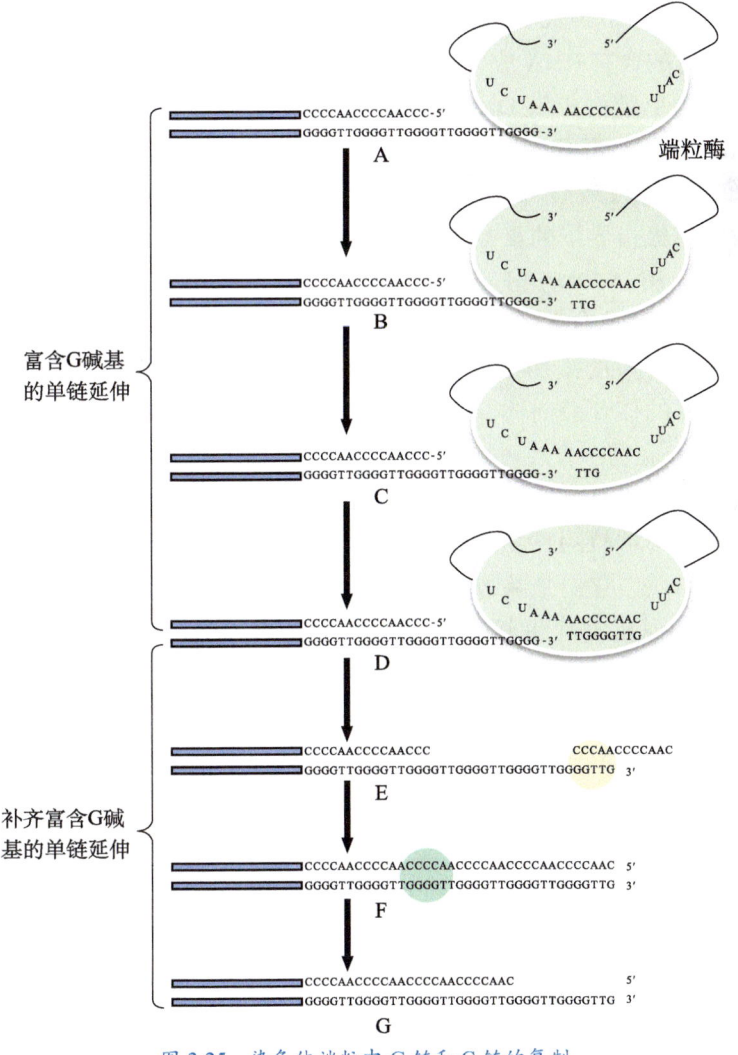

图 3.25 染色体端粒中 G 链和 C 链的复制

退火。退火发生的方式是 RNA 模板的一部分保持单链,形成可被端粒酶作用的引物-模板结合区(图 3.25A)。端粒酶以 RNA 为模板,在端粒末端的 3′-OH 处添加 dNTP，从而将 RNA 反转录成 DNA（图 3.25B）。端粒酶合成 DNA，直至 RNA 模板的末端，但是在此 RNA 之外的序列不能继续复制。此时 RNA 模板与 DNA 产物解离，再次与端粒上最后 3 个核苷酸退火，这个过程称为转位（图 3.25C），然后重复延伸的过程（图 3.25D）。当富含 G 碱基的单链延伸得足够长时，引发酶合成能与该链互补的 RNA 引物（图 3.25E）。随后，DNA 聚合酶利用新合成的引物引发 DNA 聚合，填补存留在富含 C 碱基链上的缺口（图 3.25F）。最后，RNA 引物被切除，在富含 G 碱基的单链的 3′ 端形成长为 12～16 nt 的突出端（图 3.25G）。

端粒酶的特性在某种程度上具有独特性，但与其他 DNA 聚合酶仍是非常相似的。端粒酶所具有的含有 RNA 成分、不需要外源性模板及能够使用单纯的单链 DNA 底物的特点，使其与其他 DNA 聚合酶相区别。此外，端粒酶还必须有将其 RNA 模板从 DNA 产物上去除的能力，以进行多轮模板指导下的重复合成。通常，这意味着端粒酶有 RNA-DNA 解旋酶活性。另外，与其他所有的 DNA 聚合酶相同，如端粒酶也需要模板来指导核苷酸的添加，只能延长 DNA 的 3′ 端，使用同样的核苷酸前体，具有持续延伸能力，每次与 DNA 底物结合后可添加很多重复序列。

理论上，端粒酶可以无限制地延长端粒，从而调节端粒的长度。端粒的末端通常结合有多种蛋白质，它们是端粒酶活性的微弱抑制剂。当端粒序列重复拷贝较少时，这些蛋白质中的一部分与端粒结合，并允许端粒酶延长端粒的 3′-OH 端。但是，随着端粒的逐渐增长，更多的端粒结合蛋白积累，抑制作用逐渐增强，从而限制端粒的延伸。这一简单的负反馈机制（长端粒抑制端粒酶）是维持端粒在所有染色体末端长度相同的强有力的方法。识别单链形式的端粒蛋白质同样能调节端粒酶的活性。在酵母细胞中，Cdc13 蛋白与端粒的单链区结合。研究表明，该蛋白质招募端粒酶到端粒上，因此 Cdc13 是端粒酶的正向激活子。相比较而言，结合到单链端粒 DNA 上的 POT1 蛋白则是端粒酶活性的抑制子。体外研究表明，POT1 结合到单链端粒 DNA 上，从而抑制端粒酶的活性，缺少该蛋白质的细胞端粒 DNA 的长度大大增加。有趣的是，该蛋白质间接地和人细胞中双链端粒结合蛋白相互作用。已有研究表明，端粒长度越长，更多的 TOP1 蛋白结合在端粒的单链 DNA 末端，从而抑制端粒酶活性。

端粒结合蛋白保护染色体末端。端粒结合蛋白除调节端粒酶功能外，还对保护染色体末端至关重要。通常认为，在细胞中，DNA 末端类似 DNA 双链断裂，细胞中 DNA 双链断裂会导致细胞周期停滞、DNA 重组、细胞死亡等严重后果。端粒结合蛋白可以将端粒同细胞中其他 DNA 末端区分开。对人类端粒结构的研究表明，电镜下人类细胞中的端粒是环状而非线性结构，它是由端粒的 3′ 单链插入到末端的双链区域形成的 D 环（D-loop），最后形成封闭的染色体端粒环（telomere-loop，T-loop，T 环）。有趣的是，纯化的 TRF2 能够指导纯化的端粒 DNA T 环结构的形成。T 环结构与端粒长度的控制有关。正如环状结构可以保护端粒不被 DNA 修复酶修复一样，端粒酶能识别环状端粒，因为环状端粒缺少明显的单链 3′ 端。有人提出端粒长度越短，端粒就越难形成 T 环结构，因此细胞拥有更长的端粒 3′ 端。T 环形成时，端粒折叠使端粒末端的单链 DNA 接近端粒的双链 DNA 重复区。一旦单链 DNA 定位恰当，就会侵入双链 DNA 重复序列中，代替双链 DNA 的另一条链与互补链形成螺旋（图 3.26）。

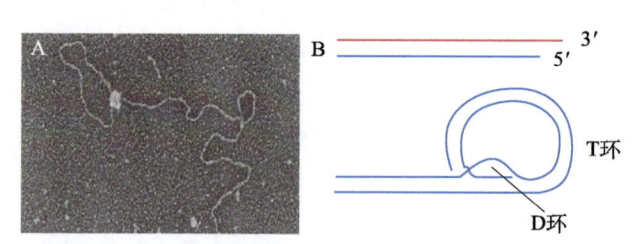

图 3.26 染色体末端形成的 T 环的电镜图（A）及 T 环和 D 环模式图（B）（Griffith et al., 1999）

3.4 DNA 复制的调控

3.4.1 甲基化对 DNA 复制起始的调控

在所有生物中，为了保证染色体数目和细胞数量保持适当的平衡，对复制起始进行严格控制是十分重要的。虽然在真核细胞中对这种平衡的调控最为严格，但 E. coli 也通过禁止新近启动的起始位点重新启动而防止染色体复制出现意外。E. coli DNA 复制受 DnaA-ATP 水平和 SeqA 的调控，以防止复制在 oriC 上不受控制地快速复制。在 E. coli 细胞中，一种称作 Dam 的甲基转移酶可以将甲基团加到每个 GATC 序列（注意此序列是回文结构）的 A 上。细菌利用这一方法可检测 DNA 复制前后甲基化状况的变化。通常基因组在 GATC 序列上是完全甲基化的。这种情况在 GATC 序列复制之后就改变了，因为在新合成的 DNA 链中，A 残基尚未甲基化，所以这些刚刚被复制的位点只有一条链被甲基化（即半甲基化）。新复制 oriC 的半甲基化状态可被 SeqA 检测到。SeqA 与 GATC 紧密结合，但这仅发生在 GATC 序列半甲基化的时候。在 oriC 紧邻的地方有大量的 GATC 序列。当复制起始后，SeqA 立即在这些位点被 Dam 甲基化酶完全甲基化之前与之结合。SeqA 的结合有两个结果。首先，它极大地降低了 GATC 结合部位的甲基化速度；其次，当与这些 oriC 邻近位点结合时，SeqA 阻止了 DnaA 与 oriC 的结合及结合所导致的新一轮的复制。因此，oriC 附近 GATC 位点从甲基化到半甲基化的整个新合成的子拷贝的 oriC 上进行快速的复制重启动（图 3.27）。

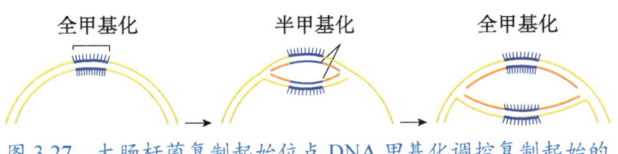

图 3.27 大肠杆菌复制起始位点 DNA 甲基化调控复制起始的机制

3.4.2 RNA 转录对 DNA 复制的调控

对大肠杆菌 ColE1 质粒复制调控的研究表明，质粒 DNA 的复制起始受 RNA 调控。位于质粒复制起始位点 ori 上游 555 bp 处有 RNA-Ⅱ 转录起点，朝向 ori 方向转录 RNA-Ⅱ。当转录通过原点后，RNA-Ⅱ 被 RNase H 切割。产生的 RNA 3′ 羟基为 DNA 聚合酶提供引物，发动 DNA 复制。从某种意义上讲，RNA-Ⅱ 的转录对 DNA 复制是一种正调控的激活过程。但与此同时，在原点上游 445 bp 处还有一个转录起始位点，转录出 RNA-Ⅰ，其转录方向与 RNA-Ⅱ 相反。因此，RNA-Ⅰ 和 RNA-Ⅱ 之间具有 100 nt 的重叠区域，且能在该区域互补配对。RNA-Ⅰ 和 RNA-Ⅱ 互补配对形成双链后，能阻止 RNase H 对 RNA-Ⅱ 的切割，使得在 ori 区域不能形成 DNA 聚合酶的引物，复制过程被抑制。某种意义上，RNA-Ⅰ 具有负调控质粒复制的功能。由于 RNA-Ⅰ 和 RNA-Ⅱ 共用一段序列，并且转录的方向相反，这两种 RNA 彼此也可以称作反义 RNA。因此，这个调控方式有时也称作反义 RNA 调控。

RNA-Ⅰ 和 RNA-Ⅱ 的转录启动又受到 Rop 基因的负调控。当 RNA-Ⅱ 的转录到达 ori 原点下游不远的地方时，可以使编码 63 个氨基酸的 Rop 基因表达。Rop 蛋白在 RNA-Ⅰ 存在的情况下，可限制 RNA-Ⅱ 只能转录到 100~200 nt 处就停止，不能到达 ori 原点，所以不能产生 DNA 聚合酶的引物。当 RNA-Ⅱ 的转录到达 200~360 nt 时，Rop 蛋白会促进 RNA-Ⅱ 与 RNA-Ⅰ 互补，形成双链。但当 RNA-Ⅱ 的长度超过 360 nt 后，虽然 RNA-Ⅰ 和 RNA-Ⅱ 之间也可以形成双链，但此时的双链二级结构并不影响 RNase H 对 RNA-Ⅱ 的酶切和引物的形成。由此可见，Rop 蛋白对复制的调控是通过 RNA-Ⅰ/RNA-Ⅱ 形成特异二级结构来体现的，而且这种调控也只是在 RNA-Ⅱ 转录的特定时刻才具有效应（图 3.28）。

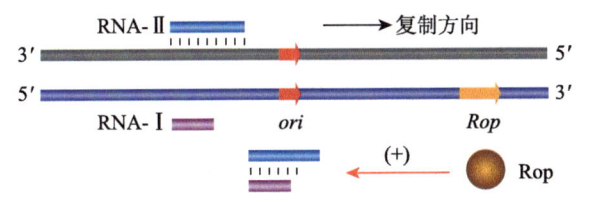

图 3.28 大肠杆菌 ColE1 质粒复制起始受 RNA 调控

3.4.3 细胞周期对DNA复制的影响

真核细胞中DNA复制起始需要的两个步骤——复制器的选择和起始位点的激活，发生在细胞周期的不同时期内。复制器的选择是对指导复制起始的序列进行识别的过程，发生在G_1期（早于S期）。此过程导致基因组中每个复制器上都组装一个起始点识别复合体（ORC）。起始位点的激活只在细胞进入S期后才发生，使复制器结合的蛋白复合体启动DNA的解旋和DNA聚合酶的募集。原核细胞中复制器DNA的识别本质上与DNA的解旋及聚合酶的募集相偶联。在真核细胞中，这两个事件的短暂分离保证了每条染色体在每个细胞周期中仅仅复制一次。

复制器的选择是由前复制复合体（pre-replication complex，pre-RC）的形成介导的。pre-RC由4个独立的蛋白质在复制器中以有序的方式组装而成。pre-RC形成的第一个步骤是复制器被真核ORC识别。ORC结合上以后，它募集两个解旋酶装载蛋白（Cdc6和Cdt1）。ORC和装载蛋白共同募集真核复制叉解旋酶（Mcm 2-7复合体）。ORC组装的研究表明，这些蛋白质在双链DNA周围装载环状Mcm2-7复合体过程中具有ATP结合和水解活性。pre-RC的形成并不导致起始位点DNA立刻解旋或者DNA聚合酶的募集，而是只有在细胞从细胞周期的G_1期到达S期后，G_1期形成的pre-RC才被激活，并启动复制起始。

pre-RC被两种蛋白激酶CDK（周期蛋白依赖性激酶）和Ddk（Dbf4依赖性激酶）激活，使复制得以启动。激酶是可将磷酸基团共价连接到靶蛋白上的蛋白质。所有的激酶都在G_1期失活，只有在细胞进入S期以后才能被激活。当其被激活后，这些激酶以pre-RC和其他复制蛋白为靶蛋白。这些蛋白质的磷酸化导致在起始位点上其他复制蛋白的组装及复制的起始。这些新的蛋白质包括3种DNA聚合酶及其募集所需的许多其他蛋白质。有趣的是，聚合酶在起始位点的组装是按照一定的顺序进行的。DNA聚合酶δ和DNA聚合酶ε先结合，然后是DNA聚合酶α/引发酶。此顺序保证了3种DNA聚合酶在起始位点的出现都先于首个RNA引物合成（由DNA聚合酶α/引发酶进行）。

在起始位点组装的蛋白质只有部分仍作为真核复制体的一部分继续起作用。除了这3种DNA聚合酶，Mcm复合体和DNA聚合酶募集所需的许多因子也成为复制叉机器的部件。与 *E. coli* DNA解旋酶装载器（DnaC）类似，其他因子（如Cdc6和Cdt1）在其作用结束之后被释放或被破坏。

真核细胞如何对数以百计甚至数以千计的复制起始位点进行活性控制，使得在一个细胞周期中甚至没有一个位点被激活超过一次？答案在于CDK对pre-RC的形成和活化进行的严谨调控。CDK对pre-RC功能的调控有两个似乎矛盾的作用：第一，它们是激活pre-RC以启动DNA复制所必需的；第二，CDK的活性会抑制新pre-RC的形成。CDK活性低允许形成pre-RC，无pre-RC激活；CDK活性高抑制形成新的pre-RC，已有的pre-RC被激活。

思考与挑战

1. DNA半保留和半不连续复制的实验证据有哪些？
2. 为什么DNA复制只能从5′到3′进行？
3. DNA复制的引物是DNA还是RNA？有什么实验方法可以证明？
4. 简述DNA复制的过程，以及每个环节所需要的酶类。
5. DNA复制体包括哪些组分？
6. 生物避免DNA复制过程中5′端缩短的机制有哪些？
7. 原核生物与真核生物DNA复制的相同点和不同点有哪些？
8. 请以质粒ColE1为例说明反义RNA对复制的调控机制。
9. DNA复制过程中保真性的机制有哪些？

数字课程学习

1. DNA 复制的一般特征
2. DNA 复制的过程
3. 避免 DNA 复制过程中 5′ 端缩短的方式
4. DNA 复制的模式及调控

课后拓展

1. 温故而知新
2. 拓展与素质教育

主要参考文献

Araki H. 2010. Cyclin-dependent kinase-dependent initiation of chromosomal DNA replication. *Current Opinion in Cell Biology*, 22: 766-771.

Bell S. P., Kaguni J. M. 2013. Helicase loading at chromosomal origins of replication. *Cold Spring Harbor Perspectives in Biology*, 5(6): a010124.

Blackburn E. H., Greider C. W., Szostak J. W. 2006. Telomeres and telomerase: The path from maize, *Tetrahymena* and yeast to human cancer and aging. *Nature Medicine*, 12: 1133-1138.

Bouché J. P., Rowen L., Kornberg A. 1978. The RNA primer synthesized by primase to initiate phage G4 DNA replication. *Journal of Biological Chemistry*, 253: 765-769.

Cairns J. 1963. The chromosome of *Escherichia coli*. *Cold Spring Harbor Symposia on Quantitative Biology*, 28: 43-46.

Frick D. N., Richardson C. C. 2001. DNA primases. *Annual Review of Biochemisty*, 70: 39-80.

Gai D., Chang Y. P., Chen X. S. 2010. Origin DNA melting and unwinding in DNA replication. *Current Opinion in Structural Biology*, 20: 756-762.

Graham J. E., Marians K. J., Kowalczykowski S. C. 2017. Independent and stochastic action of DNA polymerases in the replisome. *Cell*, 169(7): 1201-1213.

Griffith D., Comeau L., Rosenfield S., *et al*. 1999. Mammalian telomeres end in a large duplex loop. *Cell*, 97: 511.

Gyurasits E. B., Wake R. J. 1973. Bidirectional chromosome replication in *Bacillus subtilis*. *Journal of Molecular Biology*, 73: 55-63.

Hedglin M., Kumar R., Benkovi C. S. J. 2013. Replication clamps and clamp loaders. *Cold Spring Harbor Perspectives in Biology*, 5(4): a010165.

Herendee D. R., Kelly T. T. 1996. DNA polymerase III: Running rings around the fork. *Cell*, 84: 6.

Hirota G. H., Ryter A., Jacob F. 1968. Thermosensitive mutants in *E. coli* affected in the processes of DNA synthesis and cellular division. *Cold Spring Harbor Symposia on Quantitative Biology*, 33: 677-693.

Johnson A., O'Donnell M. 2005. Cellular DNA replicases: Components and dynamics at the replication fork. *Annual Review of Biochemistry*, 74: 283-315.

Kaguni J. M. 2011. Replication initiation at the *Escherichia coli* chromosomal origin. *Current Opinion in Chemical Biology*, 15: 606-613.

Kitani T., Yoda K. Y., Ogawa T., *et al*. 1985. Evidence that discontinuous DNA replication in *Escherichia coli* is with a purine. *Journal of Molecular Biology*, 184: 45-52.

Leonard A. C., Méchali M. 2013. DNA replication origins. *Cold Spring Harbor Perspectives in Biology*, 5(10): a010116.

Leonhardt H., Rahn H. P., Weinzierl P., *et al*. 2000. Dynamics of DNA replication factories in living cells. *Journal of Cell Biology*, 149: 271-280.

Maki H., Kornberg A. 1985. The polymerase subunit of DNA polymerase III of *Escherichia coli*. *Journal of Biological Chemistry*, 260: 12987-12992.

Meselson M., Stahl F. 1958. The replication of DNA in *Escherichia coli*. *Proceedings of the National Academy of Sciences USA*, 44: 671-682.

Okazaki R., Okazaki T., Sakabe K., *et al*. 1968. *In vivo* mechanism of DNA chain growth. *Cold Spring Harbor Symposia on Quantitative Biology*, 33: 129-143.

Tanaka S., Araki H. 2010. Regulation of the initiation step of DNA replication by cyclin-dependent kinases. *Chromosome*, 119: 565-574.

第 4 章
DNA 的突变与修复

DNA 损伤是在 DNA 复制过程中发生的核苷酸序列永久性改变，并导致遗传特征改变的现象。DNA 经常会因为各种各样内源性的（如自发脱氨、氧化等）和外源性的（如紫外线、电离辐射、碱基类似物及修饰剂的插入等）原因受到损伤。这些损伤带来的生物学后果包括：给 DNA 带来永久性的改变，即突变，可能改变基因的编码序列或者基因的调控序列；影响 DNA 复制和转录，使细胞的功能出现障碍，重则死亡。

为了保证遗传信息的完整性与稳定性，细胞在进化过程中形成了一系列精密的系统和 DNA 损伤修复机制来对抗这些有害的刺激。DNA 修复可使大部分 DNA 结构恢复原样，重新执行它原来的功能；但有时并非完全消除 DNA 的损伤，只是使细胞能够耐受 DNA 的损伤而继续生存。这种未能完全修复而存留下来的损伤会在合适的条件下显示出来（如细胞的癌变等），但如果细胞不具备修复功能，就无法应对经常发生的 DNA 损伤事件，就无法生存。研究 DNA 损伤修复有着重要的理论意义和实践价值：一方面，从 DNA 修复机制出发，可以为人们防治疾病提供各种线索和方法；另一方面，可将相关机制应用于疾病治疗和药物研发。

4.1 DNA 损伤

DNA 是生命活动中最重要的遗传物质，其分子结构的完整性和稳定性对于细胞的存活和正常生理活动的发挥具有重要意义。然而，DNA 在细胞内外各种因素的作用下会不断产生损伤。造成 DNA 损伤的原因有物理因素、化学因素和生物因素，这些因素可能来自细胞内部或者细胞外部，对 DNA 的磷酸二酯键、戊糖或者碱基造成一定的破坏。DNA 损伤直接影响 DNA 复制、转录和蛋白质合成，进而影响细胞遗传、发育、生长和代谢等生命活动。DNA 损伤还是突变的重要原因，而严重的突变则可造成细胞癌变甚至死亡。

4.1.1 DNA 的自发性损伤

DNA 分子本身可以发生一些自发性的损伤。据统计，每个细胞的 DNA 在 24 h 内出现约 1 万次的损伤。DNA 在复制和重组过程中，由于其 4 种碱基［腺嘌呤（A）、鸟嘌呤（G）、胞嘧啶（C）和胸腺嘧啶（T）］结构的相似性和自由能差异或其他原因，可发生碱基的错配、脱氨基、脱嘌呤、脱嘧啶及碱基的修饰。此外，细胞在正常代谢过程中产生的活性产物（如活性氧）也可攻击 DNA，造成 DNA 损伤。

4.1.1.1 DNA 复制错误

DNA 复制是一个严格而精确的事件，但也不是完全不发生错误的。DNA 碱基错配是指在 DNA 双链核酸分子中存在的非互补性碱基配对的现象，即一条链上的碱基与另一条链上相应的碱基不是互补的。这种错配违背了沃森-克里克碱基配对法则，该法则认为：一条链上的嘌呤碱基 A 或 G 应和另一条链上的嘧啶碱基 T 或 C 配对（即 AT 或 GC）。碱基错配率为 $10^{-2} \sim 10^{-1}$，即使存在校正修复作用，但校正后的错配率仍约为 10^{-10}。例如，在大肠杆菌的细胞 DNA 复制中，其错误率为 $10^{-10} \sim 10^{-9}$。除碱基互补配对法则之外，DNA 复制过程中维持高度保真性还包括以下几点。

（1）细胞内维持 4 种脱氧核苷三磷酸（dNTP）的平衡。任何一种 dNTP 的缺乏都是致死的，而任何一种 dNTP 过剩，则容易发生碱基错配从而产生突变。

（2）DNA 聚合酶的 $5' \rightarrow 3'$ 聚合酶活性中心。DNA 聚合酶反应是通过酶的构象的改变来实现的。DNA 聚合酶反应包括两个阶段：碱基配对阶段和催化阶段。在此过程中，DNA 聚合酶的构象由"开放"到"闭合"。DNA 聚合酶不仅对正确或错误核苷酸的亲和力不同，而且把它们插入到 DNA 链中的速度也是不同的，因此它可以区分正确与错误的碱基。$5' \rightarrow 3'$ 聚合酶活性中心对底物的选择，使核苷酸的错配率仅为 $10^{-5} \sim 10^{-4}$，比单纯依靠 GC、AT 的碱基配对提高了 3~5 个数量级。

（3）DNA 聚合酶的 $3' \rightarrow 5'$ 外切酶活性。它能检测和校正聚合酶在 3' 端偶然错配的碱基。DNA 聚合酶上的外切核酸酶活性位点与 $5' \rightarrow 3'$ 聚合酶活性位点是分离的。当错配的核苷酸插入聚合结构域时，DNA 合成将会暂停；暂停期间，DNA 聚合酶将切除错配的核苷酸并替换上正确的核苷酸。

（4）RNA 引物。由于 DNA 聚合酶不能单独合成新的 DNA 链，因此 DNA 复制需要 RNA 引物。RNA 聚合酶合成 RNA 引物后，提供给 DNA 聚合酶合成 DNA 链。由于新合成的 DNA 链中先插入的 dNTP 可能是错误配对的，并且对它们的校对也是易出错的过程，因此 RNA 引物在完成其功能后将被删除，有效地提高了 DNA 复制的准确性。

（5）错配修复系统。该系统利用甲基化酶，以及新合成 DNA 链的甲基化要晚于模板链这一特点，准确地区分新 DNA 链和模板链，从而有效地切除错配碱基，校正复制错误。大肠杆菌和真核生物细胞中均存在错配修复系统。后面将继续展开介绍。

4.1.1.2 脱氨基

碱基脱氨基是指碱基的环外氨基有时会自发脱落，这可能发生在鸟嘌呤（G）、腺嘌呤（A）和胞嘧啶（C）环中伸出的氨基位点上。氨基丢失，分别产生黄嘌呤（X）、次黄嘌呤（I）和尿嘧啶（U）（图 4.1）。在随后的 DNA 复制过程中，U 与 A 配对、I 和 X 都与 C 配对就会导致子代 DNA 序列的错误变化。

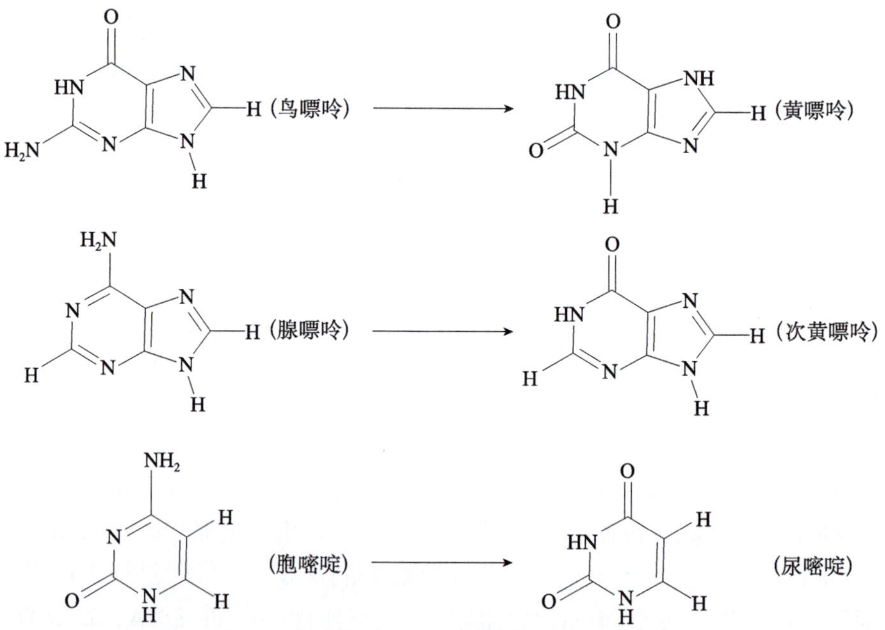

图 4.1 碱基脱氨基作用

4.1.1.3 脱嘌呤（脱嘧啶）

DNA 脱嘌呤（脱嘧啶）是指连接嘌呤碱基（嘧啶碱基）和脱氧核糖的化学键自发断裂，形成无碱基位点，即无嘌呤嘧啶位点（apurinic-apyrimidinic site，AP site）。据估计，一个哺乳动物细胞每天通过脱嘌呤作用能丢失多至 10 000 个嘌呤碱基（这相当于人体内每天产生多于 10^{17} 个化学改变的核苷酸）。与脱嘌呤相比，脱嘧啶作用发生的频率为其 1/100～1/20，但仍能使每个细胞每天丢失多至 500 个胞嘧啶和胸腺嘧啶碱基。据估计，存在于单一人类基因组中无碱基核苷酸的水平稳定维持在 4 000～50 000 个。

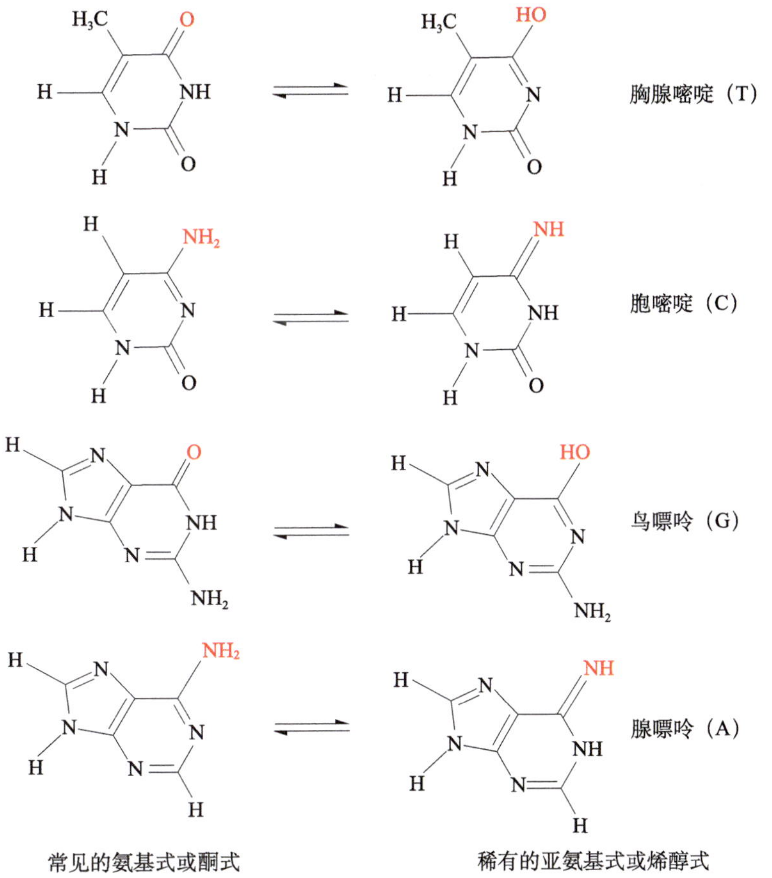

4.1.1.4 碱基异构

除此之外，DNA 分子中的 4 种碱基各自的异构体间可以自发地相互变化，如烯醇式与酮式碱基之间的互变或者氨基与亚氨基之间的互变，使得碱基配对发生改变，腺嘌呤与胞嘧啶配对、胸腺嘧啶与鸟嘌呤配对。如果这些配对发生在 DNA 复制时，就会造成子代 DNA 序列与亲代 DNA 不同的错误性损伤。碱基 T 和 G 能够以酮式或烯醇式两种互变异构的状态出现，碱基 C 和 A 能够以氨基式或亚氨基式两种互变异构的状态出现（图 4.2）。一般生理条件下，碱基互变平衡反应倾向于酮式或氨基式。

4.1.1.5 氧化损伤

细胞内环境对染色体 DNA 来说，还具有其他危险。其中最严重的来自氧化过程，这可能比上面提到的反应对 DNA 产生的损伤更严重。

细胞呼吸的副产物，如活性氧类（reactive oxygen species，ROS），包括超氧阴离子、过氧化氢和羟自由基等，它们引起碱基改变、破坏或脱落，脱氧核糖分解，磷酸二酯键断裂及 DNA 核苷酸链的单链和双链断裂，DNA 与附近蛋白质可形成 DNA-蛋白质交联，甚至 DNA 同一条链内和相邻两条链间核苷酸可发生链内或链间交联。

$$O_2+e^- \to O_2^- +e^- \to H_2O_2+e^- \to \cdot OH+e^- \to H_2O$$
　　　　超氧阴离子　过氧化氢　羟自由基

ROS，尤其·OH，含有极为活泼的单电子，容易与亲核性的 DNA 分子结合，导致 DNA 碱基发生修饰改变（图 4.3），胸腺嘧啶的氧化修饰产物有 20 多种，鸟嘌呤 C8 位的氧化（形成 8-羟基脱氧鸟嘌呤）是最常见的，这可引起 DNA 复制时碱基的错配及编码。

此外，在细胞内存在两种高频率的氧化反应（图 4.4）：一种是脱氧鸟苷（dG）被氧化成 8-氧化-脱氧鸟苷（8-oxo-dG），而后者很容易与 A 配对，在 DNA 复制过程中发生碱基错配。另一种是脱氧-5-甲基胞嘧啶（d5'mC），这一核苷酸存在于甲基化 CpG 序列中，后者最初形成一个不稳定的碱基，之后很快脱氨基，生成脱氧胸腺嘧啶乙二醇（dTg）。

图 4.2　碱基互变异构

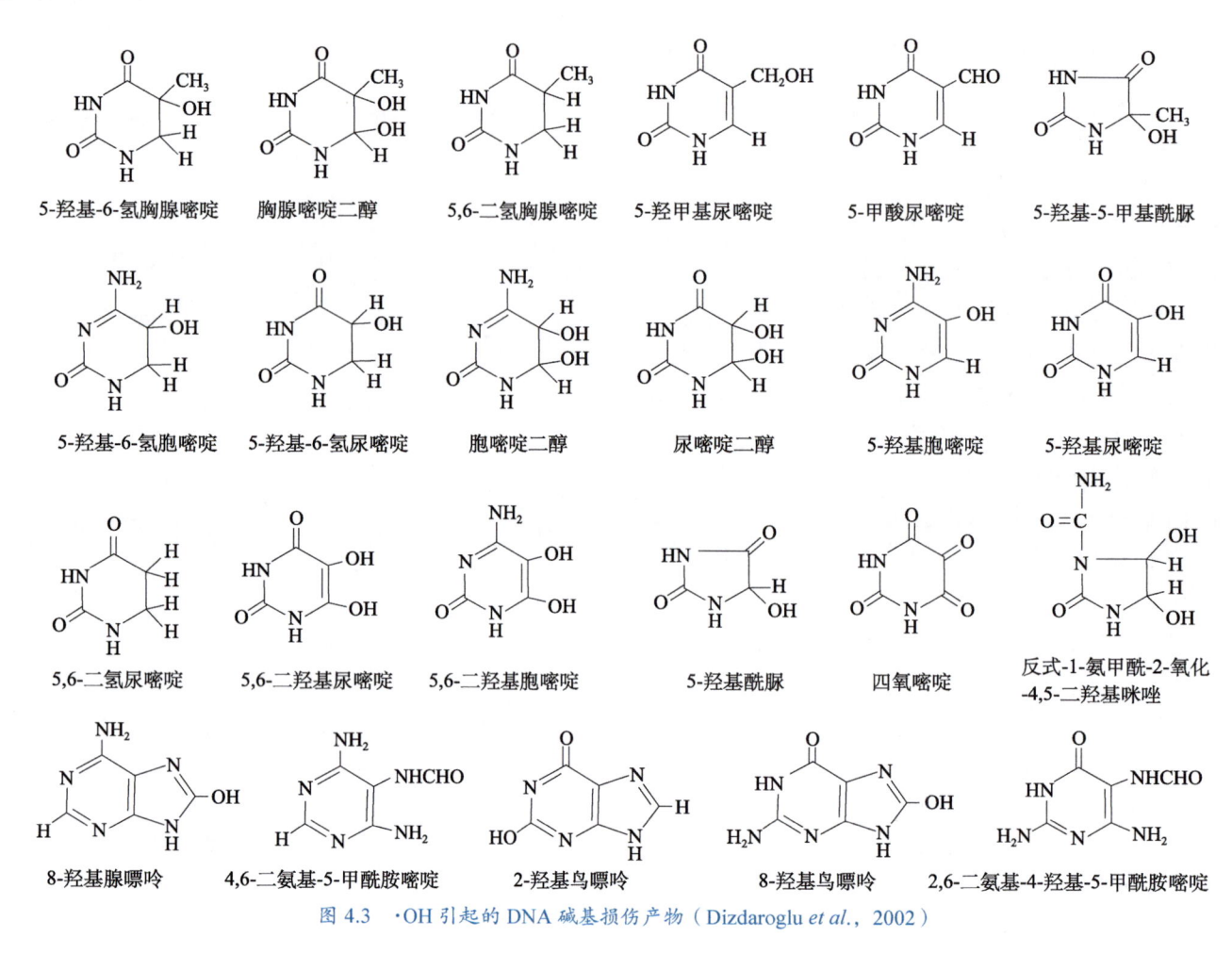

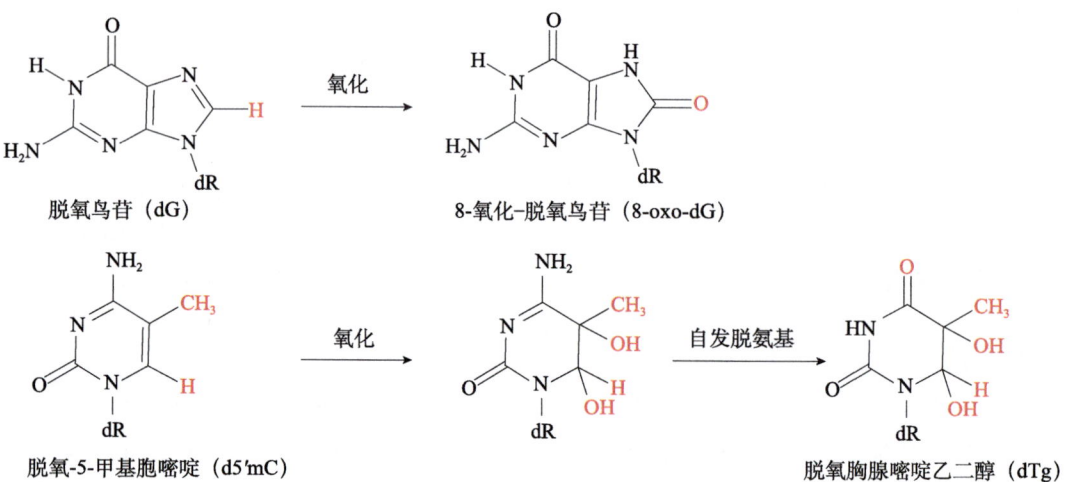

图 4.3 ·OH 引起的 DNA 碱基损伤产物（Dizdaroglu et al., 2002）

图 4.4 细胞内存在的两种高频率的氧化反应

4.1.2 物理因素引起的损伤

4.1.2.1 紫外线

紫外线（ultraviolet ray, UV）按照波长可分为三类：UVA（315~400 nm）、UVB（280~315 nm）和 UVC（100~280 nm）。其中抵达地球表面的 UV 中，95% 以上是 UVA，其余是 UVB，而 UVC 被大气层阻断。紫外线导致的 DNA 损伤分为以下两类（Hu & Adar, 2017；王镜岩，2002）。

一类是形成环丁烷嘧啶二聚体（cyclobutane pyrimidine dimer, CPD），主要是导致相邻嘧啶碱基形成环丁烷嘧啶二聚体（图 4.5），如形成 T^T、

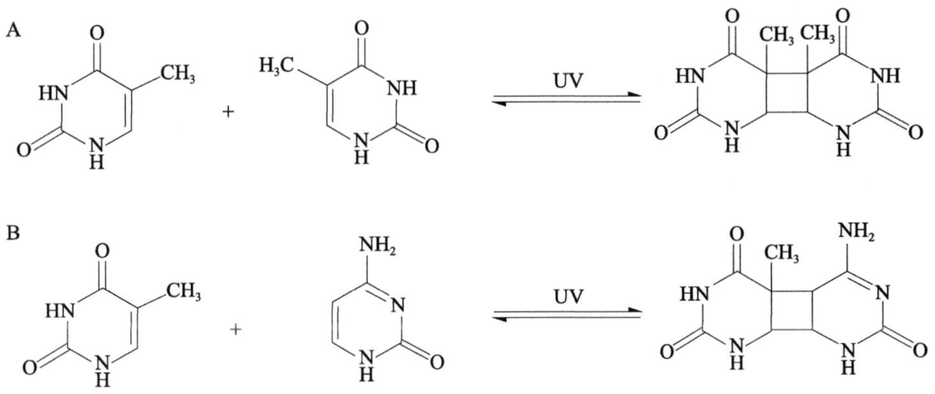

C^C、T^C 二聚体，这通常发生在同一 DNA 链上两个相邻的嘧啶之间，也可以发生在两个 DNA 单链之间，这种二聚体是很稳定的。如果它发生在两链之间，就会由于它的交联而阻碍双链的分开，从而影响复制；如果它发生在同一链的两个相邻嘧啶之间，复制时就会在此处停止，并随意掺入别的碱基，从而改变了新合成的链上的碱基顺序。影响二聚体形成的因素包括：①紫外线。嘧啶二聚体的形成趋势随着紫外线强度的增强而增大。此外，紫外线波长的变化也会影响二聚体的形成。②序列自身特点。在某一段富含嘧啶碱基的DNA中容易形成二聚体。

另一类是形成 6-4 光产物（6-4 photoproduct，6-4PP，它是嘧啶的加合产物），以及它们的杜瓦价键异构体（Dewar valence isomer）。这种 DNA 损伤产生的 6-4 光产物有更严重的、潜在的致命和致突变作用。在波长大于 290 nm 的情况下，6-4 光产物可以通过光异构化作用转变为杜瓦价键异构体。

在紫外线导致的 DNA 损伤产物中，环丁烷嘧啶二聚体和 6-4 光产物分别约占 75% 和 25%。这两种类型的损伤都会使 DNA 螺旋发生扭曲。环丁烷嘧啶二聚体和 6-4 光产物分别导致 7°～9° 和 44° 的扭曲。其中，UVB 和 UVC 可引起 CPD、6-4PP 及杜瓦价键异构体；UVA 可引起 CPD，而不引起 6-4PP，即日光中的 UV 主要造成 CPD；此外，UVA 还可以将 6-4PP 转化为杜瓦价键异构体。它们的去除对于维持基因组的完整性和功能至关重要。

4.1.2.2 电离辐射

电离辐射损伤 DNA 有直接效应和间接效应两种。直接效应是指射线直接作用于 DNA 分子，通过电离和激发使 DNA 受到损伤。间接效应是指射线与 DNA 周围其他原子或分子特别是水分子作用，产生具有很高活性的自由基（如·OH 和·H 等），进而损伤 DNA。

电离辐射引起 DNA 损伤的机制包括自由基

图 4.5 最具毒性与变异性的 DNA 损伤：紫外线辐射导致的环丁烷嘧啶二聚体
A. 胸腺嘧啶二聚体；B. 胸腺嘧啶-胞嘧啶二聚体

损害、损伤 DNA 修复系统、MCI（mobile charge interaction）假说。其中 MCI 假说认为电离辐射直接与 DNA 分子链发生作用，作用的靶点是 DNA 分子中移动的电子。电离辐射导致 DNA 分子结构发生相应变化，包括以下几点。

（1）碱基变化。主要由·OH 自由基引起，包括 DNA 链上的碱基氧化修饰、过氧化物的形成、碱基环的破坏和脱落等。一般嘧啶比嘌呤更敏感，其敏感性排序通常是：胸腺嘧啶＞胞嘧啶＞腺嘌呤＞鸟嘌呤。

（2）脱氧核糖变化。脱氧核糖上的每个碳原子和羟基上的氢原子都能与·OH 反应，导致脱氧核糖分解，最终引起 DNA 链断裂。

（3）DNA 链断裂。包括单链断裂（single-strand breakage，SSB）和双链断裂（double-strand breakage，DSB）。SSB 由一个自由基攻击引起。DSB 必须由两个以上的自由基攻击引起。射线的直接和间接作用都可能使脱氧核糖破坏或磷酸二酯键断开而导致 DNA 链断裂。各种射线对链断裂效应的顺序：中子＞γ射线、X 射线＞紫外线。一定能量的射线所产生的 SSB 和 DSB 有一个大致的比值，一般 DSB 为 SSB 的 1/20～1/10，但比值不是恒定的。并且 SSB 和 DSB 的比值与辐射产生的线性能量转移（linear energy transfer，LET）高低有关。随着 LET 的升高，SSB 减少，DSB 增多。

（4）交联。包括 DNA 链交联和 DNA-蛋白质交联。同一条 DNA 链上或两条 DNA 链上的碱基间可以共价键结合，DNA 与蛋白质之间也可以共价键相连，组蛋白、染色质中的非组蛋白、调控蛋白、与复制和转录有关的酶都可以与 DNA 以共价键连接。细胞受电离辐射后在显微镜下可看到染色体畸变。

4.1.3 化学因素引起的损伤

4.1.3.1 碱基类似物的插入

碱基类似物是一类结构与碱基相似的人工合成化合物，由于它们的结构与碱基相似，进入细胞后能替代正常的碱基掺入 DNA 链中，干扰 DNA 的正常合成。但是这些类似物容易发生互变异构，引起碱基对的置换。所有碱基类似物引起的置换都是转换而非颠换（Brandsma & Gent，2012）。常见的碱基类似物有 5-溴尿嘧啶（5-BU）、2-氨基嘌呤（2-AP）等。例如，5-溴尿嘧啶的结构与胸腺嘧啶十分相近，在酮式结构时与腺嘌呤配对，却又更容易成为烯醇式结构与鸟嘌呤配对（图 4.6），5-溴尿嘧啶由于溴原子的负电性很强，其烯醇式发生率要高得多，在 DNA 复制时引起 AT 转换为 GC。

2-氨基嘌呤的结构与腺嘌呤十分相近，在氨基状态时与腺嘌呤配对，在亚氨基状态时与胞嘧啶配对（图 4.7），在 DNA 复制时引起 AT 转换为 GC，以及 GC 转换为 AT。

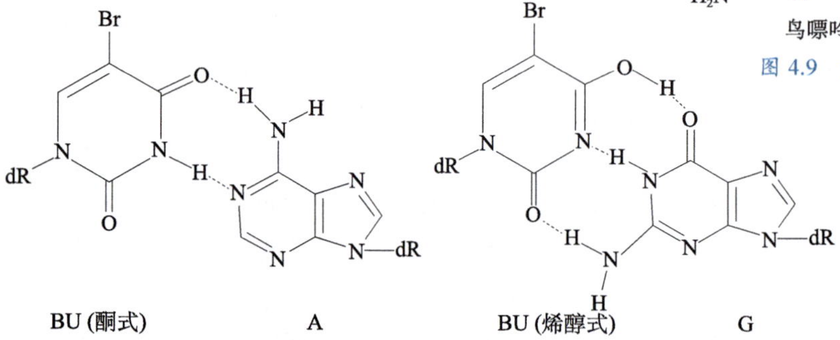

图 4.6 5-溴尿嘧啶的酮式和烯醇式具有不同配对性质

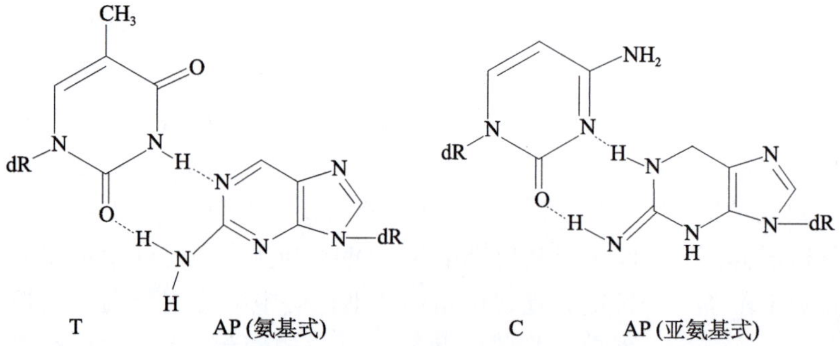

图 4.7 2-氨基嘌呤的不同配对性质

4.1.3.2 碱基修饰剂

一些人工合成或环境中存在的化学物质能专一修饰 DNA 链上的碱基或通过影响 DNA 复制而改变碱基序列，如亚硝酸能脱去碱基上的氨基，使胞嘧啶脱氨变成尿嘧啶，尿嘧啶与胞嘧啶配对；腺嘌呤脱氨变成次黄嘌呤，次黄嘌呤与腺嘌呤配对。

羟胺（NH_2OH）只与胞嘧啶作用，生成 4-羟胺胞嘧啶，从而与腺嘌呤配对（图 4.8）；黄曲霉素 B_1 也能专一攻击 DNA 上的碱基导致序列的变化（图 4.9），这些都是诱发突变的化学物质或致癌剂。

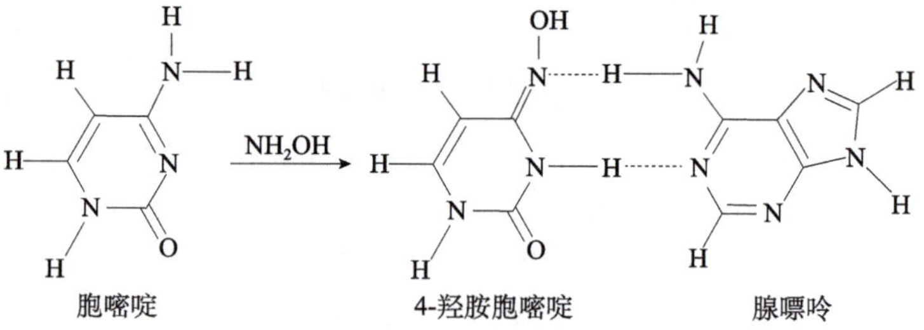

图 4.8 羟胺可特异性地诱发 GC 转换为 AT

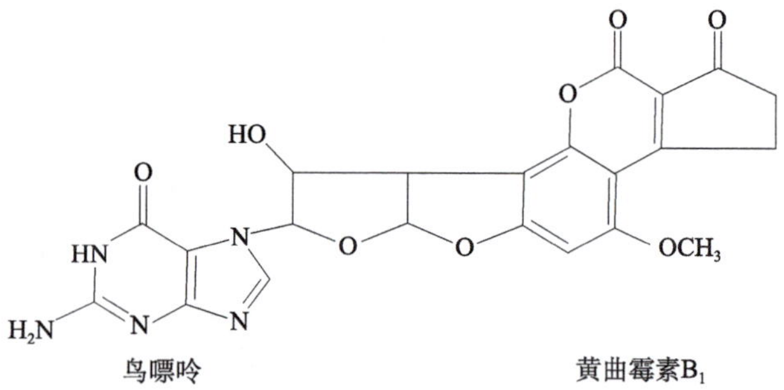

图 4.9 黄曲霉素 B_1 与鸟嘌呤 7 位氮的加成产物

烷化剂是一类化学性质高度活泼的诱变剂，属于细胞毒类药物，在生物体内能形成碳正离子或其他具有活泼的亲电性基团的化合物，进而与细胞中的生物大分子（如 DNA、RNA、酶等）中含有丰富电子的基团（如氨基、巯基、羟基、羧基、磷酸基等）发生共价结合，使其丧失活性或使 DNA 分子发生断裂。烷化剂包括甲基黄酸乙酯（EMS）、氮芥（NM）、甲基黄酸甲酯（MMS）、亚硝基胍（NTG）等。烷化剂的作用使 DNA 发生各种类型的损伤（王镜岩，2002）。

（1）碱基烷基化。烷化剂很容

易将烷基加到 DNA 链中嘌呤或嘧啶的 N 或 O 上，其中鸟嘌呤的 N7 和腺嘌呤的 N3 最容易受攻击，致使烷基化的嘌呤碱基配对发生变化。例如，鸟嘌呤第七位氮原子被烷基化后，形成 7-甲基鸟嘌呤（m^7G），它就不再与胞嘧啶配对，而是与胸腺嘧啶配对，使 GC 转换成 AT。

（2）碱基脱落。鸟嘌呤烷基化后的糖苷键不稳定，容易脱落形成 DNA 上无碱基的位点，DNA 复制时可以插入任何核苷酸，造成 DNA 序列的改变。

（3）断链。DNA 链的磷酸二酯键上的氧也容易被烷化，形成不稳定的磷酸三酯键，易在糖与磷酸间发生水解，使 DNA 链断裂。

（4）交联。烷化剂有两类：一类是单功能基烷化剂，如甲基甲烷碘酸，只能使一个位点烷基化；另一类是双功能基烷化剂，如氮芥、硫芥等，一些抗癌药物如环磷酰胺、苯丁酸氮芥、丝裂霉素等，某些致癌物如二乙基亚硝胺等均属于此类，两个功能基可同时使两处烷基化，造成 DNA 链内、DNA 链间，以及 DNA 与蛋白质间的交联。

4.1.3.3 嵌入剂

嵌入剂是指能够插入到 DNA 双链中相邻的碱基对间而与 DNA 结合的化合物。其多数为具有芳香族结构的扁平分子，如吖啶橙、原黄素、溴化乙锭等。嵌入剂的插入会将碱基对间的距离撑大约 1 倍，正好占据 1 bp 的位置。嵌入染料插入碱基重复位点处可造成两条链错位。在 DNA 复制时，新合成的链或者增加核苷酸插入，或者使核苷酸缺失，造成移码突变（图 4.10）。

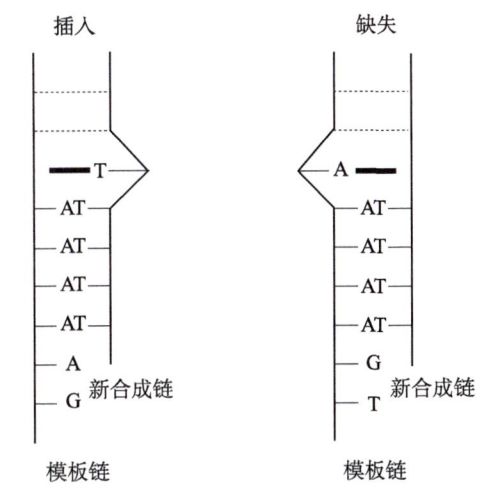

图 4.10 嵌入染料插入 DNA 造成移码突变的可能机制（嵌入染料以短粗线表示）（王镜岩，2002）

4.2 DNA 损伤与突变

突变泛指遗传物质的分子结构或者数量发生可遗传的变化。狭义的突变指点突变，广义的突变包括点突变和染色体畸变。突变的概率很低，一般为 $10^{-9} \sim 10^{-6}$。DNA 突变可分为以下几种类型。

4.2.1 根据 DNA 碱基序列改变进行分类

4.2.1.1 碱基对的置换

碱基对的置换（substitution）是指在 DNA 复制过程中，错配的碱基被固定下来，原来的一个碱基对被另一个碱基对取代，又称为点突变。碱基对的置换包括两种类型：转换和颠换。转换（transition）是指一个嘌呤被另一个嘌呤，或者是一个嘧啶被另一个嘧啶替代。颠换（transversion）则是指嘌呤与嘧啶之间的替代。

碱基对置换后的结果包括同义突变、错义突变和无义突变。同义突变（synonymous mutation）是指没有改变产物氨基酸序列的密码子变化，即与密码子的简并性相关。错义突变（missense mutation）是指碱基序列的改变引起了产物氨基酸序列的变化。例如，镰状细胞贫血的致病原因主要是珠蛋白的 β 基因发生单一碱基置换，正常 β 基因的第 6 位密码子为 GAA，编码谷氨酸，突变后为 GTA，编码缬氨酸（图 4.11）。有些错义突变严重影响蛋白质的功能，会产生致死性突变。而有些错义突变基本不影响蛋白质功能，称为中性突变。中性突变与同义突变一起称为无声突变。无义突变（nonsense mutation）是指某个碱基的改变使代表某种氨基酸的密码子变为蛋白质合成的终止密码子，使得肽链合成过早终止，该蛋白质产物一般没有活性。

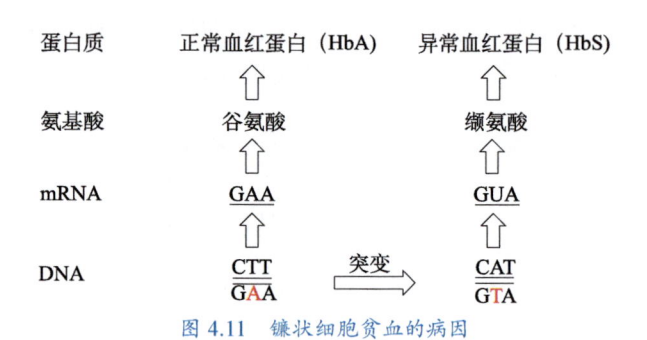

图 4.11　镰状细胞贫血的病因

4.2.1.2 移码突变

移码突变（frameshift mutation）是指由于一个或多个非 3 整倍数的碱基对的缺失或插入，引起编码区该位点后的三联体密码子阅读框架变化，导致后面氨基酸发生错误，一般该基因产物完全失活，如前文所述嵌入剂的插入。

4.2.2　根据突变原进行分类

几乎任何导致 DNA 损伤的因素都能够导致 DNA 突变，前提是它们造成的损伤在 DNA 复制前还没有被细胞内的修复系统修复，因此可以这样认为，导致 DNA 损伤的原因在某种意义上就是导致 DNA 突变的原因。由内在因素引起的突变称为自发突变，如 DNA 自发地脱氨基、脱嘧啶、脱嘌呤、碱基异构、氧化反应等。自发突变的突变率非常低，大肠杆菌和果蝇的基因突变率都在 10^{-10} 左右。由外在因素引发的突变称为诱发突变（图 4.12）。能够提高突变率的物理或化学因子称为诱变剂，如紫外线、电离辐射、碱基类似物、碱基的修饰剂、嵌入剂等。

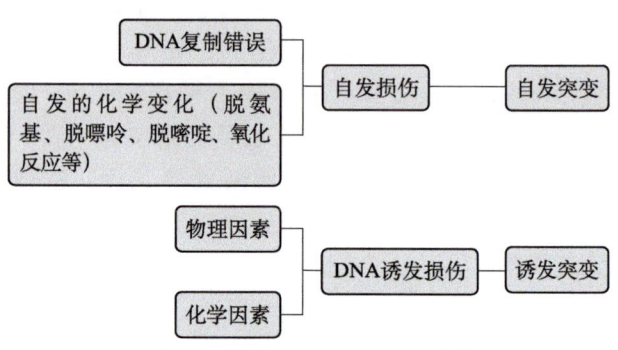

图 4.12　DNA 损伤与突变的关系

4.3　DNA 损伤的修复

DNA 存储着生物体赖以生存和繁衍的遗传信息，因此维护 DNA 分子的完整性对细胞至关重要。外界环境和生物体内部的因素都经常会导致 DNA 分子的损伤或改变。一般在一个原核细胞中只有一份 DNA，在真核二倍体细胞中相同的 DNA 也只有一对，如果 DNA 的损伤或遗传信息的改变不能更正，可能影响体细胞的功能或生存，而对于生殖细胞则可能影响到后代。因此，在进化过程中，生物细胞所获得的修复 DNA 损伤的能力就显得十分重要，它也是生物能保持遗传稳定性之所在。在细胞中能进行修复的生物大分子只有 DNA，这反映了 DNA 对生命的重要性。另外，在生物进化中，突变又是与遗传相对立统一而普遍存在的现象。DNA 分子的变化并不是全部都能被修复成原样，正因为如此，生物才会有变异和进化。DNA 损伤的修复是生命体重要的自我保护机制，下面将介绍 3 种主要的修复方式。

4.3.1　错配修复

错配修复（mismatch repair，MMR）主要用来纠正 DNA 双螺旋上错配的碱基对，是在含有错配碱基对的 DNA 分子中，使核苷酸序列恢复正常的修复方式。错配修复一般针对 DNA 双链中特定的一条链，尤其是子链（新合成的 DNA 链）。错配修复的主要步骤是区分模板链与非模板链，识别出不正确的链，切除错配的碱基对，然后通过 DNA 聚合酶Ⅲ和 DNA 连接酶的作用，合成正确配对的双链 DNA。在 DNA 复制时就开始执行，DNA 复制过程中模板链的 GATC 序列中 A 的 N6 位置发生甲基化，而新合成的链有甲基化的梯度，靠近复制叉处甲基化程度最小。所以新合成的 DNA 双链分子处于半甲基化状态，正是利用这一原理以模板链的碱基为模板，外切子链错配的核苷酸。

DNA 的错配修复机制是在大肠杆菌的研究中被阐明的。大肠杆菌参与错配修复的蛋白质至少有 12 种。大肠杆菌缺失了 MutS、MutL、MutH 或者 DNA 解旋酶Ⅱ（UvrD）都表现为甲基化介导的错配修复系统缺陷型。因此，这几种蛋白质都是大肠杆菌错配修复系统所必需的。此外，甲基化介导的错配修复系统还包括另外几种成分：外切核酸酶Ⅰ（ExoⅠ）、外切核酸酶Ⅶ（ExoⅦ）、外切核酸酶 RecJ、外切核酸酶 X（ExoX）、单链结合蛋白（SSB）、DNA 聚合酶Ⅲ和 DNA 连接酶等。MutS 是负责大肠杆菌错配修复起始的，其二聚体识别并结合到错配碱基部位，MutL 是一种在溶液中以二聚体的形式存在的 68 kDa 的蛋白质，在 MutS 识别并且结合错配位置之后被招募到错配位点，这种招募依赖于 MutS 和 ATP。MutL-MutS 复合物在 ATP 提供的能量下沿着 DNA 双链向两方向移动，DNA 由此形成突环，直至遇到 CATC 序列为止。随后 MutH 内切核酸酶结合到 MutS-MutL 上，并在未甲基化链 CATC 位点的 5′ 端切开。若切开处位于错配碱基对的 3′ 侧，由外切核酸酶Ⅰ、外切核酸酶Ⅶ或者外切核酸酶 X 沿 3′→5′ 方向切除核酸链；若切开处位于 5′ 侧，由外切核酸酶Ⅶ或 RecJ 沿 5′→3′ 方向切除核酸链。与此同时，解旋酶Ⅱ和 SSB 帮助 DNA 链解开，直到将错配碱基对切除。新的 DNA 链由 DNA 聚合酶Ⅲ和 DNA 连接酶合成并连接（图 4.13）。

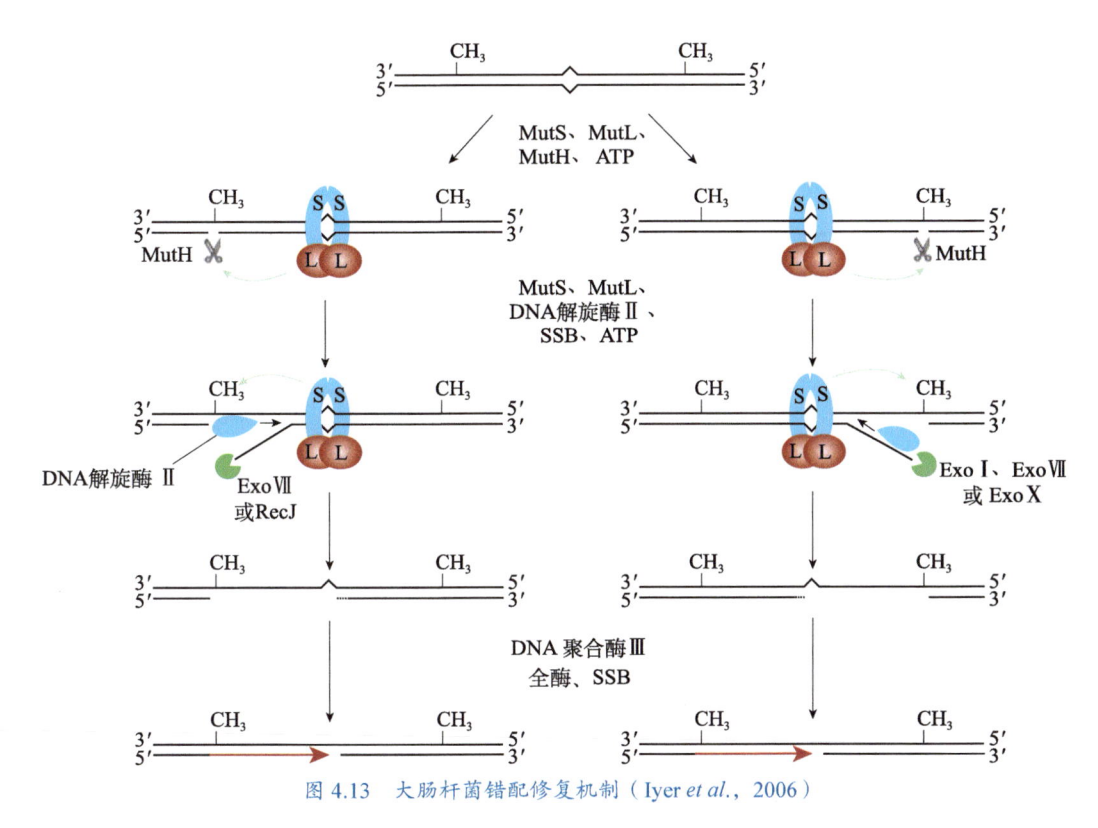

图 4.13 大肠杆菌错配修复机制（Iyer *et al*., 2006）

真核生物的 DNA 错配修复机制与原核生物大致相同。在真核生物中，DNA 错配修复中的 MutS 和 MutL 主要涉及 7 个修复蛋白，即 MSH2、MSH3、MSH6、MLH1、MLH3、PMS1 和 PMS2。与大肠杆菌 MutS 蛋白类似的二聚体有 MutSα 和 MutSβ 两种，二者复合物成分分别为 MSH2/MSH6 和 MSH2/MSH3，前者识别单个碱基错配及一个碱基的缺失/插入错配，后者识别 2~4 个甚至更多个碱基的缺失/插入错配。真核 MutL 蛋白和真核 MutS 蛋白一样都是作为异源二聚体来行使功能的，其中 MLH1 参与不同的二聚体。最具特征的是 MutLα，它是从人（MLH1、PMS2 的异源二聚体）和酵母（MLH1、PMS1 的异源二聚体）中分离出来的，并且能够支持 MutSα 或 MutSβ 启动的修复（图 4.14）。

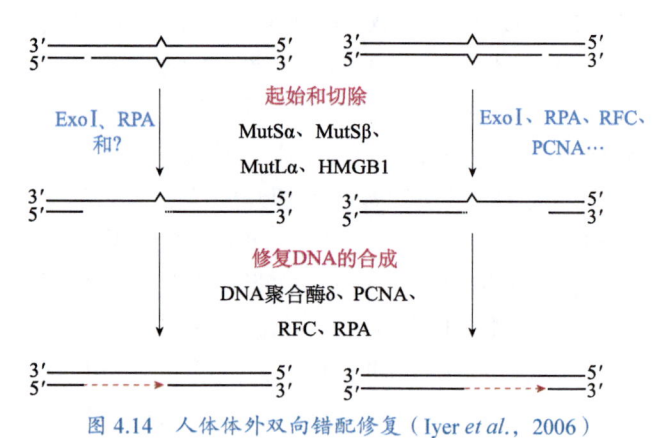

图 4.14 人体体外双向错配修复（Iyer et al., 2006）

问号表示不明活动也可能在反应中扮演重要角色。PCNA 是增殖细胞核抗原，为 DNA 聚合酶 δ 的辅助蛋白；RPA 是真核生物的单链结合蛋白，与原核生物 DNA 复制过程中的 SSB 作用类似；RFC 是复制因子，装载 PCNA

4.3.2 切除修复

切除修复（excision repair）是指在一系列酶的作用下，将 DNA 分子中受损伤部分切除掉，并以完整的那条链为模板，合成出切去的部分，然后使 DNA 恢复正常结构的过程。切除修复是比较普遍的修复机制，它对多种损伤均能起修复作用，并不局限于某种特殊原因造成的损伤，而是能一般识别 DNA 双螺旋的改变，对遭到破坏而呈现出不正常的结构加以去除。切除修复是细胞中重要和有效的修复机制，包含以下两种形式。

一种是碱基切除修复（base excision repair，BER），它是在 DNA 糖基化酶的作用下从 DNA 中去除损伤或者不正常的碱基，这种酶可以识别氧化、缺失、烷基化脱氨基及错配等类型的碱基损伤。其过程包括：DNA 糖苷酶特异性识别并水解受损碱基，形成 AP 位点；AP 内切核酸酶在 AP 位点附近将 DNA 链切开；外切核酸酶将 AP 位点在内的 DNA 链切除；DNA 聚合酶Ⅰ兼有外切酶活性，并使得 DNA 链 3′ 端延伸填补空缺，DNA 连接酶将 DNA 链连上。

另一种是核苷酸切除修复（nucleotide excision repair，NER），主要适用于 DNA 双螺旋结构严重受损的情况。它可分为短片段修复（short-patch repair）和长片段修复（long-patch repair）。损伤部位同样是由内切酶切除，但与一般内切酶不同，该酶可在损伤部位两侧同时切开。该酶是由 uvr 基因编码的，由多个亚基组成。

在大肠杆菌中，Uvr ABC 切除酶包括 3 种亚基：UvrA、UvrB 和 UvrC。首先大肠杆菌中的 UvrA 与 UvrB 结合成复合物并识别 DNA 损伤部位，接着 UvrAB 聚合体解离，UvrB 与 UvrC 结合形成复合物，UvrB 在损伤部位 3′ 侧第 5 个磷酸二酯键切开，UvrC 切开 5′ 侧第 8 个磷酸二酯键，随后在解旋酶 UvrD 帮助下使得损伤部位的 DNA 单链脱离。最后由 DNA 聚合酶Ⅰ合成 DNA，DNA 连接酶封闭其缺口，从而完成 DNA 损伤修复（图 4.15）。

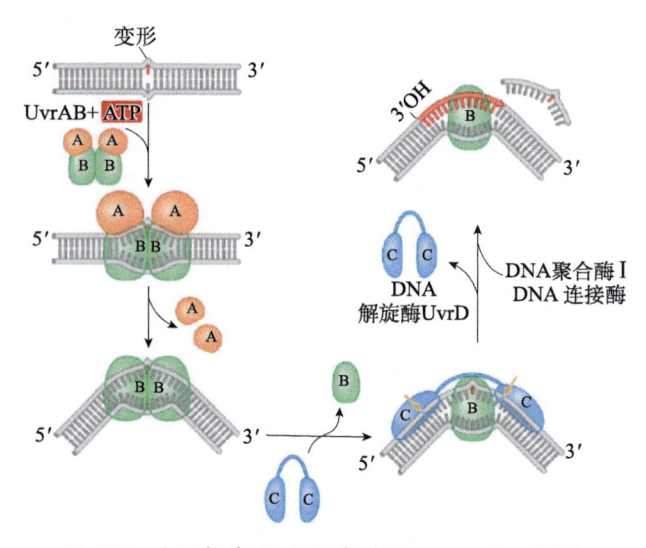

图 4.15 大肠杆菌的切除修复（Watson et al., 2014）

切除修复系统和癌症的发生也有一定的关系。例如，人的着色性干皮病（xeroderma pigmentosum），患者不能接受太阳的紫外线，否则在皮肤暴露部位就会诱发皮肤癌。通过深入研究发现，该病患者皮肤细胞中的切除修复酶系统存在缺陷，不能对 UV 诱发的大量 DNA 损伤进行有效的修复，特别是人的抑癌基因 p53 发生突变就会促进癌症的发生。

4.3.3 重组修复

4.3.3.1 同源重组

同源重组（homologous recombination）又称一般性重组，是指发生在姐妹染色单体之间或同一染色体上含有同源序列的 DNA 分子之间或分子内的重新组合。细菌和某些低等真核生物的转化、转导、接合、重组，真核生物中非姐妹染色单体的交换和姐妹染色单体的交换等都属于同源重组。

同源重组需要一系列蛋白质的催化，如原核生物细胞内的 RecA、RecBCD、RecF、RecO、RecR 等及真核生物细胞内的 Rad51、Mre11-Rad50 等。同源重组反应通常根据交叉分子或 Holliday 结构的形成和拆分分为 3 个阶段，即前联会复合体阶段、联会复合体形成和霍利迪结构（Holliday structure；又称霍利迪连接体 Holliday junction）的拆分（Brandsma & Gent, 2012）。同源重组反应严格依赖于 DNA 分子之间的同源性，100% 同源的 DNA 重组常见于姐妹染色单体之间的同源重组；而小于 100% 同源性的 DNA 分子之间或分子内的重组，则称为位点专一重组（site-specific recombination）。后者可被负责碱基错配的蛋白质如原核细胞内的 MutS 或真核生物细胞内的 MSH2-3 等蛋白质"编辑"。同源重组可以双向交换 DNA 分子，也可以单向转移 DNA 分子，后者又称为基因转换。由于同源重组严格依赖分子之间的同源性，因此原核生物的同源重组通常发生在 DNA 复制过程中，而真核生物的同源重组则常见于细胞周期的 S 期之后（向义和，2015）。

4.3.3.2 同源重组的分子机制

20 世纪初，比利时细胞学家汉森斯（F. A. Janssens）在探讨重组现象时提出了交叉型假说，形成了交换的概念。1936 年，达林顿（C. D. Darlington）提出断裂愈合假说（breakage and reunion hypothesis），认为同源染色体联会时，一对非姐妹染色单体由于缠绕而产生张力，为了消除张力，两条染色单体在交叉点断裂再交错重接。同源染色体分开时，细胞学上可见它们在交叉点相连，交叉的数目和分布也与遗传交换的结果一致。断裂愈合假说与交叉型假说没有本质区别，但该假说在当时却无法解释粗糙脉孢菌的基因转变（gene conversion）和极化子（polaron）现象。

1928 年，贝林（J. Belling）在研究植物染色体减数分裂时，根据染色单体复制前后的变化，首先提出了模板选择假说（copy choice hypothesis）。1948 年，赫尔希（A. D. Hershey）针对噬菌体杂交中有时产生非对称重组子的现象，再次提出了模板选择假说。但这些假说都被一一推翻。首先，模板选择假说提出 DNA 复制属于全保留复制，违背了 DNA 半保留复制的原则；其次，真核生物的 DNA 复制应在细胞周期的 S 期，染色体的交换和重组在 M 期，因此重组不可能在复制的过程中发生。

1953 年，DNA 双螺旋模型被发现后，科学家开始在分子水平上探讨同源重组的机制。20 世纪 60～80 年代，科学家分别提出了 DNA 同源重组的 3 种模型：霍利迪模型、单链断裂模型和双链断裂模型（向义和，2015）。

1）霍利迪模型　霍利迪模型（Holliday model）的主要内容如下（图 4.16）。

（1）两个同源 DNA 分子的联会。两个同源染色体 DNA 排列整齐，相互靠近。

（2）引入 DNA 断裂。在内切核酸酶作用下，两个 DNA 分子中方向相同的单链在相同的位置同时被切开。在每个切开的地方双螺旋稍微解开，释放出单链。

（3）链入侵，形成霍利迪连接体。释放的单链通过与另一 DNA 分子中没有断开的链进行配对，形成一个单链交叉而使两个 DNA 分子连接在一起的结构，这个交叉的结构称为霍利迪连接体（Holliday junction）。

（4）分支迁移（branch migration），弯曲旋转。一个霍利迪连接体可以通过配对碱基连续的解链和配对而沿着 DNA 移动。每次移动时，亲本 DNA 链上配对碱基断开，由相同的碱基配对形成重组中间体，该过程称为分支迁移。这种迁移提高了交换 DNA 的长度。

（5）霍利迪连接体的拆分。在交叉点处切开霍利迪连接体，形成两个新的 DNA 分子。霍利迪连接体有两种切开方式，切开方式不同，所得到的重组产物也不同。

霍利迪模型能够较好地解释同源重组现象，但也存在问题。该模型认为进行重组的两个 DNA 分子在开始时需要在对应链同一位置上发生断裂。而且霍利迪模型中为对称的杂合双链，而实际情况有不均等分离现象。

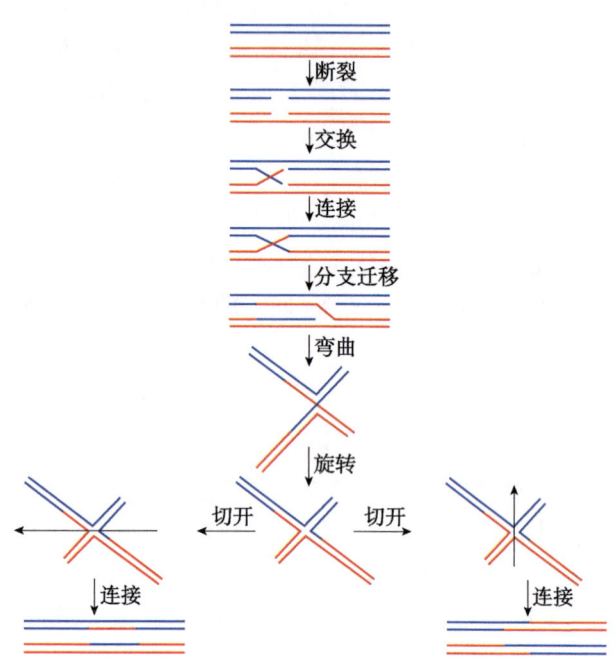

图 4.16 同源重组的霍利迪模型（Holliday，1964）

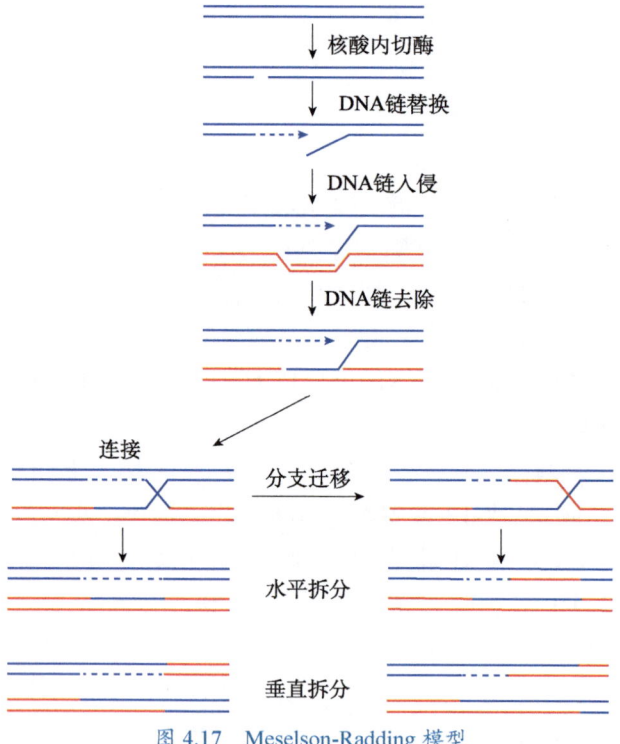

图 4.17 Meselson-Radding 模型
（Meselson & Raddling，1975）

2）单链断裂模型　1975 年，梅塞尔森（M. S. Meselson）和雷丁（C. M. Radding）在霍利迪模型上加以改进，解释了这种不对称重组现象，提出了 Meselson-Radding 模型（图 4.17）。改进之处是，同源配对的两个双链 DNA 分子中，仅有一个 DNA 分子的一条单链断裂。两个进行重组的 DNA 分子在同源区域相应的位点上只产生一个单链裂口。产生裂口的链被 DNA 聚合酶催化的新链合成取代后，侵入另一条同源的 DNA 分子中，与该分子中的互补序列配对形成异源双链区，被置换的单链形成 D 环（D loop）。D 环单链区随后被切除，两个 DNA 分子在 DNA 连接酶的作用下形成霍利迪交叉。与霍利迪连接体不同，此时只在一条 DNA 分子上出现异源双链区。如果发生分支迁移，在两条双螺旋分子上均出现异源双链区。随后发生的连接分子的拆解与霍利迪模型一样。

3）双链断裂模型　在这个模型里，两条 DNA 分子中的一条发生了双链断裂，而另外一条保持完整。因为双链 DNA 断裂较易发生，与霍利迪模型的同源成对断裂相比，更有说服力。两个重组 DNA 分子中产生断裂的双链称为受体双链（recipient duplex），不产生断裂的双链称为供体双链（donor duplex）。内切核酸酶切开一个 DNA 分子的两条链，启动重组。在外切核酸酶的作用下，切口不断扩大并且产生 2 个 3′ 单链端。DNA 末端首先被加工成 3′ ssDNA 尾巴，这些尾巴侵入同源模板，启动新的 DNA 合成。图 4.18 中显示了这种侵入可能产生以下 3 种结果。

（1）双链断裂重组（double-strand break recombination，DSBR）模型。在典型的 DSBR 模型中，最初侵入的链和捕获的第二末端都会退火到同源模板上，并启动新的 DNA 合成，从而形

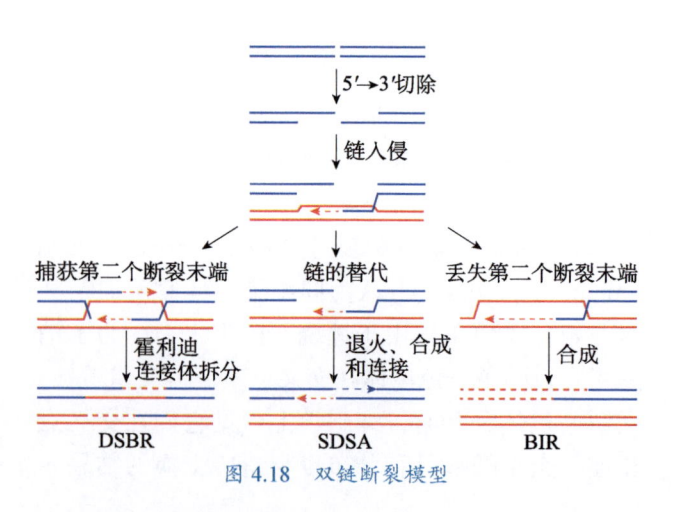

图 4.18 双链断裂模型

成双霍利迪连接，该连接可被核酸酶分解为交叉或非交叉产物。

（2）合成依赖性链退火（synthesis-dependent strand-annealing，SDSA）模型。单ssDNA尾部侵入同源模板后，一轮DNA合成从3′端开始。SDSA发生时，侵入的链与新合成的片段一起被螺旋酶解开，并与另一端切除的链退火。

（3）断裂诱导复制（break-induced replication，BIR）模型。在BIR模型中，DSB的一端丢失，剩余一端侵入同源模板，将DNA合成引向染色体末端。

重组修复（recombination repair）是一种发生在DNA复制后的具有较高保真度的修复途径，针对的是复制中含有损伤结构的DNA。在DNA复制到含有损伤部位时，子链对应部位会产生一个缺口导致新合成的子链比未损伤的DNA链要短一些，需要从母链的对应部位切割出一段相应的部分来填补这一缺口，合成重组后，母链中的缺口通过DNA多聚酶的作用合成核苷酸片段，然后由连接酶使新片段与旧链连接，重组修复完成。同源重组修复途径并不能完全地根除DNA的断裂损伤，其断裂损伤的DNA片段仍然会保留在亲代DNA链上，只是经过多次DNA的复制过程后，该断裂损伤就会减弱。

思考与挑战

1. DNA复制过程中自身会发生哪些损伤？
2. 碱基修饰剂、碱基类似物、嵌入剂有哪些？试举例并说明它们产生的影响。
3. 突变可分为哪几种类型？突变与DNA损伤之间有何关系？
4. 请简述DNA损伤与修复的意义。
5. 原核生物是怎样进行错配修复的？试以大肠杆菌为例简要概述。
6. 切除修复包括哪两种形式，其区别是什么？
7. 着色性干皮病是人类的一种遗传性皮肤病，患者皮肤经日光照射后易发展为皮肤癌，该病的分子机制是什么？
8. 简要概述科学家针对同源重组分子机制提出了哪几种模型。
9. 细胞DNA修复机制是一把双刃剑，一方面它可以减少致癌突变，从而保证基因组的完整性，但是另一方面，在恶性细胞中，同样的机制又会使得细胞免于更多的DNA损伤并持续不可控增长。那么在实践中如何阻断癌细胞内的这一存活机制？
10. 目前发现DNA双链断裂能够通过两种修复途径中的一种加以修复：一种是快速的但容易出错的途径，即非同源末端连接（nonhomologous end-joining，NHEJ），它仅在DNA复制之前发挥作用；另一种是更加缓慢的但不会发生差错的途径，即同源重组，它是在DNA复制之后才能进行修复。尽管这种快速的修复途径能够高效和大量地发挥作用，但是它仍然竞争不过这种在DNA复制之后才发挥作用的更加缓慢但更加精确的修复途径。那么细胞是如何做出选择的？是否存在某种物质阻止这种快速修复途径？

数字课程学习

1. 基因突变的类型
2. 基因突变的机制
3. DNA损伤修复
4. DNA同源重组

课后拓展

1. 温故而知新
2. 拓展与素质教育

主要参考文献

王镜岩. 2002. 生物化学. 下册. 北京：高等教育出版社.

向义和. 2015. DNA 同源重组机制的确立. 自然杂志, 4: 53-62.

杨靖, 石新丽, 李莎. 2013. DNA 损伤的同源重组修复机制. 西部医学, 25(10): 1586-1589.

Brandsma I., Gent D. C. 2012. Pathway choice in DNA double strand break repair: Observations of a balancing act. *Genome Integrity*, 3(1): 9.

Dizdaroglu M., Jaruga P., Birincioglu M., *et al*. 2002. Free radical-induced damage to DNA: mechanisms and measurement. *Free Radical Biology and Medicine*, 32(11): 1102-1115.

Holliday R. A. 1964. Mechanism for gene conversion in fungi. *Genet Res Camb*, 5: 282-304.

Hu J., Adar S. 2017. The cartography of UV-induced DNA damage formation and DNA repair. *Photochemistry and Photobiology*, 93(1): 199-206.

Iyer R. R., Pluciennik A., Burdett V., *et al*. 2006. DNA mismatch repair: functions and mechanisms. *Chemical Reviews*, 106(2): 302-323.

Meselson M. S., Raddling C. M. 1975. A general model of genetic recombination. *Proc Natl Acad Sci USA*, 72: 358-361.

Watson J. D., Baker T. A., Bell S. P., *et al*. 2014. Molecular Biology of the Gene. 7th ed. Boston: Benjamin-Cummings Publishing Company.

第 5 章
DNA 的转座

作为遗传物质的 DNA 储存了生物生长、发育和繁衍所需的信息蓝本。一方面，DNA 要保持稳定，才能维持物种的稳定。另一方面，DNA 又不能一成不变，只有 DNA 发生变化，才能为物种的演化提供基础原材料，使得物种能够适应环境的变化，生生不息地进行繁衍。前一章已经介绍了 DNA 的突变与修复，本章将介绍一种新的 DNA 变异——转座现象。

5.1 转座现象与转座子

转座现象是指 DNA 从基因组的一个位置转移到另外一个位置的现象。从原核到真核的各种生物中广泛存在转座现象。可以转座的 DNA 序列称为转座子（transposon，Tn；又名"跳跃基因"）。与前一章介绍的同源重组不同，转座子在转座时并不会在供体（即转座子）和靶位点之间通过相似序列互补配对形成霍利迪连接体。作为遗传学发展史上最重要的发现之一，DNA 的转座现象由芭芭拉·麦克林托克（Barbara McClintock）在研究玉米籽粒色斑不稳定现象时首次发现（McClintock，1950）。随着分子生物学的发展，在其他物种（如大肠杆菌、噬菌体、酵母、果蝇、小鼠、袋鼠、人类等）中也相继发现了转座子。芭芭拉·麦克林托克因发现 DNA 的转座现象而独享了 1983 年的诺贝尔生理学或医学奖。

5.2 转座子的分类、特征及转座机制

转座子广泛分布于原核及真核生物中。基因组的非编码区中包含大量的转座子，在粪肠球菌（*Enterococcus faecalis*）中，转座子约占基因组的 25%；在果蝇中，转座子约占基因组的 15%；在人类中，转座子约占基因组的 45%。在真核生物中，转座子是基因组中最主要的重复序列。转座子对基因组的结构、基因表达调控及基因组进化有巨大的影响。在不同的物种中，转座子的种类也不同。转座子的分类方法有多种。根据转座过程中利用的中间产物是 RNA 或 DNA，可以将转座子相应地分为逆转录转座子（或称 I 类转座子）和 DNA 转座子（或称 II 类转座子）。其中，逆转

录转座子仅分布于真核生物中，DNA 转座子广泛分布于真核和原核生物中。与 DNA 修复等细胞生理过程类似，转座子的转座现象也需要酶的催化，催化逆转录转座子转座的酶包括逆转录酶、整合酶等；催化 DNA 转座子转座的酶称为转座酶（transposase）。根据转座子能否自发转座，将包含转座酶的表达序列且能自发转座的转座子称为自主型转座子。不包含转座酶的表达序列，需要在其他自主型转座子编码的转座酶的帮助下才能发生转座的转座子称为非自主型转座子。

不同转座子的转座机制不同，逆转录转座子通过将转座子转录成 RNA，然后逆转录成 DNA，DNA 再插入靶位点从而完成转座。DNA 转座子可以被转座酶结合形成转座体（transposome），并在转座酶的催化下，可以通过多种机制进行转座，如剪切-粘贴（cut and paste）机制、复制-粘贴（copy and paste）机制（也称复制型转座）、拷出-粘入（copy out paste in）机制和单链 DNA（single-stranded DNA）转座 4 种机制（Hickman & Dyda, 2016）。

当采用剪切-粘贴机制进行转座时（如插入序列 IS1），转座酶切割供体 DNA 转座子的两端，产生平末端的 DNA 双链断裂（double-strand breakage，DSB），从而将转座子从原位点剪切下来。同时，转座酶会在受体 DNA 的靶位点切割，产生具有黏性末端的受体 DNA。在转座酶的催化下，转座子被插入到靶位点，并伴随着黏性末端的修复，从而完成转座（图 5.1）。这种转座最终导致原位点上转座子的丢失及靶位点处转座子的插入。同时，在靶位点上还会发生靶位点处正向重复序列（direct repeat）的复制，即靶位点两侧各产生一段短重复序列，这种现象称为靶位点重复（target site duplication，TSD）。TSD 产生的正向重复序列的长度因转座子的不同而不同，通常为 2~11 bp。

采用复制-粘贴机制进行转座的转座子（如大肠杆菌的 Tn3 转座子和噬菌体 Mu），在转座酶的催化下，供体 DNA 转座子的两条链会在 5′ 端各产生一个切口，从而产生有黏性末端的供体 DNA。同时，受体 DNA 在靶位点也会产生两个切口，从而产生有黏性末端的受体 DNA。随后，供体 DNA 和受体 DNA 连接在一起，并经过

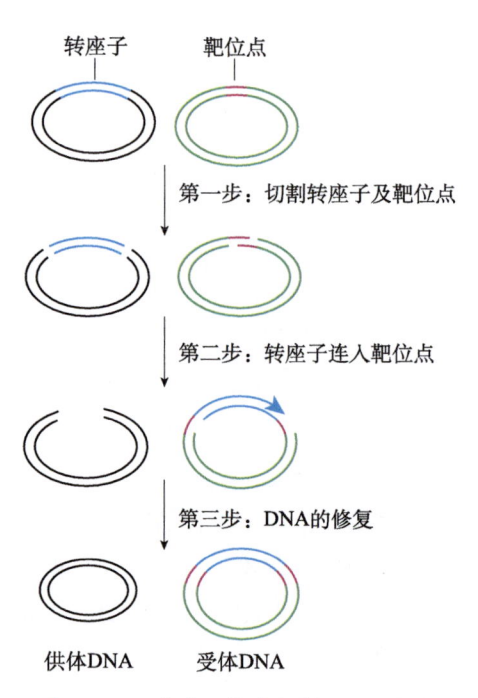

图 5.1 IS1 转座子转座的剪切-粘贴机制
（Hickman & Dyda, 2015）

DNA 复制产生含有两个相同转座子的共整合中间体（cointegrate）。共整合中间体再利用转座子之间的解离位点进行重组，从而解开共整合中间体，完成转座过程。这种转座最终导致原位点上转座子的保留及靶位点处转座子的插入。与剪切-粘贴机制类似，复制-粘贴机制也会发生靶位点重复（图 5.2）。

当采用拷出-粘入机制进行转座时（如 IS3 家族的 IS911 转座子），在转座酶的催化下，供体 DNA 转座子中的一条链被转座酶切割，在 3′ 端产生切口并产生游离的 3′ 羟基（3′-OH），游离的 3′-OH 攻击转座子在该条链 5′ 端的磷酸二酯键从而形成环状单链 DNA 及 "8" 形中间体（figure-8 intermediate）。"8" 形中间体中的环状单链 DNA 通过复制形成环状双链 DNA〔即转座环（transposon circle）〕。随后，转座酶将转座环切割成线状双链 DNA。同时，转座酶在受体 DNA 靶位点处切割 DNA 产生具有黏性末端的 DNA 双链断裂。最后，在转座酶的催化下，转座子被插入到靶位点，并伴随着黏性末端的修复，从而完成转座。在此过程中，原位点上留存的转座子的单链 DNA 会通过 DNA 修复形成双链 DNA。拷出-粘入机制也导致原位点上转座子的保留及靶位点处转座子的插入。与剪切-粘贴及复制-粘贴

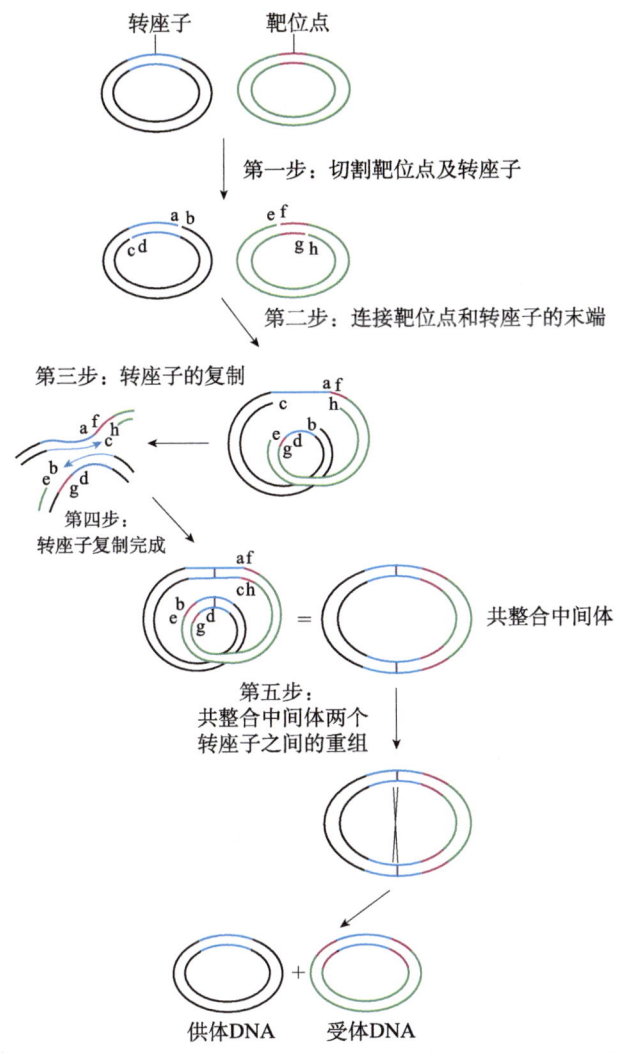

图 5.2　Tn3 转座子转座的复制-粘贴机制（Craig et al., 2015）

机制类似，拷出-粘入机制也会发生靶位点重复（图 5.3）。

此外，还有部分转座子采用单链 DNA 转座机制[或称剥离-粘贴机制（peel and paste）]进行转座，如原核的 IS200-IS605 家族，以及真核的 Helitron 家族（He et al., 2015）。该类转座子在供体 DNA 原位点转座子一侧的上游有保守的 4 核苷酸或 5 核苷酸，该保守的 4 核苷酸（如 IS200-IS605 家族成员 IS608 上游的 5′-TTAC-3′ 4 核苷酸）或 5 核苷酸虽然不是转座子的一部分，但却是该转座子转座的必需元件。单链 DNA 转座酶以单链 DNA 为底物，在 DNA 复制时，该转座酶倾向于在后随链（lagging strand）的模板链上转座子的左端（left end，LE）和右端（right end，RE）均产生切口，进而催化该条 DNA 链的 5′ 磷酸基团和 3′-OH 连接在一起，从而形成环状单链 DNA 转座子。然后，单链 DNA 转座酶将结合处于复制期的受体 DNA 靶位点（靶位点上游必须有与原位点相同的 4 核苷酸或 5 核苷酸序列），切割该处后随链的模板链上的靶位点。同时，转座酶还将切割环状单链 DNA 转座子，并将其插入到切开的靶位点，最后通过 DNA 复制形成双链 DNA 转座子。在此过程中，原位点上留存的转座子的单链 DNA 会通过复制形成双链 DNA。这种转座最终导致原位点上转座子的保留及靶位点处转座子的插入。与剪切-粘贴、复制-粘贴及拷出-粘入机制不同，单链 DNA 转座机制不会在靶位点产生正向重复序列（图 5.4）。此外，单链 DNA 转座机制与拷出-粘入机制的不同之处在于，在转座过程中，它利用单链 DNA（而不是双链 DNA）作为转座中间产物，直接将环状单链 DNA 插入到靶位点。

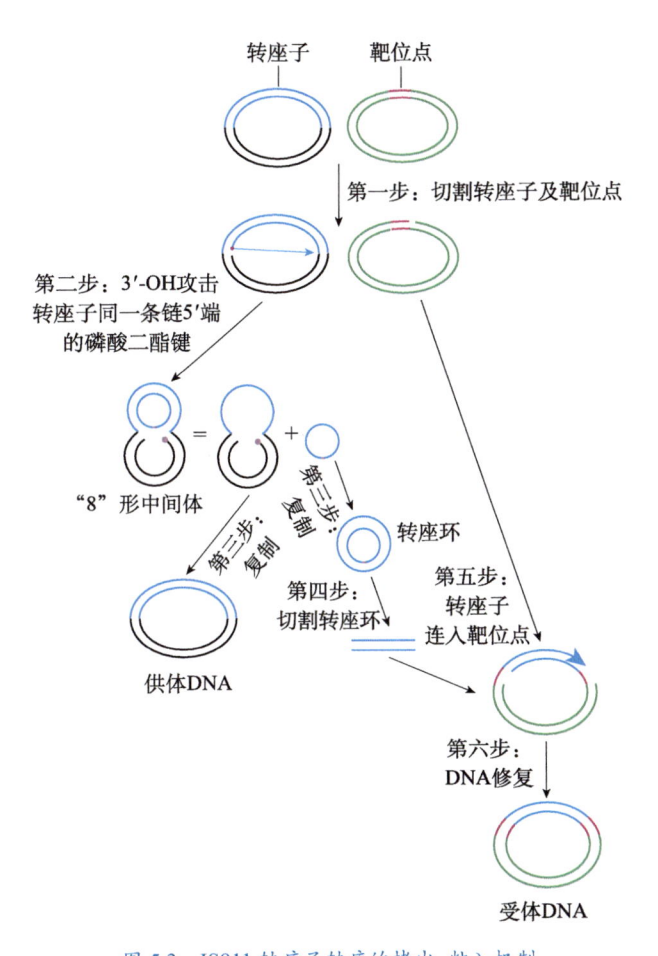

图 5.3　IS911 转座子转座的拷出-粘入机制

紫色圆标注的为 3′-OH。3′-OH 攻击同一条链上转座子另一端的磷酸二酯键（用蓝色箭头标注）

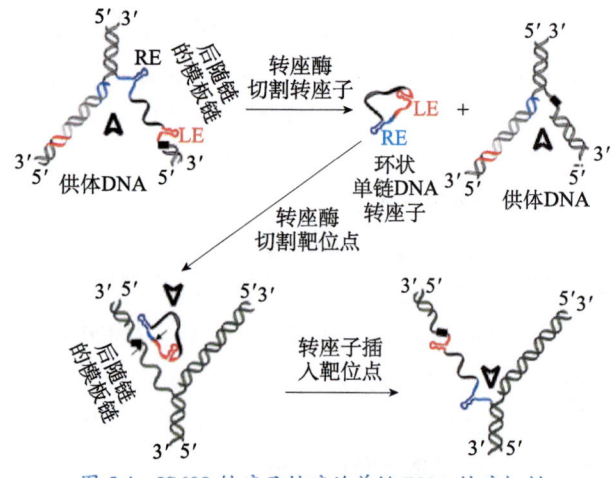

图 5.4　IS608 转座子转座的单链 DNA 转座机制
（He *et al.*, 2015）

根据 DNA 转座子转座酶的核酸酶结构域的差异，可将转座酶分为 DD（E/D）转座酶、HuH 单链 DNA 转座酶、丝氨酸转座酶和酪氨酸转座酶（Hickman & Dyda, 2015）。所有的转座酶均包含一个能够在原位点切割转座子的核酸酶结构域，DD（E/D）转座酶的核酸酶结构域折叠为类似 RNA 酶 H 样的结构，其核酸酶活性位点包含一段由 3 个酸性残基组成的保守序列 DD（E/D），其中第一位和第二位的残基为天冬氨酸，第三位的残基为谷氨酸或天冬氨酸，如大多数原核生物插入序列（insertion sequence, IS）的转座酶、Mu 噬菌体的 MuA 转座酶及真核生物 DNA 转座子的转座酶（Bao & Jurka, 2013）。HuH 单链 DNA 转座酶的核酸酶结构域折叠为类似 HuH 核酸酶的结构，其核酸酶活性位点包含一个或多个保守的酪氨酸残基。在 HuH 单链 DNA 转座酶中，核酸酶活性位点包含一个保守酪氨酸残基的转座酶称为 Y1 转座酶，包含多个保守酪氨酸残基的转座酶称为 Y2 转座酶，如 IS200-IS605 家族、IS91 家族、Helitron 家族的转座酶（Bao & Jurka, 2013; Hickman & Dyda, 2015）。丝氨酸转座酶的核酸酶结构域折叠为类似丝氨酸重组酶的结构，其核酸酶活性位点包含 1 个保守的丝氨酸残基，如 IS607 家族、Tn4451 及噬菌体 phiC31 的转座酶（Bao & Jurka, 2013）。酪氨酸转座酶的核酸酶结构域折叠为类似酪氨酸重组酶的结构，其核酸酶活性位点包含一个保守的酪氨酸残基，如 Tn916 家族的转座酶（Bao & Jurka, 2013; Hickman & Dyda, 2016）。根据转座酶的不同，可以将 DNA 转座子分为 DD（E/D）型转座子（如原核生物的大多数插入序列、Tn5、Mos1、Hermes 等）、Y1-Y2 型转座子（如 IS200-IS605 家族、IS91 家族、ISHp608、Helitron 家族）、丝氨酸型转座子（如 IS607、Tn5397、Tn5541、Tn4451）及酪氨酸型转座子（如大多数接合转座子、接合转座子的 Tn916 家族、接合转座子 CTnDOT 等）（Hickman & Dyda, 2015）。其中，迄今发现的所有通过剪切-粘贴方式转座的转座子都是 DD（E/D）型转座子，并且 DD（E/D）型转座子也是最常见的转座子类型。Y1-Y2 型转座子、丝氨酸型转座子和酪氨酸型转座子较少见（Hickman & Dyda, 2016）。

5.2.1　原核生物的转座子

原核生物的转座子广泛分布于细菌染色体、质粒和原核生物的病毒——噬菌体中，其种类繁多且遗传结构各异，部分转座子仅包含转座必需的元件、转座酶编码基因（transposase, *tnp*）或者调控转座的功能基因，如插入序列。部分转座子则还携带其他乘客基因（passenger gene，如抗生素抗性基因、重金属抗性基因、毒力基因、甲基转移酶基因和转录调控基因等），如复杂转座子和复合转座子等。

5.2.1.1　插入序列

最简单的自主型转座子称为插入序列（insertion sequence, IS），常见于细菌染色体及质粒中，是细菌染色体和质粒的正常组成部分。

ISfinder 数据库（http://www-is.biotoul.fr）记录的原核生物 IS 元件有 4000 多种，广泛分布于大肠杆菌、铜绿假单胞菌、肠道沙门氏菌、幽门螺杆菌、苏云金芽孢杆菌等各种原核生物的染色体或质粒上。根据转座酶及转座子末端的序列组成，IS 可分成 IS1、IS3、IS4 和 IS5 等 25 个不同的家族（family），并且可进一步细分为不同的类别（group）。IS 最初采用数字编号命名，如 IS1、IS3 等，后来 ISfinder 数据库也根据 IS 序列最早发现的菌种名来命名，如 ISAs1 即最早发现于项圈藻（*Anabaena* sp. 90）中。IS 的长度分布范围较广，为 600～7900 bp，其中大部分集中在

700~2500 bp。不同 IS 元件的长度不同，并且其结构和转座机制也不同。

IS1 最早被发现于大肠杆菌半乳糖操纵子（glactose operon）中，在大肠杆菌染色体上有 4~19 个拷贝。IS1 的长度为 768 bp，结构简单，仅含有位于中间的转座酶基因及位于两端的序列不完全相同的反向重复序列（inverted repeat，IR；图 5.5）。IR 又称反向末端重复序列（inverted terminal repeat，ITR）或末端反向重复序列（terminal inverted repeat，TIR）。IS1 的 IR 长度为 23 bp。IS1 采用剪切-粘贴机制进行转座，倾向于插入到富含 AT 碱基 DNA 区域，但对靶点的序列无偏好性，转座后会在靶位点处产生 9 bp 的靶位点重复（图 5.6）。

图 5.5　IS1 的结构图

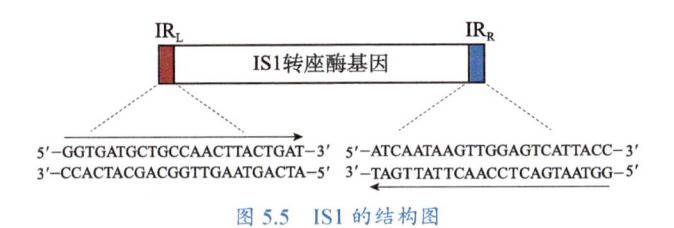

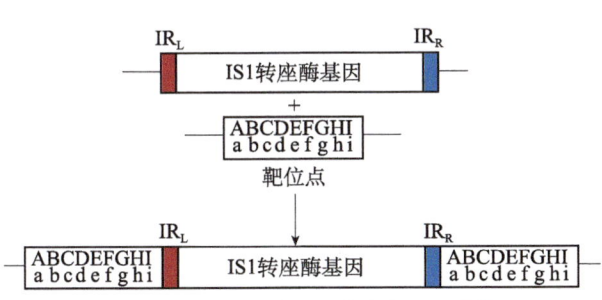

图 5.6　IS1 插入靶位点产生靶位点重复

大多数 IS 元件类似于 IS1，遗传结构简单，在两端包含 10~40 bp 的 IR 序列，两个 IR 序列之间为转座酶的一个或多个编码基因。此外，在转座机制上，大多数 IS 元件也是通过剪切-粘贴机制进行转座，插入到靶位点后，会在靶位点处产生 2~14 bp 的靶位点重复（TSD）（表 5.1）。

表 5.1　部分 IS 的结构特征

插入序列名称	总长度/bp	IR 长度/bp	靶位点选择	TSD 长度/bp
IS1	768	23	随机	9
IS2	1327	41	热点位置	5
IS4	1428	18	AAAN$_{20}$TTT	11~13
IS5	1195	16	热点位置	4

续表

插入序列名称	总长度/bp	IR 长度/bp	靶位点选择	TSD 长度/bp
IS10R	1329	22	NGCTNAGCN	9
IS50R	1531	9	热点位置	9
IS903	1057	18	随机	9

除了经典的 IS 元件，IS 元件还包含一些特殊的家族，如 IS 家族中最大的家族——IS3 家族。IS3 家族包含 500 多个成员，如 IS150、IS407 和 IS911 等。IS911 最初被发现于痢疾志贺氏菌（*Shigella dysenteriae*）中，长度为 1250 bp，两端各有 37 bp 的序列不完全相同的 IR 序列，在两个 IR 序列之间包含转座酶的编码基因 *orfA* 和 *orfB*（图 5.7）。与经典的 IS 不同，IS3 家族成员采用拷出-粘入机制进行转座，插入到靶位点后会在靶位点产生 3~4 bp 的 TSD。除此之外，IS21 家族、IS30 家族、IS256 家族和 IS481 家族也可能采用拷出-粘入机制进行转座。

与经典 IS 元件不同的还有 IS200-IS605 家族和 IS91 家族等。IS200-IS605 家族包括 IS200、IS605 和 IS1341 三个类别，共包含 153 个成员，广泛分布于细菌和古菌中（Chandler et al., 2013；He et al., 2015）。IS200-IS605 家族成员包括最早发现于沙门氏菌（*Salmonella typhimurium*）的 IS200，后来陆续在大肠杆菌（*E. coli*，IS200）、志贺氏杆菌属（*Shigella*，IS200）、耶尔森氏菌属（*Yersinia*，IS200）、耐辐射球菌（*Deinococcus radiodurans*，ISDra2）和幽门螺杆菌（*Helicobacter pylori*，IS608）中发现了该家族的新成员。IS200-IS605 家族成员的长度为 600~2000 bp，其在转座子末端不包含 IR 序列，取而代之的是能被转座酶识别的左端（LE）和右端（RE）发卡结构（图 5.8）。在转座子的中间，IS200 类只含有一个编码转座酶的 *tnpA* 基因，IS605 类（如 IS608）则包含了 *tnpA* 基因和功能未知的 *tnpB* 基因，IS1341 只含有功能未知的 *tnpB* 基因（He et al., 2015）。在转座时，转座酶结合转座子两端的发夹结构，并切割转座子。在转座酶的催化下，该家族的转座子采用单链 DNA 转座机制进行转座，并且不会在靶位点产生 TSD（Chandler et al., 2013）。

```
        IR_L  orfA      orfB       IR_R
```

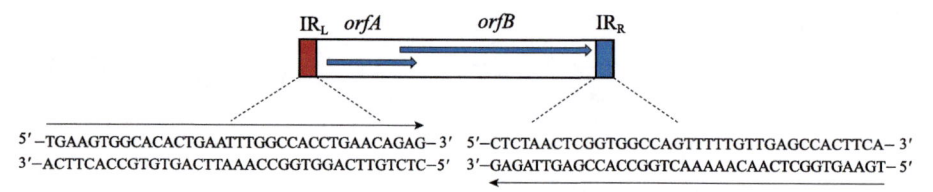

图 5.7 IS911 的结构图

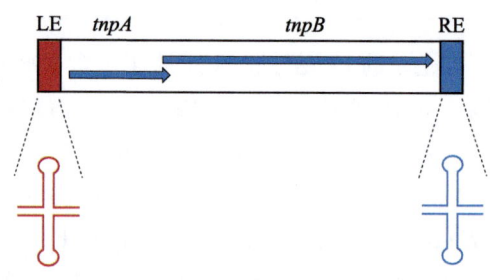

```
        LE   tnpA       tnpB       RE
```

图 5.8 IS608 的结构图（He et al., 2015）

IS91 家族包括多个成员，如 IS91、IS801、IS1294、ISFn1 和 IS91 最早发现于大肠杆菌的 α-溶血素质粒，长度为 1830 bp，其中段序列能够编码转座酶。与 IS1 一样，IS91 两端的 IR 序列不完全相同（图 5.9）。与 IS200-IS605 家族类似，IS91 的靶位点也包含保守的 4 核苷酸序列（5′-CTTG-3′ 或 5′-GTTC-3′），转座时 IS91 将插入到保守的 4 核苷酸序列（5′-CTTG-3′ 或 5′-GTTC-3′）的 3′端，而该保守的 4 核苷酸序列是 IS91 下一次转座所必需的调节元件。与 IS200-IS605 家族类似，IS91 插入到靶位点后，也不会产生靶位点重复。对于 IS91 家族转座机制的研究仍然有所欠缺，尽管科学家提出了 IS91 的滚环转座（rolling circle transposition）机制，但其转座机制仍然需要进一步的研究。

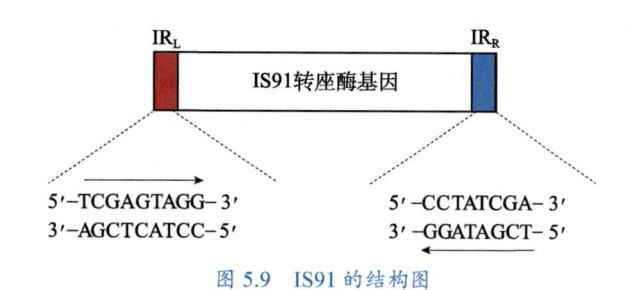

```
        IR_L   IS91转座酶基因   IR_R
```

图 5.9 IS91 的结构图

5.2.1.2 复杂转座子

复杂转座子（complex transposon），又名单元转座子（unit transposon），其遗传结构与 IS 元件类似，但与 IS 元件相比，在两个 IR 序列之间还搭载了乘客基因（如抗生素抗性基因）。常见的复杂转座子包括 Tn3 家族（如 Tn1、Tn2、Tn3、Tn21、Tn917、Tn1721 和 Tn4401 等）和 Tn7 样转座子等（如 Tn7、Tn552 等），通常其长度比 IS 元件更长。随着越来越多的转座子被发现，IS 元件和复杂转座子之间的界限也变得越来越模糊，部分 IS 元件也包含功能未知的乘客基因。例如，IS1 家族 ISMhu11 类的 tISNisp5 在两个 IR 序列之间也搭载了未知功能的乘客基因。

Tn3 最早被发现于 R1 质粒，长度为 4957 bp，其两端 IR 序列的长度为 38 bp（图 5.10）。在两个 IR 序列之间分布着转座酶编码基因（tnpA）、解旋酶编码基因（tnpR）、乘客基因——β-内酰胺酶编码基因（bla）及解离位点（res）。其采用复制-粘贴机制进行转座，在转座时，TnpA 蛋白催化形成共整合体，在 TnpR 蛋白的催化下，共整合体通过两个 res 位点的重组被解开，从而完成转座，并在靶位点处产生 5 bp 的 TSD。

Tn7 最早被发现于 R483 质粒中，长度约为 14.4 kb。在两端的 IR 序列约为 28 bp，IR 序列之间包含 tnsA、tnsB、tnsC、tnsD、tnsE、dhfr、sat、aadA 等基因（Partridge et al., 2018）。其中，tnsA 和 tnsB 编码转座酶，而 tnsC、tnsD 和 tnsE 则参与转座调控。dhfr 是甲氧苄氨嘧啶抗性基因，sat 是编码链丝菌素抗性基因，aadA 是链霉素抗性基因。其采用剪切-粘贴机制进行转座，并在靶位点处产生 5 bp 的 TSD（Partridge et al., 2018; Peters et al., 2017）。大多数转座子转座频率低并且对靶位点的选择没有偏好性，而 Tn7 则不同。在 tnsA、tnsB、tnsC 和 tnsD 基因编码的蛋白质的辅助下，Tn7 转座子能高频率地插入到革兰氏阴性菌的 glmS 基因终止密码子下游约 25 bp 处的 attTn7 位点。在 tnsA、tnsB、tnsC 和 tnsE 基因

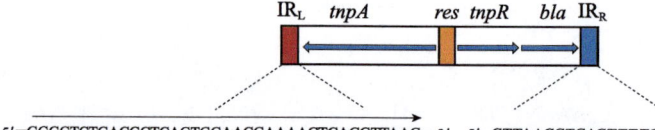

```
        IR_L  tnpA   res  tnpR   bla   IR_R
```

图 5.10 Tn3 的结构图

编码的蛋白质的辅助下，Tn7 倾向插入结合型质粒和丝状噬菌体 DNA 的后随链（Partridge et al.，2018；Peters et al.，2017）。最新研究表明，除了抗性基因，部分 Tn7 样转座子还包含成簇规律间隔短回文重复（clustered regulatory interspaced short palindromic repeat，CRISPR）阵列及 Cas（CRISPR-associated）基因（Peters et al.，2017）。在这些携带 CRISPR/Cas 系统的 Tn7 样转座子中，CRISPR/Cas 系统的主要功能是在 crRNA 与 Cas 蛋白形成的复合物帮助下将转座体募集到与 crRNA 互补配对的靶位点，从而介导转座子的定点整合（Peters，2019）。目前此类携带 CRISPR/Cas 系统的 Tn7 样转座子已被用于细菌的定点基因敲入。

5.2.1.3 复合转座子

复合转座子（composite transposon）由两个位于两端的相同或相似的 IS 元件和中段的 DNA 序列组成，位于中段的 DNA 序列常包含宿主基因（如抗生素抗性基因）及其表达调控序列，如携带卡那霉素抗性基因的 Tn5、携带氯霉素抗性基因的 Tn9、携带四环素抗性基因的 Tn10、携带甲氧苄啶抗性基因的 Tn4003 等。两端 IS 元件可能是同向也可能是反向。如果复合转座子两端 IS 元件完全相同，则可用 IS 表示两端的 IS 元件，如位于 Tn9 两端的 IS1。如果两端 IS 元件不完全相同，可以用 ISL 和 ISR 分别表示左端和右端的 IS 元件，如位于 Tn5 两端的 IS50L 和 IS50R。两端的 IS 元件为复合转座子提供转座所需的转座酶及转座酶识别序列 IR。在实际情况中，两端的 IS 元件可能只有一端的 IS 元件能够编码转座酶。例如，Tn5 的 IS50R 编码转座酶，而 IS50L 则只能编码一个截短的、无核酸酶活性的转座酶。在转座时，复合转座子既可以作为一个整体进行转座，同时其两端的 IS 元件也可以独立进行转座。两个 IS 元件插入到一段 DNA 序列的两端，可以使得两个 IS 元件与中间的 DNA 序列构成新的复合转座子，并作为一个整体转座至其他 DNA 分子上或者同一 DNA 分子的另一位置上（Partridge et al.，2018）。

Tn5 是高通量测序建库中常用的转座酶，其全长为 5700 bp，两端的 IS50L 和 IS50R 属于经典 IS 元件的 IS4 家族，在 IS50L 和 IS50R 的两端均有 19 bp 的反向 IR 序列（图 5.11）。其中，位于转座子外侧的 19 bp IR 序列名为外端（outside end，OE），位于转座子内侧的 19 bp IR 序列名为内端（inside end，IE）。在 IS50L 和 IS50R 之间分布着卡那霉素抗性基因（kan^R）、博来霉素抗性基因（ble^R）及链霉素抗性基因（str^R）。IS50L 和 IS50R 采用剪切-粘贴机制进行转座，而 Tn5 也采用剪切-粘贴机制进行转座。在转座时，IS50R 编码的转座酶结合 Tn5 两端的 OE，然后将转座子从原位点剪切出来，并插入到靶位点，同时还会在靶位点处产生 9 bp 的靶位点重复（TSD）。除了 Tn5，已有大量转座子收录在 The Transposon Registry 数据库（https://transposon.lstmed.ac.uk/）。表 5.2 中列出了一些常见的复合转座子。

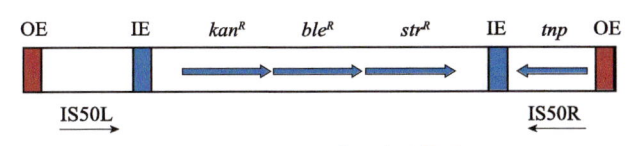

图 5.11 Tn5 转座子的结构图

表 5.2 常见的复合转座子

复合转座子名称	总长度/bp	携带抗性	末端 IS	两端 IS 的方向	编码有活性转座酶的 IS	TSD/bp
Tn5	5700	卡那霉素	IS50L IS50R	相反	IS50R	9
Tn9	2638	氯霉素	IS1	相同	两端的 IS1	9
Tn10	9300	四环素	IS10L IS10R	相反	IS10R	9
Tn204	2457	氯霉素	IS1	相同	两端的 IS1	—
Tn903	3094	卡那霉素	IS903	相反	IS903	—
Tn1681	2088	潮霉素	IS1	相反	两端的 IS1	—

5.2.1.4 接合转座子、整合可移动元件及顺式可移动元件

接合转座子（conjugative transposon，CTn）又名整合接合元件（integrative conjugative element，ICE），是整合在细菌染色体上的可移动 DNA 元件。CTn 不仅能利用自身编码的蛋白质将转座子切除和整合，从而在细菌内的不同位点之间进行自发转座，还能利用自身编码的蛋白质激发细菌

的接合，从而从供体菌自发转移到受体菌，并进一步转座至受体菌的染色体DNA上。整合可移动元件（integrative mobilizable element，IME）又名可移动转座子（mobilizable transposon，MTn）。IME和顺式可移动元件（*cis*-mobilizable element，CIME）与CTn的结构类似，但相比于CTn，它们缺失了部分功能。IME能编码转座所需的切除和整合的蛋白质，但缺失了负责细菌接合的蛋白质，不能自发地从受体菌通过接合作用转移到受体菌。IME依赖CTn等其他具有结合功能的元件或接合质粒进行细菌间的转移。而CIME则缺失了转座和接合的蛋白质，但在CTn和接合质粒的帮助下，可以实现在细菌内的转座和转移。

Tn916是首个被发现的接合转座子，最早发现于粪肠球菌DS16（*Enterococcus faecalis* DS16），其能将粪肠球菌DS16中的四环素抗性转移到粪肠球菌JH2-2中。Tn916长度为18 kb，其左右两端的序列分别称为attL和attR。attL和attR外侧的序列来源于宿主DNA，内侧序列来源于Tn916转座子（图5.12）。attL和attR之间的基因序列可以按照功能分成4个不同的模块，即负责接合转移、辅助功能（如四环素抗性、致病性等）、转录调控和重组的模块。在负责接合转移的功能区内还包含转移起始位点（origin of transfer，oriT）。

结合转座子的转座机制比较特殊，以Tn916为例，在转座时，重组功能模块编码的整合酶（integrase，INT）和切除酶（excisionase，XIS）形成二聚体，结合位于细菌染色体上的接合转座子两端的attL和attR位点，切割attL和attR后将转座子连接成环状双链的接合中间体（conjugation intermediate，CI）。随后，接合转移模块编码的蛋白质诱导CI在oriT处发生单链断裂并解旋，产生线状单链DNA及环状单链DNA。其中，线状单链DNA在接合转移模块编码的蛋白质的辅助下，通过细菌的接合作用从供体细菌转移到受体细菌中，并再次环化形成环状单链DNA。供体菌和受体菌中的环状单链DNA再通过复制形成环状双链的CI。CI在整合酶（INT）的催化下整合至供体菌和受体菌的染色体上，从而完成转座（图5.13）。通常Tn916会随机插入到宿主菌中富含AT碱基的区

图5.12 Tn916转座子的结构图（Roberts & Mullany，2009）

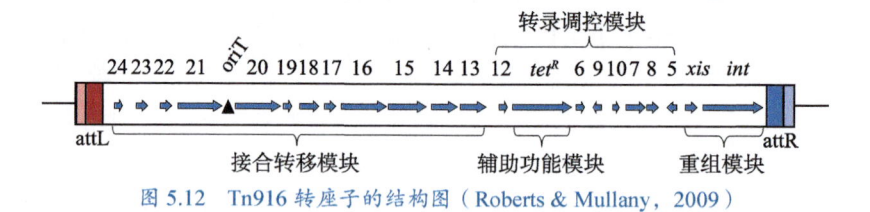

图中三角形标注的为转移起始位点。粉色标记的为来源于宿主DNA的attL外侧片段，红色标记的为来源于Tn916转座子的attL内侧片段；浅蓝色标记的为来源于宿主DNA的attR外侧片段，深蓝色标记的为来源于Tn916转座子的attR内侧片段，黑色线标注的为细菌染色体

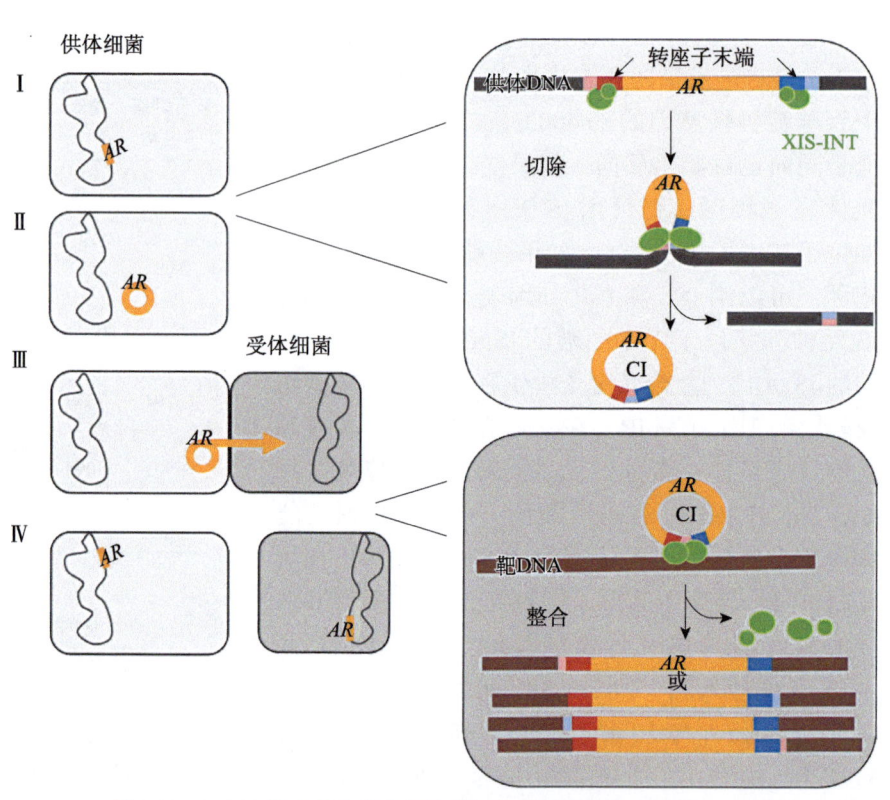

图5.13 Tn916转座子的转座和转移机制（Lambertsen et al.，2018）

携带抗生素抗性基因（*AR*）的转座子两端有attL和attR位点。绿色圆圈标注的为XIS，绿色椭圆标注的为INT；粉色标记的为来源于宿主DNA的attL外侧片段，红色标记的为来源于Tn916转座子的attL内侧片段；浅蓝色标记的为来源于宿主DNA的attR外侧片段，深蓝色标记的为来源于Tn916转座子的attR内侧片段

域，但是在部分宿主菌中，其倾向于高效插入到宿主菌中的特定位点（如 attB 位点）。由于 CTn、IME 和 CIME 常携带抗生素抗性基因及其他辅助基因，且其宿主菌众多，所以其对抗生素抗性的水平转移和细菌进化具有重要意义。

5.2.1.5 转座噬菌体和整合卫星原噬菌体

转座噬菌体（transposable phage）是噬菌体一个独特的进化分支，为温和噬菌体，基因组为 35~40 kb 的线性双链 DNA，并且其基因组的结构类似。迄今已被测序的转座噬菌体超过 26 种，如 Mu 噬菌体、B3 噬菌体、D3112 噬菌体等。所有转座噬菌体均编码了一些该分支所特有的保守蛋白质，如 DDE 转座酶、晚期基因转录激活子 MOR 等。

Mu 噬菌体是研究最为透彻的转座噬菌体。在 Mu 噬菌体颗粒中含有一段长度约为 40 kb 的线性双链 DNA，其中左侧长度 100~150 bp 及右侧长度 1~1.5 kb 的序列均为来自上一个宿主菌的可变末端（variable end，VE）序列。两侧 VE 序列之间 38 kb 的序列为 Mu 噬菌体 DNA，其末端为 2 bp 的反向重复序列（TG-CA）（Toussaint，2018；Toussaint & Rice，2017）。38 kb 的 Mu 噬菌体 DNA 的左端为 attL 位点，右端为 attR 位点，attL 和 attR 位点是 MuA 转座酶的结合位点。在 attL 和 attR 位点之间包含了 55 个开放阅读框（open reading frame，ORF），其又可以分为 8 个功能模块，如早期调控模块、整合-复制模块、半必需模块、裂解模块、头部模块、尾部模块、尾纤维模块和逃逸宿主限制-修饰模块（Hulo et al.，2015）。半必需模块中的大多数基因功能未知，但是该模块的基因突变会降低噬菌体的生存能力。

Mu 噬菌体感染宿主菌（如 *E. coli*）后，会将 40 kb 的线性双链 DNA 注入宿主菌中，噬菌体的 MuN 蛋白结合在该线性 DNA 的两端并使之转变成非共价闭合的环状 DNA。然后 MuA 转座酶结合到噬菌体 DNA 的 attL 和 attR 位点上，催化 38 kb 的 Mu 噬菌体 DNA 转座到宿主菌染色体的任意位点上，并在靶位点上产生 5 bp 的正向重复序列。在此过程中，来自上一个宿主菌的 VE 序列被切除（Harshey，2014；Hulo et al.，2015）。

此后，Mu 噬菌体会进入溶原周期或者裂解周期。在溶原周期，整合的 Mu 噬菌体（Mu 原噬菌体）随宿主 DNA 复制而同步复制，随宿主菌分裂而传递到两个子代细菌中，在溶原周期，宿主细菌可正常繁殖（Toussaint & Rice，2017）。但在一定条件下，Mu 原噬菌体会被激活，并进入裂解周期。在裂解周期，Mu 原噬菌体利用 MuA 转座酶采用复制-粘贴机制进行转座，转座到宿主菌染色体的其他位置或者是宿主菌中的质粒上。在裂解周期的后期，转座至新位点的噬菌体 DNA，会在 attL 位点上游的宿主 DNA 上名为包装起始位点（packaging initiation site，pac）的区域产生第一个切口，并在 attR 位点下游 1~1.5 kb 的位置产生第二个切口，从而释放约 40 kb 的线性双链 DNA 并被包装进噬菌体衣壳蛋白中，最后与噬菌体的尾部及尾纤维组成完整的子代噬菌体，最终裂解宿主菌并从宿主菌中释放出来（图 5.14）。此外，Mu 噬菌体 DNA 之间的重组还会使包含 Mu 噬菌体 DNA 的质粒整合至宿主菌染色体上，或者将宿主菌染色体的一部分整合至质粒上。如果该质粒为接合质粒，Mu 噬菌体还可以通过接合作用在细菌间水平转移（Toussaint & Rice，2017）。

整合卫星原噬菌体（integrated satellite prophage）的基因组结构与转座噬菌体类似，整合于宿主菌染色体上，由于其缺失噬菌体颗粒结构蛋白的编码基因，必须依赖其他转座噬菌体编码的结构蛋白才能产生子代噬菌体，如整合卫星原噬菌体 P4、SaPI1、RS1 等。

5.2.2 真核生物的转座子

真核生物的转座子种类繁多，可分为 DNA 转座子及逆转录转座子两大类。在漫长的基因组进化过程中，大部分真核生物的转座子由于不断积累突变或者受到抑制性表观遗传学修饰的影响而丧失了转座能力。

5.2.2.1 真核生物的 DNA 转座子

根据转座子的结构特征和序列相似度，DNA 转座子又可以分为 hAT、Mariner/Tc1、P、MuDR、EnSpm/CACTA、PiggyBac、Merlin、Harbinger、Transib、Kolobok、ISL2EU、Sola、

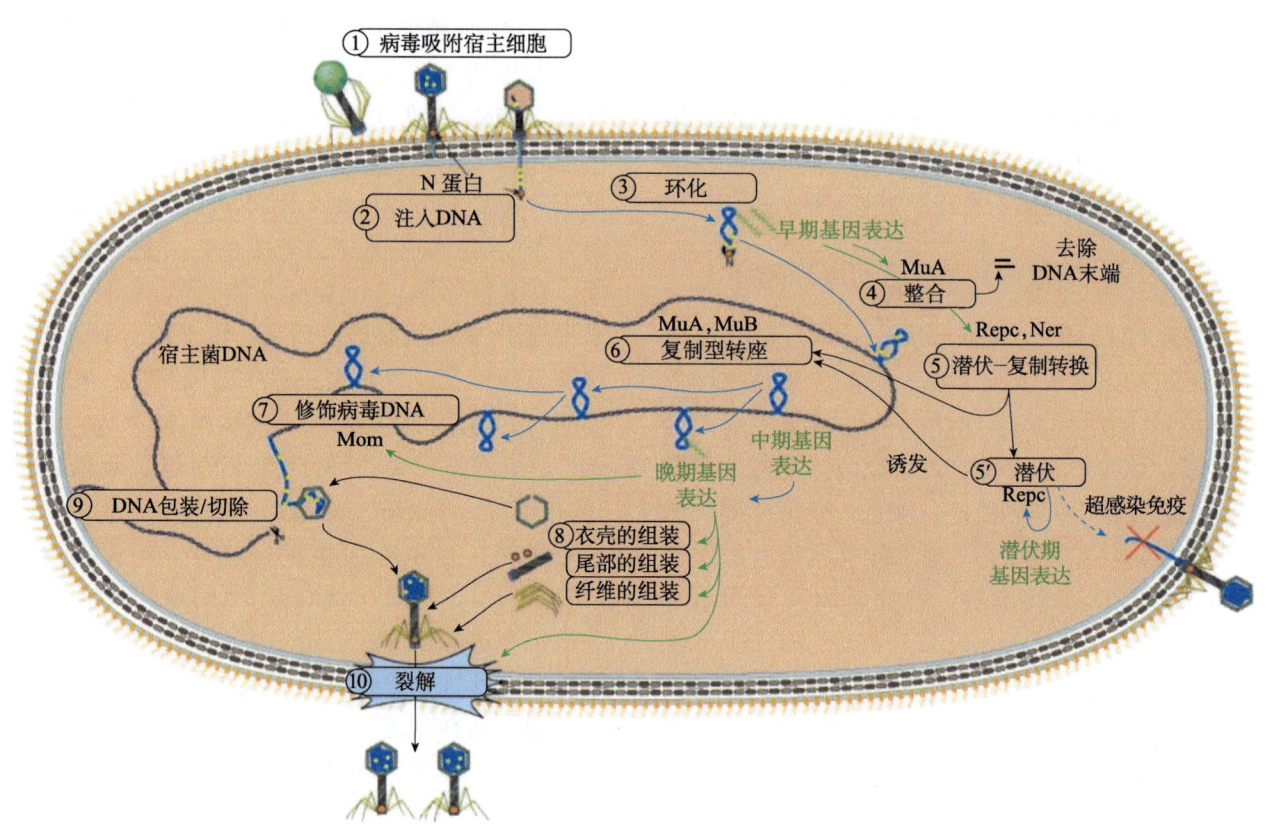

图 5.14　Mu 噬菌体的生活史（Hulo et al., 2015）

Zator、Ginger1、Ginger2/TDD、IS3EU、Dada、Helitron、Polinton、Crypton、Academ、Novosib 和 Zisupton 共 23 个超家族（Kojima，2018）。在人类中，DNA 转座子约占基因组的 3%，但由于不包含转座酶基因或者转座酶功能异常，人类的 DNA 转座子均已丧失了转座能力。在哺乳动物中，目前仅发现褐蝙蝠 PiggyBac 家族的转座子能够自发转座。

hAT 家族的成员众多，如芭芭拉·麦克林托克（Babara McClintock）在玉米中发现的 Ac/Ds 元件、Tam3 转座子、Hermes 转座子、Tol2 转座子等。人类 hAT 家族成员包括 MER1、MER3 和 MER5 等。其中，Ac/Ds 元件是首个被发现的真核生物 DNA 转座子，其中 Ac（activator）元件能自发转座，而 Ds（dissociator）元件是 Ac 元件的截短突变体，不能编码转座酶，需要在 Ac 元件编码的转座酶的帮助下才能转座。Tol2 转座子是从日本青鳉鱼中发现的能够自发转座的转座子。

在玉米中，玉米棒上的每一粒玉米籽粒都是由一个受精卵发育而来的，是一个独立的个体。而印第安彩虹玉米的籽粒颜色多种多样，并且籽粒的颜色不能稳定遗传给下一代。遗传学研究表明，玉米籽粒的颜色由位于 9 号染色体上的色素基因 C 控制。野生型 C 基因使得印第安彩虹玉米的籽粒呈现紫色，而当 C 基因发生突变时，玉米的籽粒则呈现无色。而当突变的 C 基因回复突变成野生型 C 基因时，玉米籽粒又呈现紫色。在印第安彩虹玉米中发现了远超正常水平的回复突变。

芭芭拉·麦克林托克的研究表明，色素基因 C 的突变由 Ac/Ds 元件控制（图 5.15）。Ac 元件能激活 Ds 元件通过"剪切-粘贴"机制转座，当 Ds 元件转座至色素基因 C 中时，其表达被破坏，从而使得玉米籽粒呈现无色。当 Ds 元件从突变的色素基因 C 中剪切下来，并转座至其他位置时，突变的色素基因 C 回复突变成野生型色素基因 C，从而使玉米籽粒呈现紫色。

Ac 元件的全长为 4563 bp，两端各含有 11 bp 长的 IR 序列，IR 序列之间含有转座酶的编码基因（*tnp*）。在两端 IR 序列和 *tnp* 基因序列之间，还各包含能被转座酶结合的约为 200 bp 的亚末端重复序列，其中 IR 序列和亚末端重复序列是转座所必需的元件。通过"剪切-粘贴"转座至靶位点后，会在靶位点产生长度为 8 bp 的 TSD 序列。Ds 元件有多种，其序列结构与 Ac 元件类似，不

两端的 IR 序列，催化转座子从原位点切除，并通过剪切-粘贴机制转座至靶位点。睡美人转座子倾向于转座至含有 5′-TA-3′ 序列的靶位点，并在靶位点产生由 5′-TA-3′ 构成的 2 bp 的 TSD。青蛙王子转座子是根据青蛙基因组中已经失活的 Tc1 样元件重构而来的能自发转座的转座子。

PiggyBac 家族成员包括 PiggyBac 和 PiggyBat 等。常用的 PiggyBac 转座子分离自粉纹夜蛾（*Trichoplusia ni*）的基因组，能在小鼠和人等哺乳动物细胞中高效转座。PiggyBac 转座子的结构和转座机制与睡美人转座子类似，在转座时，PiggyBac 转座酶识别两端的 IR 序列，催化转座子从原位点切除，并通过剪切-粘贴机制转座至靶位点。但 PiggyBac 转座酶与睡美人转座酶也有不同，睡美人转座酶在转座时需要形成四聚体才能催化转座，而 PiggyBac 转座酶通过形成二聚体催化转座的发生。此外，PiggyBac 转座子倾向于转座至含有 5′-TTAA-3′ 序列的靶位点，并在靶位点产生由 5′-TTAA-3′ 构成的 4 bp 的 TSD。

睡美人转座子和 PiggyBac 转座子常被用作导入外源基因的表达载体。此外，由于 5′-TA-3′ 和 5′-TTAA-3′ 序列在基因内部广泛存在，因此睡美人转座子和 PiggyBac 转座子也常被用作破坏内源基因表达的基因诱捕载体（gene trapping vector）。通过将睡美人转座子的 SB100X 转座酶（或 PiggyBac 转座酶）和没有核酸酶活性的 Cas9 蛋白（dCas9）融合，还可以在 gRNA（guide RNA）的引导下促进转座子定点转座至 gRNA 的靶位点附近，但其总体效果仍然较差，会存在大量的 gRNA 靶位点以外的转座。

5.2.2.2 逆转录转座子

逆转录转座子仅分布于真核生物中，在玉米中逆转录转座子占基因组的 49%～78%，在人类中，逆转录转座子约占基因组的 42%。按照结构特征和序列相似度，其可分为含有长末端重复（long terminal repeat，LTR）的 LTR 逆转录转座子及不含 LTR 的非 LTR 逆转录转座子。不同物种中，LTR 逆转录转座子和非 LTR 逆转录转座子的数量

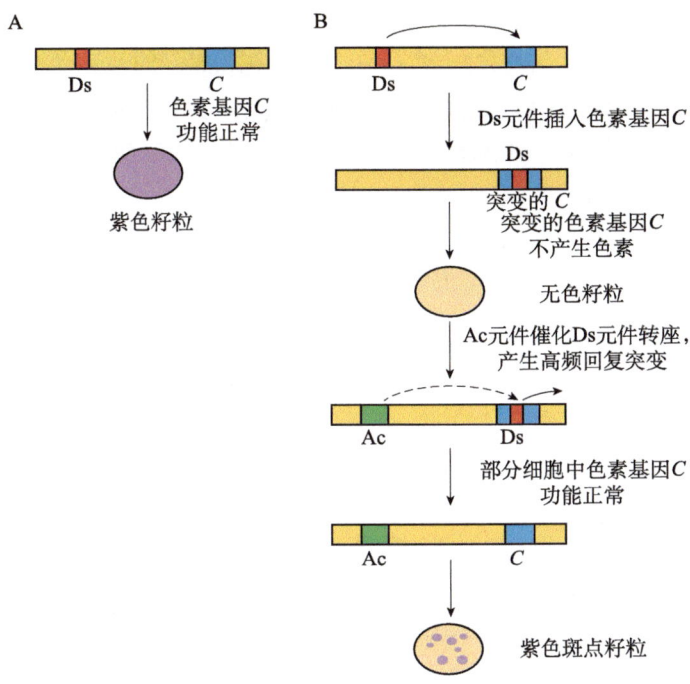

图 5.15 Ac/Ds 元件的转座导致玉米籽粒颜色出现回复突变
（Weaver，2011）

A. 在紫色的印第安彩虹玉米中，Ds 元件位于色素基因 *C* 外部，色素基因 *C* 功能正常，产生色素，使得玉米籽粒显现紫色；B. 在无色的印第安彩虹玉米中，Ds 元件转座至色素基因 *C* 中，产生突变的色素基因 *C*，导致色素无法产生，玉米籽粒显现无色；但是，在 Ac 元件提供的转座酶的催化下，Ds 元件能再次转座，从而使得突变的基因 *C* 高频地回复突变为野生型基因 *C*，产生色素并使得玉米籽粒上显现紫色斑点

同之处在于 Ds 元件缺失了部分或全部 *tnp* 编码序列，导致其不能自发转座（图 5.16）。

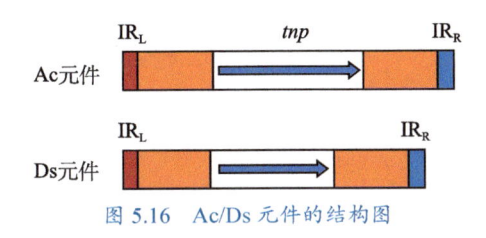

图 5.16 Ac/Ds 元件的结构图

Mariner/Tc1 家族成员包括睡美人转座子（sleeping beauty）、Mos1、Himar、青蛙王子转座子（frog prince）和 Minos 等，该家族成员均采用剪切-粘贴机制转座。

其中，睡美人转座子最为常用。睡美人转座子是根据 8 种大麻哈鱼中已经失活的 12 个 Tc1 样元件重构而来的能自发转座的转座子，是首个能在包括人在内的脊椎动物中均能高效转座的转座子。重构而来的睡美人转座子包含 IR 序列及位于 IR 序列之间的转座酶编码序列（如 SB10 和 SB100X）。睡美人转座子在转座时，转座酶识别

不同。例如，玉米的逆转录转座子以 LTR 逆转录转座子为主，而人类的逆转录转座子以非 LTR 逆转录转座子为主。

LTR 逆转录转座子又名病毒样逆转录转座子，其结构与逆转录病毒类似，在其末端含有两个 LTR，能在细胞内进行转座，但不能形成病毒颗粒，所以不能在细胞之间转移（图 5.17）。LTR 逆转录转座子可能起源于感染真核生物生殖细胞的逆转录病毒，通过整合到生殖细胞中的原病毒遗传给下一代，并在漫长的进化历程中演变为 LTR 逆转录转座子。LTR 逆转录转座子可分为 Copia、Gypsy、BEL、DIRS 和 ERV（endogenous retrovirus）等 5 个亚型（clade）。ERV 又可分为 ERV1、ERV2、ERV3、ERV4 和 ELV（endogenous lentivirus）等 5 类。

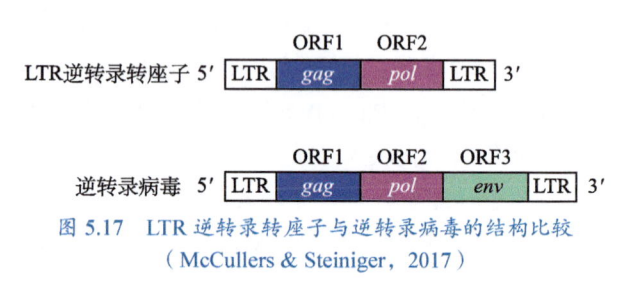

图 5.17 LTR 逆转录转座子与逆转录病毒的结构比较（McCullers & Steiniger，2017）

LTR 逆转录转座子最早被发现于果蝇和酵母中，如果蝇的 Copia 及酵母的 Ty1（Weaver，2011）。果蝇的 Copia 在果蝇基因组中的拷贝数众多且长度较长（约为 5 kb），Copia 和 Copia 样的 LTR 逆转录转座子约占果蝇基因组的 1%。酵母的 Ty1 在其基因组中有 30~35 个拷贝，其长度约为 6 kb。

Copia 和 Ty1 的结构与转座机制都较为类似，其两端为 LTR 序列，LTR 序列之间包含了 gag 和 pol 基因，其中 gag 基因编码衣壳蛋白，pol 基因编码蛋白酶（proteinase，PR）、整合酶（integrase，IN）及逆转录酶（reverse transcriptase，RT）。Copia 转录成 RNA 后，部分 RNA 会被翻译，从而产生衣壳蛋白、蛋白酶、整合酶和逆转录酶。衣壳蛋白会将未被翻译的 Copia RNA、整合酶、逆转录酶及 tRNA 包裹在一起，形成病毒样颗粒（virus like particle，VLP）。在该颗粒中，逆转录酶将以未被翻译的 Copia RNA 为模板，并以 tRNA 为引物，通过逆转录和 DNA 复制产生双链 DNA。之后，病毒样颗粒解体并释放出双链 DNA，在整合酶的催化下，该双链 DNA 将整合至基因组其他位置，从而完成转座（图 5.18）。LTR 逆转录转座子转座至靶位点后，会在靶位点产生 4~6 bp 的靶位点重复（TSD）。

人类 LTR 逆转录转座子包含 Gypsy、DIRS 和人类内源逆转录病毒（human endogenous retrovirus，HERV）3 个亚型。在人类中，LTR 逆转录转座子约占人类基因组的 8%，其中 HERV 占人类基因组的 1%~2%。HERV-K 是一种典型的 LTR 逆转录转座子，在人类基因组中包含少量完整的 HERV-K，其结构与逆转录病毒的结构非常类似。HERV-K 总长度约为 9.5 kb，两边 LTR 的长度约为 1 kb，LTR 的外侧为转座导致的靶位点重复（TSD），LTR 之间包含了逆转录病毒的 gag、pro、pol 和 env 基因（图 5.19）。迄今为止发现的人类 LTR 逆转录转座子都已经丧失了转座活性，其在进化上可能来源于感染生殖细胞的逆转录病毒，在长久的进化历程中，由于整合到宿主基因组上的病毒（原病毒）DNA 不断积累突变

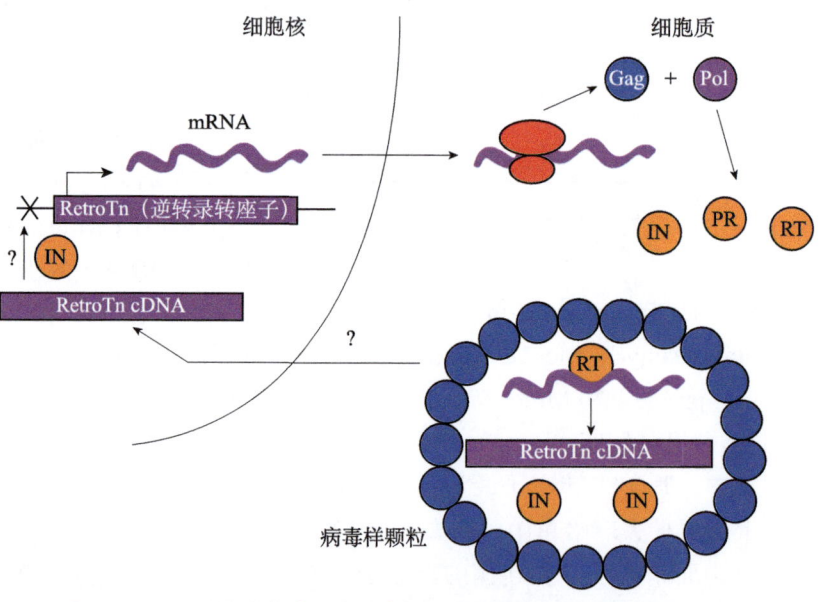

图 5.18 LTR 逆转录转座子的转座机制（McCullers & Steiniger，2017）

图 5.19 人类 HERV-K 转座子结构图（Savage et al.，2019）

（如功能基因的缺失，部分人类LTR逆转录转座子只含有两端的LTR，中间的功能基因编码区完全缺失）或者受到表观遗传修饰的影响，导致其无法转座。但是，在自身免疫病和艾滋病患者中，HERV-K上编码基因的表达会被激活，甚至可能会发生转座。

非LTR逆转录转座子广泛分布于真核生物中，在多个物种中，非LTR逆转录转座子是基因组中最丰富的序列，约占哺乳动物基因组的30%。非LTR逆转录转座子对基因组的大小、结构和功能有重大影响。很多非LTR逆转录转座子依然能够转座，在人类中，非LTR逆转录转座子是唯一能够转座的转座子，是导致遗传突变的原因之一。

非LTR逆转录转座子在转座子末端不含有LTR序列，非LTR逆转录转座子的3′端通常含有多个腺嘌呤脱氧核糖核酸（A_n）或者是简单的重复序列。非LTR逆转录转座子包含自主型和非自主型两种，其中自主型非LTR逆转录转座子又称为长散在核元件（long interspersed nuclear element，LINE），包括LINE1（L1）、LINE2（L2）、LINE2A（L2A）、LINE2B（L2B）、CRE、NeSL、R1、R2、R4、Hero、RandI/Dualen、Proto1、Proto2、RTE、RTEX、RTETP、I、Nimb、Ingi、Tx1、Vingi、Tad1、Loa、Outcast、Jockey、CR1、Kiri、Rex1、Crack、Daphne、Ambal和Penelope等32个亚型。非自主型LTR逆转录转座子包括短散在核元件（short interspersed nuclear element，SINE）和复合非LTR逆转录转座子（composite non-LTR retrotransposon），其中SINE又可细分为SINE1/7SL、SINE2/tRNA、SINE3/5S、SINEU和SINE4等5类。复合非LTR逆转录转座子可分为SVA（SINE-R/VNTR/Alu）、LAVA（L1/Alu/VNTR/Alu）、PVA（PTGR2/VNTR/Alu）、FVA（FRAM/VNTR/Alu）等。

人类的LINE包括L1、L2、CR1、Crack、R4、RTE、RTEX、Tx1、Vingi和Penelope等10种亚型，长度为1～6 kb。其中最为常见的为L1，在植物和动物中也发现了类L1的转座子。在

人类基因组中，L1大约有50万个拷贝，约占人类基因组的17%。L1元件总长度约为6 kb，包含5′非翻译区（untranslated region，UTR）、ORF0、ORF1、ORF2及3′ UTR（图5.20）。其中，5′ UTR中包含一个正向启动子（用于驱动ORF1和ORF2的转录）和一个反向启动子（用于驱动ORF0的转录），而3′ UTR中则包含了转录终止信号。ORF0编码的蛋白ORF0p具有促进转座的作用，ORF1编码的蛋白ORF1p具有RNA结合能力，而ORF2编码的蛋白ORF2p则同时具有内切核酸酶（endonuclease，EN）和逆转录酶（reverse transcriptase，RT）活性。在L1元件左右两侧为转座产生的靶位点重复（TSD）。

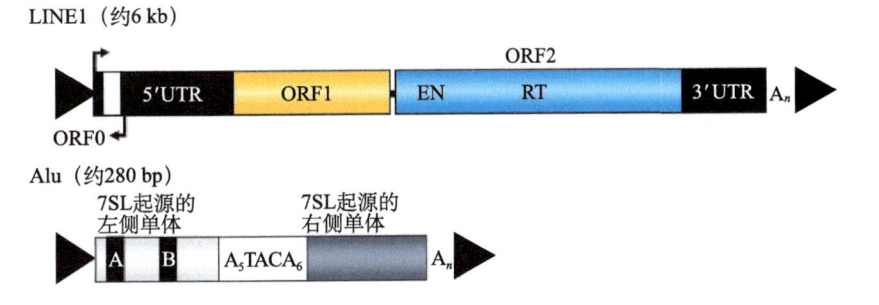

图5.20 人类常见的非LTR转座子（Savage et al.，2019）
两侧黑色三角形为靶位点重复（TSD）

在人细胞核中，L1转座子经转录、加工产生成熟的L1 RNA，L1 RNA随后转运到细胞质中翻译产生ORF1p和ORF2p，ORF1p形成三聚体结合到L1 RNA上，同时ORF2p单体也结合到L1 RNA上，形成L1核糖核蛋白（L1 ribonucleoprotein，L1 RNP）并转运到细胞核内（图5.21）。L1 RNP利用ORF2p的内切核酸酶（endonuclease，EN）结构域识别并切割靶DNA双链中的5′-TTTT/A-3′序列，产生具有3′-OH的5′-TTTT-3′序列。5′-TTTT-3′与L1 RNP中的L1 RNA互补配对，并利用ORF2p中的逆转录酶（reverse transcriptase，RT）结构域以L1 mRNA为模板逆转录产生其互补DNA（complementary DNA，cDNA），产生的cDNA与靶DNA的另

外一段连接从而插入到靶 DNA 上。在此过程中，靶 DNA 双链中的另外一条链也被切开，并以插入的 cDNA 为模板合成其互补链，该转座机制称为靶点引导的逆转录（target-primed reverse transcription，TPRT）。在转座过程中，由于 ORF2p 切割靶位点产生的末端为黏性末端，TPRT 的转座机制会在靶位点产生靶位点重复（TSD）。此外，由于在逆转录产生 cDNA 的过程中常出现突变或逆转录终止提前，导致插入新位点的 L1 基因突变或 5′ 端序列缺失而丧失转座能力，人类基因组内仅 60~100 个拷贝的 L1 依然能够转座。L1 转座引发的基因插入突变会导致血友病、癌症等疾病（Weaver，2011）。而最新研究表明，L1 的转座在抑制癌症的发生发展方面也有重要功能。L1 的转录水平在急性髓系白血病患者细胞中比在正常人造血干细胞中低，L1 转录水平低的患者预后更差并且治疗后更容易复发。L1 转录水平提高可以提高 L1 的转座并激活细胞的 DNA 损伤反应，从而抑制急性髓系白血病的发生发展（Gu et al.，2021）。此外，由于 L1 转座子 3′ 端的转录终止信号较弱，导致 L1 RNA 常包含下游的人基因序列，导致该 RNA 转座到新的靶位点时会在靶位点插入其包含的人基因序列，从而促进不同基因间外显子的交换及新基因的产生（Weaver，2011）。此外，L1 在假基因的产生和基因组进化中也有重要功能（Weaver，2011）。

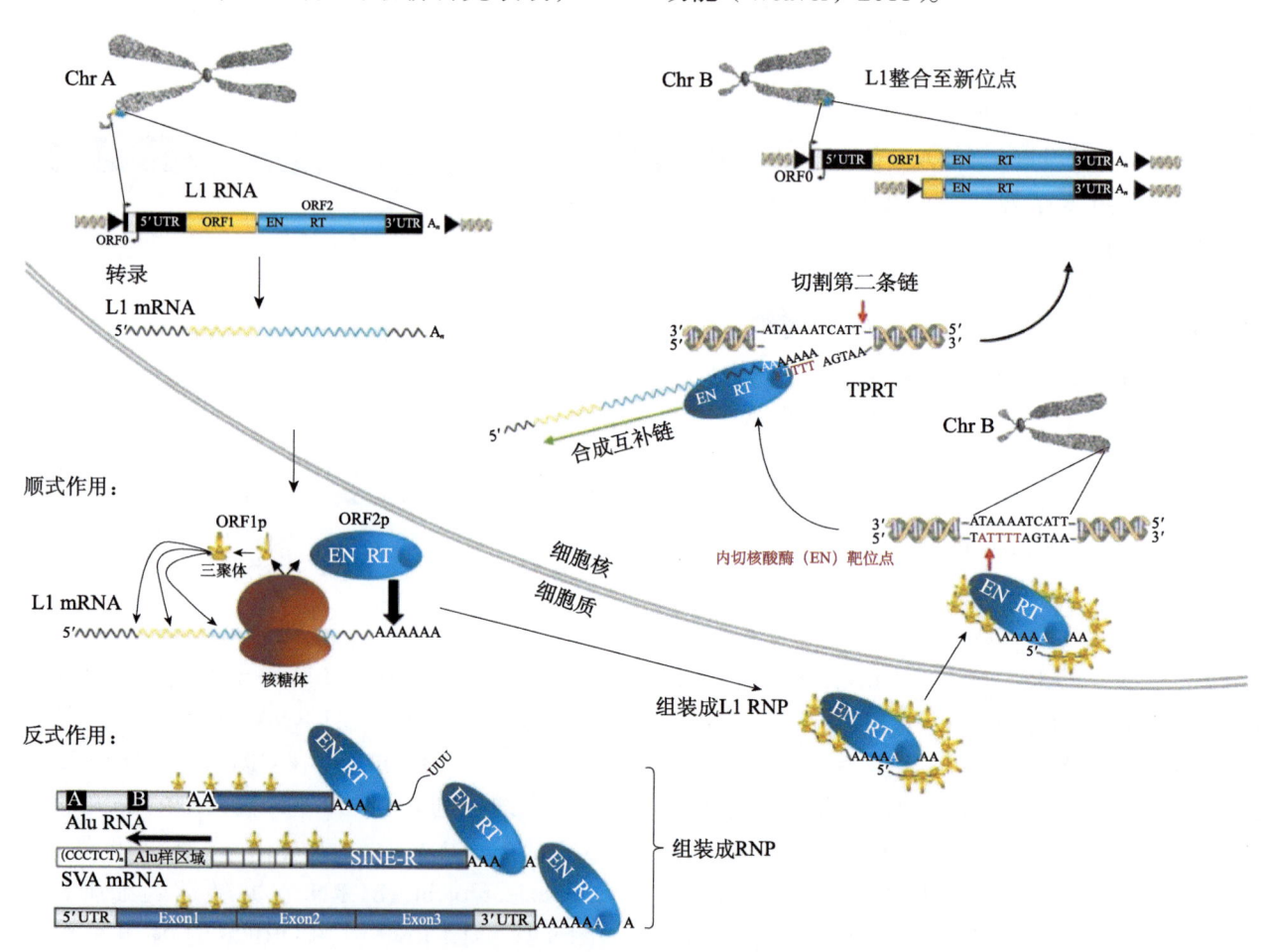

图 5.21　非 LTR 逆转录转座子的转座（Savage et al.，2019）

人类的 SINE 包括 SINE1/7SL、SINE2/tRNA、SINE3/5S 等 3 类，长度为 100~500 bp。截至目前，Alu 元件是研究最多的 SINE 元件，因其含有限制性核酸内切酶 Alu I 的识别序列而得名，长度为 280~300 bp，在人基因组中约含有 100 万个拷贝。Alu 包含了 7SL RNA 起源的左端 RNA 序列和右端 RNA 序列，左右两端通过序列为 5′-AAAATACAAAAAA-3′ 的 RNA 连接。在 Alu 元件左右两侧为转座产生的靶位点重复（TSD）。

SVA 是人类及其祖先特有的复合非 LTR 逆转录转座子，包括 SVA2、SVA_A、SVA_B、SVA_C、SVA_D、SVA_E 和 SVA_F（Kojima，2018）。

SVA 转座子的长度为 0.7~4 kb，包含 CCCTCT 重复序列，包含 Alu 序列的 Alu 样区域，一段可变数目串联重复序列（variable number of tandem repeat，VNTR），以及一段短的起源于逆转录病毒的 SINE-R 序列。由于 CCCTCT 重复序列和 VNTR 序列数目的变化，*SVA* 的长度变化较大。同样，在 SVA 转座子的两侧也包含转座产生的靶位点重复（TSD）。SINE 和 SVA 是非自主型 LTR 逆转录转座子，只能在 L1 编码的 ORF1p 和 ORF2p 蛋白的帮助下通过 TPRT 机制发挥作用（Savage et al.，2019）。与 LINE 类似，SINE 和 *SVA* 在基因的插入突变、新基因产生和基因组进化中有重要功能。

5.3 转座的遗传效应

转座子的转座会导致基因的编码序列、调控序列发生缺失或者插入突变，从而改变靶基因或者邻近基因的表达。此外，部分转座子中含有强启动子，可以驱动邻近基因的表达（Kamruzzaman et al.，2015）。转座子之间的重组还可能导致 DNA 的缺失、倒转、扩增或者交叉互换，从而影响基因的表达，甚至会导致癌症的发生（Tubio et al.，2014）。

转座子的复制型转座还会使基因组的碱基数量不断增多，随着基因组测序的大规模开展，发现很多物种如蝗虫、两栖动物等的基因组异常扩增，都与转座子密切相关（Fedoroff，2012）。转座子是基因组中最主要的重复序列，并且很多重复序列也被证实起源于失活的转座子，在漫长的演化历程中，这些起源于转座子的重复序列已经演化为调控基因表达的转录调控因子的结合位点、蛋白质编码序列，甚至是新的基因（Kojima，2018）。例如，抗体 VDJ 重排的关键基因 *RAG1* 即起源于 Transib 超家族的 DNA 转座子。综上所述，转座子对其宿主有着极为重要的作用，是宿主基因组进化的驱动力。

5.4 转座子的应用

目前，转座子和转座酶已经在基因测序、研究染色质可及性、基因递送和基因诱捕（gene trap）等多个方面得到了广泛的应用。例如，在测序过程中，Tn5 转座子和转座酶常用来打断双链 DNA 并在其两端加上测序接头，相比超声打断 DNA，Tn5 转座子和转座酶法更加简单和可控。基于 Tn5 转座酶能够将转座子高效整合至基因组 DNA 中开放的染色质区的特点，威廉·格林利夫（William Greenleaf）等利用 Tn5 转座酶将测序接头整合至基因组 DNA 中开放的染色质区，从而标记开放的染色质区域，然后再利用测序接头纯化并测序该区域的 DNA，从而研究染色质的可及性、核小体的结合位置或者转录因子的结合位置，该方法称为 ATAC-seq（assay for transposase-accessible chromatin using sequencing）（Buenrostro et al.，2013）。在基因递送和构建转基因动植物模型方面，Ac/Ds 元件、P 元件、睡美人转座子和 PiggyBac 载体是常用的表达载体，被广泛应用于将外源基因递送到植物、果蝇、小鼠和人等的细胞或者受精卵中，从而构建转基因模型。利用基于 PiggyBac 转座子的基因诱捕载体和转座酶，还可以构建内源基因表达被破坏的插入突变细胞模型和动物模型（Ding et al.，2005）。

思考与挑战

1. 原核生物的转座子有哪些类型？各有什么特点？
2. 真核生物的转座子有哪些类型？各有什么特点？
3. DNA 转座子的转座机制有哪些？
4. 转座子转座的意义有哪些？
5. 人类基因组中逆转录转座子会在什么情况下激活？其激活机制是怎样的？
6. 请结合同源重组和转座子的知识，分析转座子导致染色体发生缺失、扩增、倒转等染色体畸变的具体机制。
7. 请根据转座子的知识，分析部分致病菌易对抗生素耐药的可能机制。

数字课程学习

1. 转座现象、机制及遗传效应
2. 原核生物的转座子
3. 真核生物的转座子及应用

课后拓展

1. 温故而知新
2. 拓展与素质教育

主要参考文献

Buenrostro J. D., Giresi P. G., Zaba L. C., *et al.* 2013. Transposition of native chromatin for fast and sensitive epigenomic profiling of open chromatin, DNA-binding proteins and nucleosome position. *Nature Methods*, 10: 1213-1218.

Carraro N., Rivard N., Burrus V., *et al.* 2017. Mobilizable genomic islands, different strategies for the dissemination of multidrug resistance and other adaptive traits. *Mobile Genetic Elements*, 7: 1-6.

Chandler M., de la Cruz F., Dyda F., *et al.* 2013. Breaking and joining single-stranded DNA: the HUH endonuclease superfamily. *Nature Reviews Microbiology*, 11: 525-538.

Craig L. N., Chandler M., Gellert M., *et al.* 2015. Mobile DNA Ⅲ. 3rd ed. Washington, D. C.: ASM Press.

Daccord A., Ceccarelli D., Rodrigue S., *et al.* 2013. Comparative analysis of mobilizable genomic islands. *Journal of Bacteriology*, 195: 606-614.

Ding S., Wu X., Li G., *et al.* 2005. Efficient transposition of the piggyBac (PB) transposon in mammalian cells and mice. *Cell*, 122: 473-483.

Fedoroff N. V. 2012. Transposable elements, epigenetics, and genome evolution. *Science*, 338: 758-767.

Harshey R. M. 2014. Transposable phage Mu. *Microbiology Spectrum*, 2(5): 10.1128/microbiolspec. MDNA3-0007-2014.

He S., Corneloup A., Guynet C., *et al.* 2015. The IS200/IS605 family and "peel and paste" single-strand transposition mechanism. *Microbiology Spectrum*, 3(4): 10.1128/microbiolspec. MDNA3-0039-2014.

Hickman A. B., Dyda F. 2015. Mechanisms of DNA transposition. *Microbiology Spectrum*, 3: 10.1128/microbiolspec. MDNA3-0034-2014.

Hickman A. B., Dyda F. 2016. DNA transposition at work. *Chemical Review*, 116: 12758-12784.

Hulo C., Masson P., le Mercier P., *et al*. 2015. A structured annotation frame for the transposable phages: a new proposed family "Saltoviridae" within the Caudovirales. *Virology*, 477: 155-163.

Izsvak Z., Ivics Z. 2004. Sleeping beauty transposition: biology and applications for molecular therapy. *Molecular Therapy*, 9: 147-156.

Kamruzzaman M., Patterson J. D., Shoma S., *et al*. 2015. Relative strengths of promoters provided by common mobile genetic elements associated with resistance gene expression in gram-negative bacteria. *Antimicrob Agents Chemother*, 59: 5088-5091.

Kojima K. K. 2018. Human transposable elements in Repbase: genomic footprints from fish to humans. *Mobile DNA*, 9: 2.

Lambertsen L., Rubio-Cosials A., Patil K. R., *et al*. 2018. Conjugative transposition of the vancomycin resistance carrying Tn1549: enzymatic requirements and target site preferences. *Molecular Microbiology*, 107: 639-658.

McClintock B. 1950. The origin and behavior of mutable loci in maize. *Proceedings of the National Academy of Science*, 36: 344-355.

McCullers T. J., Steiniger M. 2017. Transposable elements in *Drosophila*. *Mobile Genetic Elements*, 7: 1-18.

Partridge S. R., Kwong S. M., Firth N., *et al*. 2018. Mobile genetic elements associated with antimicrobial resistance. *Clinical Microbiology Reviews*, 31(4): e00088-17.

Peters J. E. 2019. Targeted transposition with Tn7 elements: safe sites, mobile plasmids, CRISPR/Cas and beyond. *Molecular Microbiology*, 112: 1635-1644.

Peters J. E., Makarova K. S., Shmakov S., *et al*. 2017. Recruitment of CRISPR-Cas systems by Tn7-like transposons. *Proceedings of the National Academy of Science*, 114: E7358-E7366.

Roberts A. P., Mullany P. 2009. A modular master on the move: the Tn916 family of mobile genetic elements. *Trends in Microbiology*, 17: 251-258.

Savage A. L., Schumann G. G., Breen G., *et al*. 2019. Retrotransposons in the development and progression of amyotrophic lateral sclerosis. *Journal of Neurology Neurosurgery and Psychiatry*, 90: 284-293.

Toussaint A. 2018. Transposable bacteriophages as genetic tools. *Methods in Molecular Biology*, 1681: 263-278.

Toussaint A., Rice P. A. 2017. Transposable phages, DNA reorganization and transfer. *Current Opinion in Microbiology*, 38: 88-94.

Tubio J. M., Li Y., Ju Y. S., *et al*. 2014. Mobile DNA in cancer. Extensive transduction of nonrepetitive DNA mediated by L1 retrotransposition in cancer genomes. *Science*, 345: 1251343.

Weaver F. R. 2011. Molecular Biology. 5th ed. New York: McGraw-Hill.

第 6 章
RNA 转录过程

思维导图

RNA 是遗传信息从 DNA 流向蛋白质终产物的中间环节。DNA 的两条链并不都被转录成 RNA，只有其中的一条链被转录。尽管原核生物与真核生物 RNA 的转录过程大体相似，但真核生物的 RNA 转录过程显然要更加复杂。本章将重点讲述原核生物和真核生物 RNA 的转录过程。

6.1 转录的基本概念及特征

6.1.1 转录的基本概念

基因表达包括转录（transcription）和翻译（translation）两个阶段。转录作为 DNA 遗传信息表达的第一步，指的是以双链 DNA 中的一条单链为模板，在 RNA 聚合酶的作用下，按照碱基配对法则合成 RNA 的过程。此过程是基因表达的核心步骤，是翻译过程的基础。在转录过程中，每一个基因以一条单链 DNA 作为模板，合成与另一条单链 DNA 序列相同（T→U）的 RNA 单链。新合成的 RNA 单链在真核生物中称为前体 mRNA（pre-mRNA）或初级转录物（primary transcript），一般不直接作为模板进行蛋白质的翻译，需要经过加工修饰变为成熟的 mRNA 才开始翻译过程。而在原核生物中，RNA 没有内含子，通常不需要进行加工，可以直接被核糖体小亚基结合，进行蛋白质的翻译。

6.1.2 转录的特征

6.1.2.1 转录的模板

RNA 转录需要模板，但不需要引物。RNA 转录时只能以一条 DNA 链作为转录的模板，将与 mRNA 序列相同的那条 DNA 链称为编码链（coding strand）、正链（plus strand）或有义链（sense strand），而将另一条根据碱基配对法则指导 mRNA 合成的 DNA 链称为模板链（template strand）、负链（minus strand）或反义链（antisense strand）（图 6.1）。

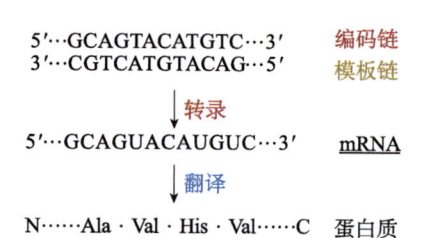

```
5'……GCAGTACATGTC……3'   编码链
3'……CGTCATGTACAG……5'   模板链
              ↓ 转录
5'……GCAGUACAUGUC……3'   mRNA
              ↓ 翻译
N……Ala·Val·His·Val……C   蛋白质
```

图 6.1 DNA 模板与 mRNA 及蛋白质之间存在共线性关系

6.1.2.2 转录的极性

转录的极性是指转录的效率随着转录单位的位置变动而增强或减弱。有研究者推测启动子的组织方式决定转录的极性。研究中利用分子克隆技术将人工序列插入哺乳动物 RNA 聚合酶Ⅱ启动子的不同部分检测启动子活性的改变，结果表明上游序列或基序（motif）及其和 TATA 框（TATA box）的相对关系对转录的极性起重要作用。

6.1.2.3 转录的不对称性

转录只能以一条 DNA 链为模板，这称为转录的不对称性。1984 年，普鲁伊特（R. S. Prewitt）等研究人员设计了一个简单但巧妙的实验，利用小鼠乳腺肿瘤病毒的 DNA 得出了这个结论（图 6.2）。小鼠乳腺肿瘤病毒（MMTV）是一种双链 DNA 病毒，研究人员首先把 MMTV 的 DNA 双链提取出来，然后将这两条单链分别重组到 M13 噬菌体中进行繁殖。M13 噬菌体是一种 DNA 单链病毒，因此重组的 M13 繁殖后释放的只能是重组进去的那条 MMTV 的单链。通过这种方式，获取了大量的 MMTV 的正链 DNA 和负链 DNA。这些 DNA 单链被同位素标记，并用作分子杂交的探针。然后，研究人员同时从三种大量转录 MMTV RNA 的细胞中提取了 RNA 产物，也进行了同位素标记。他们接着把 RNA 产物与标记的正链 DNA 和负链 DNA 分别进行分子杂交。结果显示，三种细胞中合成的 RNA 绝大多数是负链 DNA 的转录产物。这个实验证实了 DNA 双链中只有一条单链被转录，也就是说转录是不对称的。这里强调一点，在不同的转录区段中，模板链并非总是同一条 DNA 单链（图 6.3）。

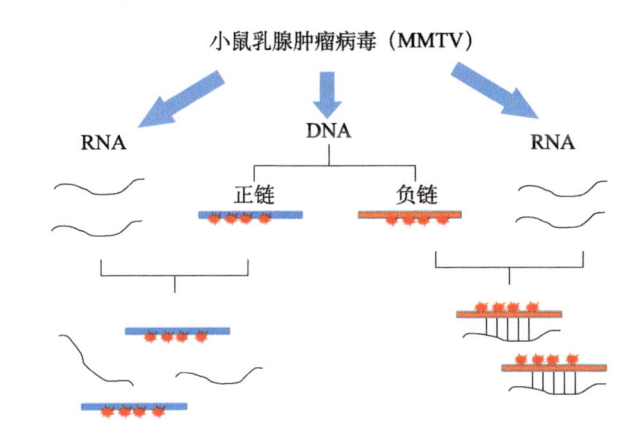

图 6.2　利用小鼠乳腺肿瘤病毒的 DNA 证明转录的不对称性（Prewitt et al., 1984）

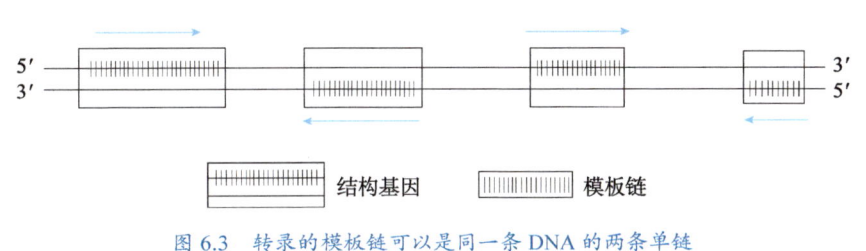

图 6.3　转录的模板链可以是同一条 DNA 的两条单链

6.2　原核生物 RNA 的转录

原核生物 RNA 的转录过程包括转录的起始、延伸和终止。转录的起始是 RNA 聚合酶与转录启动子结合形成有功能的转录起始复合物的过程。在转录的三个阶段中，起始阶段的调控最为重要。而对于转录起始的调控，启动子是最重要的调控元件。

6.2.1　原核生物的转录酶和启动子

6.2.1.1　原核生物的转录酶

早在 1960 年，在动物、植物和细菌中就已经发现 RNA 聚合酶。细菌中的 RNA 聚合酶是最早被研究的，也是研究得最为透彻的。以大肠杆菌为例，它只有一种依赖 DNA 的 RNA 聚合酶，在 37℃时可以以每秒 40 个核苷酸的速度指导合成所有类型的 RNA 分子。当 RNA 聚合酶结合到模板上时，可以覆盖 60 bp 长度的区域，其中 16 bp 的 DNA 序列直接与 RNA 聚合酶结合。虽然大肠杆菌的 RNA 聚合酶是最早被研究的，但是结构被最早解析的却是栖热菌属细菌的 RNA 聚合酶。它的外形像一个圆筒状通道，DNA 模板可以从通道中穿过。后来的研究表明，大肠杆菌 RNA 聚合酶的结构也与此类似。

总的来讲，在原核生物中，无论是 mRNA 还是 rRNA、tRNA 的转录都使用同一种 RNA 聚合酶。这种 RNA 聚合酶是一种多亚基酶，每个 RNA 聚合酶都包含一个 β 亚基、一个 β′ 亚基、两个 α 亚基和一个 σ 亚基，有些原核生物的 RNA 聚合酶还可能含有 1 个 ω 亚基。

最早是安德鲁·特拉弗斯（Andrew Travers）和理查德·伯吉斯（Richard Burgess）在 1969 年利用 SDS-聚丙烯酰胺凝胶电泳分离大肠杆菌 RNA 聚合酶的组分，发现 RNA 聚合酶至少包括 4 种亚基，其中两个亚基的分子质量达到 10^5 Da 以上，分别是 β 亚基和 β′ 亚基；此外还有两个较小的亚基，分别是 α 亚基和 σ 亚基，它们的分子质量也达到 10^4 Da 以上。当使用磷酸纤维素树脂柱对大肠杆菌 RNA 聚合酶的组分进行分离时，σ 亚基可以被单独分离出来。于是，含有 σ 亚基的 RNA 聚合酶称为全酶，而不含 σ 亚基的则称为核心酶（图 6.4）。下面我们分别讲述构成 RNA 聚合酶的这几个亚基的特征和功能（表 6.1）。

表 6.1 大肠杆菌 RNA 聚合酶的组成分析

亚基	基因	分子量	亚基数	组分	功能
α	rpoA	3.65×10^4	2	核心酶	核心酶组装，启动子识别
β	rpoB	1.51×10^5	1	核心酶	β 和 β′ 共同形成 RNA 合成的活性中心
β′	rpoC	1.55×10^5	1	核心酶	
	?	11×10^4	1	核心酶	未知
σ	rpoD	7.0×10^4	1	σ 亚基	存在多种 σ 亚基，用于识别不同的启动子

β 亚基和 β′ 亚基的分子量较大，分别为 1.51×10^5 和 1.55×10^5，分别由 rpoB 和 rpoC 编码。在 MG1655 菌株的基因组中，ropB 基因和 ropC 基因是相邻的，它们在序列上与真核生物 RNA 聚合酶的两个大亚基有同源性。β 亚基和 β′ 亚基通过与 α 亚基的 N 端结构结合而组装，形成一个裂缝，那里便是 RNA 聚合酶的活性位点，即催化中心。β 亚基能与模板 DNA、新生 RNA 链及核苷酸底物相结合。当全酶组装成功后，β 亚基会形成两个功能位点：一为起始位点，此位点对利福平敏感，只能专一性地与 ATP 或 GTP 结合，这便决定了 RNA 的第一个核苷酸为 A 或 G；二为延伸位点，对利福平不敏感，对核苷酸的种类没

有选择性，主要在延伸阶段起作用。而 β′ 亚基则能促使 RNA 聚合酶非特异性识别和结合模板，与 β 亚基一起构成 RNA 聚合酶的催化中心，在转录的全过程中发挥作用。

α 亚基的分子量大约为 3.65×10^4，由 rpoA 基因编码。其结构由 αCTD 和 αNTD 两部分组成（图 6.4），两部分之间由柔性组件连接，其中 αNTD 与 RNA 聚合酶的其余部分连接，αCTD 与启动子上游元件连接。由于 α 亚基两部分之间是柔性连接的，因此 αCTD 可以占据启动子上游的不同位置。α 亚基作为核心酶的组建因子，与核心酶的组装及启动子识别有关，并参与 RNA 聚合酶和部分调节因子的相互作用。

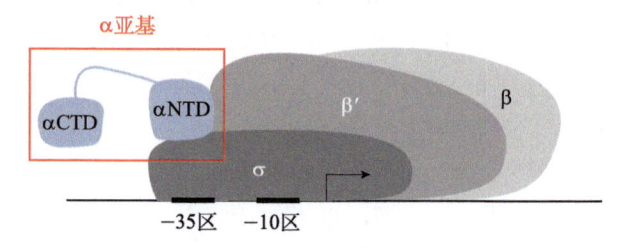

图 6.4 RNA 聚合酶全酶的结构

σ 亚基的分子量大约为 7.0×10^4，由 rpoD 基因编码，是组成 RNA 聚合酶全酶的重要亚基，引导 RNA 聚合酶在启动子处定位，协调开放复合物的形成，负责模板链的选择和转录的起始。σ 亚基由 4 个结构域组成，它们能分别跟启动子上的不同元件连接。因此，RNA 聚合酶和启动子的特异性取决于 σ 亚基。在不同的原核生物中，同一 RNA 聚合酶中 σ 亚基数目和分子量可能有所不同，而且不同的 σ 亚基有不同的 DNA 序列识别专一性。例如，大肠杆菌中最普通的一种 σ 亚基是 σ70，分子量为 7.0×10^4，它识别的标准启动子序列为 …TTGACA…TATAAT…，可以起始大部分基因的转录。另外，在大肠杆菌中还存在几种分子量偏小的 σ 亚基。例如，分子量为 3.2×10^4 的 σ32，在温度达到 42℃时被启用，与核心酶结合成全酶后，识别多种热激蛋白（heat shock protein，HSP）基因的特殊启动子序列…TCTCNCCCTTGAA…CCCCATNTA…，表达热激蛋白以适应环境的改变；分子量为 5.4×10^4 的 σ54，与核心酶结合成全酶后，识别氮代谢相关基因的启动子序列…CTGGNA…TTGCA…，参与氮

代谢过程。

1969年，Travers和Burgess研究σ亚基在转录中的功能时发现，σ亚基可以激活T4 DNA的转录起始，但是对延伸并没有作用。这激起了科研人员的兴趣，到底是什么原因使σ因子仅在起始阶段起作用呢？后来，钱伯林（Chamberlin）和欣克尔（Hinkle）在1972年检测了大肠杆菌核心酶和全酶对T7噬菌体DNA的结合能力，发现核心酶的缔合常数约为2×10^{11}，它几乎以相近的能力结合在DNA的不同位点；而全酶则不同。全酶在T7 DNA上的结合位点有两类：一类比较靠近启动子，缔合常数高达$10^{12} \sim 10^{14}$；另一类则零散分布在整个DNA分子上，缔合常数很低，只有$10^8 \sim 10^9$。这些结果说明σ亚基的加入，可以提高RNA聚合酶对启动子等特定位点的结合能力。较高的缔合常数有利于全酶跟启动子牢固地结合。因此，含有σ亚基的全酶在转录起始阶段起作用。

之后，Travers和Burgess的研究又证明σ亚基是可以被重复利用的。σ亚基的这种特性使得当核心酶与σ因子结合成全酶时，在转录启动子处牢固结合，起始转录。随后，σ因子脱离核心酶，使酶对DNA模板的缔合常数降低，处于一个适中的水平，使核心酶既能够在DNA模板上滑动，也不易脱落，有利于转录的延伸。

有些原核生物的RNA聚合酶还可能有一个ω亚基。ω亚基由*rpoZ*基因编码，具有保护β′亚基、帮助β′亚基折叠和协助RNA聚合酶组装等功能。研究表明，大肠杆菌的*rpoZ*基因缺失突变体在常规培养基中的生长比野生型菌株显著减慢，说明ω亚基在大肠杆菌细胞生长繁殖过程中起重要作用。

RNA聚合酶各个亚基的主要功能和特点归纳如下：一般情况下，原核生物的RNA聚合酶由两个α亚基、一个β亚基、一个β′亚基和一个σ亚基组成。其中，β′亚基帮助RNA聚合酶结合到DNA分子上，这种结合是非特异的，很松散，酶极易脱落；σ亚基（也叫σ因子）可以增强RNA聚合酶对DNA模板特定区域，尤其是启动子的结合；α亚基通过它的N端与β′和β亚基结合，组建核心酶，而它的C端则用于识别和结合启动子

上游元件，促进转录起始；β亚基和β′亚基构成活性中心，依靠β亚基可结合核苷酸的功能，促进转录起始和延伸，合成新生RNA链。

6.2.1.2 原核生物的启动子

启动子（promoter）是一段位于结构基因上游，能被RNA聚合酶和转录调控因子等识别并结合，形成转录起始复合物的DNA序列。启动子对基因的表达非常重要，可以决定基因在哪些组织、哪个生长阶段或什么条件下表达，也可以决定表达的频率等。

1. 原核生物启动子的特征

启动子可看作DNA上的一系列标志，指示出转录的起点、解开双螺旋的位点、RNA聚合酶及各种转录相关蛋白的结合位点等。根据这些信息，转录才能顺利开始。原核启动子第一个被发现的核心序列是普里布诺框（Pribnow box），这是1975年大卫·普里布诺（David Pribnow）利用DNA足迹法发现的。他从大肠杆菌中分离出被RNA聚合酶结合的T7噬菌体的序列，并与其他已经发表的序列进行比较，发现这段序列中都包含一段长度为7 bp的共有序列：TATAATG，而且这段序列位于转录起点上游大约10 bp的位置。同年，梅因茨·沙勒（Heinz Schaller）等也发现大肠杆菌fd噬菌体DNA上有42 bp的序列被RNA聚合酶结合，上面也有类似的共有序列，位置同样也是在-10 bp左右。后来，这段序列被命名为Pribnow box或-10区，其AT含量丰富，有助于局部解链（图6.5）。

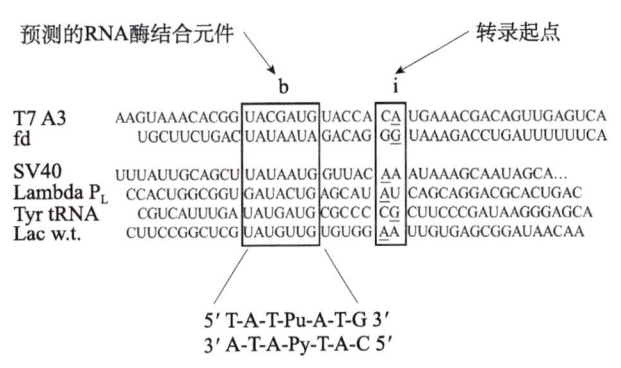

图6.5 大肠杆菌fd噬菌体DNA上被RNA聚合酶结合的序列（Pribnow，1975；Schaller *et al.*，1975）

w.t. 野生型

Pribnow 在另一篇文章里描述了-10 区的特征和可能的功能,而且他还推测,除了-10 区和 +1 起点,在上游应该还存在一段序列供 RNA 聚合酶识别,以确定结合的位点。他甚至推测了 RNA 聚合酶识别和结合启动子,并启动转录的一个粗糙的模型。虽然是最初的,而且是粗糙的,但他的基本观点现在仍被广泛接受。后面的几年里,研究人员对更多的大肠杆菌和噬菌体的启动子进行了测序和比较,发现 RNA 聚合酶覆盖的区域中除了-10 区,确实还有一段稍远一点的序列 TTGACA。若使 RNA 聚合酶稳定结合并准确地启动转录,这段序列也是必需的。由于这段序列距离转录起点上游约 35 bp,因此普遍被称为-35 区或 Sextama box,它负责提供 RNA 聚合酶识别的信号。当 RNA 聚合酶结合到启动子时,它的结合位点从-55 直到 +22 位点,不但包含了上游的-35 区和-10 区,还涵盖了转录起点下游的一小段序列,整个覆盖范围约 75 bp。在分子生物学中将 RNA 聚合酶首先识别并结合的-35 区(R 位点,R site)、模板链与之紧密结合的-10 区(B 位点,B site)及转录起点 +1 位点(I 位点,I site)定义为核心启动子(图 6.6)。

通过更广泛的启动子序列分析和比较,进一步确认了-10 区和-35 区序列的保守性,而且确定了两个元件之间的距离是 16~18 bp。其中,在 50% 左右的启动子中,这个距离是 17 bp;加上距离为 16 bp 和 18 bp 启动子,比例可高达 92%,说明两个元件之间的距离也是非常重要的。

于是,我们总结出原核生物启动子几个主要的特征:①长度约为 40 bp,位于转录起点的上游;②大多数的转录起点为 G 碱基或 A 碱基;③包含两个保守的调控元件,一个是-10 区,含有大量的 T 碱基和 A 碱基,另一个是-35 区;④-35 区和-10 区之间的距离为 16~18 bp。

除了核心启动子,在启动子上游还有一些影响转录起始的调控元件。其中一类可以与 RNA 聚合酶结合,属于启动子的一部分,即在大肠杆菌 rrB 基因的 P1 启动子中的 UP 元件。这是一个富含 T 碱基和 A 碱基、位于上游-60~-40 bp 区域的元件。这个元件可以被 RNA 聚合酶 α 亚基识别,并且促进转录起始。UP 元件虽不属于核心元件,然而它可以直接与 RNA 聚合酶结合,并且可以激活转录,是强启动子的重要组分。将这类元件叫作扩展启动子。

此外,还有一类调控元件,也位于典型的启动子上游,但是它们不能与 RNA 聚合酶直接结合,而是结合一些调控因子后间接地促进或抑制转录起始,这类元件不属于典型启动子的范畴。例如,大肠杆菌 rrB 基因的 P1 启动子上游有 3 个串联的重复元件,它们是 Fis 蛋白的结合位点,可以促进转录。还有一个是位于乳糖操纵子启动子上游-70~-40 区域,可以跟 cAMP-CAP 复合体结合,促进 RNA 聚合酶结合到核心启动子。这两种调控元件都不属于典型启动子的范畴。

总结起来,原核启动子可从两个层次理解它的组织结构:首先是靠近转录起点的核心启动子,它包含两个保守的调控元件,即-10 区和-35 区,负责转录起始;其次,在核心启动子上游更远的地方,具有可以与 RNA 聚合酶结合的其他元件如 UP 元件,称为上游调控元件,主要参与转录起始的激活。这两部分合并起来就成为一个典型的扩展启动子(图 6.7)。

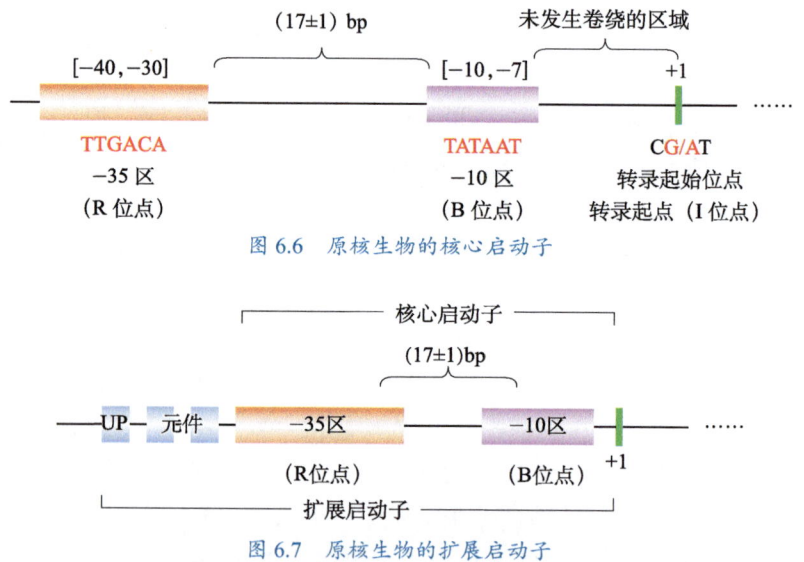

图 6.6 原核生物的核心启动子

图 6.7 原核生物的扩展启动子

原核生物启动子调控元件的种类、序列和距离等都影响转录起始的效率。-10 区和-35 区序列直接与 RNA 聚合酶中的 σ 亚基结合。这两个区段序列的突变会影响开放复合物形成的速度及其与

RNA 聚合酶结合的效率。同时，-10 区和-35 区序列的保守性也保证了这两个保守区域能与 RNA 聚合酶中的 σ 亚基同时结合，为 RNA 转录提供恒定的 DNA 双链解链区间。此间隔序列的突变会影响-10 区、-35 区与 RNA 聚合酶中 σ 亚基的结合能力，改变转录起始效率。

2. 强启动子和弱启动子

原核生物启动子根据序列不同分为"强启动子"和"弱启动子"。强启动子平均 2 s 启动一次转录，而弱启动子需要 10 min 以上。研究表明，对于不同的启动子序列，生产性转录速率（即从给定启动子合成全长 RNA 产物）的变化可能超过 1 万倍。它们的本质区别在于启动子序列与标准启动子-10 区、-35 区及间隔序列相似程度的大小。

除了-10 区和-35 区序列发生改变会影响转录效率，两个元件之间的距离也影响转录起始。这是因为这种长度的间隔，正好提供了 RNA 聚合酶 σ 亚基和 α 亚基合适的空间位置来识别-35 区和-10 区。DNA 每增加或减少 1 bp，两个元件之间的夹角就会发生 36° 的扭曲，使 RNA 聚合酶无法稳定结合到启动子上，所以转录起始效率下降。

6.2.2 转录的过程

6.2.2.1 转录起始

原核生物 RNA 的转录可分为起始、延伸和终止三个阶段。其中，转录的起始是整个转录过程的限速步骤。许多调控都发生在这个阶段。转录发生时，首先要解决的问题就是 RNA 聚合酶对启动子的识别和结合。RNA 聚合酶能否完美地进入启动子位点，决定着转录起始的成败。除了一些特殊的基因，大多数基因转录启动子位于基因编码区的上游。转录启动子具有特殊的元件，可以招募 RNA 聚合酶、必要的转录调控因子形成可以起始转录的复合体。一旦转录起始复合体形成，转录的起点和方向就确定了。

转录的起始可分为三个步骤，分别是 RNA 聚合酶识别启动子、打开模板双链、启动子清除（σ 亚基脱离）。

第一步：RNA 聚合酶识别启动子。RNA 聚合酶的核心酶与 DNA 模板的结合没有特异性，不能区分启动子和非启动子序列。识别启动子的任务由 σ 亚基执行。σ 亚基有 4 个主要的区域（橘黄色），其中区域 4 可以形成 HTH 的 DNA 结合域，识别启动子的-35 区并与之结合；区域 2 也可以形成螺旋结构，与-10 区结合。因此，当 σ 亚基与核心酶构成全酶后，就可以在 DNA 链上进行搜索，依靠 σ 亚基识别启动子的-35 区和-10 区。一旦找到目标元件，RNA 聚合酶就会牢牢抓住，形成闭合的复合物 RPc（RNA polymerase closed）。这时，β 亚基就像一道大门遮盖住活性中心，使已经跟酶绑定在一起的 DNA 无法进入更深的内部（图 6.8）。

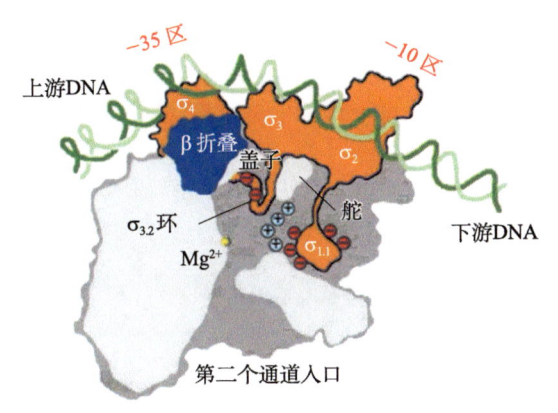

图 6.8 闭合的复合物 RPc 示意图（Murakami & Darst，2003）

第二步：打开模板双链。要想闭合的复合物 RPc 转变为解开双链的开放复合物 RPo（RNA polymerase open），整个过程分三步。首先，活性中心大门被掀开；然后，DNA 从-10 区开始解链，8 对碱基被解开，形成一个小型的泡，非模板链从活性中心卷缩转进酶的内部，与聚合酶稳定、紧密地结合；最后，如同拉开拉链，下游的 DNA 碱基对被解开，开口一直延伸到 +5 位点，形成 12 bp 的转录泡。这时，由于更下游的 DNA 螺旋越旋越紧，从而引入了张力，DNA 双链只能弯折过来以抵消张力（图 6.9）。这样便形成了开放复合物 RPo（图 6.10），其主要标志是形成了 12 bp 的转录泡。

第三步：启动子清除（σ 亚基脱离）（图 6.11）。转录起始的最后一个阶段叫作启动子清除或者启动子逃离，即 RNA 聚合酶离开启动子。在离开之

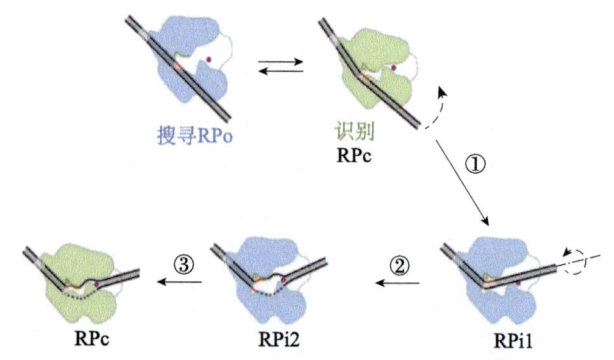

图 6.9 启动子识别过程中两种 RNA 聚合酶能量状态的转变过程（Chen et al., 2010；Feklistov et al., 2017）

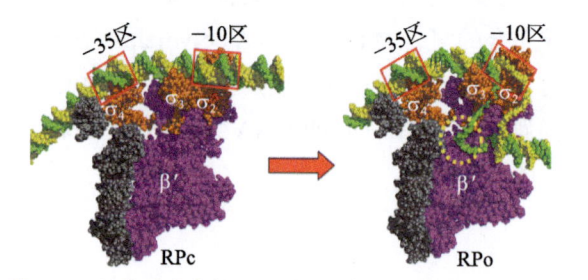

图 6.10 闭合的复合物 RPc 转变为解开双链的开放复合物 RPo（Chen et al., 2010；Feklistov et al., 2017）

前，转录泡已经开始合成一小段 RNA。如果这段新生链少于 9 nt，就会由于太短而无法与模板链稳定结合而脱落下来。RNA 聚合酶只能回头，重新开始合成另一条 RNA 分子。这个过程称为流产的起始。在起始过程中，RNA 聚合酶会在启动子区域进行多次尝试，直到合成的 RNA 分子达到或超过 10 nt，能够顺利占据 RNA 出口通道，RNA 聚合酶才能成功地逃离启动子，滑向 DNA 的下游区域。这时，σ 亚基结构上的变化使得它与核心酶结合能力变弱，从复合体完全解离下来，只留下核心酶-DNA-新生 RNA 分子构成转录延伸复合体（TEC），继续进行转录延伸。脱落下来的 σ 亚基可以与另一个核心酶结合形成全酶，进入新的循环，起始新的一次转录事件。这也称为 σ 循环（σ cycle）。清除了 σ 亚基，转录就进入了延伸阶段。

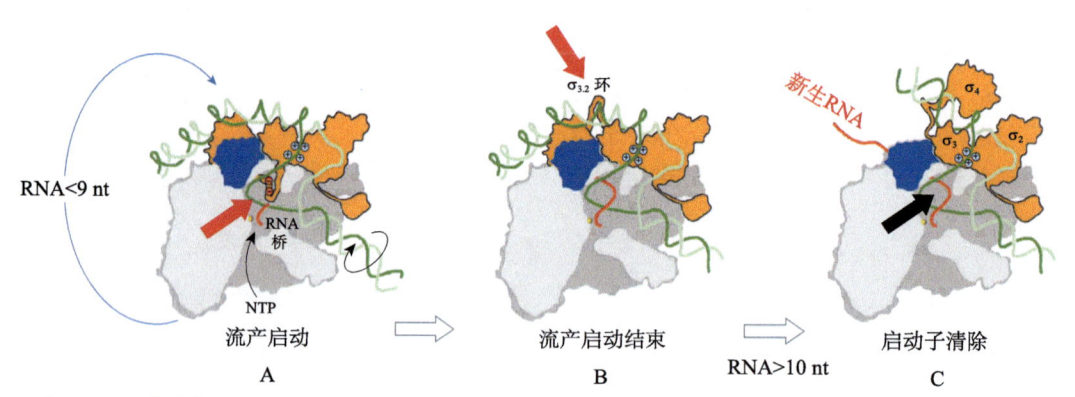

图 6.11 流产的起始（A）、结束（B）和启动子的清除（C）（Chen et al., 2010；Feklistov et al., 2017）

6.2.2.2 转录延伸

转录一旦进入延伸阶段，转录延伸复合体就以每秒 30～100 nt 的速度进行转录（图 6.12）。这是一个非常快的速度，一个长度 1000 bp 的转录单位，延伸的时间可能只需要 10～35 s！转录延伸复合体内部转录泡中，RNA 与模板 DNA 链形成杂交体，长度为 8～9 bp。游离的核苷酸不断进入 RNA 内部，与模板链配对，同时与新生 RNA 分子的 3′-OH 形成 3′,5′-磷酸二酯键。每完成一个核苷酸的添加，RNA 聚合酶就向下游滑动 1 bp，转录泡也随之推进。这些反应在 RNA 聚合酶内部不断重复，使 RNA 分子不断地按照 5′→3′ 延伸。

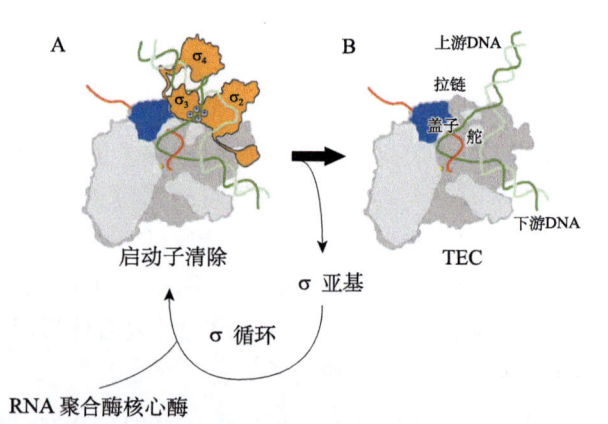

图 6.12 转录延伸复合体的形成（Chen et al., 2010；Feklistov et al., 2017）

在 RNA 聚合酶的前方，DNA 不断地解旋会导致前面的双链 DNA 越缠越紧，过度螺旋（overwinding）将产生正超螺旋；而位于 RNA 聚合酶后面已经完成转录的 DNA 单链重新形成的双螺旋结构为负超螺旋；拓扑异构酶（topoisomerase）Ⅰ、Ⅱ的协调表达将使超螺旋形成的应力达到平衡状态，保证 RNA 转录的顺利进行。这样，RNA 聚合酶就像在螺旋杆上的螺圈，快速地往下游前进，同时新生的 RNA 分子越来越长，从出口通道释放出来。

转录的延伸可分为早期延伸（early elongation）和生产性延伸（productive elongation）两个阶段。当新生 RNA 链不足 10 nt 时，可认为仍处于起始阶段，随时可能发生流产起始而重新开始。而如果 RNA 链超过 10 nt 后，通常就已经通过启动子解脱程序，进入早期延伸阶段。

延伸过程并非一直持续进行，中间经常会发生暂停（pausing）。暂停与多种生物过程相关，原核生物的转录终止，RNA 二级结构形成，真核生物的 mRNA 加帽、剪接和转录调控，调控因子募集，转录-翻译偶联，蛋白质折叠及 DNA 修复等都需要转录暂停。

在早期延伸阶段有一次重要的暂停，因其发生在靠近启动子的区域，称为启动子近侧暂停（promoter-proximal pausing）。这种现象最初是在果蝇热激蛋白的转录中发现的，现在认为它是转录过程中的普遍现象，对于转录调控具有重要意义，甚至有人认为它是转录过程中的限速步骤。在原核生物中，σ_{70} 依赖性启动子近侧暂停研究较多，发生在转录 15~25 个核苷酸后。而在真核生物中，RNA 聚合酶Ⅱ相关的启动子近侧暂停研究较多，一般发生在转录 20~60 个核苷酸后。暂停之后可能转录被终止，也可能继续转录，进入生产性延伸阶段，称为暂停释放（pause release）。

RNA 聚合酶的作用是多方面的。它不但可以阅读 DNA 上的信息，进行 RNA 转录，还能接收和加工细胞内与周围环境的信息，决定转录是否继续进行。这些事件都是在转录延伸阶段时发生的。延伸阶段的 RNA 聚合酶在出现暂停和延滞时，如果没有进一步的信号，转录复合体会直接跳过，继续转录；但是当出现更强的暂停信号时，就可能引起长时间的停留。这种情况下会有两种可能的后果：一种是消除障碍，继续转录；另一种则是终止转录。

6.2.2.3 转录终止

转录终止与 RNA 聚合酶的暂停密切相关。而终止相关的暂停是由新生 RNA 的特殊结构及它募集的调控因子引起的。转录终止包括新生 RNA 链的释放及 RNA 聚合酶与 DNA 的解离。以前的普遍看法是原核生物有两种类型的转录终止子，分别是不依赖 Rho 因子的转录终止子和依赖 Rho 因子的转录终止子。目前的研究显示在原核生物中还存在第三种依赖 Mfd 蛋白的转录终止子。

1. 不依赖 Rho 因子的转录终止

不依赖 Rho 因子的转录终止子，应该是内源性终止子（intrinsic terminator），或称为固有终止子。因为这类终止子有其固有的序列特征性，那就是富含 G、C 碱基的回文重复序列。当这段序列被转录后，就可以在被释放的 RNA 链上形成茎-环结构。此外，茎-环结构的下游往往紧跟着的是一段富含 U 的序列。稳定的茎-环结构便是这种终止子最重要的特征。一般在细菌中最常见的便是这种内源性终止子，它具有的两个特征如下：①在茎的区域富含 G、C 碱基，可以形成反向重复序列（回文结构），因此 RNA 转录物会形成茎-环结构（stem-loop structure），有时会贯通全茎。②在富含 G、C 碱基序列后紧随 A、T 重复序列，这种特异的结构会使 RNA 转录物形成特殊的二级结构，即 GC 茎-环结构和一段富含 U 的序列。

在 RNA 分子的其他位置也可能存在大小不同、稳定性不同的茎-环结构，也许转录延伸复合体都可以在这些位置短暂停留。但是，如果没有进一步的信号，它不会一直处于停滞状态。也就是说，茎-环结构本身无法终止转录。转录的终止还需要位于茎-环结构下游的 EPS（elemental pause sequence）元件（图 6.13），使 RNA 聚合酶在终止子的位置停留更久。这些序列包括一系列与模板上 A 配对的 U，称为 U-tract，以及一些其他的信号。U-tract 与模板链的配对是所有配对方式中最弱的一种，可以轻易被打开，让新生 RNA 分子有机会与模板链分离。

目前的研究表明有两种可能的方式使新生

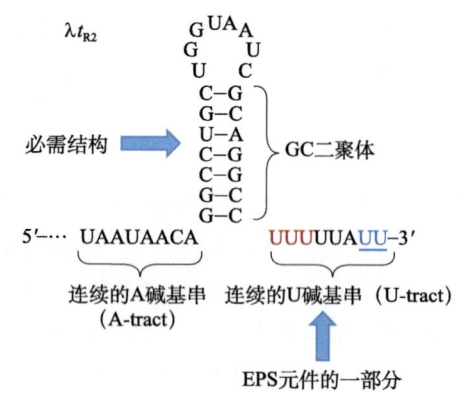

图 6.13 原核生物中不依赖 Rho 因子的转录终止子

RNA 分子与模板链分离（图 6.14）。第一种为混合剪切（hybrid shearing）方式。由于 U-tract 与模板链之间以弱的氢键连接，RNA 分子可以很容易从 DNA-RNA 杂交体上解离下来。另一种方式为逐出（kick-out）方式。转录延伸复合体被强行往前推行，但同时并没有新的核苷酸添加到 RNA 分子上，减少了模板链与新生 RNA 分子之间的配对数量，最后导致 RNA 和模板链分离。无论是哪一种方式，RNA 脱离模板链的过程都很慢，但最终还是造成转录延伸复合体的解体，终止转录过程。

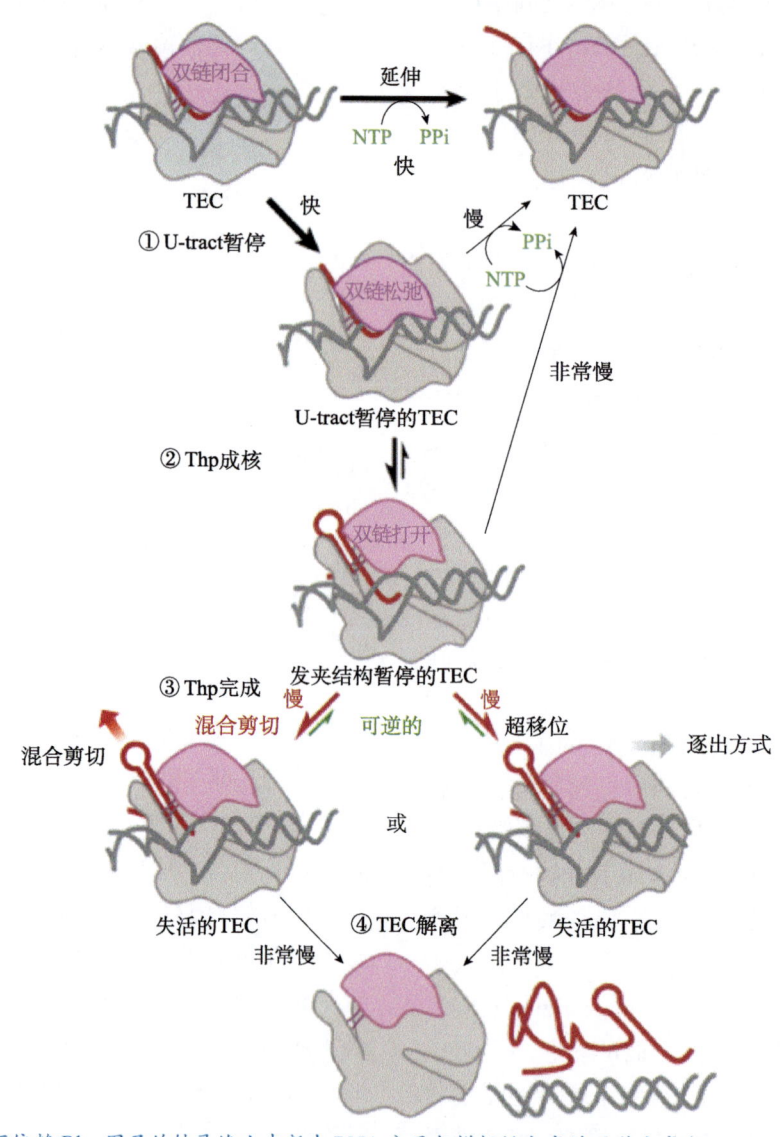

图 6.14 在不依赖 Rho 因子的转录终止中新生 RNA 分子与模板链分离的两种方式（Ray-Soni et al.，2016）

TEC. 转录延伸复合物；Thp. 终止子发卡结构

2. 依赖 Rho 因子的转录终止

原核生物的第二种转录终止方式是依赖 Rho 因子的。虽然茎-环结构可能引起 RNA 聚合酶暂停，但对于依赖 Rho 因子的终止方式而言，茎-环结构似乎并不是必需的，而是通过 Rho 因子的作用，将新生 RNA 分子直接从转录延伸复合体硬拽下来。这种依赖 Rho 因子的转录终止方式一般在噬菌体中常见。它具有如下两个特征：①相对不依赖 Rho 因子的终止子，在茎-环结构区域内具有较少的 GC 碱基对。②在茎-环结构后没有连续的 A、T 重复序列。

Rho 因子是一种 RNA 解旋酶，也称移位酶。它像一个 6 瓣花环，中央有一个孔。新生 RNA 分子的 5′ 端穿过中央孔，与 Rho 因子的 N 端结合。一旦 Rho 因子结合到新生链上，Rho 因子的 ATPase 活性就被激活，水解 ATP 释放能量，促使 Rho 因子在 RNA 分子上移位。此时的 Rho 因子一边拖拽 RNA 链，一边沿着 RNA 前进，不断地把 RNA 通过中央孔从转录延伸复合体中拖拽出来。在这个过程中，Rho 因子的 N 端 NTD 仍然结合着 RNA 分子，而被拖拽出来的 RNA 链就在 Rho 因子的 N 端和 C 端之间形成一个环。随着不断的移位，这个环会越来越大。Rho 因子在新生 RNA 链上的这种运作方式就是所谓的"绳系追踪"（tethered-tracking）方式。当 Rho 因子最终在转录终止子处赶上转录延伸复合体时，它便会使用混合剪切和逐出方式中的一种终止转录（图 6.15）。

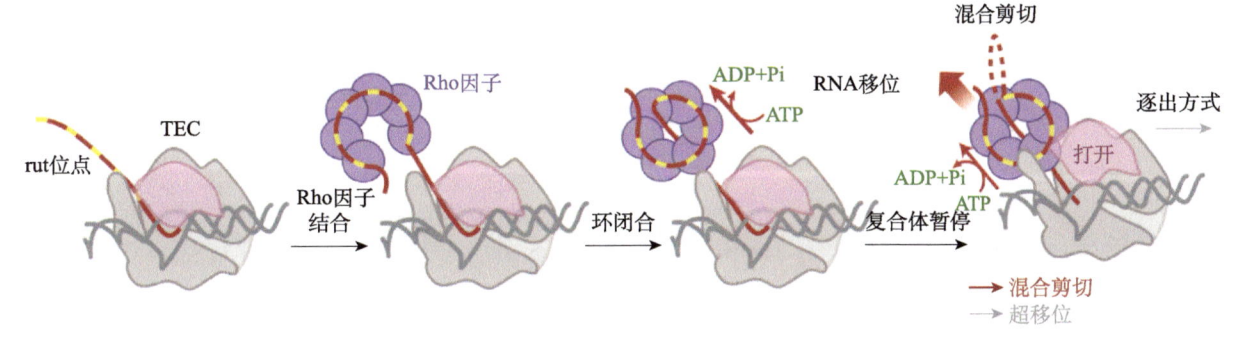

图 6.15 绳系追踪模型（tethered-tracking model）（Ray-Soni et al., 2016）

3. 依赖 Mfd 蛋白的转录终止

Mfd（mutation frequency decline）是一种 DNA 损伤修复蛋白，参与调节转录偶联修复过程，它可以发挥释放因子的作用，从 DNA 中去除 RNA 聚合酶。Mfd 识别一个停滞的 RNA 聚合酶并将其从 DNA 中移除，同时通过结合 UvrA 蛋白来招募切除修复机制。与其他 RNA 参与的转录终止模式不同，Mfd 是一种依赖 ATP 的 DNA 易位酶，它同时与 DNA 和 RNA 聚合酶结合，并利用 ATP 水解释放的能量去除 RNA 聚合酶。Mfd 的 DNA 转位活性是通过结合 RNA 聚合酶来激活的，RNA 聚合酶在多结构域蛋白中诱导构象重排。然而，最近对 Mfd 功能的单分子分析表明，Mfd 也可以沿着 DNA 进行结合和转运，而不是先与 RNA 聚合酶结合。在这种模式下，Mfd 在 DNA 中巡逻，比 RNA 聚合酶移动得慢；如果 RNA 聚合酶正常移动，Mfd 不会赶上，但会追上一个停滞的 RNA 聚合酶，Mfd 的释放/招募活动随之发生。有证据表明，转录本释放后 RNA 聚合酶仍与 Mfd 结合，复合体继续沿着 DNA 运动；然而此时的 RNA 聚合酶可能不参与转录过程。

Mfd 多肽有 7 个结构域，介导 RNA 聚合酶 β 亚基结合、UvrA 结合和 DNA 转位酶活性。转位酶结构域与重组解旋酶 RecG 的结构域具有很强的同源性，使人们能够深入了解它们在 DNA 上的排列方式。虽然 Mfd 的自然靶点是 RNA 聚合酶，但由于 DNA 损伤（如嘧啶二聚体）而停滞。在依赖 ATP 或 dATP 的反应中，Mfd 通过释放与磁珠结合的复合物来去除停滞的 RNA 聚合酶。Mfd 结合在 RNA 聚合酶的上游表面，将转位酶结构域放在出现于转录延伸复合体中的 DNA 上，需要大约 25 bp 的上游游离 DNA 才能发挥作用，对其机制的深入了解是 Mfd 诱导了一个回溯复合体的正向易位。在实验系统中使用不可逆回溯的 RNA 聚合酶复合体，表明 Mfd 挽救了该复合体进入延伸阶段。基本上所有回溯的复合体都可以被挽救，这意味着所有复合体都被向前推进，直到 RNA 3′ 端可用来启动酶活性位点的持续延伸，并且复合体在回溯状态下没有被释放。在相同的反应中，NTP 底物的缺失会导致所有转录本的释放。这些结果有力地表明，当延伸不能发生时，推动 RNA 聚合酶向前的转位酶活性也可用来破坏复合体并释放转录本。

在细菌中可能还存在未被发现或未被描述的转录终止机制。一个有趣的研究对象是 DNA 复制叉的组分，它可以非常有效地去除潜在的破坏性转录复合体，特别是那些与复制叉共向移动的转录复合体。DNA 转位酶 Mfd 将 RNA 聚合酶推离 DNA 的能力可以为这种活动提供一个模型。

原核生物的转录过程总结如下：首先，RNA 聚合酶全酶对启动子特异元件识别并结合形成转录起始复合体，其中 σ 亚基识别启动子的-35 区和-10 区，并促使-10 区解链形成转录泡。β 亚基将核苷酸招募过来，从复合体的入口通道进入 RNA 聚合酶内部，与模板链配对。当合成一段 10 nt 或更长的 RNA 分子片段时，RNA 分子占据了出口通道，可以从复合体释放出来，这时 σ 亚基脱落，进入新的循环；然后，核心酶带着新合成的 RNA 分子，沿着 DNA 向下游快速滑动，同时不断地在新生 RNA 链的 3′ 端添加正确的核苷酸，使 RNA 分子按 5′→3′ 的方向延伸。最后，新生 RNA 分子上的一些结构可以导致转录延伸复合体暂停，或需要一些额外的信号如一些特殊的元件延长暂停时间，或通过一些调控蛋白如 Rho 因子水解 ATP 释放能量，使 RNA 分子有机会与模板脱离，从而导致转录复合体解体，终止转录（图 6.16）。

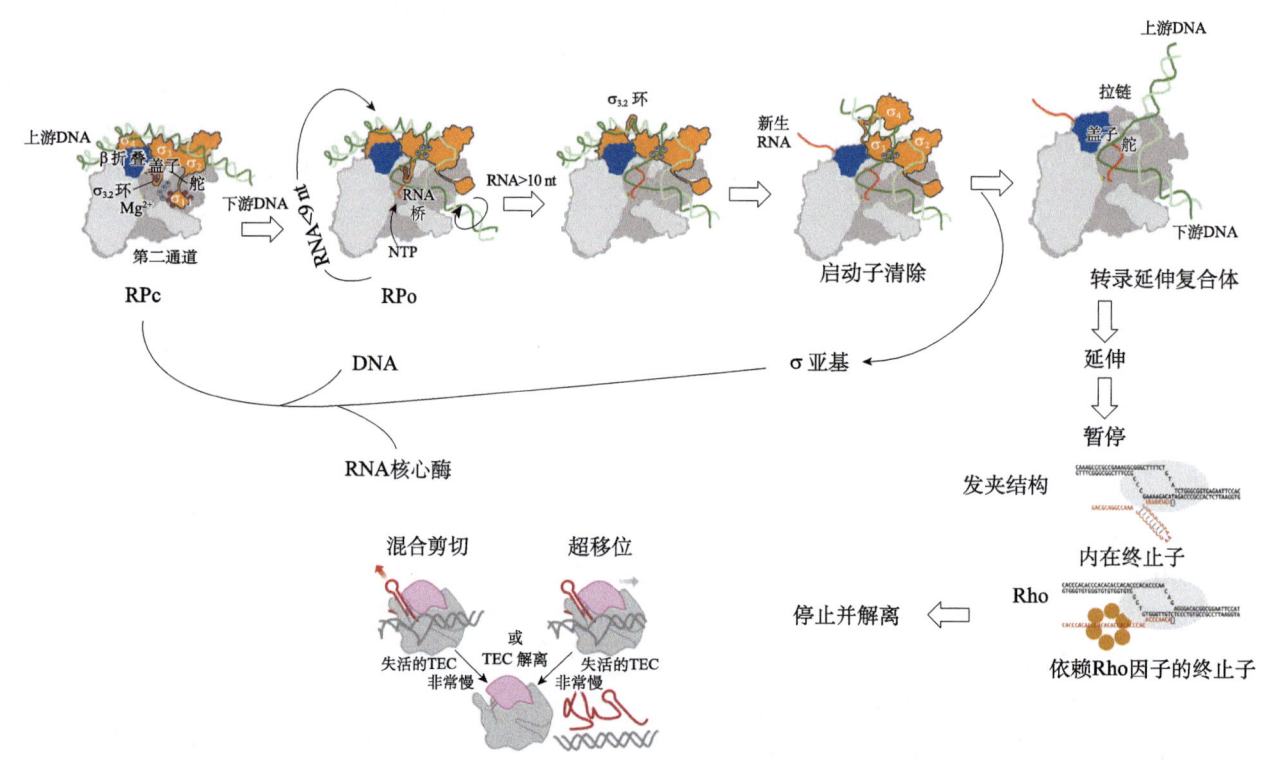

图 6.16　原核生物的转录过程（Ray-Soni et al., 2016；Roberts，2019）

6.3　真核生物 RNA 的转录

真核生物 RNA 的转录过程与原核生物基本相似，但负责转录的 RNA 聚合酶及启动子都存在大的差异。而且，真核生物 RNA 转录需要的调控元件更多，过程更复杂。

6.3.1　真核生物的转录酶

真核生物的 RNA 聚合酶与原核生物有很大的差别。原核生物的 RNA 聚合酶可以直接与 DNA

结合，但真核生物 RNA 聚合酶只能通过转录调控因子的帮助间接地与 DNA 分子结合。

在真核生物中有三种主要的 RNA 聚合酶，分别为 RNA 聚合酶Ⅰ、Ⅱ、Ⅲ。这三种 RNA 聚合酶对转录抑制剂 α-鹅膏蕈碱的敏感度不同：RNA 聚合酶Ⅰ对 α-鹅膏蕈碱不敏感，酶活性不受影响；RNA 聚合酶Ⅱ则非常敏感，当 α-鹅膏蕈碱浓度只有 0.001～0.1 μg/mL 时，RNA 聚合酶Ⅱ的活性就会急剧下降；RNA 聚合酶Ⅲ的敏感度较低，只有在 α-鹅膏蕈碱浓度比较高时，酶活性才会受到抑制。此外，在不同的生物中，RNA 聚合酶Ⅲ的敏感度也有较大的差异。例如，多数动物的 RNA 聚合酶Ⅲ可以被高浓度的 α-鹅膏蕈碱抑制，但昆虫的 RNA 聚合酶Ⅲ却不受影响。

三种 RNA 聚合酶分别负责不同类型基因的转录，因此它们在细胞内的定位也不一样。RNA 聚合酶Ⅰ位于核仁内，主要负责核糖体 rRNA 的转录，它的初始转录产物是一条 45S rRNA 分子，经过后续加工后可以得到 5.8S、18S、28S rRNA。这些 rRNA 和核糖体蛋白一起构成核糖体，负责细胞中所有蛋白质的合成。因此，细胞对 rRNA 的需求非常旺盛。这就决定了 RNA 聚合酶Ⅰ的活性在三种 RNA 聚合酶中比例最高，最高可达 70%，这与它所转录的基因产物的需求是匹配的。RNA 聚合酶Ⅱ负责所有蛋白质编码基因和一些小分子 RNA 的转录，是最主要的 RNA 聚合酶。它定位在核质中，蛋白质编码基因的初始转录产物是核不均一 RNA（hnRNA），经过转录后加工，可以得到成熟的 mRNA 分子，编码各种蛋白质。RNA 聚合酶Ⅲ的活性占比最低，但它转录的基因非常重要。除了参与核糖体组成的 5S rRNA，还负责 tRNA 和一些小分子 RNA 前体的转录（表 6.2）。

表 6.2　真核生物 RNA 聚合酶Ⅰ、Ⅱ、Ⅲ的一般特征

酶	细胞内定位	转录产物	相对活性	敏感性	功能
RNA 聚合酶Ⅰ	核仁	rRNA	50%～70%	对 α-鹅膏蕈碱不敏感，对放线菌素 D 敏感	转录 45S rRNA 前体，其中编码有 5.8S、18S 和 28S rRNA 基因（Ⅰ型基因）
RNA 聚合酶Ⅱ	核质	hnRNA	20%～40%	受低浓度的鹅膏蕈碱抑制	转录所有编码基因的 mRNA 和大多数核小 RNA（snRNA）（Ⅱ型基因）

续表

酶	细胞内定位	转录产物	相对活性	敏感性	功能
RNA 聚合酶Ⅲ	核质	tRNA	约 10%	根据种属对较高浓度的 α-鹅膏蕈碱敏感	转录 tRNA 基因、5S rRNA 基因和编码 U6 snRNA 基因（Ⅲ型基因）

真核生物 RNA 聚合酶也是多亚基酶，结构比原核生物 RNA 聚合酶复杂。RNA 聚合酶Ⅱ是 mRNA 转录机制的核心，其 12 个亚基中最大的亚基是 RPB1，与原核生物的 β 亚基同源，对 α-鹅膏蕈碱敏感；其次是 RPB2，与原核生物的 β′ 亚基同源；而 RPB3 则与原核生物的 α 亚基同源。这三个亚基是酵母 RNA 聚合酶的核心亚基，是酶活性必需的。RBP1 的 C 端结构域（C-terminal domain，CTD）对酶活性的调节至关重要。这个区域含有重复的氨基酸序列，每个重复单位有 7 个氨基酸 Tyr-Ser^p-Pro-Tyr^p-Ser^p-Pro-Ser^p。这些重复单位至少在两个方面对酶活性形成影响：一是重复的拷贝数。当重复次数缺失 50% 时就可以致死。二是 CTD 的磷酸化修饰。每个重复单位的 7 个氨基酸都含有丝氨酸和酪氨酸残基，是磷酸化的靶位点。这些位点未发生磷酸化时，RPB2 亚基的 CTD 称为ⅡA 型，这是刚结合到启动子上的类型；当转录因子 TFⅡH 被招募过来对 CTD 进行高频率的磷酸化后，这时的 CTD 称为ⅡO 型，此时的酶活性增强 10 倍以上，是转录过程中的主要类型；非磷酸化的ⅡA 型 CTD 也可被蛋白酶部分水解，成为ⅡB 型。

真核生物 RNA 聚合酶Ⅱ的整体构象也和原核生物的 RNA 聚合酶非常接近，有一个蟹钳样的活性中心，主要由 RPB1 和 RPB2 两个大亚基部分构成；只有在这个蟹钳样的结构域开放时，DNA 模板才能进入，并结合到开口基部的活性中心，起始转录（图 6.17）。

在真核生物中除了三个主要的 RNA 聚合酶，还存在其他类型的 RNA 聚合酶。例如，线粒体和叶绿体有自身的酶，线粒体的 RNA 聚合酶与 T7 噬菌体的 RNA 聚合酶同源，只有一条肽链；叶绿体的 RNA 聚合酶则与细菌的 RNA 聚合酶相似。在植物中也发现了植物特有的 RNA 聚合酶Ⅳ和 RNA 聚合酶Ⅴ，主要负责 siRNA 或其他一些调控

RNA 分子的转录。

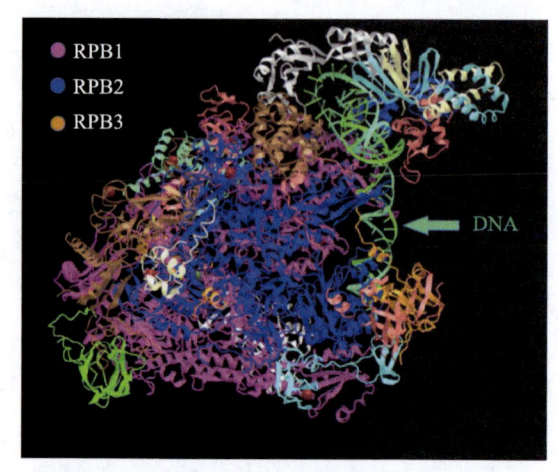

图 6.17 真核生物 RNA 聚合酶 II 的整体构象

6.3.2 真核生物的启动子和调控元件

6.3.2.1 真核生物的启动子

真核生物有三类结构和功能不同的 RNA 聚合酶，其中 RNA 聚合酶 I 主要负责转录 rRNA，RNA 聚合酶 II 主要负责转录 mRNA，而 RNA 聚合酶 III 主要负责转录多种小 RNA，如 tRNA、U6 snRNA、5S rRNA。不同的 RNA 聚合酶分别结合不同类型的启动子，II 类启动子由于负责 mRNA 的转录，因此也是研究最清楚的。

II 类启动子由核心启动子（core promoter）和近侧启动子（proximal promoter）组成，核心启动子以本底水平吸引通用转录因子和 RNA 聚合酶 II，确定转录起始位点并指导转录。其组成元件大约位于 37 bp 的转录起始位点内。近侧启动子有助于吸引通用转录因子和 RNA 聚合酶，包括从转录起始位点上游 37 bp 处延伸至 250 bp 的启动子元件，近侧启动子元件有时也称为上游启动子元件（upstream promoter element，UPE）。核心启动子是组合式的，包括下列元件的任意组合（图 6.18）。TATA 框（TATA box），以-28 位（位置为-33~-26）为中心，共有序列为 TATA（A/T）A A（G/A）；TFIIB 识别元件（TFIIB recognition element，BRE），位于 TATA 框上游（位置为-37~-32），共有序列为（G/C）（G/C）（G/A）CGCC；起始子（initiator，Inr），以转录起始位点为中心（位置为-2~+4），在果蝇中的共有序列为 GCA（G/T）T（T/C），在哺乳动物中的共有序列为 PyPy AN（T/A）PyPy；下游启动子元件（downstream promoter element，DPE），以 +30（位置为 +28~+32）为中心；下游核心元件（downstream core element，DCE），由分别位于 +6~+12、+17~+23 和 +31~+33 的三段序列组成，三段序列的共有序列分别为 CTTC、CTGT 和 AGC；十基序元件（motif ten element，MTE），位于 +18~+27。这些元件会与相应的蛋白质结合，从而调控转录的起始和效率。例如，TATA 框是蛋白质转录因子组装的场所。第一个与 TATA 框结合的蛋白质是 TFIID，其中包括 TBP（TATA 框结合蛋白），具有招募其他因子的作用。另一个重要的通用转录因子是 TFIIB，与 TFIID、RNA 聚合酶 II 及其他蛋白质因子结合在启动子处，组装成前起始复合体而起始转录。有些启动子在 TATA 框上游存在着能帮助 TFIIB 与 DNA 结合的元件，这些 DNA 元件称为 TFIIB 识别元件。

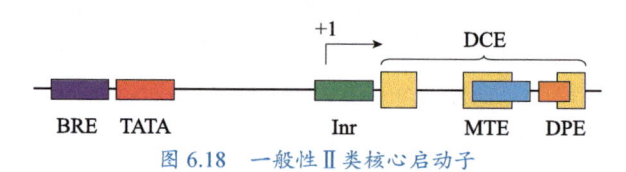

图 6.18 一般性 II 类核心启动子

核心启动子由 6 个元件组成，从 5′ 端至 3′ 端依次为：TFIIB 识别元件（BRE，紫色）；TATA 框（红色）；起始子（Inr，绿色）；由三部分构成的下游核心元件（DCE，黄色）；十基序元件（MTE，蓝色）和下游启动子元件（DPE，橙色）

虽然 TATA 框在高等真核生物中 II 型启动子中很常见，但并不是所有的 II 型启动子都有 TATA 框。这类没有 TATA 框的基因被称为 TATA-less 基因。由于缺乏 TATA 框，这些基因也因此缺失了 TBP 组分直接结合的位点，由其他调控因子间接协助它保持在启动子上正确的位置。研究表明，TATA-less 基因大概有两大类：一类是控制所有细胞类型的一些生化途径的看家基因，如腺嘌呤脱氨酶基因、胸腺嘧啶合成酶基因等。这类基因倾向于上游有 GC 框（GC box）元件，可以补偿 TATA 框的缺失。另一类基因则是一些奢侈基因，如控制果蝇发育的同源盒基因、哺乳动物免疫系统发育的基因等。大多数仅在特定细胞类型表达的基因往往倾向于含有 TATA 框。而一些 TATA-less 基因在转录起点下游也会有 DPE 元件，可以弥补 TATA 框的缺失。

GC 框是一种常见于上游 -110 ~ -80 位置的调控元件，跟转录因子 Sp1 识别和结合；因为含有大量的 G 碱基和 C 碱基而得名。在一些启动子中，往往有多个 GC 框，完整的 GC 框的数量可以影响启动子转录活性。例如，SV40 病毒的早期基因启动子含有 6 个 GC 框，如果仅保留 5 个完整的 GC 框，转录水平仅剩下 66%；如果仅有一个完整的 GC 框，转录水平则仅剩下 9%。另外，GC 框具有不依赖方向的特性。启动子的多个 GC 框可以是正向的，也可以是反向的，方向不影响它的功能，与后面讲到的增强子相似。然而，GC 框一旦远离核心启动子，它就无法发挥功能，这点有别于增强子。GC 框的功能主要是影响转录效率，而不参与起始位点的确定。

CAAT 框是另一个促进转录的上游调控元件，因为含有比较多的 C、A 碱基而得名，位于核心启动子之外的上游区域。BRE 也是上游调控元件的一种，是通用转录因子 TFⅡB 的识别和结合位点，参与组装基础转录起始复合体。在一些 TATA-less 基因的转录起点下游往往会有 DPE 元件。这是一种 7 核苷酸的元件，其序列在果蝇和人类中都比较保守，往往位于转录起点下游 +28~+32 的位置，可被 TFⅡD 中的另外两种亚基 TAF9 和 TAF6 识别并结合，从而帮助确定转录起始位点。在转录起始元件和 DPE 元件之间还可能存在 MTE 调控元件，这种元件也可以识别转录因子 TFⅡD，与转录起始元件协同起始转录。另外，MTE 也可以单独发挥作用，但是与其他元件一起时协同作用更强烈。

真核生物中另外两种 RNA 聚合酶对转录的起始同样起着非常重要的作用。其中 RNA 聚合酶 Ⅰ 主要负责 rRNA 基因的转录，这些基因的启动子序列和元件在不同物种中并没有强烈的保守性，但是它们的组织结构比较一致，都可以分为两部分：一部分是核心启动子，是转录起始必需的，一旦缺少则不能起始转录；另一部分是上游控制元件（upstream control element，UCE），主要负责转录激活。这两部分之间的距离约为 100 bp，过长或过短都会降低转录水平。

RNA 聚合酶 Ⅲ 负责的基因启动子比较特殊，大致可以分为三类。其中第一类和第二类的启动子跟其他基因的启动子都不一样，它们都是内启动子，也就是说启动子元件位于转录起始位点的下游，在基因的编码区内部；而第三类基因如 U6 核仁小 RNA（small nucleolar RNA，snoRNA）基因的启动子，则跟 Ⅱ 型启动子相似，有 TATA 框和其他一些上游启动子元件。

6.3.2.2 真核生物的调控元件

与原核生物的转录启动子一样，在真核生物中若存在上游启动子序列或其他远端的调控元件时，启动子的活性会提高或降低，这取决于调控元件和转录因子的种类和数量。按照这些调控元件与转录起点的距离，真核生物启动子的调控元件大致可以分为两类：近端调控元件和远端调控元件，其中 GC 框、CAAT 框等都属于近端调控元件，而许多细胞特异或基因特异的元件往往属于远端调控元件，如增强子、沉默子等。另外，若按照调控元件对转录起始的作用，也可分为两类：一类是激活元件，如 GC 框、增强子等；另一类则是抑制元件，如沉默子、绝缘子等（图 6.19）。

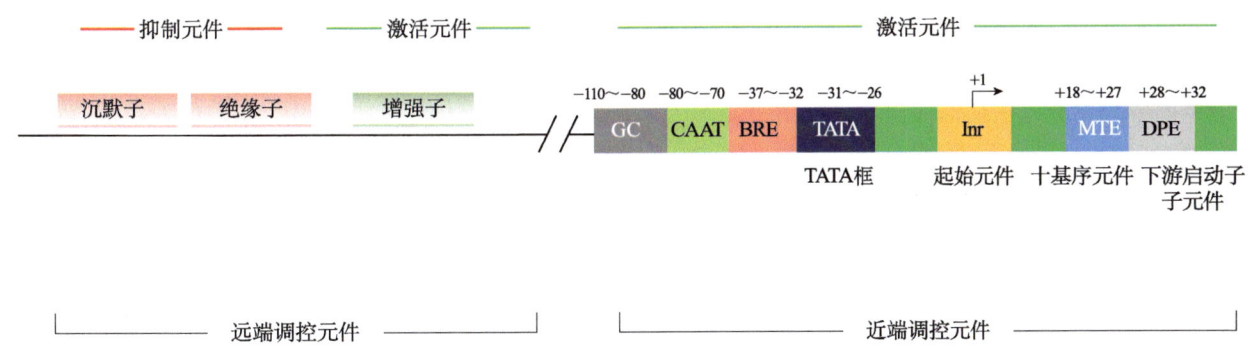

图 6.19　真核生物启动子的调控元件

增强子和沉默子这类与特异诱导表达相关的顺式作用元件不直接与 RNA 聚合酶相互作用，它们通过与其他蛋白质的结合激活或阻止 RNA 聚合酶对基因的启动。其中增强子和沉默子的功能正好相反，增强子促进转录，而沉默子则抑制或关闭转录。

1. 增强子

增强子是基因中可与蛋白质结合的区域，可能位于基因上游，也可能位于基因下游，与蛋白质结合后，基因的转录作用将会加强。1981 年，Benerji 在 SV40 病毒的 DNA 中发现了第一个增强子。这是一个 140 bp 的序列，它能大大提高 SV40 病毒 DNA/兔 β-血红蛋白融合基因的表达水平。它位于 SV40 病毒早期基因的上游，由两个正向重复序列组成，每个长 72 bp，位于转录起始位点上游约 200 bp 处（图 6.20）。增强子一般由增强子成分（enhancer element）组成，而增强子成分又可分为有功能的成簇的位点结合群——增强子单元（enhanson）和特异激活蛋白。各个增强子单元与激活蛋白结合形成促进转录的复合体，该复合体与基本转录复合体结合从而实施增强子增强特异性转录的功能。

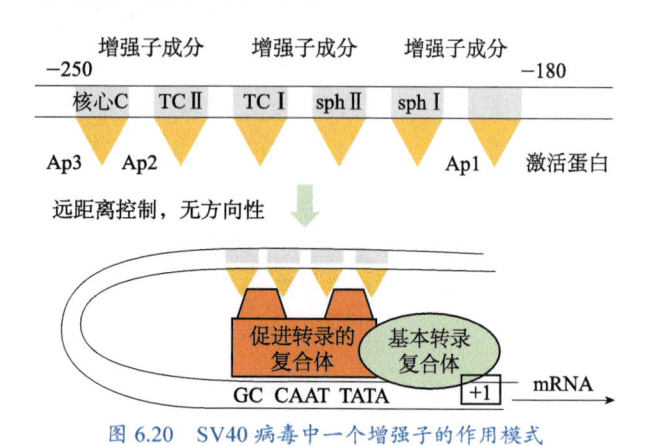

图 6.20 SV40 病毒中一个增强子的作用模式

增强子根据其特性可分为细胞专一性增强子和诱导性增强子。细胞专一性增强子对组织和细胞具有很高的专一性，只有在特定的转录因子（蛋白质）参与下，才能发挥其功能。而诱导性增强子通常要有特定的启动子参与。例如，金属硫蛋白基因可以在多种组织细胞中转录，又可受类固醇激素、锌、镉和生长因子等的诱导而提高转录水平。

增强子具有远距离效应、无方向性、顺式调节、无物种和基因的特异性、具有组织特异性、具有相位性及某些增强子可以应答外部信号等特征。多数蛋白质编码基因会有多个增强子，往往在距离转录起点 1000 bp 以外的位置。增强子不一定必须接近所要作用的基因才起作用，因为染色质的缠绕结构使序列上相隔很远的位置也有机会相互接触，即具有远距离效应。而且，增强子没有基因特异性，可以对同一条染色体上的不同基因的启动子起调控作用。与大多数的启动子元件不同的是：它可以位于基因的上游，也可以在下游，甚至在基因内部，无论在哪里都可以发挥作用，而且可以以正、反任意一个方向起作用。虽然增强子既可以远距离起作用，不考虑方向和位置，甚至不具备物种的特异性，可以跨物种发挥作用，但是染色质的构象可以影响增强子的功能。增强子具有组织特异性。例如，免疫球蛋白基因的增强子只有在 B 淋巴细胞内活性才最高。胰岛素基因和胰凝乳蛋白酶基因的增强子中都发现有很强的组织特异性。这种组织特异性主要是因为其要通过所谓的"成环模式"机制促进转录（图 6.21）。

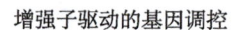

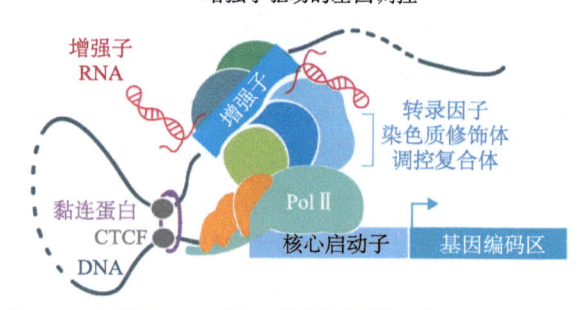

图 6.21 增强子通过"成环模式"机制促进转录（Carullo & Day，2019）
CTCF. CCCTC 结合因子

在促进转录的过程中需要一些调控因子协助，这些调控因子包括激活因子、染色质修饰因子、中介复合体等，甚至还可能有一些调控 RNA 分子参与。增强子利用这些调控因子，直接或间接地与核心启动子处的转录起始复合体发生互作，结合在一起，这时增强子与核心启动子之间的 DNA 形成环状结构，构成具有激活转录功能的、高阶的转录起始复合体。由于在不同的组织中调控因子的种类和数量都有极大的差异，结合到增强子上的调控因子自然千差万别，因此增强子的功能存在组织特异性。有时候一个基因附近会存在不止一个增强子。当一个基因附近同时存在两个增强子时，它们之间可以轮换，也可以协同，甚至还可能竞争。如果增强子位于两个基因之间，同样会存在竞争选择或者共享的关系。然而，有些增强子的功能是受内、外源信号调节的，其促进转录的功能可能仅局限于某些特定的细胞、器官类型，或者仅在某些特定的生物学过程中起作用。总的来说，增强子功能非常强大，甚至可以充当调控网络的枢纽，同时增强多个基因的转录。

2. 沉默子

生物体基因组中存在着大量的调控序列，它们参与调控基因表达的正确时空模式。其中沉默子便是一类抑制基因表达的调控元件。沉默子是一段能抑制启动子活性的核酸序列，能招募转录因子到启动子，影响转录因子的活性，阻断转录起始复合体的装配。典型的沉默子具有位置非依赖性，主要通过干扰转录起始复合体的组装这一主动抑制过程调控转录。

沉默子具有以下三方面特性：①可以远距离作用于启动子；②不同的沉默子具有不同的特点，一些对基因表达的抑制作用没有方向和位置的局限，一些具有方向和位置依赖性，一些只对特定的启动子产生抑制作用，还有一些只在基因的特殊时期、特定组织中发挥作用；③有些功能强的沉默子元件富含 CT 基序，通常以多拷贝形式存在。

根据沉默子的功能，可分为两种不同的类型：①序列较短且与位置无关的基序，它们通过结合阻遏蛋白抑制转录起始复合体的组装，称为沉默子元件；②存在于转录起始位点上游、下游或内含子和外显子中，通过形成一定的空间结构阻止转录因子与其各自顺式元件的结合。另外，沉默子还可细分为内含子剪接沉默子、外显子剪接沉默子、基因 5′ 端的沉默子、基因 3′ 端的沉默子、调节染色质构象的沉默子等。

沉默子的作用机制一般可分为以下几类：一种是类似于增强子"成环模式"而提出的"环出模型"。经研究发现，沉默子与相互作用的蛋白质结合后，形成类似 DNA 的环状结构与启动子作用，破坏起始复合体而抑制转录；也可能是形成的 DNA 环发生拓扑结构的变化或者组蛋白的修饰，使得关键性转录因子不能与特定的序列正

确结合进而阻止转录过程的进行（图 6.22）。另一类是当沉默子序列中存在阻遏蛋白的结合位点时，阻遏蛋白直接结合便可抑制基因的转录。可分为直接性抑制作用（图 6.23）和竞争作用（图 6.24）两种。直接性抑制作用指的是沉默子结合蛋白与转录起始复合体中的成员相互作用，使基础转录复合体无法形成；竞争作用指的是在一些基因中沉默子与增强子等正调控元件相邻或相互重叠，阻遏蛋白与之结合后阻止激活蛋白与邻近正调控元件的结合，从而间接性地抑制转录。

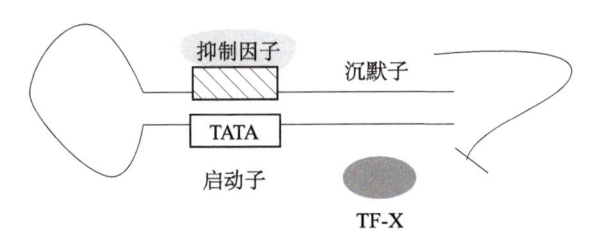

图 6.22　沉默子的环出模型图（胡朝阳等，2019）

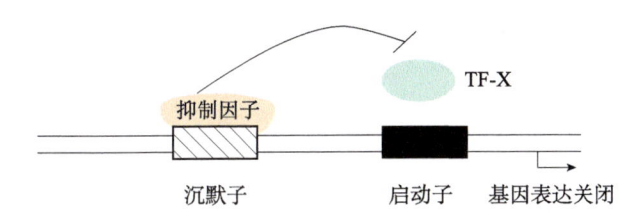

图 6.23　沉默子的直接性抑制作用（胡朝阳等，2019）

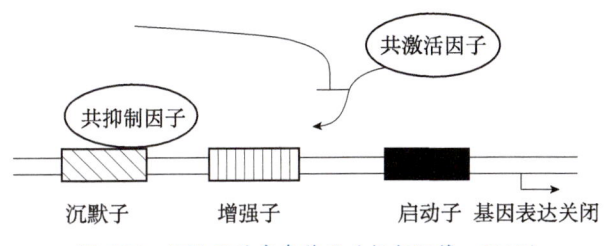

图 6.24　沉默子的竞争作用（胡朝阳等，2019）

沉默子作为一种具有特定功能的核苷酸序列，通过与细胞内转录因子相互作用或者干扰控制转录进程中的特殊信号发挥其负调控的作用，在人类疾病的治疗中可作为治疗靶点。目前对沉默子的研究只是通过体外实验进行的简单描述，在真实的时空条件下如何调控靶基因的表达鲜有报道。因此，深入了解沉默子元件及其功能，深入探究沉默子如何调控基因的表达从而更好地为人类服务，具有重要的科学意义与实用价值。

3. 绝缘子

绝缘子与增强子和沉默子不同，它是一种抑

制性的调控元件。这段具有特化染色质结构的区域能够阻断增强子或沉默子对靶基因/启动子的增强或失活效应，且能保护两个绝缘子之间的基因免受任何外界因子的影响，形成一个特异的"真空地带"。它的功能主要表现在以下几个方面：①当它位于调控元件和某个基因核心启动子之间时，往往会阻止调控元件与核心启动子之间的通信，从而使调控元件的作用受到限制；②如果绝缘子成对存在，则会中和绝缘子的作用，恢复调控元件的功能；③绝缘子可以影响染色质的结构和活性，通过阻止组蛋白表观遗传标记的扩展来维持活性区域和非活性区域之间的边界；④绝缘子可以协助远距离的调控元件发挥对核心启动子的作用；⑤绝缘子还可以通过反式调控的方式跨同源染色体发挥作用；⑥绝缘子也可以作为边界元件协助染色体拓扑结构的组装（图6.25）。

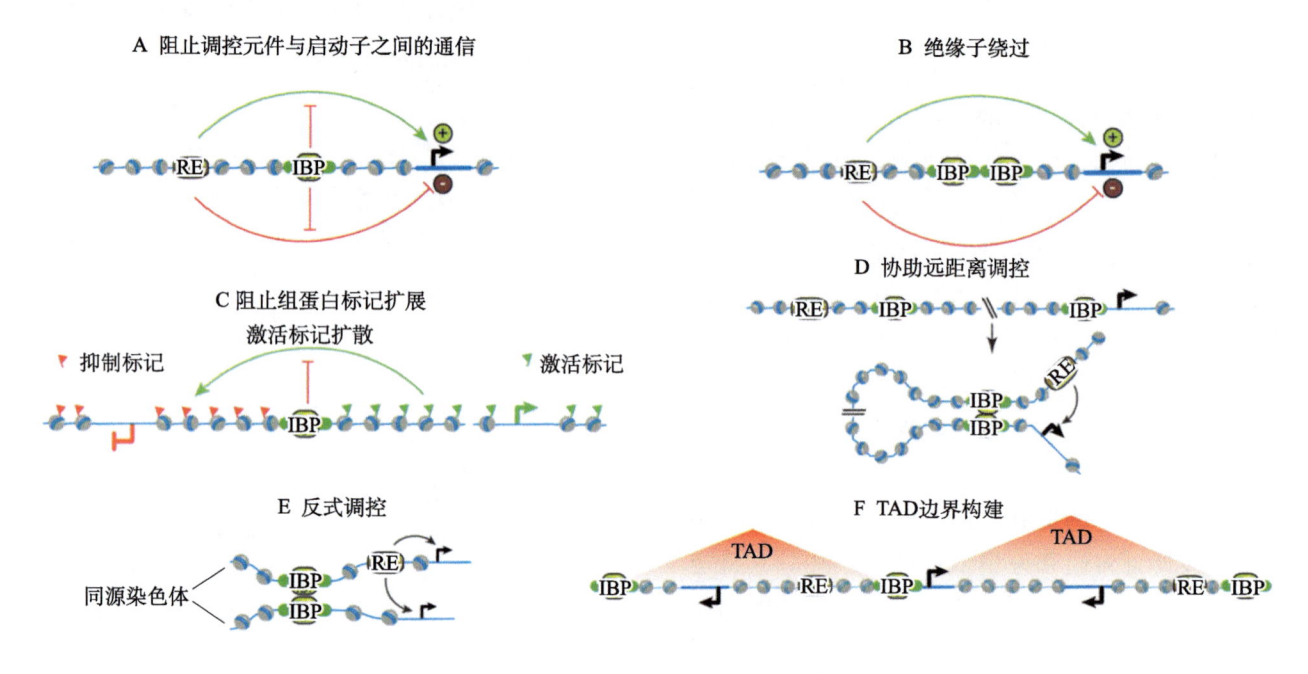

图 6.25 绝缘子的工作模型（Özdemir & Gambetta，2019）
IBP. 绝缘子结合蛋白；TAD. 拓扑相关域

6.3.3 真核生物 RNA 转录的过程

真核生物的转录过程比原核生物复杂，但都分为转录起始、转录延伸和转录终止三个过程。在本书中以 RNA 聚合酶Ⅱ为例讲述真核生物 RNA 转录的过程。

6.3.3.1 转录起始

真核生物 RNA 聚合酶Ⅱ必须与很多转录起始因子（transcription initiation factor，TIF）结合，组装成完全的转录起始复合体才能启动转录过程。转录起始的发生标志是在启动子处组装前起始复合体（preinitiation complex，PIC）。PIC 是由一系列通用转录因子和 RNA 聚合酶Ⅱ一起，按照顺序、依次有序地结合到 ClassⅡ的核心启动子上，组装得到的具备起始转录能力的复合体。参与组装 PIC 的转录因子至少有6种，分别是 TFⅡA、TFⅡB、TFⅡD、TFⅡE、TFⅡF 和 TFⅡH，这6种是主要的转录因子。除此之外，还有很多别的因子参与转录起始复合体的构建。在组建 PIC 过程中，每个转录因子都有特殊的作用。

对于含有 TATA 框的 ClassⅡ启动子，首先结合的转录因子是 TFⅡD。1990年，研究者发现 TFⅡD 的结合位点是启动子上的一小段区域，大致相当于 TATA 框的位置，在招募了 TFⅡA 和 TFⅡB 后，形成复合体的结合位点会扩展到模板链-22~-45 和非模板链的-17~-40 区域。

2018年，帕特尔（Patel）等解析了人 TFⅡD 的晶体结构，并且通过不同阶段的结构变化推测了 TFⅡD 结合启动子的机制。人 TFⅡD 也是一个多亚基的蛋白复合体，包含 TBP 亚基和一系列的

TAF亚基。其中TBP是TATA框结合蛋白，TAF则是TBP辅助因子。TFⅡD的结构与三叶草一样，由三部分裂片组成，分别称为裂片A、B和C。TBP包含在裂片A中，其余13个TAF蛋白分别分布在三个裂片中。TFⅡD的三部分虽然相互分开，但绝非完全独立，有两个TAF蛋白承担了裂片之间桥梁的作用，TAF7亚基连接着裂片A和裂片C，而TAF8亚基连接着裂片B和裂片C。

TFⅡD的最初状态被称为简洁的TFⅡD（canonical TFⅡD）。从一个侧面看，这时TFⅡD的裂片A与BC核心之间存在一个裂口，TBP就位于这个裂口的一侧，并且可以在裂口两侧之间来回移动。在被稳定装载到启动子之前，TFⅡD至少经历4个中间结构的动态变化，分别是扩展、扫描、重整和结合状态（图6.26）。首先TFⅡD的裂片C可结合到DNA的下游元件上，使DNA进入TFⅡD的裂口处；在裂片A来回移动过程中，裂片C则帮助扫描DNA，使TBP进入TATA框。随后，转录因子TFⅡA被招募过来与TBP结合，稳定上游DNA与TFⅡD的互作，构成TFⅡD-TFⅡA-DNA复合体。这时的TFⅡD称为重整TFⅡD（rearranged TFⅡD）。重整状态的TFⅡD实现了裂片A的定位，使TBP可以结合到TATA框上。此后DNA发生弯曲，造成的空间冲突促使TBP、TAF11与裂片A的其余部分分离，进入完全结合状态，并进一步招募TFⅡB及RNA聚合酶Ⅱ-TFⅡF复合体，构成早期的前起始复合体（early PIC）。

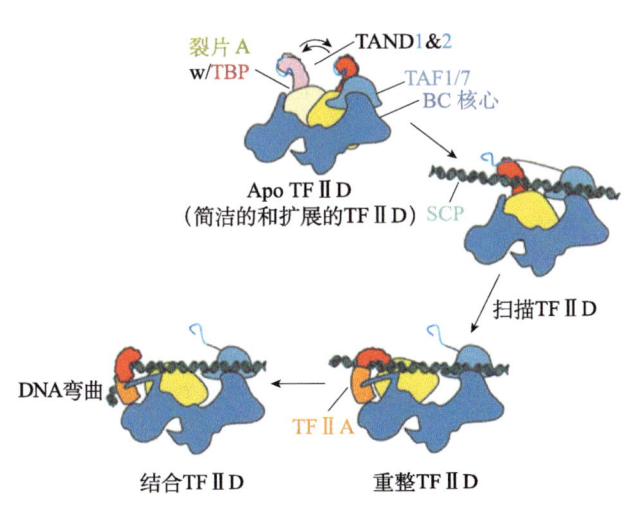

图6.26 TFⅡD在被稳定装载到启动子之前经历的4个中间结构（Patel et al., 2018）

SCP. 超级核心启动子；TAND. TATA-binding protein associated factor（TAF）N-terminal domain

TFⅡB是一个单链多肽，富集高浓度的RNA聚合酶到启动子周围。它与TBP-DNA复合体的相互作用是非对称性的，这就造成了前起始复合体其余部分的组装是有方向性的，因此转录也就只能向一个方向发生。最后转录因子TFⅡE、TFⅡF和TFⅡH也被募集到启动子上，构成完整的PIC。这时，启动子开始解旋。原核细胞中启动子的解旋不需要ATP提供能量，主要是依赖σ因子与启动子-10区的相互作用。但是，真核细胞中启动子的解旋需要ATP提供能量，这个过程由TFⅡF和TFⅡH因子介导。TFⅡF中的RAP30和TFⅡH中的RAD25是具有ATPase活性的DNA解旋酶，使DNA解旋后有助于RNA聚合酶的转录和移动。其实，在转录起始时TFⅡH具有两种酶活性：一个是DNA转位酶活性，用于打开DNA双链，形成转录泡；另一个则是蛋白激酶活性，可以对RNA聚合酶Ⅱ的C端CTD结构域进行磷酸化，激活RNA聚合酶Ⅱ的活性，同时削弱RNA聚合酶与其他通用转录因子的相互作用。这就使得RNA聚合酶Ⅱ与大部分转录因子分开，脱离启动子，完成转录起始。

总结一下真核生物转录起始过程：①TFⅡD因子对Class Ⅱ启动子的TATA框识别。②TFⅡA作为一种TAF，与TFⅡD和其中的TBP结合，增强并稳定TFⅡD与TATA框的结合。③TFⅡB作为桥梁因子，富集高浓度的RNA聚合酶到启动子周围，形成的复合体的结合位点会扩展到更大的区域。④转录因子TFⅡE、TFⅡF和TFⅡH也被募集到启动子上，构成完整的PIC复合体；其中TFⅡF中的RAP30和TFⅡH中的RAD25是具有ATPase活性的DNA解旋酶，使DNA解旋后有助于RNA聚合酶的转录和移动；TFⅡH的激酶活性使RNA聚合酶的RBPⅡ亚基发生高频磷酸化，变成高转录活性的RNA聚合酶，同时削弱RNA聚合酶与其他通用转录因子的相互作用。⑤RNA聚合酶Ⅱ启动转录后与大部分转录因子分开，脱离启动子"轻装上阵"，完成转录起始。⑥之后RNA聚合酶仅与具有螺旋酶功能的TFⅡF因子一起完成转录的延伸过程（图6.27）。

从一个裸露的启动子到一个完整的起始复合体PIC，最基本需要TFⅡD、TFⅡA、TFⅡB、RNA聚合酶-TFⅡF、TFⅡE和TFⅡH这7种蛋

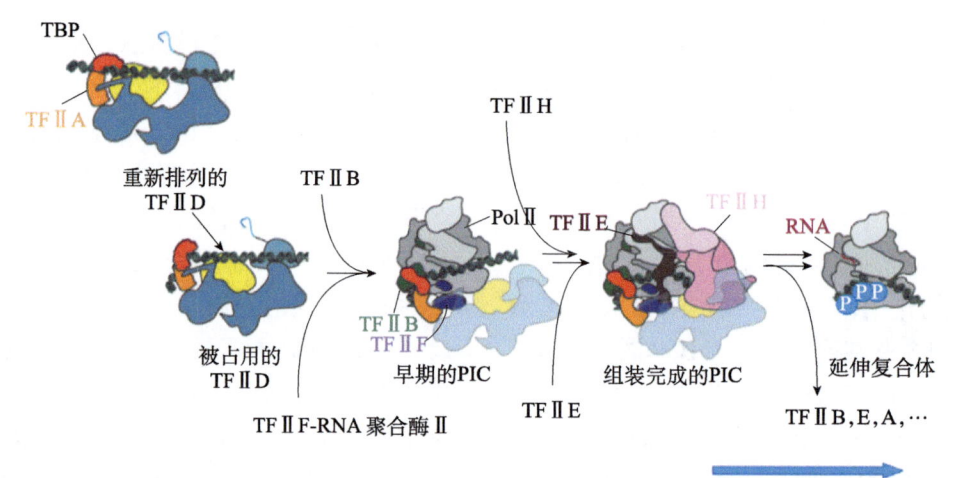

图 6.27 真核生物的转录起始过程（以 RNA 聚合酶 Ⅱ 为例）（Patel et al., 2018）

白质参与。在真核生物细胞中，一方面，DNA 被包装在核小体中，转录因子要接近 DNA 并不容易，因此组装 PIC 时也需要中介蛋白复合体、染色质重塑复合体等参与；另一方面，在核心启动子形成的 PIC 中，不仅仅是控制基础的、本底的转录因子形成转录起始复合体，一些高阶的转录起始复合体还需要远端的上游启动子元件和相应的转录因子参与。例如，一些特异的转录因子在特定的内外刺激下，与启动子的特异元件结合，构建高阶的转录起始复合体，从而可以激活相应基因的表达以应对环境变化。这种高阶的转录起始复合体称为激活的 PIC。

6.3.3.2 转录延伸

转录延伸阶段其实是细胞用来调节基因转录的一个极为复杂而又高度有序的调控平台。RNA 聚合酶在甩掉了大部分起始阶段的转录因子后，进入延伸阶段。此时它的 C 端 CTD 是被磷酸化的，可以被延伸因子和加工因子识别，促进新的 RNA 分子的不断合成。真核生物转录延伸除了酶系统与原核生物有区别，其延伸过程也比较复杂。其延伸并非一直持续进行，中间经常出现暂停。与原核生物一样，真核生物的转录复合体的暂停事件与许多因素有关，包括 RNA 的二级结构、RNA 的加工事件及转录终止等。

RNA 聚合酶离开基因的启动子开始转录编码区时，遇到的最大障碍是紧密包装形成染色质的核小体。转录复合体在遇到它的第一个核小体之前会出现一个保守的暂停。在那些调控元件较强的启动子上，转录复合体在距离启动子核心序列较近的地方就停了下来，而在那些调控元件较弱的启动子上，这个暂停往往是在靠近核小体时出现的。为了突破这个暂停继续延伸，需要招募调控因子，对转录复合体和延伸抑制蛋白进行磷酸化，促使它越过核小体障碍，继续向前转录 RNA。经研究发现，在新生 RNA 延伸至 20～30 nt 时，DSIF（DRB sensitivity inducing factor）和 NELF（negative elongation factor）协同将 eTEC（early transcript elongation complex）阻滞于靠近启动子区的模板上，以便提供充足的时间为新生的 RNA 链 5′ 端加帽。此时，Ser5 磷酸化的 CTD 可结合 RNA 加帽相关的 3 个酶，依次对新生 RNA 进行加帽反应。当加帽完成后，停滞的转录延伸需要重新启动，于是招募转录延伸调控中最重要的正性转录延伸因子（positive transcription elongation factor，P-TEF），它先分别磷酸化 DSIF 的 Spt5 亚基和 NELF 的 RD 亚基，执行解除抑制的功能；该磷酸化的发生使 NELF 从 eTEC 上解离下来，并将 DSIF 逆转为促进转录延伸的因子。同时，P-TEF 进一步磷酸化 CTD 第 2 位丝氨酸，刺激 Pol Ⅱ 的转录延伸活性，重新启动转录延伸，直至形成全长的 mRNA（图 6.28）。正是这些具有转录和剪辑双重活性的蛋白质复合体的参与，使得真核生物基因的转录延伸和剪辑过程相伴而生、同步进行。

随着转录不断延伸，DNA 双链依次被打开，不断接受新来的碱基配对，合成新的磷酸二酯键后，核心酶向前移动，已使用过的模板重新关

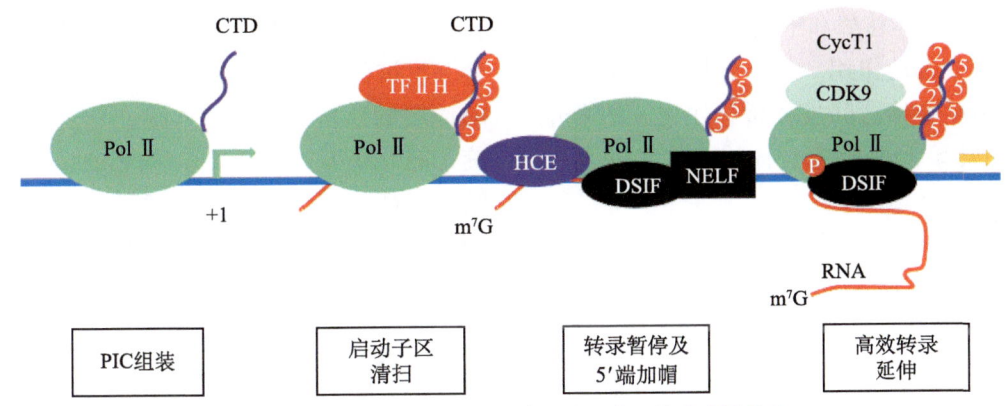

图 6.28　RNA 聚合酶 Ⅱ 调控真核生物基因转录的模式图
CycT1. 细胞周期蛋白；HCE. 类组蛋白伴侣元件

闭，恢复原来的双链结构。一般合成的 RNA 链对 DNA 模板具有高度的忠实性。RNA 合成的速度，在原核生物中为 25~50 nt/s，在真核生物中为 45~100 nt/s。

6.3.3.3　转录终止

真核生物转录的终止和原核生物的相比差异极大。原核生物转录终止具有明确的终止子元件。然而，在真核生物中没有类似的转录终止子元件。真核生物的转录终止与新生 RNA 链 3′ poly（A）尾的添加是偶联的。在 RNA 聚合酶的 CTD 上结合着 3′ 加尾所需的蛋白质调控因子，当遇到加尾信号时，3′ 加尾的调控因子会从 RNA 聚合酶上跳到新生的 RNA 分子上，对它进行切割，然后与 RNA 聚合酶分离；这时的 RNA 聚合酶仍然附着在 DNA 上，继续转录，直到真正的终止发生，而产生的多余的一段 RNA 分子，很快就会被降解。虽然真核生物转录终止的机制还不完全清楚，但是它与新生 RNA 分子的 3′ 加尾偶联这件事是十分明确的。研究表明，任何一种与加尾相关的组分发生改变，无论是量的变化还是质的变化，都会影响基因转录的终止，造成表达的变异。

6.3.4　顺式作用元件与反式作用因子

顺式作用元件（cis-acting element）是非编码的线性核苷酸片段，包括启动子、增强子、沉默子和绝缘子，以及转录后修饰形成的 5′ cap、poly（A）尾、信号序列等。反式作用因子（trans-acting factor）是转录模板上游基因编码的一类蛋白调节因子，包括激活因子和阻遏因子等，它们与顺式作用元件中的上游激活序列特异性结合，对真核生物基因的转录分别起促进和阻遏作用。

顺式作用元件存在于基因旁侧序列中能影响基因表达的序列，它们的作用是参与基因表达的调控，本身不编码任何蛋白质，仅仅提供一个作用位点，需要与反式作用因子相互作用而起作用。启动子存在很多顺式作用元件，可分为以下 4 种类型：①核心启动子成分，如 TATA 框；②上游启动子成分，如 CAAT 框、GC 框、ATF 结合位点；③远上游元件，如增强子、沉默子等；④特殊启动子成分，如淋巴细胞中的 Oct（octamer）和 κB。这些元件都被不同的转录因子及蛋白质识别和结合进而调节转录。

反式作用因子通过以下不同的途径发挥调控作用：①蛋白质与 DNA 相互作用；②蛋白质与配基结合；③蛋白质之间的相互作用及蛋白质的修饰。反式作用因子可被诱导合成，其活性也受多种因素的调节。同一类序列特异性的反式作用因子由多基因家族编码。参与转录水平调节的反式作用因子通常可分为四大类：① RNA 聚合酶；②与 RNA 聚合酶相联系的通用转录因子（general transcription factor，GTF），它们结合在靶基因的启动子上，形成转录前起始复合体（transcriptional preinitiation complex，TPIC），启动基因的转录；③特异性转录因子（specific transcription factor）（如激活因子和抑制因子），一类与靶基因启动子和增强子（或沉默子）特异结合的转录因子，具有细胞及基因特异性，可以增强或抑制靶基因的转录；④种类多样的协调因子（coregulatory factor），要么改变局部染色质的构象（如组蛋白酰基转移酶和甲基转移酶），对基因转录的起始具有推动作用，要么直接在转录因子和转录前起始复合体之间发挥桥梁作用（如中介因子），推动转录前起始复合体（TPIC）的形成和发挥作用。

反式作用因子有两个重要的功能结构域：DNA 结合域（DNA-binding domain，DBD）和转录激活域（transcription activating domain，TAD）（图 6.29），它们是其发挥转录调控功能的必需结构。我们以最常研究的真核激活因子 Gal4 为例。该蛋白质能激活酿酒酵母（*Saccharomyces cerevisiae*）半乳糖基因的转录。与细菌中的半乳糖基因类似，这些基因编码半乳糖代谢所必需的酶。其中一个基因名为 *GAL1*。Gal4 能与 *GAL1* 上游 275 bp 处的 4 个位点结合。结合后，如果存在半乳糖，Gal4 将激活 *GAL1* 的转录，使转录效率提高 1000 倍。

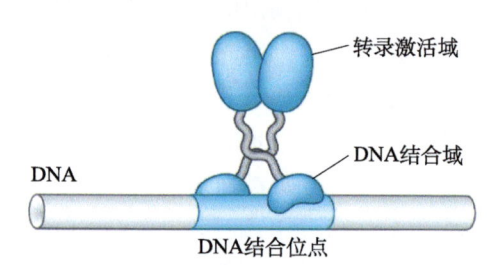

图 6.29 Gal4 与 DNA 上位点的结合（Watson *et al.*，2015）

酵母激活因子 Gal4 以二聚体的形式与 DNA 上一段 17 bp 的位点结合；该蛋白质的 DNA 结合域与转录激活域是分离的

6.3.4.1 DNA 结合域

每种 DNA 结合域都有一个 DNA 结合模体（DNA-binding motif），是以结合特定 DNA 的特定形状为特征的结构域的一部分。大多数 DNA 结合模体具有以下几种典型的结构。

1. 螺旋-转角-螺旋

螺旋-转角-螺旋（helix-turn-helix，HTH）结构域是最早被认识并被研究较为彻底的一种 DNA 结合域，不仅广泛存在于真核生物中，也存在于原核生物中。这个 DNA 结合域包括两个 α 螺旋，两个螺旋借助相互作用形成固定的角度。其中螺旋 2 负责识别和结合 DNA，一般结合于大沟，也被称为"识别螺旋"；而螺旋 1 穿越大沟，和其他蛋白质结合，对 DNA 识别没有特异性，主

要作用是稳定和增强转录因子与 DNA 之间的结合，也被称为"稳定螺旋"。这两个螺旋由一个短的伸展的肽链（转角）连接，故名螺旋-转角-螺旋（图 6.30）。含有这种结构域的蛋白质，其他的结构可能在很大程度上不同，因此都以自己唯一的方式与 DNA 作用，起到最大程度调节基因的作用。

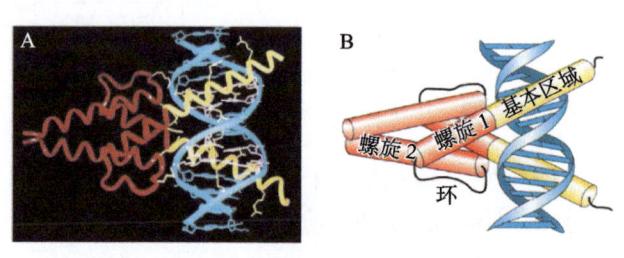

图 6.30 螺旋-转角-螺旋结构（Ma *et al.*，1994）

图示 MyoD 的 HTH 结构域和靶 DNA 序列复合体的晶体结构；A. α 螺旋以卷曲带状结构表示；B. α 螺旋以圆柱体表示

2. 锌指结构

1985 年，阿龙·克卢格（Aaron Klug）注意到通用转录因子 TFⅢA 的结构具有周期性的重复。由 30 个氨基酸残基组成的单元在蛋白质中重复了 9 次，每个重复序列由一对空间上彼此靠近的半胱氨酸紧随 12 个其他氨基酸，后接一对空间上彼此靠近的组氨酸构成。更重要的是这种蛋白质富含锌，每个重复单元有一个锌离子。Klug 由此预测锌指结构的共同特征是：在每个重复单元中通过一对半胱氨酸和一对组氨酸与锌离子的结合来形成一种"手指"状的结构域。迈克尔·皮克（Michael Pique）和彼得·赖特（Peter Wright）用核磁共振波谱法确定非洲爪蟾的 Xfin 蛋白（一些Ⅱ类启动子的激活因子）的锌指结构（图 6.31）。这类结构由 α 螺旋和 β 折叠通过 Zn^{2+} 聚在一起，包含一对半胱氨酸和一对组氨酸，它们与 Zn^{2+} 配位，使所在的一段序列成环，并突出于蛋白质表面，环端部的碱性侧链与 DNA 分子的大沟作用（图 6.32）。

3. 亮氨酸拉链

亮氨酸拉链（leucine zipper）结构并不多见，而且其本身并不直接结合 DNA。亮氨酸拉链结构域是一段高度碱性的区域，大约含有 30 个氨基酸残基，形成 α 螺旋。特殊的是，每隔 7 个氨基酸就有一个亮氨酸，并且排列在结构域的一侧。这

图 6.31　非洲爪蟾 Xfin 蛋白的一个锌指的三维立体结构
（Lee et al., 1989）

顶部中心的青绿色圆球代表锌；黄色圆球代表一对半胱氨酸的硫原子；左上角蓝色和绿色结构表示一对氨基酸；紫色管状结构表示锌指的骨架

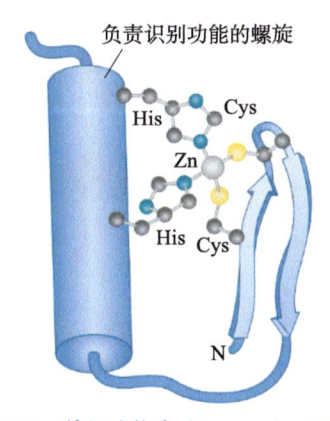

图 6.32　锌指结构域（Lee et al., 1989）

结构左边 α 螺旋为识别螺旋，通过右边的 β 折叠伸向 DNA；锌原子同 α 螺旋中的两个组氨酸残基及 β 折叠中的两个半胱氨酸残基协同作用

样依靠亮氨酸之间的弱疏水作用，两个同样都有亮氨酸拉链结构域的转录因子就可以结合起来，像拉链一样将两个转录因子单体连在一起，形成同源或异源二聚体（图 6.33）。因此，亮氨酸拉链结构域本质上是执行蛋白质与蛋白质的互作功能。这样的二聚体转录因子在亮氨酸拉链旁侧的区域有所分开，如同 Y 型结构的两个手臂，将 DNA 牢牢夹住，实现转录因子对 DNA 分子的识别和结合。其中，同源二聚体和异源二聚体对 DNA 的结合有所不同，异源二聚体集合了两种转录因子单体的特性，对 DNA 结合的专一性往往更强。

4. 碱性螺旋-环-螺旋

碱性螺旋-环-螺旋（basic helix-loop-helix，bHLH）结构域也是分布极为广泛的一种结构域。bHLH 由两个亲水性的 α 螺旋及中间的一个无规

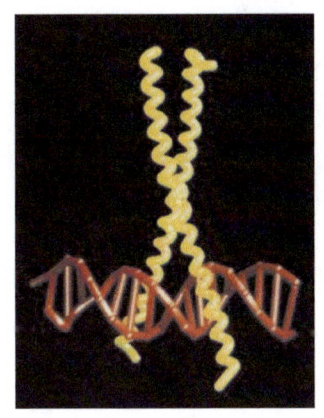

图 6.33　GCN4-DNA 复合体的亮氨酸拉链模体的晶体结构
（Ellenberger et al., 1992）

DNA（红色）是含亮氨酸拉链模体（黄色）识别的靶序列；GCN4. 一种具有亮氨酸拉链结构的转录因子

则环构成，在 HLH 结构域旁侧，还存在一个碱性区域。α 螺旋含有疏水氨基酸残基，两个转录因子单体就可以通过这部分螺旋的疏水作用结合而形成二聚体（图 6.34）。旁侧碱性区域的一些氨基酸残基带有正电荷，可以通过静电作用与 DNA 互作而结合到 DNA 的大沟。可见，在 bHLH 结构域上，HLH 主要执行蛋白质-蛋白质互作功能，构建二聚体转录因子；而碱性区域，有时候也包含部分的环和螺旋，主要执行 DNA 结合功能。

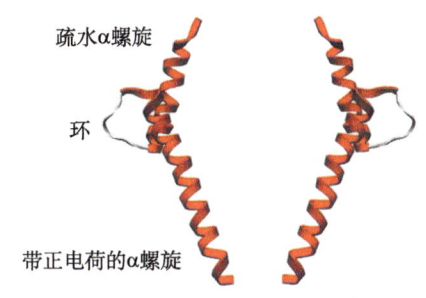

图 6.34　碱性螺旋-环-螺旋示意图

5. 同源异形域

同源异形框（homeobox）是一种编码 60 个氨基酸（amino acid, aa）的序列，长 180 bp，几乎存在于所有真核生物中。同源异形域（homeodomain, HD）蛋白是 DNA 结合蛋白中的螺旋-转角-螺旋家族成员。每个同源异形域蛋白包括三个 α 螺旋，第二和第三个螺旋形成螺旋-转角-螺旋模体，第三个螺旋具有识别螺旋的作用。但大多数同源异形域蛋白的 N 端还有一个不同于螺旋-转角-螺旋的臂，可插入 DNA 小沟。图 6.35 中显示三个螺旋位于左边，DNA 靶序列位于右

边。识别螺旋的端部（3，红色部分）位于 DNA 的大沟内。N 端长臂插入 DNA 小沟中，显示关键氨基酸侧链与 DNA 相互作用。图 6.35 显示的是来自果蝇的一个典型同源框与 DNA 靶序列间的相互作用。同源异形域蛋白与 DNA 结合的特异性较弱，需要其他蛋白质协助才能高效、专一地结合目标序列。

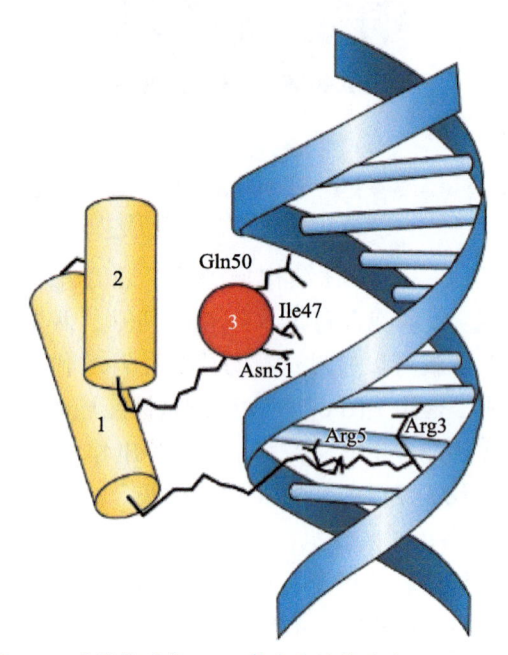

图 6.35　同源异形域-DNA 复合体结构图（Kissing et al., 1990）

标有数字的三个螺旋位于左边，DNA 靶序列位于右边；显示识别螺旋的端部（3，红色），位于 DNA 大沟内，N 端长臂插入 DNA 小沟中，显示关键氨基酸侧链与 DNA 的相互作用

6.3.4.2　转录激活域

反式作用因子的另一个重要的结构域是反式激活域，执行激活或抑制转录的功能。若反式作用因子是转录因子，则可称为转录活化结构域。转录激活域和 DNA 结合域往往是相互独立的，失去其中一个，并不会影响另一个的功能。

常见的转录激活域有三类：一是酸性功能域，如酵母的转录因子 GAL4 的转录激活域，一共有 49 aa，其中就有 11 个酸性氨基酸，占 22%；二是富含 Gln（谷氨酰胺）的功能域，结合 GC 框的 Sp1 就是典型的例子；三是富含脯氨酸的功能域，如 CAAT 框结合转录因子（CTF）的转录激活域就属于此类。

同 DNA 结合域相反，转录激活域一直没有一个明确的结构。在转录装置中，当与靶体之间相互作用时，它们呈螺旋结构，但可确信的是，这种结构是受 DNA 结合诱导的。不同于以结构来作为描述特征，激活域是按照基本的氨基酸成分来归类的。例如，Gal4 的激活域称为"酸性"激活域，反映出该区域酸性氨基酸占优势。突变实验凸显出了这些酸性残基的重要性，这些突变增强了激活因子的效力。很多其他激活因子也具有同 Gal4 类似的酸性激活域，尽管在序列上看不到相似性，但可以确信的是，激活域由许多重复的具有弱的激活能力的小单元组成，每个单元都是一段短的氨基酸序列。这样的小单元越多，激活域的激活能力也就越强。激活域缺乏一个整体上的结构，只是简单地作为一种无差别的黏性表面在起作用。最近一系列的核磁共振（NMR）结构研究检测了一个酵母启动子 Gcn4 的酸性活性区域与它的一个靶向蛋白 Gal11 在自然状态下的相互作用。活性区域形成一个螺旋结构结合在靶标的缺口上。但是这个结构是动态的，并且能形成多种不同的构型和朝向。这种"模糊的复合体"也许可用于解释为何在转录激活时活性区域看似能够与数种不同的靶标蛋白相互作用。

还有一些其他类型的激活域，这些结构域同样缺乏明确的结构。普遍来说，酸性激活域是常见的，并在所有检测过的真核生物中起作用，其他的激活域则很弱，也不是很常见。

转录因子一方面通过其 DNA 结合域与靶基因的 DNA 结合，另一方面通过其激活域直接或间接结合到 RNA 聚合酶上，从而调控 RNA 聚合酶对靶基因启动子的结合。根据激活域的作用效果，可将转录因子进一步分为转录激活因子和转录抑制因子。

思考与挑战

1. 为什么在原核生物中只有一种依赖 DNA 的 RNA 聚合酶？若该酶不依赖 DNA，它能正常工作吗？

2. 随着科学研究的不断深入，科学家发现在原核生物中还存在依赖 Rho 因子的转录终止子和不依赖 Rho 因子的转录终止子之外的第三种依赖 Mfd 蛋白的转录终止子。请思考是否还存在第四种转录终止子呢。

数字课程学习

1. 转录的概念和基本特征
2. 原核生物 RNA 聚合酶
3. 原核生物转录启动子
4. 原核生物转录过程
5. 真核生物 RNA 聚合酶
6. 真核生物转录启动子和调控元件
7. 真核生物转录过程
8. 转录因子

课后拓展

1. 温故而知新
2. 拓展与素质教育

主要参考文献

胡朝阳，唐培培，邓炎春，等. 2019. 转录水平调控中的负调控元件——沉默子. 生命科学，31（7）：686-692.

Watson J. D., Baker T. A., Bell A. P., *et al.* 2018. 基因的分子生物学. 杨焕明，主译. 北京：科学出版社.

Carullo N. V. N., Day J. J. 2019. Genomic enhancers in brain health and disease. *Genes (Basel)*, 10(1): 43.

Chen J., Darst S. A., Thirumalai D. 2010. Promoter melting triggered by bacterial RNA polymerase occurs in three steps. *Proc Natl Acad Sci USA*, 107(28): 12523-12528.

Ellenberger T. E., Brandl C. J., Struhl K., *et al.* 1992. The GCN4 basic region leucine zipper binds DNA as a dimer of uninterrupted alpha helices: Crystal structure of the protein-DNA complex. *Cell*, 71(7): 1223-1227.

Feklistov A., Bae B., Hauver J., *et al.* 2017. RNA polymerase motions during promoter melting. *Science*, 356(6340): 863-866.

Hinkle D. C., Chamberlin M. J. 1972. Studies of the binding of *Escherichia coli* RNA polymerase to DNA：Ⅰ. The role of sigma subunit in site selection. *Journal of Molecular Biology*, 70(2): 157-185.

Hu X. P., Malik S., Negroiu C. C., *et al.* 2006. A mediator-responsive form of metazoan RNA polymerase Ⅱ. *Proc Natl Acad Sci USA*, 103(25): 9506-9511.

Kissing C. R., Liu B., Martin-Blanco E., *et al.* 1990. Crystal structure of an engrailed homeodomain-DNA complex at 2.8 Å resolution: A framework for understanding homeodomain-DNA interactions. *Cell*, 63(3): 579-590.

Landick R. 2021. Transcriptional pausing as a mediator of bacterial gene regulation. *Annu Rev Microbiol*, 75: 291-314.

Lee M. S., Gippert G. P., Soman K. V., *et al.* 1989. Three-dimensional solution structure of a single zinc finger DNA-binding domain. *Science*, 245(4918): 635-637.

Ma P. C., Rould M. A., Weintraub H., *et al.* 1994. Crystal structure of MyoD bHLH domain-DNA complex: Perspectives on DNA recognition and implications for transcriptional activation. *Cell*, 77(3): 451-459.

Murakami K. S., Darst S. A. 2003. Bacterial RNA polymerases: the wholo story. *Curr Opin Struct Biol*, 13(1): 31-39.

Ogbourne S., Antalis T. M. 1998. Transcriptional control and the role of silencers in transcriptional regulation in eukaryotes. *Biochem J*, 331: 1-14.

Özdemir I., Gambetta M. C. 2019. The role of insulation in patterning gene expression. *Genes*, 10: 767.

Patel A. B., Louder R. K., Greber B. J., *et al.* 2018. Structure of human TF II D and mechanism of TBP loading onto promoter DNA. *Science*, 362(6421): eaau8872.

Peterlin B. M., Price D. H. 2006. Controlling the elongation phase of transcription with P-TEFb. *Mol Cell*, 23(3): 297-305.

Prewitt R. S., Washington L. D., Stallcup M. R. 1984. Asymmetric transcription of mouse mammary tumor virus genes *in vivo* and *in vitro*. *J Virol*, 50(1): 60-65.

Pribnow D.1975. Nucleotide sequence of an RNA polymerase binding site at an early T7 promoter. *Proc Natl Acad Sci USA*, 72(3): 784-788.

Ray-Soni A. R., Bellecourt M. J., Landick R. 2016. Mechanisms of bacterial transcription termination: all good things must end. *Annu Rev Biochem*, 85: 319-347.

Roberts J. W. 2019. Mechanisms of bacterial transcription termination. *J Mol Biol*, 431(20): 4030-4039.

Schaller H., Gray C., Herrmann K. 1975. Nucleotide sequence of an RNA polymerase binding site from the DNA of bacteriophage fd. *Proc Natl Acad Sci USA*, 72 (2): 737-741.

Travers A. A., Burgess R. R. 1969. Cyclic re-use of the RNA polymerase sigma factor. *Nature*, 222(5193): 537-540.

Vaughn J. N., Ellingson S. R., Mignone F., *et al.* 2012. Known and novel post-transcriptional regulatory sequences are conserved across plant families. *RNA*, 18: 368-384.

Watson J. D., Baker T. A., Bell S. P., *et al.* 2015. Molecular Biology of the Gene. 7th ed. New York: Cold Spring Harbor Laboratory Press.

Weinmann R., Roeder R. G. 1974. Role of DNA dependent RNA polymerase II in the transcription of the tRNA and 5S RNA genes. *Proc Natl Acad Sci USA*, 71(5): 1790-1794.

第 7 章 RNA 的加工

RNA 最初被转录出来的只是一个初始 RNA 产物，并不能成为蛋白质翻译的模板，还需要经过一系列的加帽、加尾、剪接甚至编辑等环节，才能成为成熟的 RNA 分子。本章将重点学习 RNA 的加工过程。

7.1 RNA 初始转录产物的特征

7.1.1 mRNA 初始转录产物

RNA 初始转录产物是与基因组 DNA 上的模板序列互补的 RNA 拷贝。基因组上除了具有编码潜力的 DNA 片段，还有许多不包含编码信息的调控位点和非编码的 DNA 区域。这些非编码序列有些存在于基因内、位于编码序列之间（如内含子），有些则存在于基因与基因之间（如基因间隔区）。细菌等原核生物的非编码 DNA 几乎都是基因间 DNA，占基因组比例较低。真核生物情况较复杂：首先，真核生物含有大量的非编码 DNA，即使是较低等的真核生物酵母，也有近 50% 的非编码 DNA，而高等真核生物所含比例更大。其次，真核生物非编码 DNA 的分布也极其多样，不仅仅分散在基因之间，也常常位于基因内部，致使基因编码信息被中断。大多数真核基因是断裂基因，其编码区（coding region）由外显子和内含子交替连接组成（图 7.1），位于基因编码区中间的非编码序列称为内含子（intron），而被它们隔开的包含编码信息的序列称为外显子（exon）。

内含子的大小和数量在物种和基因之间差异很大。例如，较低等的单细胞真核生物酵母的内含子相对较少，通常也较短。然而，高等真核生物的大多数基因都有内含子，而且往往比外显子更长。在某些基因中，内含子可能占据 DNA 总量的 90% 或以上。例如，囊性纤维化跨膜转导调节因子（cystic fibrosis transmembrane conductance regulator，CFTR）基因全长 250 kb，含 27 个外显子，编码一个含有 1480 个氨基酸的蛋白质。也就是说，编码这条肽链只需要 4443 bp（含终止密码子），仅占该基因全部序列的 2%，剩余的序列都是非编码序列（即 26 个内含子）。

内含子的存在造成了蛋白质编码信息的中断，因此在转录后需要去除来还原完整的编码信息。此外，mRNA 初始转录产物的两端是裸露的，往往成为核酸酶的作用靶点而被降解。因此，初始转录产物生成后，其两端很快会添加一些结构，从而对内部序列进行保护。

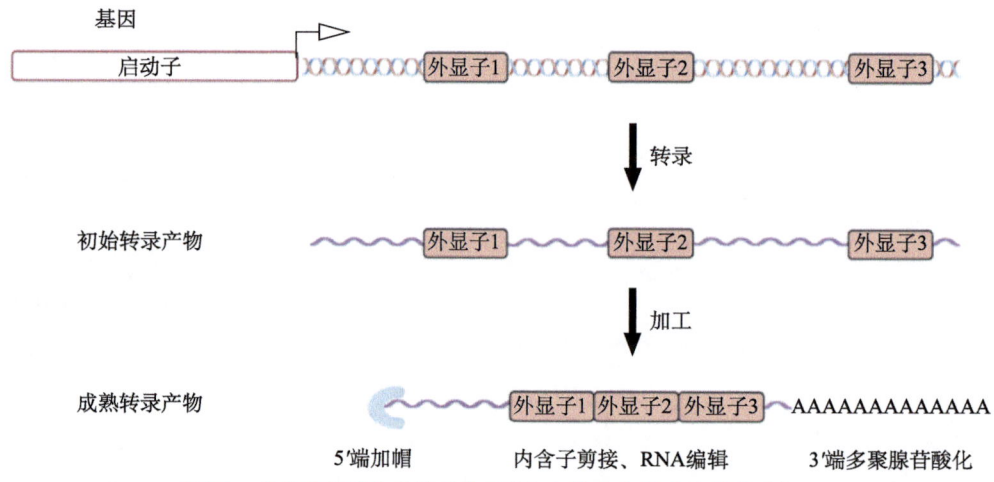

图 7.1 真核生物蛋白质编码基因的组织结构和主要的转录后加工

7.1.2 rRNA 初始转录产物

核糖体 RNA（ribosomal RNA，rRNA）是核糖体的主要成分，作为核糖体蛋白附着和结合的支架，参与组建核糖体。原核生物的核糖体包含三种主要的 rRNA，分别是 5S rRNA、23S rRNA 和 16S rRNA。在细菌中，这三种 rRNA 基因的编码信息被间隔序列隔开，转录时常常与一些 tRNA 一起同时被转录到一条前体 RNA 分子上。真核生物的核糖体包含 4 种主要的 rRNA，其中 18S rRNA 位于小亚基，5S、5.8S 和 25S/28S rRNA 位于大亚基。5S rRNA 由单独的基因编码，而 18S、5.8S 和 25S/28S rRNA 由位于核仁组织区的 rDNA 编码，并组成一个完整的转录单位，在 rDNA 上头尾相连形成中度重复（图 7.2）；重复单位内部不同的 rRNA 编码区之间则由内在转录间隔区（internal transcribed spacer，ITS）隔开。因此，rDNA 的初级转录产物包含了重复单位中所有的序列信息，同时两端侧翼还含有外在可转录间隔区（external transcribed spacer，ETS）的序列信息。ITS 和 ETS 并不是成熟 rRNA 的编码信息，在 RNA 加工阶段被去除。

7.1.3 tRNA 初始转录产物

转运 RNA（transfer RNA，tRNA）是基因转录后的产物，也是一个较长的前体分子。有些 tRNA 基因是单独转录的；有时相互邻近的两个 tRNA 基因可同时转录，生成的初始转录产物含有两个 tRNA 的编码信息；还有一些 tRNA 则与 rRNA 一起转录，如面包酵母的 rDNA 的反向转录产物就含有 tRNA 信息。与成熟的具有功能的 tRNA 相比，pre-tRNA 前体分子的两端和内部含有额外的序列，而且某些特定位点的碱基缺乏修饰，其 3′ 端也缺乏氨基酸结合位点"CCA"（图 7.3）。因此，tRNA 基因的初始转录产物同样也需要进行加工成熟，才能行使转运氨基酸残基的功能。

图 7.2 真核生物"18S-5.8S-28S/25S" pre-rRNA

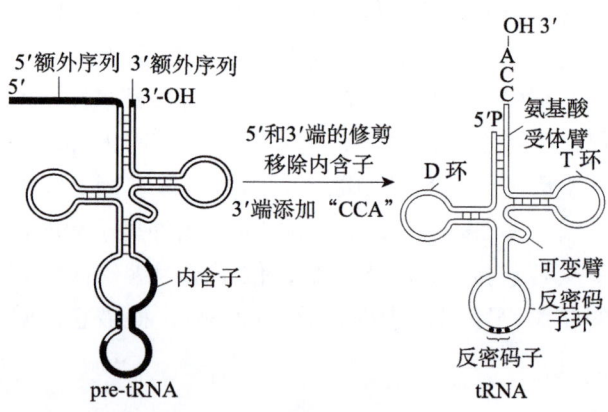

图 7.3 pre-tRNA 的加工成熟

7.2 RNA加工的主要形式

在细胞核内，基因转录得到的初始转录产物是多种多样的，其中包含蛋白质编码基因的初始转录产物 pre-mRNA、pre-tRNA、pre-rRNA 以及各种调控性的非编码 RNA 前体等，这些异质性高的初始转录产物统称为核不均一 RNA（heterogeneous nuclear RNA，hnRNA）。

细菌等原核生物的大多数 RNA 不需要加工，或者只进行修剪等简单的加工，很快就进入后续过程。然而，大多数真核生物的 RNA 前体需要进一步加工才能发挥作用。对 RNA 前体的加工主要发生在以下两个层面：一是针对整条序列的加工，包括对序列进行修剪、剪接、删除或添加一些序列或结构。有些情况下，如原核生物操纵子和真核生物 rDNA 的初级转录本上包含了不同蛋白质或功能 RNA 分子的编码信息，则需要进行切割分离。二是针对单个碱基或单个核苷酸的加工，包括添加或移除修饰基团，或者改变核苷酸种类，以及插入或删除某些核苷酸等（图 7.4）。以真核生物的 pre-mRNA 加工为例，不但要移除非编码的内含子序列，还需要在 5′ 端和 3′ 端分别添加额外的帽子结构和多聚腺苷酸序列（图 7.1）。

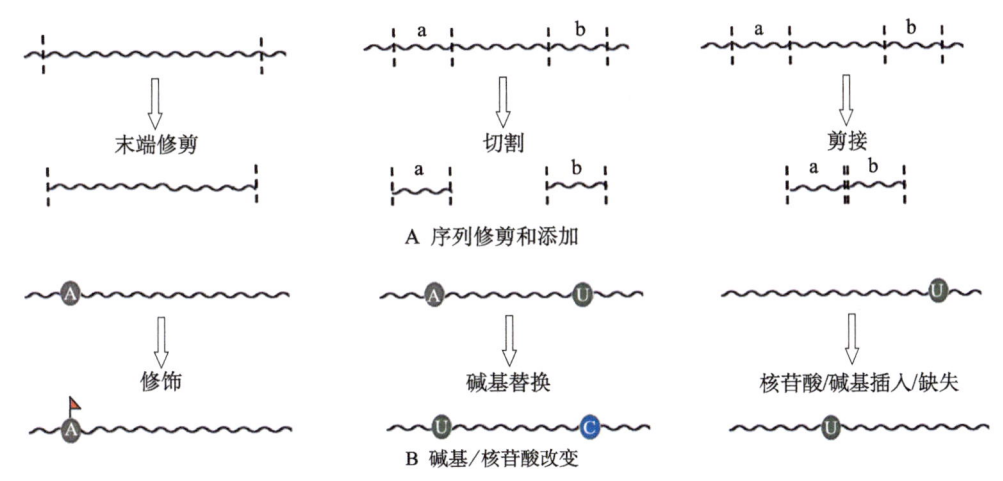

图 7.4 RNA 加工的两种主要策略

所有这些在初始转录产物上进行的添加、剪切、切除、修饰和编辑等结构和化学的修饰或更改，统称为 RNA 加工（RNA processing）。一些 RNA 加工在转录开始后不久就开始，并持续到转录结束，这种与转录同时进行的 RNA 加工属于共转录加工（co-transcriptional RNA processing）。pre-mRNA 的加帽和内含子剪接就是共转录加工的典型例子。另一些加工类型，如 RNA 编辑、碱基的删除/插入等，是转录结束后才开始进行的，则属于转录后加工（post-transcriptional RNA processing）。

7.3 RNA 加帽

绝大多数真核 mRNA 都包含一个帽状结构，即一个 N7 甲基化的鸟苷通过反向的 5′→5′ 的三磷酸连接到 RNA 的第一个核苷酸上。加帽（capping）是对 RNA 聚合酶 Ⅱ 转录产物的第一个修饰，由一系列酶促反应完成。当一段长度为 25~30 nt 的新生 mRNA 被合成并离开转录复合体后，在其 5′ 端上就可以进行加帽了。因此，5′ 加帽是与转录协同发生的加工事件。

7.3.1 不同类型的 RNA 帽子

古市康弘（Yasuhiro Furuichi）和三浦欣一郎（Kin-Ichiro Miura）通过实验证实了 RNA 5′ 端的这个帽子结构是 7-甲基鸟嘌呤（7-methylguanine，m^7G），并且与 mRNA 分子前体的第一个核苷酸 pAm（2′-O-甲基单磷酸腺苷）通过三磷酸连接。根据 2′-O-甲基化的程度，帽子结构至少包含三种类型（cap 0、cap 1、cap 2）：第一种为 0 型帽，主要出现在酵母中，仅在"倒扣"的鸟苷酸上发生甲基化（即 m^7G）。第二种是 1 型帽，是在 0 型帽基础上增加了在 pre-mRNA 第一位核苷酸的 2′-O-甲基化。1 型帽是大多数真核生物中常见的帽类型。第三种是 2 型帽，除了 pre-mRNA 的第一位核苷酸发生甲基化，第二位也发生同样类型的甲基化。这种类型的帽子结构会出现在一些真核生物中。除了这些常见的帽子结构类型，在第三、第四位核苷酸的 2′-OH 上进行甲基化也可以形成 3 型帽和 4 型帽，只是这些类型的帽子结构较为少见。

7.3.2 RNA 加帽的过程

新生 pre-mRNA 分子的加帽过程发生在细胞核内；绝大多数的高等真核生物和一些真核病毒都可以通过这种方式进行加帽。经典的加帽过程由一系列酶促反应组成（图 7.5）。0 型帽的合成反应包括 3 个步骤：第一步是由 RNA 三磷酸酯酶（RNA triphosphatase，TPase）催化脱去 pre-mRNA 链第一个核苷酸的 γ 磷酸基团；第二步由鸟苷酸转移酶（guanylyltransferase，GTase）催化，先脱去鸟苷酸的焦磷酸基团，然后将得到的鸟苷一磷酸转移到 pre-RNA 上，与 5′ 端核苷酸的 β 磷酸基团形成 5′,5′-三磷酸连接（5′,5′-triphophate linkage）；第三步则由鸟嘌呤-N7-甲基转移酶（guanine-N7-methyltransferase，N7 MTase）催化，在倒扣的鸟苷酸的 G 碱基的第 7 位上进行甲基化，甲基来源于 S-腺苷甲硫氨酸（SAM）。含有 0 型帽的新生 pre-mRNA 可以继续被甲基化：在

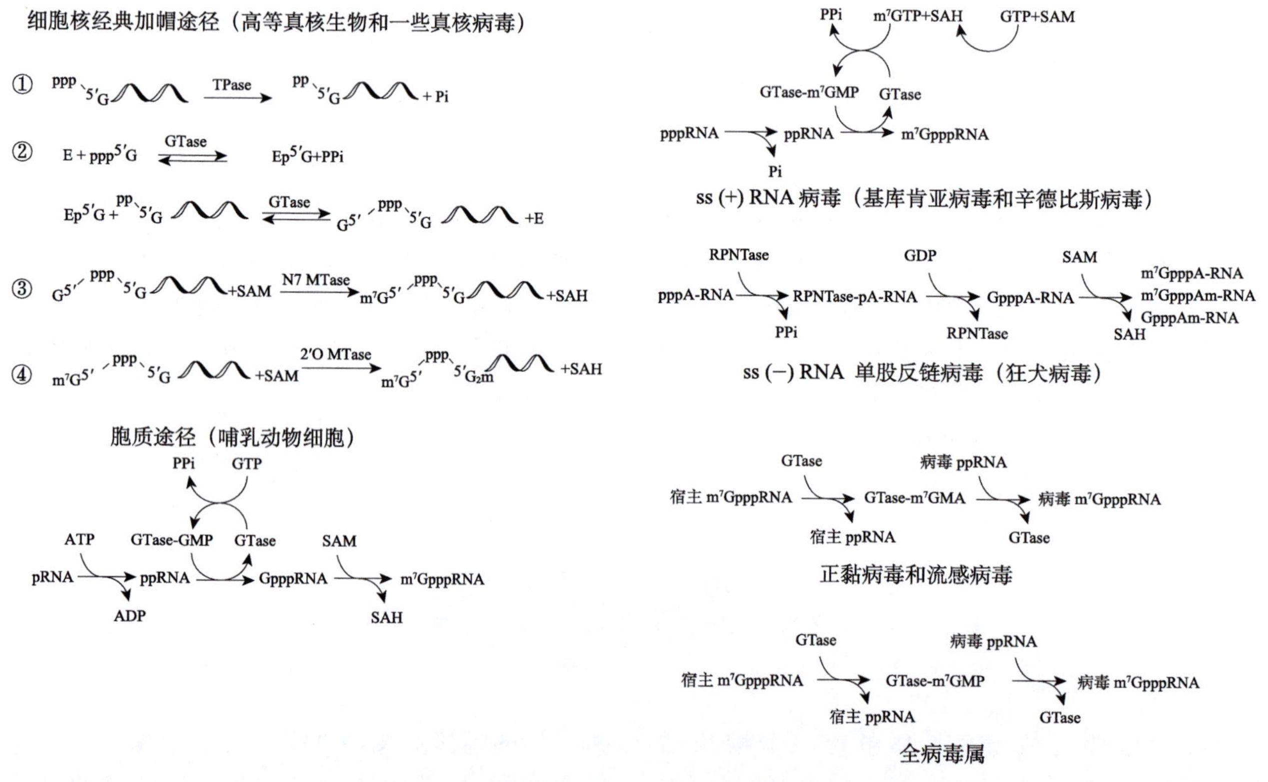

图 7.5 RNA 加帽的途径和酶促反应（Ramanathan et al., 2016）

m⁷鸟苷酸特异的 2'-O-MTase（m⁷G-specific 2'-O-methyltransferase）作用下，同样是从 S-腺苷甲硫氨酸获取甲基，并将其转移到新生 pre-mRNA 分子的第一位核苷酸的 2' 位置上，形成 2'-O-甲基，形成 1 型帽。它除了倒扣在 5' 端的一个 m⁷G，在 pre-mRNA 的 +1 位还存在 2' 羟甲基化。含 1 型帽的新生 pre-mRNA 继续在同样酶的作用下，对第二位核苷酸 2'-OH 进行甲基化，则可以得到 2 型帽。

除了经典的加帽过程，不同的生物中还可以发生一些非经典的加帽途径，如图 7.5 所示。哺乳动物或者一些其他类型的真核生物存在细胞质的加帽反应，这种胞质加帽的方式可以是核内加帽之外的补充。此外，甲病毒属病毒以及纤维病毒科的单股反链病毒（如著名的狂犬病毒），则有特殊的加帽方式。

7.3.3　RNA 加帽的生物学功能

pre-mRNA 一旦完成加帽，就可以与帽结合蛋白复合体（cap-binding protein complex，CBC）结合。CBC 是由 CBP80 和 CBP20 构成的异源二聚体，可以和许多蛋白质直接或间接结合，从而介导含有帽子结构的 mRNA 的合成、加工、周转、降解等 RNA 代谢活动（图 7.6）。

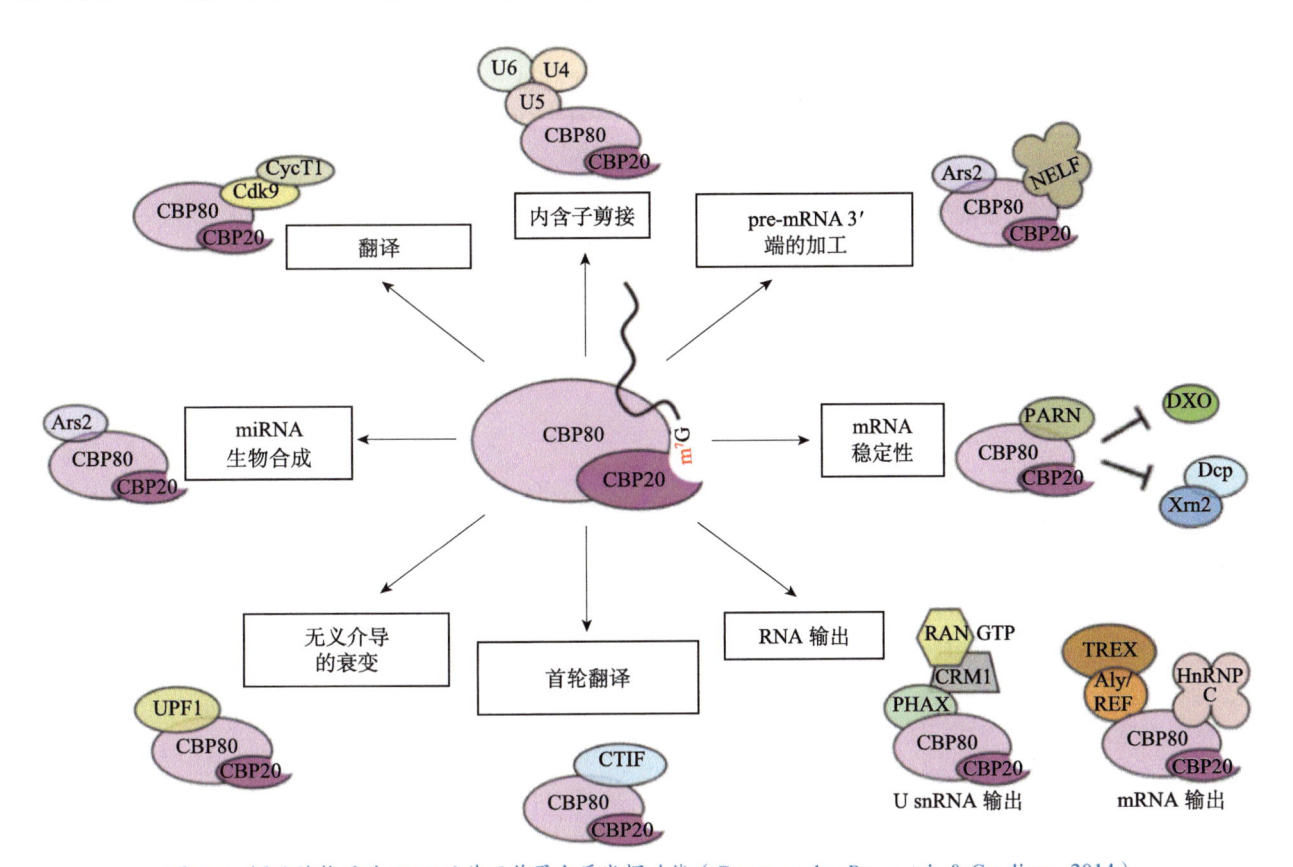

图 7.6　帽子结构通过 CBC 及其互作蛋白质发挥功能（Gonatopoulos-Pournatzis & Cowling，2014）

1. 保护 mRNA 使之不易被降解

1977 年，夏特金（Shatkin）研究组将 5 种有不同 5' 端结构的 mRNA 分子注射进非洲爪蟾（Xenopus laevis）卵母细胞，8 h 后检测 mRNA 分子的留存量，结果显示 5' 端含有 GpppG 或 m⁷GpppGᵐ 结构的 mRNA 中约 55% 仍然稳定存在，而 5' 端结构为 ppG、pppG 和 pppGᵐ 的 mRNA 仅保留了 20%~25%。他们进一步用其中 3 种 mRNA（两种 5' 端被 GpppG 或 m⁷GpppGᵐ 封闭，另一种 5' 端结构为 ppG）进行了实验，然后进行梯度密度离心并分部回收。结果显示在注射前后只有 ppG-mRNA 发生了变化，大分子量的 ppG-mRNA 减少了，而小分子量片段明显增加。使用小麦胚芽体系替代非洲爪蟾卵母细胞也得到同样的结果。这些研究表明，含有帽子结构的 mRNA 具有较高的稳定性，不易被降解。究其原因，帽子结构之所以可以保护 mRNA 的一个可能性是由于其与 mRNA 之间特殊的 5′,5′-磷酸二酯键的连接方式，可以耐受多数 RNase 的切割，从而在一定程度上避免了 mRNA 被 5′→3′ 外切降解。

2. 参与 RNA 的合成和加工

1987 年，四村喜朗（Yoshiro Shimura）小组利用体外转录的方法获取了含有不同种类和数量内含子的 mRNA 前体，然后研究了帽子结构对内含子剪接效率的影响。在其中一个实验中，他们使用了一种可表达 δ-晶状体蛋白基因的部分序列的质粒，利用体外转录获得了一个由三个外显子和两个内含子组成的 pre-mRNA（δEX14-15-13），在其 5′ 端添加 GpppG 结构后与 HeLa 细胞提取物一起温育，然后用 6% 聚丙烯酰胺凝胶电泳（PAGE）进行分析，检测内含子剪接加工事件。结果显示，含有 GpppG 结构的 pre-mRNA 可以得到包括成熟产物在内的三种内含子剪接产物，而没有帽子结构的 pre-mRNA 只能生成第二个内含子被移除的产物，几乎不生成第一内含子剪接的产物及最终成熟产物。因此，帽子结构对 pre-mRNA 前体第一内含子的剪接有显著影响，含有帽子结构时，第一内含子的剪接效率明显提高。此外，帽子结构是否被 m^7 甲基化对内含子剪接似乎并没有明显影响。

帽子结构不仅影响首个内含子的剪接，还通过 CBC 参与转录、内含子的剪接、3′ 端加尾和转录终止等加工事件。在体内，mRNA 在它的整个生命周期均与不同蛋白质因子相互作用，构成信使核糖核蛋白（mRNP）。U4、U5 和 U6 RNA 是内含子剪接体的重要组分，与蛋白质一起构成 U4/U6·U5 RNP 复合体。CBC 可以与 U4/U6·U5 snRNP 连接，影响内含子剪接的起始。CBC 也参与 pre-mRNA 3′ 端的加工。帽子结合的 CBC 可与三个参与 mRNA 3′ 多聚腺苷酸化的加工因子一起免疫共沉淀（co-immunoprecipitation）；而且在缺失 CBC 的 HeLa 细胞核提取液中额外添加 CBC 后，可以恢复 3′ 多聚腺苷酸化过程中关键的剪切步骤。这些发现突出了帽子结构及其结合的 CBC 在 pre-mRNA 的内含子剪接和 3′ 端加工过程中的核心作用。

3. 促进 mRNA 分子的核 - 质运输

mRNA 上的帽子结构与 CBC 结合形成的高阶复合体可以结合多种参与 RNA 运输的蛋白质，一起协作将成熟 mRNA 或者一些非编码 RNA 转运出核。核孔是成熟 mRNA 分子穿越出核的主要通道之一。REF（RNA export factor，也称为 Aly）是一种核输出因子（nuclear export factor），是转录输出复合体（transcription export complex，TREX）的组分之一。在酵母中，新生 pre-mRNA 加帽后马上结合 CBC。通过 CBC 与 REF 蛋白直接或间接地与核孔复合体（NPC）互作而形成高阶复合体，引导 mRNA 分子出核并进入胞质中。有些真核生物 mRNA 的出核则需要高度保守的穿梭因子 Dbp5。该蛋白结合到"帽子结构-CBC"复合体上，进一步介导成熟 mRNA 与核孔复合体的互作。穿越核孔时，Dbp5 引领 mRNA 5′ 端首先出核；穿越后，在胞质一端 Dbp5 转而与核孔复合体丝状体上的蛋白质直接结合，帮助清除 mRNA 上稳定结合的蛋白质，其中包括多个运输有关的蛋白质，从而使 mRNA 分子释放出来。

4. 参与翻译起始

真核生物大部分 mRNA 的翻译起始依赖于帽子结构。成熟 mRNA 一旦进入胞质，CBC 马上招募 eIF4G 和 RNA 螺旋酶（helicase）eIF4A，并进一步招募其他翻译起始因子，包括 CTIF（cap binding protein CBP80/20-dependent translation initiation factor）、eIF3g、eIF4Ⅲ-Met-tRNAi 和核糖体大、小亚基等，起始首轮翻译。在这轮翻译中若发生无义介导的 mRNA 衰变（nonsense mediated mRNA decay，NMD），则翻译失败。只有首轮翻译得以完成，才能使 mRNP 被重构，输入因子 Importin（IMP）-β 与早先跟 CBC 稳定结合的 IMP-α 结合，同时 CBC 被 eIF4E 取代。重构的复合体通过 eIF4E 与 eIF4F 复合体的结合进一步形成稳定的翻译起始复合体，促使稳定的翻译起始。

此外，eIF4F 复合体的组分 eIF4G 可以和 poly(A) 结合蛋白 PABP1 互作结合，从而将 mRNA 的 5′ 端与 3′ 端相连，构成所谓的伪环结构（pseudo-circle structure）。这种伪环 mRNA 可以结合多个核糖体，被认为有利于 mRNA 全长的翻译及核糖体的持续运作。

5. 参与 mRNA 的降解

核内异常 RNA 的监控和清除也与帽子结构有关。研究表明，加帽失败的 pre-mRNA 往往被内切核酸酶降解。有一些成功加帽，但出核失败的 mRNA 也在核内通过帽子结构复合体招募外切核酸酶对其进行降解。

7.4 RNA 3′端多腺苷酸化

7.4.1 RNA 加尾现象

除了一些特殊的蛋白质基因（如组蛋白基因），大多数真核生物基因成熟 mRNA 的 3′端含有一段腺苷酸尾［3′ poly(A) tail］。早在 1960～1963 年，埃德蒙兹（M. Edmonds）和艾布拉姆斯（R. Abrams）就发现小牛胸腺细胞核内存在一种以 ATP 为底物合成多聚腺苷酸化的酶，他们称之为腺苷三磷酸聚合酶（adenosine triphosphate polymerase），这种酶发挥作用时需要依赖多聚核苷酸引物，这种引物富含腺苷酸，而且极有可能是细胞内天然存在的。1966 年，哈吉瓦西里乌（A. Hadjivassiliou）和布拉韦尔曼（G. Brawerman）报道了从兔肝细胞质中分离得到大分子量的多聚腺苷酸片段，并且发现这些 poly(A) 与一部分 RNA 有关。

事实上，现在已经知道 mRNA 分子上的 poly(A) 片段既有位于分子内部，从 DNA 模板转录下来的，也有位于 3′端的被称为 3′尾（3′tail）的片段。利用 RNase A 和 RNase T1 这两种内切核酸酶可以区分这两种 poly(A) 片段。RNase A 的切割靶点是单链 C 和 U 核苷酸残基，所得产物的 3′位上带有磷酸基团（即 Cp、Up）。RNase T1 的靶点则是单链上 G 核苷酸残基，产物也在 3′位保留了磷酸基团（即 Gp）。研究表明，当使用这两种酶联合对待测单链 RNA 进行消化反应时，含有内部 poly(A) 片段的 RNA 会产生 3′端为 Gp/Cp/Up 的消化产物。若进一步彻底水解内部 poly(A) 片段，所得的最终产物为 Ap。若 poly(A) 片段是位于 mRNA 3′端且是酶促添加的话，水解后的产物除了 Ap 核苷酸，还会得到 poly(A) 片段最后一个 A 核苷酸水解下来的产物，即 A-3′-OH 核苷酸。利用这个方法，可以证实 mRNA 的 3′ poly(A) 序列并非由 RNA 聚合酶负责催化合成，而是在 pre-mRNA 上通过酶促方式添加的。

7.4.2 RNA 加尾信号

蛋白质基因编码区下游包含一系列统称为多腺苷酸化信号（polyadenylation signal，PAS）的元件，其中核心信号是位于切割位点（cleavage site，CS）上游约 21 nt 距离的富含 A 的六核苷酸元件"A[A/U]AAA"，以及位于 CS 下游 10～30 nt 距离的富含 GU/U 的下游元件（downstream element，DSE）。在一些哺乳动物中，还有一些上游元件（upstream element，USE）也对加尾过程有影响（图 7.7）。转录中的 RNA 聚合酶途径"A[A/U]UAAA"时，可越过该信号继续转录，因此在初始转录本上留下了该信号的转录版本，从而为特定的内切酶提供了识别信号，促使在其下游的 CS 切割延伸中的 RNA，使之从行进中的转录延伸复合体上脱离。

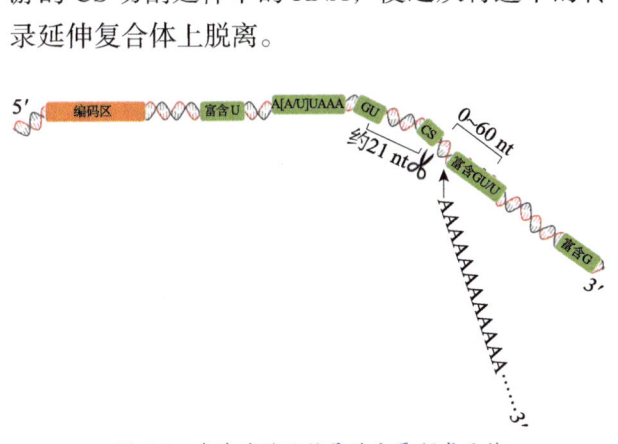

图 7.7 多腺苷酸化信号的主要顺式元件
（Tian & Graber，2012）

富 A 六聚体（A-rich hexamer，即"A[A/U]UAAA"）是调控多腺苷酸化的核心元件之一。1981 年菲茨杰拉德（M. Fitagerald）和申克（T.

Shenk）将含有"A[A/U]UAAA"元件的两个 PAS 信号构建到一个人工基因上，然后把体外转录和加工获得的成熟转录产物与 DNA 探针杂交，证实了 PAS 可以指导转录本的合成。1990 年，希茨（M. D. Sheets）等通过对 269 种脊椎动物的 mRNA 的比较分析，发现 A-rich hexamer 保守性极高，除了第二位的 A 可以在一定程度上被 U 替代，其余位点的保守性都在 95% 以上，甚至高达 98%。他们的研究同时指出，A-rich hexamer 元件上单个核苷酸的改变可以强烈降低其指导 mRNA 3′ 加尾效率和切割效率。

植物细胞的多腺苷酸化信号与动物有所不同，其保守性远低于动物。1986 年，迪安（C. Dean）等发现植物基因可以在多个位点进行加尾。1987 年，亨特（A. G. Hunt）等则发现当将一个包含来自人类基因的 PAS 或两种动物病毒的 PAS 的嵌合基因转入烟草细胞后，转录本的切割和加尾并不在预期的位点上，而是发生在附近多个位点上。这说明植物无法准确使用来自动物的 PAS。1987 年，乔希（C. P. Joshi）对 46 种植物基因的 DNA 进行比较，发现植物中除了保守的"A[A/U]UAAA"信号，"CAYTG""YGTGTTYY"和"YAYTG"（Y=C、T）也与 pre-mRNA 的加尾有关联。

7.4.3 加尾的过程

pre-mRNA 的 3′ 加尾需要依靠蛋白质调控因子识别和结合相应的调控元件组装得到的高阶多腺苷酸化复合体。切割和多聚腺苷酸化特异性因子（cleavage and polyadenylation specificity factor, CPSF）构成其中重要的组分，负责识别和结合"A[A/U]UAAA"序列。切割刺激因子（cleavage stimulation factor, CstF）则结合到 GU 富集区（GU-rich tract）。这两种蛋白质的结合为其他蛋白质因子和复合体提供了一个组装平台，便于招募切割因子（如 RNase Ⅲ 内切核酸酶）、poly(A) 聚合酶［poly(A)polymerase］和 poly(A) 结合蛋白［poly(A) binding protein，PABP］等，构造高阶多腺苷酸化复合体。

3′ 加尾是一个酶促过程，大致可分为两大步骤。起始步骤主要进行切割和多腺苷酸化复合体的组装，其核心工作是 CPSF 和 CstF 对 PAS 与 DSE 元件的识别和结合。CPSF 的招募是最重要的。CPSF 复合体识别 A-rich hexamer "A[A/U]UAAA"，并通过 WDR33 和 CPSF30 直接结合，为后续的切割和加尾等提供一个核心复合体。CPSF 对新生 RNA 分子的识别和结合是与转录偶联的，转录开始后 CPSF 就可以结合到 RNA 聚合酶Ⅱ上，并随着 RNA 聚合酶Ⅱ在模板上滑动。当识别了新生 RNA 链上的 PAS 信号后，CPSF 可以马上转移并结合在该位点上，进一步促使切割刺激因子 CstF 结合。CstF 复合体的结合仅与切割有关。它通过 CstF64 的 RRM 结构域结合到 pre-mRNA 的富含 U/GU 的 DSE 元件，同时通过 CstF77 与 CPSF 复合体结合，实现协同结合到 pre-mRNA，构建有功能的 3′ 加工复合体。

第二个步骤是上述的复合体在组建完成后通过后续的两步反应来完成。第一步是招募内切核酸酶如 RNase Ⅲ（切割因子之一），在 PAS 和 DSE 元件之间进行切割，切割位点多数距离这两个元件约 20 nt。第二步是利用 poly(A) 聚合酶［poly(A) polymerase，PAP］在切割后的 pre-mRNA 3′ 端添加 A 核苷酸残基。在这个过程中，至少需要切割后的 pre-mRNA、CPSF、poly(A) 结合蛋白（PABPN1 和 PABPⅡ）和 poly(A) 聚合酶（PAP）。开始时 PAP 通过与 CPSF 亚基 160 kDa 结合以实现在 pre-mRNA 3′ 端添加 A。但是这种结合较为松散，使得 PAP 时不时地脱落下来，只能间歇地添加少量的几个 A。随后，核内的 poly(A) 结合蛋白 PABPN1 可结合到这些少量的 A 构成的短链上，从而为 PAP 提供了新的结合平台，形成四聚体复合体。一旦这个复合体组建起来，CPSF 和 PABPN1 就促使 PAP 进入进行性模式（progressive mode），合成全长的 poly(A) 尾。

7.4.4 RNA 加尾的生物学功能

1. 与转录偶联，促进转录终止

识别"A[A/U]UAAA"信号的 CPSF 复合体可以与转录延伸复合体结合，也就是说，CPSF 随着转录延伸复合体沿着 DNA 模板滑动，并对新生的 pre-mRNA 进行扫描。一旦 RNA 聚合酶越过并转录了"A[A/U]UAAA"信号，CPSF 就可以马

上识别该信号，从而启动加尾复合体的组建及后续的加尾反应。这些事件并不意味着转录的终止，事实上往往是跟转录一起同时进行的，是共转录的加工事件。另外，一旦识别"A[A/U]UAAA"，组装起的加尾复合体对转录本进行了切割，pre-mRNA就可以从转录复合体脱离，从而完成了此pre-mRNA的转录。此时，转录延伸复合体继续滑动和转录一段序列后，方才解体，终止转录。

2. 影响内含子的剪接

mRNA 的 3′ poly(A) 尾影响邻近内含子的剪接效率。1991年，尼瓦（M. Niwa）和贝格特（S. M. Berget）构建了包含一个内含子的人工基因［由腺病毒的主要晚期转录单位 MX 的部分和 SV40 病毒的晚期转录单位 SVL 的 poly(A) 信号序列组成］，以及在其 3′ 端引入"AAUAAA"信号突变的基因，然后获取得到这些人工基因的转录产物，并在低离子强度的体系里进行内含子剪接反应。结果显示，野生型（MXSVL WT：含 AAUAAA）可以获得预期的加尾和剪接产物，但是 MXSVL AAGAAA 突变体（"AAUAAA"信号仅一个核苷酸突变）和 SB2 突变体（完全缺失"AAUAAA"信号）均无法获得完整的完成加尾和内含子剪接的产物；与此同时，内含子剪接效率也远低于野生型。可见，"AAUAAA"信号存在与否、该序列的异常与否均影响邻近内含子的剪接。

3. 与 mRNA 稳定性和寿命有关

一般而言，3′ poly(A) 尾越长，mRNA 的寿命也越长。细胞核内新合成 mRNA 的 3′ poly(A) 尾长度为 200～250 nt，但是胞质内 mRNA 的 3′ poly(A) 尾的长度却短得多，且长短差异较大；随着年龄增长，3′ poly(A) 尾的长度也会缩短。事实上，3′ poly(A) 尾的合成和降解是同时进行的。当刚开始合成 3′ poly(A) 尾时，由于合成的速率与降解的速率几乎相当，3′ poly(A) 尾的延伸速率极慢；只有合成了较长的一段 3′ poly(A) 尾后，多个 poly(A) 结合蛋白结合其上，对其有稳定作用，使其不易降解，从而有利于 3′ poly(A) 尾的快速延伸。进入胞质的成熟 mRNA 的 3′ poly(A) 尾虽然仍然可以通过胞质内的 poly(A) 聚合酶进行合成，但是胞质内同样存在高效的 mRNA 降解复合体。CCR4-NOT 复合体就是其中之一。CCR4-NOT 复合体通过 RNA 结合蛋白的招募结合到 mRNA 的 3′poly(A) 尾上，利用其自身的核酸酶组分（具有 3′→5′ 外切酶功能），对 3′poly(A) 尾进行外切，随后促进 mRNA 的 5′ 端脱帽，以及招募各种类型核酸酶对该 mRNA 分子进行外切、内切，彻底降解。可见，3′poly(A) 尾结合 CCR4-NOT 复合体可以促进 mRNA 降解。

4. 增加 mRNA 的可译性和组建多聚核糖体

1990年，芒罗（D. Munroe）和雅各布森（A. Jacobson）发表的一个研究结果显示：相对于不含 3′poly(A) 尾的 mRNA 而言，无论是否具有帽子结构，含有 3′poly(A) 尾的 mRNA 在兔网织红细胞提取物中的翻译速率总是更高。为了解释这个现象，他们使用 ^{32}P 和 ^{3}H 分别标记含有和不含 3′poly(A) 尾的人工 mRNA，同样在兔网织红细胞提取物中进行体外翻译；然后通过密度梯度离心分离结合了核糖体的 mRNA 复合体。如图 7.8 所示，含 3′poly(A) 尾的 mRNA 上结合了更多的核糖体，形成多核糖体聚合物；同时，随着 3′poly(A) 尾的长度增加，多聚核糖体的形成率升高，说明 3′ poly(A) 尾与翻译过程密切关联。后来的研究表明 mRNA 伪环结构的形成是 3′poly(A) 尾参与翻译效率调控的机制之一。所谓 mRNA 伪环，其实是由 mRNA 的 5′ 帽子结构和 3′poly(A) 尾之间通过多对蛋白质之间的互作结合而形成的头尾相连的结构（图 7.8）。由于 mRNA 的 5′ 端和 3′ 端并无实质连接，所以称为"伪环"。多个核糖体可以结合在伪环上，有利于翻译的快速启动，从而提高了翻译的效率和蛋白质产物的数量。

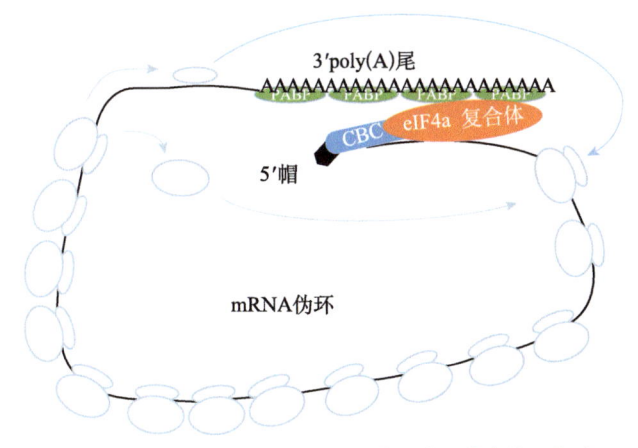

图 7.8　5′ 帽和 3′ poly(A) 尾通过蛋白质互作连接形成的 mRNA 伪环

7.5 内含子的剪接

最早直接证明 RNA 初级转录本含有内含子且可以被剪接的证据来自 1978 年 3 月发表的对鼠 β-珠蛋白基因的研究。在这个研究中，蒂尔曼（S. M. Tilghman）等分离了小鼠 β-珠蛋白的 15S pre-mRNA 和 10S 成熟 mRNA，然后将这两种 RNA 分别与单链的珠蛋白基因进行杂交，分析 R 环（R loop）的形成。R 环是 RNA-DNA 杂交所得到的一种特殊的结构（区别于由 DNA-DNA 杂交所得的 D 环结构），是由 RNA 分子替代了部分 DNA 而形成的。由于 RNA-DNA 杂交分子的稳定性高于 DNA 双链分子，在接近 DNA 变性的温度下，RNA-DNA 杂交分子仍能保持稳定，便于捕获和检测。当 β-珠蛋白基因 DNA 与 15S pre-mRNA 混合后，可以形成连续的 R 环（continuous R loop）；然而，β-珠蛋白基因 DNA 与 10S 的成熟 mRNA 杂交则形成长度约为 550 bp 的典型的间隔的 R 环（intervening R loop）（图 7.9）。也就是说，15S pre-mRNA 上含有内含子的转录信息，但是在 10S 的成熟 mRNA 上该内含子的序列被移除了。同年 7 月，金尼伯勒（A. J. Kinniburgh）和罗斯（J. Ross）证实了 Tilghman 等的结果，同时通过详细解析不同大小的 pre-mRNA 的序列特征和组织结构，对 15S pre-mRNA 加工过程中被切割形成的中间 pre-mRNA 及 *MβG2* 的基因结构进行了推测，认为 *MβG2* 基因内部含有一个长度 550 bp 的内含子，可以被转录并出现在初始转录产物上，但通过某种方式被移除了，因此成熟转录本不含该段序列。

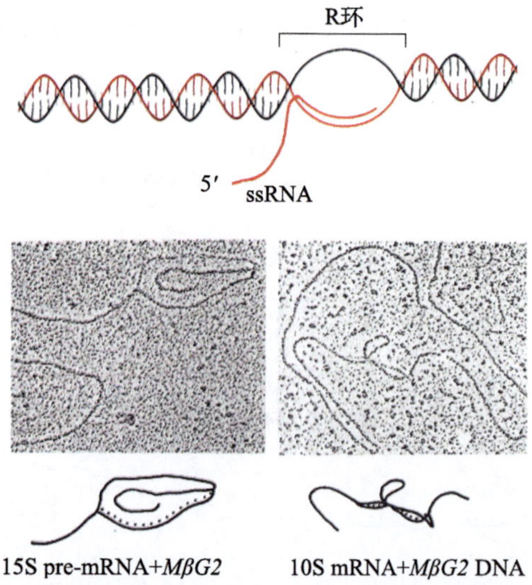

内含子普遍存在于原核生物和真核生物的基因中，可将含有编码信息的序列隔开，这就是所谓的"基因断裂"现象。不同基因之间内含子的大小、数量及其在基因上的分布位置差异巨大；即使是同源基因，在不同物种中，它们的内含子也有所不同。内含子的存在引发基因表达障碍，可导致结构性和调控性 RNA 分子的功能丧失，或者蛋白质序列的异常。内含子的移除可以解除这些表达障碍。按逻辑推测，至少有两种可能的机制可以移除非编码的内含子序列：一种是在转录过程中，RNA 聚合酶直接忽略内含子，从一个外显子跳跃到下一个外显子，也就是不转录内含子；另一种则是内含子被转录到初级转录本上，然后被切除。目前为止的研究证实第二种机制是正确的。从前体 RNA 上移除内含子，并将上、下游外显子连接起来，这个过程称为剪接（splicing）。按不同的标准，可以将内含子的剪接方式分为不同的类别。

（1）组成型剪接和选择性剪接：将前体 RNA 分子上的内含子按顺序一个接一个进行剪接，这种方式称为组成型剪接（constitutive splicing）。组成型剪接往往只有一种特定的成熟转录产物；而通过选择性地移除或保留内含子序列/外显子序列，生成不同的成熟转录本，这种方式称为选择性剪接/可变剪接（alternative splicing）。

（2）顺式剪接和反式剪接：在同一个 RNA 前体分子上，将内含子剪接后把外显子连接起来的方式称为顺式剪接（*cis*-splicing）；而反式剪接（*trans*-splicing）发生在不同基因的 RNA 前体之间，是将不同前体的外显子连接生成成熟转录本的剪接方式。

在 RNA 前体分子内进行内含子剪接是一个受到严格调控的过程。不同类别的 RNA 前体分子发生内含子剪接的机制不同。例如，tRNA 前

图 7.9 R 环及鼠 β-珠蛋白基因内含子被移除的证据
（Tilghman *et al.*, 1978）

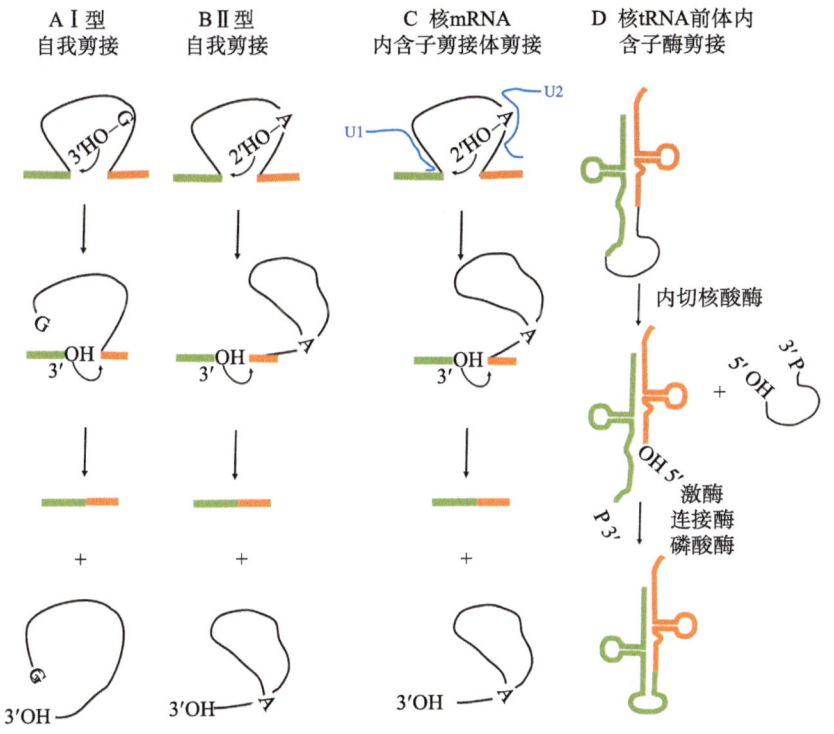

图 7.10　4 种主要的内含子类型及其剪接机制概述（Cech，1990）

体的内含子通过其本身的核酶功能催化自我剪接，而 pre-mRNA 的内含子剪接则需要在剪接体（spliceosome）中进行。在剪接过程中剪接信号往往提供相应的调控蛋白/酶的识别、结合位点，因此往往与剪接机制密切关联。内含子与上游外显子的交界处的序列称为 5′ 剪接位点（5′ splice site，5′ ss）或者 5′ 供体位点（5′ donor site），与下游外显子交界处的序列称为 3′ 剪接位点（3′ splice site，3′ ss）或者 3′ 受体位点（3′ acceptor site）。本书统一使用 5′ ss 和 3′ ss 名称。根据 5′ ss、3′ ss 及内部的核苷酸序列的特征，依据切赫（T. R. Cech）于 1990 年所述的方法，内含子大致分为 4 种类型：Group Ⅰ 型、Group Ⅱ 型、核 mRNA 型（Group Ⅲ 型）和核 tRNA 型内含子（图 7.10）。

7.5.1　Ⅰ 型内含子及其自我剪接

20 世纪 80 年代最令人兴奋的发现之一是一些 rRNA 前体不需要剪接体或其他蛋白质的帮助就可以自我剪接。1982 年，T. R. Cech 研究小组首先发现四膜虫的 26S rRNA 前体含有具有催化自我剪接功能的内含子，并提出"核酶"（ribozyme）的概念。他们将四膜虫的 26S rRNA 基因分为两部分，当利用大肠杆菌 RNA 聚合酶进行体外转录时，电泳图谱上出现 7 条带，分别对应 4 种主要的大分子 RNA 产物、2 个与线性和环状内含子大小一致的片段及一段 15 nt 长度的片段。然后，他们在同样的实验体系中加入多聚胺（polyamine）（精胺、亚精胺和腐胺）抑制剪接，随后分离纯化 4 种大分子 RNA 产物和残留的出发原料。将纯化的 RNA 在没有多聚胺的剪接条件下孵育，结果发现其中 3 种大分子 RNA 的反应体系中出现了相当于内含子大小的产物。后来经过测序，证实了这些稍小的 RNA 分子正是被剪下来的内含子。这些实验结果表明这 3 种大分子 RNA 事实上是 26S rRNA 的前体分子，它们可以在没有酶或其他蛋白质存在的情况下进行内含子的自我剪接。为了进一步证实 26S rRNA 前体不仅能将内含子切下来，还可以连接上下游外显子，Cech 等将包含 26S rRNA 上游外显子的 303 bp、完整内含子及下游外显子的 624 bp 的序列克隆，并在含有 [α-^{32}P]ATP 的体系中通过 SP6 RNA 聚合酶进行体外转录。将转录产物在含有/不含 GTP 的体系中进行剪接反应，结果发现在 GTP 存在条件下，可以切下内含子，同时获得一个较大的产物，且大小与上下游外显子连接产物相当。

有些 Ⅰ 型内含子的剪接需要蛋白质的参与。即使如此，在这些案例中内含子 RNA 本身仍然构成了主要的活性中心。Ⅰ 型内含子内部形成特殊的二级结构，参与构成催化自我剪接的活性中心。以 rRNA 的成熟为例，pre-rRNA 前体的内含子是典型的 Ⅰ 型内含子。图 7.11 展示了其内部结构，其中 P1~P9 互补配对的区域是 Ⅰ 型内含子共有的核心结构。虽然这些内部的二级结构为大多数 Ⅰ 型内含子所共有，但是不同 Ⅰ 型内含子之间的序列却有很大的差异，相互之间的一致性序列甚至小于 10%。在核心区域周围的序列往往包含有长的开放阅读框（open reading frame，ORF），也可能形成茎-环结构。不同的 Ⅰ 型内含子之间，核心区域以外的序列和结构有很大的变异。

rRNA 前体的内含子内部包含与内含子自我剪接密切相关的重要元件，包括（但不限于）鸟苷/鸟苷酸结合位点、内部指导序列（internal guide sequence, IGS）及靠近内含子 3' 端的 P9 互补序列等（图 7.11）。

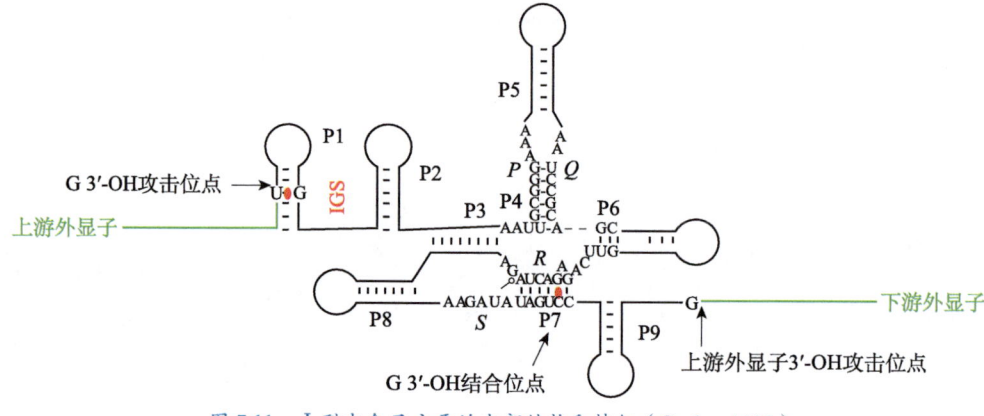

图 7.11 Ⅰ型内含子主要的内部结构和特征（Cech，1990）

（1）鸟苷/鸟苷酸结合位点是游离的鸟苷或鸟苷酸的结合位点。往往位于 P7 核心结构内，可以结合鸟苷/鸟苷酸。在 1982 年 Cech 小组的研究中，他们利用 [α-^{32}P] 或 [γ-^{32}P] 标记的 GTP 进行剪接实验，发现在内含子产物上可出现 [α-^{32}P] 或 [γ-^{32}P] 的同位素标记，并且使用 RNase T1 处理可以去除这种标记，测序也证明切离下来的内含子 5' 端多出一个 G，从而证实在剪接反应中加入的 GTP 可以和内含子的 5' 端以 3',5'-磷酸二酯键连接。

（2）IGS 是由上游外显子末端序列和内含子 5'ss 及其附近序列构成的互补核心结构，其中外显子 3' 端的 U 与内含子 5' ss 信号序列中的 G 形成的非 Waston-Crick 配对，成为鸟苷/鸟苷酸攻击的位点。IGS 的部分序列也可以和内含子 3'ss 互补。当上游外显子脱离内含子 5' 端后，其 3'-OH 继而攻击内含子 3'ss 与下游外显子之间的磷酸二酯键，使上、下游外显子连接，内含子完全脱离，呈线性状态。

结合后的鸟苷/鸟苷酸结合到鸟苷结合位点后，其 3'-OH 发起亲核攻击，直接作用于 IGS，导致上游外显子与内含子之间的 3',5'-磷酸二酯键断裂，鸟苷/鸟苷酸与内含子第一个核苷酸形成 3',5'-磷酸二酯键的连接，从上游外显子末端脱离。

（3）P9 核心结构比较复杂，它由靠近内含子 3' 端的两个核苷酸和位于鸟苷结合位点下游的两个核苷酸之间形成互补，将内含子 3' 端绑缚在鸟苷结合位点附近，其内部还会进一步形成互补结构。当鸟苷酸结合到鸟苷结合位点并攻击内含子 5'ss 时，内含子的 3' 端也随之与内含子 5' 端靠近，有助于游离后的上游外显子对其进行攻击，进行转酯反应。

图 7.12 所示的模型总结了 Ⅰ 型内含子的自我剪接过程。切离下来的内含子在升温和 Mg^{2+} 存在条件下可以被环化。线性内含子的环化不需要额

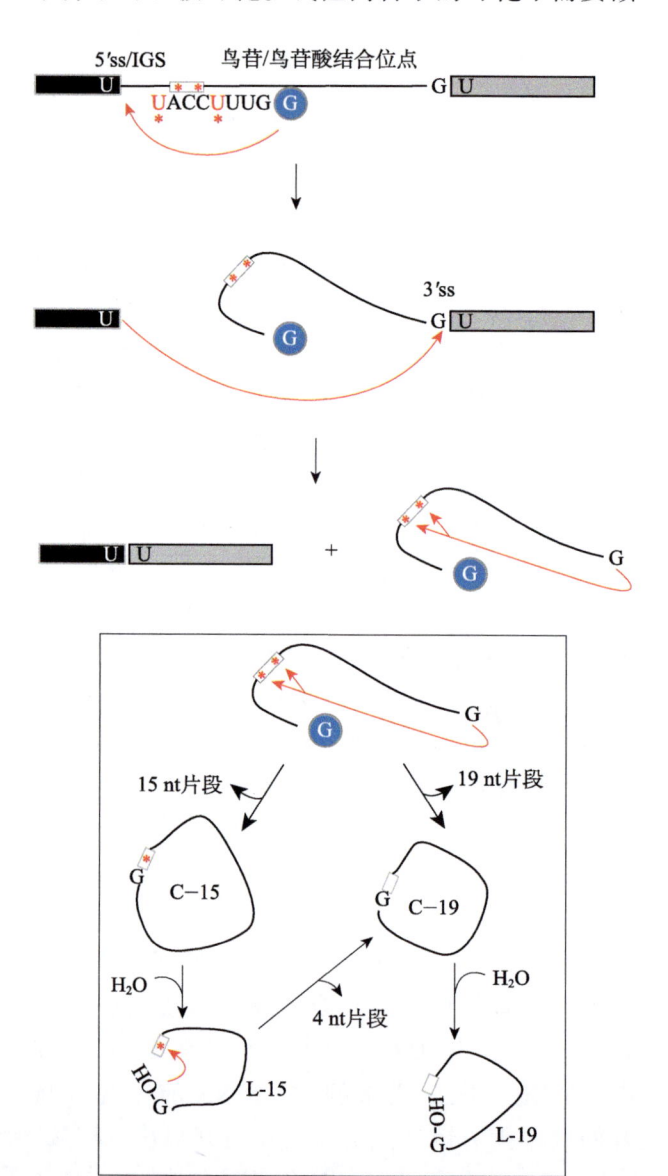

图 7.12 Ⅰ型内含子的剪接过程及剪接后线性内含子片段的进一步切割

外能量，因为每个磷酸二酯键的断裂都提供能量。Cech 等发现至少有三条线索指向环化的内含子丢失了 15 nt 长度的序列：①当线性内含子 5′ 端被标记时，这些标记的序列不出现在环状内含子上；②至少有 2 种（实际上是 3 种）RNase T1 酶消化的产物也不出现在环状内含子上；③电泳检测剪接产物时，环状内含子总是跟 15-mer 的寡核苷酸产物同时出现。环状内含子可以重新线性化，称为 L-15 分子。除了 15 nt 的序列，内含子环化过程中还可能丢失 19 nt 的序列，而重新线性化的内含子则称为 L-19 分子。

7.5.2　Ⅱ型内含子及其剪接

Ⅱ型内含子主要存在于线粒体、叶绿体等细胞器基因组的基因上，有较为保守的边界序列，5′ss 和 3′ss 的边界序列分别为 5′ GUGCG…AU 3′，使之与外显子隔开。跟Ⅰ型内含子类似，Ⅱ型内含子内部的序列没有保守性，但形成了相似的由 6 个特征性结构域（D1～D6）构成的内部结构，以二级结构为主，在一些特定区域还形成保守的三级结构（图 7.13）。

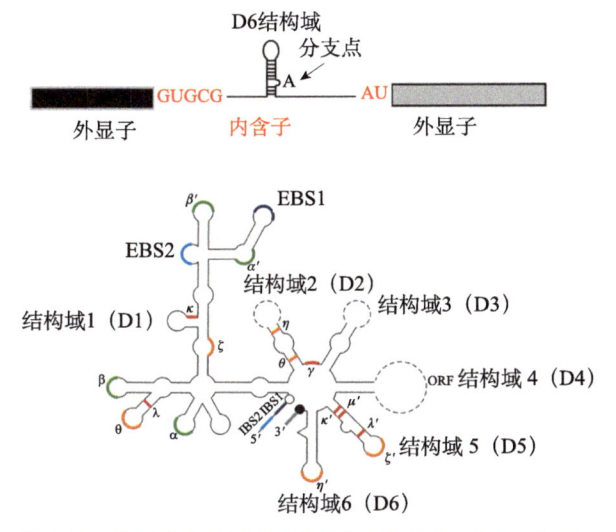

图 7.13　Ⅱ型内含子的边界序列和内部结构（Pyle，2016）

结构域 1（D1）是最大的二级结构域，其内部含有外显子结合位点（exon-binding site，EBS），它为外显子结合提供序列特异性的识别位点。与之对应的，在上游外显子内则有内含子结合位点（intron-binding site，IBS）。内含子内部的 EBS1 和 EBS2 分别与上游外显子的 IBS1 和 IBS2 形成互补结构。D1 区域往往是逆转录转座的靶标。Ⅱ型内含子具有很高的逆转录转座活性，容易通过逆转录转座方式插入另一个Ⅱ型内含子内部，从而形成套叠的 Twintron（即外部内含子套叠着内部内含子）。Twintron 加工成熟时，需要先剪接内部内含子，然后外部内含子才能被剪接，使上下游外显子连接。D1 还可以形成许多长距离的三级相互作用，这对其本身的折叠及与 D5 对接至关重要。

结构域 2（D2）在活性内含子结构的组装中起关键作用，它可以形成多种相互作用，控制 D6 和分支点（branching site）的位置。结构域 3（D3）通过与 D5 形成重要的相互作用，从而激发化学反应。重要的是，D2 和 D3 将它们之间的保守性连接 J2/3 定位于活性位点，构成核心的关键组成部分。

结构域 4（D4）包含成熟酶（maturase）的开放阅读框，其编码的成熟酶可以与 D4 基茎附近的茎-环结构结合。

结构域 5（D5）是活性位点的核心。D5 保守性很高，从细菌到人类都含有高度保守的核苷酸。D5 与 U6 snRNA 很相似，也正是因为如此，Ⅱ型内含子被认为可能是剪接体的祖先。D5 具有两个特征性的结构：一是位于终端的单链环和互补茎，可以与 D1 形成重要的三级结构；二是具有一个动态的、变化的、不对称的凸起，是结合催化性金属离子所必需的结构。

D6 包含一个保守腺苷酸，称为分支点腺苷（branching site A）。除了分支点 A，D6 的其余部分的反向互补序列可以形成二级发夹结构。分支点 A 因为无法互补配对而凸出来。

Ⅱ型内含子本身也具有核酶功能，它内部的 6 个保守结构呈辐射状排列，构成催化活性中心，催化内含子本身的自我剪接。与Ⅰ型内含子由游离的鸟苷/鸟苷酸攻击 5′ss 起始剪接的机制不同，Ⅱ型内含子自我剪接是由游离水分子（水解途径，hydrolytic pathway）或内含子内部的分支点 A（分支途径，branching pathway）发起攻击来起始剪接的（图 7.14）。Ⅱ型内含子的自我剪接通过两步转酯反应实现。第一步是由亲核攻击基团对 5′ss 发起攻击，导致 5′ss 与上游外显子之间的磷酸二酯键断裂，有效地释放 5′ 外显子。在分支途径中，利用内含子内部 D6 的分支点 A 2′-OH 发起亲核攻击，与内含子 5′ss 第一个核苷酸 5′-Pi 之间形成 2′,5′-磷酸二酯键。随后，游离的上游外显子对内含子的 3′ss 发起攻击，下游外显子分离并和上游外显子通过新的 3′,5′-磷酸二酯键连接，释放切离下来的内含子。在水解途径中，在第一步发起亲核攻击的是游离的水分子。由于第一步反应中亲核攻击基团的来源不同，最终可形成不同类型的剪接产物：在水解途径最终释放一个线性内含子，而分支途径则产生套索内含子。

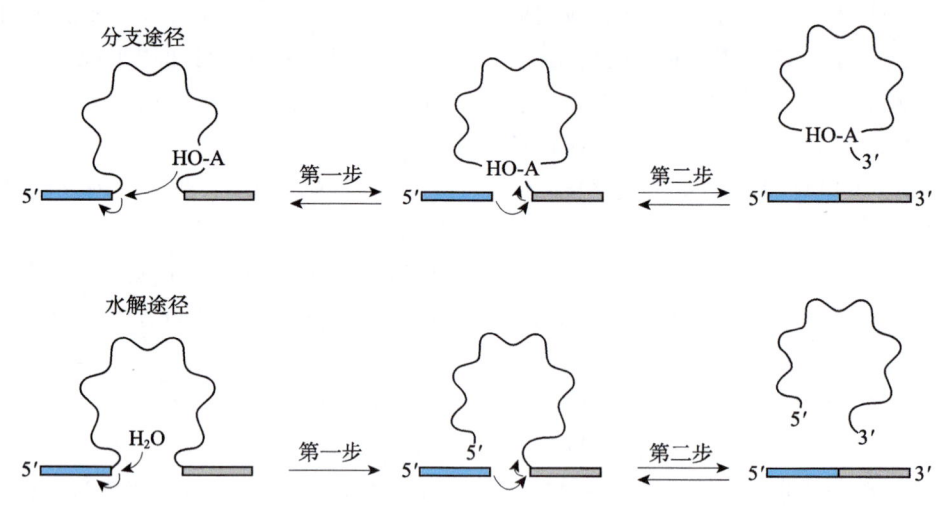

图 7.14　Ⅱ型内含子剪接的两条主要途径（Pyle，2016）

7.5.3　Ⅲ 型内含子

Ⅲ型内含子往往是富含 U 的，大小为 91～119 nt。Ⅲ型内含子的 5′ss 是 "5′NUNNG"，与Ⅱ型内含子和 pre-mRNA 的边界序列相似。在内含子的 3′ 区域，可以形成类似Ⅱ型内含子 D6 类似的结构，将分支点 A 凸出，并在剪接反应的第一步作为亲核攻击基团。有些Ⅲ型内含子还拥有类似Ⅱ型内含子的其他二级结构。这些相似的结构说明Ⅱ型和Ⅲ型内含子在进化上是有关联的。

7.5.4　pre-mRNA 的内含子剪接

7.5.4.1　pre-mRNA 内含子序列特征和分类

蛋白质基因的内含子序列差异极大，但是它们有共同的结构特征，因此使用类似的剪接机器，即剪接体（spliceosome），同时具有相似的剪接机制。在蛋白质基因的内含子上，5′ss、3′ss 和内含子内部的分支点（branching site，BS）往往非常保守，然而它们之间并不存在同源或互补关系。因此剪接体并不是依靠序列之间的互补来拉近这些保守位点之间的物理距离。尚邦（Chambon）等分析了大量蛋白质编码基因的内含子序列，发现多数细胞核 mRNA 前体中内含子的 5′ 边界序列为 GU，3′ 边界序列为 AG（图 7.15）。因此，这种保守序列模式被称为 GU-AG 法则，又称为 Chambon 法则。

根据边界序列和剪接机制的细微差异，蛋白质基因的内含子可归为以下三类。

（1）U2-type 内含子，这类内含子过去被称为主要的内含子（major intron），是大多数 pre-mRNA 内含子的类型。其 5′ss 和 3′ss 边界序列符合 5′ GT-AG 3′ 法则（在 pre-mRNA 上为 5′ GU-AG 3′）；内部有极度保守的分支点 A 和保守性稍低但富含嘧啶或嘌呤的旁侧序列一起构成分支点信号，可与 U2 snRNA 互补配对。

（2）U12-type 内含子，曾被称为次要的内含子，其边界序列规则是 5′ AU-AC 3′。内部同样有极度保守的分支点 A，分支点序列被 U12 snRNA 互补结合。

（3）U12-type 的次要内含子，其内部的分支点信号更接近第（2）类，可以被 U12 snRNA 识别和结合；然而其边界序列是 5′ GT-AG 3′，与第（1）类的边界序列一样。

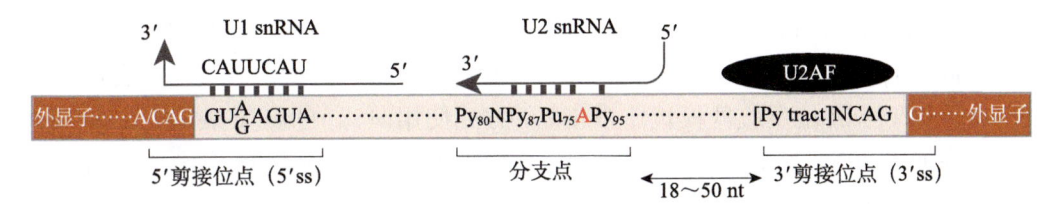

图 7.15 pre-mRNA 内含子剪接所必需的保守序列

Py tract. 一段多聚嘧啶序列

7.5.4.2 pre-mRNA 内含子剪接的转酯反应

pre-mRNA 内含子的剪接同样需要经过两次转酯反应（图 7.16）。第一次转酯反应是由分支点 A 发起，其 2′-OH 对 5′ss 的连接键进行亲核攻击，导致内含子与上游外显子之间的磷酸二酯键断裂，同时内含子第一位的 G 核苷酸与分支点 A 之间形成了 2′,5′-磷酸二酯键，构成了典型的套马索（lariat）结构。第二次转酯反应则是由脱离下来的上游外显子的自由 3′-OH 发起，对内含子的 3′ss 与下游外显子的连接键进行亲核攻击，使之断裂，释放下游外显子，同时上游外显子与下游外显子之间形成新的 3′,5′-磷酸二酯键，套马索内含子被释放，完成剪接。

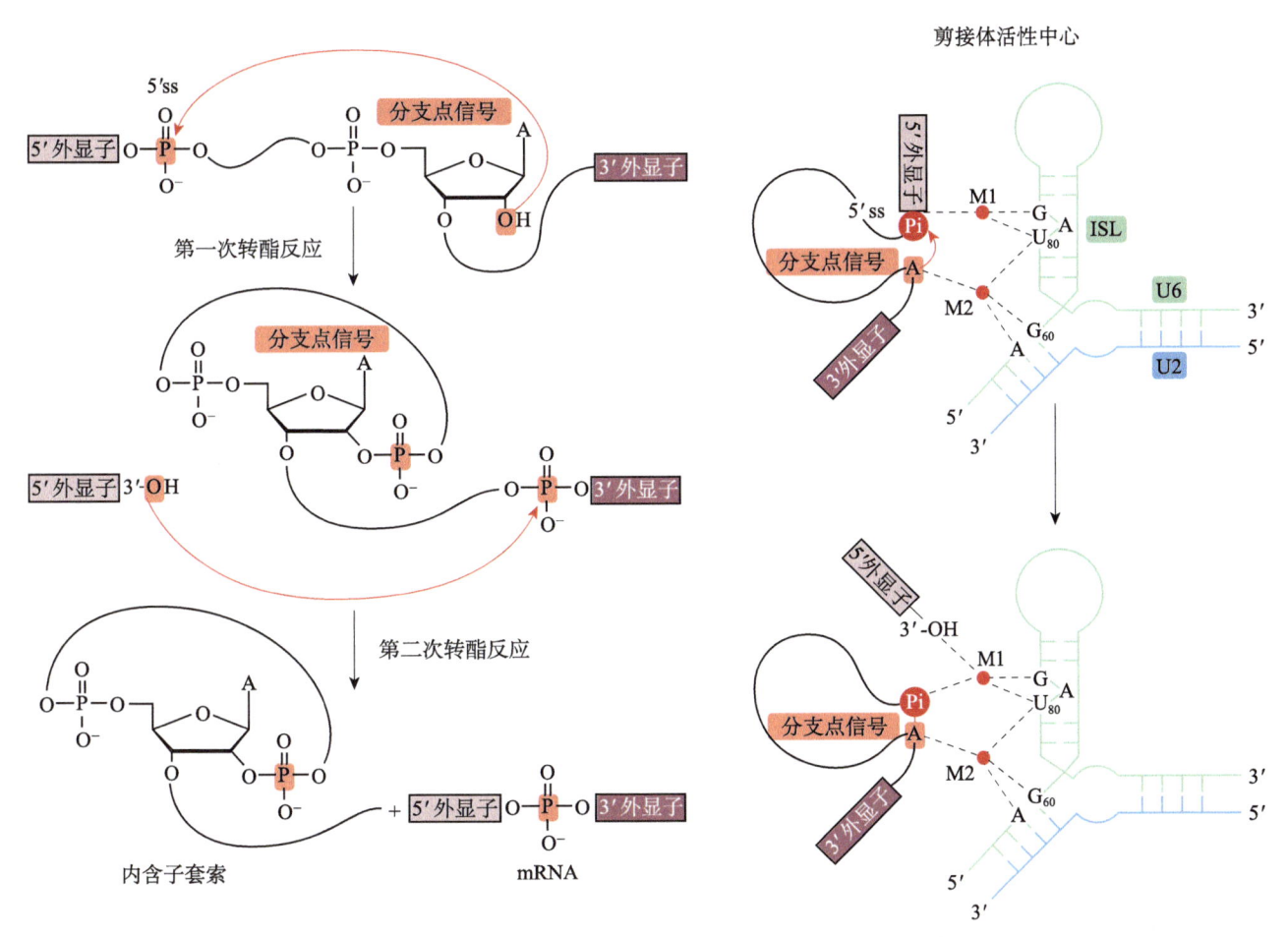

图 7.16 pre-mRNA 内含子剪接的两步转酯反应（Shi, 2017）

大量的研究尤其是晶体研究表明，pre-mRNA 的内含子剪接和 Ⅱ 型内含子的剪接方式很相似。图 7.16 显示了 pre-mRNA 内含子剪接过程中两步转酯反应的具体生化机制和结构机制。例如，在第一步转酯反应中，由 pre-mRNA 的分支点序列、U2 snRNA 和 U6 snRNA，以及金属离子 M1 和 M2 参与构成活性中心，其中 M2 将分支点 A 与 U2/U6 的互补区段拉近，M1 则连接 5′ 上游外显子与U6的内部茎-环结构，创造了分子点A与5′ss位点的近距离空间，利于转酯反应的发生。这种方式与Ⅱ型内含子第一步转酯反应的模式非常相似；不同的是，在pre-mRNA中，分支点A的呈递由U2 snRNA完成，而在Ⅱ型内含子中则由D6内部形成的茎-环结构进行呈递。这种剪接机制的相似性说明Ⅱ型内含子和pre-mRNA内含子在剪接机制的进化上可能是密切关联的。

7.5.4.3 pre-mRNA内含子的剪接依赖于对5′ss/3′ss对的识别

经研究发现，细胞核提取物可以在体外对纯化的pre-mRNA前体进行剪接，说明内含子的剪接事实上并非必须与转录偶联发生。即使如此，细胞中内含子的剪接在时间上确实与转录几乎同时发生，甚至在RNA聚合酶到达基因末端之前，许多剪接事件已经完成，说明细胞内转录和pre-mRNA前体的加工是偶联的。pre-mRNA内含子的剪接依赖于对5′ss/3′ss对的识别。然而错误时常发生，仅仅依靠边界序列不能保证剪接只发生在同一个内含子内，细胞有特定的机制来解决这个问题。由于pre-mRNA内含子剪接是共转录发生事件，因此可以合理地假设转录提供了一个大致的5′→3′的剪接顺序（类似于先到先得的机制）；其次，一个功能性剪接位点并不是单独作用的，它通常被一系列可以增强或抑制该位点的序列元件所包围。这些序列包括特定的保守序列（如分支点信号）和周围的剪接增强元件等，构成了正确识别剪接位点的序列背景。以上这些机制结合在一起可以确保以线性顺序成对地读取剪接信号，从而使内含子按顺序进行组成型剪接。

分支点（BS）在识别3′ss中起着重要作用。BS往往位于3′ss上游，距离18~40 nt。酵母的BS高度保守，共有一致序列是"UACUAAC"，而BS的突变或缺失会阻止剪接。在多细胞真核生物中，BS虽然保留了重要的腺苷酸A，但其邻近序列的不同位置则更偏爱嘌呤或嘧啶，变异相对较大（图7.15）。这说明选择压力对该序列的约束较弱。这种序列的松散性可以保证即使这些调控元件突变或失活后，一些重要的生物学事件仍然可以正常发生。例如，当真正的BS被删除或突变时，隐秘的相似序列可以替代突变的分支点来发挥作用。因此，当一个隐秘的分支点以这种方式使用时，剪接会正常进行，得到与使用真实分支点时一模一样的产物。一般而言，只有当真正的分支点失活时，隐秘位点才被使用。可以用作替代的隐秘位点往往接近3′ss，说明BS与3′ss的距离似乎很重要。BS的作用之一是识别最近的3′ss，使之可以成为连接到5′ss的目标。结合到这些位点的复合物之间可以发生相互作用，也给这个结论提供了支持。

7.5.4.4 剪接体的组成

剪接体（spliceosome）是由多种核内小RNA（small nuclear RNA，snRNA）及其相应的结合蛋白、剪接因子和其他结构性或调控性蛋白质组装而成的，负责将pre-mRNA的内含子进行移除并连接上下游外显子的大型复合体。从体外剪接系统分离得到的剪接体是一个50~60S的RNP颗粒，由5种snRNA和约41种相应蛋白质构成的snRNP、约70种剪接因子及约30种其他蛋白质构成。

snRNA是剪接体的重要组分，snRNA的单独或同时失活，可以阻止剪接。剪接体内的snRNA至少包括5种，分别为U1 snRNA、U2 snRNA、U5 snRNA、U4 snRNA和U6 snRNA。这5种snRNA占剪接体总分子量的1/4以上。snRNA与相应的蛋白质结合，以核内小核糖核蛋白（small nuclear ribonucleoprotein，snRNP）的形式存在，其中约1/3的蛋白质直接参与剪接反应，另有部分蛋白质介导不同snRNA之间的互作，还有一些则是作为结构性分子参与剪接体的组建。所有的snRNP（5 snRNA+41种相关蛋白质）的分子量几乎占了剪接体的一半。剪接体的组建依赖于各个成分之间的相互作用，包括RNA-RNA、蛋白质-RNA及蛋白质-蛋白质之间的直接相互作用。例如，一些涉及snRNP的反应中，snRNA可以与pre-mRNA的特定序列直接配对，有时也需要snRNP相互之间或它们与剪接体的其他成分之间的互相识别和直接接触，促使剪接体完成组装。

除了snRNP，剪接体还存在其他的蛋白质，如剪接因子，以及承担结构、组装和调控基因表达功能的蛋白质因子。在剪接体中包含了约70种剪接因子。越来越多的证据表明 RNA 直接参与剪接反应，而大多数剪接因子可能作为结构组分参与剪接体的组装，较少直接催化剪接。除了剪接因子蛋白质，还有大约 30 种其他类型的蛋白质，它们不一定参与剪接反应，而是在基因表达不同阶段起作用，表明剪接可能与基因表达的其他步骤偶联。

7.5.4.5 剪接体的组装和内含子剪接

在细胞内构成的剪接体是由上述成分和 pre-mRNA 进行逐步组装而成的。pre-mRNA 内含子的 5′ss、3′ss 和 BS 由特殊的组分复合体识别，在发生转酯反应之前被结合在一起。任何一个位点的缺失或突变都可能阻止内含子剪接的启动。在最终组装为剪接体之前，各种组分在 pre-mRNA 上组装，依次形成几个前剪接体（presplicesome），最终形成有活性复合体，即剪接体（spliceosome）。只有剪接体组装完成，剪接反应才会发生。随着剪接反应的进行，剪接体还会经历几个中间状态，5′ 上游外显子的线性分子、内含子和下游外显子的套马索结构就存在于这些中间状态的复合体中；然而，在中间状态的剪接体中却极少发现成熟 mRNA，可能在完成剪接后它们立即就被释放了。

剪接体组装分为以下几个步骤（图 7.17）。

（1）U1 snRNP 与 5′ss 的结合。U1 snRNP 由 U1 snRNA 和数个蛋白质特异结合构成。例如，人类 U1 snRNP 就包含了 U1 snRNA、核心的 Sm 蛋白和三个 U1 特异性蛋白（U1-70k、U1A 和 U1C）。Sm 蛋白结合在 U1 snRNA 的 D 结构域互补茎上游的单链上；U1 snRNA 的 5′ 端则与内含子 5′ss 形成剪接必需的 4～6 bp 的配对区域。以腺病毒的 12S pre-mRNA 为例，其 5′ss 的 6 个核苷酸中，就有 5 个可与 U1 snRNA 配对。若 12S pre-mRNA 的内含子第 5、6 位发生 GG → AU 突变，导致无法配对，剪接则无法发生；但在此突

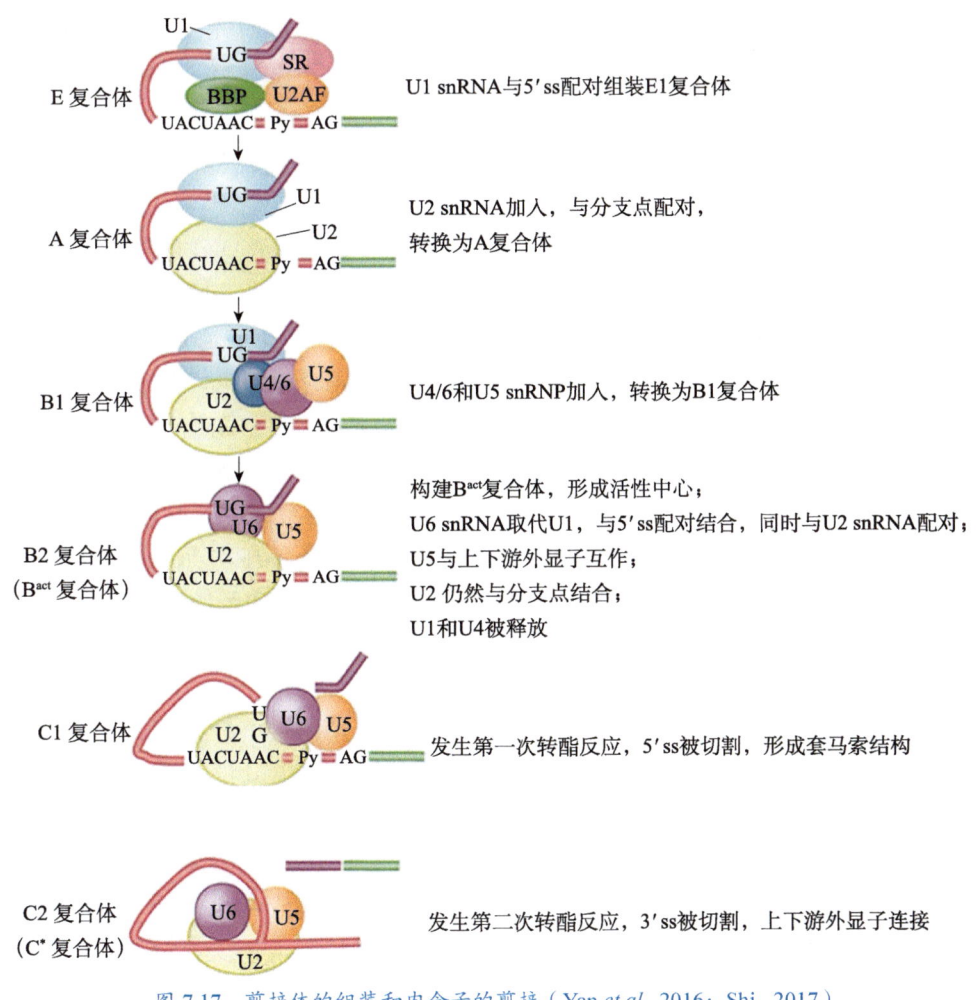

图 7.17 剪接体的组装和内含子的剪接（Yan *et al.*, 2016；Shi, 2017）

变体中进一步引入 U1 snRNA 的突变，恢复第 5 位的碱基配对，剪接就可以正常发生。U1 snRNA 和 5′ss 之间稳定的互补是必要的，这不仅仅取决于碱基对数量，至少还涉及两个蛋白质的作用：①分支点结合蛋白（branch site binding protein，BBP，也被称为 SF1）。该蛋白质与 BS 相互作用；② U2AF 蛋白复合物。在多细胞真核生物中，这是由 U2AF65 和 U2AF35 组成的异源二聚体；在酿酒酵母（Saccharomyces cerevisiae）中，则由 Mud2 组成。U2AF 结合在 BS 和 3′ss 之间的多嘧啶串（poly-pyrimidine tract）上。BBP 和 U2AF 对 pre-mRNA 的结合并不强，但它们的合作则可以促进定向复合物（commitment complex）的形成。定向复合物在多细胞真核生物如哺乳动物中也被称为 E 复合体（early complex）。由于剪接位点序列的松散性，E 复合体的构成还需要其他蛋白质的参与。剪接因子 SR 蛋白是其中发挥核心作用的成员。SR 蛋白包含一类结构相似的蛋白质，其主要特征是 N 端含有一个或两个 RRM 基序（RNA recognition motif），负责结合上游外显子的 3′端与内含子 5′端交界处的特定序列，从而定义外显子与内含子的 5′边界；其 C 端则有一个称为 RS 结构域的区域，由数个 Arg-Ser 二氨基酸重复构成，可以结合 RNA，也负责与 E 复合体的其他蛋白质相互作用。例如，SR 蛋白与 U1 snRNP 的 70 kDa 组分的结合可以增强和稳定 U1 snRNA 与 5′ss 的碱基配对；同时，SR 蛋白也可以结合到绑定在 3′ss 的 U2AF 上。通过这些蛋白质-蛋白质相互作用，就可以把内含子的 5′ss 和 3′ss 连接在一起，所以 SR 蛋白被认为是 E 复合体形成的关键。通过这种方式，剪接体将 pre-mRNA 提交到剪接途径，因此被认为可能在多细胞真核生物中有启动剪接的作用。

剪接体识别内含子和外显子边界是启动剪接的关键步骤。目前认为有两种可能的机制来达到这个目的：一是内含子界定机制，另一个则是外显子界定机制。经研究发现，酿酒酵母并不存在典型的 SR 蛋白，对于那些剪接信号几乎不变的生物体来说，SR 蛋白也不是必需的。在酿酒酵母基因中，几乎所有的内含子都很小，长度为 100~300 bp，5′ss 和 3′ss 可以同时被 U1 snRNP、BBP 和 Mud2 识别，确定内含子的边界，这个过程被称为内含子界定（intron definition）（图 7.18）。5′ss 结合的 SR 蛋白与 U2AF 之间的互作，形成与 3′ss 的间接互作，从而可以界定内含子。因此，除了酵母，内含子界定机制也适用于多细胞真核生物中的小内含子。然而，许多真核生物基因都存在大型（甚至超大型）的内含子，而且长度在不同的基因和物种之间变化很大。这种大型内含子中包含许多类似于真正的剪接信号序列的概率就大大增加了。如果使用内含子界定机制来识别 5′ss 和 3′ss，其识别效率则较为低下，无法有效界定内含子。真核生物进化出了外显子界定（exon definition），可以解决这个问题。真核生物的外显子长度多为 100~300 bp。外显子界定机制就是利用了多细胞真核生物中外显子通常较小的这个特征。在外显子界定过程中，U2AF 异源二聚体与 3′ss 结合，U1 snRNP 与下游另一个内含子 5′剪接位点配对结合。这一过程可能受到 SR 蛋白的帮助，SR 蛋白结合到下游外显子 3′端和下游内含子 5′ss 之间的特定序列上，然后通过一种未知的机制，形成跨外显子的复合物，即"内含子 3′ss-U2AF/下游外显子 SR/另一个内含子 5′ss U1 snRNP"复合物。这个复合物随后可以转换为跨内含子的复合物，将内含子的 3′ss 与其上游 5′ss 连接，而同时下游另一个内含子的 5′ss 与同一内含子的 3′ss 连接。这就是所谓的外显子界定机制。

（2）E 复合体随后转换为 A 复合体。在这个转换中，关键步骤是 U2 snRNA 的一部分与 BS 构成互补配对（图 7.17）。这是剪接反应中第一个依赖 ATP 的步骤。Prp5 和 UAP56 蛋白提供 ATP 水解酶活性。U2 snRNP 取代了原先结合在 BS 的 SF1 因子，通过碱基配对方式与 BS 结合。分支点腺苷 A 因为不能配对而凸出，随后它将作为发起第一次转酯反应的亲核攻击者。

（3）当含有 U5 和 U4/U6 snRNP 的三聚体与 A 复合体结合时，则形成了 B 复合体。这种复合体被认为是第一个被组装完全的剪接体，因为它包含剪接反应所需的成分，其中 5 种 snRNA 构成了剪接体的核心组分。

（4）B 复合体转换为 B^{act} 是形成活性中心的重要步骤。这个转换事件中重要的一步是 U4 snRNP 的释放。B 复合体中 U4 与 U6 形成聚合体，同时对 U6 与 U2、5′ss 形成隔离。一旦 U4

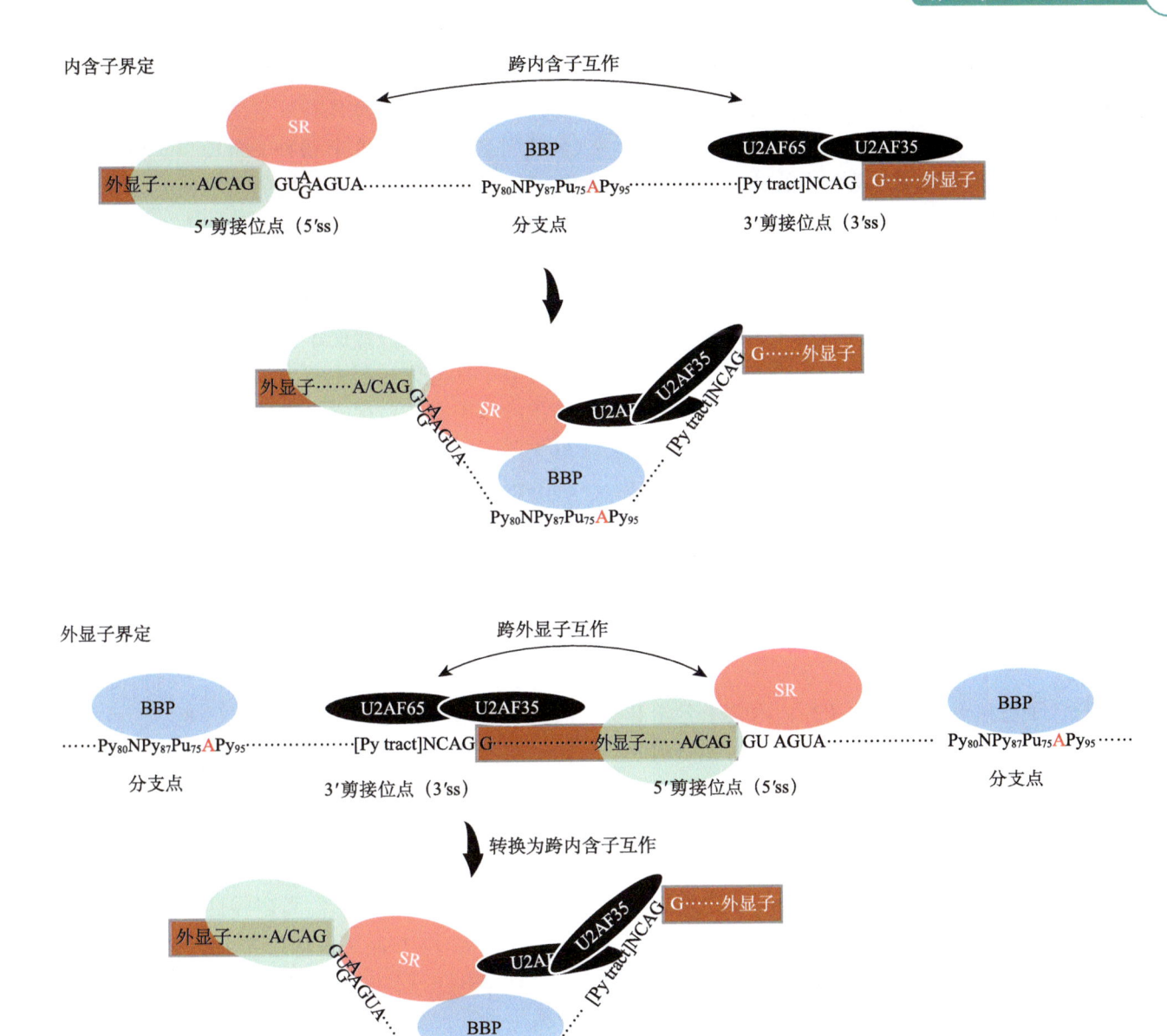

图 7.18 内含子界定和外显子界定机制

释放，获得自由的 U6 发生构象变化，形成新的配对。U6 snRNA 的一部分构成了链内二级发夹结构（intramolecular stem-loop，ISL），一部分与 5'ss 序列配对，还有一些序列则与 U2 snRNA 配对。至此，U2/BS 和 U6/U2 复合体的碱基配对创造了一个类似于 II 型内含子活性中心的结构，将 pre-mRNA 的 BS 与 5'ss 拉近，便于转酯反应的发生。与此同时，结合在 5'ss 的 U1 snRNP 解离，使 U5 snRNA 近 5'端的茎-环结构的单链环（loop）与上、下游外显子紧邻内含子的第一个核苷酸配对结合，进一步缩短了上游和下游外显子的空间距离。除了以上提及的组分，构成 B^{act} 复合体还需要其他的蛋白质。例如，Prp8（pre-mRNA processing factor 8）可以稳定地结合 U5 snRNA，是 U5 snRNP 的核心组分。Prp8 蛋白提供了一个巨大支架，将 5' 上游外显子、U2/U6 双聚体和 3' 下游外显子聚集在一起，促进剪接反应的进行。此外，十几种其他的蛋白质也结合在 B^{act} 复合体上。正因为如此多的蛋白质结合在此复合体上，发生转酯反应的两个基团此时仍然是分离的，转酯反应无法发生。

只有当 Prp2 和 Spp2 蛋白驱使这些蛋白质脱离，并且招募了其他几种剪接因子，B^{act} 复合体方可转换为真正具有催化活性的 B* 复合体，发生第一次转酯反应。

（5）随着第一次转酯反应的进行，B* 复合体转换为 C 复合体，5′ 上游外显子已经与内含子相互分离，内含子和下游 3′ 外显子则构成了套马索结构。稳定的 C 复合体使 3′ss 的选择性使用得以发生。随后发生 C-to-C* 复合体的转换，此时具有 ATPase/ 解旋酶活性的 Prp16 蛋白驱动第二次转酯反应。

（6）完成剪接后的复合体称为 P 复合体（post-splicing complex），包含了连接起来的外显子和自由的内含子套马索结构。外显子在 Prp22 蛋白帮助下释放出去，只留下了内含子套马索结构的复合体称为 ILS 复合体（intron lariat spliceosome）。随后，Prp43 蛋白驱动套马索内含子从 ILS 复合体中释放出来，ILS 复合体解体。

释放出来的 U2、U6、U5 snRNP 及一些蛋白质可以循环使用，参与构造新的剪接体。

7.5.4.6 选择性剪接

内含子剪接受到严格的调控，内含子界定和外显子界定机制能在一定程度上保证内含子准确剪接。但是这种经典的机制并不是时刻起作用，因此生物体内还存在多种保证内含子准确剪接的机制。当使用不同的 5′ss 和 3′ss 组合，可以生成不同的成熟加工产物，这类内含子剪接称为选择性剪接（alternative splicing），又称为可变剪接。作为正常基因表达程序的组成部分，机体在特定条件下可以有选择地发生不同方式的内含子剪接。通过选择性剪接机制，同一个基因位点的表达可以得到数种不同的产物，从而增加了产物的多样性，可能有助于增强适应性。有些选择性剪接的发生则可能不生成有功能的产物，而是作为一种转录的缓冲剂，有利于被干扰的转录物组维持稳态。

选择性剪接的方式具有多样性，大致分为 7 种类型：①外显子遗漏（exon skipping，ES）；② 5′ss 的选择（alternative 5′ss selection）；③ 3′ss 的选择（alternative 3′ss selection）；④内含子保留（intron retention）；⑤外显子互斥（mutually exclusive exons）；⑥启动子选择（转录起始位点的选择）（alternative promoter）；⑦ Poly(A) 位点选择（alternative polyadenylation，APA）（图 7.19）。

选择性剪接非常普遍。哺乳动物 90% 以上的基因可以进行选择性剪接，而高等植物拟南芥中超过一半的基因有选择性剪接现象。选择性剪接是进化的结果，而且具有一定的偏好性。一项在全基因组范围比较 8 个物种（含原虫、植物、酵母、昆虫和人类）的选择性剪接的研究显示，选择性剪接在内含子数较多的基因中发生频率较高，如在基因平均内含子数较多的物种中选择性剪接更为常见；即使在同一个物种内内含子越多的基因，发生选择性剪接的事件越多。其次，选择性剪接似乎在进化过程中不断发生并固化。选择性剪接的频率在一些保守性高的基因（即有共同的祖先基因）中较高，反而是那些较晚出现、较新的基因中发生选择性剪接的事件较少。此外，不同的选择性剪接类型在不同物种/生物体中也有所偏好。在低等的后生动物、真菌、原生生物和植物中，内含子保留比较常见。随着真核生物的进化，外显子遗漏越来越常见，表明这种类型可能对表型复杂性形成有重要贡献。5′ss 和 3′ss 的选择性使用被认为是外显子遗漏的亚型，可能代表了选择性剪接进化上的一个中间阶段。植物体内的选择性剪接水平虽然较低，但内含子保留约占所有选择性剪接事件的 30%，而外显子遗漏的占比则比较低（＜5%）。

选择性剪接的普遍性和多样性并不仅仅说明基因组结构和功能复杂性的增加，它在更广泛的层面影响生物体。就基因表达而言，选择性剪接至少在两个方面产生影响：①增加了基因产物结构的多样性，从而改变对应编码基因的特

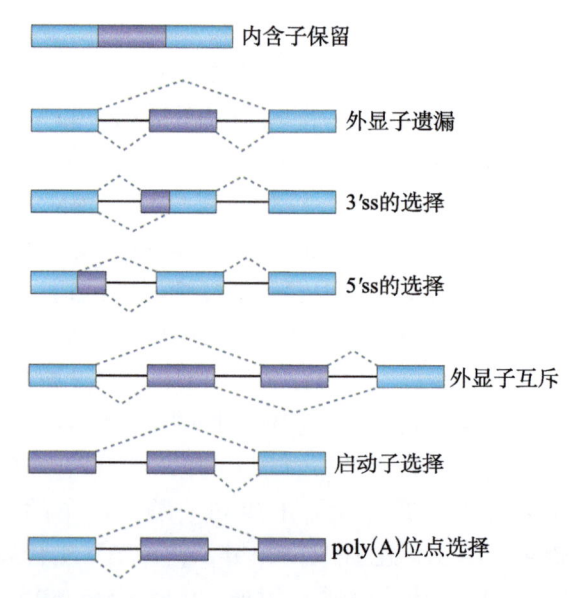

图 7.19　内含子的选择性剪接（Keren et al., 2010）

性。例如，CaMKⅡδ（Ca²⁺/calmodulin-dependent kinaseⅡδ）基因，这个基因含有22个外显子，第13~15外显子可以发生选择性剪接，生成δA、δB和δC三种产物。这三种产物分别定位于不同的亚细胞区域，δA定位在细胞膜上，δB因为保留了核定位信号（NLS），所以可以定位在核内，δC则是细胞质定位的蛋白质。不仅如此，这三种蛋白质的活性和功能也出现了很大的差异。另外一个典型的例子是人α-原肌球蛋白基因的加工。这个基因有12个外显子，然而在不同的组织器官中表达时都没有全部保留下来，不同的器官中保留的外显子都不一样，表现为组织特异性的选择性剪接。②选择性剪接可能导致一些调控性RNA元件的保留或丢失，从而影响mRNA的许多性质，如显著地改变mRNA半衰期、特定mRNA的含量，使之维持动态平衡。在这种机制中，选择性剪接往往会形成一些异常的、会提前终止翻译的mRNA，这些mRNA在翻译时遭遇核糖体提前脱落而终止翻译，从而促进mRNA的降解，借此保持正常mRNA分子含量的稳定。

7.5.4.7 反式剪接

反式剪接（trans-splicing）是一种与顺式剪接（cis-splicing）相对的特殊的剪接方式。顺式剪接是指内含子移除和外显子连接均发生在同一个RNA前体分子上，而反式剪接则是将来自两个不同的RNA前体分子的外显子进行精确连接，相互独立的RNA前体分子分别给成熟的mRNA提供了不同的外显子序列。反式剪接在自我剪接的Ⅰ型内含子、tRNA前体分子和不连续的Ⅱ型内含子中都有发现，但它们都不是在剪接体中进行的。在剪接体中发生的反式剪接主要有两种类型，分别是基因的反式剪接（genic trans-splicing）和剪接引导序列（SL）依赖的反式剪接［spliced leader（SL）trans-splicing］（图7.20）。这两种剪接都使用同顺式剪接一样的剪接机器，并且依赖同样的剪接信号。一般而言，5′ss位点由其中一个RNA前体分子提供，分支点、多聚嘧啶串和3′ss则由另一个RNA前体分子提供。

基因的反式剪接（genic trans-splicing）发生在两个独立的RNA前体分子之间，产生混合的转录本。这两个前体分子既可能是同一个基因位点的初始转录产物，也可能是来自不同的基因，甚至可能是来自于基因间隔区的转录产物。基因的选择性反式剪接显著增加了基因产物的多样性。果蝇mod（mdg4）基因的初始产物就可以发生基因反式剪接，这是2001年由两个研究组先后报道的典型案例。该基因可以编码不同的成熟转录产物，其中一种长2.2 kb的成熟转录本上有来自基因的6个外显子的编码信息，但是其中第5、6号外显子的序列方向与基因的方向相反。约翰·霍普金斯大学的格拉西莫瓦（T. I. Gerasimova）研究组在排除了基因组重排的可能性后，认为这个2.2 kb的成熟RNA分子是由两个独立的前体分子（即ClassⅠ和ClassⅡ前体）通过反式剪接而形成的。几乎同时，来自德国的多恩（R. Dorn）和同事也对这个基因的反式剪接提供了更为详尽的研究结果，他们发现大多数的mod（mdg4）RNA有共同的5′端，对应于第Ⅰ~Ⅳ外显子和蛋白质N端的402 aa，而3′端片段则来自于不同的前体；通过转基因实验，他们验证了至少有7个成熟转录本是以反式剪接的方式剪接成熟的。

SL反式剪接在线虫门动物上非常常见，在一些原生生物（如锥虫）和许多其他动物（包括扁虫、水螅和原始脊索动物等）也有发生。在SL反式剪接中，其中一个RNA前体提供了其5′端的一个较短的外显子作为SL外显子，被剪接到另一个pre-mRNA的5′端或近5′端的外显子上，因此SL外显子成为成熟转录本上的第1外显子。特殊的是，SL外显子可以与不同的pre-mRNA连接而形成多种具有相同5′端第1外显子的成熟转录产物。在秀丽隐杆线虫中，约70%的基因mRNA的5′端有一段长度为22 nt的共同的SL序列，它是由一个约100 nt的小分子RNA（SL snRNA）前体提供的。SL snRNA的序列特征与U1 snRNA相似，可以形成链内二级结构，而且可以结合Sm蛋白；它有特殊的Ⅳ型5′帽子结构；可以通过碱基互补配对的方式结合到靶标pre-mRNA的特定元件序列上。例如，线虫SL1 snRNA结合Ou元件，SL2 snRNA则结合Ur元件。能够与SL snRNA进行反式剪接的靶标pre-mRNA也有一些特征。例如，有些pre-mRNA在5′帽与第1外显子之间有长度约300 nt的末端内含子（outron）序列，这段序列有SL snRNA结合的互补位点，同时还存在 3'ss 位点。outron 序列并不存在于所有的靶标 pre-mRNA 上，但是几乎所有的靶标外显子上游都缺乏 5'ss 位点。反式剪接反应开始之前，由 SL snRNA 结合到 pre-mRNA 的靶外显子上游序列上，形成与"U1 snRNP-内含子 5'ss"的复合体功能类似的结构，进而引发剪接反应。SL snRNA 的 SL 外显子脱离后，剩余的序列结合到 outron 或靶外显子上游内含子分支点 A 上，形成 Y 形分支结构；游离下来的 SL 外显子的 3'-OH 攻击靶 pre-mRNA 的靶外显子 5' 端，使之断裂脱离，并与 SL 外显子 3' 端连接，同时将靶外显子上游含有 Y 形分支结构的序列释放，完成剪接（图 7.20）。

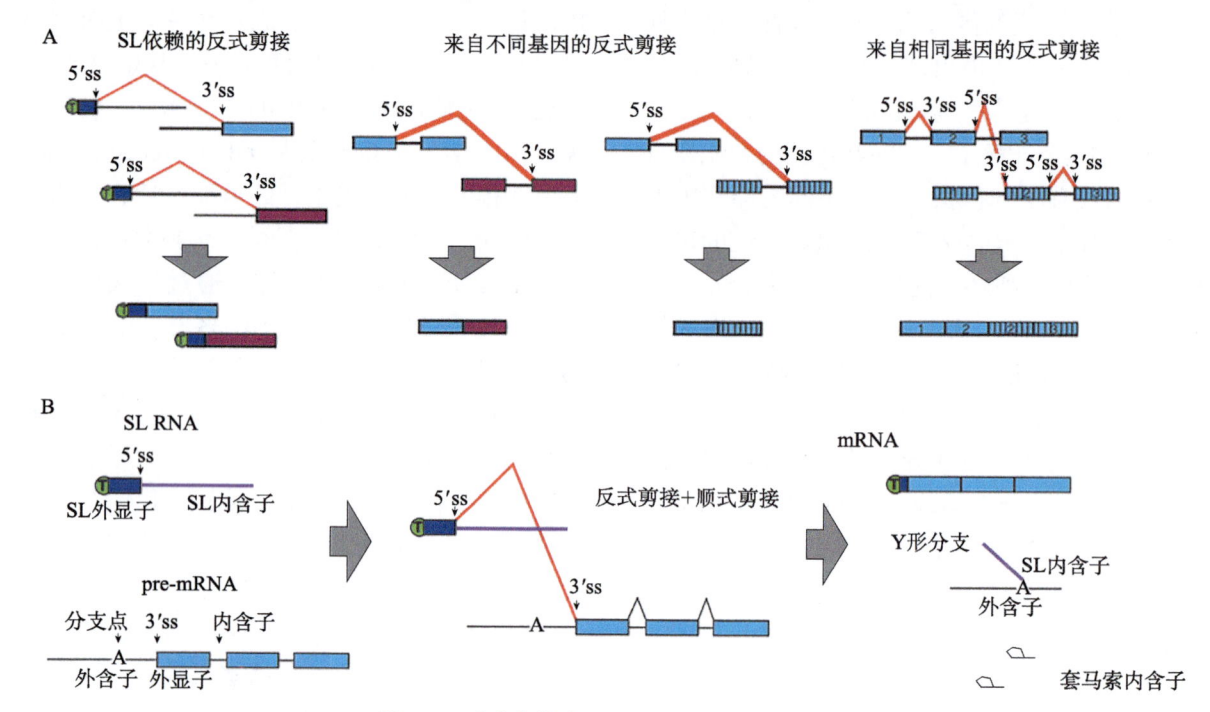

图 7.20　反式剪接（Lasda & Blumenthal，2011）
A. 反式剪接类型；B. SL 反式剪接

7.5.5 tRNA 前体内含子的剪接和加工

典型的 tRNA 前体的 5' 端包含一段 5' 前导序列（5'leader），3' 端则拖曳着一段由多聚尿嘧啶核苷酸构成的短序列［称为 3' 尾部序列（3'trailer）］。pre-tRNA 的内部往往还有一个内含子，称为间插序列（intervening sequence，IVS）。此外，tRNA 前体 3' 端缺乏氨基酸结合位点 "CCA"，也缺少对特定核苷酸的修饰。

tRNA 前体加工为成熟 tRNA 需要对其前体转录本进行多次断裂、剪接和修饰。细胞中有专门的酶催化这些过程，其中 RNase P 通过位点特异的内切作用切除 5' 前导序列，而 RNase Z（ELAC2）复合体则负责切除 3' 尾部序列。切除 3' 尾部序列后，通过核苷酸转移酶在 3' 端添加 CCA 三联体，同时利用 tRNA 合成酶连上氨基酸残基（图 7.21）。

对于一部分 tRNA 来说，还需要利用 tRNA

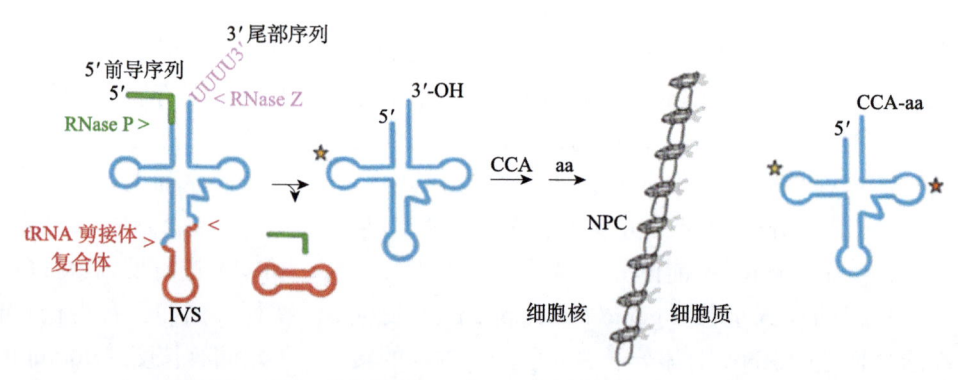

图 7.21　tRNA 前体的特征及其加工过程（Jarrous et al.，2021）

剪接复合体将内含子 IVS 进行剪接。与 I 型、II 型、III 型及 pre-mRNA 内含子剪接反应不同，tRNA 前体的内含子剪接较为简单，包含两个步骤：第一步通过内切酶从内含子的边界处进行切割，释放内含子和含有两个外显子的半分子；第二步，通过 tRNA 连接酶将上下游外显子连接起来。经研究发现，内含子切除后游离下来的上下游外显子在进入下一步连接之前，需要进行活化。上游外显子的游离 3′ 端并非羟基，而是 3′-磷酸根，且可与 2′-OH 发生反应生成环化的 2′,3′-磷酸二酯键，成为 tRNA 连接酶的识别位点。若这个环化位点发生去环化形成 3′-OH 后，则无法与下游外显子连接。相应地，下游外显子 5′ 端也并非磷酸根，而是 5′-OH。通过连接酶的作用就可以将活化的上下游外显子连接起来。

不同真核生物在 tRNA 合成机制的进化上有着明显的分歧。例如，tRNA 内含子剪接发生的亚细胞位置不同：在人类和非洲爪蟾细胞中，tRNA 内含子的剪接发生在细胞核内；而在酵母中则发生在线粒体的表面。切除内含子后的两个半分子（上下游外显子）连接的途径也有所不同：人类 HeLa 细胞和非洲爪蟾卵母细胞核中，上下游外显子通过典型的剪接反应途径进行活化和连接。然而，酵母、小麦胚芽和衣藻中则更为复杂一些，上下游外显子连接的磷酸根来源于下游外显子 5′ 端被额外添加的一个磷酸根。在这个机制中，多聚核苷酸激酶负责将 ATP 上的一个磷酸根转移到下游外显子的 5′ 端，形成 5′,5′-磷酸二酯键，并通过 RNA 连接酶使之与来自于 ATP 的 AMP 连接，获得活化的下游外显子。与此同时，上游外显子 3′ 端的环化磷酸被切断，磷酸根被转移到了 2′ 位置上并随后水解，而自由的 3′-OH 则可以和下游外显子的活化 5′ 端磷酸根发生反应，生成 3′,5′-磷酸二酯键而连接起来。

7.6 RNA 编辑

RNA 编辑（RNA editing）是指通过替代、插入或删除等方式改变碱基种类或者顺序，从而改变 RNA 分子的编码信息。RNA 编辑有两种主要的类型：替代编辑和插入/删除编辑。

7.6.1 替代编辑

在哺乳动物中常见的替代编辑类型是由脱氨反应导致的 C-U 或 A-I（次黄嘌呤）的变化（图 7.22）；而在植物中，C-U 和 U-C 替换编辑则较为常见。

一个典型的例子就是哺乳动物载脂蛋白 B（apolipoprotein-B，ApoB）RNA 前体分子在肝脏、肠道的差异性编辑（图 7.23）。ApoB 基因编码区共有 4564 个密码子。第 2153 号密码子（CAA）位于外显子 26，编码 Gln。ApoB pre-mRNA 在肝脏没有发生编辑，编码一个长度为 4563 aa 的多肽链，分泌到血液中参与极低密度脂蛋白和低密度脂蛋白的组装，在全身结合和携带脂质。在肠道细胞中，该基因 pre-mRNA 在第 2153 号密码子（CAA）对应的位置通过脱氨反应发生 C-U 转换，CAA 密码子则转变为 UAA 终止密码子，使翻译提前终止，从而产生截短了的多肽链（只有 2153 aa），被分泌到肠道中，参与吸收食物中的脂肪（图 7.23）。这两种形式的载脂蛋白 B 都参与了脂

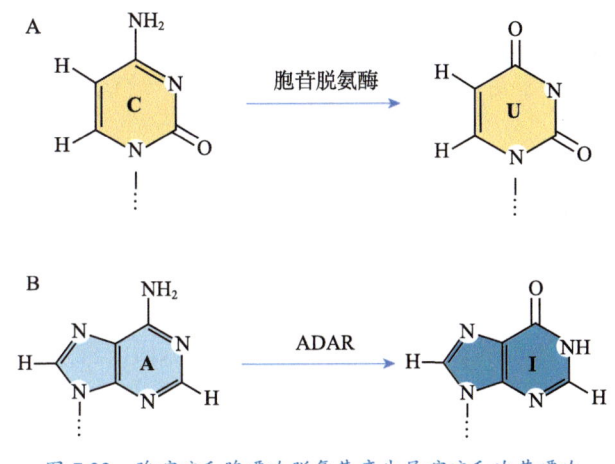

图 7.22 胞嘧啶和腺嘌呤脱氨基产生尿嘧啶和次黄嘌呤

A. 胞嘧啶核苷酸环上的氨基基团被胞苷脱氨酶移走；B. 在腺嘌呤脱氨中，同一基团由 ADAR 移走以产生次黄嘌呤

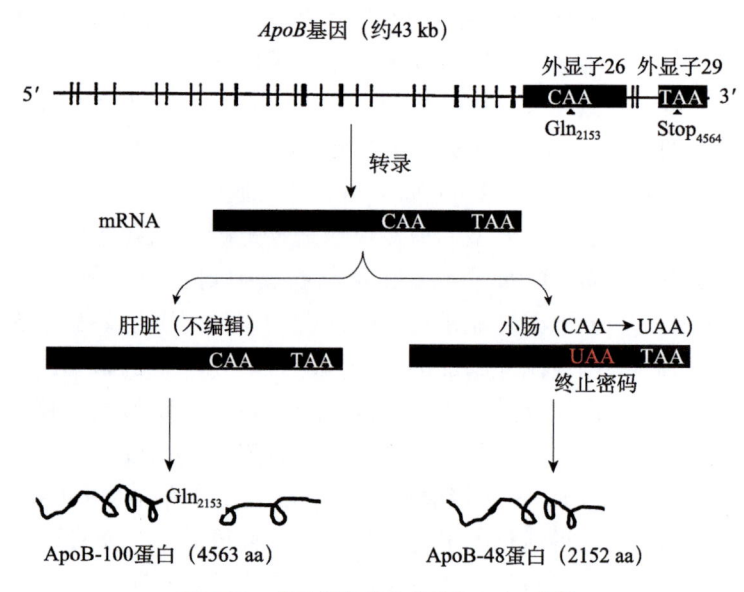

图 7.23 通过脱氨基方式进行 RNA 编辑

人载脂蛋白 RNA 以组织特异性的方式进行编辑，一个特定的胞嘧啶经过脱氨基变成了尿嘧啶；这个过程发生在小肠细胞的 RNA 中，而肝脏细胞中则没有；结果如正文所述，在小肠的 mRNA 中出现了一个终止密码，因此翻译出的蛋白质分子比肝脏中的小；本图未按比例绘制：被编辑的是第 26 个外显子，填写在整个外显子中的密码子（CAA）实际只占该外显子的很小一部分

肪代谢。肝脏中的大蛋白参与内源合成的胆固醇和甘油三酯的转运，小肠中的小蛋白参与将饮食中的脂肪运输到各种组织中。

其他酶促脱氨的 RNA 编辑包括腺嘌呤的脱氨基作用。这个反应由作用于 RNA 的腺苷脱氨酶（adenosine deaminase acting on RNA，ADAR，人类有三种）催化产生次黄嘌呤（图 7.22）。由于次黄嘌呤可以与胞嘧啶配对，因此这种编辑方式很容易改变 mRNA 编码的蛋白质序列。哺乳动物大脑中表达的一种离子通道蛋白就是通过这种方式编辑的。对其 mRNA 的一个单一的编辑导致这种离子通道蛋白的一个氨基酸改变，从而改变了该通道 Ca^{2+} 的通透性。如果不发生这种编辑，大脑的发育就会严重受损。

7.6.2 插入/删除编辑

这是一种较替代编辑更强烈的 RNA 编辑方式，常见的是 U 碱基的插入和删除，常出现在某些原生动物中。1986 年，贝恩（R. Benne）和合作者发现布氏锥虫的细胞色素 c 氧化酶 Ⅱ（COX Ⅱ）mRNA 序列与其基因序列不匹配，在 mRNA 上多出了 4 个 UMP。他们推测这 4 个

UMP 是通过 RNA 编辑的方式插入 mRNA 前体分子上的。1988 年大量锥虫的基因和 mRNA 被测序后，也预测得到更多的 RNA 编辑现象。然而，第一条证实 RNA 编辑的重要线索来自斯图尔特（K. Stuart）及其同事的工作。他们假设转录产物中同时存在未经编辑的 RNA 及编辑后的产物 RNA。针对这两种可能的 RNA，他们设计了几对特殊的引物，然后利用 RT-PCR 和狭缝杂交技术检测布氏锥虫细胞色素 c 氧化酶 Ⅲ（COX Ⅲ）的 RNA 产物。虽然实验存在一定的缺陷，但是结果仍然可以提示成熟的 COX Ⅲ mRNA 在其 3′ 端进行了 UMP 的插入/删除编辑，且 5′ 端的编辑似乎依赖 3′ 端的编辑，因此他们推测 RNA 编辑的方向可能是 3′→5′。1990 年，辛普森（L. Simpson）及其同事在利什曼原虫（Leishmania tarentolae）中发现了指导 RNA 编辑的向导 RNA（guide RNA，gRNA），并且证实编辑的方向是从目标 RNA 的 3′→5′ 扩展。gRNA

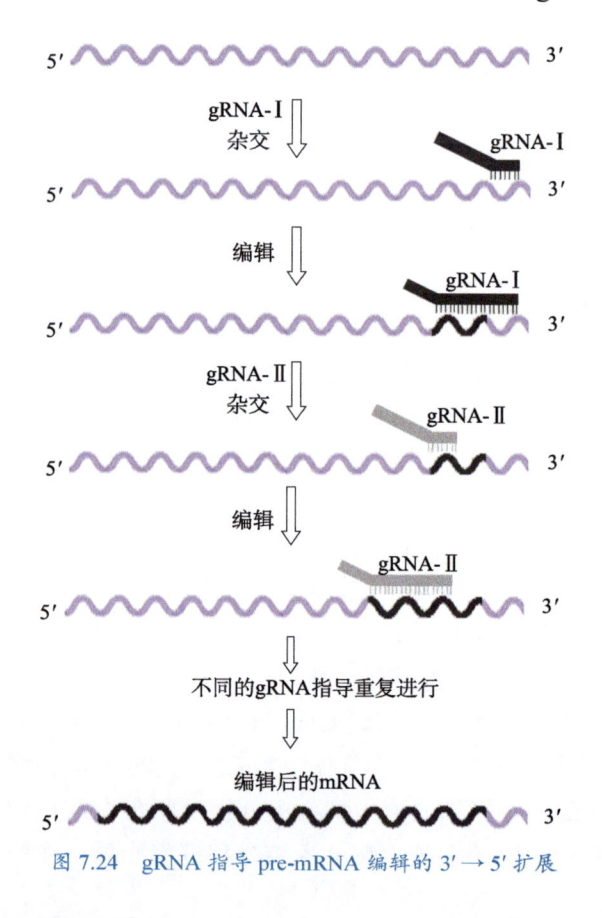

图 7.24 gRNA 指导 pre-mRNA 编辑的 3′→5′ 扩展

通过与目标 RNA 前体分子互补配对，在无法配对的位置添加 / 删除 UMP（图 7.24）。当一个编辑事件完成后，其 gRNA 的 3′ 端与目标 RNA 的非标准配对（多为 G-U 配对）使两者之间的结合较弱，容易被另一个 gRNA 的 5′ 端替代与目标 RNA 互补结合，借此启动另一次的 RNA 编辑过程。多个 gRNA 按次序作用，使编辑从目标 RNA 的 3′→5′ 扩展。1996 年，塞尔韦特（S. Serweit）在 Science 杂志上基于他们关于 RNA 编辑的研究工作描述了 gRNA 指导的 RNA 编辑的机制（图 7.25）。在 gRNA 与目标 RNA 不能配对的位置，通过酶促的方法对目标 RNA 进行内切后，切除或添加 UMP，然后进行连接。通过这些酶促反应将目标 RNA 进行编辑。编辑后的 RNA 序列信息发生变化，作为翻译模板可以指导合成与原始序列所预测的不同的肽链。

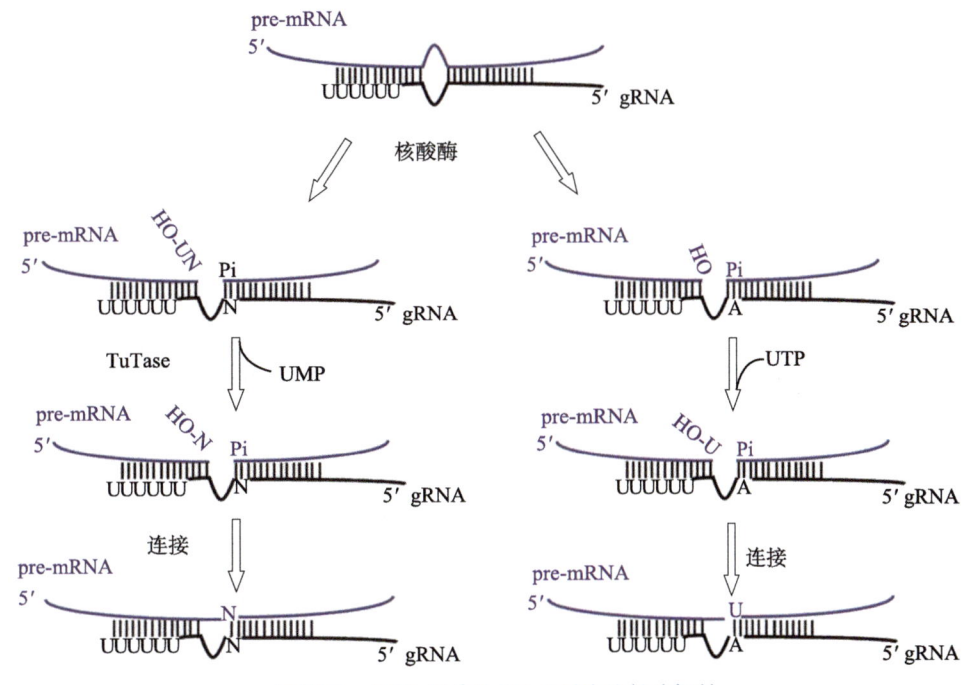

图 7.25 gRNA 指导的插入 / 删除编辑的机制
TuTase. 末端尿苷酸转移酶

思考与挑战

1. 原核生物和真核生物成熟的转录产物有何主要的序列特征？在后续的翻译中，这些特征有何作用或意义？

2. 内含子剪接在不同类型的内含子剪接机制有何异同？不同机制是否有进化上的联系，理由是什么？

3. 通过 RNA 加工，可以在 RNA 水平上修改遗传信息，从而改变产物种类。这种改变不涉及基因 / 基因组的变化，而是在 RNA 水平上进行。试想想，如何在医学、医药、农业等领域利用 RNA 加工的机制？与通过改变 DNA 来修改遗传信息相比，这种 RNA 水平上的修改有何优势？

数字课程学习

1. 转录后加工（Ⅰ）加帽和加尾
2. 转录后加工（Ⅱ）内含子剪接
3. 真核生物和原核生物的转录特征

课后拓展

1. 温故而知新
2. 拓展与素质教育

主要参考文献

Abraham J. M., Feagin J. E., Stuart K. 1988. Characterization of cytochrome c oxidase Ⅲ transcripts that are edited only in the 3′region. *Cell*, 55: 267-272.

Andersen P. R., Domanski M., Kristiansen M. S., *et al*. 2013. The human cap-binding complex is functionally connected to the nuclear RNA exosome. *Nat Struct Mol Biol*, 20: 1367-1376.

Blumenthal T. 2012. Trans-splicing and operons in *C. elegans*. Pasadena: WormBook: 1-11.

Cech T. R. 1990. Self-splicing of group Ⅰ introns. *Annual Review of Biochemistry*, 59: 543-568.

Clark D. P. 2010. Molecular Biology: Academic Cell Update. Amsterdam: Academic Press.

Cole C. N., Scarcelli J. J. 2006. Transport of messenger RNA from the nucleus to the cytoplasm. *Current Opinion in Cell Biology*, 18: 299-306.

Deutscher M. P. 1984. Processing of tRNA in prokaryotes and eukaryotes. *CRC Crit Rev Biochem*, 17: 45-71.

Dorn R., Reuter G., Loewendorf A. 2001. Transgene analysis proves mRNA *trans*-splicing at the complex mod(mdg4) locus in *Drosophila*. *Proc Natl Acad Sci USA*, 98: 9724-9729.

Furuichi Y., LaFiandra A., Shatkin A. J. 1977. 5′-terminal structure and mRNA stability. *Nature*, 266: 235-239.

Gogakos T., Brown M., Garzia A., *et al*. 2017. Characterizing expression and processing of precursor and mature human tRNAs by hydro-tRNAseq and PAR-CLIP. *Cell Reports*, 20: 1463-1475.

Gonatopoulos-Pournatzis T, Cowling V. H. 2014. Cap-binding complex (CBC). *Biochemical Journal*, 457(2):231-242.

Henras A. K., Plisson-Chastang C., O'Donohue M. F., *et al*. 2015. An overview of pre-ribosomal RNA processing in eukaryotes. *Wiley Interdisciplinary Reviews*: *RNA*, 6: 225-242.

Houseley J., Tollervey D. 2009. The many pathways of RNA degradation. *Cell*, 136: 763-776.

Irimia M., Rukov J. L., Penny D., *et al*. 2007. Functional and evolutionary analysis of alternatively spliced genes is consistent with an early eukaryotic origin of alternative splicing. *BMC Evolutionary Biology*, 7: 188.

Jarrous N., Mani D., Ramanathan A. 2021. Coordination of transcription and processing of tRNA. *FEBS J*, (13): 3630-3641.

Keren H., Lev-Maor G., Ast G. 2010. Alternative splicing and evolution: diversification, exon definition and function. *Nature Reviews Genetics*, 11: 345-355.

Kinniburgh A. J., Mertz J. E., Ross J. 1978. The precursor of mouse beta-globin messenger RNA contains two intervening RNA sequences. *Cell*, 14: 681-693.

Kruger K., Grabowski P. J., Zaug A. J., *et al*. 1982. Self-splicing RNA: Autoexcision and autocyclization of the ribosomal RNA intervening sequence of tetrahymena. *Cell*, 31: 147-157.

Labrador M., Mongelard F., Plata-Rengifo P., *et al*. 2001. Protein encoding by both DNA strands. *Nature*, 409: 1000.

Lasda E. L., Blumenthal T. 2011. Trans-splicing. *WIREs RNA*, 2: 417-434.

Niwa M., Berget S. M. 1991. Mutation of the AAUAAA polyadenylation signal depresses *in vitro* splicing of proximal but not distal introns. *Genes Dev*, 5: 2086-2095.

Ohno M., Sakamoto H., Shimura Y. 1987. Preferential excision of the 5′ proximal intron from mRNA precursors with two introns as mediated by the cap structure. *Proc Natl Acad Sci USA*, 84: 5187-5191.

Potapova T. A., Gerton J. L. 2019. Ribosomal DNA and the nucleolus in the context of genome organization. *Chromosome Res*, 27(1-2): 109-127.

Pyle A. M. 2016. Group Ⅱ intron self-splicing. *Annu Rev Biophys*, 45: 183-205.

Ramanathan A., Robb G. B., Chan S. H. 2016. mRNA capping: biological functions and applications. *Nucleic Acids Res*, 44: 7511-7526.

Shi Y. G. 2017. Mechanistic insights into precursor messenger RNA splicing by the spliceosome. *Nat Rev Mol Cell Biol*, 18(11): 655-670.

Thomas M., White R. L., Davis R. W. 1976. Hybridization of RNA to double-stranded DNA: formation of R-loops. *Proc Natl Acad Sci USA*, 73: 2294-2298.

Tian B., Graber J. H. 2012. Signals for pre-mRNA cleavage and polyadenylation. *WIREs RNA*, 3: 385-396.

Tilghman S. M., Curtis P. J., Tiemeier D. C., *et al*. 1978. The intervening sequence of a mouse beta-globin gene is transcribed within the 15S beta-globin mRNA precursor. *Proc Natl Acad Sci USA*, 75: 1309-1313.

Wei C. M., Moss B. 1974. Methylation of newly synthesized viral messenger RNA by an enzyme in vaccinia virus. *Proceedings of the National Academy of Sciences*, 71: 3014-3018.

Wei C. M., Moss B. 1975. Methylated nucleotides block 5′-terminus of vaccinia virus messenger RNA. *Proceedings of the National Academy of Sciences*, 72: 318-322.

Yan C., Wan R., Bai R., *et al*. 2016. Structure of a yeast activated spliceosome at 3.5 Å resolution. *Science*, 353(6302): 904-911.

第 8 章
蛋白质翻译过程

思维导图

蛋白质是基因表达的最终产物，其生物合成称为翻译。蛋白质翻译是一个以 mRNA 为模板，在核糖体上由 tRNA 解读，将储存于 mRNA 的密码序列转变为氨基酸序列，合成多肽链的过程。蛋白质翻译是一个比 DNA 复制和转录更复杂，同时也更保守和更耗能的过程。在快速生长的细菌中，高达 80% 的细胞总能量和 50% 的细胞干重用于参与蛋白质的合成。事实上，一个蛋白质的合成就需要超过 100 个蛋白质和 RNA 的协调运作来完成。尽管蛋白质合成过程十分复杂，但合成速度却高得惊人，如大肠杆菌只需要 5 s 就能合成一条由 100 个氨基酸残基组成的多肽，而且每个细胞中成百上千个蛋白质的合成都是有条不紊地协同进行的。

8.1 蛋白质合成的装置

蛋白质合成装置主要负责把 mRNA 序列翻译成蛋白质的氨基酸序列，它包含 4 种基本组分：核糖体、mRNA、tRNA 和氨酰 tRNA 合成酶（aminoacyl tRNA synthetase）。其中核糖体是蛋白质合成的场所，mRNA 是蛋白质合成的模板，tRNA 是模板与氨基酸之间的接合体，氨酰 tRNA 合成酶是一类催化氨基酸与 tRNA 结合的特异性酶。那么这些组分如何协同工作来完成翻译过程的呢？要回答这个问题，首先要了解以下几点：mRNA 核糖核苷酸序列信息是如何组织的？tRNA 的结构和功能是怎样的？氨酰 tRNA 合成酶是如何识别并装载正确的氨基酸的？核糖体的结构是怎样的，它是如何解码核糖核苷酸信息的？

8.1.1 mRNA 的结构与功能

8.1.1.1 mRNA 与翻译相关的序列特征

所有 mRNA 都具有两个必需特征：一个核糖体结合位点和一段可翻译的密码序列。在翻译开始时，核糖体必须被招募并结合到 mRNA 上，因此 mRNA 必须具有核糖体结合位点（ribosome-binding site，RBS）。RBS 在原核生物和真核生物中区别很大。多数原核生物的 mRNA 在其起始密码子上游有一段富含嘌呤的非翻译区，这段短序列叫作 SD 序列（Shine-Dalgarno sequence）。典型的 RBS 位于起始密码子 AUG 上游 5′ 端 4～10 nt 处，并且与核糖体 16S rRNA 的 3′ 端互补配对。rRNA 与 RBS 的碱基互补可将核糖体正确定位在 mRNA 的翻译起始位点。在 16S rRNA 中，这个互补区域的核心是 5′-CCUCCU-3′ 序列，因此毫不意外，原核生物 RBS 最常见的序列就是 5′-AGGAGG-3′。RBS 与 16S rRNA 之间的结合越强越有利于翻译起始，这种结合强度取决于 RBS 与 16S rRNA 之间的互补程度及与起始密码子之间的距离，RBS 与起始密码子之间的距离一般以 4～10 nt 为佳，9 nt 最佳。

与原核生物不同，真核生物翻译起始招募核糖体是利用 mRNA 的 5' 帽子。核糖体结合到 mRNA 上沿着 5'→3' 的方向移动，直到遇到起始密码子 5'-AUG-3'，这个过程称为扫描。另外，有两个真核生物 mRNA 的特征可以促进翻译。一个序列最初由马里莲·科扎克（Marilyn Kozak）鉴定，因此也称为 Kozak 序列。该序列特征是一段包含 AUG 的保守序列"G/ANNAUGG"，即起始密码子上游第三个碱基是嘌呤，下游紧邻起始密码子的碱基是鸟嘌呤。也有许多真核生物 mRNA 缺少这个序列，但是 Kozak 序列的存在可以增加翻译效率。和原核生物不同，这些碱基被认为是与起始 tRNA 相互作用，而不是结合于核糖体的 RNA 组分。第二个增加翻译效率的特征是 mRNA 的 3' 多腺苷酸尾[poly(A) tail]。尽管这个 poly(A) 尾位于 mRNA 的 3' 端，但仍可以通过促进核糖体的再利用来增加 mRNA 的翻译水平。翻译起始后就可以进行 mRNA 中一部分序列的解码了，这部分序列从起始密码子到终止密码子由一段连续但不重叠的密码子串组成，称为开放阅读框（open reading frame，ORF）。一般来说，一个 ORF 决定一个多肽链，并且起始和终止位点都在其 mRNA 内部，也就是说一个 ORF 的结尾与其 mRNA 的结尾是不同的。每个 mRNA 包含至少一个 ORF，而选择性拼接和多顺反子是广为人知的一个基因编码多个蛋白质的例子。选择性拼接多见于高等真核生物尤其是脊椎动物中。多顺反子则常见于原核生物中，即一个 mRNA 包含多个开放阅读框。细菌中的多顺反子通常编码履行相关功能的一类蛋白质。另外，RNA 病毒的超长编码序列会翻译成一个巨型多聚蛋白链，然后多聚蛋白链被剪切形成多个蛋白质。最后，偶尔有一些例外情况。例如，一个基因通过移码识读（见基因表达调控）也会生成两个蛋白质。除此之外，一般来说一个基因都只编码一种蛋白质。

8.1.1.2　遗传密码 – 三联体密码

蛋白质合成装置以三个核苷酸决定一个氨基酸的形式来进行开放阅读框的解码，并最终合成蛋白质，这也是中心法则的最核心部分。mRNA 上每三个核苷酸翻译成蛋白质多肽链上的一个氨基酸，这三个核苷酸就称为密码，也叫三联体密码，即密码子（codon）。新生的多肽链中氨基酸的组成和排列顺序取决于其 DNA（基因）的碱基组成和顺序。密码子的破译主要归功于两项技术：一个是尼伦伯格（Nirenberg）的人工合成多聚核苷酸体外翻译技术，另一个是 Nirenberg 和莱德（Leder）发明的核糖体结合技术。但在 1960 年之前，有关遗传密码的一些基础问题尚不清楚，如密码子重叠吗？密码子有间隔或者间断吗？这些问题通过一系列富有想象力的实验都得到了解答，即密码子是不重叠、无间断的。那么几个碱基组成一个密码子呢？1954 年，物理学家加莫夫（Gamov）从数学上进行分析认为：mRNA 中只有 4 种核苷酸，而蛋白质中有 20 种氨基酸，以一种核苷酸代表一种氨基酸是不可能的。若以两种核苷酸作为一种氨基酸的密码（二联子），它能代表的氨基酸有 4^2=16 种，还是不足 20 种。而假定以三个核苷酸代表一种氨基酸，则可以有 4^3=64 种密码，完全可以满足编码 20 种氨基酸的需要。经过反复研究，克里克（Crick）等首先从遗传学的角度证实三联体密码的构想是正确的。他们发现 T4 噬菌体 rⅡ 位点上两个基因是否正确表达与它能否侵染大肠杆菌有关，用吖啶类试剂（诱导核苷酸插入或从 DNA 链上丢失）处理使 T4 噬菌体 DNA 发生移码突变（frameshift mutation），从而指导合成一个完全不同的、没有功能的蛋白质，使噬菌体丧失感染能力。若在模板 mRNA 中插入或删除一个碱基，会改变该密码子后面的全部氨基酸序列。若同时对模板进行插入和删除试验，保证后续密码子序列不变，翻译得到的蛋白质序列就保持不变（除了发生突变的那个密码子所代表的氨基酸）。如果同时删去三个核苷酸，翻译产生少了一个氨基酸的蛋白质，但序列不发生变化。另外，对烟草坏死卫星病毒的研究表明，其外壳蛋白亚基由 400 个氨基酸组成，而相应的 RNA 片段约含 1200 个核苷酸，与假设的密码三联体体系正好吻合。

此后，在 1961 年，Nirenberg 和马西（Mathaei）做了一个突破性的实验，为证明密码子的三联体性质和破译遗传密码奠定了基础。他们制备大肠杆菌的无细胞合成体系，这个体系是将大肠杆菌进行破碎和离心除去细胞碎片后的液体，含 DNA、mRNA、tRNA、核糖体、氨酰 tRNA 合成酶及其他酶类等蛋白质合成所需的各种成分，在其中加入 DNA 酶（DNase），降解体系中的 DNA，之后 mRNA 耗尽时，体系中的蛋白质合成停止。这时补充作为模板的外源 mRNA、ATP、GTP 和放射性标记的氨基酸等成分又能合成新的肽链，新生肽链的氨基酸顺序则由补充的模板所决定。因此，分析比较补充的模板和合成的肽链即可推知编码某些氨基酸的密码。

Nirenberg 把多聚（U）作为模板加入到上述无细胞合成体系中发现，新合成的多肽链是多聚苯丙氨酸，推断出 UUU 指导多聚苯丙氨酸的合成。又用同样的方法证明以多聚（C）及多聚（A）作模板得到的分别是多聚脯氨酸和多聚赖氨酸。事实上，在生理 Mg^{2+} 条件下，没有起始密码子的多聚核苷酸不能被用作多肽合成的模板。幸运的是，由于上述无细胞体系中 Mg^{2+} 浓度很高，人工合成的多聚核苷酸不需要起始密码子便可以指导多肽的生物合成，而且读码起始是随机的。

接下来，Nirenberg 和奥乔亚（Ochoa）等又用各种随机共聚物或特定序列共聚物作模板合成多肽。如果以多聚二核苷酸如多聚（UC）作模板，假设密码子是偶数个碱基，无论翻译起始于 C 还是 U，只有一个密码子（二联体为 UC 或 CU，四联体为 UCUC 或 CUCU）重复下去，最终翻译产生同聚多肽链。如果密码子含有奇数个碱基，那么多聚（UC）无论读码从 U 开始还是从 C 开始，都只能有 UCU 和 CUC 两种交替的密码子，最终可合成由两种氨基酸组成的多肽。霍拉纳（Khorana）发现多聚（UC）翻译成含有重复 Ser-Leu 多聚二肽，说明密码子确实含有奇数个碱基。另外，如果以只含 A、C 的共聚核苷酸作模板，任意排列时可出现 8 种三联体，即 CCC、CCA、CAC、ACC、CAA、ACA、AAC、AAA，获得由 Asn、His、Pro、Gln、Thr、Lys 等 6 种氨基酸组成的多肽。这时根据加入核苷酸底物的比例计算各种三联体出现的相对频率，可以发现氨基酸合成的相对量与三联体密码子出现的频率是相一致的（表 8.1）。

表 8.1 无序多聚 AC 核苷酸指导的氨基酸聚合（A:C=5:1）

可能的密码子	计算可能出现的密码子的相对频率	氨基酸实际掺入的相对频率
AAA	100	Lys（100）
AAC	20	Asn（24）
CAA	20	Gln（24）
ACC	4	His（6）
CCA，CCC	4，8	Pro（7）
ACA，ACC	24	Thr（26）

以多聚三核苷酸作为模板可得到由三种氨基酸组成的多肽。例如，以多聚（UUC）为模板，根据读码起点不同，产生的密码子可能是 UUC（Phe）、UCU（Ser）或 CUU（Leu），所以得到的多肽可能是多聚苯丙氨酸、多聚丝氨酸或多聚亮氨酸，由此可知 UUC、UCU、CUU 分别是苯丙氨酸、丝氨酸及亮氨酸的密码子。当然，以多聚三核苷酸为模板时也可能只合成两种均聚多肽。例如，多聚（GUA）根据读码起点不同，产生的密码子可能是 GUA（Val）、UAG 或 AGU（Ser），由于第二种读码方式产生的密码子 UAG 是终止密码子，不编码任何氨基酸，因此合成的多肽要么是多聚缬氨酸，要么是多聚丝氨酸。

Nirenberg 和莱德（Leder）还运用核糖体结合技术来进行密码子的破译。该技术是以人工合成的三核苷酸如 UUU、UCU、UGU 等为模板，在含 tRNA、核糖体和 20 种氨基酸的适当离子强度的蛋白质体外合成体系中进行反应，然后使反应液通过硝酸纤维素滤膜进行过滤。游离的 AA-tRNA 因分子量小而能自由通过滤膜，三核苷酸模板加入可以使其对应的 AA-tRNA 结合到核糖体上，导致体积超过滤膜上的微孔而被滞留，这样就能把已结合到核糖体上的 AA-tRNA 与未结合的 AA-tRNA 分开。若用 20 种 AA-tRNA 做 20 组同样的实验，每组都含 20 种 AA-tRNA 和各种三核苷酸，但只有一种氨基酸用 ^{14}C 标记，看哪一种 AA-tRNA 被留在滤膜上，进一步分析这一组的模板是哪种三核苷酸，从模板三核苷酸与氨基酸的关系可得知该氨基酸的密码子。例如，模板是 UUU 时，Phe-tRNA 结合于核糖体上，则 UUU 就是 Phe 的密码子（图 8.1）。

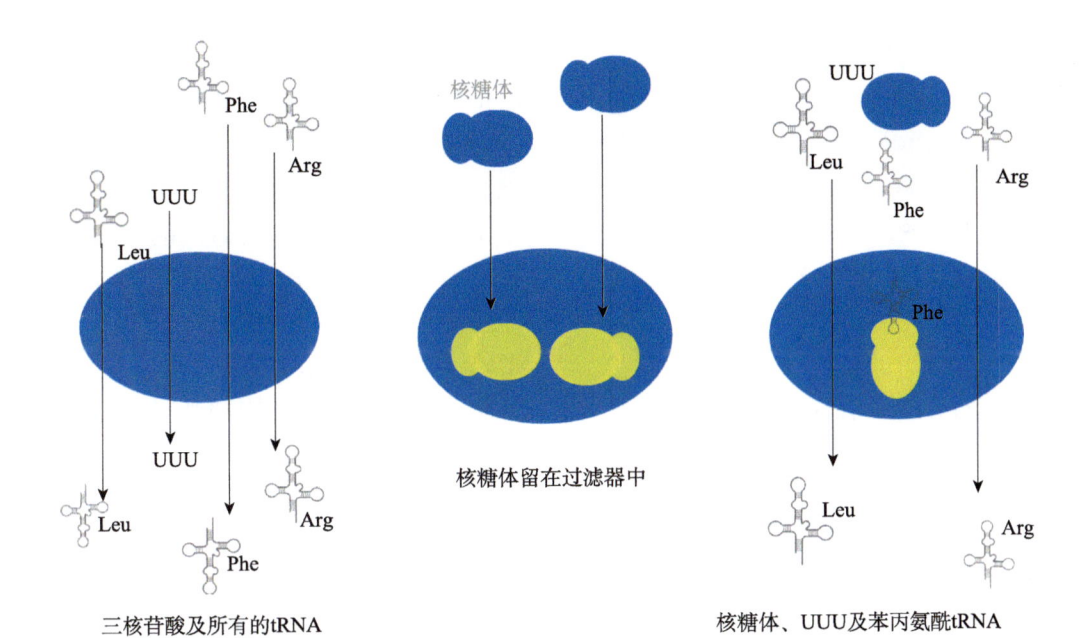

图 8.1 遗传密码破译的蛋白质体外合成体系（Nirenberg & Leder，1964）

由于没有一种 tRNA 能够识读终止密码子，那么终止密码子是如何破译的呢？1961 年，布伦纳（Brenner）获得 T4 噬菌体头部蛋白基因的琥珀突变（amber mutation）。经研究发现突变体头部蛋白比野生型的要短，因此推测头部蛋白基因发生了终止突变，使蛋白质合成中断。1965 年，加伦（Garen）获得了大肠杆菌碱性磷酸酶基因（phoA）琥珀突变的大量回复突变，通过分析回复突变相对应的"回复"的氨基酸，证明了终止突变的密码为 UAG（琥珀突变）。密码子中单碱基改变概率较高，与相应回复突变的氨基酸编码密码子相比较推测出终止密码子的序列。例如，丝氨酸的编码密码子之一 UCG 与 UAG 相比只有一个碱基的差异，同样回复突变的谷氨酸的编码密码子之一 GAG 与 UAG 相比也只有一个碱基的差异。后来也证实了其他两个终止突变 UAA（ocher mutation，赭石突变）和 UGA（opal mutation，蛋白石突变）。对 165 个大肠杆菌基因、52 个芽孢杆菌基因和 105 个酵母基因的终止密码子进行统计分析，发现 UAA 的终止效率高，选用的频率也较高，UAG 的终止效率则较低。多数基因还选用两个或三个终止密码子。1990 年，布朗（Brown）分析了 862 个基因，发现终止密码子多数具有 U 碱基，因此提出终止密码子可能为 4 个核苷酸（UAAG、UAGU、UGAU）。

8.1.1.3 遗传密码的特性

1. 简并性

表 8.2 中给出了全部遗传密码子，正如预计的一样，密码子有 64 种，氨基酸只有 20 种。除了三个终止密码子，其他的都编码特定的氨基酸，因此可以推断许多氨基酸有多个密码子。实际上其中 3 种氨基酸有 6 个密码子，5 种氨基酸有 4 个密码子，9 种氨基酸有 2 个密码子，1 种氨基酸有 3 个密码子，只有甲硫氨酸（ATG）和色氨酸（UGG）只有 1 个密码子。一般来说，编码某一氨基酸的密码子越多，该氨基酸在蛋白质中出现的频率也越高，只有精氨酸例外，因为在真核生物中 CG 出现的频率较低，所以尽管有 6 个同义密码子，但在蛋白质中精氨酸的出现频率仍不高。

这种同一个氨基酸由一种以上密码子编码的现象称为密码子的简并性（degeneracy），对应于同一氨基酸的一组密码子称为同义密码子（synonymous codon）。将 4 个简并密码子间仅有第三个核苷酸不同的密码子称为密码子家族（codon family）。另外，AUG 和 GUG 既是甲硫氨酸、缬氨酸的密码子，又是起始密码子，这种双重功能在生物学上的意义尚不清楚。

表 8.2　生物通用密码表

第一位碱基	第二位（中间）碱基 U	C	A	G	第三位碱基
U	UUU Phe	UCU Ser	UAU Tyr	UGU Cys	U
	UUC Phe	UCC Ser	UAC Tyr	UGC Cys	C
	UUA Leu	UCA Ser	UAA 终止密码子	UGA 终止密码子	A
	UUG Leu	UCG Ser	UAG 终止密码子	UGG Trp	G
C	CUU Leu	CCU Pro	CAU His	CGU Arg	U
	CUC Leu	CCC Pro	CAC His	CGC Arg	C
	CUA Leu	CCA Pro	CAA Gln	CGA Arg	A
	CUG Leu	CCG Pro	CAG Gln	CGG Arg	G
A	AUU Ile	ACU Thr	AAU Asn	AGU Ser	U
	AUC Ile	ACC Thr	AAC Asn	AGC Ser	C
	AUA Ile	ACA Thr	AAA Lys	AGA Arg	A
	AUG Met	ACG Thr	AAG Lys	AGG Arg	G
G	GUU Val	GCU Ala	GAU Asp	GGU Gly	U
	GUC Val	GCC Ala	GAC Asp	GGC Gly	C
	GUA Val	GCA Ala	GAA Glu	GGA Gly	A
	GUG Val	GCG Ala	GAG Glu	GGG Gly	G

2. 摆动性

生物体如何解决多个密码子编码同一种氨基酸的问题呢？一种方式可能是同一种氨基酸具有多个 tRNA，这种能解读同义密码子的不同 tRNA 叫作同工受体 tRNA。如果每一个 tRNA 都专一性地对应不同的密码子，那么需要约 60 种不同的 tRNA，确实有些特定生物体中含有约 60 种不同的 tRNA，但可能这只是一种解决方案。另外还有一种方式：仔细观察遗传密码子的简并情况会发现大多数简并密码子的第一二位碱基是相同的，第三位碱基有变化，所以第三位核苷酸的改变并不一定影响所编码的氨基酸，这种安排减少了变异对生物的影响，也使得生物不一定需要不同的密码子都有专一性对应的一个 tRNA，所以使用较少的 tRNA 就可以解决问题。Crick 推测密码子的前两位碱基必须按照碱基配对法则与反密码子严格配对，但密码子的最后一位则可以发生摇摆与反密码子形成非正常配对，这个假说称为摆动假说（wobble hypothesis）。例如，反密码子中的 G 不仅能和密码子第三位的 C 配对，也可以和 U 配对，由此产生摆动碱基配对。Crick 进一

步注意到 tRNA 上的一个次黄嘌呤核苷（I），其结构与 G 类似，所以预计可与 C 或者 U 配对，但 Crick 认为还可以与密码子的第三位 A 形成碱基配对。总之，一个 tRNA 究竟能识别多少个密码子是由反密码子第一位碱基的性质决定的，反密码子第一位为 A 或 C 时只能识别 1 种密码子，为 G 或 U 时可识别 2 种密码子，为 I 时可识别 3 种密码子。如果有几个密码子同时编码一个氨基酸，凡是第一二位碱基不同的密码子都对应于各自独立的 tRNA。摆动现象降低了翻译遗传密码所需的 tRNA 数目。根据摆动假说，如果无需 tRNA 阅读终止密码子，细胞只需 31 个 tRNA 就可以阅读全部 64 个密码子。但人类的线粒体和植物质体中的 tRNA 少于 31 个，所以在摆动配对之外一定还存在其他方式，由此提出了超级摆动假说（superwobble hypothesis）。这些 tRNA 对密码子的识读具有更大的摆动性。例如，以 U 为其摆动位点（即反密码子第一位）的一个 tRNA 可以识别任意 4 个碱基结尾的密码子。线粒体密码子也表现出更为整齐的特点，多数为两个密码子和 4 个密码子（密码子家族）编码的相应的氨基酸，其中亮氨酸和丝氨酸除了密码子家族编码，还有两个额外的密码子，合计就有 6 个密码子。另外，线粒体还具有 4 个终止密码子。

tRNA 的结构是摆动和超摆动现象发生的基础。反密码子位于 tRNA 突出的环上，因此反密码子三联体的排列就会呈现弯曲弧线形状，不能与密码子保持完全平行，加上反密码子的第一个核苷酸位于非双链结构的松弛环内，从而导致密码子的第三个核苷酸和反密码子的第一个核苷酸之间可能形成非标准的碱基配对。如果 tRNA 的摆动位点是被修饰的碱基，就可能出现更多的配对关系（表 8.3）。

表 8.3　摆动碱基配对方式

反密码子第一个核苷酸	与密码子第三个核苷酸配对 正常配对	摆动配对
G	C	U
U	A	G
I	/	C 或 U 或 A
C	G	无摆动配对
A	U	无摆动配对

3. 遗传密码的第二位碱基决定氨基酸的极性

泰勒（Taylor）等证实氨基酸的极性通常由密码子的第二位（中间）碱基决定，简并性则由第三位碱基决定。例如，①中间碱基是 U，它编码的氨基酸是非极性、疏水和支链的；②中间碱基是 C，其编码的氨基酸是非极性的或者具有不带电荷的极性侧链；③中间碱基是 A 或 G，其编码的氨基酸具有亲水性。这种分布使得密码子中的一个碱基被置换，其结果或是编码相同的氨基酸，或是以物理、化学性质最接近的氨基酸取代，从而减少有害突变。这种密码子中的第二位碱基决定氨基酸性质的特点也被称为广义密码（general genetic codon，GGC）或密码中的密码（codon in codon）。而线粒体 tRNA 会产生超摆动现象是由于线粒体中 tRNA 在结构上具有较大差异，线粒体 tRNA 中没有典型的 TψC 环，一些线粒体中没有典型的 DHU 环，线粒体 tRNA 中 U 较多，因此 tRNA 的二级结构较为松弛，对密码子的识读具有更大的摆动性。

4. 遗传密码子的通用性和特殊性

在遗传密码被破译的几年里，从体内到体外，从细菌到人类，验证过的所有生物都共用这套遗传密码子，因此普遍认为遗传密码子是通用的。20 世纪 70 年代以后对各种生物基因组的大规模测序结果也充分证明生物界基本共用同一套遗传密码子。这种显而易见的普遍性也引出了地球生命的单一起源论。毕竟，如果生命独立起源于两个地方，就很难期望两个物种碰巧进化出相同的遗传密码子！密码子的通用性也有助于人们研究生物的进化。同时，遗传密码子的通用性在遗传工程中得到充分运用。例如，在细菌中大量表达人类的外源蛋白，如胰岛素等。

但是值得注意的是，遗传密码子并非绝对通用，也有一些例外，这是遗传密码子的特殊性。在果蝇线粒体和支原体中，终止密码子 UGA 被用来编码色氨酸。更重要的是，AGA 在线粒体中被用来编码丝氨酸而不是标准密码子中的精氨酸。对人、牛及酵母线粒体 DNA 序列的研究还表明，在线粒体中也有一些例外情况。例如，AGA 和 AGG 不作为标准密码子中精氨酸的密码子，而是编码终止密码子；UGA 编码色氨酸，而非终止密码子；甲硫氨酸可由 AUA 编码等。由于线粒体基因组非常小，只编码几种蛋白质，因此比核基因组能更多地发生自由变化。但是在核基因组和细菌基因组中也发现了例外的现象。在至少三种纤毛原生动物中，UAA 和 UAG 编码谷氨酸而不是通用的终止密码子；在白假丝酵母（*Candida albicans*）中，CTG 编码丝氨酸而不是通用的亮氨酸。如此看来，通用密码子并不是真的通用，那这是否有利于地球生命多起源学说呢？如果特殊密码子与通用密码子根本不同，这种可能性也许很大，实际却不是这样。尤其在多数例子中，异常密码子是终止密码子，却被用来编码谷氨酰胺或色氨酸。另外，绝大多数异常密码子都发生在线粒体中，线粒体基因组编码的蛋白质少，密码子的改变相对来说会比较安全。因此，虽然密码子并不完全通用，但标准密码子确实存在，并且可以肯定异常密码子是从其进化而来的，这一证据仍然十分有利于生命单一起源论。

5. 遗传密码子的连续性和非重叠性

三联体密码子中每个碱基都只是某一个密码子的一部分，即密码子是非重叠的。而且 DNA 序列中每个碱基都属于某个密码子，即密码子是连续性的、无间隔的。如果假设密码子是重叠的，那么序列 AUGCUA 的碱基 G 可能属于相邻密码子 AUG、UGC 和 GCU，碱基 G 突变则产生三个氨基酸的突变。但是经研究发现单碱基改变只引起一个氨基酸的改变，因此密码子是非重叠的。另外，如果密码子中包含非翻译间隔，那么单碱基缺失或增加就会改变多个密码子，但是预期在非翻译间隔之后，核糖体翻译会回归正常。因此，没有非翻译间隔，除非发生在 mRNA 的末端，这种突变将会是致死性的。移码突变确实可以发生，这说明密码子是无间隔的、连续的。

8.1.2 tRNA 的结构与功能

tRNA 是密码子翻译成氨基酸的转接器。tRNA 既可以识别相应的密码子，也可以结合特定的氨基酸，将 mRNA 的密码子序列转换为多肽链中的氨基酸序列，其在蛋白质合成中处于关键地位。tRNA 的这种双重功能是与它的结构相统一的。

tRNA 分子长 75～95 nt。虽然 tRNA 分子各自的一级结构（线性序列）不同，但所有的 tRNA 都具有相似的结构特征：tRNA 的 3′ 端都有 5′-CCA-3′ 序列，这个序列是由 RNA 聚合酶（CCA 添加酶）合成的，该位点是 tRNA 与相应氨基酸结合的位点。另外，在 tRNA 的一级结构中存在着一些特殊碱基，这些特殊碱基是在转录后由正常碱基经过多种酶系统修饰而成的。例如，假尿嘧啶核苷（ψU）是正常尿苷通过 N1 而不是 C5 与核糖连接这种异构化所衍生得到的。同样，二氢尿嘧啶（D）是通过酶系统催化尿嘧啶的 C5 和 C6 位的双键还原而得到的。tRNA 的稀有碱基含量非常丰富，有 70 余种。每个 tRNA 分子至少含有两个稀有碱基，最多有 19 个，多数分布在非配对区，特别是在反密码子 3′ 端邻近部位出现的频率最高，且大多为嘌呤核苷酸。tRNA 分子每个碱基修饰对 tRNA 功能可能并不是必不可少的，但是如果细胞中 tRNA 分子缺少这种修饰就会降低生长速率。有证据表明至少两种 tRNA 在体外只用 4 种无修饰碱基合成，但却无法结合氨基酸，这说明至少这两种 tRNA 完全无修饰时无法行使相应的功能。虽然这些研究揭示所有修饰作用的总和是重要的，但是单碱基修饰可能对 tRNA 的负载和利用效率都有更细微的影响。

所有 tRNA 分子都参与氨基酸和密码子的识别，这种功能上的相似性决定了它们在结构上也有很多的共性。1965 年，罗伯特·霍利（Robert Holley）等首次测定了酵母丙氨酸 tRNA 的碱基序列，其一级结构的碱基序列互补性表明至少存在三部分碱基配对形成的二级结构，形成一个"三叶草"形状。直至 1969 年，已经确定了 14 个 tRNA 序列，尽管它们在初级结构上差别很大，但所有 tRNA 本质上都具有相同的"三叶草"形二级结构（图 8.2）。这个结构有 4 个由碱基配对形成的茎和 4 个突出的环，它们确定了 tRNA 分子的主要结构和功能区域。其主要功能区域的命名和特征分别如下。

（1）氨基酸接受臂（acceptor arm）：因结合氨基酸而得名，主要由链的两端序列碱基配对形成的茎状结构和 3′ 端未配对的 3～4 个碱基组成，其 3′ 端的最后 3 个碱基序列是不变的 CCA 序列，突出在双链之外，最后一个碱基的 3′ 或 2′ 自由羟基（—OH）可被氨酰化。

（2）TψC 环：是根据三个核苷酸命名的，其中 ψ 表示假尿嘧啶，该碱基通常见于 5′-TψUCG-3′ 序列。其功能主要是与构成核糖体大亚基的 5S rRNA 结构相结合，起到稳定蛋白质翻译装置的作用。

（3）反密码子环：是根据位于环中间的与三联密码子进行配对的反密码子命名的，其中反密码子的第一位核苷酸是与密码子第三位配对的摆动位点。反密码子的两端由 5′ 端的尿嘧啶和 3′ 端的嘌呤界定。

（4）D 环：是根据它含有修饰碱基二氢尿嘧啶（dihydrouracil）命名的，可直接与氨酰 tRNA 合成酶结合。

（5）可变环或额外环（extra arm）：位于 TψC 和反密码子环之间，其命名来源于它是 tRNA 分子中发生最大变化的环。其变化的碱基有 3～21 bp。根据可变环的特性，又可将 tRNA 分为两大类：第一类 tRNA 占所有 tRNA 的 75%，只含有一条仅为 3～5 nt 的可变环；第二类 tRNA 含有一条较大的可变环，包括 13～21 nt。可变环的生物学功能尚不清楚。

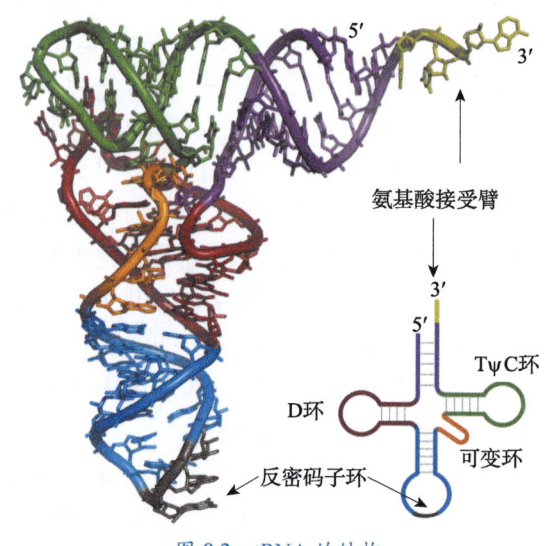

图 8.2　tRNA 的结构

所有 tRNA 都具有本质上相同的"三叶草"形二级结构，维持这种保守结构的碱基位置和配对关系通常也比较恒定，这些高度保守的核苷酸及排列对 tRNA 的进一步折叠，形成 tRNA 的三级空间结构十分重要。亚历山大·里奇（Alexander Rich）等在 20 世纪 70 年代用 X 射线衍射技术进行分析，显示 tRNA 具有相同的倒"L"形空间结构。在这个结构中，氨基酸接受臂和反密码子环分别位于倒"L"形结构的两端，其中氨基酸接受臂和 TψC 臂的茎状结构通过碱基配对的方式形成一个水平的位于顶部的双螺旋，D 臂和反密码子臂的茎状结构则形成垂直轴方向的双螺旋。TψC 环和 D 环位于倒"L"形的转折点形成氢键结合。tRNA 高级结构的特点为人们研究其生物学功能提供了重要的线索，因为 tRNA 上所运载的氨基酸必须靠近位于核糖体大亚基上的多肽合成位点，而 tRNA 上的反密码子必须与小亚基上的 mRNA 配对，所以分子中两个不同的功能基团是最大限度分离的。这个结构形式很可能满足了蛋白质合成过程中对 tRNA 的各种要求，从而成为 tRNA 三级结构的通式。

tRNA 能够维持倒"L"形的三级结构，主要由在二级结构中未配对碱基间形成氢键而引发的。在三叶草结构中的氢键称为次级氢键，在三级结构中的氢键称为三级氢键。大部分恒定或半恒定核苷酸都参与三级氢键的形成。这些相互作用能够使 tRNA 正确折叠，所以相关碱基的任何变化都可能影响 tRNA 正确折叠进而阻碍 tRNA 正确行使功能。这种碱基配对形成氢键基本上是非沃森-克里克配对，因为配对的两条链是平行而不是反平行的。另外，还有在分子折叠过程中发生连续碱基配对而产生的像双螺旋 DNA 中一样的碱基堆积力，以及碱基与骨架、骨架与骨架之间的相互作用力，都参与维持 tRNA 三级结构的稳定性。

8.1.3 氨酰 tRNA 合成酶的结构与功能

氨基酸结合到 tRNA 分子的过程称为装载，未结合氨基酸的 tRNA 称为未装载 tRNA。tRNA 装载氨基酸需要其氨基酸接受臂 3′ 端突出的腺苷酸 2′ 或 3′ 羟基与氨基酸的羧基形成酰键，酰键水解会导致大量自由能的变化而成为高能酰键，酰键发生断裂时引起自由能释放，从而驱动蛋白质合成时氨基酸结合到伸长的肽链上形成肽键。tRNA 对氨基酸的准确装载是由专一性的氨酰 tRNA 合成酶完成的。一种氨酰 tRNA 合成酶只能识别同一种氨基酸的一组同工受体 tRNA。利用 X 射线晶体学技术确定了第一个氨酰 tRNA 合成酶结合了其相应 tRNA 的三维结构，其空间结构中形成了氨基酸结合位点、tRNA 结合位点和 ATP 结合位点。前两个位点具有专一性。氨基酸结合位点与氨基酸的 R 基团发生特异性结合，而 tRNA 结合位点除了与 D 环非特异性结合，还与 tRNA 中的第二密码子发生特异性结合。这种特异性结合包括酶上 tRNA 结合位点有一个深裂缝可以把 tRNA 的氨基酸接受臂裹进去，还有一条小裂缝，tRNA 的反密码子伸入其中。所有氨酰 tRNA 合成酶装载氨基酸到 tRNA 都需要经过两步酶催化反应。第一步是氨基酸活化生成酶-氨酰基腺苷酸复合物。首先，由 ATP 进入 ATP 结合位点，氨基酸进入氨基酸结合位点，然后 ATP 的 γ-磷酸和氨基酸的羧基发生反应使氨基酸获得 AMP，同时释放焦磷酸，类似于多聚核苷酸合成，腺苷酰化反应的驱动力也来自随后焦磷酸酶催化的焦磷酸水解。此步腺苷酰化反应使得氨基酸和腺苷酸通过高能酯键连接而被活化。第二步，仍然结合在合成酶上的腺苷酰化氨基酸与 tRNA 反应，将氨酰基转移到 tRNA 氨基酸接受臂末端腺苷残基的 2′ 或 3′ 羟基上，并释放 AMP（图 8.3）。

氨酰 tRNA 合成酶可分成两类：第一类酶催化氨基酸装载于腺苷酸核糖的 2′ 羟基上，并且通常是单体；第二类酶催化氨基酸装载于腺苷酸核糖的 3′ 羟基上，并且主要形成二聚体或四聚体。

DNA 作为主要遗传物质，担负着保证生物遗传稳定的任务，因此在长期进化过程中形成了严格、准确的 DNA 复制机制，以及复制后对错配碱基的校正修复机制，而蛋白质分子代谢更新快，而且其生理生化功能往往通过高级结构和功能域来体现。例如，同工酶的分子结构具有明显差异却能行使相同的功能，不同物种间功能相同的蛋白质，其氨基酸序列也并不完全一致，还有一些突变使得蛋白质中的氨基酸发生改变但并不影响蛋白质的功能，这种蛋白质分子在结构上的可变性、可塑性也是长期进化形成的适应机制。因此，蛋白质在翻译过程中的错误概率小于 10^{-4}，远高于 DNA 复制的错误概率（小于 10^{-11}）。尽管容错率相对较高，但蛋白质翻译也要保证一定的准确性，其中氨酰 tRNA 合成酶催化 tRNA 正确装载氨基酸的过程就是保证蛋白质翻译准确的一个主

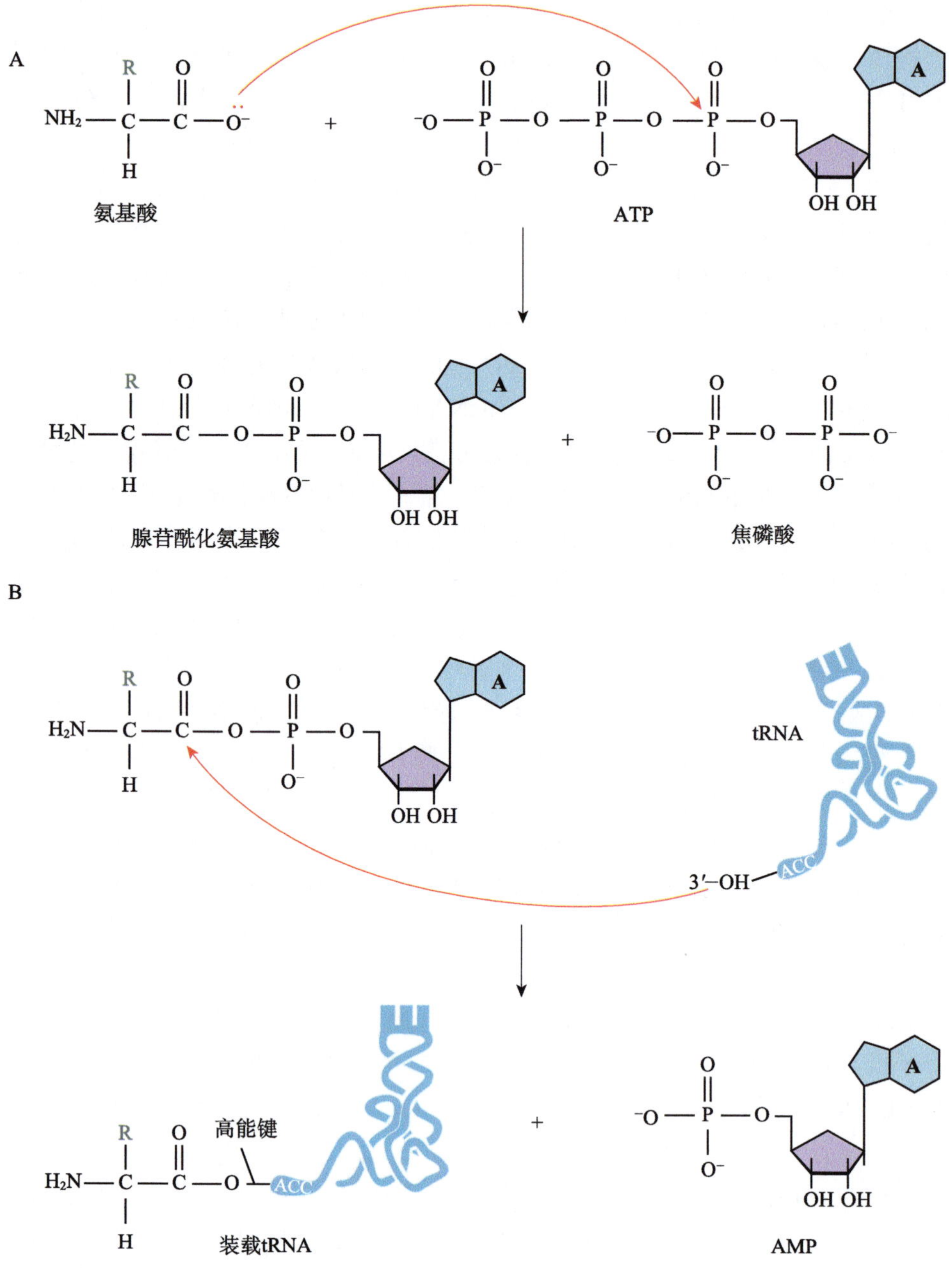

图 8.3 tRNA 装载的两步反应

只识别氨酰 tRNA 中的 tRNA，意味着如果合成酶出错将导致错误的氨基酸结合到 tRNA 上，那就可能会形成含有错误氨基酸的蛋白质而无法行使正确功能。因此，氨酰 tRNA 合成酶对 tRNA 及其携带的氨基酸非常专一。20 种氨基酸中每一种都需要单一的氨酰 tRNA 合成酶将其装载于相应的 tRNA 上。多数生物都有 20 种氨酰 tRNA 合成酶，然而也有例外。例如，一些细菌缺少负责装载谷氨酰胺到其相应 tRNA 上的合成酶，因此负责装载 tRNA^{Glu} 的合成酶也可以装载 tRNA^{Gln}，但需要其他酶的作用把一半的 tRNA^{Glu} 中 Glu 氨基化形成 tRNA^{Gln}。在这种情况下，一个氨酰 tRNA 合成酶也还是将一种氨基酸装载于相应的 tRNA 上。

要机制。

实验证明模板 mRNA 只能识别氨酰 tRNA 中特异的 tRNA 而不是氨基酸。^{14}C 标记的半胱氨酸与 tRNA^{Cys} 结合后生成 ^{14}C-半胱氨酸-tRNA^{Cys}，经催化可生成 ^{14}C-Ala-tRNA^{Cys}，再把 ^{14}C-Ala-tRNA^{Cys} 加入含血红蛋白 mRNA、其他 tRNA、氨基酸及兔网织细胞核糖体的蛋白质合成系统中，结果发现 ^{14}C-Ala-tRNA^{Cys} 插入到血红蛋白分子中通常由半胱氨酸占据的位置上，表明在这里起识别作用的是 tRNA 而不是氨基酸。这个实验说明了氨酰 tRNA 合成酶准确识别的重要性。核糖体

问题的复杂性还在于多数氨基酸编码的密码子都有多个，因此一个合成酶要能够识别和结合多个 tRNA，这个合成酶又要负责把一种特定的氨基酸装载于这些 tRNA 上。那么某个氨酰 tRNA 合成酶是怎样从 20 多种 tRNA 中选出其中的一组同工受体 tRNA 的呢？是以什么样的碱基序列进行识别呢？这个碱基序列因其重要性又被称为"第二遗传密码子"。它是 tRNA 中与氨酰 tRNA 合成酶的 tRNA 结合位点发生特异性分子契合的一种空间密码（即不是一级结构的碱基序列）。

第二遗传密码子的特征总结如下：①由于同工受体可以被同一种氨酰 tRNA 合成酶识别，因

此这些同工受体 tRNA 具有相同的第二遗传密码子；②第二遗传密码子是能够被氨酰 tRNA 合成酶识别与特定氨基酸序列相互作用的若干个碱基，可能并不是只有一对碱基；③第二遗传密码子位于 tRNA 的各种环或臂上，不同的 tRNA 定位不同。第二遗传密码子也是进化过程留下的足迹，tRNA 可能起源于可以携带氨基酸的寡核苷酸。由于氨酰 tRNA 合成酶特异识别 tRNA 的特定序列，氨基酸的装载更为准确，呈现出进化的优势。

由于 tRNA 是复杂大分子，不同的 tRNA 有不同的碱基组成和空间结构，相对来说比较容易被特异性氨酰 tRNA 合成酶识别，而氨基酸是小分子，不同的氨基酸可能结构相似，有时甚至非常相似，更具有挑战性的是这些酶怎么去识别结构上非常相似的氨基酸。

尽管面临这样的挑战，错误装载率却非常低，低于 1‰。一般情况下也可以理解为什么会有这么高的准确性。例如，丝氨酸和酪氨酸在分子大小、结构和侧链基团上都相差很大。即使是酪氨酸和苯丙氨酸侧链基团比较相似，但装载酪氨酸的合成酶更有机会和前者而不是后者的羟基基团形成强氢键，从而使其与苯丙氨酸能够有效区分。但是有的情况却面临更大的挑战，如异亮氨酸和缬氨酸，除了异亮氨酸多了一个亚甲基（—CH$_2$—），其他部分完全一样。经研究发现在体外翻译体系中，当控制 Ile 和 Val 的浓度相等时，二者侧链基团结构非常相似，tRNA^{Ile} 被错误装载 Val 的概率是 1/200。在活体细胞中，Val 的浓度是 Ile 的 5 倍，按照体外的情况来看错误装载 Val 的概率应该会高达 1/40，实际情况却是细胞内这种错误装载的概率仅为 1/3000。那么异亮氨酰 tRNA 合成酶是怎样阻止 Val-tRNA^{Ile} 形成的呢？这是因为合成酶利用一种双筛机制避免 tRNA 错误装载氨基酸。第一次筛选由酶的活化位点来完成，异亮氨酰 tRNA 合成酶在识别侧链基团结构不同的氨基酸时，通过此位点筛选排除过大的或者形状错误的氨基酸。例如，苯丙氨酸和酪氨酸因为分子太大而被排除，亮氨酸则因其分子形状中的一个末端甲基不能进入活性位点而被排除。异亮氨酸和侧链基团更小的 Val、Ala、Gly 均可进入活性位点并被活化成氨酰基腺苷酸形式。此时第二次筛选发挥作用，由酶的水解位点来完成。侧链基团较小的氨基酸被活化，但是由于分子结构较小可以进入酶的水解位点被水解，不能被装载于 tRNA 分子上。通过第一筛选位点的异亮氨酰基腺苷酸由于分子结构相对较大不能进入第二个筛选位点（即水解位点）而避免被水解，随后活化的异亮氨酰基腺苷酸被装载于 tRNA 分子上（图 8.4）。

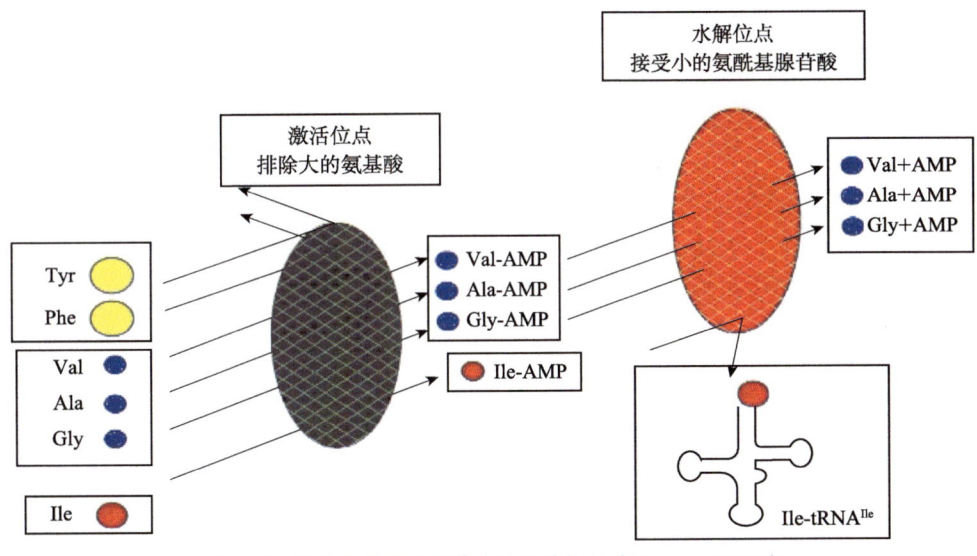

图 8.4 控制氨基酸错误装载的双筛机制（Weaver，2014）

8.1.4 核糖体的结构与功能

核糖体（ribosome）是指导蛋白质合成的大分子机器，是一种蛋白质复合体，由至少三个 RNA 分子和 50 多种不同的蛋白质组成，总分子质量大于 2.5 MDa。一个细菌细胞内约有 20 000 个核糖体，而真核细胞内可达 10^6 个，在未成熟的蟾蜍卵细胞内则高达 10^{12} 个。

在细菌中，核糖体大都通过与 mRNA 的相互作用被固定在核基因组上。在真核生物中，大多数正在进行蛋白质合成的核糖体都不是自由存在于细胞质基质内，而是直接或间接地与细胞骨架结构有关联或者结合在粗面内质网膜上。

在原核生物中，转录场所和翻译场所位于同一区域。因此，核糖体可以在 mRNA 从 RNA 聚合酶中出现时就开始翻译。这样核糖体合成多肽链与 RNA 聚合酶延长转录本可以同时进行，即转录与翻译相偶联。与原核生物的情况相反，真核生物中的翻译与转录是完全独立的，发生在细胞的不同区域：转录发生在细胞核中，而翻译发生在细胞质中。

与 DNA 复制每秒 200~1000 个核苷酸的速率相比，蛋白质合成的速率仅为每秒 2~20 个氨基酸。尽管相对于原核生物中的 DNA 合成而言，核糖体的合成速率很慢，但它仍能够跟上转录的速率。在原核细胞中，每秒翻译 20 个氨基酸的典型速率相当于每秒翻译 60 个核苷酸（20 个密码子）的 mRNA。这与 RNA 聚合酶每秒合成 50~100 个核苷酸的速率相吻合。也许是由于缺乏与转录的偶联，真核生物的翻译以每秒 2~4 个氨基酸的速率进行。

8.1.4.1 核糖体的构成

核糖体由含有 RNA 和蛋白质的两个亚组分组成，称为大亚基和小亚基。大亚基约为小亚基分子量的两倍。大亚基包含肽基转移酶中心，负责肽键的形成。小亚基包含"解码中心"，已装载的 tRNA 在其中读取或"解码"mRNA 的密码子。按照惯例，大、小亚基是根据它们在受到离心力时的沉降速率来命名的。用于测量沉降速率的单位是 Svedberg（S；S 值越大，沉降速率越快，分子越大）。在细菌中，大亚基的沉降速率为 50S，被称为 50S 亚基，而小亚基被称为 30S 亚基，完整的原核核糖体被称为 70S 核糖体。70S 小于 50S 和 30S 之和！这种明显差异是因为，沉积速率由形状和大小共同决定，因此不是质量的精确测量。真核生物核糖体稍大一些，由 60S 和 40S 亚基组成，共同形成 80S 核糖体。大小亚基分别由一个或多个 RNA（称为核糖体 RNA 或 rRNA）和许多核糖体蛋白质组成。在细菌中，50S 亚基由 5S rRNA、23S rRNA 和 36 种核糖体蛋白质组成，这些核糖体蛋白质分别用 L^1…L^{36} 表示，而 30S 亚基包含单个的 16S rRNA 和 21 种核糖体蛋白质，这些核糖体蛋白质分别用 S^1…S^{21} 表示。在真核生物核糖体中，大亚基包含 3 种 rRNA（5S、5.8S 和 28S）和 49 种核糖体蛋白质，小亚基包含 18S rRNA 和 33 种核糖体蛋白质。虽然每个亚基中的核糖体蛋白质远远多于 rRNA，但原核生物核糖体质量的 2/3 以上是 RNA，真核生物核糖体中 RNA 占 3/5。这是因为核糖体蛋白质很小（细菌小亚基中核糖体蛋白质的平均分子质量为 15 kDa）。相比之下，16S 和 23S rRNA 较大。平均而言，一个单核苷酸的分子质量为 330 Da，因此 2900 个核苷酸长的 23S rRNA 的分子质量几乎为 1000 kDa。这些大分子 rRNA 能在特定位点与蛋白质结合，从而完成核糖体不同亚基的组装。另外，原核生物、真核生物细胞质及细胞器中的核糖体也存在着很大差异（图 8.5）。

虽然很多年前就发现了核糖体及其基本功能，但许多高分辨率的核糖体三维结构的测定大大增加了人们对这一分子机器工作原理的理解，有助于科学家深入了解核糖体与起始因子、mRNA 和 tRNA 之间的相互作用关系，明确翻译起始、肽链

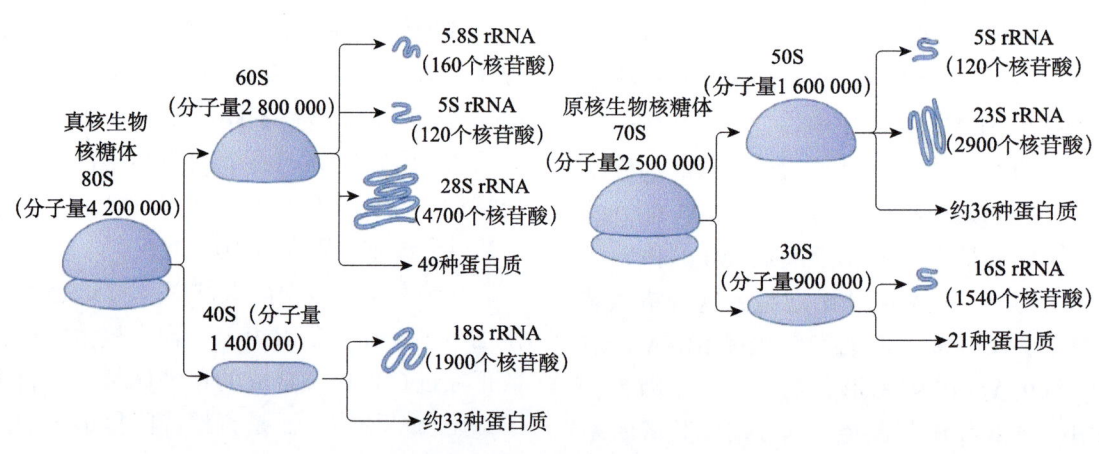

图 8.5 原核生物和真核生物核糖体的组成

延伸和翻译终止的过程。也许这些研究最重要的发现是 rRNA 远不止是核糖体的结构成分。相反，它们直接负责核糖体的关键功能，肽基转移酶中心几乎完全由 RNA 组成。RNA 在核糖体小亚基的功能中也起着核心作用。已装载的 tRNA 的反密码子环和 mRNA 的密码子与 16S rRNA 接触，而不是与小亚基的核糖体蛋白质接触。大多数核糖体蛋白质位于核糖体的外围而不是内部，进一步说明 RNA 在核糖体结构和功能中的重要性。核糖体的核心功能域（肽基转移酶中心和解码中心）全部或大部分由 RNA 组成。一些核糖体蛋白质的部分确实进入亚基的核心，在那里它们的功能似乎是屏蔽糖-磷酸主干的负电荷来稳定紧密排列的 rRNA。核糖体中许多蛋白质（可能还包括部分 rRNA）的主要功能可能就是建立总体结构，使各个活性中心处于适当的相互协调的关系中。事实上，现代核糖体很可能是从一个完全由 RNA 组成的原始蛋白质合成机器进化而来的，核糖体蛋白质的加入是为了增强这个原始 RNA 机器的功能。下面详细介绍各类 rRNA 的组成和功能特点。

1. 5S rRNA

细菌 5S rRNA 长 120 nt（革兰氏阴性菌）或 116 nt（革兰氏阳性菌）。5S rRNA 有两个高度保守的区域，其中一个区域含有保守序列 CGAAC，是与 tRNA 分子 TψC 环上的 GTψCG 序列相互作用的部位，是 5S rRNA 与 tRNA 相互识别的序列。另一个区域含有保守序列 GCGCCCAAUGGUAGU，与 23S rRNA 中的一段序列互补，是 5S rRNA 与 50S 核糖体大亚基相互作用的位点，在结构上有其重要性。

2. 16S rRNA

16S rRNA 与 mRNA、50S 亚基及 P 位和 A 位的 tRNA 的反密码子直接作用。其长度为 1475~1544 nt，含有少量修饰碱基。该分子虽然可被分成几个区，但全部被压缩存在于 30S 小亚基内。16S rRNA 的结构十分保守，其中 3′ 端一段 ACCUCCUUA 保守序列，与 mRNA 5′ 端翻译起始区富含嘌呤的序列互补。在 16S rRNA 靠近 3′ 端还有一段与 23S rRNA 互补的序列，在 30S 与 50S 亚基的结合中起作用。

3. 23S rRNA

该 rRNA 基因长度为 2904 nt。在大肠杆菌 23S rRNA 第 1984~2001 位核苷酸存在一段能与 tRNA^{Met} 序列互补的序列，表明核糖体大亚基 23S rRNA 可能与 tRNA^{Met} 的结合有关。在 23S rRNA 靠近 5′ 端（第 143~157 位核苷酸）有一段 12 个核苷酸的序列与 5S rRNA 上第 72~83 位核苷酸互补，表明在 50S 大亚基上，这两种 RNA 之间可能存在相互作用。核糖体 50S 大亚基上约有 20 种蛋白质能不同程度地与 23S rRNA 结合。

4. 5.8S rRNA

5.8S rRNA 是真核生物核糖体大亚基特有的 rRNA，长度为 160 nt，含有修饰碱基。它还含有与原核生物 5S rRNA 中的保守序列 CGAAC 相同的序列，可能是与 tRNA 作用的识别序列，这说明 5.8S rRNA 可能与原核生物的 5S rRNA 具有相似的功能。

5. 18S rRNA

酵母 18S rRNA 长度为 1789 nt，它的 3′ 端与大肠杆菌 16S rRNA 有广泛的同源性。其中酵母 18S rRNA、大肠杆菌 16S rRNA 和人线粒体 12S rRNA 在 3′ 端有 50 个核苷酸序列相同。

6. 28S rRNA

该 rRNA 长度为 3890~4500 nt，目前还不清楚其功能。

从上述讨论中可以看出 rRNA 与 tRNA 及 mRNA 之间的相互关系，以及不同的 rRNA 之间的关系，这种关系是建立在序列互补或同源的基础上的。

8.1.4.2 核糖体的功能

核糖体要完成翻译的整个过程，在结构上首先必须提供 tRNA、mRNA 及多种相关蛋白因子的结合位置，使得它们在核糖体上保持正确的相对位置；其次包含 rRNA 的组分要具有催化功能，能执行翻译中相应的关键化学反应；最后要具有贯穿核糖体的通道，能够允许 mRNA 和延伸多肽进入和（或）退出核糖体。

为了进行肽基转移酶反应，核糖体必须能够同时结合至少两个 tRNA。事实上，核糖体包含三个 tRNA 结合位点，称为 A、P 和 E 位点。A 位点是氨酰 tRNA 的结合位点，P 位点是肽酰 tRNA 的结合位点，E 位点是延伸中的多肽链转移到氨酰 tRNA 后释放的 tRNA 的结合位点。每个 tRNA 结合位点形成于核糖体的大小亚基之间的接触面。这样，其位点结合的 tRNA 可以横跨细胞内大亚基的肽基转移酶中心和小亚基的解码中心。结合氨基酸或延伸肽链的 tRNA，其 3' 端与大亚基相邻，同时此 tRNA 的反密码子环位于小亚基附近。此外，核糖体还具有肽基转移部位及形成肽键的部位（肽基转移酶中心），还应有负责肽链延伸的各种延伸因子的结合位点。核糖体包含 8 个重要的功能域或者结合位点：①小亚基结合 mRNA 的位点；②延伸因子-氨酰 tRNA-GTP 复合物进入核糖体位点；③氨酰 tRNA 的 A 位点；④在肽链延伸过程中肽酰 tRNA 与大亚基结合的 P 位点；⑤空载 tRNA 离开核糖体的出口 E 位点；⑥大亚基的肽基转移酶结构域，提供肽键形成的催化位点；⑦肽链转位因子 EF-G 结合位点；⑧5S rRNA 与大亚基的结合位点（图 8.6）。其中，核糖体小亚基负责对模板 mRNA 进行序列特异性识别结合，如起始部分的识别、密码子与反密码子的相互作用等。大亚基负责的功能包括肽键的形成，氨酰 tRNA、肽酰 tRNA 的结合，5S rRNA 的结合等。

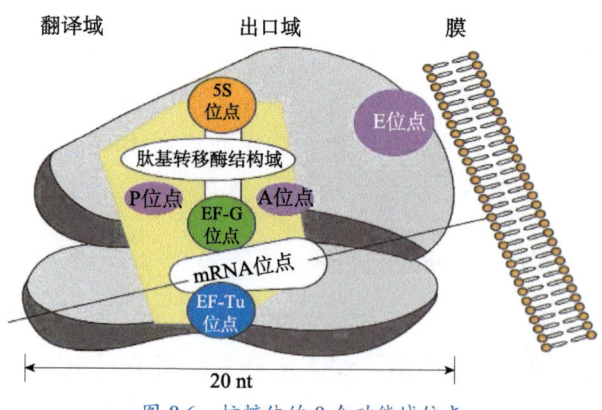

图 8.6 核糖体的 8 个功能域位点

解码中心和肽基转移酶中心都埋藏在完整的核糖体中。然而，在翻译过程中，mRNA 必须穿过解码中心，新生的多肽链必须从肽基转移酶中心退出。这些聚合物是如何进入核糖体和退出核糖体的？答案来自核糖体的结构，它揭示了进出核糖体的"隧道"。

mRNA 通过小亚基中的两个狭窄通道进入和离开解码中心。进入通道的宽度仅足以让未配对的 RNA 通过，因此在 mRNA 中不能形成任何分子内碱基配对，确保 mRNA 在进入解码中心时呈单链形式。在这两个通道之间是一个 tRNA 可进入的区域，相邻密码子可分别与 A 位点和 P 位点的氨酰 tRNA 和肽酰 tRNA 结合。有趣的是，两个密码子之间的 mRNA 中有一个明显的扭结，这有助于维持正确的阅读框架（图 8.7）。这种扭结将空的 A 位密码子置于一个独特的位置，以确保进入的氨酰 tRNA 不会接触到紧邻密码子的碱基。

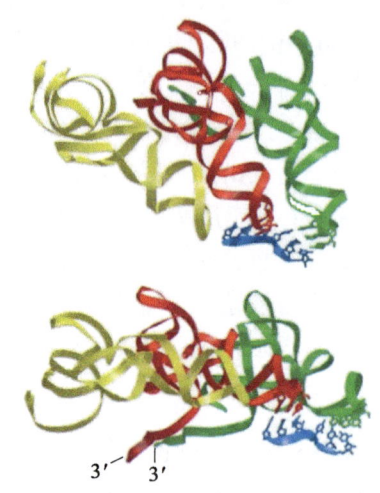

图 8.7 两种 A 位点和 P 位点的 tRNA 与 mRNA 之间的相互作用模式（Yusupov et al., 2001）

E、P 和 A 位点的 tRNA 分别显示为黄色、红色和绿色，mRNA 显示为蓝色；只显示了密码子-反密码子相互作用中的碱基；mRNA 中的扭结清楚地区分 A 位点密码子和 P 位点密码子

贯穿大亚基的第二个通道为新合成的多肽链提供了出口路径。与 mRNA 通道一样，肽链出口通道的大小限制了正在延伸的多肽链的构象。在这种情况下，多肽链可以在通道内形成 α 螺旋，但其他二级结构和三级结构只有在多肽链离开核糖体大亚基后才能形成。因此，新合成的蛋白质只有从核糖体中释放出来后才能获得最终的三维结构。

虽然一个核糖体一次只能合成一个多肽链，但多个核糖体可以同时翻译一个 mRNA，携带有多个核糖体的 mRNA 称为多聚核糖体。单个核糖体通常接触 mRNA 约 30 个核苷酸，但大尺寸的核糖体可以允许每 80 个核苷酸的 mRNA 对应一个核糖体。尽管如此，即使是 1000 个碱基的小

ORF（编码一个约 35 kDa 的蛋白质）也可以结合 10 个以上的核糖体，从而指导多个多肽链的同时合成。多个核糖体在单个 mRNA 上发挥作用的能力解释了细胞中 mRNA 丰度相对有限的现象（通常为总 RNA 的 1%～5%）。如果一个 mRNA 一次只能被一个核糖体翻译，那么在一个典型的细胞中，只有 10% 的核糖体参与蛋白质的合成。相反，多个核糖体与每个 mRNA 的结合确保了大多数核糖体在任何给定时间都能参与翻译。

8.2 蛋白质翻译的过程

蛋白质翻译主要按照三个阶段依次进行：开始合成新的多肽链、多肽链的延伸和终止多肽链合成，即起始、延伸和终止三个阶段。简而言之，翻译始于 mRNA、起始 tRNA 与核糖体的一个游离小亚基的结合。然后，小亚基-mRNA-起始 tRNA 复合物招募一个大亚基来构建一个完整的核糖体，mRNA 位于两个亚基之间。蛋白质的延伸过程从 mRNA 5′端的起始密码子开始，向 3′端进行。当核糖体从一个密码子转移到另一个密码子时，一个个装载氨基酸的 tRNA 被插入核糖体的解码中心和肽基转移酶中心。当正在延伸的核糖体遇到终止密码子时，已合成的多肽链被释放，大小亚基从 mRNA 上分离。分离之后又可以与新的 mRNA 分子结合，并重复蛋白质合成的循环。

原核生物和真核生物在这些事件的执行策略上有着重要的相似性和差异性。正如 DNA 和 RNA 合成中一样，尽管核糖体是蛋白质合成的活性中心，但辅助因子在翻译的每个步骤中都起着关键作用，并且是蛋白质合成快速、准确进行所必需的。

8.2.1 翻译的起始

多聚核苷酸包括 DNA 和 RNA 及多肽链都具有内在的极性，其中多聚核苷酸的合成是将每个新的核苷酸三磷酸添加到不断增长的多核苷酸链的 3′端（通常称为 5′→3′ 的合成）。那么延伸中的多肽链的合成顺序是怎样的呢？霍华德·丁齐斯（Howard Dintzis）在一个经典实验中发现，氨基酸必须添加到延伸中的多肽链的羧基端（通常称为氨基→羧基端方向的合成）。这种方向性实际上也是蛋白质合成化学的直接结果。核糖体催化形成肽键的反应发生在延伸多肽链的羧基端的氨基酸残基和要加入链中的氨基酸之间。延伸链和进入的氨基酸都与 tRNA 相连，因此在肽键形成过程中，延伸中的多肽链始终结合在 tRNA 上。每一轮氨基酸添加的实际底物是两种负载 tRNA：氨酰 tRNA 和肽酰 tRNA。氨酰 tRNA 在其 3′端连接到氨基酸的羧基上。肽酰 tRNA 以完全相同的方式（在其 3′端）连接到延伸中的多肽链的羧基端。在形成下一个肽键的过程中，氨酰 tRNA 和氨基酸之间的键不会断裂。相反，当延伸链连接到氨酰 tRNA 的氨基酸的氨基上从而形成新的肽键时，肽酰 tRNA 和延伸中的多肽链之间的键会断裂。为了催化肽键的形成，核糖体将这两个 tRNA 的 3′端靠近，由此产生的 tRNA 定位允许连接在氨酰 tRNA 上的氨基酸的氨基攻击连接在肽酰 tRNA 的羧基端的氨基酸的羰基。这种亲核攻击的结果是在连接着 tRNA 的氨基酸之间形成新的肽键，并从肽酰 tRNA 上释放多肽链（图 8.8）。有趣的是，肽键的形成不需要同时水解核苷三磷酸。这是因为肽键的形成是由延伸中的多肽链连接到 tRNA 时断裂的高能酰键来驱动的，这种键是在 tRNA 合成酶催化的反应中产生的，该反应负责给 tRNA 装载，装载反应涉及 ATP 分子的水解。因此，肽键形成的能量来源于在 tRNA 装载反应期间 ATP 分子水解的能量。这种多肽合成导致了延伸中的多肽链从肽酰 tRNA 转移到氨酰 tRNA。因此，形成新肽键的反应称为肽基转移酶反应。同时，这种肽键形成机制要求蛋白质的氨基端先于羧基端合成，因此蛋白质翻译过程中肽链的合成方向是从氨基端到羧基端。

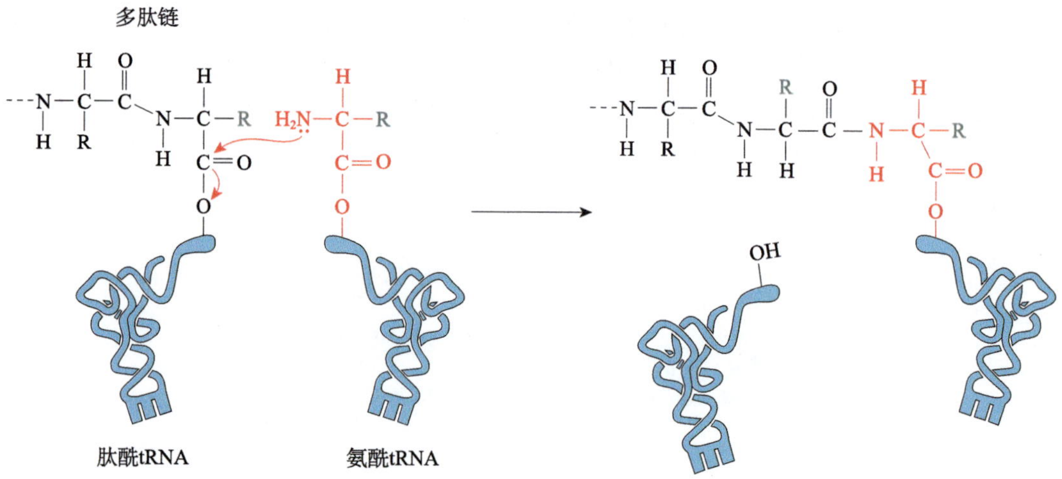

图 8.8 肽酰转移反应

在翻译正式起始前有两个重要的事件：首先，必须将氨基酸装载到 tRNA 上，这个过程由氨酰 tRNA 合成酶催化完成。其次，由于核糖体的小亚基是起始复合物的装配位点，因此大小亚基的分离是必需的。事实上，在翻译的每个周期中，大小亚基都会发生结合和分离。每次合成一种蛋白质时，翻译组分都会经历一系列特定的事件，其中包括核糖体的大小亚基相互结合、与 mRNA 结合、翻译目标 mRNA，然后在完成蛋白质合成后解离。这种结合和解离的连续事件称为核糖体循环。

所以为了成功启动翻译：①核糖体必须招募 mRNA；②装载氨基酸的 tRNA 置于核糖体的 P 位点；③核糖体必须精确定位在起始密码子上。其中核糖体在起始密码子上的正确定位至关重要，因为这为 mRNA 的翻译建立了阅读框架。甚至核糖体移位 1 个碱基也会导致一种完全不相关的多肽链的合成。原核和真核 mRNA 的不同结构导致完成这些事件的方式明显不同。下面先讨论原核生物中的起始事件，然后讨论在真核细胞中的差异。

在原核生物中，小亚基最初与 mRNA 的结合是通过 RBS 和 16S rRNA 之间的碱基配对介导的。16S rRNA 与 RBS 相互作用，将 AUG 定位在 P 位点。如前所述，如果 mRNA 上 RBS 和起始 AUG 之间具有理想的间隔，此间隔可以使 AUG 置于 P 位点。许多 mRNA 的非理想间隔导致翻译起始效率降低。其他完全缺乏 RBS 的 mRNA，则通过不同的机制招募核糖体。对于理想定位的 RBS，小亚基可以相应定位在 mRNA 上，这样当大亚基加入复合物时，起始密码子将位于 P 位点。只有在起始过程的最后，也就是第一个肽键形成之前，大亚基才会与小亚基复合物结合。因此，许多翻译起始的关键事件是在完整核糖体形成之前发生的。

翻译起始时期是 tRNA 唯一一次进入 P 位点之前不需要先占据 A 位点的时期。这个事件需要一种特殊的 tRNA，称为起始 tRNA，它通常与起始密码子 AUG 或 GUG 进行碱基配对。在大肠杆菌中，如果亮氨酸密码子 UUG 位于 mRNA 的翻译起始位置时，有时也可以作为起始密码子被识读。缬氨酸密码子 GUG（或 UUG）也以 1/30 的概率被作为起始密码子识读。细胞中有两种装载甲硫氨酸的 tRNA，一种是识别位于起始位点的 AUG（GUG 或 UUG）的 fMet-tRNA$_i^{fMet}$，另一种是识别 mRNA 内部的 AUG 的 Met-tRNA$_m^{Met}$，这两种 tRNA 的反密码子都是 CAU，但在分子结构上却有较多的差异（图 8.9）。fMet-tRNA$_i^{fMet}$ 除了在几个双链臂上较 Met-tRNA$_m^{Met}$ 有更多的 GC 配对，反密码子的下游第 37 位碱基在前者是未被修饰的 A，而后者是被较大烷基化修饰的 t^{6}A（N6-苏氨酸羧酸腺苷），反密码子下游旁边的碱基被烷基化修饰（CAUt^6），限制了反密码子第三位碱基 U 的错误配对，只能识读 mRNA 内部的 AUG，而反密码子下游旁边的碱基未被修饰，则其 tRNA 不具有这种限制能力，使得反密码子第三位碱基 U 具有和 A 或 G 选择配对的可能，但对 G 的选择概率仅为对 A 选择的 1/30。另外，AUU 也可

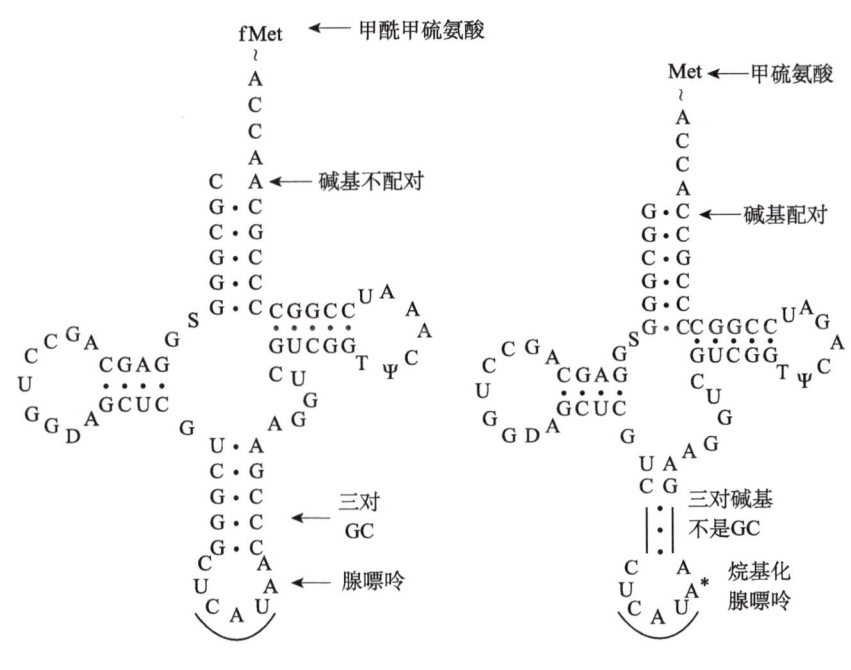

图 8.9　tRNA$_i^{fMet}$ 和 tRNA$_m^{Met}$ 在分子结构上的区别（郑用琏等，2018）

以作为起始密码子，但在大肠杆菌中只有两个基因使用：一个是编码毒蛋白的基因，因为活跃地翻译该基因很危险，因此使用了低效的 AUU 密码子起始翻译。另一个基因编码 IF3，而 IF3 的功能之一就是避免核糖体与低效的起始密码子 AUU 结合，促进核糖体与标准起始密码子 AUG 的结合，所以 IF3 可以阻止核糖体与自身起始密码子的结合。因此当 IF3 高时，有机体不需要更多的 IF3，IF3 可以阻止其 mRNA 翻译。反之，当 IF3 浓度低时，IF3 不能阻止核糖体与 IF3 起始密码子 AUU 的结合，就可以产生更多的 IF3。

起始 tRNA 首先携带甲硫氨酸，甲酰基可通过单独的酶（Met-tRNA 转化酶）快速添加到甲硫氨酸的氨基上，因此起始 tRNA 通常与 N-甲酰甲硫氨酸相偶联。装载的起始 tRNA 被称作 fMet-tRNA$_i^{fMet}$。因为氨基端被甲酰化，后续的肽键形成反应只能在甲硫氨酸的羧基端进行，这也同样保证了肽链的延伸只能是从氨基端到羧基端。N-甲酰甲硫氨酸是第一个被整合到多肽链中的氨基酸，因此人们可能会认为所有原核蛋白质的氨基端都有甲酰基。然而情况并非如此，因为去甲酰化酶在多肽链合成期间或之后会从氨基端移除甲酰基。事实上，许多成熟的原核蛋白质甚至都不是从甲硫氨酸开始的；氨肽酶通常会去除氨基端的甲硫氨酸及一个或两个额外的氨基酸。甲硫氨酸的甲酰化修饰信号可能是起始 tRNA 氨基酸接受臂双链末端的不配对 AC 碱基。此结构和 tRNA$_i^{fMet}$ 反密码子臂中缺乏丰富的 GC 双链结构，共同保证 fMet-tRNA$_i^{fMet}$ 进入核糖体 P 位点，以及阻止 fMet-tRNA$_i^{fMet}$ 进入 A 位点，为第二个氨酰 tRNA 进入核糖体空出 A 位点。相反，tRNA$_m^{Met}$ 的氨基酸接受臂的双链末端是 GC 碱基配对，同时反密码子臂为富含 GC 的双链结构，这与 tRNA$_i^{fMet}$ 在结构上的区别也限制了 tRNA$_m^{Met}$ 不能在起始过程中进入 P 位点。有实验证明 tRNA$_i^{fMet}$ 在结构上保证了装载有 Met 或 fMet 的 tRNA$_i^{fMet}$ 在翻译起始阶段进入核糖体 P 位点。Bretscher 和 Marcker 在 1966 年将放射性同位素标记的 fMet-tRNA$_i^{fMet}$、Met-tRNA$_i^{fMet}$、Met-tRNA$_m^{Met}$ 与核糖体、AUG 三聚核苷酸及嘌呤霉素（其作用为与核糖体 P 位点的甲酰甲硫氨酸结合），从其结合的 tRNA 上释放出嘌呤霉素-fMet 混合进行反应，滤膜过滤后检测停留在滤膜上含有放射性同位素标记的复合物。结果表明，在放射性同位素标记的 fMet-tRNA$_i^{fMet}$、Met-tRNA$_i^{fMet}$ 参与的反应体系中能在滤膜上检测到含有放射性同位素的复合物，而 Met-tRNA$_m^{Met}$ 参与的反应体系中在滤膜上几乎检测不到放射性同位素的信号。

原核生物的翻译起始于小亚基，需要三种翻译起始因子 IF1、IF2 和 IF3 的催化。每个起始因子都有助于启动过程中的一个关键步骤的发生。IF1 阻止 tRNA 与小亚基 A 位点的部分结合，促进大小亚基分离和加强 IF2、IF3 的酶活。IF2 是一种 GTP 酶（一种结合和水解 GTP 的蛋白质），与翻译起始启动机制的三个关键成分相互作用：小亚基、IF1 和装载的起始 tRNA（fMet-tRNA$_i^{fMet}$）。通过与这些组分相互作用，IF2 促进 fMet-tRNA$_i^{fMet}$ 与小亚基的专一性结合，并防止其他已经装载的 tRNA 与小亚基结合。IF3 促使 fMet-tRNA$_i^{fMet}$-小亚基与 mRNA 的 SD 序列结合，并且与小亚基结合阻止它与大亚基重新结合。因为起始过程需要游离的小亚基，IF3 的结合对新的翻译周期至关重要。在前一轮翻译结束时，它与小亚基结合，帮助将 70S 核糖体解离为大小亚基。

每一种起始因子都结合在小亚基上三个 tRNA 结合位点之一或附近。首先 IF3 占据小亚基 E 位点，同时也防止小亚基与大亚基重新结合。IF1 直接与小亚基 A 位点的部分结合，阻止装载的起始 tRNA 与 A 位点结合。IF2 与 IF1 结合，并与穿过 A 位点进入 P 位点的 fMet-tRNA$_i^{fMet}$ 接触。因此，在小亚基上的三个潜在 tRNA 结合位点中，只有 P 位点能够在有起始因子的情况下结合 tRNA。

当所有三种起始因子已经结合就位，小亚基准备与 mRNA 和起始 tRNA 结合。这两种 RNA 的结合是相互独立的，没有先后顺序。其中，与 mRNA 的结合涉及小亚基中 RBS 和 16S rRNA 之间的碱基配对（图 8.10）。fMet-tRNA$_i^{fMet}$ 则通过与结合有 GTP 的 IF2 之间的相互作用以及（一旦 mRNA 结合）反密码子和 mRNA 起始密码子之间的碱基配对来促进与小亚基的结合。类似地，fMet-tRNA$_i^{fMet}$ 和 mRNA 之间的碱基配对也帮助起始密码子定位于 P 位点。

启动的最后一步涉及大亚基的结合，以构建 70S 起始复合物。当起始密码子和 fMet-tRNA$_i^{fMet}$ 碱基配对时，小亚基的构象发生变化，导致 IF3 的释放。在没有 IF3 的情况下，大亚基可以自由

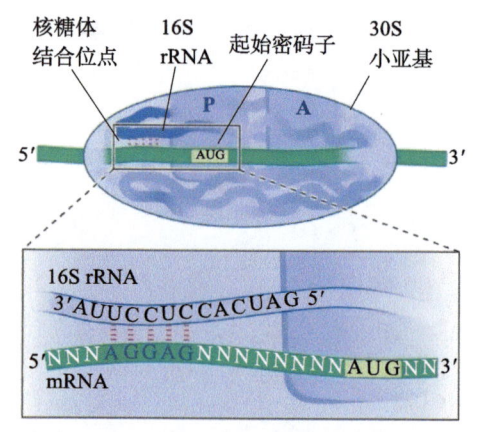

图 8.10 16S rRNA 和 RBS 互作使 AUG 定位于 P 位点

地与携带 IF1、IF2、mRNA 和 fMet-tRNA$_i^{fMet}$ 的小亚基结合。特别是，IF2 作为大亚基的初始对接位点，这种相互作用随后刺激 IF2·GTP 的 GTP 酶活性，使 GTP 酶水解成为 GDP。与 GDP 结合的 IF2 对核糖体和起始 tRNA 的亲和力降低，导致 IF2·GDP 和 IF1 从核糖体上释放。因此，启动的最终结果是形成一个完整的（70S）核糖体，该核糖体 mRNA 组装在起始位点，fMet-tRNA$_i^{fMet}$ 位于 P 位点且 A 位点空载。这时核糖体-mRNA 复合物就做好准备接受装载的 tRNA 进入 A 位点并开始多肽链的合成（图 8.11）。

真核生物的翻译起始与原核生物的翻译起始在许多方面相似。二者都使用起始密码子和专用的起始 tRNA，并且都使用起始因子与核糖体小亚

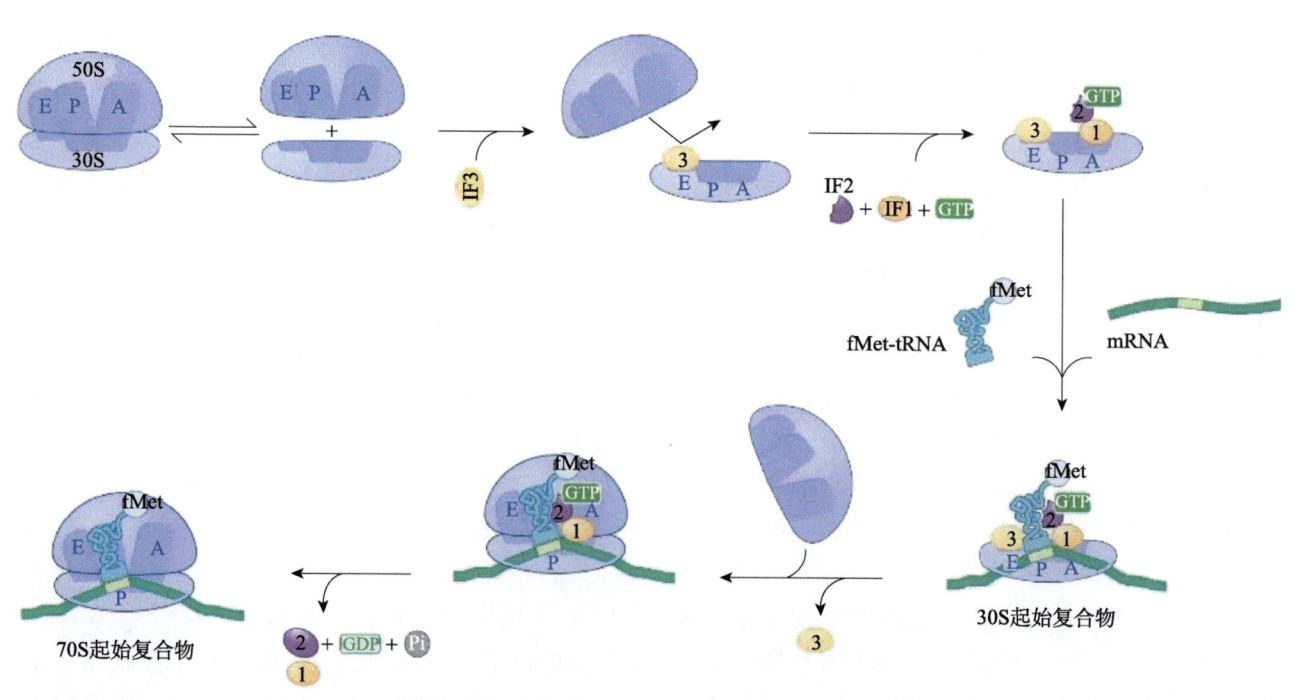

图 8.11 原核生物翻译起始过程（Watson *et al.*, 2015）

基形成复合物，在加入大亚基之前，核糖体小亚基组装在 mRNA 上。然而，真核生物使用一种完全不同的方法来识别 mRNA 和起始密码子，这对真核生物的翻译起始具有重要影响。

在真核生物中，当小亚基被招募到 mRNA 的 5′ 端帽子结构时，它已经与起始 tRNA 结合。然后，它以 5′→3′ 的方向扫描 mRNA，直到遇到第一个 5′-AUG-3′（见前一节关于 mRNA 的 Kozak 序列的讨论），它将其识别为起始密码子。因此，在大多数情况下，只有第一个 AUG 可以作为真核细胞翻译的起始位点。这种起始方法与绝大多数真核 RNA 编码单一多肽（单顺反子）的事实一致；内部起始密码子的识别通常既不需要也不可能。

正如我们在其他过程（如转录过程中的启动子识别）中所看到的，与原核生物相比，真核细胞需要更多的辅助蛋白质来驱动起始过程。起始事件可以分为 4 个步骤。第一，与原核生物的情况相反，在真核细胞中，起始 tRNA 与小亚基的结合总是先于与 mRNA 的结合；第二，一组单独的辅助因子介导 mRNA 的识别；第三，与起始 tRNA 结合的核糖体小亚基扫描 mRNA，寻找第一个 AUG 序列；第四，核糖体的大亚基在起始 tRNA 的碱基与起始密码子配对后被招募。

当真核核糖体完成一个翻译周期时，它会分解成游离的大小亚基和 4 个起始因子，即 eIF1、eIF1A、eIF2 及与小亚基结合的 eIF5。eIF1、eIF1A 和 eIF5 以类似原核起始因子 IF3 和 IF1 的方式共同作用，防止大亚基结合及 tRNA 与 A 位点结合。与 IF2 一样，eIF2 仅在 GTP 结合状态下结合起始 tRNA，起始 tRNA 和 eIF2 之间的复合物称为三元复合物（TC）。在真核生物中，起始 tRNA 携带甲硫氨酸，而不是 N-甲酰甲硫氨酸，被称为 Met-tRNA$_i^{Met}$。eIF2 将 Met-tRNA$_i^{Met}$ 定位在起始因子结合的小亚基的 P 位点，从而形成 43S 起始前复合物（43S-PIC）。值得注意的是，eIF3 几乎与整个 40S 亚基一样大，但主要结合在 mRNA 进入和退出位点附近的小亚基一侧。尽管如此，eIF3 与 43S-PIC 的每个成员相互作用，包括起始 tRNA，因此促进了许多涉及 43S-PIC 组装的相互作用。小亚基识别 mRNA 的过程起始于帽子结合蛋白 eIF4E 识别 5′ 端帽子结构。然后招募一系列起始因子（注意，在某个步骤发挥功能的所有因子都以相同数字标记）。eIF4G 结合 eIF4E 和 mRNA，而 eIF4A 结合 eIF4G 和 mRNA。其中 eIF4G 与 eIF4E 的结合尤为重要。该复合物由 eIF4B 连接，eIF4B 激活 eIF4A 的 RNA 解旋酶活性。解旋酶解开可能在 mRNA 末端形成的任何二级结构（如发夹结构）。去除二级结构至关重要，因为 mRNA 的 5′ 端必须无二级结构才能与小亚基结合。最后，结合到无二级结构 mRNA 的 eIF4G 和结合到小亚基的起始因子（尤其是 eIF3）之间的相互作用将 43S 前起始复合物招募到 mRNA，形成 48S 预起始复合物（图 8.12）。

一旦组装在 mRNA 的 5′ 端，小亚基及其相关因子就会沿着 mRNA 以 5′→3′ 的方向在由 eIF4A/B 相关 RNA 解旋酶促进的 ATP 依赖性过程中移动。在这个运动过程中，小亚基扫描 mRNA，寻找第一个起始密码子。起始密码子是通过起始 tRNA 的反密码子和起始密码子之间的碱基配对来识别的。这种相互作用在识别起始密码子中的重要性说明了为什么起始 tRNA 在与 mRNA 结合之前先与小亚基结合是至关重要的。正确的碱基配对会改变 48S 复合物的构象，导致 eIF1 的释放和 eIF5 的构象变化。这两个事件都会刺激 eIF2 水解其相关联的 GTP。在 GDP 结合状态下，eIF2 不再结合起始 tRNA，并与 eIF5 一起从小亚基释放。当 eIF2 从核糖体解离之后，GTP 水解成 GDP，此时 eIF2 结合的 GDP 必须重新被 GTP 取代才能够使 eIF2 恢复结合起始 tRNA 的功能。这一过程需要交换因子 eIF2B 使 eIF2 的 GDP 交换成 GTP，因此 eIF2B 也称为鸟嘌呤核苷酸交换因子（guanine nucleotide exchange-factor，GEF）。

eIF2 的脱离允许第二种 GTP 调节的起始 tRNA 结合蛋白 eIF5B 的结合。尽管 eIF2 在结构和功能上与 IF2 类似，但是两者并不同源，事实上反而 eIF5B 与 IF2 同源。eIF5B 可以结合起始 tRNA，之后 eIF5B·GTP 可以促进 60S 亚基与正确定位的 40S 亚基结合，因为之前阻止这种结合的因素（eIF1、eIF3 和 eIF5）已被释放使得这种结合成为可能。与原核生物情况类似，通过与 IF2 同源的 eIF5B 刺激 GTP 水解，大亚基结合上去，然后导致其余起始因子的释放，同时另一个起始因子 eIF6 与 eIF3 一样是一个抗结合因子，它可以

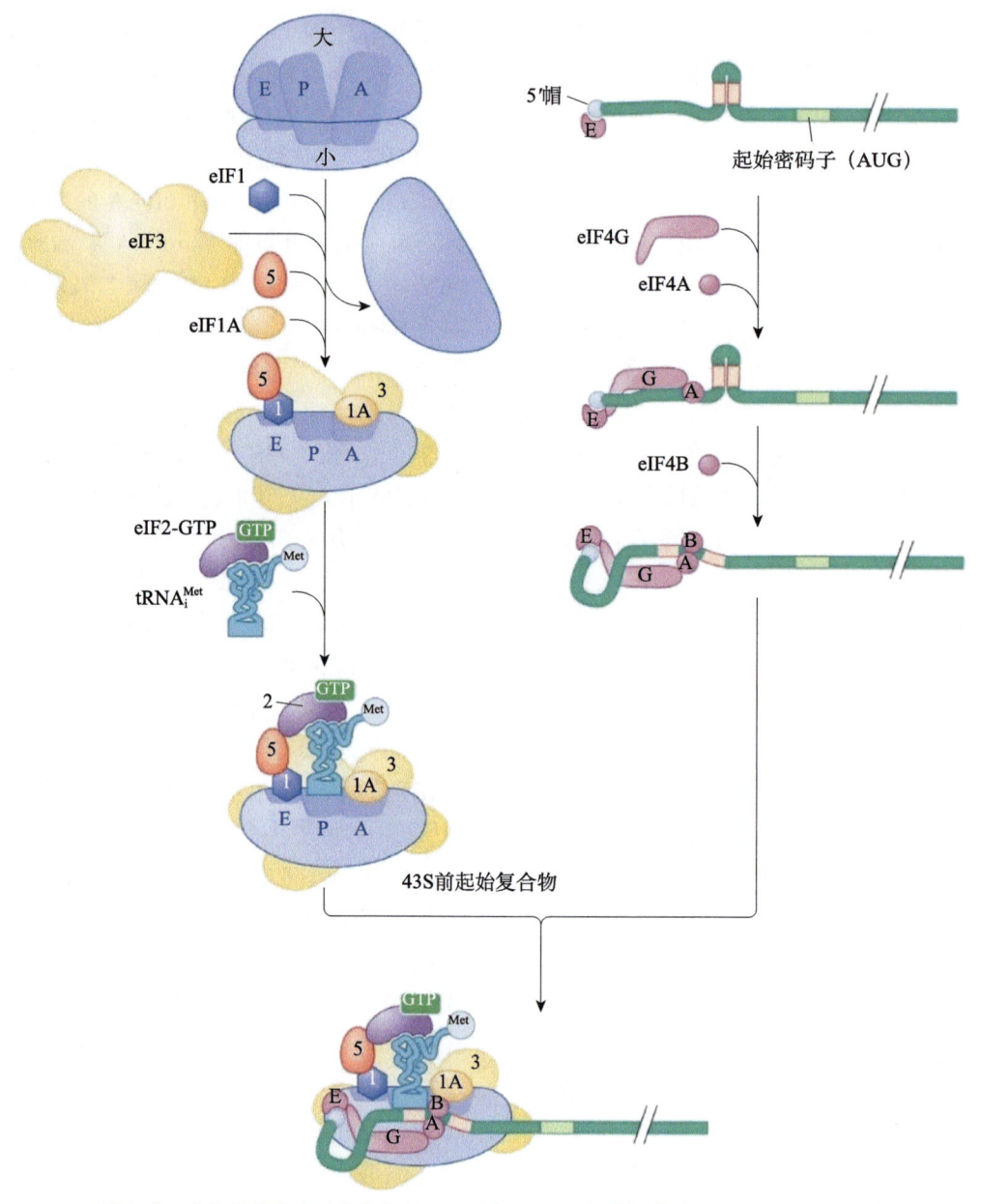

图 8.12　真核核糖体小亚基和起始 tRNA 在 mRNA 上的组装（Watson et al., 2015）

与未结合的大亚基结合防止其与小亚基结合。最终，Met-tRNA$_i^{Met}$ 定位于 P 位点形成 80S 起始复合物，这时核糖体已经完全组装好准备接受已装载的 tRNA 进入其 A 位点并形成第一个肽键（图 8.13）。

虽然在真核细胞中的启动涉及更多的辅助因子，但有明确的细菌启动因子类似物。在整个启动过程中，IF1 和 eIF1A 都与 A 位点结合，以防止 tRNA 过早与该区域相互作用。IF2 的功能可分为 eIF2 和 eIF5B：eIF2 介导起始 tRNA 的募集，并检测与起始 AUG 的配对，eIF5B 执行涉及大亚基募集的 IF2 功能。和 IF2 一样，eIF2 和 eIF5B 都受它们所结合的核苷酸的调节。最后，IF3 和 eIF1 都结合到小亚基的 P 位点上，并且在起始 tRNA 与 AUG 的碱基配对后释放。

poly(A) 尾的存在有助于提高真核细胞翻译的效率。除了与真核 mRNA 的 5′ 端结合，起始因子也通过 poly(A) 尾与 mRNA 的 3′ 端紧密结合。这些相互作用主要由 eIF4G 介导，eIF4G 直接与 mRNA 的 3′ 端结合，并与结合在 poly(A) 尾的 poly(A) 结合蛋白相结合。这些相互作用导致 mRNA 保持一个环状结构，分子的 5′ 端和 3′ 端非常靠近。与 poly(A) 尾有助于 mRNA 的高效翻译一致，这些相互作用对包括 eIF4E 与 mRNA 帽子结构的结合和大亚基招募在内的几个起始步骤

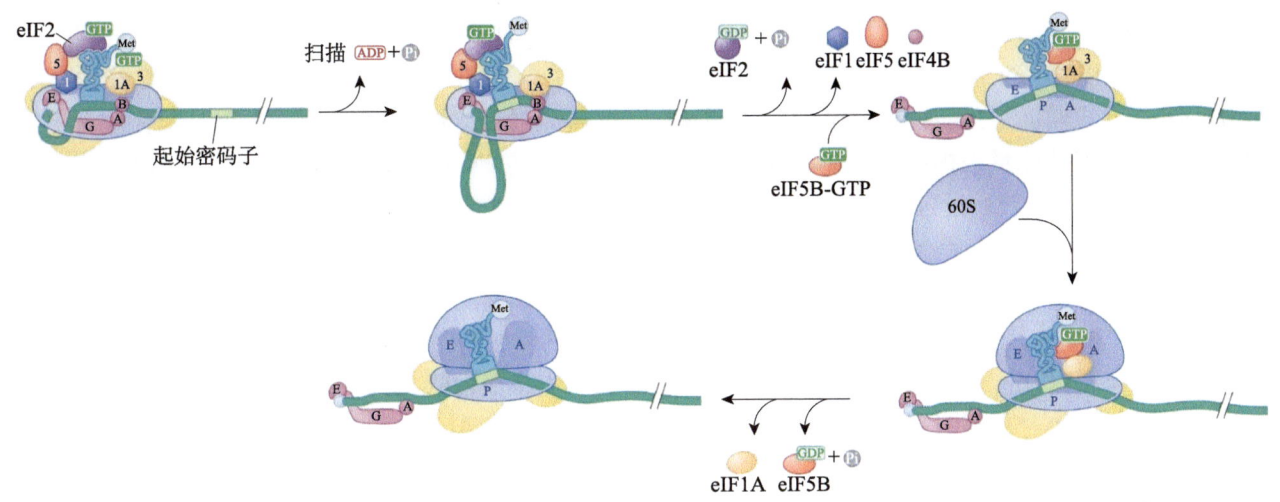

图 8.13 在真核细胞翻译起始过程中，48S-PIC 和大亚基结合共同识别起始 AUG（Watson et al., 2015）

都具有促进作用。eIF4G 和 poly(A) 结合蛋白与 mRNA 的相互作用通过多轮翻译得以维持。翻译起始因子以依赖 poly(A) 尾的方式使 mRNA 保持环状结构为下面的发现提供了合理解释，一旦核糖体在通过 poly(A) 尾形成环状结构的翻译过程后，新释放的核糖体易于被定位并重新起始同一个 mRNA 的翻译，即可以在 AUG 附近定位新终止翻译的核糖体，这可能会增强翻译的再启动。

并非所有真核多肽的编码都是以最接近 5′ 端的 AUG 起始的。某些情况下，第一个 AUG 所在的序列情况不适宜起始时，翻译会频繁绕避它。还有一些情况，uORF（upstream open reading frame，通常编码长度小于 10 个氨基酸的多肽）位于编码长链多肽的主 ORF 上游。这些 uORF 可起到调节下游主 ORF 翻译的作用。一般来说，uORF 会减少但不消除其下游主 ORF 的翻译。

内部核糖体进入位点（internal ribosome entry site，IRES）是一种功能类似原核 RBS 的 RNA 序列，位于起始密码子 AUG 的下游。即使在没有 5′ 帽子结构的情况下，它们也会招募小亚基来结合和启动翻译。IRES 在真核生物转录本中比较稀少，通常存在于缺乏 5′ 帽子末端的病毒 mRNA，以及需要最大限度地利用其基因组序列的 mRNA。通过 IRES，病毒 mRNA 可编码一种以上的蛋白质。更重要的是，可绕过一个或多个起始因子的需求。利用这一独特的需求，在缺乏起始因子的细胞中只允许一小部分包含 IRES 的 mRNA 被翻译。例如，在细胞凋亡（或程序性细胞死亡）期间，新激活的蛋白酶破坏 eIF4E，但凋亡所需的一部分蛋白质继续被翻译，因为它们的 5′ 非翻译区（UTR）中存在 IRES 序列，绕开了对 eIF4E 的需求。

不同的 IRES 序列通过不同的机制起作用。一种病毒 IRES 直接与 eIF4G 结合，绕过对 5′ 帽子结合蛋白 eIF4E 的正常需求来招募 eIF4G。最极端的 IRES 类型是蟋蟀麻痹病毒 mRNA，其 5′ UTR 形成了一个复杂的 RNA 结构，类似于与 mRNA 结合的 tRNA，并直接与 40S 亚基的 P 位点结合。通过这种方式，mRNA 绕过了所有对于起始因子和起始 tRNA 的需要。该结构下游的 RNA 序列位于解码中心的 A 位点，使其成为第一个密码子。存在不需要起始因子的 IRES 引发了一种假设，即在进化早期所有的 mRNA 都有这样的 IRES，而起始因子更晚进化，之后使这种翻译方式更高效、更通用。

8.2.2 翻译的延伸

核糖体在 P 位点被已装载的起始 tRNA 占据后，多肽合成开始。每次相应氨基酸的正确添加，都必须发生三个关键事件。第一，根据 A 位点密码子的指示，将正确的氨酰 tRNA 添加到核糖体的 A 位点上。第二，在 A 位点的氨酰 tRNA 和连接在 P 位点的肽酰 tRNA 上的肽链之间形成肽键；这种肽基转移酶反应导致延伸中的多肽从 P 位点的 tRNA 转移到 A 位点 tRNA 的氨基酸上。第三，在 A 位点上的肽酰 tRNA 必须转移到 P 位点上，以便核糖体进行下一个密码子识别和肽键形成周期。与 mRNA 最初的定位一样，这种转移必须精确地发生，以保持正确的阅读框架，它由两种称为延伸因子的辅助蛋白质完成。延伸因子利用 GTP 结合和水解的能量来提高核糖体功能的速率和准确性。简单来讲，肽链延伸由许多循环组成，每添加一个氨基酸就是一个循环，每个循环包括氨酰 tRNA 与核糖体结合、肽键的形成和移位。

与翻译起始不同，延伸机制在原核细胞和真核细胞之间高度保守。无论是在涉及的因子还是在其作用机制方面，真核细胞中发生的事件与原核生物中发生的事件都相似。

8.2.2.1 氨酰 tRNA 与核糖体结合

氨酰 tRNA 是通过延伸因子 EF-Tu 运送到 A 位点的，因为氨酰 tRNA 自身不与核糖体结合，而被延伸因子 EF-Tu "护送" 到核糖体。一旦 tRNA 被氨酰化，EF-Tu 就会与 tRNA 的 3′ 端结合，从而掩盖与其结合的氨基酸，阻止氨酰 tRNA 提前参与肽键的形成，直到运送它结合到 A 位点才释放。延伸因子 EF-Tu 与起始因子 IF2 一样，可以结合并水解 GTP，结合的鸟嘌呤核苷酸类型决定其功能，EF-Tu 仅在与 GTP 结合时才能与氨酰 tRNA 结合。而 EF-Tu 与 GDP 结合，或没有结合任何核苷酸时，对氨酰 tRNA 几乎没有亲和力。因此，当 EF-Tu 水解其结合的 GTP 时，氨酰 tRNA 被释放可以参与肽键的形成。与氨酰 tRNA 结合的 EF-Tu 自身不会以显著的速率水解 GTP，当 EF-Tu·GTP 酶与核糖体大亚基上称为因子结合中心的结构域结合时被激活，同样该结构域在大亚基加入起始复合物时也可以激活 IF2·GTP 酶。只有在 tRNA 进入 A 位点并进行正确的密码子-反密码子配对后，EF-Tu 才会与因子结合中心相互作用。此时，EF-Tu 水解其结合的 GTP 并从核糖体中释放，EF-Tu 控制 GTP 的水解对翻译的准确性至关重要。

翻译的错误率为 $10^{-4} \sim 10^{-3}$。也就是说，蛋白质中每 1000 个氨基酸中不超过一个错误的。蛋白质合成的准确性部分来自 tRNA 对氨基酸的正确负载，也有部分来自延伸步骤中核糖体 A 位点与正确氨酰 tRNA 之间的碱基配对的正确选择识别。尽管如此，密码子-反密码子正确配对和接近匹配的密码子-反密码子的碱基配对之间的能量差异不能解释这种精确度。许多情况下，在密码子-反密码子相互作用的三个可能的碱基对中，只有一个不匹配，然而核糖体很少允许这种不匹配的氨酰 tRNA 在翻译过程中继续存在。这是因为位于小亚基 A 位点的 16S rRNA 成分中有两个相邻的腺嘌呤有助于密码子识别的保真度。反密码子和 A 位点密码子的前两个碱基之间形成正确配对的小沟，这两个腺嘌呤与小沟内的碱基之间都可以形成氢键。沃森-克里克 GC 和 AU 碱基对在小沟中的氢键性质非常相似。因此，16S rRNA 中相邻的腺嘌呤将 GC 或 AU 碱基对都识别为正确的。相比之下，这些碱基无法识别非沃森-克里克碱基对或不匹配的碱基形成的小沟，导致对错误 tRNA 的亲和力显著降低。这些相互作用的最终结果是，正确配对的 tRNA 与核糖体的解离可能性比错误配对的 tRNA 低得多。

如果初始识别步骤发生错误，仍然有机会阻止错误氨酰 tRNA 将其氨基酸送至延伸链，这个过程称为校正。校正机制涉及 EF-Tu 的 GTP 酶活性。从 tRNA 中释放 EF-Tu 需要 GTP 水解，GTP 水解对正确的密码子-反密码子碱基配对高度敏感。即使是密码子-反密码子碱基配对中的单个错配也会改变 EF-Tu 的位置，降低其与因子结合中心相互作用的能力。这反过来导致 EF-Tu·GTP 酶活性显著降低。这涉及动力学选择，与确保 DNA 合成过程中正确碱基配对的机制类似。在这两种情况下，正确的碱基配对相互作用显著提高了关键生化步骤的发生。对于 DNA 聚合酶，这一步是形成磷酸二酯键。在此种情况下，通过 EF-Tu 水解 GTP。错误氨酰 tRNA 的三元复合物在结合之后如果没有发生 GTP 水解就可以与核糖体解离。

为了确保配对的准确性，在 EF-Tu 释放后还进行一种校对。当装载的 tRNA 第一次被引入带有 EF-Tu·GTP 的复合物的 A 位点时，其 3′ 端距离肽键形成的位置较远。为了成功参与肽基转移酶反应，tRNA 必须在一个称为调节的过程中旋转到大亚基的肽基转移酶中心。在调节过程中，氨酰 tRNA 的 3′ 端移动近 70 Å。错误配对的 tRNA 在调节过程中经常与核糖体分离。因此，错配的 tRNA（来自三元复合物的）更有可能在参与肽基转移酶反应之前从核糖体中解离。

总之，除了密码子-反密码子相互作用，核糖体还利用小沟之间的相互作用和两个校对阶段来确保正确的氨酰 tRNA 结合在 A 位点（图 8.14）。翻译的准确性和速率之间存在精细的平衡，准确性和速率是负相关的。翻译速率快会导致准确性降低，翻译速率慢虽然会提高准确性，但也许不能足够快速地产生蛋白质来维持生命。这种平衡中最重要的因素之一是 EF-Tu 对 GTP 的水解速率。如果水解速率太快，错误氨酰 tRNA 没有充足的时间从核糖体解离；如果速率过慢，校正时间充裕，但蛋白质合成速率变慢。在大肠杆菌中，三元复合物的结合与 GTP 水解之间的平均时间约为几毫秒，EF-Tu·GDP 从核糖体解离需要稍多毫秒，在这两个时间段发生校正，可实现翻译的准确性和速率之间的较好平衡。

8.2.2.2 肽键的形成

一旦正确装载的 tRNA 被放置在 A 位点并旋转到肽基转移酶中心，肽键就开始形成。肽键的形成不需要其他额外因子的参与，核糖体自身就具有肽基转移酶活性。该反应由 RNA，特别

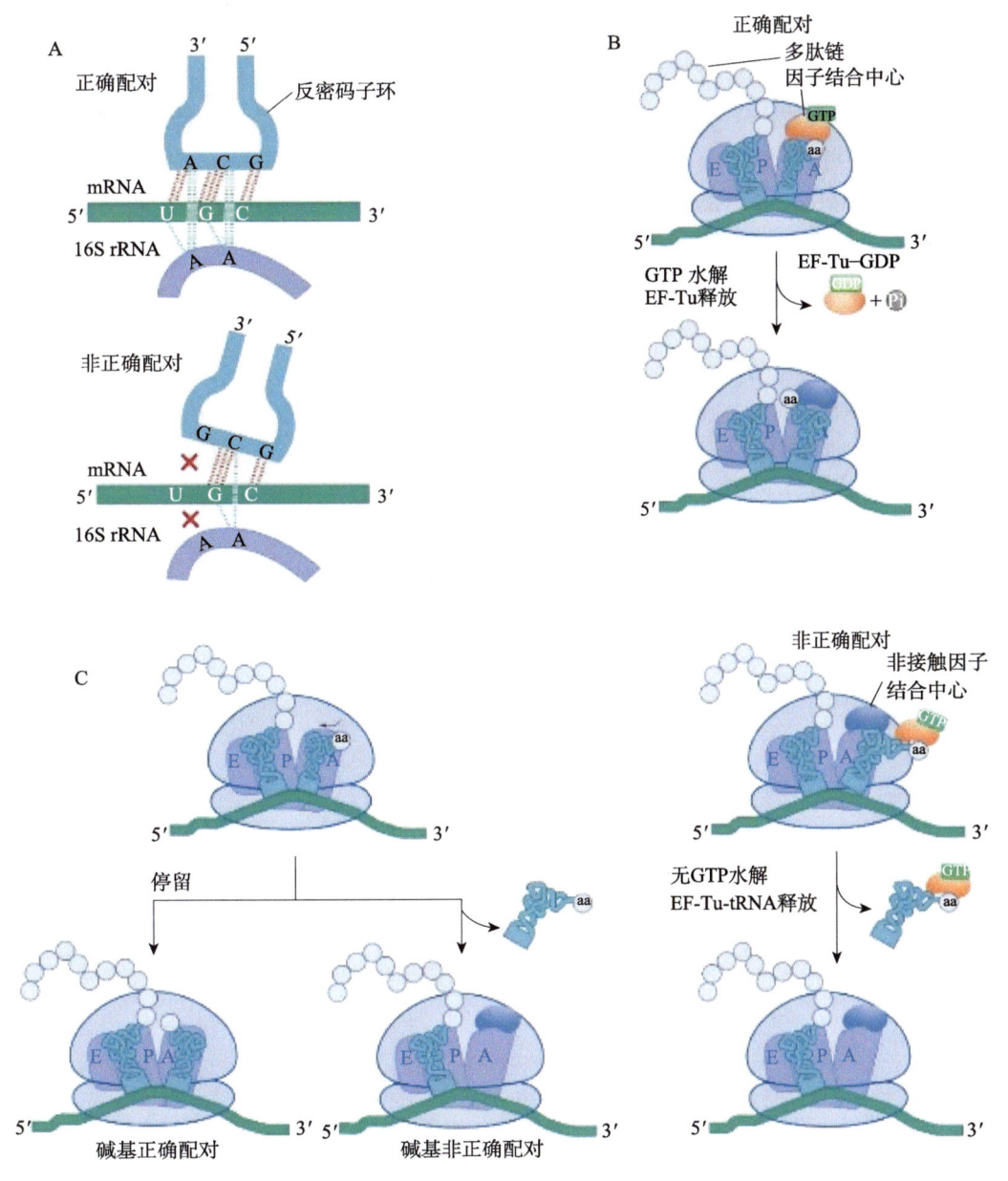

图 8.14 确保 tRNA 和 mRNA 正确配对的机制（Watson et al., 2015）

A. 只有当密码子-反密码子正确配对时，16S rRNA 的两个腺嘌呤残基与配对碱基对的小沟之间才能形成额外的氢键；B. 正确的碱基对使得结合氨酰 tRNA 的 EF-Tu 与因子结合中心相互作用，诱发 GTP 的水解和 EF-Tu 的释放；C. 只有碱基配对正确的氨酰 tRNA 在肽键形成过程中旋转进入正确位置时，才能保持与核糖体的结合，这一旋转易位称为 tRNA 入位

是大亚基的 23S rRNA 催化。实验证明，大亚基的大部分蛋白质缺失之后仍然能够指导肽键的形成。同时，针对原核生物核糖体大亚基的结构研究表明，在活性位点 18 Å 范围内没有发现氨基酸。结合了 mRNA 和 tRNA 的完整大肠杆菌核糖体的 3D 结构表明，L27 蛋白质的氨基端确实能够接触活性位点，暗示了这种蛋白质在催化中的作用。通过突变使 L27 氨基端靠近活性位点的 9 种氨基酸缺失，结果导致细胞产生的核糖体的肽基转移酶活性降低，但仍可检测到，这清楚地表明 L27 蛋白质的这一区域有助于增强肽基转移酶活性。然而，突变核糖体仍然以野生型核糖体水平的 30%~50% 合成蛋白质，并且含有这些突变核糖体的细胞可以继续生长和分裂。核糖体促进肽键形成的速率比观察到的在溶液中单独使用底物（氨酰 tRNA）的速率高 10^7 倍。很明显，即使活性位点中不存在 L27，绝大多数的这种增长仍然存在。因此，尽管这种蛋白质有利于肽键的形成，但它对肽基转移酶活性不是必需的。与其他核糖体蛋白质一样，L27 最可能的作用是正确定位活性位点的一个或多个 RNA 成分。更重要的是，由于在核糖体蛋白质中 L27 是唯一足够接近催化中心的蛋白质，因此核糖体中的 rRNA 成分就必须主要负责催化肽键的形成。

那么 23S rRNA 是如何催化肽键形成的呢？确切的机制仍有待揭示，但开始出现一些解答。首先，在 A 位点和 P 位点中，23S rRNA 和 tRNA 的 CCA 末端之间的碱基配对可以定位氨酰 tRNA 的 α-氨基，以攻击连接到肽酰 tRNA 的延伸多肽的羧基，这种催化机制称为熵催化。也就是说，这种酶通过将底物聚集在一起来促进催化作用。由于只是底物的距离接近很少足以产生高水平的催化作用，因此 rRNA 的其他元素很可能也参与催化作用。事实上，在 23S rRNA（大肠杆菌 23S rRNA 中的 A2451）中去除一个高度保守的 2′-OH 可使催化速率至少降低为原来的 1/10。最近的研究表明，第二种意想不到的对催化至关重要的 RNA 是 P 位点 tRNA。去除 P 位点 tRNA 3′ 端的 2′-OH 导致催化速率降低为原来的 $1/10^6$。这种"底物辅助催化"是一个特别有趣的发现，因为它表明肽酰 tRNA 本身携带关键的催化元件。这一发现表明，在核糖体进化之前，tRNA 可能提供了关键元件，使它们能够自行催化蛋白质的合成。

基于许多考虑因素，有人提出 P 位点 tRNA 的 2′-OH 可作为"质子穿梭装置"的一部分（图 8.15）。在这个模型中，2′-OH 向肽酰 tRNA 的 3′-OH 提供一个氢，并从结合在 A 位点 tRNA 的氨基酸的攻击性 α-氨基中接受一个质子。重要的是，这两项发现都有力地支持了以下假设：催化肽键形成的是 RNA 而不是蛋白质。尽管如此，关于核糖体如何催化肽键的形成，仍有很多需要了解的地方。

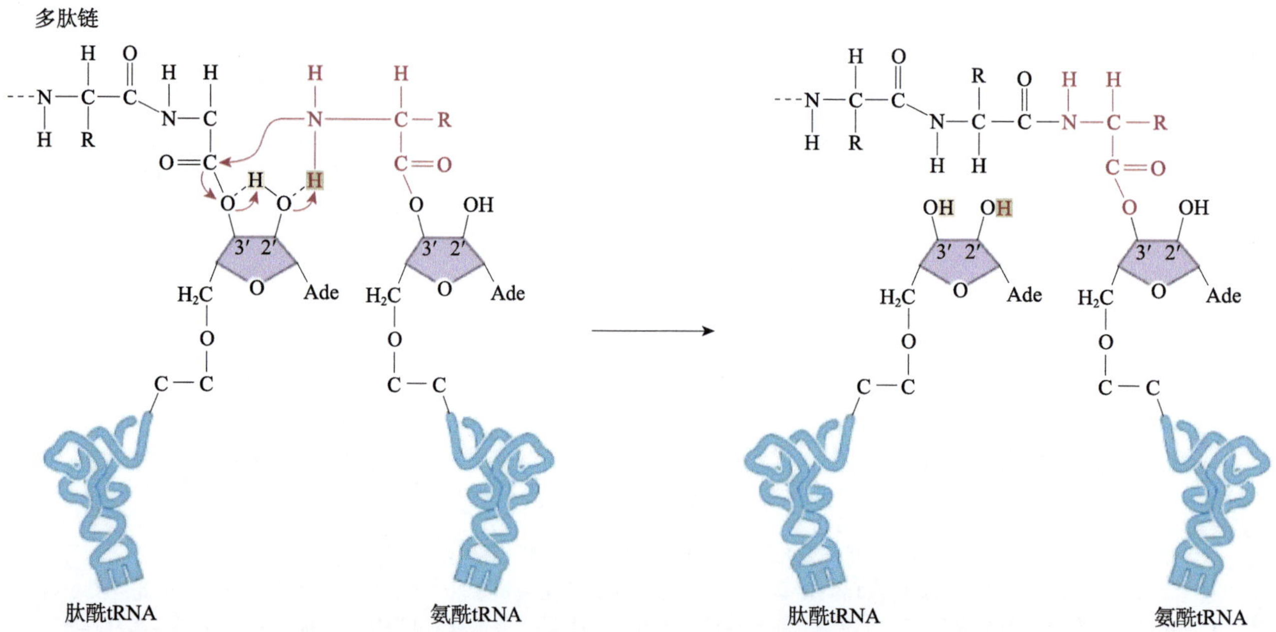

图 8.15　P 位点 tRNA 的 2′-OH 在肽键形成中的作用

8.2.2.3 易位

肽基转移酶催化肽基转移，P 位点的 tRNA 就会去乙酰化（tRNA 不再与氨基酸相连），并且延伸中的多肽链与 A 位点的 tRNA 相连。新一轮的肽链延伸开始，P 位点的 tRNA 必须移动到 E 位点，A 位点的 tRNA 必须移动到 P 位点，同时，mRNA 必须移动三个核苷酸。核糖体协调这些统称为易位的运动。

易位的初始步骤与肽基转移酶反应相偶联。一旦延伸中的肽链转移到 A 位点的 tRNA 上，A 位点和 P 位点的 tRNA 倾向优先占据大亚基中的新位置。也就是说，A 位点的 tRNA 的 3′ 端与延伸中的多肽链结合，并倾向与大亚基的 P 位点结合。去乙酰化的 P 位点的 tRNA 不再与延伸中的多肽链结合，而是倾向结合大亚基的 E 位点。此时，这些 tRNA 的反密码子仍保留在与小亚基的 mRNA 结合的初始位置上。因此，易位先在大亚基中启动，并且 tRNA 处于"杂交状态"，它们的 3′ 端已经转移到一个新的位置，但它们的反密码子末端仍然处于肽基转移前的位置（图 8.16）。重要的是，这种变化与小亚基相对大亚基的逆时针旋转有关，促进了 tRNA 与不同亚基中相关结合位点的作用。

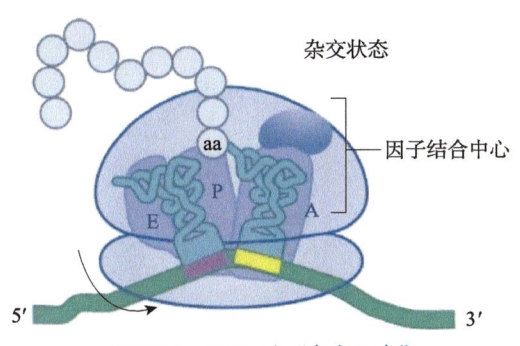

图 8.16 tRNA 的"杂交状态"

易位的完成还需要 EF-G 这个延伸因子的作用。EF-G 通过稳定易位中间产物来驱动易位。EF-G 结合 GTP 时就会与核糖体发生初始结合。肽基转移反应后，EF-G·GTP 与核糖体结合使核糖体稳定于旋转、杂交状态。当 EF-G·GTP 结合同时接触到大亚基的因子结合中心，从而刺激 GTP 水解。GTP 水解改变 EF-G 的构象，产生两种结果。首先，EF-G·GDP 和核糖体之间的相互作用被认为可以"解锁"核糖体。结构研究表明，存在分离的 A、P 和 E 位点的"门"，EF-G·GDP 通过打开这些门来解锁核糖体。其次，EF-G·GDP 的构象可以与解码中心的 A 位点结合，导致竞争 tRNA 与解码中心 A 位点的结合。这是由于核糖体被解锁，以前 A 位点的 tRNA 可以移动到 P 位点，从而允许 EF-G·GDP 结合 A 位点。因此，正如 EF-G·GTP 稳定核糖体的杂交状态一样，当 tRNA 离开 A 位点后，EF-G·GDP 构象与解锁的核糖体 A 位点结合最紧密。像多米诺骨牌一样，A 位点的 tRNA 向 P 位点的移动迫使 P 位点的 tRNA 进入 E 位点。tRNA 和 mRNA 之间的碱基配对导致 mRNA 也移动三个核苷酸（图 8.17）。移动距离是由 tRNA 决定的，这一点可通过罕见的"移码"tRNA 来证明，这些 tRNA 具有 4 个核苷酸长的反密码子（因此可以补偿某些移码突变），并将 mRNA 移动 4 个核苷酸而不是三个核苷酸。EF-G·GDP 如何与解码中心的 A 位点进行如此有效的相互作用？EF-G 和 EF-Tu·GTP-tRNA 的晶体结构清楚地回答了这个问题。EF-Tu·GTP-tRNA 可以结合到解码中心 A 位点上，而 EF-G·GDP 和 EF-Tu·GTP-tRNA 的结构非常相似。尽管 EF-G 只是一个多肽，但结构类似 tRNA 与蛋白质的复合物，这是"分子模拟"。

易位的完成伴随着小亚基顺时针旋转回到起始位置。由此产生的核糖体结构大大降低了对 EF-G·GDP 的亲和力。EF-G 的释放导致核糖体回到"锁定"状态，在此状态下，tRNA 和 mRNA 再次与小亚基解码中心紧密关联，A、P

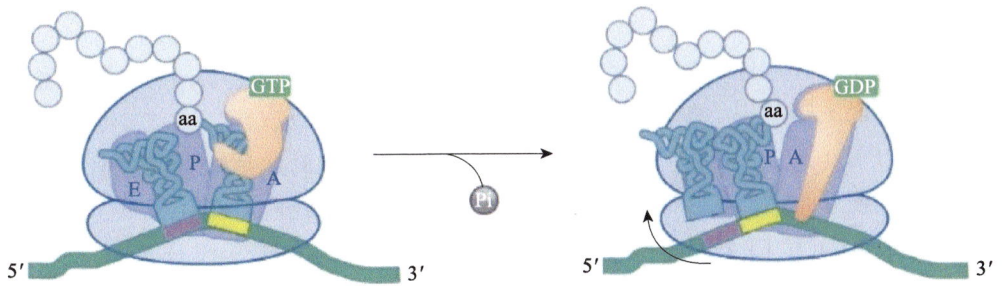

图 8.17 GTP 水解改变 EF-G 的构象以驱动 tRNA 的移动

和 E 位点之间的闸门关闭。总之，这些事件导致 A 位点的 tRNA 易位到 P 位点，P 位点的 tRNA 易位到 E 位点，并且 mRNA 正好移动三个核苷酸。核糖体就可以开始一个新的氨基酸添加周期。

EF-Tu 和 EF-G 是催化蛋白质，每轮 tRNA 结合到核糖体、肽键形成和易位时使用一次。EF-Tu·GDP 和 EF-G·GDP 以及在翻译终止时发挥作用的 RF3，它们都依靠 GTP 水解的能量来驱动对翻译非常重要的分子运动过程，这些因子都属于一大类 GDP 和 GTP 结合蛋白，称为 G 蛋白。EF-Tu·GDP 和 EF-G·GDP 都必须将 GDP 转换为 GTP，才能参与新一轮的延伸。对 EF-G 来说，这是一个简单的过程，因为 GDP 对 EF-G 的亲和力低于 GTP。因此，在 GTP 水解后，GDP 和磷酸盐被释放，EF-G 可迅速结合一个新的 GTP。而 EF-Tu 需要延伸因子 EF-Ts 作为 EF-Tu 的 GTP 转换因子来交换 GDP 和 GTP。在核糖体释放 EF-Tu·GDP 后，EF-Ts 分子与 EF-Tu 结合取代 GDP。GTP 与 EF-Tu-EF-Ts 复合物结合，使其分解为游离的 EF-Ts 和 EF-Tu·GTP。EF-Tu·GTP 则可以结合已装载的 tRNA 分子，再次形成 EF-Tu·GTP–氨酰 tRNA 复合物（图 8.18）。

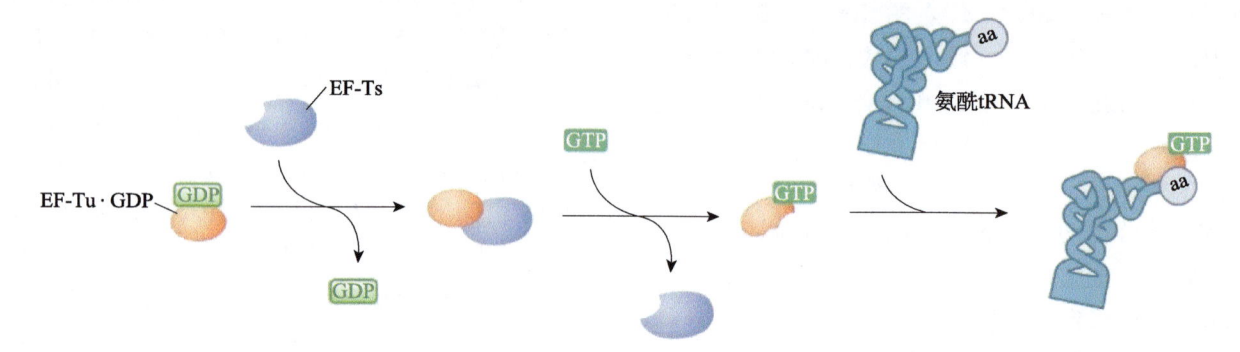

图 8.18　EF-Ts 促进 EF-Tu 释放 GDP

每一轮肽键形成需要多少个核苷三磷酸分子（不考虑氨基酸生物合成的能量学及起始和终止的能量学）？其中，氨酰 tRNA 合成酶在产生连接氨基酸与 tRNA 的高能酰基键时消耗了一分子三磷酸腺苷（ATP）。这种高能键的断裂驱动肽基转移酶反应产生肽键。第二个三磷酸鸟苷（GTP）在 EF-Tu 将装载的 tRNA 输送到核糖体的 A 位点上，以及确保正确的密码子-反密码子相互识别时被消耗。最后，第三个 GTP 在 EF-G 介导的易位过程中被消耗。因此，形成一个肽键需要细胞消耗两个 GTP 分子和一个 ATP 分子，翻译延伸过程的每一步都需要消耗一个三磷酸核苷。有趣的是，在这三个分子中，只有一个分子（ATP）与肽键的形成发生了能量上的联系。另外两个分子（GTP）的能量则是用于保证翻译过程中事件的准确性和顺序。

在真核生物翻译延伸的过程中，虽然与 EF-Tu（eEF1）和 EF-G（eEF2）类似的真核因子的名称不同，但它们的功能非常相似。

8.2.3　翻译的终止

核糖体的氨酰 tRNA 结合、肽键形成和易位持续循环，直到三个终止密码子中的一个进入 A 位点。由于终止密码子和其他密码子一样都是三联体密码，最初假设会有一个或多个终止 tRNA 识别这些密码子。然而事实并非如此，终止密码子被称为释放因子（release factor，RF）的蛋白质识别并激活肽酰 tRNA 中多肽的水解。

释放因子分为两类：Ⅰ类释放因子识别终止密码子，并触发 P 位点 tRNA 肽链的水解。原核生物有两种Ⅰ类释放因子，称为 RF1 和 RF2。RF1 识别终止密码子 UAG，RF2 识别终止密码子 UGA。终止密码子 UAA 被 RF1 和 RF2 识别。在真核细胞中，有一种叫作 eRF1 的Ⅰ类释放因子，可以识别三种终止密码子。Ⅱ类释放因子在多肽链释放后刺激Ⅰ类释放因子从核糖体分离。原核生物和真核生物中只有一种Ⅱ类释放因子，分别称为 RF3 和 eRF3。与 IF2、EF-G 和 EF-Tu 一样，Ⅱ类释放因子由 GTP 的结合和水解来调节。

释放因子如何识别终止密码子？在 RF1 和 RF2（具有不同的终止密码子特异性）之间基因交换短编码区的实验中，确定了对释放因子特异性至关重要的三个氨基酸序列。在 RF1 和 RF2 之间这三种氨基酸的交换导致它们的终止密码子也特异性地发生交换。因此，这三个氨基酸序列被称为肽反密码子，与终止密码子相互作用并识别终止密码子。在 RF1 中，肽反密码子的序列为 Pro-Ala-Thr 保守三肽，其中 Pro 可与终止密码子 UAG、UAA 的第二位核苷酸 A 互作，Thr 可与终止密码子的第三位核苷酸 A 或 G 互作。RF2 则包含保守的 Ser-Pro-Phe 三肽，Ser 与 Thr 功能类似，可与 A 或 G 互作，Phe 和 Pro 功能相似，只能与 A 发生互作。这也是 RF1 识别 UAG、UAA，而 RF2 识别 UGA、UAA 的原因。RF1 与结合核糖体的 3D 结构证实 RF1 结合到核糖体的 A 位点，肽反密码子位于非常靠近反密码子的位置，另外很可能存在有助于密码子识别的其他蛋白质区域。

终止密码子识别之后多肽的释放是由两个释放因子催化的。Ⅰ类释放因子（RF1）通过定位于肽基转移酶中心的 GGQ（甘氨酸甘氨酸谷氨酰胺）基序参与识别终止密码子和刺激多肽的释放。Ⅱ类释放因子（RF3）仅在多肽释放后才会结合，并驱动Ⅰ类释放因子的解离。Ⅰ类释放因子刺激多肽释放的区域已被确定。所有的Ⅰ类释放因子都有一个保守的 GGQ 三个氨基酸序列，这是多肽释放所必需的。此外，RF1 与核糖体结合的结构证实了 GGQ 基序位于肽基转移酶中心附近。目前尚不清楚 GGQ 基序是否直接参与肽酰 tRNA 中多肽的水解，或是否诱导肽基转移酶中心的变化，导致该中心催化水解。经研究发现，肽基转移酶中心 CCA 末端附近的保守碱基（如 A2541 或 A2602）中有个别残基是肽水解所必需的。事实上，这些残基在肽水解中比它们在肽键形成中发挥更重要的作用。导致这种差异的一个可能原因是只有近端 RNA 残基可以定位较小的水分子进行水解，而核糖体中许多位点的残基可以帮助定位较大的 tRNA 进行催化。

总之，这些研究导致形成这样的假设，即Ⅰ类释放因子在结构上模仿 tRNA，具有一个与终止密码子相互作用的肽反密码子和一个到达肽基转移酶中心的 GGQ 基序。RF1 与 tRNA 的结构比较结果揭示该蛋白质如何在功能上模仿 tRNA：与 3'CCA 末端和反密码子环占据 tRNA 的末端相似，GGQ 和肽反密码子环占据 RF1 的末端（图 8.19）。

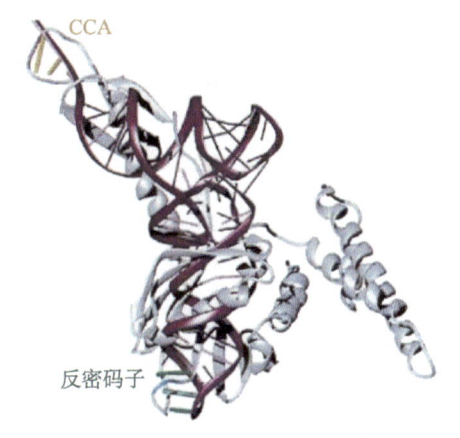

图 8.19 RF1（灰色）与 tRNA（暗红色）的结构比较

触发了肽酰 tRNA 键的水解后，Ⅰ类释放因子就必须从核糖体中移除。这一步是由Ⅱ类释放因子 RF3 刺激的。RF3 是一种 GTP 结合蛋白，但与其他参与翻译的 GTP 结合蛋白不同，RF3 对 GDP 的亲和力高于 GTP，因此，RF3 主要以与 GDP 结合的形式存在。RF3-GDP 以一种依赖于Ⅰ类释放因子存在的方式与核糖体结合。在Ⅰ类释放因子刺激多肽释放后，构象发生变化，Ⅰ类释放因子刺激 RF3 将其结合的 GDP 转换为 GTP。也就是说，Ⅰ类释放因子作为 RF3 的 GTP 交换因子，与 EF-Ts 对 EF-Tu 的作用非常相似。GTP 与 RF3 的结合促进 RF3 与核糖体相互作用，从而在核糖体中取代Ⅰ类释放因子。这种构象的变化促进 RF3 与大亚基的因子结合中心联系。与其他参与翻译的 GTP 结合蛋白一样，这种相互作用还刺激 GTP 的水解。在没有Ⅰ类释放因子相结合的条件下，形成了对核糖体亲和力较低的 RF3-GDP 而被释放。

在多肽链和释放因子的释放后，核糖体仍然与 mRNA 和两个脱酰基 tRNA 结合（在 P 位点和 E 位点）。为了参与新一轮的多肽合成，tRNA 和 mRNA 必须从核糖体中移除，核糖体必须解离成大亚基和小亚基，这些事件称为核糖体循环。

在原核细胞中，核糖体循环因子（RRF）与 EF-G 和 IF3 协同作用，在多肽释放后实现核糖体循环。RRF 与核糖体的空 A 位点结合，此时它模仿 tRNA。RRF 还将 EF-G·GTP 招募到核糖体

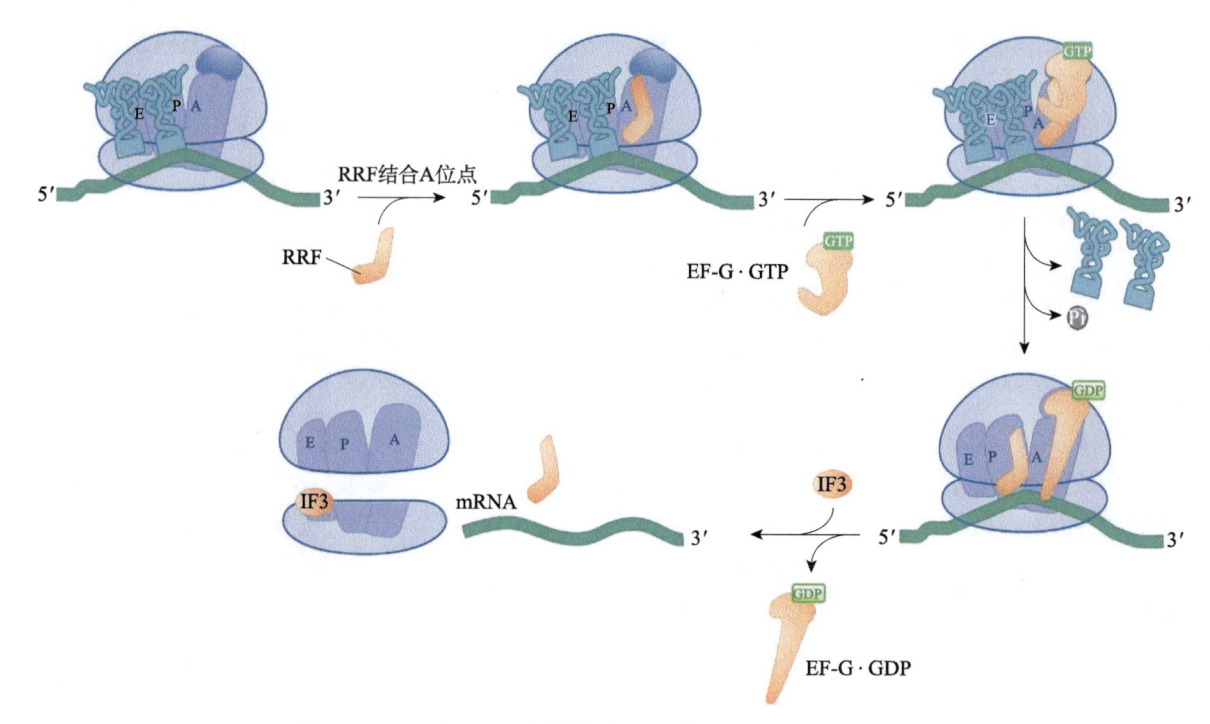

图 8.20 RRF 和 EF-G 结合刺激核糖体中 tRNA 和 mRNA 的释放

中，模拟延伸过程中 EF-G 的功能，EF-G 刺激结合在 P 位点和 E 位点未负载的 tRNA 释放。虽然具体如何发生释放尚不清楚，但人们认为 RRF 在 EF-G 的 A 位点位移，类似于在延伸过程中 tRNA 在 A 位点位移。一旦 tRNA 被移除，EF-G·GDP 和 RRF 将与 mRNA 一起从核糖体中释放出来。IF3（起始因子）也可能参与 mRNA 的释放，并将核糖体大小亚基相互分离。这些事件的最终结果是形成一个与 IF3（但不是 tRNA 或 mRNA）结合的小亚基和一个游离的大亚基。释放的核糖体可以参与新一轮的翻译。该过程依然强调了 RRF 是 tRNA 模拟物的观点，事实上，RRF 在其 3D 结构上也的确类似于 tRNA，但 RRF 与核糖体的相互作用方式与 tRNA 显著不同。RRF 仅与 A 位点的大亚基部分密切结合（图 8.20）。

与起始和延伸一样，翻译的终止是由一系列有序的相互依赖的因子结合和释放介导的。这种翻译过程的顺序性确保了在上一个步骤完成之前不会发生后面任何一个步骤。例如，EF-Tu 直到 EF-G 完成易位前都不能护送一个新的 tRNA 进入 A 位点。同样，RF3 不能与核糖体结合，除非一个 I 类释放因子已经识别出一个终止密码子。这种有序的翻译方式有一个弱点：如果任何一个步骤不能完成，那么整个过程就会停止。抗生素正是利用这一致命弱点对翻译过程产生抑制的。已知 40% 抗生素是翻译机制的抑制剂。一般来说，这些抗生素结合了翻译装置的一个组成部分并抑制其功能。由于不同的抗生素在不同的步骤中精确抑制翻译，这些药物已成为研究蛋白质合成机制的有用工具。因此，除了医学效益，抗生素还可以帮助人们深刻理解翻译机制的工作原理。

真核细胞中也存在 I 类和 II 类释放因子，但它们的结构和氨基酸序列与原核生物中的并不类似，只有 I 类释放因子的功能是类似的。与 RF1 和 RF2 一样，eRF1 可以识别三个终止密码子，并将 GGQ 基序定位于肽基转移酶中心，导致多肽释放。与催化 RF1/RF2 释放的原核 RF3 不同，eRF3 将 eRF1 传递到核糖体。eRF3·GTP 与远离核糖体的 eRF1 结合，像 EF-Tu 和已装载的 tRNA 一样，护送 eRF1 到核糖体。像 EF-Tu 一样，如果 eRF1 识别终止密码子，eRF3·GTP 与因子结合中心结合刺激 GTP 水解，eRF3·GDP 迅速从核糖体中释放出来，并且 eRF1 以一种类似 tRNA 的方式进入肽基转移酶中心。有趣的是，没有证据表明在真核细胞中存在核糖体循环因子，eEF2（真核生物 EF-G）也不参与核糖体的再循环。当前的模型表明，eRF1 刺激肽从 P 位点的 tRNA 上水解，再与称为 Rli1 的 ATP 酶结合参与核糖体的循环（图 8.21）。

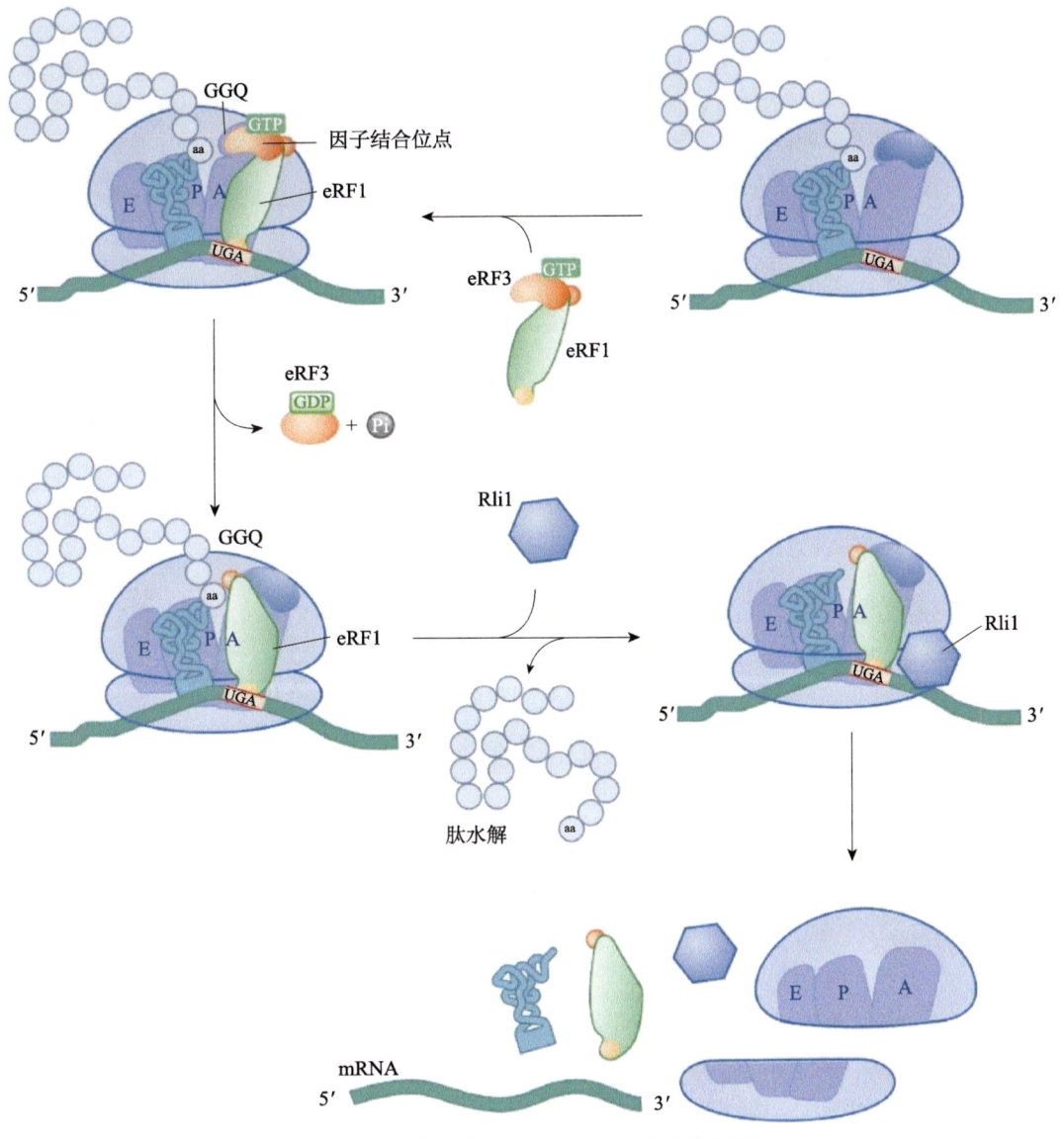

图 8.21　真核生物的翻译终止和核糖体的再循环

思考与挑战

1. 原核 mRNA 与真核 mRNA 有哪些异同？

2. 遗传密码子有哪些特性？简述密码子的简并性对生物体的生物学意义。

3. tRNA 的 3′ 端高度保守的序列 5′-CCA-3′ 有什么特定的生物学意义？

4. 酪氨酰 tRNA 合成酶如何区分酪氨酸和苯丙氨酸，以避免误装载？

5. 你希望哪种 tRNA 合成酶水解含有甘氨酸的氨酰 tRNA？解释你的选择。

6. 核糖体有哪些活性中心，原核与真核生物的核糖体组成有哪些异同点？

7. 多个核糖体可以同时翻译相同的 mRNA，这对细胞有什么好处？

8. 真核生物与原核生物在翻译的起始过程中有哪些区别？

9. 描述一个实验，支持 rRNA 而不是核糖体的蛋白质成分催化肽基转移酶反应的说法。

10. 解释肽键形成的能量来自哪里？

11. 解释结构研究如何揭示了两种不同的复合物，原核 EF-G·GDP 和 EF-Tu·GTP-tRNA 是如何在延伸过程中与解码中心的 A 位点相互作用的？

数字课程学习

1. 蛋白质翻译的过程
2. 三联体密码子
3. 原核生物蛋白质翻译的过程
4. 真核生物蛋白质翻译的过程
5. 保证蛋白质准确翻译起始的机制

课后拓展

1. 温故而知新
2. 拓展与素质教育

主要参考文献

郑用琏. 2018. 基础分子生物学. 3 版. 北京：科学出版社.

Weaver R. F. 2014. 分子生物学. 5 版. 郑用琏，等译. 北京：科学出版社.

Bretscher M. S., Marcker K. A. 1966. Polypeptidyl-sigma-ribonucleic acid and amino-acyl-sigma-ribonucleic acid binding sites on ribosomes. *Nature*, 211: 380-384.

Brown C. M., Stockwell P. A., Trotman C. N., *et al.* 1990. The signal for the termination of protein synthesis in procaryotes. *Nucleic Acids Res*, 18: 2079-2086.

Crick F. H. 1966. Codon-anticodon pairing: the wobble hypothesis. *J Mol Biol*, 19: 548-555.

Dintzis H. M. 2006. The wandering pathway to determining N to C synthesis of proteins: Some recollections concerning protein structure and biosynthesis. *Biochem Mol Biol Educ*, 34: 241-246.

Fakunding J. L., Hershey J. W. B. 1973. The interaction of radioactive initiation factor IF2 with ribosomes during initiation of protein synthesis. *J of Bio Chem*, 248: 4206-4212.

Garen A., Garen S., Wilhelm R. C. 1965. Suppressor genes for nonsense mutations. I. The Su-1, Su-2 and Su-3 genes of *Escherichia coli*. *J Mol Biol*, 14: 167-178.

Ibba M., Soll D. 2000. Aminoacyl-tRNA synthesis. *Annu Rev Biochem*, 69: 617-650.

Kozak M. 1986. Point mutations define a sequence flanking the AUG initiator codon that modulates translation by eukaryotic ribosomes. *Cell*, 44: 283-292.

Laurberg M. H., Asahrat A., Korostelev J., *et al.* 2008. Structural basis for translation termination on the 70S ribosome. *Nature*, 454: 852-857.

Laursen B. S., Sorenson H. P., Mortenson K. K., *et al.* 2005. Initiation of protein synthesis in bacteria. *Microbiol Mol Rev*, 60: 101-123.

Nilsson J., Nissen P. 2005. Elongation factors on the ribosome. *Curr Opin Struct Biol*, 15: 349-354.

Nirenberg M., Leder P. 1964. RNA codewords and protein synthesis: The effect of trinucleotides upon binding of sRNA to ribosomes. *Science*, 145: 1399-1407.

Schimmel P., Beebe K. 2004. Genetic code seizes pyrrolysine. *Nature*, 431: 257-258.

Shine J., Dalgarno L. 1975. Determinant of cistron specificity in bacterial ribosomes. *Nature*, 254: 34-38.

Sonenberg N. H., Trachsel S. H., Shatkin A. J. 1980. Differential stimulation capped mRNA translation *in vitro* by cap binding protein. *Nature*, 285: 331-333.

Waldrop M. M. 1990. The structure of the "second genetic cold". *Science*, 246: 1122.

Watson J. D., Baker T. A., Bell S. P., *et al.* 2015. Molecular Biology of the Gene. 7th ed. New York: Cold Spring Harber Laboratory Press.

Weinger J. S., Parnell K. M., Forner S. 2004. Substrate-assisted catalysis of peptide bond formation by the ribosome. *Nat Struct Mol Biol*, 11: 1101-1106.

Yusupov M. M., Yusupova G. Z., Baucom A., *et al.* 2001. Crystal structure of the ribosome at 5.5 Å resolution. *Science*, 292: 883-896.

第 9 章
染色体和 DNA 水平的调控

思维导图

真核生物与原核生物的细胞结构、基因组结构、遗传过程及生活方式不同，导致基因表达调控存在巨大差异。原核生物调控系统的主要功能是在特定的环境中为细胞提供快速生长的条件，或使细胞在受到损伤时尽快得到修复。所以，原核生物基因表达经常是通过控制转录起始和效率来实现的。而真核生物（酵母、藻类和原生动物等单细胞类除外）主要由多细胞、多组织构成，其细胞结构复杂，每个真核细胞所携带的总基因组遗传信息量远远高于原核生物，且转录和翻译在时空上是分开的，所以含有更多的调控信息和更复杂的调控机制。真核生物的表达调控可发生在染色体和 DNA 水平、转录水平和转录后修饰、翻译水平和翻译后修饰等不同层次，以满足机体生长发育和对外界环境的适应。本章主要讨论真核生物染色体和 DNA 水平上的基因表达调控。

染色体和 DNA 水平上的调控是在生物体生长和发育过程中通过改变基因的拷贝数、结构顺序及活性来控制基因的表达水平，主要包括：①染色体水平上的调控，即染色质修饰与重建（组蛋白乙酰化与去乙酰化、组蛋白甲基化与去甲基化和 SWI/SNF 复合体蛋白）；② DNA 水平上的调控（DNA 重排、DNA 甲基化、基因丢失和基因拷贝数的增加）。

目前，在 DNA 水平上的调控方式中，DNA 重排研究已为治疗人类疾病及微生物改良提供了有力的理论支持。例如，白血病等血癌中，DNA 重排在染色体易位过程中发生，产生了蛋白质突变体，从而促进癌症的发展。此外，科学家发现前列腺癌中最常见的基因重排是 ETS（E-twenty six）转录因子家族中相关 ERG（ETS-related gene）发生重排，从而导致 ERG 蛋白过量表达，最终触发这种癌干细胞更加频繁地自我更新。由此可见，研究染色体和 DNA 水平上的调控有着重要的理论意义和实践价值，可为人类疾病防治提供新的策略和视角。

9.1 染色体水平的调控——染色质修饰与重建

多细胞生物的基因组都包含大量基因，但只有少量基因在特定的细胞类型中表达。基因的表达活性和抑制状态在很大程度上与所在染色质的结构和组蛋白修饰特征有关。组蛋白是构成核小体的主要蛋白质成分，按照功能可分为两类：一类为核心组蛋白（core histone），包括 H2A、H2B、H3 和 H4，其在进化上十分保守，没有种属及组织特异性，由其各两个单位构成八聚体作为核小体的核心结构，DNA 则卷曲缠绕于其外侧；另一类为连接组蛋白（linker histone），即 H1，它不构成核小体核心颗粒，而是与连接 DNA 结合，并赋予染色质极性。组蛋白是富含带正电荷的赖氨酸或精氨酸的碱性蛋白质，这使得其可与带负电荷的 DNA 紧密结合。每个核心组蛋白有一个自由伸展的 N 端尾巴，它没有特定的结构，暴露于核小体表面，容易被胰蛋白酶从核小体上切除，但这并不影响 DNA 与核小体的紧密结合，所以暴露的 N 端尾巴对 DNA 与组蛋白八聚体的结合不是必需的。但是，N 端尾巴上具有可修饰位点，可以改变核小体的结构和功能。

发生在组蛋白 N 端的修饰主要包括乙酰化（acetylation）、甲基化（methylation）、磷酸化（phosphorylation）、泛素化（ubiquitination）和瓜氨酸化（citrullination）等（图 9.1）。组蛋白尾巴上的赖氨酸经常被单一的乙酰基或甲基修饰；精氨酸则会被一个、两个或三个甲基修饰；丝氨酸和苏氨酸或酪氨酸主要被磷酸化修饰；而组氨酸是较大基团（如 ADP-核糖和泛酸等）的修饰靶点。瓜氨酸化是指在蛋白质肽基精氨酸脱亚胺酶（peptidylarginine deiminase，PAD）的作用下将精氨酸残基转化为瓜氨酸残基的过程。这些修饰会影响组蛋白与 DNA 的相互作用，改变染色质的构象，从而调控基因的转录活性。组蛋白的特殊修饰又与不同的细胞过程相关联。例如，H4 的 N 端第 8 位和第 16 位的赖氨酸（H4K8、H4K16）发生乙酰化与基因表达的起始位置相关，而 H4K5 和 H4K12 的乙酰化却是新合成 H4 分子的标志，意味着该 H4 分子即将与 DNA 结合并整合进核小体。相似地，H3 的 N 端甲基化也有特殊的生物学意义，H3K4、H3K36 或 H3K79 甲基化与基因表达有关，而 H3K9 或 H3K27 的甲基化则与转录抑制有关。

9.1.1 组蛋白乙酰化与去乙酰化

组蛋白乙酰化是影响基因转录活性的表观遗传修饰之一，也是目前了解最多的一种组蛋白修饰。组蛋白乙酰化与核小体组装、染色质折叠和解聚、异染色质沉默和基因转录等多种功能密切相关。组蛋白乙酰化与去乙酰化是发生在组蛋白 N 端赖氨酸残基上的动态可逆过程，分别由组蛋白乙酰转移酶（histone acetyltransferase，HAT）和组蛋白去乙酰化酶（histone deacetylase，HDAC）催化。HAT 将乙酰基从乙酰辅酶 A

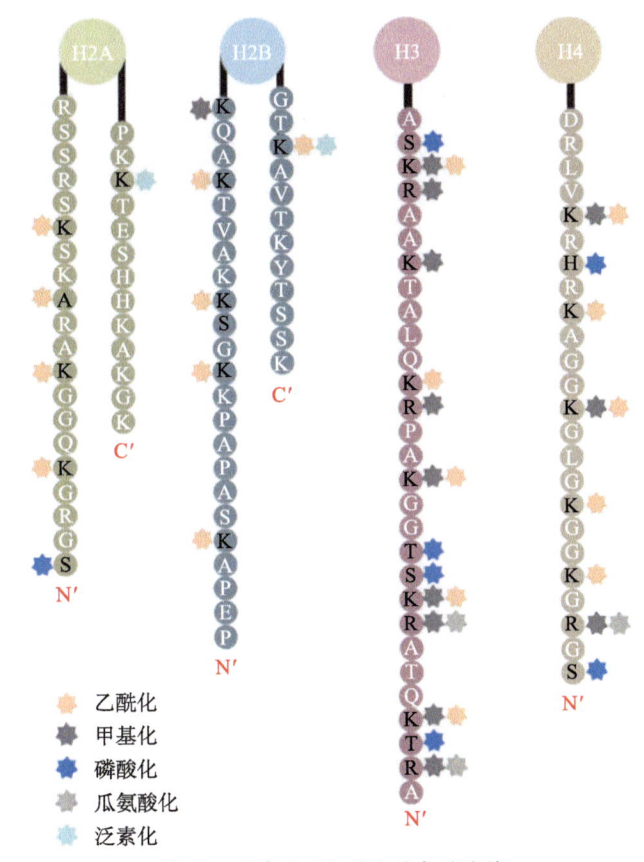

图 9.1 最常见的组蛋白的各种修饰

（acetyl-CoA）转移到赖氨酸残基的 ε-氨基上，而 HDAC 则催化乙酰基的去除。然而，除了调节转录，HAT/HDAC 还可以调节多种细胞的生理过程，如细胞生存、衰老、死亡、衰老细胞周期及应激反应等（图 9.2）。

一般来说，组蛋白乙酰化与转录激活有关，而组蛋白去乙酰化与转录抑制有关。对于真核生物而言，影响基因转录的主要障碍是核小体形成的致密的染色质结构。DNA 的包装结构阻碍了 RNA 聚合酶和转录因子的进入，从而降低了转录水平。乙酰化能中和组蛋白赖氨酸残基上的正电荷，削弱了 DNA 和组蛋白之间电荷依赖的相互作用，便于转录因子接近。另外，乙酰化赖氨酸还可以募集乙酰结合蛋白，这些乙酰结合蛋白通常是转录调节因子。最近的研究表明，组蛋白乙酰化还能干扰核小体间的相互作用，从而破坏染色体的高级结构，增强转录。例如，核小体 H4K16 发生乙酰化会削弱相邻核小体间的堆叠效应。因此，组蛋白乙酰化与核小体组装及染色体的致密结构密切相关。

组蛋白乙酰化主要靶向的是结构基因上游的

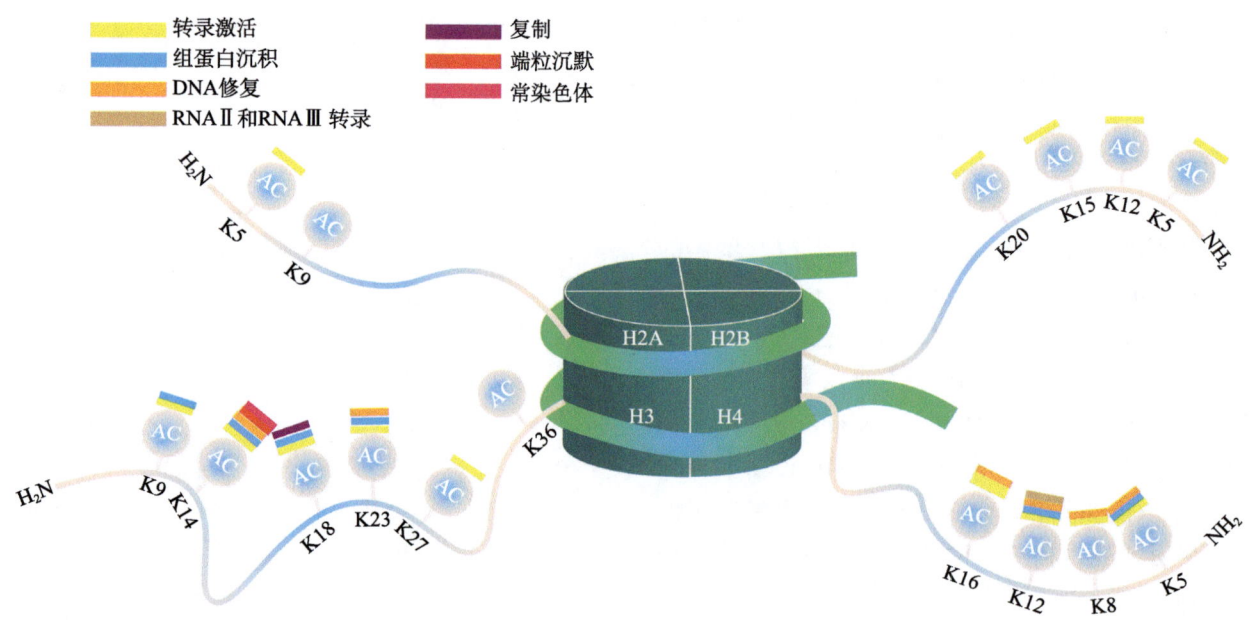

图 9.2　组蛋白不同位置赖氨酸乙酰化后参与的细胞过程

启动子区域，称为启动子局部乙酰化。当组蛋白发生启动子局部乙酰化后，核小体八聚体蛋白发生解离，结构松弛，各种转录因子便与暴露的结合位点特异性结合，激活基因转录。启动子和增强子往往具有共同的染色质特征，均具有特定的组蛋白修饰类型。启动子和增强子上常见的组蛋白乙酰化修饰为 H3K9ac 和 H3K27ac。而这些位点的去乙酰化则会使 DNA 和八聚体组蛋白结合得更紧密，转录因子结合位点隐藏于内部，基因转录受到抑制。总之，生物体内 HAT 和 HDAC 二者趋于一种相互抑制和协调的状态，从而使体内环境维持一定的平衡状态。

9.1.2　组蛋白甲基化与去甲基化

组蛋白甲基化（histone methylation）也是一种重要的染色质修饰，与异染色质结构的形成和维持、基因组印迹、DNA 修复、X 染色质失活和转录调控等细胞过程密切相关。组蛋白甲基化主要发生在 H3 与 H4 的精氨酸和赖氨酸残基上，赖氨酸甲基化修饰通常发生在 H3K4、H3K9、H3K27、H3K36、H3K79 和 H4K20 上；精氨酸甲基化修饰则发生在 H3R2、H3R8、H3R17、H3R26 和 H4R3 上（图 9.3）。精氨酸和赖氨酸都可以被单甲基化或二甲基化（me1/2），赖氨酸还可以被三甲基化（me3）。赖氨酸残基的多

甲基化位点使得组蛋白功能更加丰富、多样化。例如，组蛋白 H3K4 单甲基化（H3K4me1）和三甲基化（H3K4me3）是转录活化识别的标志物，但二者存在细微差别：H3K4me1 通常会出现在增强子区，而 H3K4me3 则更多地出现在启动子区。再如，H3K36me3 是基因组上活跃转录区域的标志物，在转录激活中起重要作用；而 H3K27me3 和 H3K9me3 则是特定的转录抑制信号：H3K27me3 主要存在于基因密集区域的启动子中，并与胚胎干细胞的发育调控因子，包括同源框基因 Hox 和一类 SRY（sex determining region of Y chromosome）相关基因构成的 Sox 基因家族密切相关，H3K9me3 则通常存在于缺少基因的区域（如卫星重复、端粒和近着丝粒区）。另外，H3K27me3 和 H3K9me3 标志物都存在于失活的 X 染色体中，其中 H3K27me3 位于基因间区域和沉默的编码区，而 H3K9me3 则主要出现在活性基因的编码区中。

通常 H3K4me2/3、H3K36me1/3、H3K79me1/2 和 H4K20me1 与转录激活有关，而 H3K9me2/3、H3K27me2/3、H3K79me3 和 H4K20me3 与转录抑制有关。这些不同的甲基化位点可被多个"读码器"蛋白（"reader" protein）结合，这些蛋白质进而又与转录激活因子或抑制因子相互作用，调控转录水平。由此可见，组蛋白甲基化修饰是促进还是抑制基因表达，除取决于甲基化的位点外，

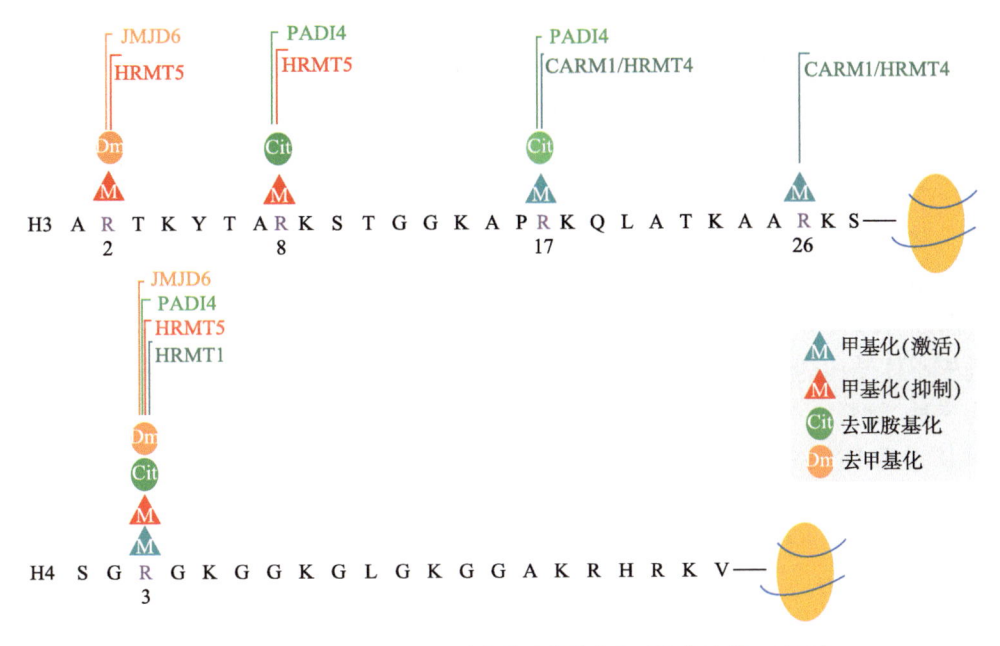

图 9.3 组蛋白 H3 和 H4 上的精氨酸修饰位点（程智遠等，2008）

CARM1/HRMT4 甲基化组蛋白 H3R17 和 H3R26，HRMT1 甲基化组蛋白 H4R3，两者的甲基化激活转录（绿色）；HRMT5 甲基化组蛋白 H3R8、H4R3 和 H3R2，它们的甲基化抑制转录（蓝色）；PADI4 去亚胺基化在组蛋白 H3R8、H3R17 和 H4R3 上进行；JMJD6 的去甲基化修饰发生在组蛋白 H3R2 和 H4R3 上

还与甲基化的程度相关，不同的甲基化位点与甲基化程度展现出不同的生物学功能。

染色质上组蛋白的甲基化和去甲基化是一个高度动态的可逆过程，受组蛋白甲基转移酶（histone methyltransferase，HMT）和组蛋白去甲基化酶（histone demethylase，HDM）催化。HMT 又可根据底物不同分为组蛋白赖氨酸甲基转移酶（histone lysine methyltransferase，HKMT）和组蛋白精氨酸甲基转移酶（histone arginine methyltransferase，HRMT）。这两类 HMT 都利用 S-腺苷-L-甲硫氨酸（SAM）作为甲基供体，催化甲基转移到赖氨酸侧链的 ε-氨基或精氨酸的胍基上。HDM 大致分为 LSD1（lysine-specific demethylase 1）和 JMJD（JmjC domain-containing family）两个家族。LSD1 以 FAD 为辅助因子，主要催化一甲基化和二甲基化的 H3K4 与 H3K9 去甲基化，JmjC 家族的成员能催化一甲基化、二甲基化和三甲基化（图 9.3）。研究表明，LSD1 与不同的复合物相互作用能改变其底物的催化特性。例如，当 LSD1 与转录辅抑制蛋白复合物 CoREST（corepressor for element-1-silencing transcription factor）结合时催化 H3K4me1/2 的去甲基化，而当与雄激素受体（androgen receptor，AR）结合时则可催化 H3K9 的去甲基化。因此，同一个去甲基化酶结合的复合物不同，导致其具有转录激活或转录抑制两种相反的功能。JmjC 家族成员众多，在人体中大约有 30 种蛋白质含有 JmjC 结构域，根据序列比对大致可分成 JARID1、JHDM3、JHDM1、PHF8、JHDM2、UTX/UTY 及仅含 JmjC 结构域的蛋白质等 7 个亚家族。JmjC 结构域进化上有保守的 β 桶形结构，通常包含 Fe（Ⅱ）和 α-酮戊二酸的结合位点。JmjC 桶形结构具有组蛋白去甲基化酶催化活性，此过程需要 Fe（Ⅱ）和 α-酮戊二酸参与。

9.1.3 染色质重塑有关的复合体 SWI/SNF 蛋白

核小体的形成可高效压缩基因组 DNA，但同时也封闭了许多调控元件，如增强子、启动子和复制起点等。由于这些元件必须暴露出来，才能被调控因子正确识别并执行基因转录、DNA 复制、DNA 修复和 DNA 重组等不同的功能。因此，染色质的结构不仅提供了一种 DNA 高度压缩的包装解决方案，也为转录调控提供了机会。为了能够动态访问包装的 DNA 并调整染色体区域中的核小体结构，细胞必须进行染色质重塑（chromatin remodeling）。染色质重塑是指导致染色质结构发生变化的一般过程，包括依赖能量供给的组蛋白置换作用的机制。此过程中需要破坏蛋白质-蛋白质、蛋白质-DNA 的连接，以便把组蛋白从染色质中释放出来。染色质重塑由核小体重塑复合体（nucleosome-remodeling complex）催化，这些多蛋白复合体又进一步从 ATP 水解中获取能量，促进核小体结构的改变。核小体重塑复合体大概分为三种类型：一是所有复合体都能催化组蛋白八聚体沿着 DNA 滑动（sliding），能够改变特定 DNA 序列在核小体表面的定位；二是部分重塑复合体能够催化组蛋白八聚体从 DNA 上弹出（ejection），或者从一条 DNA 螺旋向另一条螺旋转移（transfer）；三是某些重塑复合体能够催化核小体中 H2A/H2B 二聚体与其变体的转换（dimer exchange），如在 DNA 双链断裂处 H2A/H2B 被 H2A-X/H2B 取代（图 9.4）。

ISW1（imitation switch 1）、CHD 和 INO80/SWR1（表 9.1）（丁健等，2015）。

表 9.1 含 ATP 酶的亚家族的染色质重塑复合体的 4 种类型

类型	亚单元署名	组蛋白结合结构域	滑动	转换
SWI/SNF	8~14	Bromo 结构域	是	是
ISW1	2~4	Bromo 结构域、SANT 结构域、PHD 锌指结构域	是	否
CHD	1~10	染色质域、PHD 锌指结构域、SANT 结构域	是	是
INO80/SWR1	10~16	Bromo 结构域	是	否

虽然不同复合体的 ATP 酶亚基均含有相似的功能域，但同时又具有各自特异的氨基酸序列和结构域，还分别与不同的其他亚基结合，这些结构域和亚基都能调节重塑复合体的功能。其中 SWI/SNF 复合体通常参与转录激活，而一些 ISW1 复合体则作为阻遏物，利用其重塑活性将核小体滑动到启动子区域以阻止转录。INO80/SWR1 类型中的复合体具备独特的活性：除了其正常的重塑能力，这种类型中的一些成员也具有组蛋白交换能力，即在核小体中，单一组蛋白（通常为 H2A/H2B 二聚体）能被组蛋白变体置换。

SWI/SNF 是最早在酵母中发现并熟知的染色质重塑复合体。其参与调控蔗糖发酵所必需的蔗糖转化酶 SUC2（sucrose invertase 2）和交配型转换开关内切核酸酶 HO（homothallic switching endonuclease）基因的表达，其中 SUC2 是蔗糖发酵所必需的，而 HO 是交配型转换开关，所以该复合体又被命名为 SWI（switch）/SNF（sucrose nonfermenting）。SWI/SNF 复合体的核心亚基 SWI2/SNF2 具有类似解旋酶的结构与 DNA 依赖的 ATP 酶活性。SWI/SNF 广泛存在于包括哺乳动物在内的各类真核细胞中，与其他亚基协同作用，调控基因表达。

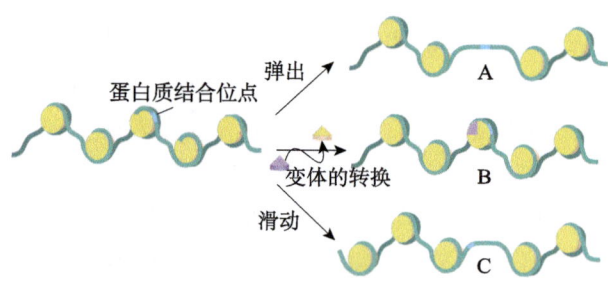

图 9.4 核小体重塑复合体催化的核小体运动

A. 核小体重塑复合体可以从 DNA 中移出一个核小体，获得更大的无核小体 DNA 区域；B. 核小体重塑复合体的一个亚基催化核小体中 H2A/H2B 二聚体与其变体的转换（如 H2A-X 的交换）；C. 沿着 DNA 分子滑动的核小体运动暴露了 DNA 结合蛋白的位置

染色质重塑过程由依赖 ATP 的重塑复合体来执行。通常细胞中往往含有多种重塑复合体，它们至少含有两个亚基，而多的则含有十几个，均以 ATP 酶亚基为催化亚基。重塑复合体利用 ATP 水解产生的能量去移动、破坏、弹出或重组核小体，调整染色质结构。所有重塑复合体的 ATP 酶亚基构成一个蛋白质超家族，而彼此位置紧密、功能相关的成员又形成亚家族。根据所含 ATP 酶的亚家族可将这些染色质重塑复合体分为多种类型，其中最主要的有 4 种类型，分别是 SWI/SNF（switch in mating type/sucrose nonfermentation）、

SWI/SNF 复合体分为两个亚家族，其中一个亚家族包括酵母 SWI/SNF、果蝇 BAP（brahma associated protein）和哺乳动物 BAF（BRG-/BRM-associated factor）复合体；另一个亚家族包括酵母 RSC（remodels the structure of chromatin）、果

蝇 PBAP（polybromo-associated BAP）和哺乳动物 PBAF（polybromo-associated BAF）复合体。它们分别以 SWI2/SNF2（酵母）与 BRM 或 BRG1（人）为核心亚基，虽然亚基组成类似，但功能上却有明显的区别。例如，酵母中 SWI/SNF 的缺失不会导致酵母死亡，而 RSC 的缺失却是致死的；酵母的基因表达谱分析结果表明 SWI/SNF 和 RSC 调控的靶基因几乎没有交叉；而且从表达量来讲，RSC 约是 SWI/SNF 的 10 倍。由此可见，SWI/SNF 家族包括两个高度相似的亚家族，却又在细胞中行使不同的功能。从酵母到果蝇，SWI/SNF 复合体的组成形式和功能也越来越复杂，这与果蝇染色质复杂程度增加有关，如 BAP111 是果蝇特有的 DNA 结合蛋白。随着单细胞酵母到多细胞人类的演化，SWI/SNF 染色质重塑复合体的各组分也发生了变化，并呈现功能的多样化（图 9.5）。

综上，SWI/SNF 通过利用 ATP 水解产生的能量改变染色质结构来发挥染色质重塑的功能。SWI/SNF 染色质重塑复合体是多亚基复合体，在哺乳动物和酵母中高度保守，可以利用 ATP 水解的能量使核小体发生重塑，既可以促进基因的表达，也可以抑制基因的表达，从而实现对基因的调控。随着生物体的演化与发展，复合体的种类和功能也逐渐多样化，以适应组织器官的复杂性。

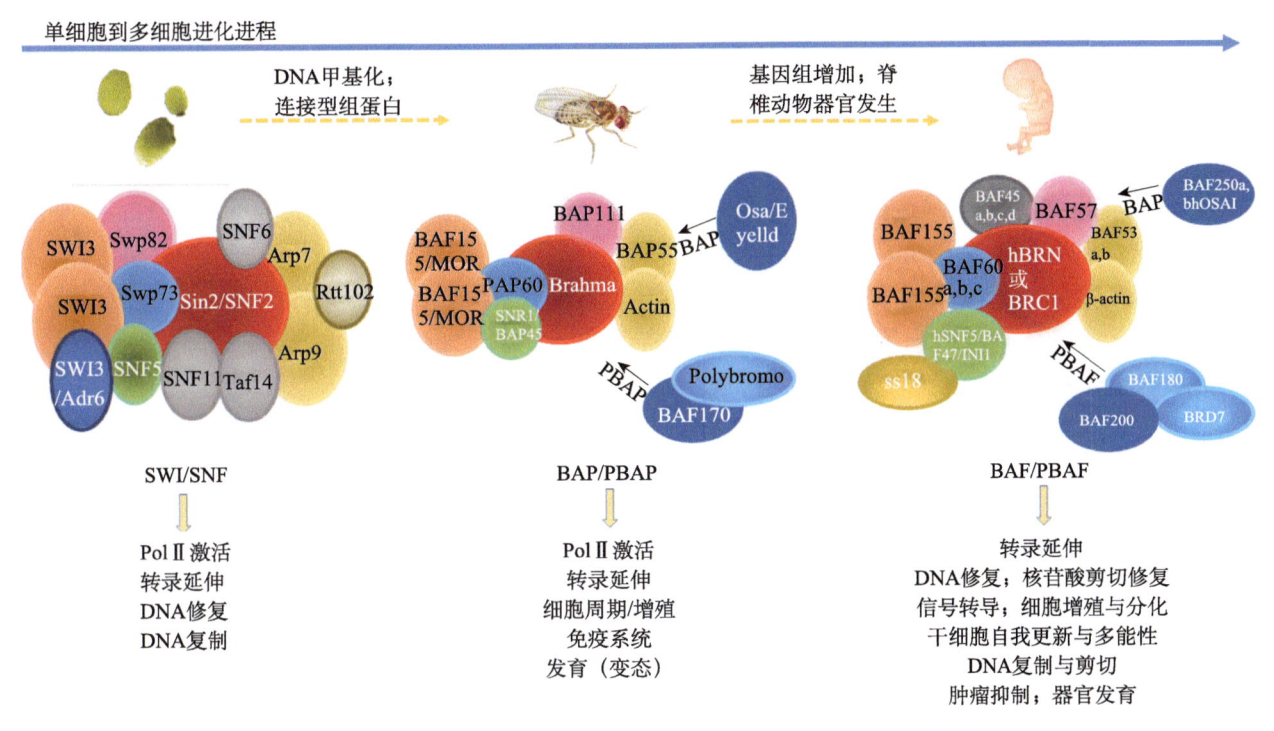

图 9.5 SWI/SNF 复合体在进化过程中呈现组分及功能多样性（苑婷婷和崔素娟，2013）
Polybromo. 多溴相关的复合物

9.2 DNA 水平的调控

DNA 水平上的调控是通过改变基因组中有关基因的数量、结构顺序和活性而调控基因的表达。这类调控机制包括基因的重排、扩增、丢失或化学修饰，其中有些改变是可逆的。

9.2.1 DNA 重排与基因表达

尽管基因组 DNA 通常不伴随体细胞发育而改变，但在有些情况下，某些序列在自然情况下可能会发生基因组内重排。特定序列的重排在低等真核生物中较为普遍。基因重排也是基因表达调控的一种机制，可能会导致一个基因表达关闭而另一基因表达开启。例如，酵母接合型（mating type）的转变与非洲锥虫表面抗原的变化有着相似的机制，它们的基因表达受DNA重排的控制。另外，DNA重排可能发生在特定环境中。例如，需要免疫球蛋白时，可通过DNA重排促进该基因的高效表达。

9.2.1.1 酵母接合型的转变

酿酒酵母（*Saccharomyces cerevisiae*）是一种芽殖酵母，具有两种单倍体交配型（mating type）MATα和MATa。单倍体MATα和MATa均可通过出芽方式进行无性生殖，也可通过相互结合形成二倍体细胞（MATa/α型）进行有性生殖。二倍体细胞可经减数分裂形成两个单倍体α细胞和两个单倍体a细胞。交配型由位于3号染色体上的一个称为交配型基因座（mating-type locus, MAT locus）的基因决定。通常情况下，带有等位基因MATα的单倍体细胞称α型细胞，带有等位基因MATa的单倍体细胞称a型细胞。只有a型和α型细胞之间才能交配，相同交配型细胞之间是不能交配的（图9.6）。

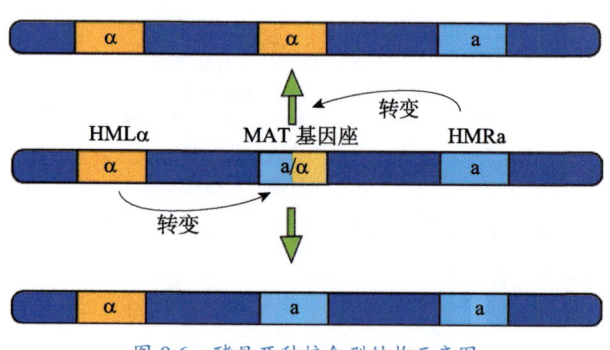

图9.6 酵母两种接合型结构示意图

酵母中相同交配型细胞之间不能接合，只有a型与α型细胞之间才能接合，其结合机制是因为细胞分泌的外激素（pheromone）能够决定不同结合型细胞之间的识别。a型细胞分泌12肽的a因子，α型细胞分泌13肽的α因子，两种因子分别经过其前体的剪接和修饰后再释放到细胞外壁发挥识别作用。每种交配型细胞表面携带有另一交配型细胞外激素的受体，所以细胞接合实际上是一种类型的细胞外激素与另一种类型细胞表面所携带受体之间相互作用的过程（图9.7）。

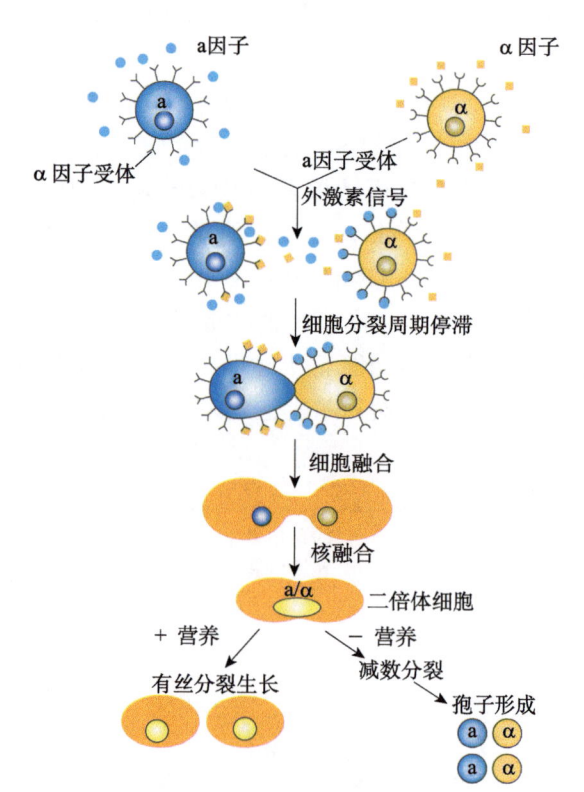

图9.7 细胞分泌的外激素决定不同结合型细胞之间的识别

酿酒酵母细胞具有交配型转换（mating-type switching）的能力。此交换过程被希克斯（J. B. Hicks）等于1977年提出的盒式模型（cassette model）证实。酵母细胞的α和a基因除了存在于MAT基因座上，另外在MAT左右两侧的同源区也储存有α和a基因信息，但是并不表达。这些沉默的额外拷贝所在的基因座称为沉默盒子（silent cassette）HML和HMR，它们分别编码沉默的α基因（*HMLα*）和a基因（*HMRa*），其功能是为活性盒子（active cassette）MAT基因座提供遗传信息的"储藏室"，通过同源重组可使遗传信息从HM基因座转换到MAT基因座上，实现细胞交配型的转变。

交配型转换是由MAT基因座的双链断裂引发的，该反应由一种特殊的DNA切割酶——HO内切核酸酶（HO endonuclease）来完成。HO是一种识别特异性序列的内切核酸酶，在酵母MAT基因座上存在唯一的HO位点。HO在MAT处切割DNA形成一个黏性的断裂。随后，其末端沿5′→3′方向被部分切除，形成3′单链DNA (ssDNA)尾巴，并被 Rad51 和 Rad52 蛋白包裹形成细丝。这些被 Rad51 蛋白包裹的 DNA 链寻找同源染色体区域（HML 或 HMR）以启动链的入侵并发生同源交换。如果 MAT 基因座的 DNA 序列是 a，则侵入发生在 HMLα 区域，并将其作为同源交换的供体；相反，如果 MAT 带有 α 基因，则侵入发生在 HMRa 区域，并将 HMRa 区域作为同源交换的供体。ssDNA 碱基与供体中的互补序列配对，并以此供体序列为模板进行 MAT 的同源修复，最终完成 MAT 的转换。

研究表明，HMLα 和 HMRa 位点的沉默现象是由 4 个不连锁的 sir（silent information regulator）基因（sir1、sir2、sir3 和 sir4）表达的阻遏蛋白通过反式作用来调控实现的。这些阻遏蛋白与沉默盒子 HMLα 和 HMRa 启动子上游 1500 bp 以外的区域结合，而活性盒子 MAT 上没有阻遏蛋白的结合位点。若这 4 个 sir 基因中任何一个基因失去作用，那么 HMLα 和 HMRa 基因就会以 MAT 座位上的基因相同的速率进行转录。酵母中激活因子和阻遏蛋白往往不能远距离起作用，但阻遏蛋白 sir 结合位置距离启动子如此之远，它的调控转录机制仍没有完美的答案。

9.2.1.2 免疫球蛋白基因的重排

脊椎动物的淋巴细胞在成熟过程中免疫球蛋白基因的重排现象，也是有关基因重排研究中的重要实例。免疫球蛋白是脊椎动物特异性免疫系统的重要组分，能特异性识别并清除入侵病原，其蛋白质结构为含有 4 条多肽链的四聚体（图 9.8）。哺乳动物 B 淋巴细胞产生的免疫球蛋白（Ig）有 5 类：IgG 为分泌性抗体，约占循环抗体的 80%；IgD 是 B 细胞表面受体分子；IgM 分为膜型（mIgM）和分泌型（sIgM）两种，其中 mIgM 表达于 B 细胞表面，是 B 细胞表面受体（BCR）的主要成分，sIgM 是 B 细胞初次免疫释放的主要抗体；IgA 能够分泌到皮肤和黏膜表面，对黏膜起保护作用；IgE 与肥大细胞表面的 FcR 结合，介导 I 型超敏反应。这些抗体分子均为四聚体蛋白，包括两条一样的轻链（L 链）和两条一样的重链（H 链），多肽链由二硫键连接。每条多肽链都有一个恒定区（constant region）和一个可变区（variable region），特定类别的免疫球蛋白都具有相似的恒定区。当免疫球蛋白作为 B 细胞受体（BCR）时，恒定区插入质膜。每个特定免疫球蛋白可变区的氨基酸序列不同，具有丰富的多样性，负责对抗原的特异性识别。

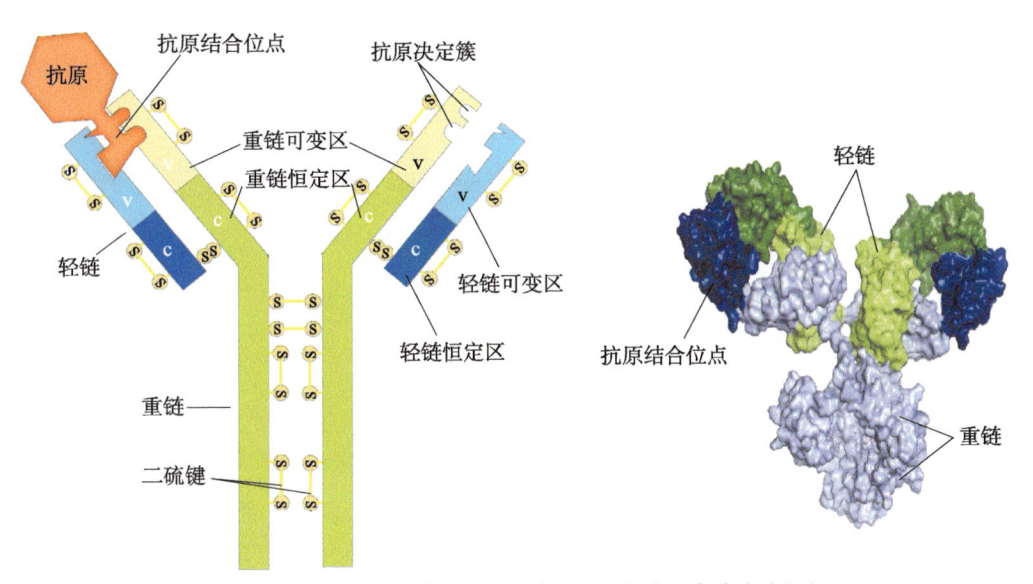

图 9.8 4 条多肽链（两条轻链，两条重链）构成的免疫球蛋白分子

每个成熟的 B 细胞会产生一个且只有一个针对单一抗原的特异性抗体。然而人类可能接触到的抗原数以百万计。基因组如何编码足够多的不同抗体来保护机体免受病原体的侵害呢？事实证明，分化的 B 细胞基因组不是靠单个基因来编码每个完整的免疫球蛋白，而是针对免疫球蛋白的每个结构域有许多不同的编码区域，通过重新组合这些区域的不同单元产生抗体蛋白的多样性。

每个编码免疫球蛋白重链或轻链的基因实际上都是一个"超基因",通过基因重组由散布在染色体上的几个较小基因簇组装而成。每个细胞都有数百个免疫球蛋白基因片段,它们位于不同的基因簇中,这些基因片段能够参与免疫球蛋白链可变区和恒定区的合成。在大多数细胞中,这些基因保持完整并彼此分离。在 B 细胞发育过程中,这些基因片段发生重排,导致每个基因簇中只有一个基因片段被随机选择留下并相互连接,其他片段被删除。也有部分基因片段(如 J 基因片段)的多余序列在 RNA 剪接过程中被去除。

人类细胞中有 3 个编码免疫球蛋白的"超基因":两个轻链类型 λ 和 κ,分别位于 22 号和 2 号染色体上,一个重链类型 H 位于 14 号染色体上。每个"超基因"都包含 3~4 个基因簇和多个基因片段,其中 κ 链的 Vκ 约 100 个、Jκ 5 个、Cκ 1 个;λ 链:Vλ 约 30 个、Jλ-Cλ 4 个;H 链的 V 基因约 95 个、D 基因 27 个、J 基因 6 个、C 基因 9 个。抗体蛋白中不同的可变区和恒定区的连接使细胞具有产生数百万种免疫球蛋白的潜在可能性(图 9.9)。

除了基因重排,还有其他机制可产生更多的多样性。例如,当编码 V、D 和 J 区域的 DNA 片段发生重排时,重组事件并不精确,导致在连接处发生错误,产生新的密码子。在 DNA 序列被切割后重新连接之前,由末端转移酶(terminal transferase)在 DNA 片段的 3′ 端随机添加一些核苷酸。这些额外的碱基产生插入突变,大大增加了免疫球蛋白的多样性。一旦 DNA 重排完成,每个超基因都会被转录,然后翻译成免疫球蛋白轻链或重链,链结合形成活性免疫球蛋白。

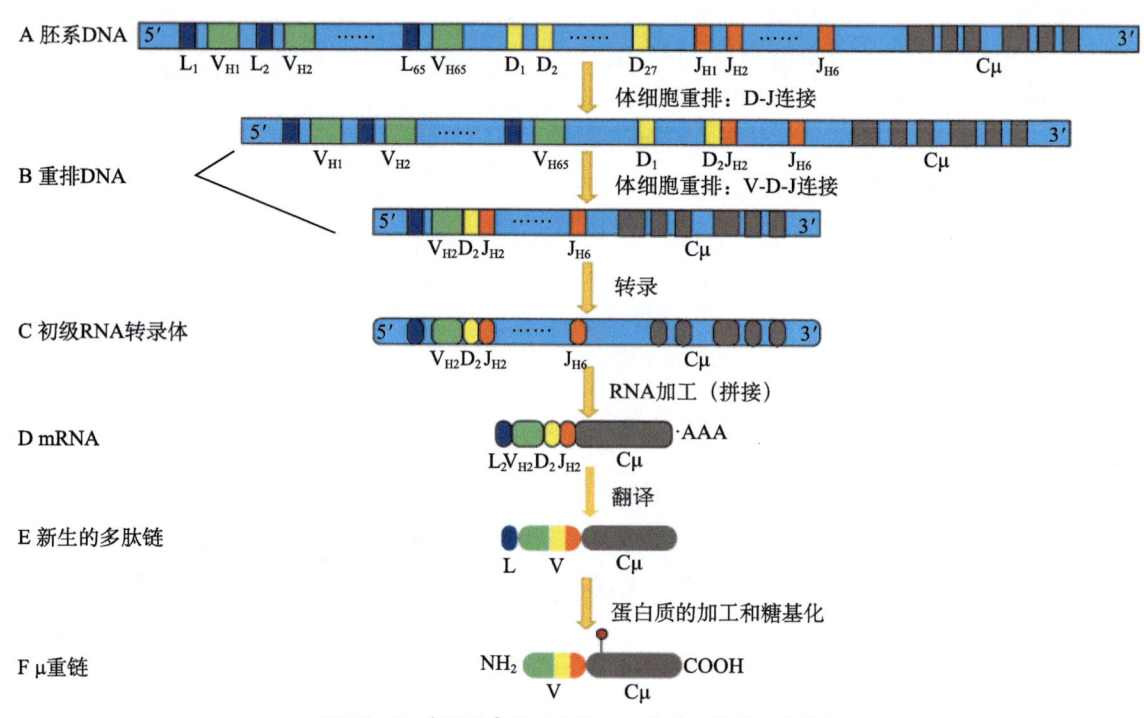

图 9.9 Ig 基因的表达(重链 V-J 重排、转录及翻译)

9.2.2 DNA 甲基化

生物体基因组 DNA 中通常有 1%~5% 的胞嘧啶是被甲基化修饰的,形成 5-甲基胞嘧啶(m^5C)。这种共价修饰由 DNA 甲基转移酶(DNA methyltransferase,DNMT)催化,通常发生在与鸟嘌呤相邻的胞嘧啶上,如 CpG、CpXpG、CCA/TGG 和 GATC。还有少数甲基化发生在腺嘌呤和鸟嘌呤上,形成少量 $N6$-甲基腺嘌呤(m^6A)及 7-甲基鸟嘌呤(m^7G)(图 9.10)。富含 CpG 的 DNA 区域称为 CpG 岛,常常出现在基因启动子区。扫描人类基因组共找到大约 28 890 个 CpG 岛,平均每 1 Mb 含 9.5 个 CpG 岛,CpG 岛的数目与基因密度有一定的对应关系。

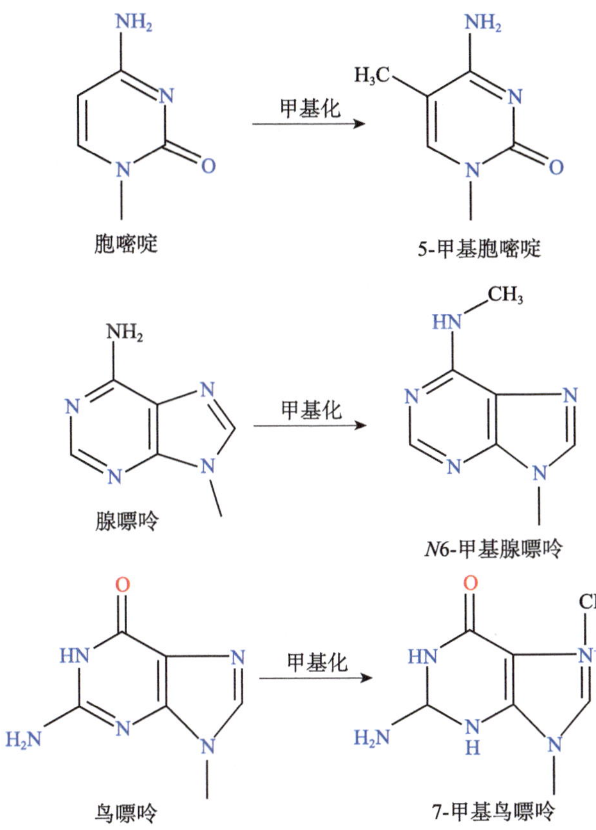

图 9.10 5-甲基胞嘧啶、N6-甲基腺嘌呤和 7-甲基鸟嘌呤结构图

DNA 甲基化（DNA methylation）能引起染色质结构、DNA 构象、DNA 稳定性、DNA 与蛋白质相互作用方式发生改变，常常导致某些基因表达水平的降低，去甲基化则诱导基因的重新表达（Cheng, 1995）。因此，DNA 甲基化可以在 DNA 的一级结构不改变的情况下，使机体的遗传表型发生改变，这在个体发育、疾病的发生发展等生物学过程中起着重要作用。DNA 甲基化已成为表观遗传学的重要研究内容。

9.2.2.1 DNA 甲基化的作用机制

在哺乳动物中参与 DNA 甲基化修饰过程的甲基转移酶主要是 DNMT1 和 DNMT3（DNMT3a、DNMT3b），其中 DNMT1 负责维持 DNA 原有的甲基化状态，又称日常型甲基转移酶（maintenance DNMT）；DNMT3 则在 DNA 重新甲基化后发挥作用，又称从头合成型甲基转移酶（de novo DNMT）。DNA 甲基化抑制基因转录的机制是阻止特异性转录因子的结合或抑制甲基化结合蛋白的募集。例如，胞嘧啶发生甲基化后结合于 DNA 双螺旋大沟中，影响 DNA 与转录因子结合。此外，甲基化的 CpG 岛与特异性甲基化连接蛋白或甲基化 CpG 结合蛋白结合，也可使基因与转录因子不能形成转录复合体。

DNA 甲基化与 DNA 去甲基化是一个动态过程，DNA 去甲基化包括主动去甲基化和被动去甲基化两种机制。主动去甲基化过程主要依靠 TET 蛋白酶（ten-eleven translocation enzyme）家族的催化作用，TET 蛋白酶家族可以催化 m^{5}C 氧化为 5-羟甲基胞嘧啶（hm^{5}C），继而进一步将 hm^{5}C 氧化成 5-甲酰基胞嘧啶（f^{5}C）和 5-羧基胞嘧啶（ca^{5}C）（Ito et al., 2010）。

9.2.2.2 DNA 甲基化与 X 染色体失活

哺乳动物雌性和雄性的性染色体数目是不同的，致使两者性染色体连锁基因的表达量不等。生物在漫长的进化过程中，引入了平衡雌雄性染色体基因产物剂量的机制，即剂量补偿（dosage compensation）机制。在哺乳动物中，这种剂量补偿是通过 X 染色体失活（X-chromosome inactivation，XCI）来实现的。X 染色体失活是指哺乳动物二倍体细胞中除了保持一条活性 X 染色体，另一条 X 染色体经过异染色质化形成巴氏小体，使其失去转录活性的现象。X 染色体失活分为随机和非随机两种类型，对于胎盘类如人类而言，X 染色体的失活是随机的；对于有袋类如袋鼠而言，X 染色体的失活是非随机的，表现为来自父系的 X 染色体发生失活。剂量补偿效应存在的意义在于消除生物体因某种基因产物过量积累而对细胞产生毒害作用。

X 染色体失活过程可分为 3 个阶段：选择、起始和传播。在雄性细胞的单一染色体和雌性细胞的两条染色体中都检测到 X 失活中心（X inactivation center，XIC），且在失活中心位置有一个 X 染色体失活特异转录因子（X inactive specific transcript，XIST）。那为什么只选择了 XX 中的一条失活或者雄性中的 X 不失活呢？这与 XIST 转录产生的 RNA 稳定性有关。失活的 X 染色体上转录的 XIST RNA 能够稳定存在，并朝着失活中心两端传播，覆盖 X 染色体，便可完成失活（图 9.11），而有活性的 X 染色体上的 XIST RNA 转录后被马上降解而沉寂了，无法覆盖 X 染色体，从而无法使染色体异质化。由此可见，染色体的失活是通

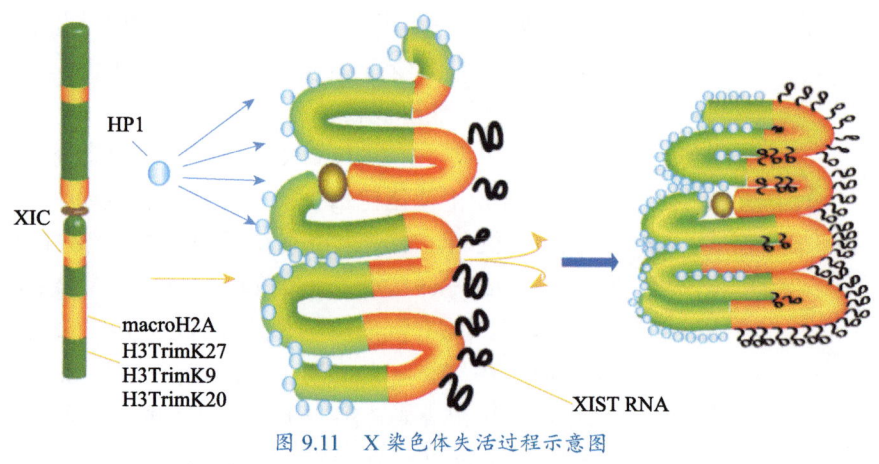

图 9.11 X染色体失活过程示意图
macroH2A. H2A 的变体，比 H2A 大；Trim. 三甲基化

过在胚胎发育早期 X 染色体中的 XIST 基因转录沉默来实现的。此外，X 染色体上除了有失活中心基因，其 DNA 序列上还有大量的 CpG 岛，且均被高度甲基化，抑制相关基因的表达，从而进一步维持染色体的失活状态（陆绮，2017）。

9.2.3 基因丢失

基因丢失发生在细胞分化过程中，通过丢失掉某些基因而去除这些基因的活性。某些原生动物、线虫、昆虫和甲壳类动物在个体发育中，许多体细胞常常丢失掉整条或部分染色体，只有那些将来能分化形成生殖细胞的细胞一直保留着整套染色体。目前，在高等真核生物（包括动物、植物）中尚未发现类似的基因丢失现象。

某些真核生物的生殖细胞保持着全部的基因组，但早期体细胞会丢失部分 DNA 片段。许多原生动物有大核体和小核体这两种类型的细胞核。在胚胎的分化时期，小核体 DNA 被切断成 0.2~20 kb 的片段，之后这些片段逐步被降解。但有些片段却能不断复制达上千拷贝进入大核中。在研究两栖类蛙卵时发现，小核体 DNA 片段就有丢失现象，分别分离大核体和小核体 DNA 注入到预先去除细胞核的蛙卵细胞中，预测其功能，发现注入大核体的蛙卵细胞是全能的，有生长、分裂核发育的功能，而注入小核体的蛙卵细胞，却无相应的功能，小核体 DNA 有如真核生物基因组中的很多重复序列、间隔序列等，到底有什么功能？在进化意义上如何？至今尚未找到答案。

此外，对马蛔虫受精卵细胞的研究表明，它只有一对染色体，但其上有多个着丝粒。在发育早期，只有一个着丝粒起作用，保证有丝分裂的正常进行。受精卵细胞第一次分裂是横列，产生两个子细胞，第二次分裂时下面的细胞仍进行横列，保持原有基因组成分；而上面的子细胞却进行纵裂，丢失部分染色体 DNA。在发育后期，纵裂的细胞中染色体分成许多小片段，其中有些片段含有着丝粒，而不含着丝粒的片段在细胞分裂过程中丢失；横列的细胞中染色体 DNA 没有丢失。长此以往，保存了全套基因组的细胞发育成生殖细胞；其余丢失了部分染色体片段的细胞分化成了体细胞（图 9.12）。真核生物基因组部分 DNA 的丢失与发育和分化的关系，仍是遗传学、发育生物学和分子生物学中有待深入研究的课题。

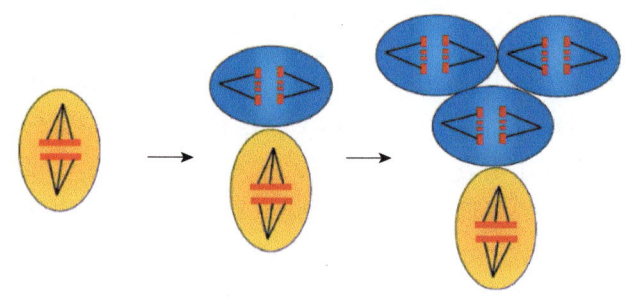

图 9.12 马蛔虫受精卵细胞的早期分裂方式（蓝色的为体细胞，黄色的为生殖细胞）

9.2.4 基因扩增

当真核生物细胞对某种基因产物需求量剧增时，单纯靠调节基因表达是不足以满足需求的，所以增加这种基因的拷贝数是提高基因高效表达的策略。基因拷贝数的改变是指某些基因的拷贝数专一性大量增加的现象，它使细胞在短期内产生大量的基因产物以满足生长发育的需要，是基因活性调控的一种方式，主要包括基因扩增和染色体扩增两种方式。

人们最为熟知的例子是两栖类和昆虫卵母细胞 rRNA 基因的扩增。在两栖类和昆虫卵母细胞中，为贮备大量核糖体供胚胎早期发育的需要，通常要专一性地扩增 rRNA 基因。非洲爪蟾的体细胞 rDNA 拷贝数约有 500 个，而卵母细胞的拷贝数约为 2×10^6 个，增加到 4000 倍。这些 rDNA 可用来转录合成卵裂期所需要的 10^{12} 个核糖体。当胚胎期开始时，这些染色体外扩增的环状 rDNA 拷贝即失去功能并逐渐消失。果蝇的卵泡细胞中的卵壳蛋白基因在转录前也发生专一性地扩增，使细胞在很短的时间内积累大量基因拷贝，从而合成大量卵壳蛋白。

另一种 DNA 扩增的例子是在果蝇和其他双翅目昆虫的唾腺中。果蝇的唾腺染色体中含有多条染色体拷贝，称为多线染色体（polytenic chromosome），具有特异的膨松区，发现该区域可产生过量的 DNA，而不是 mRNA。早在 1960 年，杰弗里·拉德金（Geoffrey Rudkin）就指出果蝇唾腺的多线染色体的常染色质 DNA 可以特异扩增上千倍，而在异染区附近只可复制几次。细胞分裂时在染色体上存在着特殊的扩增位点，而其他的部分并不扩增。此外，除了唾腺，在消化道等部位也有多线染色体的存在，但是这些部位的多线染色体复制次数通常低于唾腺组织，因此消化道染色体较唾腺染色体细。由此可见，DNA 模板量的剧增也是基因表达调控的一种策略。

思考与挑战

1. 组蛋白乙酰化与去乙酰化影响基因转录的机制。
2. 组蛋白甲基化与去甲基化影响基因转录的机制。
3. 真核生物 DNA 水平上包括几种调控方式？
4. DNA 甲基化对基因表达的调控机制。
5. DNA 甲基化与 X 染色体失活的关系。
6. 基因拷贝数增加的生物学意义？
7. 组蛋白修饰（乙酰化与甲基化）及 DNA 甲基化等表观遗传学与经典遗传学的异同点。
8. 人体内编码蛋白质的基因有 2.5 万个，而人体内抗体蛋白就有 200 多万，机体如何通过有限的基因编码数量繁多的蛋白质？

数字课程学习

1. DNA 倒位与替换
2. DNA 选择性拼接与经拷贝数的改变
3. 染色质修饰与重建

课后拓展

1. 温故而知新
2. 拓展与素质教育

主要参考文献

程智遒, 过倩萍, 伍会健. 2008. 组蛋白精氨酸甲基化修饰对基因转录的调控. 生物化学与生物物理进展, 38(11): 1225-1230.

丁健, 王飞, 金景姬, 等. 2015. 表观遗传之染色质重塑. 生物化学与生物物理进展, 42(11): 994-1002.

陆绮. 2017. X 染色体失活现象与机制. 自然杂志,

39(1): 25-30.

孙开胜，徐克前. 2004. 组蛋白乙酰化/去乙酰化与基因表达调控. 生命科学研究，8(2): 102-105.

苑婷婷，崔素娟. 2013. 高等植物中SWI/SNF染色质重塑研究的新进展. 生物化学与生物物理进展，40(9): 804-812.

Cheng X. 1995. Structure and function of DNA methyltransferases. *Annual Review of Biophysics and Biomolecular Structure*, 24: 293-318.

Greer E. L., Shi Y. 2012. Histone methylation: a dynamic mark in health, disease and inheritance. *Nature Review Genetics*, 13(5): 343-357.

Ito S. D'Alessio A. C., Taranova O. V., *et al*. 2010. Role of Tet proteins in 5mC to 5hmC conversion, ES-cell self-renewal and inner cell mass specification. *Nature*, 466(7310): 1129-1133.

Roth S. Y., Denu J. M. 2001. Histone acetyltransferases. *Annual Review of Biochemistry*, 70(1): 81-120.

第 10 章
RNA 水平调控（上）
——转录水平调控

生物行使其功能依赖于细胞中各种遗传信息的表达。有些基因是细胞基本代谢过程所必需的，在不同细胞类型和细胞生长时期，其表达水平几乎恒定不变，这类基因称为"管家基因"（house-keeping gene）。然而更多的基因，如那些参与细胞分化、生物发育及适应环境所需的基因，只在特定的组织或发育时期才开始表达。这类基因称为"奢侈基因"（luxury gene）。有些奢侈基因只在特定的时间表达，称为"时间特异性"（temporal specificity）；有些只在特定的组织或空间表达，称为"空间（组织）特异性"（spatial specificity）。例如，大肠杆菌基因组含有 4000 多个基因，一般情况下只有大约 10% 的基因处于一直转录的状态，其他基因有的处于很低水平的转录，有的则处于完全关闭表达的状态。为什么细胞不让所有基因一直处于表达状态，以便在需要时能快速地提供相应的蛋白质或酶呢？原因在于基因表达是一个高代价的过程，需要消耗大量的能量来合成 RNA 或蛋白质。如果大肠杆菌细胞中所有基因一直处于表达状态，合成 RNA 和蛋白质势必要消耗太多的能量，这会使大肠杆菌在与其他生物体的竞争中处于劣势，并逐渐被自然选择淘汰。因此，基因表达调控对生命活动至关重要。生物必须进化出一套完美的机制来控制基因表达的时空特异性，从而为自己赢得竞争优势。

基因表达的调控可以在多个层次发生，如在 DNA 水平控制复制、在 RNA 水平控制转录、在蛋白质水平上控制翻译及蛋白质加工等。生物在哪个层次进行调控比较有效呢？在进化过程中，不同的生物形成了不同的调控策略。很显然，在 RNA 转录起始时进行调控比 RNA 转录出来以后再进行调控要更加节省能量。然而，也有些例外的情况。例如，当生物遭遇突然的环境变化而影响生存时，才开启基因表达就很可能来不及了。如果某种关键的蛋白质能够一直表达，只是在平时以非激活的状态存在于细胞中，需要时只需将它从非激活的状态转变为激活的状态就可以行使应对环境胁迫的功能了。显然，这类基因最好在翻译后的阶段进行调控对生物更加有利。总体来看，控制转录起始是一种比较高效的方式，能够最大限度地为生物节约能量。而在翻译后的环节进行控制，有时候则显得更加迅速（图 10.1）。

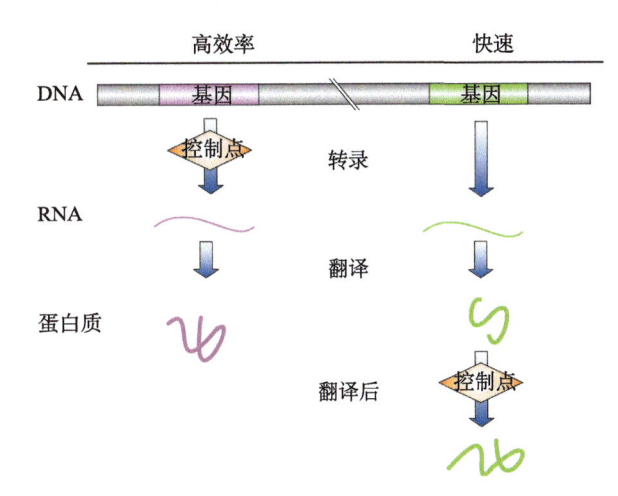

图 10.1　生物调控基因表达的两种基本策略
（根据 Clark et al.，2019 改编）

两种基本策略对应两种不同的需求：一种为高效率调控，该策略有助于最大限度地节约能量；另一种为快速反应调控，该策略有助于帮助生物应对迅速变化的极端环境

原核生物结构简单，没有严格的细胞核结构，整个染色体直接被细胞质包围。从染色体 DNA

上转录出来的 RNA 直接与核糖体结合，即转录与翻译相偶联（图 10.2），从而迅速地翻译成相应的蛋白质。因此，只要控制了转录，基本上就控制了蛋白质的合成。此外，原核生物在生长过程中受营养状况和环境因素的影响非常大，需要迅速地根据周围营养状况和环境因素的变化调整自身的基因表达。因此，在长期的进化过程中，原核生物形成了以转录调控为主的基因表达调控方式。原核生物中大多数转录调控机制一般执行以下规律：一个系统在需要时被打开，不需要时被关闭。这里要特别注意一点，当我们说一个系统或基因的表达处于关闭状态时，并不是指它完全不表达，也有可能仍然存在极低水平的本底表达。生物维持这种低水平的本底表达，而不是彻底关闭表达，对基因表达调控的转换具有重要作用，有时候甚至是必需的。

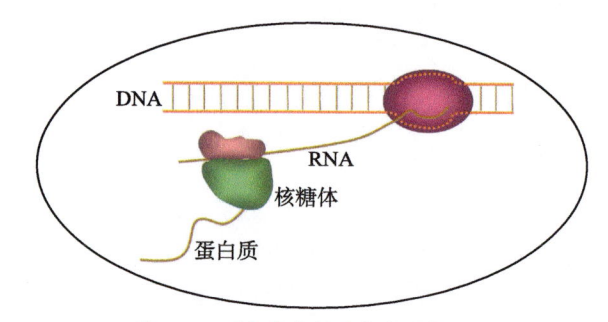

图 10.2　原核生物转录与翻译相偶联

RNA 水平上的调控对真核生物也是非常重要的。真核生物由于存在细胞核结构，将染色体 DNA 与细胞质在空间上分割开，转录和翻译分别发生在细胞核和细胞质两个不同的空间。因此，真核生物 RNA 水平上的调控不仅可以发生在细胞核中，也可以发生在细胞质中。前者称为"转录水平"调控，后者称为"转录后水平"调控。

10.1　原核生物的转录调控

10.1.1　操纵子的概念

为了使基因表达调控更加有效，原核生物往往将负责某一代谢途径、功能相关的一组基因连续排列，协调控制它们的表达。因此，一组连续排列、功能相关、协调表达的基因组合称为"操纵子"（operon）。也可以说，操纵子就是行使某种功能的基因集合单位。操纵子是原核生物基因表达调控的一种重要组织形式。

第一个被发现的操纵子是大肠杆菌乳糖操纵子（lac operon）。乳糖操纵子含有一个调节基因（lacI）、一个启动子（promoter, P）、一个操纵元件（operator, O）和三个受同一操纵基因 lacI 调控的乳糖代谢相关基因 lac Z、lac Y 和 lac A（图 10.3）。Z 基因长 3510 bp，编码含 1170 个氨基酸、分子质量为 125 kDa 的多肽，它以四聚体形式组成有活性的 β-半乳糖苷酶，催化乳糖分解生成半乳糖（galactose）和葡萄糖。Y 基因长 780 bp，编码 260 个氨基酸、分子质量为 30 kDa 的半乳糖苷通透酶，促使环境中的乳糖进入细菌体内。A 基因长 825 bp，编码 275 个氨基酸、分子质量为 32 kDa 的半乳糖苷乙酰转移酶，它以二聚体形式聚合，催化半乳糖的乙酰化。

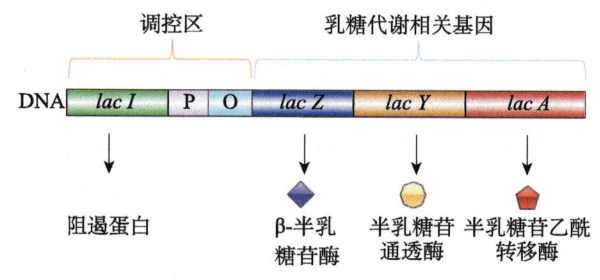

图 10.3　乳糖操纵子的结构

10.1.2　乳糖操纵子的发现

弗朗索瓦-雅各布（François Jacob）和雅克-莫诺（Jacques Monod）及同事对操纵子概念的发展是融合遗传学和生物化学分析的一个成功典范。1940 年，Monod 研究 E. coli 乳糖代谢的可诱导性时发现，β-半乳糖苷酶是乳糖代谢主要的酶，可被乳糖及其他半乳糖苷所诱导。此外，Monod 和梅尔文·科恩（Melvin Cohn）利用β-半乳糖苷酶抗体检测β-半乳糖苷酶时，发现该蛋白质的量在诱导过程中是逐渐增加的。因为应答乳糖过程中产生了较多的基因产物，显然β-半乳糖苷酶基因自身可被诱导表达。研究者还发现了一些突变体，这些突变体能合成β-半乳糖苷酶，但不能在含乳糖的培养基上生存。这些突变体缺失了什么成分？为弄清原因，Monod及同事向培养有野生型及突变型 E. coli 的培养基内添加放射性半乳糖苷，发现未诱导的野生型细胞及突变体细胞均不能吸收半乳糖苷，即使突变体处于诱导条件下也不能吸收半乳糖苷；而诱导的野生型细胞却能吸收半乳糖苷。该实验揭示了两个事实：首先，在野生型细胞中，某种物质（半乳糖苷通透酶）与β-半乳糖苷酶协同被诱导，并负责将半乳糖苷转运至细胞内；其次，突变体编码这种蛋白质的基因似乎是缺陷的。Monod将这种物质命名为半乳糖苷通透酶。在努力纯化半乳糖苷通透酶的过程中，Monod及同事又鉴定出一种蛋白质，即半乳糖苷乙酰转移酶，该酶与β-半乳糖苷酶和半乳糖苷通透酶协同被诱导。

20世纪50年代后期，Monod了解到这三种酶活性能够同时被半乳糖苷所诱导，也发现了一些无需诱导的组成型突变体，它们总能合成三种基因的产物。Monod意识到遗传学分析将会极大地推动研究的深入，因此他开始与巴斯德研究所的 Francois Jacob合作，继续开展相关研究。通过与亚瑟·帕迪（Arthur Pardee）合作，Jacob和Monod获得了部分二倍体（merodiploid）细菌，它们既携带野生型（可诱导）等位基因，又携带组成型等位基因。研究者证明了可诱导等位基因为显性，表明野生型细胞产生一种物质使 lac 基因保持关闭，直到被诱导表达。该物质就是 lac 阻遏物。组成型突变体编码阻遏物的基因（lacI）是缺陷的。阻遏物的存在需要一些特殊的DNA序列，以便阻遏物与之结合。Jacob和Monod将这些特殊的DNA序列称为操纵元件。经过精湛的遗传学分析，Jacob和Monod提出了操纵子的概念，他们预测存在着两个关键调控因子：阻遏基因和操纵元件。缺失突变分析表明启动子也是调控三个 lac 基因表达所必需的。他们进一步推断这三个 lac 基因（lacZ、lacY 和 lacA）簇集在一起组成一个调控单元，即乳糖操纵子。

乳糖操纵子的控制模型已经被人们广泛接受（图10.4），其主要内容如下。

（1）lacZ、lacY、lacA 基因的产物由同一条多顺反子的mRNA分子所编码。

（2）该mRNA分子的启动子（P）位于调节基因（lacI）与操纵元件（O）之间，不能单独启动 lacZ、lacY 和 lacA 的高效表达。

（3）操纵元件是DNA上的一小段序列（仅为21 bp），是调节基因 lac 编码的阻遏蛋白的结合位点。

（4）当阻遏蛋白与操纵元件结合时，lac mRNA的转录起始受到抑制。这是因为操纵元件与启动子序列部分重叠，当阻遏蛋白结合到操纵元件上时，会抑制RNA聚合酶与启动子的结合，因此转录受到抑制。

（5）异构乳糖作为诱导物与阻遏蛋白结合，改变阻遏蛋白的三维构象，使之不能与操纵元件结合，从而激活 lac mRNA 的合成。也就是说，有诱导物存在时，操纵元件没有被阻遏物占据，所以启动子能够顺利起始mRNA的转录。

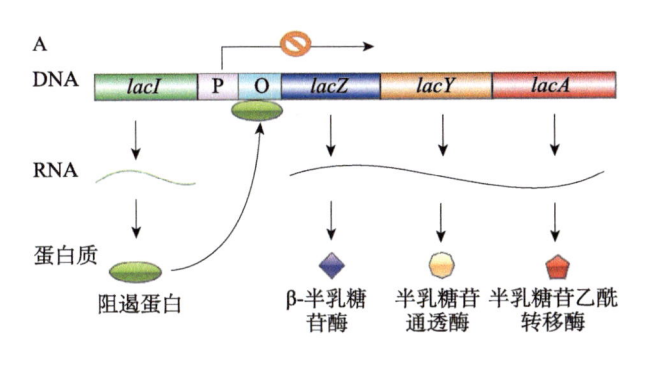

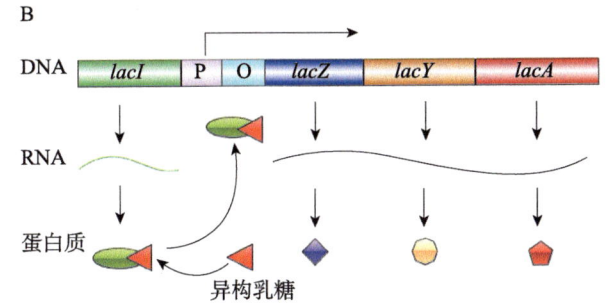

图10.4 乳糖操纵子的结构及调控模型

A. 缺乏乳糖时，lacI 编码的阻遏蛋白与操纵元件结合，抑制操纵子 mRNA 的转录；B. 乳糖存在时，异构乳糖与 lacI 编码的阻遏蛋白结合，改变阻遏蛋白的结构，使之不能结合到操纵元件上，从而解除了对转录的抑制作用，转录得以被激活

1961年，Jacob和Monod发表乳糖操纵子负控制诱导模型时，生物界反应的强烈程度可与Watson和Crick在1953年发表DNA双螺旋模型相媲美。他们还根据基因调控模式预言了mRNA的存在，直接导致后者被发现。此模型的提出使基因概念又向前迈出了一大步。这表明人们已认识到基因的功能并不是固定不变的，而是可以根据环境的变化进行调节。这两位科学家因这一发现获得了1965年诺贝尔生理学或医学奖。

10.1.3 原核生物的调控模型

10.1.3.1 正控制与负控制

根据调节基因编码的蛋白质产物对操纵子结构基因转录的激活效应，可将操纵子的调控分为两种类型：正控制（positive control）和负控制（negative control）。调节基因编码的蛋白质如果能够起到激活操纵子转录效果的，这种调控方式称为"正控制"，这种调节蛋白质称为"激活蛋白"（activin）。反之，调节基因编码的蛋白质如果能够起到抑制操纵子转录效果的，这种调控方式称为"负控制"，这种蛋白质称为"阻遏蛋白"（repressor protein）。这里有两点需要注意：①开启与关闭。操纵子对调节蛋白的响应是结构基因的开启或关闭。结构基因的开启或关闭可以有两层含义：一是指开启或关闭mRNA的转录；二是指开启或关闭操纵子结构基因的翻译。在本章节中，我们谈到开启或关闭时主要是针对mRNA的转录。此外，所谓"关闭"，通常也并不是指转录表达完全被切断，而更像是被抑制，即此时基因的转录水平会非常低，会有非常少量的"渗漏"转录发生。②激活蛋白与阻遏蛋白。激活蛋白的作用是激活操纵子结构基因的转录，而阻遏蛋白的作用是抑制（或关闭）操纵子结构基因的转录。但有时候，激活蛋白或阻遏蛋白单独存在时并不能发挥作用，它需要环境中有其他因子的帮助才能真正行使其功能。这种情况下，尽管它没有发挥到应有的效应，仍然称它为激活蛋白或阻遏蛋白。

激活蛋白或阻遏蛋白如何行使其功能呢？在前面的章节讲述转录过程时介绍了反式作用因子与顺式作用元件，这里的激活蛋白或阻遏蛋白实际上就是一种反式作用因子，与之结合的操纵元件，就是一类顺式作用元件。反式作用因子与顺式作用元件结合后，能够从多个方面对基因的转录表达产生影响，如改变DNA结构、影响RNA聚合酶的活性等。如图10.5所示，当反式作用因子（如激活蛋白或阻遏蛋白）与DNA结合后，基因的DNA结构发生了非常显著的改变。这种变化不仅会影响到RNA聚合酶与启动子的结合，也会改变RNA聚合酶与其他蛋白质的空间位置，从而影响RNA聚合酶的活性。

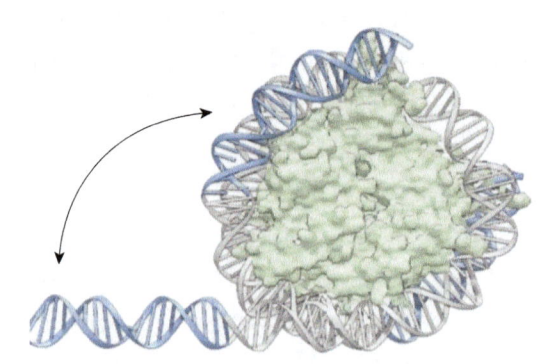

图10.5 激活蛋白或阻遏蛋白改变操纵子DNA的结构

10.1.3.2 诱导物与辅助阻遏物

原核生物及某些真核生物中广泛存在着一种机制，酶的合成对特定物质作出的反应，即所谓诱导作用。例如，当 E. coli 生长在没有β-半乳糖苷的条件下时，细胞只含有很少几个（不多于5个）半乳糖苷酶分子。当乳糖加入培养基中时，数分钟内就在细胞中出现β-半乳糖苷酶的活性，很快可达数千个分子，此酶甚至可达到可溶性蛋白总量的5%～10%。当底物乳糖从培养基内去除后，酶的合成就迅速停止（图10.6）。细胞对营养供应的变化快速作出反应，显示了诱导合成新物质的能力。这种情况通常是在分解代谢过程中发生的。当培养基中加入乳糖后，诱导合成的β-半乳糖苷酶能够用于分解培养基中存在的乳糖。还有一种情况，营养供应的变化也可能会导致细胞迅速关闭合成某种物质，这种情况通常发生在合成代谢中。例如，当培养基中加入色氨酸后，E. coli 细胞内色氨酸合成酶的产生马上受阻，这种效应称为阻遏作用，它可以避免合成更多的色氨酸，从而造成能量的浪费。诱导和阻遏看起来是相反的现象，实际上是同一现象的不同方面。

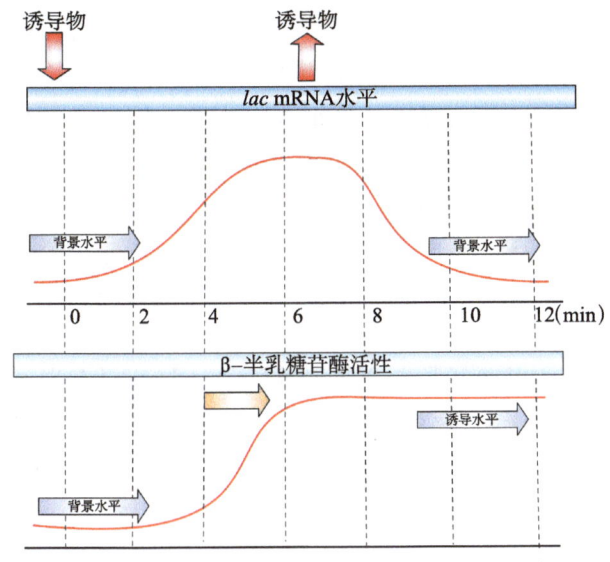

图 10.6　培养基中有无诱导物对乳糖操纵子 mRNA 表达及 β-半乳糖苷酶活性的影响（根据朱玉贤等，2019 改编）

一方面细菌调节利用一定物质进行生长的能力，另一方面又调整、关闭某一代谢途径合成产物的能力。环境中的小分子物质如乳糖（实为异构乳糖）和色氨酸等能够与调节基因的产物相结合从而影响操纵子基因的表达，这种物质称为"效应物"（effector）。其中，凡是能够激活操纵子结构基因表达的称为"诱导物"（inducer）；凡是能够抑制操纵子结构基因表达的称为"辅助阻遏物"（corepressor）。有人可能对辅助阻遏物这个概念不太理解，为什么不直接称为阻遏物呢？这是因为，在负控制系统中，调节基因的蛋白质产物已被称作阻遏蛋白了。这时，如果将这种效应物继续称作阻遏物，就容易与阻遏蛋白相互混淆。再加上，该效应物本身并不能起作用，必须与阻遏蛋白结合后才能起作用。所以将这种效应物称为辅助阻遏物更加贴切。

10.1.3.3　操纵子调控的 4 种模型

从上面的内容可以看出，原核生物操纵子调控主要涉及两个因素：一个是调节基因，另一个是环境因子（效应物）。根据调节基因的产物是激活蛋白还是阻遏蛋白，可将调控方式分为正控制和负控制；根据效应物是诱导物还是辅助阻遏物，可将调控方式分为诱导调控或阻遏调控。因此，综合起来原核生物操纵子调控可分为以下 4 种不同的调控模型（或方式），如图 10.7 所示。

（1）正控制的诱导模型：调节基因编码的是一种无活性的激活蛋白，当它与环境中的诱导物结合后，就转变为有活性的激活蛋白，该激活蛋白能够与操纵元件结合，从而激活基因表达。

（2）负控制的诱导模型：调节基因编码的是一种阻遏蛋白，它能够与操纵元件结合，从而抑制操纵子的转录；当环境中存在诱导物时，诱导物能够与阻遏蛋白结合，改变阻遏蛋白的结构，

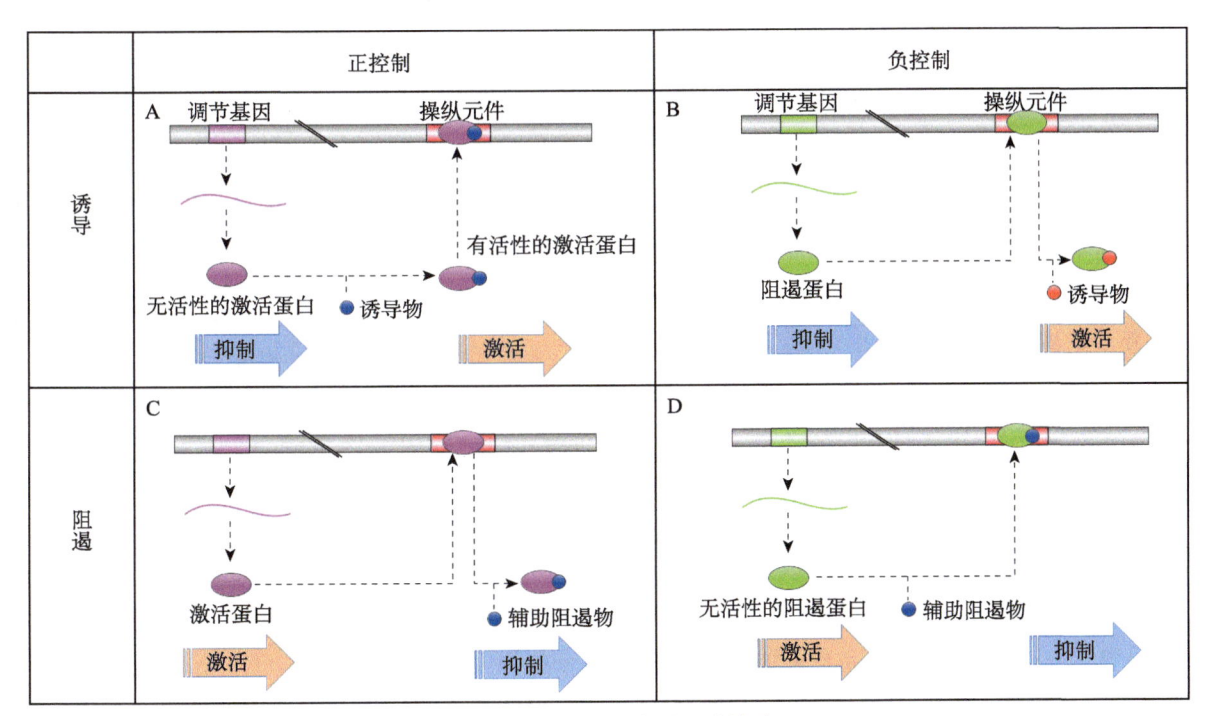

图 10.7　操纵子调控的 4 种模型

使其不能结合到操纵元件上，从而使操纵子基因能够被转录。

（3）正控制的阻遏模型：调节基因编码的是一种激活蛋白，它能够与操纵元件结合，从而激活操纵子的转录；当环境中存在辅助阻遏物时，辅助阻遏物能够与激活蛋白结合，改变激活蛋白的结构，使其不能结合到操纵元件上，从而抑制操纵子基因的转录。

（4）负控制的阻遏模型：调节基因编码的是一种无活性的阻遏蛋白，它不能与操纵元件结合；当环境中存在辅助阻遏物时，辅助阻遏物能够与无活性的阻遏蛋白结合，使后者转变为有活性的阻遏蛋白，并结合到操纵元件上，从而抑制操纵子基因的转录。

10.1.4 乳糖利用操纵子

在大肠杆菌繁殖过程中，如果培养基中同时存在葡萄糖和乳糖，大肠杆菌将优先利用葡萄糖，实现快速增长。当葡萄糖消耗完后，细菌会短暂停止生长。大约1 h后，大肠杆菌开始利用乳糖恢复生长，这种现象称为"二次生长"现象（图10.8）。这种现象看似简单，但其涉及的分子机制却比较复杂。正确理解"二次生长"现象的调控机制对我们掌握原核生物操纵子调控模型具有非常重要的借鉴意义。下面将揭示"二次生长"现象的调控机制。

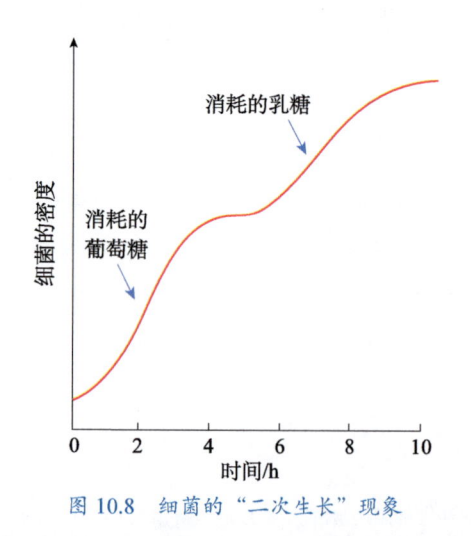

图 10.8 细菌的"二次生长"现象

"二次生长"现象涉及葡萄糖和乳糖两种不同的碳源代谢，是细菌对外界环境因子（营养物质）变化的一种主动适应性调节。"二次生长"现象具有两个不同层次（或节点）的调控，一个节点由lacI蛋白及其操纵元件组成，这种调控方式就是前面介绍的经典的乳糖操纵子负控制系统。还有一个节点由CAP蛋白及其操纵元件组成，这种调控方式为正控制系统。操纵子转录与否取决于这两个节点调控的叠加效果。也可以把这种机制形象地称为"双开关"调控。它就像串联在同一个管道上两个不同位置上的水龙头，显然只有当这两个水龙头都处于打开状态时，水才能顺利流出来。任何一个水龙头关闭都会导致水无法流出来，即基因表达关闭（图10.9）。

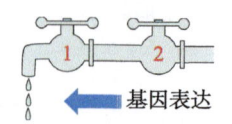

图 10.9 操纵子表达调控的"双开关"控制模型

10.1.4.1 乳糖操纵子调控的第一重"开关"

基于前文有关乳糖操纵子的相关知识，本部分先讲述第一重开关——lac调控蛋白与其操纵元件的调控，即经典的乳糖操纵子调控。

1. 调节基因 *lacI* 的作用方式

调节基因*lacI*编码的阻遏蛋白编码一种分子质量为38 kDa的多肽单体分子，其N端是HTH（helix-turn-helix）DNA结合结构域，中间是两个相似的核心结构域，可以与诱导物结合。C端是一个α螺旋，参与阻遏蛋白的聚合。阻遏蛋白单体通过中间核心结构域的相互作用形成二聚体，两个二聚体进一步通过C端的α螺旋聚合形成四聚体形式的阻遏物。当细胞中不存在诱导物（异构乳糖）时，阻遏物通过二聚体的两个HTH结构域特异性地结合在lac操纵区中一段21 bp的DNA序列（操纵元件O）上，从而阻止RNA聚合酶与lac操纵子区域附近的启动子结合，抑制*lac* mRNA的转录。一旦细胞中乳糖水平提高，异构乳糖数量就会增加，有效结合到阻遏蛋白的核心结构域，引起阻遏蛋白的构象改变，与DNA结合的特异性降低，阻遏蛋白不再特异性地结合lac操纵元件，而是随机与DNA的任意区域结合。lac操纵子的转录起始区暴露并被RNA聚合酶结合，从而激活 lac mRNA 的转录。而当乳糖耗尽时，诱导物异构乳糖数量减少，失去诱导物的阻遏蛋白会重新特异性地结合 lac 操纵元件，阻止基因转录（图 10.10）。

在乳糖操纵子中，阻遏蛋白是一种变构蛋白（allosteric protein），当效应物与其结合后就会改变蛋白质的构象，使其与 O 元件结合的亲和力下降。而与阻遏蛋白结合的物质为异构乳糖（allolactose）。一旦它与阻遏蛋白结合，就会导致阻遏蛋白的构象发生改变，从而从 O 元件上解离；或使游离态阻遏蛋白的构象发生改变而不能再与 O 元件结合。

2. 效应物——异构乳糖

异构乳糖和乳糖都是由半乳糖和葡萄糖组成的，乳糖是由 β-1,4-糖苷键连接的两种单糖，而异构乳糖是由 β-1,6-糖苷键连接的两种单糖。β-半乳糖苷酶不仅能分解乳糖为半乳糖和葡萄糖，还能使乳糖转化为异构乳糖（图 10.11）。

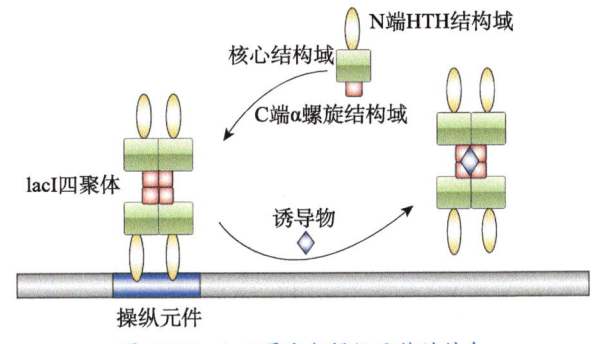

图 10.10　lacI 蛋白与操纵元件的结合

图 10.11　β-半乳糖苷酶的作用

在加入乳糖初期或葡萄糖刚刚使用完时，β-半乳糖苷酶还没有来得及合成，细菌如何获得异构乳糖呢？一般认为，乳糖操纵子不是完全彻底地关闭，即存在调控的渗漏，或者称为"渗漏转录"现象。乳糖操纵子基因在极低水平上表达，合成相应的酶，将痕量的乳糖转变成异构乳糖。只要极少的诱导物开启了第一次转录，细胞就能像"滚雪球"一样迅速积累诱导物，完全开启乳糖操纵子的表达。也就是说，当葡萄糖耗竭且细胞中存在乳糖的情况下，细胞利用渗漏转录所产生的极少量的半乳糖苷酶，将乳糖转化为异构乳糖，后者则反过来与结合在 lacO 基因位点上的阻遏蛋白结合，改变阻遏蛋白的构象使阻遏蛋白从 lacO 基因位点上解离下来，这时乳糖操纵子就处于开放状态，lacZ、lacY 和 lacA 基因得以转录并合成新的 β-半乳糖苷酶，从而进一步开放乳糖操纵子。

3. 操纵元件

lac 操纵子阻遏机制的另一个复杂因素是存在三个而不是一个操纵元件，即一个位于转录起始位点附近的主操纵元件（major operator）和两个分别位于转录起始位点上游及下游的辅操纵元件（auxiliary operator）。图 10.12 所示这三个操纵元件的空间排列，典型（主）操纵元件 O_1 以 +11 为序列中心，上游辅操纵元件 O_2 以 −82 为序列中心，下游辅操纵元件 O_3 以 +412 为序列中心。

在前文介绍的经典乳糖操纵子调控模型中，与阻遏蛋白结合的就是主操纵元件 O_1。研究者一般认为主操纵元件单独发挥作用。但是本诺·穆勒-希尔（Benno Muller-Hill）与其他研究者对辅操纵元件进行了较为详尽的研究，发现辅操纵元件并不是主操纵元件无关紧要的拷贝，它们在阻遏过程中起关键作用。当三个操纵元件同时存在时，抑制转录的效率提高 1300 倍；只有两个操纵元件时，抑制转录的效率提高 400～700 倍；而主操纵元件自身抑制转录的效率仅为 18 倍。这些实验表明，如果除去其中任何一个辅操纵元件只会微弱地降低阻遏效率。但是如果同时除去两个辅操纵元件，则会使阻遏效率下降为原来的 1/50（图 10.13）。

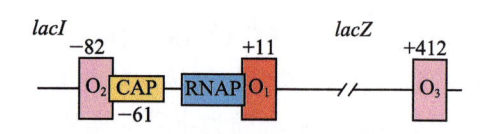

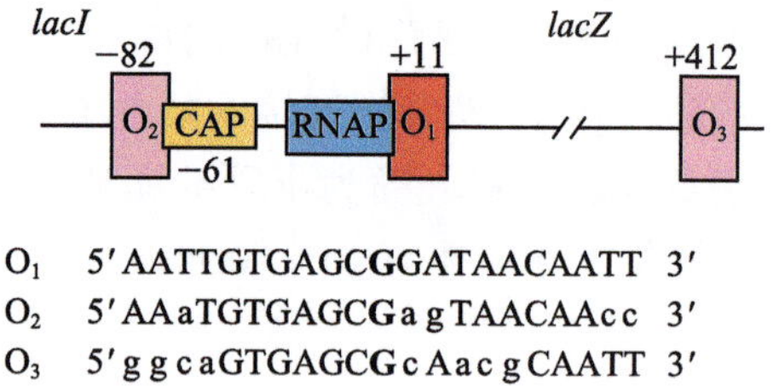

图 10.12 乳糖操纵子的三个操纵元件（Weaver，2014）

lac 调控区图示主操纵元件（O₁）为红色；两个辅操纵元件为粉色；CAP 结合位点和 RNA 聚合酶结合位点分别为橙黄色和蓝色；CAP 是 lac 操纵子的正调控因子，本章下一节再作讨论。三个操纵基因的序列比对，粗体 G 为序列中心，辅操纵元件（O₂ 和 O₃）序列中与主操纵元件不同的碱基用小写字母表示

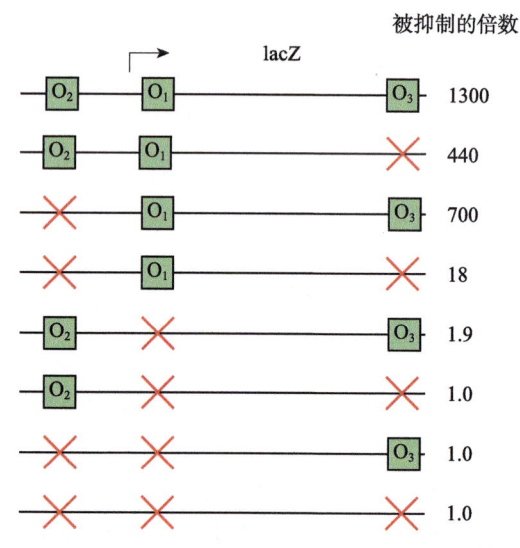

O₁ 5'AATTGTGAGCGGATAACAATT 3'
O₂ 5'AAaTGTGAGCGagTAACAAcc 3'
O₃ 5'ggcaGTGAGCGcAacgCAATT 3'

图 10.13 三个乳糖操纵子的操纵元件突变后对转录的抑制效果

Muller-Hill 及同事将野生型和突变型 lac 操纵子片段插入 λ 噬菌体 DNA，然后侵染 E. coli 细胞。将含三个操纵基因和 lacZ 基因的 lac 操纵子片段整合到细菌基因组中，细菌基因组不含其他 lacZ 基因，但拥有野生型 lacI 基因。Muller-Hill 及同事分析 β-半乳糖苷酶在诱导物异丙基硫代-β-D-半乳糖苷（IPTG）有或无条件下的合成情况，根据酶活性推知阻遏效率，图 10.13 右侧为两种条件下阻遏活性的比率。例如，当三个操纵基因都存在时，有诱导物时酶活性是无诱导物时酶活性的 1300 倍，即阻遏效率达 1300 倍；λEwtl23（顶部）携带三个野生型操纵基因（绿色），其他噬菌体缺失一个或多个操纵基因（红色 ×）（Oehler et al.，1990）。

1996 年，米切尔·刘易斯（Mitchell Lewis）及同事为操纵基因间的协同关系提供了结构基础。他们确定了 lac 阻遏物与包含操纵基因序列的 21 bp DNA 片段组成的复合体的晶体结构。从图 10.14 可以看出，四聚体阻遏物中的两个二聚体是独立的 DNA 结合实体，与 DNA 大沟发生相互作用。而且可以清楚地看出，四聚体中两个二聚体分别与两个不同的操纵基因序列相结合，很容易理解这两个操纵基因是同一条长 DNA 片段中的一部分。

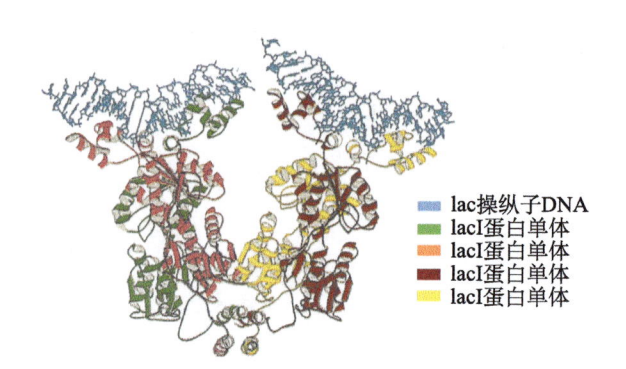

图 10.14 结合两个操纵基因片段的 lac 阻遏物四聚体结构（Lewis et al.，1996）

Lewis、Lu 及同事对结合 DNA 的 lac 阻遏物进行 X 射线衍射晶体学分析，长 21 bp 的 DNA 片段包含操纵基因序列；4 个阻遏物单体分别用粉色、绿色、黄色和红色表示，两个阻遏物二聚体在底部相互作用形成四聚体，每个二聚体有两个 DNA 结合域；从结构图的顶部可以看出，二聚体与 DNA 大沟相互作用；该结构清楚地显示两个二聚体分别独立地与不同 lac 操纵基因结合

10.1.4.2 乳糖操纵子调控的第二重"开关"

经典的乳糖操纵子调控方式为负控制的诱导模型。不存在乳糖时，调节基因编码的 lacI 阻遏蛋白以四聚体的形式结合于操纵元件 O 上，抑制操纵子的转录；当存在乳糖时，异构乳糖与 lacI 阻遏蛋白结合，改变了阻遏蛋白的结构，从而降低了其与操纵元件 O 的亲和力，无法结合到操纵元件上，或使已经结合上去的阻遏蛋白从操纵元件上解离下来，从而诱导操纵子开启转录。这个负控制的诱导模型不是很好地解释"二次生长"现象吗？其实不然，单纯用这个负控制的诱导模型还是不能很好地解释"二次生长"现象。例如，在细菌生长的早期阶段，培养基中既存在葡萄糖，又存在乳糖，此时细菌为什么会关闭乳糖操纵子而优先利用葡萄糖呢？这个问题显然无法用负控制的诱导模型来解释。这也意味着"二次生长"现象还有更加复杂的调控机制。这就是乳糖操纵子调控的第二重"开关"——CAP 蛋白的正控制系统。

1970 年，杰弗里·祖鲍伊（Geoffrey Zubay）及同事经研究发现，在提供 cAMP 的条件下，*E. coli* 无细胞粗提物能合成 β-半乳糖苷酶。Zubay 将这种蛋白质称为"代谢物激活蛋白"（catabolite activator protein，CAP）。同一年，埃默（Emmer）及同事测定出 cAMP-CAP 复合体的解离常数为 $(1\sim 2)\times 10^{-6}$ mol/L。这意味着 CAP 对 cAMP 具有非常强的亲和力，确定了 CAP 为 cAMP 的受体。因此，CAP 蛋白又被称为"环腺苷酸受体蛋白"（cAMP receptor protein，CRP）。Emmer 等还分离出一株突变体，该突变体的 CAP 与 cAMP 的结合力大约降低为原来的 1/10。如果 cAMP-CAP 确实是 lac 操纵子正调控的重要因子，那么向突变体的无细胞提取物添加 cAMP 后，其 β-半乳糖苷酶的合成量应低于野生型无细胞提取物的 β-半乳糖苷酶合成量。图 10.15 显示的实验结果的确如此。这个实验说明，CAP 蛋白可作为一种调节物，激活乳糖操纵子的转录。

根据前面的知识介绍我们知道，如果调节基因编码的蛋白质可以激活操纵子表达，那么这种蛋白质称为"激活蛋白"，这个调控方式称为"正控制"。这就是 CAP 蛋白的正控制系统。如何用这个正控制系统来解释"二次生长"现象呢？首先分析一下 CAP 蛋白对葡萄糖的响应方式。葡萄糖的代谢产物可从两个方面来影响 cAMP 的合成量：①抑制腺苷酸环化酶（cAMPase），从而抑制 ATP 分解为 cAMP；②激活磷酸二酯酶，从而加速 cAMP 转化为 AMP。因此，葡萄糖的存在会显著降低 cAMP 的量。

（1）CAP 的作用机制。cAMP 与 CAP 形成的复合体又是如何激活乳糖操纵子转录的呢？首

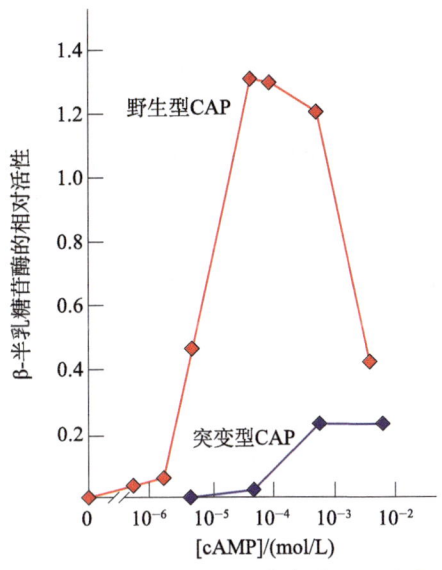

图 10.15　cAMP 与野生型 CAP 和突变型 CAP 均能促进 β-半乳糖苷酶的合成（Emmer *et al*., 1970；Zubay *et al*., 1970）

帕斯坦（Pastan）及同事逐渐增加 cAMP 浓度，激活野生型和突变体无细胞提取物生产 β-半乳糖苷酶；红色表示野生型，蓝色表示突变体（CAP 对 cAMP 的亲和力降低）；突变体产生很少的 β-半乳糖苷酶，如果 cAMP-CAP 复合体在 lac 操纵子转录中具有重要作用，那么这一结果正是我们所期望的；在野生型细胞提取物中，太多 cAMP 明显干扰了 β-半乳糖苷酶的合成；这不奇怪，因为 cAMP 有很多作用，一些 cAMP 可能间接抑制了 *lacZ* 基因体外表达的某些步骤

先我们需要了解一下 CAP 蛋白与乳糖操纵子的结合方式。在紧邻启动子的区域存在一个 CAP 蛋白结合位点，CAP 就是结合在这个位点上。由于这个结合位点与启动子非常靠近，因此结合上来的 CAP 蛋白很容易与结合在启动子上的 RNA 聚合酶发生相互作用，从而对操纵子的转录产生影响。

（2）CAP 蛋白影响 RNA 聚合酶进行转录的机制。lac 操纵子及其他能受 CAP 激活的操纵子都是非常弱的启动子，它们的 −35 框与保守序列不同，很难识别。因此，这类启动子本身的转录效率很低，必须要借助其他激活蛋白如 CAP，才能将 RNA 聚合酶募集到启动子上，从而进行高效的 RNA 转录。这种募集作用（recruitment）包括两个步骤：①形成闭合启动子复合体；②将闭合启动子复合体转换为开放启动子复合体。威廉·麦克卢尔（William McClure）及其同事将这两个步骤归纳为图 10.16。

$$R+P \underset{K_1}{\rightleftarrows} RP_C \underset{K_2}{\rightarrow} RP_O$$

图 10.16　CAP 蛋白对 RNA 聚合酶的募集过程

R 为 RNA 聚合酶；P 为启动子；RP_C 为闭合启动子复合体；RP_O 为开放启动子复合体；K 为反应常数

McClure 及其同事用动力学方法区分这两步反应，确定 cAMP-CAP 通过提高 K_1 而直接促进第一步反应，但对 K_2 几乎没有影响，所以不会促进第二步反应。虽然如此，通过提高闭合启动子复合体的形成速率，cAMP-CAP 为开放启动子复合体的转换提供了更多原料（即闭合启动子复合体）。cAMP-CAP 的净效应是提高开放启动子复合体的形成速率。

结合在 CAP 蛋白结合位点上的 cAMP-CAP 是如何辅助聚合酶与启动子结合的呢？一种长期被支持的假说认为，当 CAP 和 RNA 聚合酶与各自 DNA 靶位点结合后，两者会发生直接的接触，因此它们与 DNA 的结合具有协同效应。2002 年，本奥夫（Benoff）等获得了 cAMP-CAP-DNA 复合体晶体结构图像，观察到 DNA 在与 CAP 蛋白结合后发生了大约 100° 的弯曲（图 10.17A）。这种弯曲可能是复合体中 DNA 与蛋白质发生最佳相互作用所必需的。CAP 蛋白与 RNA 聚合酶相互作用的位点是聚合酶 α 亚基羧基端结构域（αCTD）。对 DNA、cAMP-CAP 和 RNA 聚合酶 αCTD 复合体进行 X 射线晶体结构分析，结果显示，尽管 CAP 与 RNA 聚合酶间的界面不大，但 CAP 蛋白确实与 RNA 聚合酶 αCTD 相接触（图 10.17B）。由此可见，cAMP-CAP 与 CAP 蛋白结合位点结合后，能够使操纵子 DNA 发生弯曲，这有利于 RNA 聚合酶与启动子的结合。此外，CAP 蛋白还能够与 RNA 聚合酶 αCTD 结构域结合，这种结合也能够进一步促进 RNA 聚合酶与启动子的结合（图 10.18）。因此，cAMP-CAP 能够激活操纵子转录，尤其是对于具有弱启动子的操纵子基因的转录激活是必需的。

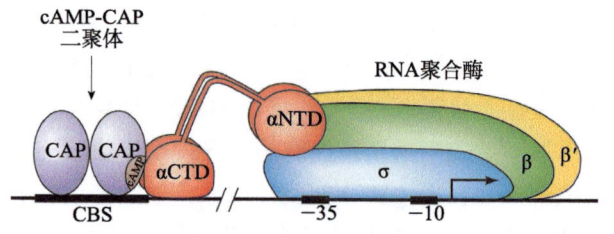

图 10.18 CAP 蛋白作用机制示意图（Busby & Ebright, 1994）

CBS，CAP 蛋白结合位点；RNA 聚合酶由多个亚基构成，包括 α、β、β′ 和 σ 等；α 亚基的 N 端和 C 端结构域分别用 αNTD 和 αCTD 表示

10.1.4.3 乳糖操纵子调控的"双开关控制"模型

现在，我们可以用"双开关控制"模型来解释细菌的"二次生长"现象。细菌对乳糖操纵子的转录调控存在双开关：第一个开关为"CAP 蛋白的正调控"，第二个开关为"调节基因 *lacI* 与操纵元件结合的调控"，即经典的乳糖操纵子模型。既然存在双开关，那么只有在两处开关都打开的情况下，操纵子才能被转录；只要有一处开关处于关闭状态，整个操纵子的转录就处于受抑制状态。下面就用这个"双开关控制"模型来详细解释细菌在不同的营养条件下的生长调节现象（图 10.19）。

（1）当只有葡萄糖存在的情况下（图 10.19A）。先从细菌的角度考虑，此时细菌希望怎么办？是开启乳糖操纵子分解利用乳糖，还是关闭乳糖操纵子呢？由于环境中根本不存在乳糖，因此开启乳糖操纵子显然会浪费能量。此时，细菌会希望关闭乳糖操纵子。如何做到这一点呢？先分析其中的一个开关——CAP 蛋白的正调控。由于葡萄糖的存在，cAMPase 受到抑制，cAMP 的浓度降低，不能有效地与 CAP 蛋白结合，从而形成无活性的 CAP 蛋白。因此，CAP 蛋白不能结合到启动子的 CAP 蛋白结合位点上，转录受到抑制，即第一个开关处于"关闭"状态。接下来再分析另外一个开关。调节基因 *lacI* 编码的阻遏蛋白结合于操纵位点上，启动子处于被关闭的状态。另外一个开关也处于"关闭"状态。因此，乳糖代谢相关的结构基因不能转录，细菌不能利用乳糖，此时细菌只利用葡萄糖作为营养物质。这正好符合细菌的希望，是一种最优的选

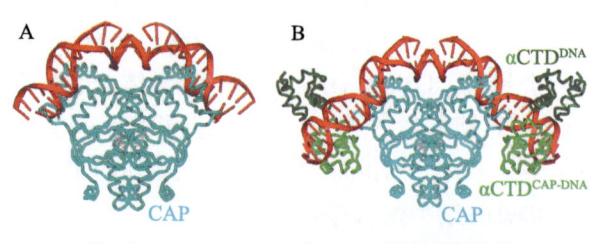

图 10.17 cAMP-CAP 与 DNA 结合的晶体图（Benoff *et al.*，2002）

A. cAMP-CAP 与 DNA 结合；B. cAMP-CAP-αCTD 与 DNA 结合；DNA 为红色，CAP 为青色，cAMP 用红色细线表示，αCTD^{DNA} 为深绿色，αCTD$^{CAP-DNA}$ 为浅绿色

择结果。

（2）葡萄糖和乳糖均存在的情况下（图10.19B）。此时细菌会如何选择呢？在前面的讲解中，已经从细菌的立场作出了选择：既然存在葡萄糖，那就先利用葡萄糖吧。因此，乳糖操纵子用不上了，就暂时先关闭吧。可见，这时细菌希望关闭乳糖操纵子。如何做到这一点呢？先看看第一个开关的情况。由于葡萄糖的存在，cAMPase被抑制，使得cAMP水平下降，cAMP与CAP蛋白不能形成复合体，使CAP蛋白不能结合到启动子的CAP位点上，即第一个开关处于关闭状态。再分析另一个开关的状态。这时尽管（渗漏转录产生的少量）异构乳糖可以与阻遏蛋白结合，使少量的阻遏蛋白从启动子部位解离下来，稍微打开另一开关。但是，由于第一个开关处于关闭状态，此时乳糖操纵子仍然处于受抑制状态。因此，此时细菌不能分解利用乳糖，细菌只能优先利用葡萄糖。

（3）葡萄糖消耗完以后，环境中只存在乳糖（图10.19C）。此时细菌会如何选择呢？由于环境中只存在乳糖，显然细菌希望赶紧打开乳糖操纵子，从而能够分解环境中的乳糖，进行"二次生长"。再分析两个开关的状态。当葡萄糖消耗完以后，cAMPase的抑制被解除，使得cAMP水平上升，cAMP与CAP蛋白形成复合体，CAP蛋白结合到启动子的CAP位点上，激活转录，即第一个开关被打开。与此同时，渗漏转录的lacZ基因编码的β-半乳糖苷酶分解乳糖为异构乳糖，异构乳糖与阻遏蛋白结合，改变阻遏蛋白的构象，使其不能结合到操纵基因上，另一个开关也被打开。因此，乳糖代谢相关的结构基因得以转录表达。此时，细菌开始利用乳糖。

通过以上分析可以看出，细菌采用了两种不同的机制（经典的乳糖操纵子调控和CAP蛋白的正调控）来协调控制对葡萄糖和乳糖的利用。细菌为什么需要同时采用两重"开关"来调控乳糖操纵子的转录呢？在前面已经介绍过，乳糖操纵子的启动子为弱启动子，它的核心区域与典型的启动子序列差异较大，这导致RNA聚合酶与它的亲和力比较弱。在这种情况下，就需要CAP激活蛋白来帮助起始转录。

细菌利用葡萄糖和乳糖的机制比较复杂，但

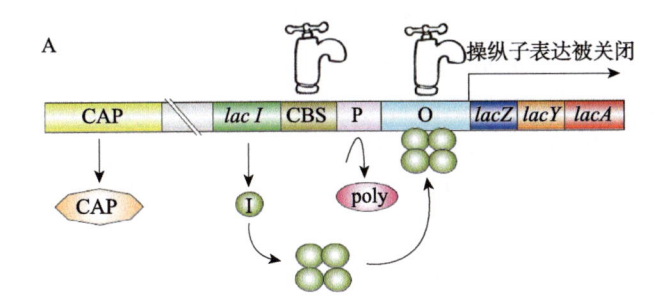

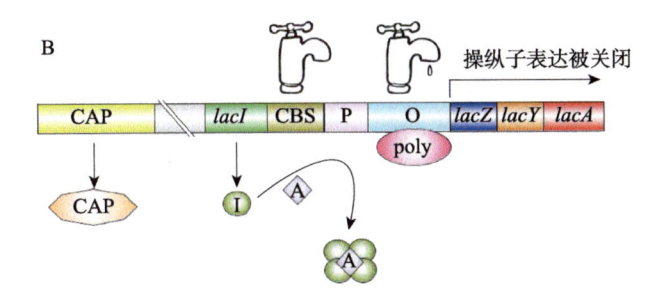

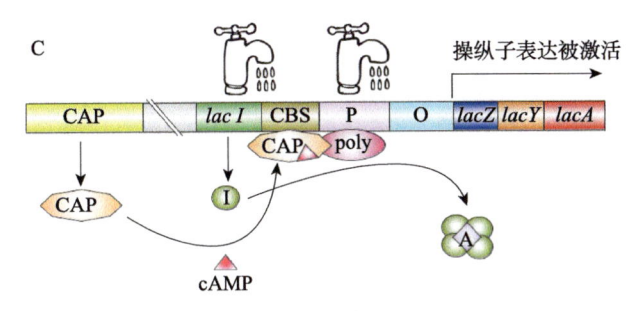

图 10.19 细菌利用葡萄糖和乳糖的机制

CBS. CAP 蛋白结合位点；poly. RNA 聚合酶；P. 启动子；
I. lacI 蛋白；A. 异构乳糖

只要做到以下两点就能够很好地掌握：

（1）首先从细菌的角度考虑，在特定营养条件下，细菌是否需要开启乳糖操纵子？

（2）如何实现这一点呢？应用双开关模型，逐一对两重开关进行分析。

如果能够这样做，就能够比较轻松地掌握细菌利用葡萄糖和乳糖的分子机制了。

10.1.5 色氨酸操纵子

乳糖操纵子编码的是分解乳糖相关的酶，其涉及的生化过程属于分解代谢。与之相反，色氨酸操纵子编码的是合成色氨酸相关的酶，属于合成代谢。色氨酸合成过程中有7个基因参与（图10.20）：*trpE* 和 *trpG* 编码邻氨基苯甲酸合酶（anthranilate synthase），*trpD* 编码磷酸核糖邻氨基苯甲酸转移酶（anthranilate phosphoribosyl transferase），*trpF* 编码磷酸核糖邻氨基苯甲酸异构酶（phosphoribosyl anthranilate isomerase），*trpC* 编码吲哚甘油磷酸合酶（indole glycerol phosphate synthase），*trpA* 和 *trpB* 分别编码色氨酸合成酶（tryptophan synthase）的 α 和 β 亚基。经研究发现，在大肠杆菌等许多细菌中，*trpE* 和 *trpG* 融合成一个功能基因，*trpC* 和 *trpB* 也融合成一个基因，产生具有双重功能的蛋白质。

10.1.5.1 色氨酸操纵子的结构

色氨酸操纵子的结构如图 10.20 所示，*trpE* 是第一个被翻译的基因。与乳糖操纵子不同的是，色氨酸操纵子在操纵位点 O 和第一个结构基因 E 之间还存在一小段起调控作用的前导肽和衰减子区域。前导肽编码 14 个氨基酸，其中第 10 和 11 位是两个连续的色氨酸密码子。衰减子区域存在 4 段彼此可以碱基互补的小区段，称为"区段 1~4"（图 10.21A）。其中区段 1 和区段 2、区段 2 和区段 3、区段 3 和区段 4 可以相互进行碱基互补配对，从而形成"颈环"结构（图 10.21B）。此外，在第 4 个区段之后紧跟了 6~8 个 U 碱基。因此，如果区段 3 和 4 之间形成"颈环"结构，该区域就构成了一个类似转录终止子的结构，称为"衰减子"（attenuator）（有时候也称为"弱化子"）。衰减子的形成有利于转录的终止。

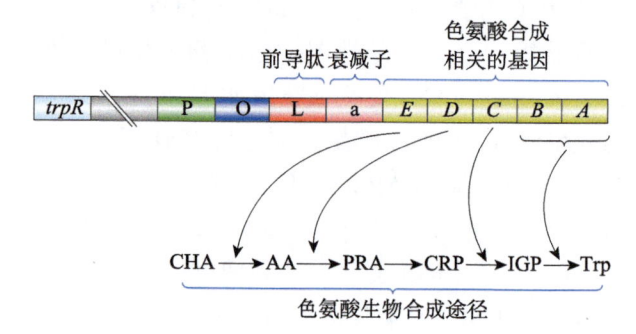

图 10.20 色氨酸操纵子及其参与的色氨酸生物合成途径

CHA. 分枝酸（chorismic acid）；AA. 邻氨基苯甲酸（anthranilic acid）；PRA. 磷酸核糖邻氨基苯甲酸（phosphoribosyl anthranilate）；CRP. 5-磷酸烯醇式 1-（*O*-羧基苯氨基）-1-脱氧核酮糖；IGP. 吲哚甘油磷酸（indole glycerol phosphate）；Trp. 色氨酸

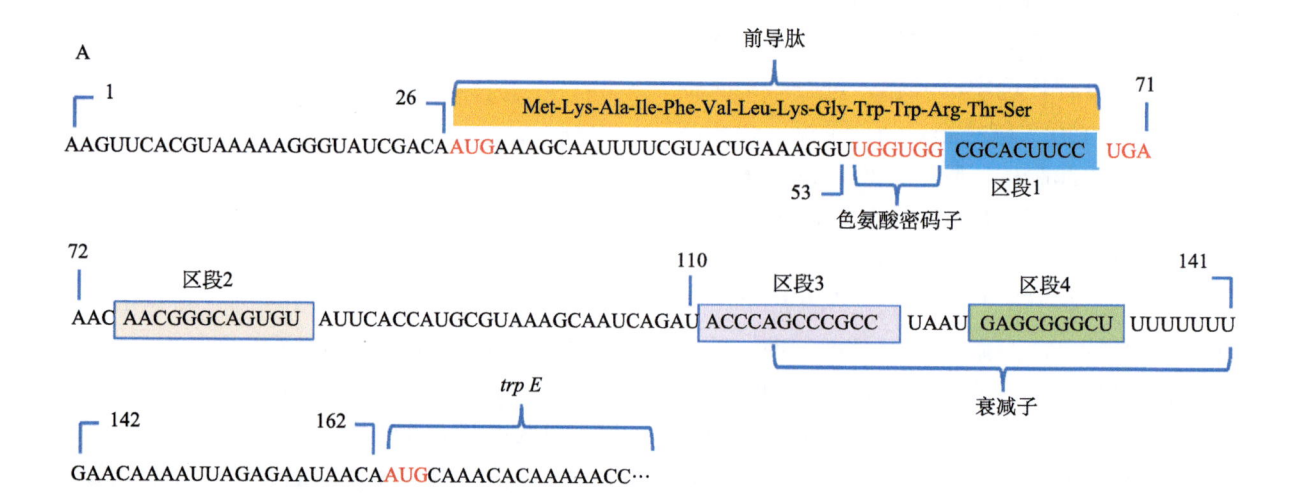

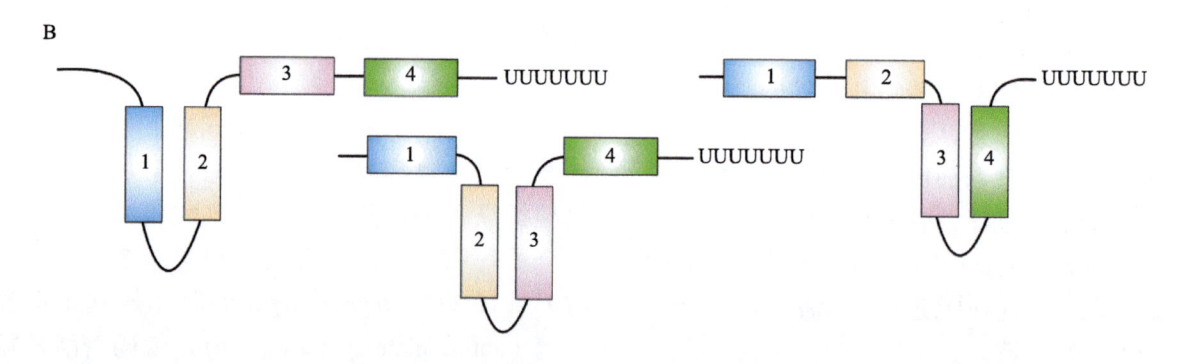

图 10.21 色氨酸操纵子的前导肽和衰减子区域典型特征

10.1.5.2 色氨酸操纵子的调控

在色氨酸操纵子中调节基因 trpR 编码的是一种无活性的阻遏蛋白，它不能结合到操纵子元件上去，因而 RNA 聚合酶能够正常转录（图 10.22A）。很显然这种调控属于负控制模型。当环境中存在色氨酸时，色氨酸会与 trpR 蛋白结合，从而使其转变为有活性的阻遏蛋白，该阻遏蛋白能够结合到操纵位点 O 上，从而抑制色氨酸操纵子基因的表达（图 10.22B）。在这个系统中，色氨酸这个环境因子的作用是辅助阻遏物，因此色氨酸操纵子属于负控制的阻遏模型。

细菌为什么要这样做呢？其实很好理解，当环境中不存在色氨酸时，细菌就需要开启色氨酸操纵子合成色氨酸。当环境中存在色氨酸时，细菌就没有必要再开启色氨酸操纵子合成更多的色氨酸了。这样看来，色氨酸操纵子的调控好像比较简单，但其实并不是这样的。

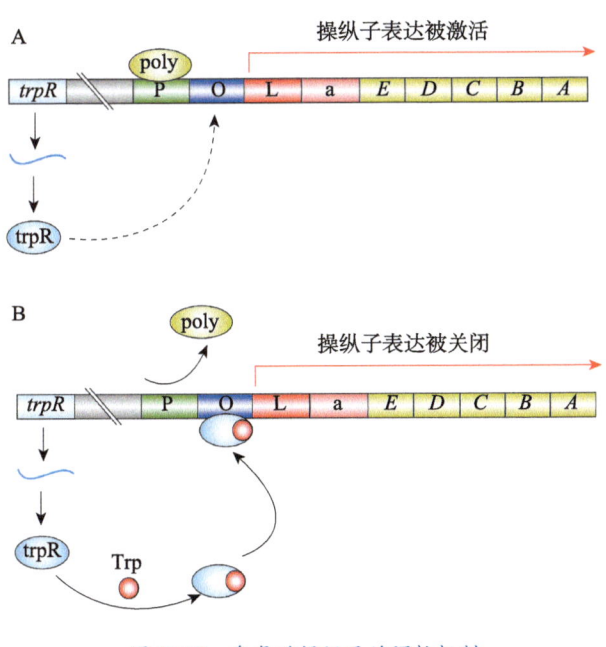

图 10.22 色氨酸操纵子的调控机制

1. 转录衰减现象的发现

1968 年，文雄·今本（Fumio Imamate）的实验研究表明，在一些操纵子内部还存在另一种精细水平的转录调控方式。研究者发现，当细胞中存在少量色氨酸，但含量又不足以使其作为辅助阻遏物时，不足以关闭 O 位点，从而使 RNA 聚合酶可以启动转录，但转录过程仅到达第一个结构基因（E）之前的引导序列处，RNA 聚合酶便从 DNA 模板上解离下来。这种当转录从起始位点启动后，RNA 聚合酶在未到达结构基因编码区之前提前终止的现象称为衰减作用（attenuation）。

为了进一步证实这种现象，Imamate 选用大肠杆菌色氨酰 tRNA 合成酶（trp-AARS）的温度敏感型突变体（trp-AARS^{ts}）为实验材料，在 30℃ 条件下，该突变体的 trp-AARS 有活性，能使色氨酸活化生成 tRNA^{Trp}。在 42℃ 时该酶没有活性。通过比较野生型和突变型在 42℃ 和 30℃ 条件下有色氨酸供应时 trpE 的活性发现，30℃ 时，trp-AARS 有活性，可生成 trp-tRNA^{Trp}，色氨酸操纵子结构基因的表达受抑制，无法检测到 trpE 的酶活性；在 42℃ 时，trp-AARS 失去活性，不能生成 trp-tRNA^{Trp}，色氨酸操纵子结构基因能够表达，能检测到 trpE 的活性。研究者进一步分离到两种从色氨酸操纵子转录来的、大小不同的 mRNA 分子，长的 mRNA 含有结构基因 trpE 的部分序列，而短的 mRNA 则只含有 140 nt 的引导序列。这说明，在某些情况下色氨酸操纵子的转录可以启动，但进行到第一个结构基因 trpE 之前就提前终止了。这就是转录衰减作用。

为什么会这样呢？既然环境中存在色氨酸，色氨酸就能够与 trpR 编码的阻遏蛋白结合，并激活其阻遏转录的活性，从而导致结构基因关闭。在 42℃ 条件下，结构基因的表达为什么在色氨酸存在的情况下仍然没有被关闭呢？这意味着，色氨酸操纵子还存在更加复杂或更加精细的调控机制。这种机制就是下文要介绍的转录衰减。

2. 转录衰减的机制

转录衰减的发生主要受前导肽和衰减子区域调控。转录衰减主要发生在色氨酸的量比较少的情况下。此时色氨酸不足以与阻遏蛋白结合，转录可以正常启动；由于环境中还存在一定量的色氨酸供应，不会影响前导肽的翻译。转录出来的前导肽 mRNA 在随后的翻译过程中，核糖体能够顺利通过引导区的区段 1 和区段 2。但是，转录出来的区段 3 和区段 4 可形成"颈环"结构。由于区段 4 后面紧跟着一段 U 碱基，这就使得该区域的 mRNA 形成了一个典型的终止子结构（也称为衰减子）。因此，当 RNA 聚合酶移动到这里时，会从 DNA 模板上脱离下来，从而终止转录（图 10.23A）。

在前面已经简要介绍了当环境中缺乏色氨酸时，细菌对色氨酸操纵子表达的调控机制。前面讲到，由于环境中缺乏色氨酸，阻遏蛋白无活性，因此转录可以被启动。这时，有人可能会提出疑问：RNA 聚合酶移动到衰减子区域会不会也脱落下来，从而无法转录出 5 个色氨酸合成相关的结构基因？下面就专门分析一下这种情况。

当环境中缺乏色氨酸时，细菌当然需要赶紧打开色氨酸操纵子以合成更多的色氨酸。但会不会仍然在衰减子区域发生转录衰减呢？如果一直发生转录衰减，那么细菌就无法在需要色氨酸时通过启动色氨酸操纵子来满足生长所需了。显然，细菌需要一种机制来抑制转录衰减的发生。再仔细分析一下色氨酸操纵子的转录和翻译情况。当细胞内色氨酸缺乏时，阻遏蛋白处于无活性状态，不能结合于操纵元件，转录可以正常进行，从而转录出一段前导肽 mRNA；此时，由于转录和翻译相偶联，核糖体会与前导肽 mRNA 的 5′ 端结合，并开始进行蛋白质的翻译过程。当翻译通过连续排列的两个 Trp 密码子位点时，由于完全缺乏色氨酸，核糖体内会存在大量空载的 tRNA^{Trp}，这使得核糖体在移动到该位置时发生"停工待料"，停滞于引导区的区段 1，从而使区段 2 和区段 3 配对形成"颈环"结构。这样一来，区段 3 和区段 4 便不会形成终止子结构，因此转录会继续进行，表达色氨酸合成相关的一系列结构基因，从而用于合成色氨酸（图 10.23B）。

细菌中为什么需要有转录衰减系统呢？一般认为，阻遏物从无活性变为有活性相对较迅速，但从有活性向无活性转变的速率就比较慢。这样，当环境中的色氨酸逐渐从有到无时，色氨酸-阻遏蛋白这种有活性的状态转变为无活性的状态就需要较长的时间，也就是说，当色氨酸用完后，需要再次开放色氨酸操纵子时，这个速率就会比较慢。这就需要有一个能更快地作出反应的系统，以保持培养基中适当的色氨酸水平。这个更快的响应系统就是转录衰减调控。衰减子系统能够通过抗终止的方法来快速增加色氨酸合成相关基因的表达速率，迅速提高内源色氨酸的浓度。

有人可能很快会想到另外一个问题：既然细

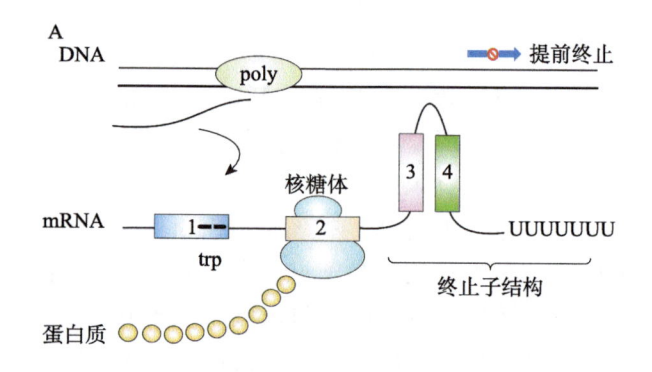

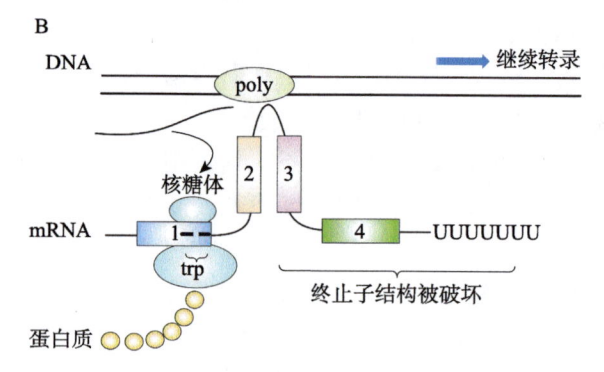

图 10.23　色氨酸操纵子的转录衰减调控机制

菌通过转录衰减系统能够对操纵子的转录进行开或关的调节，那么为什么还要阻遏蛋白这个调控系统存在呢？目前认为阻遏蛋白的作用是在有大量外源色氨酸存在时，阻止非必需的先导 mRNA 的合成，使这个合成系统更加经济。设想一下，如果单靠前导肽和衰减子进行调控，那么在任何情况下都需要先合成前导肽 mRNA。这显然是一种浪费能量的现象。

10.1.6　不利生长条件下的应急反应

以上讨论的是细菌处于正常生活条件下的基因表达调节方式。所谓"正常"，也包括生活环境中缺少某一种或两种能源，但还能找到其他代替物质。但细菌有时会遇到能源十分缺乏的状况，此时细菌会如何应对呢？1952 年，科学家发现 *E. coli* 营养缺陷型（trp$^-$his$^-$）在缺少 Trp 或 His 的培养基上生长时，RNA 和蛋白质合成速率立即下降。当细菌处于氨基酸饥饿条件时，由于缺乏足够的氨基酸，蛋白质合成受抑制，因而关闭大量的代谢过程，节约使用有限的资源和能量，渡过困难时期而存活下来，这种应急反应也称严紧反应（stringent response）。当营养条件得到改善时，细菌将停止这种应急调控，重新开放各个代谢过程。相对这一严紧反应，当氨基酸供应不足时，有些细菌细胞内蛋白质的合成虽然停止，但 RNA 的合成速率却没有下降，这一现象称为松弛控制（relaxed control）。

10.1.6.1 严紧反应因子

1. 空载 tRNA

在严紧反应时发出这种应急反应信号的物质是位于核糖体 A 位点上的空载 tRNA。正常情况下，蛋白质翻译过程中由 EF-Tu 将氨酰 tRNA 运转至核糖体 A 位点上，从而使 GTP 被循环利用（图 10.24）。但是当缺乏相应的氨酰 tRNA 时，空载 RNA 会占据核糖体的 A 位点，核糖体上蛋白质的合成被阻断，引发空载反应（idling reaction），这会导致 GTP 大量积累。

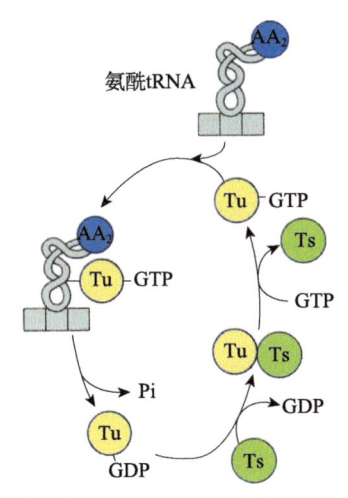

图 10.24　蛋白质翻译过程 EF-Tu 参与 GTP 的循环利用

野生型 Rel^+ 基因编码的蛋白质称为严紧因子（stringent factor）。严紧因子 RelA 是一种 (p)ppGpp 合成酶，它能在空载 tRNA 存在的条件下，以 ATP 作为焦磷酸基团的供体，将焦磷酸基团转移到 GTP 或 GDP 的 3 位 C 上形成四磷酸鸟苷（ppGpp）或五磷酸鸟苷（pppGpp）。

2. 魔斑

严紧反应引起两种异常核苷酸（四磷酸鸟苷和五磷酸鸟苷）大量增加。这两种化合物在层析谱上检出的斑点，分别称为魔斑Ⅰ（magic spotⅠ）和魔斑Ⅱ（magic spotⅡ）。在翻译延伸因子 EF-Tu 和 EF-G 作用下，pppGpp 能转化为 ppGpp。每一次 (p)ppGpp 的合成都引起空载 RNA 从核糖体 A 位点上释放出来。

3. rRNA 和 tRNA

在严紧反应过程中，rRNA 和 tRNA 的合成量大量减少，一般仅为应答前的 5%~10%；某些 mRNA 的合成量也下降。同时，蛋白质降解速率加快，核苷酸、糖和脂质等的合成量也下降。

10.1.6.2 严紧反应的调控机制

对 Rel^+ 和 Rel^- 两种基因型的深入研究表明，当野生型细菌生长在氨基酸正常的培养基上时，由于 Rel^+ 基因能产生 (p)ppGpp 合成酶，细菌可以合成正常含量的 (p)ppGpp，由于没有空载的 RNA，空载反应不能完成，不能刺激合成大量 (p)ppGpp，因而 rRNA 和 tRNA 量正常，蛋白质可以正常合成。当野生型细菌生长在氨基酸缺乏的培养基上时，Rel^+ 基因虽然可以合成正常的 (p)ppGpp 合成酶，但核糖体 A 位点上空载的 tRNA 引发的空载反应导致形成大量的 (p)ppGpp，在消耗能量但又不能合成蛋白质的情况下，积累的 (p)ppGpp 作为阻遏物特异性地与 rDNA 操纵子的起始位点结合，关闭 rDNA 操纵子，同时阻止 tRNA 的转录延伸。当细菌的生存条件恢复正常时，细胞中一种名为 spoT 的基因可编码降解 (p)ppGpp 的酶，并以约 20 s 的半衰期快速降解 (p)ppGpp，从而开放 rRNA 和 tRNA 的转录，保证核糖体的重新构建和蛋白质的合成。

当突变型（Rel^-）细菌生长在氨基酸正常的培养基上时，由于突变的 Rel^- 基因不能合成正常的 (p)ppGpp 合成酶，因而细菌中不存在 (p)ppGpp 的积累，rRNA 和 tRNA 可正常转录，没有空载 tRNA，蛋白质的合成正常，调控系统未出现异常。当将这种突变体培养在氨基酸缺乏的培养基上时，核糖体 A 位点上空载 tRNA 产生空载反应，但由于没有 (p)ppGpp 合成酶，不能合成 (p)ppGpp，不能调控降低 tRNA 及 rRNA 的转录水平，由于氨基酸的缺乏，蛋白质的合成也不能进行，表现出调控异常的松弛性反应。

10.1.7 操纵子调控综合实例：λ噬菌体溶原和裂解途径的调控

λ噬菌体是大肠杆菌 E. coli 的病毒，其基因组大约 50 kb，编码约 46 个基因。如此小的生物在长期的进化过程中却形成了一套灵活、严谨的调控系统，控制着不同的繁殖方式，适应环境的不断改变。通过学习λ噬菌体调控的机制，将有利于人们进一步加深对原核生物操纵子调控理论的认识与掌握。

10.1.7.1 λ噬菌体的繁殖方式

许多噬菌体，如 T2、T4、T7 等，它们侵入细菌后会在宿主体内快速繁殖，并杀伤宿主。与这类烈性噬菌体不同，λ噬菌体是一种温和噬菌体（temperate phage），感染细菌后并不一定杀伤宿主。λ噬菌体入侵宿主后有更加灵活的繁殖方式。

λ噬菌体的 DNA 位于直径 55 nm 的二十面体头部，λ噬菌体的尾部有细长的尾丝，用于附着在宿主表面。入侵宿主时，通过尾管将基因组 DNA 注入大肠杆菌，其蛋白质外壳留在细菌体外。进入细菌后的 DNA 以两端 12 bp 互补单链黏性末端连成环状双链，故侵染宿主后，λ噬菌体线性基因组可立即环化。λ DNA 有一个噬菌体结合位点，可与细菌结合位点形成碱基配对，细菌结合位点位于大肠杆菌染色体上半乳糖操纵子和生物素操纵子之间。两个结合位点配对后，整合酶在一种特异宿主蛋白的辅助下催化病毒和细菌 DNA 链进行物理交换，环状 λ DNA 以线性整合进大肠杆菌 DNA 上毗邻半乳糖操纵子的位置，称为前噬菌体或原噬菌体（prophage）。

λ噬菌体侵入细菌后会以两种方式进行生长、繁殖（图 10.25）。第一种为裂解模式（lytic mode）。噬菌体 DNA 进入宿主细胞，利用宿主的 RNA 聚合酶进行转录。噬菌体 mRNA 被翻译成子代噬菌体蛋白质，噬菌体 DNA 在宿主体内复制并与翻译的蛋白质组装成子代噬菌体。当宿主细胞裂解释放子代噬菌体时，感染过程就结束了。第二种为溶原模式（lysogenic mode）。噬菌体 DNA 进入宿主细胞后，会整合到宿主基因组中。整合了噬菌体 DNA 的细菌也称为溶原菌（lysogen）。这种溶原态可以无限期地存在，它对噬菌体没有不利的影响，因为溶原态噬菌体的 DNA 会随着宿主 DNA 的复制而复制，不用产生噬菌体颗粒就可以扩增其基因组。因此，可以说它搭上了宿主的"便车"。在特定条件下，如果遇到化学诱变剂或辐射，溶原菌便会破裂使噬菌体进入裂解状态。

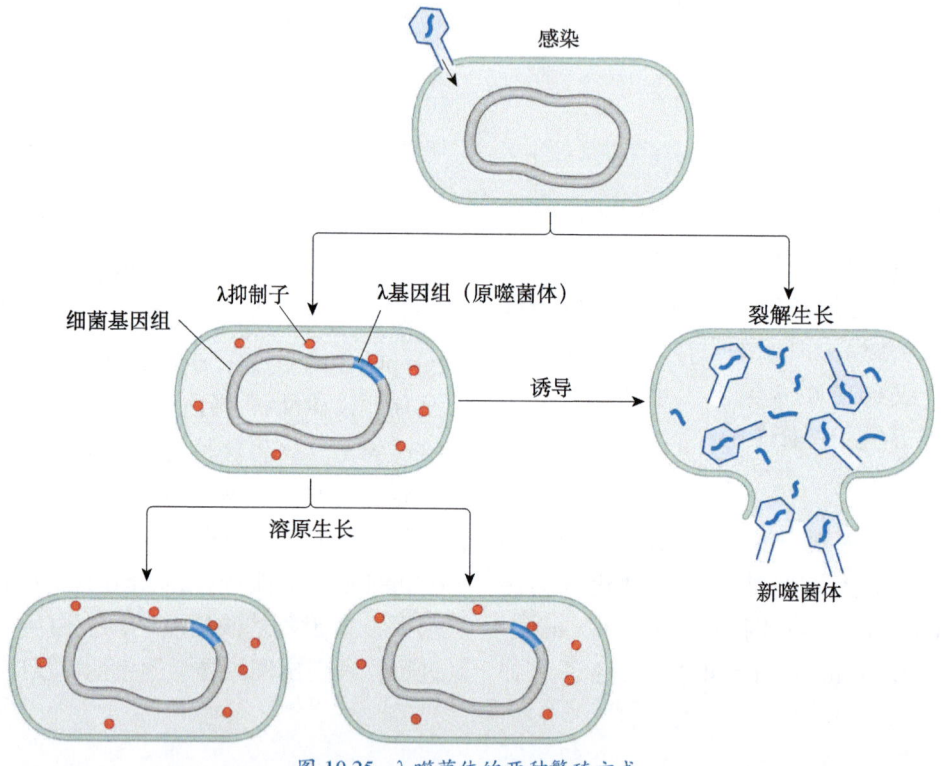

图 10.25 λ噬菌体的两种繁殖方式

10.1.7.2 λ噬菌体的基因组

λ噬菌体的基因组为双链线性DNA分子，约48.5 kb。两条单链的5'端各有12个碱基突出，其中10个为G或C，并具有回文对称特点，这12个碱基称为黏性末端（cos位点）。λ噬菌体感染细菌后，黏性末端相互配对，使线性DNA分子成环。λ噬菌体基因组共有46个编码蛋白质的基因和一些识别位点。整个基因组依据其所编码基因的功能可分为4类，分别是调节、重组、复制和结构基因（图10.26）。

λ噬菌体从入侵宿主到裂解宿主并释放子代噬菌体的全部发育过程需经历早期（early）、晚早期（delayed early）和晚期（late）3个阶段。每个阶段都有不同的基因按照一定的时序进行表达（图10.27）。这些基因表达的时间，也就决定了λ噬菌体在什么时间以哪种方式进行生长。λ噬菌体进入宿主细胞后可利用宿主的RNA聚合酶来启动自身DNA的转录表达。在早期阶段，RNA聚合酶首先结合到P_R和P_L启动子处，分别从不同的方向转录出N基因和cro基因，随后在tR_1和tL_1两个终止子处终止转录，完成λ噬菌体发育的早期阶段。

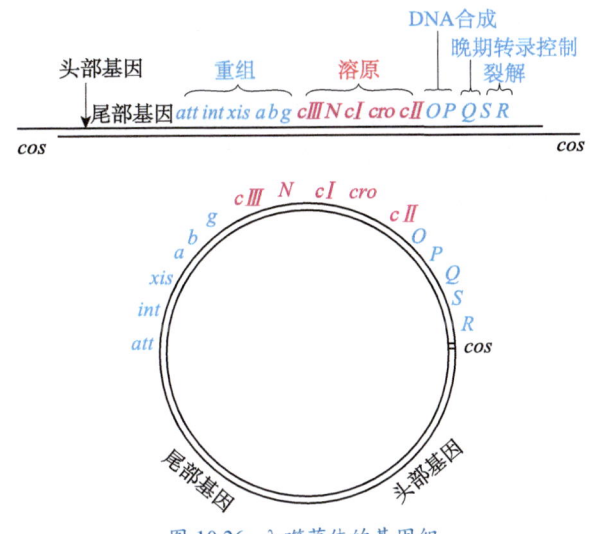

图10.26 λ噬菌体的基因组

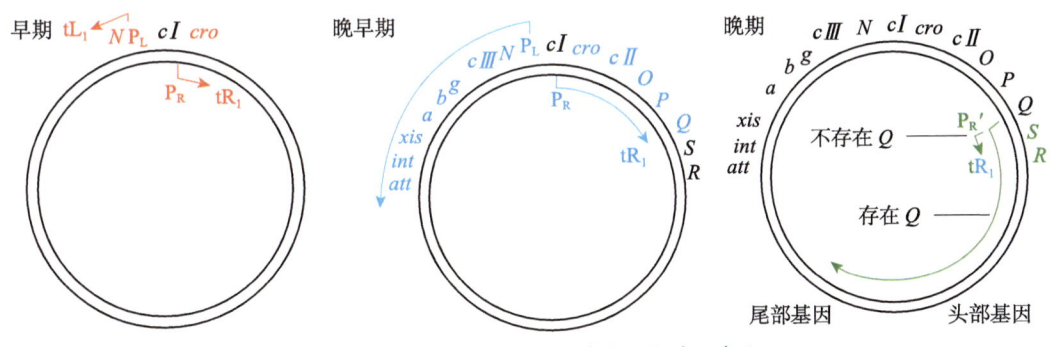

图10.27 λ噬菌体的生长发育阶段与基因表达

10.1.7.3 λ噬菌体溶原途径的建立

在发育的早期阶段，RNA聚合酶结合到P_L和P_R启动子处，从左右两个不同的方向分别转录出N基因和cro基因，并在tL_1和tR_1处终止转录（图10.27）。随着发育的进行，其他晚早期基因是如何开启转录的呢？

N蛋白是一种抗终止子（anti-terminator），它可结合于终止子上游的nut位点（nut site）。当RNA聚合酶通过时，会改变RNA聚合酶的活性，使其忽略早期基因末端的终止子（tL_1和tR_1）而继续转录邻近的其他基因。由于早期基因与晚早期基因共用相同的启动子（P_L和P_R），因此，N蛋白的抗终止作用会导致继续向左转录晚早期基因（cⅢ、xis、int），同时向右转录cⅡ、O、P和Q基因。这些基因与建立溶原态生长有关，从而使λ噬菌体的发育进入到溶原生长阶段。

晚早期基因的表达是如何被调控的呢？由于晚早期基因的转录起始于P_L和P_R启动子，因此先把重点放到P_L和P_R启动子所在的区域（图10.28）。该区域包括2个基因（cI和cro）和3个启动子（P_L、P_{RM}和P_R）。其他的绝大部分噬菌体基因都在该区之外或直接从P_L和P_R（分别表示向左或向右）进行转录；或从其他启动子起始转录，但这些启动子的活性由从P_L和P_R开始转录的基因产物控制。P_{RM}（promoter for repressor maintenance）只转录cI基因。P_L和P_R为强组成型启动子，即它们有效结合RNA聚合酶，并不需激活因子的协助来指导转录。P_RM是一个弱启动子，且只在上游结合激活因子后才会有效地指导转录。

图10.28所示的基因表达有两种顺序：一种出现在裂解生长周期，另一种出现在溶原生长周期。当P_L和P_R持续开放（转录cro）而P_RM关闭时，就发生裂解生长。相反，溶原生长则是P_L和P_R关闭而P_RM打开（转录cI）的结果。简单来看，可以说cro基因转录则使噬菌体进入裂解生长阶段，而cI基因转录则使噬菌体进入溶原生长阶段。这两个关键基因的表达是如何被调控的呢？

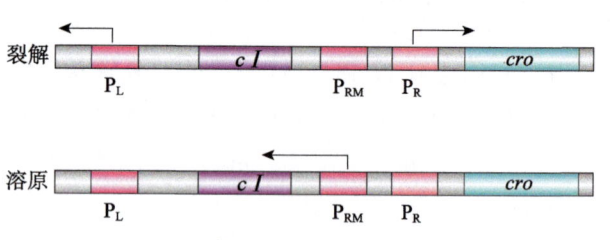

图10.28　λ噬菌体P_L和P_R控制区域的转录情况

1. 调控蛋白及其结合位点

（1）cI基因。cI基因编码λ抑制因子。cI是一种包含由柔性衔接区连接的两个结构域的蛋白质（图10.29）。N端结构域包括DNA结合区（一个螺旋-转折-螺旋结构域）。与DNA结合蛋白一样，cI也是结合DNA变为二聚体形式；二聚化时，两个单体的C端结构域接触。一个二聚体识别一段17 bp的DNA序列，每一个单体识别一个半位点，尽管其名为"抑制因子"，但cI既可以激活也可以抑制转录。当作为抑制因子起作用时，它结合到与启动子有重叠区的位点排斥RNA聚合酶。作为一个激活因子时，cI就类似CAP，通过募集起作用。cI的激活区位于蛋白质的N端结构域，它在聚合酶上的靶标是σ亚基上的一个区域，该区域邻近于σ的启动子-35识别区域。

（2）cro基因。Cro（意为抑制因子和其他基因的控制，control of repressor and other thing）只抑制转录。它是一个单结构域蛋白，并且也是以二聚体形式，利用螺旋-转折-螺旋模体结合到17 bp的DNA序列。

cI和Cro可以结合6个操纵位点中的任意一个。每个蛋白质以不同的亲和力识别这些位点。

3个位点位于左侧控制区，3个位点位于右侧控制区。将重点讨论cI和Cro在右侧区位点的结合，如图10.30所示。左侧区位点的结合模式与右侧区类似。

位于右侧区操纵子的3个位点分别称为O_R1、O_R2和O_R3，这些位点的序列相似，但是并不完全相同，并且每一个位点（如果与其他位点分离开并分别检测的话）都可以结合一个cI或Cro二聚体。但是其相互作用的亲和力是不一样的。cI结合O_R1是它结合O_R2亲和力的10倍。Cro则相反，其与O_R3结合的亲和力最强，而结合O_R1和O_R2则需10倍浓度。这些亲和力差异的意义在下文很快就会明了。

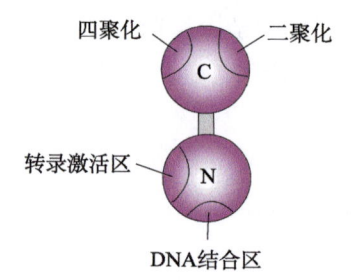

图10.29　cI（λ抑制因子）（Ptashne & Gann，2002）

cI的一个单体，表示了参与该蛋白质不同活性的各种表面；N表示氨基端结构域，C表示羧基端结构域，"四聚化"表示两个二聚体协同结合到相邻的DNA位点

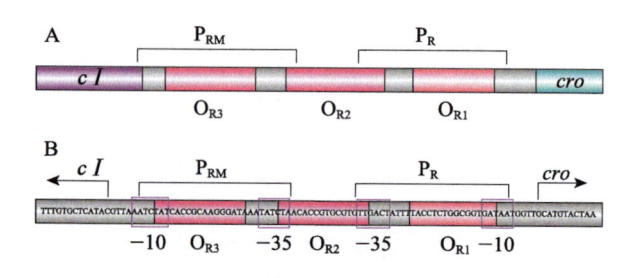

图10.30　O_R中的启动子和操纵位点的相对位置（Ptashne，1992）

注意O_R2和P_R的-35识别区域有3 bp的重叠，与P_RM有2 bp的重叠；这一点不同就足以使结合到O_R2上的抑制因子被抑制，同时P_RM被激活

2. cI与操纵位点协调结合

cI协同结合DNA对其功能是至关重要的。cI的C端结构域不仅提供二聚化时的接触，还介导二聚体间的相互作用，形成四聚体。这样，两个cI二聚体就可以协同结合到DNA上邻近的位点。例如，O_R1上结合的cI通过协同结合协助cI结合到低亲和力位点O_R2（图10.31）。这样

cⅠ就可以自动结合两个位点，并且在浓度只够单独结合O_{R1}时就可以做到。在无协同作用时，结合O_{R2}需要的cⅠ浓度要高10倍。cⅠ协同结合O_{R1}和O_{R2}，但却不能自动地与第三个二聚体在这一邻近位点结合，因此O_{R3}不能被cⅠ结合。cⅠ通常情况下是一种抑制因子，因此cⅠ与O_{R1}和O_{R2}操纵位点结合后会抑制*cro*基因的转录，阻止λ噬菌体进入裂解生长阶段。

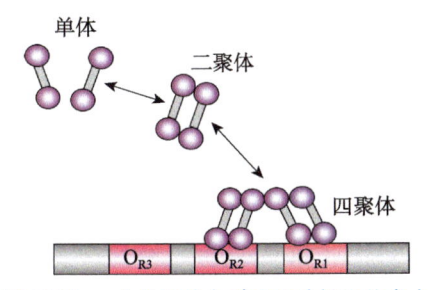

图10.31 cⅠ协同结合到不同的操纵位点上

3. cⅠ和*cro*协同控制裂解和溶原生长

我们刚刚介绍了cⅠ基因通过结合到O_{R1}和O_{R2}操纵位点从而抑制*cro*基因的转录，并阻止λ噬菌体进入裂解生长阶段。那么cⅠ基因本身是如何被调控的呢？图10.28所示，cⅠ基因是受P_{RM}启动子控制的，并且该启动子区域存在一个O_{R3}操纵位点（图10.30），它能够与Cro蛋白结合。当Cro蛋白（阻遏蛋白）与O_{R3}操纵位点结合后，cⅠ基因的转录被抑制。由此可见，cⅠ结合于O_{R1}和O_{R2}操纵位点抑制Cro基因的转录，阻止λ噬菌体进入裂解生长状态，从而进入溶原生长状态；同时，Cro也能够结合于O_{R3}操纵位点，抑制cⅠ基因的转录，阻止λ噬菌体进入溶原生长状态，并转而进入裂解生长状态（图10.32）。cⅠ和*cro*基因简直就是一对冤家呀——互相抑制对方，不让对方好过！不过，谁能够战胜对方呢？目前好像是不相上下。这种"战略相持"的状态是如何被打破的呢？

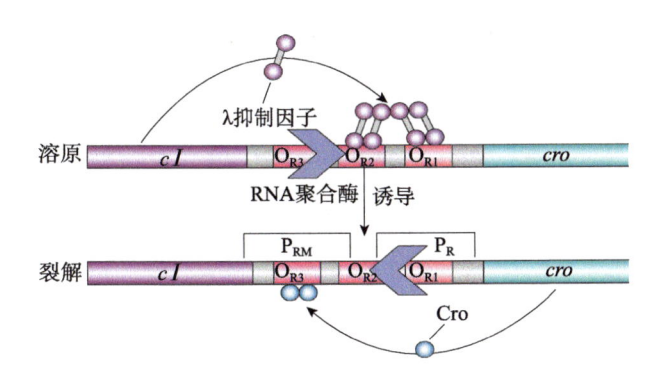

图10.32 cⅠ和Cro的协调作用

4. cⅠ、cⅡ和cⅢ基因帮助溶原态的建立

λ噬菌体继续发育到晚早期时，向左转录出*cⅢ*，向右转录出*cⅡ*基因（图10.27）。cⅡ和cⅢ基因的加入打破了cⅠ和Cro的力量平衡，使得cⅠ的作用更具优势地位，从而使λ噬菌体进入溶原生长状态。下面就来具体分析一下，*cⅡ*和*cⅢ*基因的加入如何改变了cⅠ和Cro的力量平衡。

图10.33所示的是*cⅡ*和*cⅢ*在λ噬菌体基因组上的位置。cⅡ位于cⅠ的右侧，从P_R处向右进行转录；cⅢ位于cⅠ的左侧，从P_L处向左进行转录。这里要注意一点，cⅠ还有一个启动子P_{RE}（promoter for repressor establishment），它在溶原途径建立过程中起着十分重要的作用。cⅡ是一个转录激活因子，当它结合到启动子P_{RE}上游的位点后，能够帮助RNA聚合酶与P_{RE}启动子结合，从而刺激从该启动子处转录cⅠ基因。因此，在晚早期，cⅠ能够从两个不同的位置（P_{RM}和P_{RE}）进行转录，从而合成大量的cⅠ蛋白。这显然有利于溶原态的建立。尽管cⅠ能够从P_{RE}进行转录，但P_{RE}是一个弱启动子，它只有在cⅡ激活蛋白的帮助下才能够启动转录。

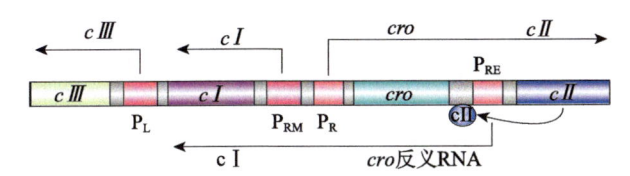

图10.33 cⅡ和cⅢ在λ噬菌体基因组上的位置

现在可以总结一下cⅡ是如何指挥λ噬菌体在裂解和溶原发育途径中做出选择的（图10.34）。

（1）当λ噬菌体入侵细菌后，从P_L和P_R两个组成型启动子开始的转录就会立即起始。P_R指导合成Cro和cⅡ。Cro达到一定的水平，它就会结合O_{R3}，从而抑制从P_{RM}处转录cⅠ。这将有助于噬菌体向裂解生长转变。

（2）另外，*cⅡ*表达的蛋白质可以结合到P_{RE}启动子附近的cⅡ结合位点，从而激活P_{RE}，从而增加cⅠ的转录。而cⅠ转录后可以与O_{R1}和O_{R2}结合，一方面抑制*cro*基因的转录，另一方面对P_{RM}启动子还有激活作用。此外，从P_{RE}启动子处还会转录出*cro*基因的反义RNA，进一步抑制Cro

的表达。这将有助于噬菌体进入溶原性生长。

（3）从 P_L 启动子处转录的 cIII 基因产物能够帮助稳定 cII 蛋白的活性。cIII 蛋白的加入，使得 cI 基因的优势更加明显。在晚早期，DNA 重组酶、DNA 复制酶等也开始转录表达，有利于 λ 噬菌体将自身的基因组整合到细菌的染色体中，并随着细菌染色体的复制而进行复制。在这种情况下，λ 噬菌体正式建立了溶原生长状态。

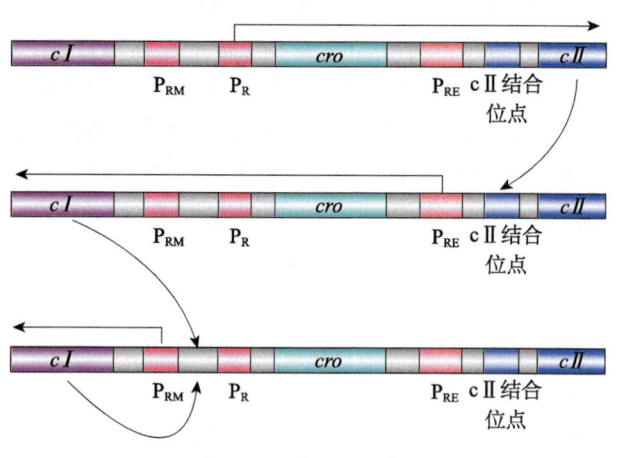

图 10.34　溶原性的建立

10.1.7.4　溶原生长的维持

溶原生长状态可以维持多久呢？从前面的分析中可知，如果 cI 基因大量表达，就会有利于溶原生长。也就是说，要想维持溶原生长，就需要 cI 基因一直保持一个比较高的表达量。如何才能做到这一点呢？关键就在于 cI 基因的自我调节。

由于 cI 与 O_{R1} 操纵位点的亲和力远高于 O_{R2} 和 O_{R3}，而 O_{R1} 和 O_{R3} 分别位于 P_R（cro 的启动子）和 P_{RM}（cI 的启动子）中，因此，当 cI 蛋白的浓度比较低时，它会优先与 cro 的启动子（P_R）结合，发挥阻遏蛋白的作用，抑制 cro 的表达。但是，当 cI 蛋白的浓度比较高时，cI 蛋白除了与 O_{R1} 结合，还能够进一步结合到 P_R 与 P_{RM} 中间的区域（O_{R2}）。但 cI 蛋白结合到 O_{R2} 区域后，就会使得 cI 蛋白紧靠着结合于 cI 基因启动子（P_{RM}）处的 RNA 聚合酶。这种靠近会激活 RNA 聚合酶的活性，增强 cI 基因的转录，从而形成进一步增加 cI 蛋白的浓度。从这里可以看出，cI 蛋白有两个结合位点，分别行使两种不同的功能：一个结合位点是 cro 的启动子（P_R）区域中的 O_{R1} 操纵位点，当 cI 蛋白与之结合后发挥抑制 cro 转录的作用；另一个结合位点是 P_R 与 P_{RM} 中间的区域（O_{R2} 操纵位点），当 cI 蛋白与这个位点结合后发挥激活自身转录的作用。

cI 蛋白浓度进一步升高会发生什么呢？高浓度的 cI 会增强其与 P_{RM} 的结合，从而阻止 RNA 聚合酶与 P_{RM} 的结合，反过来抑制 cI 的转录，降低 cI 的表达量。通过这种方式，可将 cI 的浓度控制在一定范围之内。

cI 的自我调控需远程相互作用和大的 DNA 环。前面已经介绍过，cI 蛋白能够通过二聚体或四聚体的作用结合于 O_{R1} 和 O_{R2} 操纵位点上，但是却很难与 O_{R3} 操纵位点结合。在溶原性细菌的原噬菌体中还有另一种协同结合。这种协同结合对于正确的负自我调控至关重要。O_{R1} 和 O_{R2} 上结合的 cI 二聚体与协同结合到 O_{L1} 和 O_{L2} 上的 cI 二聚体相互作用，形成一个 cI 八聚体，其中的每个二聚体都独立地结合在操纵子上（图 10.35）。

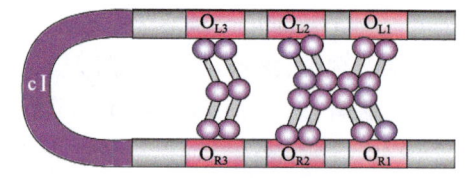

图 10.35　O_L 和 O_R 上 cI 抑制因子间的相互作用

为利于 O_R 和 O_L 之间的 cI 的相互作用，这些操纵子区之间的 DNA——约 3.5 kb，包括 cI 基因本身，必须形成一个环（图 10.35）。当环形成时，O_{R3} 和 O_{L3} 靠近，允许另外两个 cI 二聚体协同结合到这两个位点。这一协同性意味着与非协同情况下相比较，O_{R3} 结合 cI 时所需的抑制因子浓度更低。实际上，只需比结合 O_{R1} 和 O_{R2} 高一点就可以了。因此，cI 浓度是被严密控制的——很小的下降就会被其基因表达的升高所抵消；升高时，则导致自身基因表达关闭。这样就解释了为什么溶原性细菌是如此稳定的。

10.1.7.5　溶原和裂解生长的选择

侵染特定细菌的噬菌体颗粒的数目影响侵染走向溶原或裂解的选择。感染复数（或称 MOI）是度量有多少噬菌体颗粒侵染一个群体中特定细菌的单位。如果细菌中感染噬菌体的数量较少，如平均每个细胞的噬菌体颗粒数目是1个或几个，侵染很可能以裂解结束。如果细菌中感染噬菌体的数量较多，如噬菌体颗粒数目是2个或多个，则很可能形成溶原。当每个细胞中的噬菌体颗粒数目减少时，形成裂解的可能性就变大；而当数目不断增加时，形成溶原的可能性就增加。在进化过程中，噬菌体为什么会做出这样的选择呢？

这是有道理的。如果只有很少的细菌细胞供下一轮侵染，可用的寄主细胞受到限制，噬菌体保持休眠而不是冒一轮裂解后没有寄主细胞的风险是有好处的。

大肠杆菌的生长条件控制cⅡ的稳定性并因而控制溶原或裂解的选择。当噬菌体感染的是一群健康的、生长快速的细菌细胞时，它倾向于通过裂解繁殖，将后代释放到富含宿主细胞的环境中。而当生长条件对细菌生长不利时，附近只有很少的宿主细胞可以被后代噬菌体感染，噬菌体就更有可能形成溶原细胞并保持原有状态。这些不同的生长条件以如下方式影响cⅡ。cⅡ在大肠杆菌中是一个非常不稳定的蛋白质，它被一个特异的蛋白酶FtsH（HflB）降解，这个酶由 hfl 基因编码。因此，cⅡ指导合成cⅠ的速率就由它被FtsH降解的速率来决定。缺少 hfl 基因的细胞（也就是缺少FtsH）几乎总是在被感染时形成溶原细胞：在无蛋白酶时，cⅡ是稳定的，它能指导合成足够的抑制因子。FtsH自身的活性由细菌细胞的生长条件调控，尽管我们不知道这是如何实现的，但至少知道如下内容：当生长条件良好时，FtsH活性高，cⅡ被有效破坏，cⅠ不能合成，噬菌体倾向于裂解生长；在恶劣条件下则相反，FtsH活性低，cⅡ降解速率慢，cⅡ积累，噬菌体倾向于溶原生长。cⅡ的水平也受噬菌体蛋白cⅢ调节。cⅢ能稳定cⅡ，这可能是因为它可以作为FtsH的替代性（因此是竞争性）底物。

10.1.7.6 溶原菌的诱导

当细胞遭受DNA损害（如紫外线照射）的情况下，会激活RecA辅蛋白酶，激活cⅠ进行自身切割，去除cⅠ蛋白的C端起聚合作用的结构域，使得cⅠ蛋白不能相互聚合成二聚体或四聚体，从而不能与 cro 基因的启动子（P_R）结合，不能发挥其阻遏蛋白的作用。因此，cro 基因能够正常表达，从而使λ噬菌体由溶原生长转向裂解生长（图10.36）。显然，如果对λ噬菌体本身没有益处，就不会进化出利用RecA来切开自身的阻遏物，其好处在于响应溶原菌遭受DNA损伤的信号，帮助原噬菌体进入裂解周期而脱离不利环境，就好比老鼠逃离即将沉没的船一样。

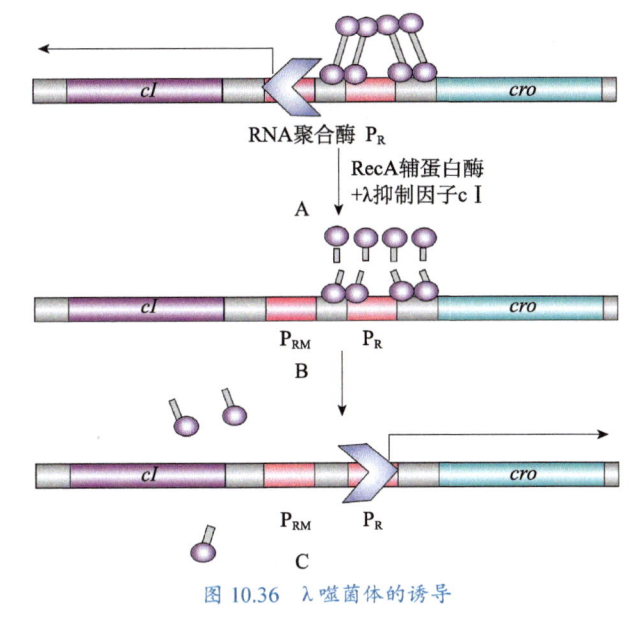

图10.36 λ噬菌体的诱导

A. 溶原态，阻遏物cⅠ（绿色）结合到O_R（和O_L）上，cⅠ从P_{RM}启动子开始转录；B. RecA辅蛋白酶（由紫外线或其他诱变剂激活）激活阻遏物中的蛋白酶活性，切割cⅠ自身；C. 被切开的cⅠ阻遏物从操纵子上脱落，使聚合酶（红和蓝）与P_R结合，转录 cro，溶原态瓦解，进行裂解生长

10.2 真核生物的转录调控

很多原核生物中的基因表达调控方式在真核生物中都能见到。例如，在原核生物中大量存在的激活蛋白或阻遏蛋白通过与操纵位点DNA结合从而对基因表达进行调控。在真核生物中，这种现象也非常普遍，这类与特定DNA位点结合，从而调控基因转录表达的蛋白质称为"反式作用

因子"，这些反式作用因子所结合的 DNA 位点，称为"顺式作用元件"。这些反式作用因子由于能调控基因的转录，通常又称为"转录因子"。在所有真核生物表达调控方式中，转录因子的调控占有相当大的比例。

此外，真核生物还具有一些原核生物所不具备的基因表达调控方式。在这些方式中，最显著的应为 RNA 选择性剪接（RNA alternative splicing）。很多情况下，一个特定的转录物可以通过不同的剪接方式产生多种剪接产物，而且这也是可调控的。

真核生物的 DNA 与组蛋白形成致密的核小体结构，这一点与原核生物完全不同。致密的核小体结构使得 DNA 上很多区域被组蛋白覆盖，这显然增加了基因表达的难度。这一情形使得在没有转录调控蛋白存在的情况下，许多基因的表达量减少。真核细胞包含了许多能对组蛋白进行重排或修饰的酶，这种修饰能改变核小体，使转录装置及 DNA 结合蛋白易于结合底物并进行转录。因此，核小体引出了一个在细菌中没有遇到的问题，但对核小体的修饰也为调控提供了新的机会。

真核生物具有更多的调控因子和更密集的调控序列。真核细胞与原核细胞间更进一步的区别是控制特定基因的调控蛋白数量上的差异，这一点从基因调控蛋白结合位点的数量和排列上可以看出（图 10.37）。在细菌中，单个调控因子与小段 DNA 序列结合；而在真核细胞中，与细菌相比，这种结合位点数目更为庞大，位置更加远离转录起始位点。调控序列的扩展，即一个特定基因调控因子结合位点数量的增加，在果蝇、哺乳动物等多细胞生物中尤其显著。这反映了在这些生物中更加广泛的信号整合，即特定基因的调控需要更多信号的趋势。

10.2.1 转录激活因子

在真核生物中，一个激活因子能以三种方式起作用：①募集核小体修饰成分和改造体来"开启"启动子；②募集转录装置上 RNA 聚合酶以外的其他组分（如中介蛋白），通过募集这些部分也就募集了聚合酶；③募集聚合酶进行转录起始或延伸所需要的因子。

10.2.1.1 募集核小体修饰物

募集核小体修饰物有助于激活染色质（chromatin）内那些难以接触到的基因。核小体修饰物有两种形式：一种是增加组蛋白末尾的化学基团，如增加乙酰基团的组蛋白乙酰转移酶（histone acetyltransferase，HAT）；另一种则替换（或"重塑"）核小体，如依赖 ATP 活性的 SWI/SNF 复合体。这些修饰物是如何帮助基因激活的呢？有两个基本的模型解释了核小体的改变如何帮助转录装置与启动子结合（图 10.38）。

重塑核小体结构或某些修饰能够暴露 DNA 核小体内部那些无法接近的结合位点。例如，通过移除或增加核小体的灵活性，重塑可以释放调控蛋白和转录装置的结合位点。相似地，组蛋白末端增加乙酰基团，改变了组蛋白末端与邻近核小体的相互作用。这种改变常被说成松弛了染色质的结构，将这些位点释放。

10.2.1.2 募集转录装置

除了 RNA 聚合酶，真核转录装置还包括很多其他的蛋白质。这些蛋白质中许多都形成复合体，如中介蛋白（mediator）和 TF Ⅱ D 复合物（TF Ⅱ D complex）。激活因子与一个或多个复合体相互作用，将它们募集到基因上（图 10.39）。其他没有被激活因子直接募集的成分，则与那些已被募集的成分结合，协同作用。

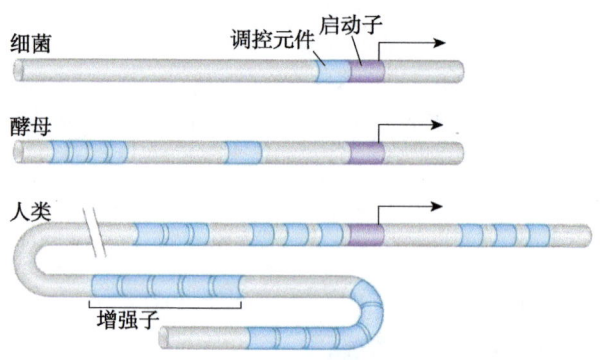

图 10.37 细菌、酵母和人类基因组的调控因子元件（Watson et al., 2015）

图例说明了调控因子序列复杂性的增加，从受单个抑制因子调控的简单细菌基因，到受多个激活因子和抑制因子调控的人类基因；每个例子都标出了启动子，这是转录起始的位点；它在细菌中位置确定，而在真核细胞中，转录起始位点位于转录复合体结合位点的下游；在人类的调控因子序列中存在一类调控结合位点，称为增强子

10.2.1.3 募集聚合酶进行转录起始或延伸所需要的因子

真核细胞中精细的转录装置含有很多用于起始和帮助延伸的蛋白质。在某些基因中，启动子下游的序列导致聚合酶在起始后不久就暂停或停滞。在这些基因中，某些延伸因子的存在与否极大地影响了基因表达的水平。

其中一个例子就是果蝇的 *HSP70* 基因。这个基因由热激活，是由两个激活因子共同作用来控制的。GAGA 结合因子被认为将足够的转录装置募集到基因来进行转录起始。但是，如果缺乏第二个激活因子 HSF，起始的聚合酶在启动子下游约 25 bp 处停滞。应答热激，HSF 结合到启动子的特异位点，募集一个激酶正转录延伸因子（positive transcription elongation factor，P-TEF）到停滞的聚合酶上。该激酶磷酸化 RNA 聚合酶大亚基的羧基端域（CTD 尾），释放停滞的聚合酶，使转录继续进行。

10.2.2 转录抑制因子

在细菌中有许多抑制因子，它们通过与启动子重叠位点的结合从而阻断 RNA 聚合酶的结合。此外，有些抑制因子结合在启动子邻近区域，与结合在那里的聚合酶相互作用从而抑制它的转录起始。还有些抑制因子可以干扰激活因子的功能。

除去第一种方式，其他几种转录抑制的方式在真核生物中普遍存在。除此之外，还有另外一种抑制形式，也许是真核生物中最常见的形式。它的作用方式如下：同激活因子一样，抑制因子可以募集核小体修饰酶，但在这里，这个酶的作用与激活因子募集的作用相反，它们使染色质更

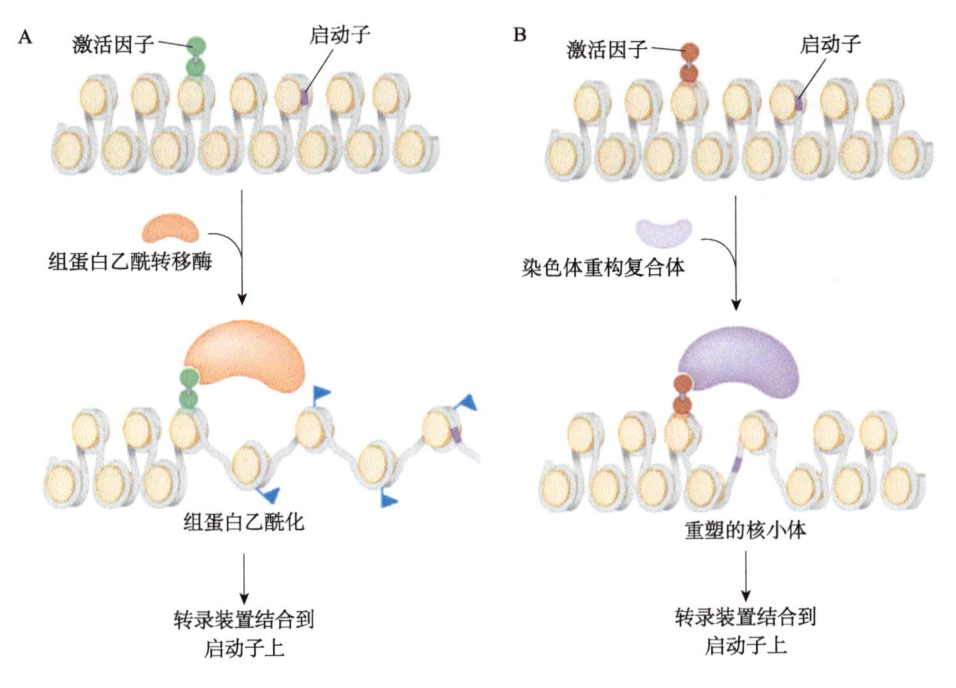

图 10.38 通过激活因子指导改变染色质局部结构（Watson *et al.*, 2015）

在启动子上游边缘处所示核小体内部的 DNA 上具有结合位点，由于不能接近染色质内部，激活因子无法与这些位点结合；A 图中，激活因子在募集组蛋白乙酰转移酶，该酶通过在组蛋白末端（图中蓝色小旗所示）残基上增加乙酰基团来轻微改变核小体紧凑的结构，并为携带合适识别域的蛋白质创造结合位点；B 图中，激活因子募集某种核小体重塑分子来改变启动子附近的核小体结构，使其变得可接近，并且能与转录装置相结合

转录装置中许多蛋白质能在体外与激活域结合。例如，一个典型的酸性激活域能够与中介蛋白的组分和 TFⅡD 的亚基相互作用。

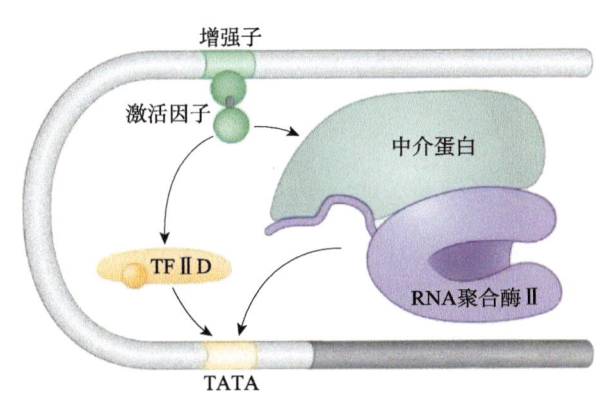

图 10.39 在真核细胞中通过募集转录装置来激活转录起始（Watson *et al.*, 2015）

图中，一个单一的激活因子募集两个可能的目标复合物：中介蛋白（通过其募集到了 RNA 聚合酶Ⅱ）和通用转录因子 TFⅡD；其他通用转录因子作为中介蛋白、RNA 聚合酶Ⅱ或 TFⅡD 复合物的一个部分被募集，或单独被激活因子直接募集，或在被募集的组分存在时与之随机结合，这些在图中没有显示出来；事实上，募集通常被多个结合在基因上游的激活因子所介导

紧凑或去除能够被转录装置识别的基团。例如，组蛋白脱乙酰酶（histone deacetylase）通过从组蛋白尾部去除乙酰基来抑制转录。真核生物各种类型的抑制因子的作用方式如图 10.40 所示。

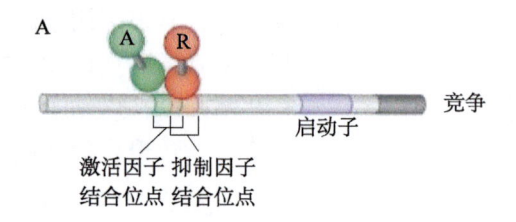

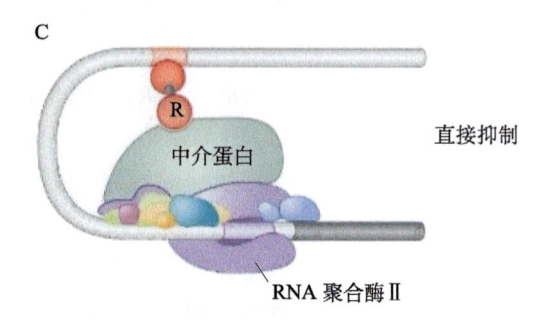

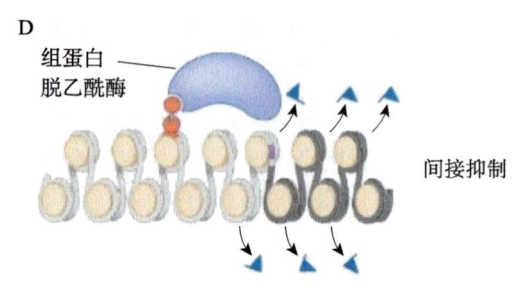

图 10.40 真核生物抑制因子的作用方式
（Watson et al., 2015）

真核生物的转录可受到多种方式的抑制，这包括图中展示的 4 种机制。A. 通过与重叠位点的结合，抑制因子抑制激活因子对基因的结合，因而阻断基因的激活；这个模式的变换方式包括：抑制因子可以是同一激活因子的衍生部分，后者缺少激活区；在另一种模式中，以二聚体形式与 DNA 结合的激活因子可以受到其保留了聚合区但缺乏 DNA 结合区的衍生物的抑制，这种衍生物与激活因子形成无活性的异二聚体。B. 抑制因子与激活因子旁边的位点结合，并与激活因子相互作用，位阻它的激活区。C. 抑制因子与基因上游的位点结合，通过与转录装置的特殊方式作用，抑制转录起始。D. 通过募集组蛋白修饰酶改变核小体，从而抑制转录（如此例的脱乙酰化，某些情况下也发生甲基化，甚至对启动子的重塑）

10.2.3 外界信号控制转录因子的机制

信号被直接或间接通信到一个转录调控因子后，如何调控这个调控因子的活性呢？在细菌中，控制转录调控因子的变构改变通常可以影响该转录调控因子与 DNA 结合的能力。这在信号配体自身直接作用于转录调控因子的情况，以及信号配体经信号转导通路传递到转录调控因子的情况中都是如此。因此，乳糖抑制因子只有在缺乏半乳糖时才能与 DNA 结合。

在真核生物中，通常转录调控因子并不在 DNA 结合水平上被调控（虽然也有例外），而是通过下述两种基本方式之一被调控。

激活区的暴露可以通过与 DNA 结合的激活因子的构象改变，使先前被掩蔽的激活区暴露出来；或者通过释放掩蔽蛋白达到此目的。在这之前，该掩蔽蛋白结合并隐蔽激活区域。上述两种情况所必需的构象改变可以通过直接与配体结合，或者通过配体依赖的磷酸化来引发。

我们举一个例子来说明。Gal 4 由一个掩蔽蛋白所控制。在缺乏半乳糖时，Gal 4 与 *GAL 1* 基因上游的结合位点结合，但是并不激活该基因，因为另外一个蛋白质 Gal 80 与 Gal 4 结合，闭塞了后者的激活区。半乳糖触发 Gal 80 的释放及 *GAL 1* 基因的激活（图 10.41）。

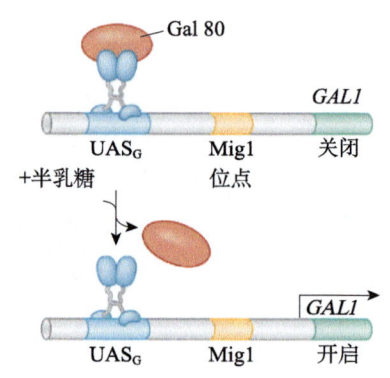

图 10.41 酵母激活因子 Gal 4 是由 Gal 80 蛋白调节的
（Watson et al., 2015）

Gal 4 仅在半乳糖存在时才具有活性，即使在半乳糖缺乏时，也发现 Gal 4 与位于 *GAL 1* 基因上游的结合位点结合；但是在这种情况下，它并不能激活该基因，因为此时激活区域与另外一个叫作 Gal 80 的蛋白质结合；在半乳糖存在时，Gal 3 蛋白与 Gal 80 结合并使之发生构象改变，Gal 4 激活区域因而暴露；本图显示，在半乳糖存在时，Gal 80 与 Gal 4 解离；实际上可能是位置的改变及结合力的减弱，而并非完全脱离；本图显示，Mig1 没有与其位点结合，因为不存在葡萄糖

10.2.4 信号整合与组合控制

10.2.4.1 转录因子协同作用

我们在细菌中看到过基因调控中信号整合的例子。例如，只有在乳糖存在并且葡萄糖缺乏的情况下，大肠杆菌的 lac 基因才能有效地表达。这两个信号是通过不同的调控因子传达给基因的，一个是激活因子，另一个是抑制因子。在多细胞生物中，信号整合应用得更加广泛。在某些例子中，需要多个信号来打开基因。但如同在细菌中一样，每个信号是通过独立的调控因子传达给基因的。因此，在很多基因中，多个激活因子必须联合作用来打开基因。

当多个激活因子联合作用时，它们是协同作用（synergism），即两个激活因子联合作用的效果要好于每个激活因子单独作用的效果之和。协同作用有三个来源：①多个激活因子各募集转录装置的同一组分；②多个激活因子各募集转录装置的不同组分；③多个激活因子之间相互帮助与所调控基因上游的位点相结合。图 10.42 阐明了激活因子之间通过相互帮助与 DNA 结合的各种方式。这包括经典的协作结合，一个激活因子募集修饰物来帮助另一个激活因子结合 DNA，一个激活因子与核小体 DNA 结合使另一个激活因子的结合位点暴露出来。协同作用对于激活因子的信号整合至关重要。有些基因，它的产物只有当两个信号都接收到时才需要，每个信号通过单独的激活因子传达给基因。只有当两个激活因子都存在时，基因才能有效地表达，而任何一个激活因子单独作用将不能影响基因的表达。

HO 基因受两个调控因子控制，一个募集核小体修饰物，另一个募集中介蛋白（图 10.43）。不同于通过分裂产生两个同样的子代细胞，酿酒酵母的分裂方式为出芽分裂，即所谓的母细胞通过出芽产生一个子代细胞。HO 基因仅在母细胞内表达，并且只出现在细胞周期特定点（G/S 转换期）。这两个条件是通过两个激活因子（SWI5 和 SBF）传达给基因的。SWI5 在远离基因处有多个结合位点，最近的一个离启动子也有 1 kb 以上。SBF 也有多个结合位点，但它们都离启动子很近。为什么基因的表达要依赖这两个激活因子

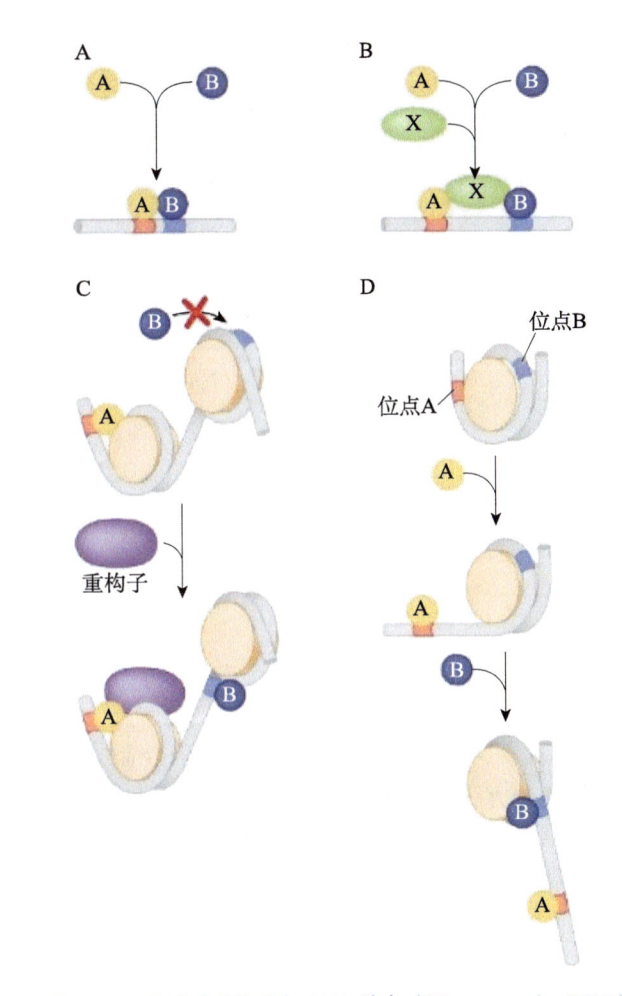

图 10.42 激活因子协同与 DNA 结合（Watson et al., 2015）
图中展示了 4 种方式：A. 两个蛋白质通过直接的相互作用来协同与 DNA 结合；B. 两个蛋白质与共有的第三个蛋白质作用来实现类似的作用；C. 第一个蛋白质募集核小体重塑分子来使第二个蛋白质的结合位点暴露；D. 第一个蛋白质与它的位点结合，这个 DNA 位点恰巧在核小体外。结合后稍微展开了的核小体 DNA，暴露第二个蛋白质的结合位点；所有这些机制都能解释为什么一个调控蛋白能促进其他调控蛋白的结合，或者更进一步，一个激活因子如何促进转录装置与启动子结合

呢？SBF（仅在细胞周期 G/S 转换期具有活性）在染色质中的排列使之不能独立地与位点结合。SWI5（仅在母细胞内有活性）能独立地与位点结合，但是在那样远的距离上（大于 1 kb）不能激活 HO 基因（注意：在酵母中，激活因子不能远距离起作用）。然而，SWI5 能够募集核小体修饰物（一种组蛋白乙酰转移酶后面跟着重塑酶）。其在核小体上的作用将暴露 SBF 位点。这样，若两个激活因子都存在，并且都具有活性，SWI5 的行为使 SBF 能与位点结合。接着，通过直接与中介蛋白结合，SBF 能募集转录装置并激活基因的表达。

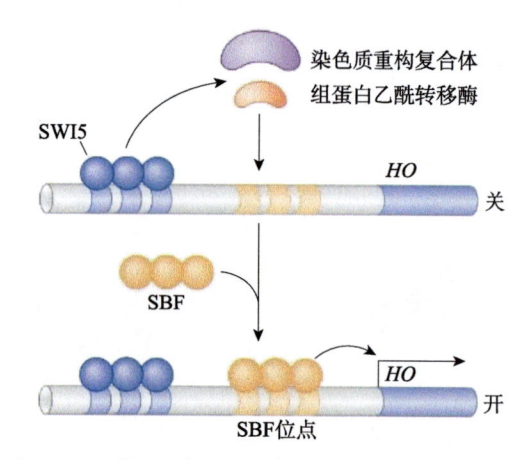

图 10.43 对 HO 基因的控制（Ptashne & Gann，2002）

在染色质中，SWI5 能独立地与它的位点结合，而 SBF 不能；SWI5 募集重塑分子和组蛋白乙酰转移酶改变核小体，暴露 SBF 位点，使得 SBF 在启动子附近结合，从而激活基因的表达

图 10.44 组合控制（Watson et al.，2015）

基因 A 受到多重信号的控制；每种信号都通过一种调控蛋白与基因交流

10.2.4.2 转录因子组合（联合）控制

在真核生物中还广泛存在着组合控制方式。如图 10.44 所示，基因 A 接受 4 个信号的控制，每一个信号通过一个独立的转录因子（分别为 1、2、3、4 等 4 个转录因子）起作用。这 4 个不同的转录因子联合起来，共同调控基因 A 的转录，即 A 基因的转录不取决于某一个转录因子的作用，而是取决于所有因子的组合控制，即最终的叠加效应。

组合控制是真核细胞复杂性与多样性的核心所在。细菌中存在简单的组合控制（composite control）。例如，CAP 能通过与不同调控因子的协作来调节多个基因。在 lac 基因中，CAP 同 lac 抑制因子共同作用；而在 gal 基因中，它又同 Gal 抑制因子协作。在真核细胞中存在着广泛的组合控制。

酿酒酵母（Saccharomyces cerevisiae）交配型基因的组合控制。酿酒酵母细胞以三种形式存在：两种不同的单倍体交配型 a 和 α，以及当交配型 a 和 α 细胞交配、融合形成的二倍体。两种交配型细胞不同，因为它们表达两套不同的基因：a 特异基因和 α 特异基因。如下简述，它们受到激活因子和抑制因子不同的组合调控。a 细胞和 α 细胞分别编码细胞类型特异的调控因子：a 细胞生产调控蛋白 a1，而 α 细胞生产蛋白 α1 和 α2。第四种调控蛋白叫作 Mcm1，也涉及调控交配型特异的基因（以及许多其他基因），它同时存在于这两种细胞中。那么，这些调控因子是如何在一起发挥作用从而确保在 a 细胞中 a 特异基因是打开的，而 α 特异基因是关闭的；反之，在 α 细胞中也是如此。在二倍体细胞中，这两套基因都保持关闭。

调控因子在 a 特异基因和 α 特异基因启动子上的排列如图 10.45 所示。

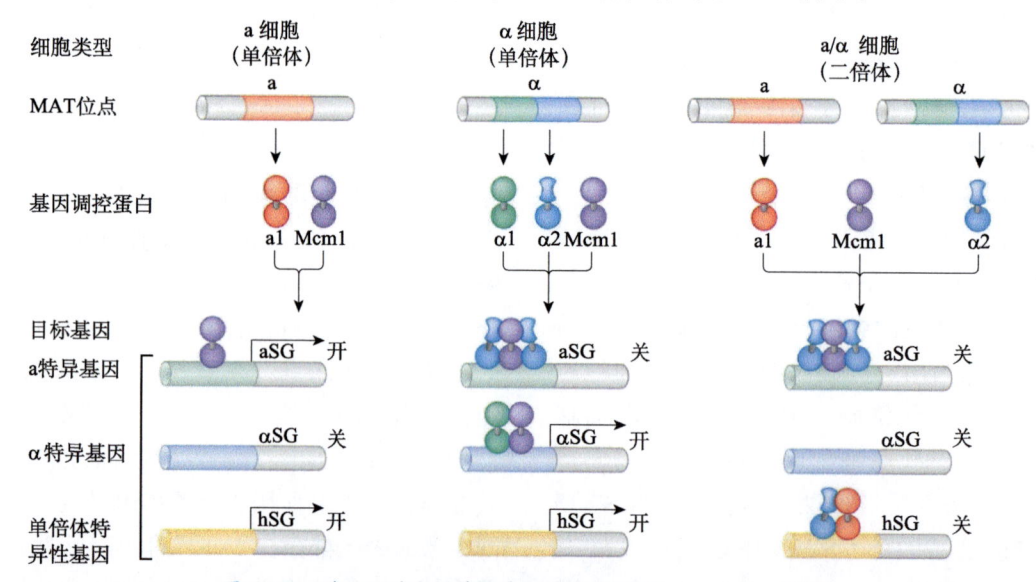

图 10.45 酵母细胞类型特异基因的控制（Watson et al.，2015）

如在正文中详细讲述的，酵母细胞的 3 种形式 [单倍体交配型 a 细胞和 α 细胞以及 a/α 细胞（二倍体）] 是由它们所表达的特定的基因来确定的；1 种通用的调控因子（Mcm1）和 3 种细胞类型特异的调控因子（a1、α1、α2）共同调控 3 类靶基因；MAT 位点是基因组中的一个区域，它编码交配型调控因子

10.2.5 RNA 选择性剪接

RNA 选择性剪接又称为"可变剪接"，通过可变剪接，一个基因可以得到多个产物。许多高等真核生物编码的 RNA 可通过可变剪接产生两条或多条不同的 mRNA，从而翻译出不同的蛋白质产物 [或 RNA 异形体（isoform）]。可变剪接有时具有表达的多样性，多个剪接体可能会随机产生。但是在更多的情况下，可变剪接的过程是受到严格调控的，针对在不同的条件下或者不同的细胞类型中生成特定的蛋白质产物。

10.2.5.1 RNA 选择性剪接的模式

可变剪接可由多种方式发生（图 10.46）。除了选择不同的外显子，外显子还可以延长（通过选择不同的下游 5′ 或上游 3′ 的剪接位点）。在其他一些情况中，外显子可以被（有意）遗漏，或内含子保留在成熟的 mRNA 中。还有一些可变剪接是基因通过不同的启动子转录所致，结果一种转录产物中包含一个 5′ 端外显子，而另一种产物中不包含此外显子。同样，可变的多聚腺苷酸 [poly(A)] 位点可使 3′ 端外显子被延伸，或者可变 3′ 端外显子被某个特定基因的一些转录产物所利用。甚至还有可变反式剪接的例子。

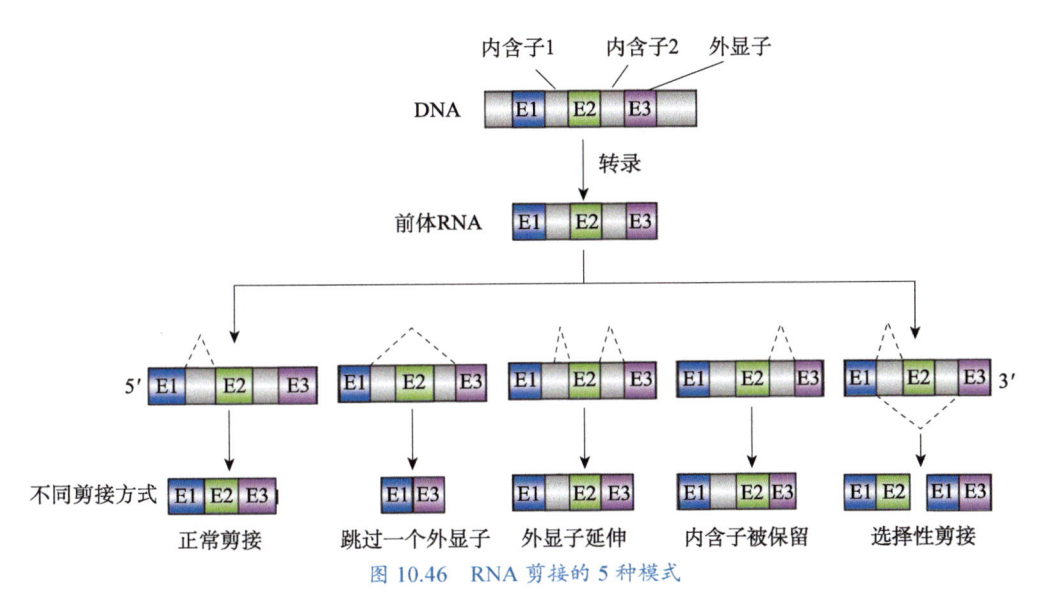

图 10.46 RNA 剪接的 5 种模式

上方表示一个有 3 个外显子的基因。中间是其转录得到的 pre-mRNA，然后通过 5 种不同的途径剪接；如果包括所有外显子，会得到含有 3 个外显子的 mRNA；如果遗漏第 2 外显子就会得到只有第 1 和第 3 外显子的 mRNA；如果第 2 外显子延伸，就会得到包括第 1 内含子的部分序列以及 3 个外显子的 mRNA；如果保留第 1 内含子，会得到包含第 1 内含子全部序列的 mRNA；而第 2 和第 3 外显子用来进行可变剪接，就会产生两种 mRNA，分别包含第 1、2 外显子或第 1、3 外显子

这里以 SV40 病毒的 T 抗原为例，解释外显子延伸剪接（图 10.47）。T 抗原基因编码两个蛋白质：大 T 抗原（T-ag）和小 t 抗原（t-ag）。这两个蛋白质来自同一基因的 pre-mRNA 的不同可变剪接。T 抗原基因有 2 个外显子，由于使用了不同的 5′ 剪接位点，就产生了不同的成熟 mRNA。在编码大 T 抗原的 mRNA 中，外显子 1 直接与外显子 2 连接，除去了其间的内含子。反之，小 t 抗原的 mRNA 是通过使用其他的 5′ 剪接位点而形成的。于是，它的 mRNA 还含有部分内含子序列（此即图 10.46 所示外显子延伸的例子）。这个大的 mRNA 反而编码小蛋白质的原因是在该 mRNA 所保留的部分内含子序列中有一个终止密码子。

在感染 SV40 病毒的细胞中，两种抗原都产生但功能不同。大 T 抗原诱导细胞转化和细胞周期重启，而小 t 抗原阻止细胞凋亡反应。两者比例因剪接相关蛋白 SF2/ASF 的表达水平而不同。当 SF2/ASF 高表达时，驱使剪接体更多地使用最近的 5′ 剪接位点，从而产生更多的小 t 抗原 mRNA。由于 SF2/ASF 属于 SR 蛋白，可设想当其含量丰富时会结合到第 2 外显子的剪接增强区，然后在那里指导组装剪接体。

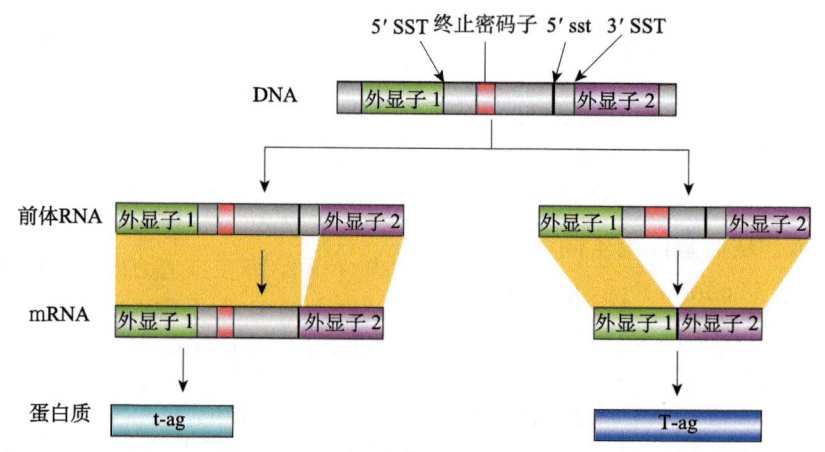

图 10.47　SV40 病毒 T 抗原的可变剪接

本图显示 SV40 病毒 T 抗原 RNA 剪接过程；感染 SV40 病毒的细胞中两种剪接方式都存在，两种抗原都产生；小 t 抗原由大的 mRNA 编码，该 mRNA 在第 2 外显子上游有一个符合可读框的终止密码子；5'SST 指产生大 T 抗原 mRNA 的 5' 剪接位点；5'sst 指产生小 t 抗原 mRNA 的 5' 剪接位点，3'SST 指共用的 3' 剪接位点

10.2.5.2　RNA 选择性剪接的调控

剪接调控蛋白可以结合到称为外显子/内含子剪接增强子（exonic/intronic splicing enhancer，ESE 或 ISE）或外显子/内含子剪接沉默子（exonic/intronic splicing silencer，ESS 或 ISS）的特殊序列上。前者增强附近剪接位点的剪接，后者正好相反。图 10.48 是关于剪接调控的假设示例。

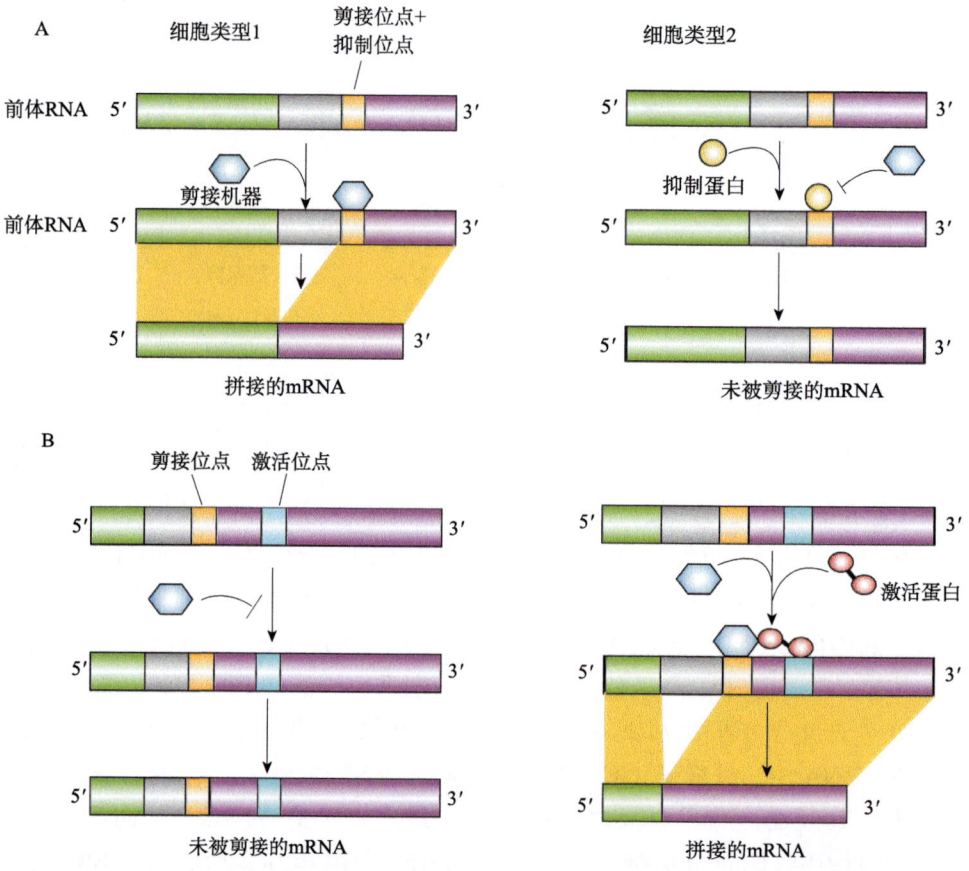

图 10.48　可变剪接的调控

A. 某些可变剪接的外显子总是在成熟 mRNA 中出现，除非受到某种抑制蛋白的阻止；B. 另外一些则相反，只有某种激活因子发挥作用，才能包含在成熟的 mRNA 中。上述两种方式都可以用来进行剪接调控，使得某一特定的外显子出现在一种类型细胞的成熟 mRNA 中，而不会出现在另一种类型细胞的成熟 mRNA 中

剪接增强子或减弱子结合蛋白（SR蛋白）利用某个结构域结合到RNA上。每个SR蛋白都含有另一个结构域，富含精氨酸和丝氨酸，称为RS结构域（RS domain）。该结构域位于肽链的C端，介导SR蛋白与剪接体蛋白相互作用，把剪接体募集到附近的剪接位点。多数减弱子由核不均一核糖核蛋白（heterogeneous nuclear ribonucleoprotein，hnRNP）家族成员识别。这些蛋白质能结合RNA但没有RS结构域，所以无法募集剪接体。相反，它们可以阻断特定的剪接位点，使其丧失作用。

例如，hnRNPA1可以识别并结合位于HIV tat pre-mRNA一个外显子内的减弱子并抑制该外显子最终出现在成熟mRNA中。通过结合到该位点上，抑制因子阻断了激活因子SC 35（一种SR蛋白）对附近增强子的结合。这种阻断不是直接的（两个结合位点并不重叠），而是促进了其他hnRNPA1协同结合到邻近的序列上，并整个覆盖了增强子位点。即便如此，由于SF2/ASF对增强子的亲和力比SC35大，另一个SR蛋白（SF2/ASF）仍然能够克服这种抑制作用，取代已经结合的抑制因子（图10.49A）。哺乳动物的另一个剪接抑制因子是hnRNP1蛋白。有时hnRNP1直接结合到多聚嘧啶区阻断剪接体的结合，所以也叫多聚嘧啶区结合（polypyrimidine tract binding，PTB）蛋白。有时它结合到某个外显子两个外侧的序列上，使该外显子不能进入成熟的mRNA中。但是，hnRNP 1减弱子并非通过直接结合到剪接位点或剪接增强位点与剪接体组分竞争，而是通过与剪接体发生互作，抑制它发挥功能。例如，当U1结合到5′剪接位点以后，hnRNP1与U1某一区域结合，导致U1不能与促进外显子配对的蛋白质互作，从而阻止外显子配对（图10.49B）。

10.2.5.3 RNA选择性剪接的生物学效应

RNA选择性剪接是真核生物转录水平调控的重要方式，在调控基因功能方面起着十分重要的作用。这里以果蝇的性别调控为例来做一个简单的介绍。

可变剪接的调控决定了果蝇的性别。现在来探讨一个可变剪接调控非常精细的例子——果蝇double-sex（*dsx*）基因的剪接调控。一只特定果蝇的性别取决于其mRNA上两个可变剪接产物中哪一个被制造出来。

X染色体和常染色体的比例决定果蝇的性别。X染色体和常染色体的比例为1（两条X染色体和两套常染色体）时果蝇为雌性，比例为0.5时为雄性。这个比例最初用SisA和SisB两个转录激活因子的转录调控水平来检测。编码这两个转

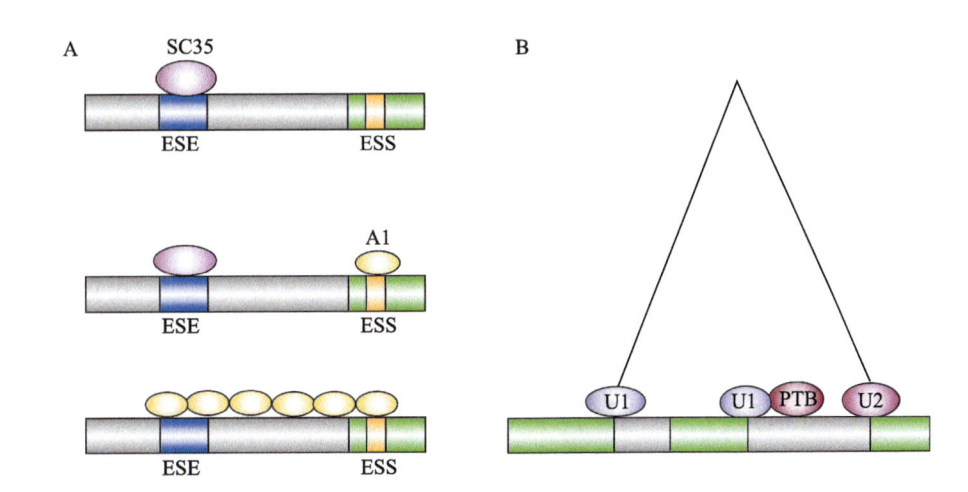

图10.49 两种沉默子的作用机制

A. HIV tat第三个外显子被hnRNPA1去除的机制；剪接反应的激活因子SC35结合在ESE上促进外显子的保留；A1与外显子的ESS结合，从这里延伸直到被ESE封闭并跨过完整的SC35结合序列。B. 通过hnRNP1（PTB）蛋白去除外显子的机制；正如书中所述，PTB结合到外显子内部，与U1的5′剪接位点相互作用；这一作用抑制了U1与3′剪接位点相互作用的能力，从而形成U1在成对外显子上游而U2在下游的局面

录激活因子的基因都在 X 染色体上，所以在早期胚胎发育中，准雌性果蝇产生的 SisA 和 SisB 转录激活因子的量是准雄性的 2 倍（图 10.50）。这些转录激活因子结合到 sex-lethal（*Sxl*）基因调控序列上游的位点。另一个结合并控制 *Sxl* 基因转录的调控因子叫作 Dpn（Deadpan），该转录抑制因子是由常染色体（染色体 2）基因编码的。因此，转录激活因子和抑制因子在雌雄个体中的比例是不同的，这就造成了 *Sxl* 基因在雌性中被激活而在雄性中被抑制。

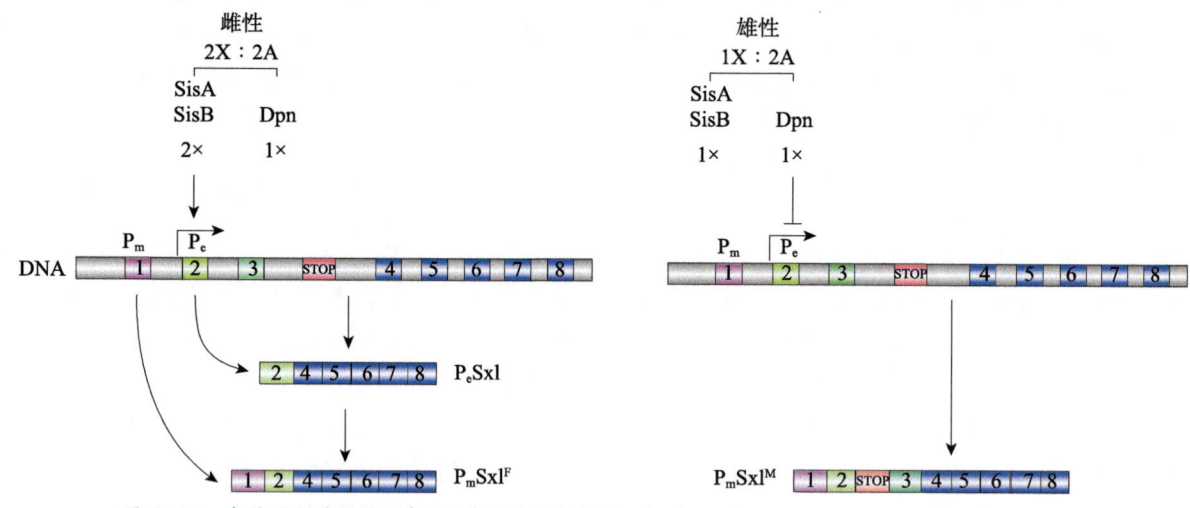

图 10.50　在雄性和雌性果蝇中 *Sxl* 基因的早期转录调控（Estes *et al*., 1995；Verhulst *et al*., 2010）

SisA 和 *Sis B* 基因位于 X 染色体上，编码控制 *Sxl* 基因表达的转录激活因子；Dpn 是 *Sxl* 基因的一个转录抑制因子，由染色体 2 上的一个基因编码；尽管雄性和雌性表达等量的常染色体编码的 Dpn，但是雌性产生 2 倍于雄性的转录激活因子（因为雌性有 2 条 X 染色体，而雄性仅有 1 条）；激活因子和抑制因子的比例不同保证了 *Sxl* 基因在雌性中表达，而在雄性中不表达；然后 Sxl 蛋白自调控 *Sxl* 基因的表达，如正文及图中所述。STOP. 终止子

Sxl 基因的表达是从两个转录启动子（P_e 和 P_m）开始的。P_e（promoter for establishment）受 SisA 和 SisB 调控，因此仅在雌性中表达。在发育后期，该启动子永久关闭。在雌性胚胎中，*Sxl* 基因的表达由 P_m（promoter for maintenance）来维持。无论是雌性还是雄性，P_m 起始的转录都是组成型的，但是由此产生的 RNA 比 P_e 起始转录产生的 RNA 多一个外显子。如果此外显子留在成熟的 mRNA 中，则无法产生有活性的蛋白质，在雄性中也如此。但是在雌性中，通过剪接除去此外显子则可以持续地产生具有功能的 Sxl 蛋白。

如图 10.51 所示，正是在雌性中特异性存在的 P_eSxl 介导了后期组成型转录的 P_mSxl 的选择性剪接，从而确保了 P_mSxl 中有抑制活性的外显子被剪切掉。Sxl 蛋白作为一个剪接抑制因子执行上述功能。因此，功能性的 Sxl 蛋白可持续地在雌性中产生。Sxl 蛋白调控其他 RNA 及自身 RNA 的剪接，其中之一是在雌、雄中均组成型表达的 *tra* 基因 RNA（图 10.51）。同样，在没有 Sxl 蛋白介导的剪接时，这个 RNA 不产生蛋白（雄性），而当 Sxl 蛋白存在时，RNA 经剪接后可以产生有功能的 Tra 蛋白（雌性）。Tra 同样也是剪接调控因子。Sxl 是剪接抑制因子而 Tra 是剪接激活因子。Tra 调控的底物之一是编码 Dsx 的基因转录得到的 RNA。此 RNA 有两种可变剪接产物，两者都编码调控蛋白但活性不同。在存在 Tra 的情况下，*dsx* RNA 经过剪接后产生的 Dsx 蛋白抑制雄性特异性基因的表达。在不存在 Tra 的情况下，*dsx* RNA 经过剪接后产生的 Dsx 蛋白抑制雌性特异性基因的表达。

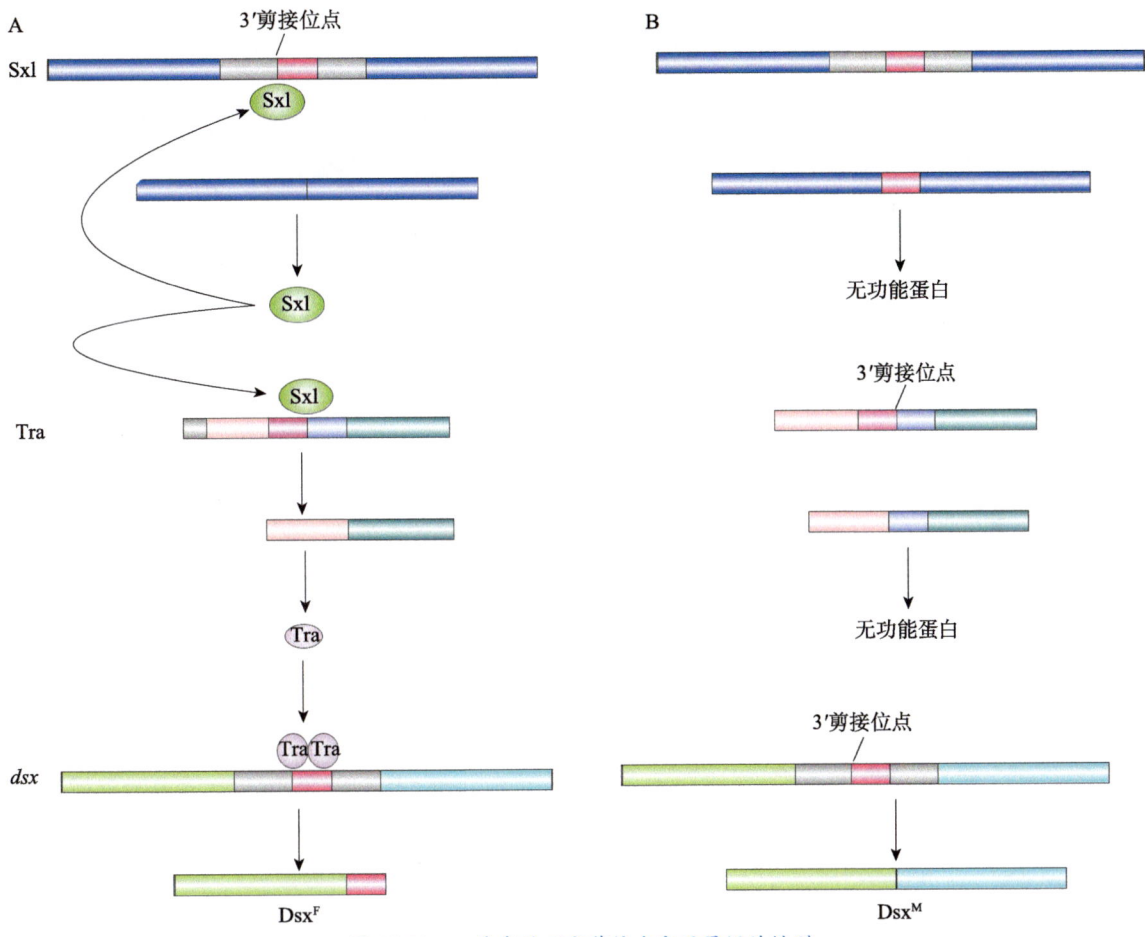

图 10.51　一连串的可变剪接决定了果蝇的性别

如正文中所详述，Sxl 蛋白在雌性中表达（图 A），不在雄性中表达（图 B）；Sxl 蛋白的表达靠其自身调节其 mRNA 的剪接来维持；在雄性中没有这种调控，不产生有功能的 Sxl 蛋白；在雌性中 Sxl 蛋白还控制 tra 基因的剪接，产生有功能的 Tra 蛋白（雄性中无）；Tra^F 蛋白本身也是一个剪接调控因子，作用于 dsx 基因 pre-mRNA；dsx mRNA 在 Tra 蛋白的调控下剪接产生的 Dsx^F 蛋白（雌性），其 C 端有 30 个氨基酸，与其在没有 Tra 蛋白（雄性）调控下产生的蛋白质不同；在雌性中产生的 Dsx 蛋白激活雌性发育所需基因，抑制雄性发育所需基因；在雄性中产生的 Dsx^M 蛋白，其 C 端有 150 个氨基酸，抑制指导雌性发育的基因；Sxl 蛋白作为一个剪接抑制因子结合到 3′ 端剪接位点的多聚嘧啶区；相反，Tra 蛋白作为一个剪接增强子结合 dsx RNA 某个外显子的增强子序列

思考与挑战

1. 在葡萄糖存在时，乳糖操纵子的转录受抑制；在葡萄糖消耗完后，由于 lacZ 受抑制，如何分解环境中的乳糖，从而启动乳糖操纵子呢？

2. 在色氨酸缺乏的情况下，色氨酸操纵子可以转录，但此时由于色氨酸的缺乏，核糖体会在前导肽翻译时"停工待料"，这是否会造成色氨酸操纵子可以转录但却无法翻译出相应的蛋白质？细菌该如何解决这个问题？

数字课程学习

1. 原核生物4种调控模型
2. 细菌"二次生长"现象（上）
3. 细菌"二次生长"现象（下）
4. 组氨酸利用操纵子
5. 色氨酸操纵子
6. λ噬菌体溶原途径的建立
7. λ噬菌体溶原途径的维持及调控
8. 真核生物的转录水平调控

课后拓展

1. 半乳糖操纵子
2. 阿拉伯糖操纵子
3. 组氨酸利用操纵子
4. 温故而知新
5. 拓展与素质教育

主要参考文献

朱玉贤，李毅，郑晓峰，等. 2019. 现代分子生物学. 5版. 北京：高等教育出版社.

Weaver R. F. 2014. Molecular Biology. 郑用琏，等译. 北京：科学出版社.

Benoff B., Yang H., Lawson C. L., *et al.* 2002. Structural basis of transcription activation: The CAP-αCTD-DNA complex. *Science*, 297: 1562-1566.

Busby S., Ebright R. H. 1994. Promoter structure, promoter recognition, and transcription activation in prokaryotes. *Cell*, 79(5): 743-746.

Clark D. P., Pazdernik N. J., McGehee M. R. 2019. Molecular Biology. 3rd ed. London: Academic Press.

Emmer M., de Crombrugge B., Pastan I., *et al.* 1970. Cyclic-AMP receptor protein of *E. coli*: Its role in the synthesis of inducible enzymes. *Proceedings of the National Academy of Sciences of USA*, 66: 480-487.

Estes P. A., Keyes L. N., Schedl P. 1995. Multiple response elements in the sex-lethal early promoter ensure its female-specific expression pattern. *Molecular and Cellular Biology*, 15(2): 904-917.

Lewis M., Chang G., Horton N. C., *et al*. 1996. Crystal structure of the lactose operon processor and its complexes with DNA and inducer. *Science*, 271(5253): 1247-1254.

Lobell R. B., Schleif R. F. 1990. DNA looping and unloosing by AraC protein. *Science*, 250(4980): 528-532.

Oehler S. E., Eismann R., Kramer H., *et al*. 1990. The three operators of the lac operon cooperate in repression. *The EmBO Journal*, 9: 973-979.

Ptashne M. 1992. A Genetic Switch: Phage and Higher Organisms. 2nd ed. London: Blackwell Science Ltd.

Ptashne M., Gann A. 2002. Genes and Signals. Cold Spring Harbor: Cold Spring Harbor Laboratory Press: 95.

Verhulst E. C., van de Zande L., Beukeboom L. W. 2010. Insect sex determination: it all evolves around transformer. *Current Opinion in Genetics & Development*, 20(4): 376-383.

Watson J. D., Baker T. A., Bell S. P., *et al*. 2015. Molecular Biology of the Gene. 7th. ed. New York: Gold Spring Harbor Laboratory Press.

Zubay G., Schwartz D., Beckwith J. 1970. Mechanism of activation of catabolite sensitive genes: A positive control system. *Proceedings of the National Academy of Sciences of USA*, 66: 104-110.

第 11 章
RNA 水平调控（下）
——转录后水平调控

从基因组 DNA 转录出前体 RNA 的过程称为转录。上一章介绍了发生在转录水平上的各种调控机制。前体 RNA 通常要经历一系列加工过程才能发挥其功能。例如，真核生物的前体 mRNA 需要去除内含子，才能成为成熟的 mRNA，以行使其作为蛋白质翻译模板的功能。此外，某些已经成熟的 mRNA 还可能发生变化，如 RNA 编辑、降解等，从而对基因的表达产生影响。将发生在这一层次上的基因表达调控称为转录后水平调控。

转录后水平调控是指基因在转录后的一系列加工、修饰和调节过程，主要包括 RNA 剪切、加工、拼接、成熟、代谢及稳定性调节等，在基因表达中起着十分重要的作用。在 RNA 转录章节中介绍到的内含子剪切、加工、拼接、成熟等也可以称为转录后水平调控。但是本章将重点从 RNA 的代谢及稳定性这个角度来介绍转录后水平调控的机制，这也是目前科研领域里的研究热点之一。

随着高通量测序技术的飞速发展，数以万计的非编码转录物不断地在生物体内被发现，以 mRNA 为核心的遗传中心法则受到巨大挑战。人类全基因的转录物组分析表明，人体内虽有大量转录物产生，但仅有 1%~2% 的基因组序列具备蛋白质编码功能，而不具备蛋白质编码功能的非编码区含量竟高达 98% 以上，这暗示着生物体内有大量非编码 RNA（non-coding RNA，ncRNA）产生。ncRNA 根据功能可分为持家 ncRNA（house-keeping ncRNA）和调控 ncRNA（regulator ncRNA）。持家 ncRNA 主要包含 rRNA、tRNA、核内小 RNA（small nuclear RNA，snRNA）及核仁小 RNA（small nucleolar RNA，snoRNA）。调控 ncRNA 根据分子链长短差异可进一步分为长度小于 200 nt 的短链非编码 RNA（small non-coding RNA，sncRNA）和长度大于 200 nt 的长链非编码 RNA（long non-coding RNA，lncRNA）。短链非编码 RNA 主要包括微小 RNA（mircoRNA，miRNA）、内源性干扰小 RNA（endogenous small interfering RNA，endo-siRNA）、PIWI 相互作用 RNA（PIWI-interacting RNA，piRNA）、核仁小 RNA（small nucleolar RNA，snoRNA）等。不同的非编码 RNA 可以单独或者通过与其他蛋白因子的相互作用参与基因表达的调控。在转录前水平，RNA 分子可以通过介导 DNA 的甲基化或异染色质的形成来调控基因表达；在转录水平，RNA 分子通过直接与转录因子或 RNA 聚合酶相互作用来调控基因表达；在转录后水平，RNA 分子主要利用由 siRNA 和 microRNA 介导的 RNA 干扰机制，通过降解目标 mRNA 或阻碍目标基因的翻译来沉默基因的表达。此外，mRNA 还可以通过感知环境中代谢物的浓度，通过形成核糖开关（riboswitch）来调控基因的表达；反义 RNA 可以从复制、转录和翻译 3 个水平上调控基因的表达。本章主要集中阐述不同形式的 RNA 在转录后水平上如何实现对基因表达的调控。

11.1 反义 RNA

反义 RNA 广泛存在于各类生物中,它作用于 DNA 的复制、转录、翻译等过程,实现对基因表达的调控。它是一类基因组自然转录的 RNA,通过碱基互补与靶 RNA(主要是配对结合 mRNA)形成双链 RNA,影响靶 RNA 的正常加工修饰、翻译等过程,从而调控基因的表达。天然反义 RNA 最早是在原核生物大肠杆菌中发现的,1980 年,泰特奥·伊托(Tateo Iton)和三泽俊-(Jun-ichi Tomizawa)经研究发现反义 RNA 参与调控大肠杆菌质粒 ColE1 的复制。1986 年,特雷弗·威廉斯(Trevor J. Williams)发现真核细胞中也存在天然反义 RNA。

11.1.1 反义 RNA 在原核生物基因表达调控中的作用

反义 RNA 的调节作用首先在质粒 ColE1 复制的研究中被发现,其对质粒的复制起负调控作用。反义 RNA 的负调控作用有两种方式:一种是在质粒 ColE1 复制中,反义 RNA 作用于 RNA 引物前体的转录后加工方式;另一种是在质粒 pTlsl 和 Fl 不相容族质粒复制中,反义 RNA 作用于复制起始蛋白质的翻译。下面以第一种作用方式为例来学习反义 RNA 在转录后水平上的调控机制。

大肠杆菌质粒 ColE1 复制起始需要引物前体 RNA Ⅱ 与模板 DNA 结合,然后前体 RNA Ⅱ 被核糖核酸酶 H 在起点处切断,切断后的 RNA Ⅱ 即一个成熟的引物,DNA 聚合酶 Ⅰ 以此为引物合成 DNA。而 RNA Ⅰ 与引物前体 RNA Ⅱ 在-552～-447 处互补形成杂交体,阻止形成核糖核酸酶 H 的合适底物,从而阻碍成熟引物的形成,并对复制起负调控作用(图 11.1)。一个由 ColE1 编码的蛋白质 ROP 可以进一步增强 RNA Ⅰ 的抑制效应。研究表明,ROP 蛋白帮助 RNA Ⅰ 与 RNA Ⅱ 的结合,并发现 ROP 蛋白需 RNA Ⅰ 才有活性,它可以导致引物转录在起始点下游约 200 nt 处终止或暂停。

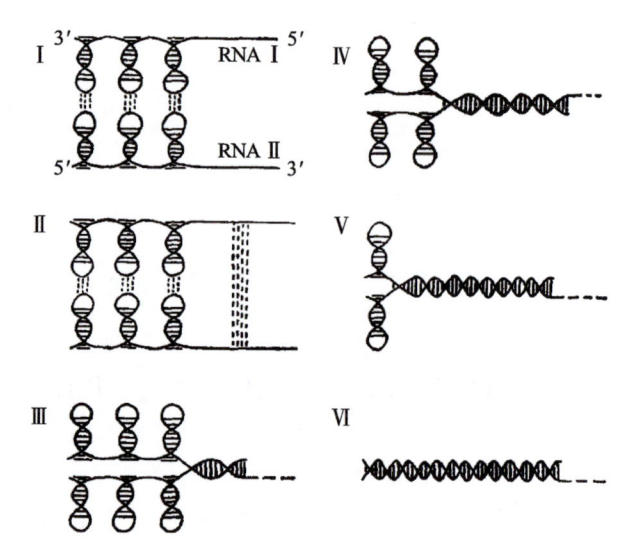

图 11.1 RNA Ⅰ 与 RNA Ⅱ 结合过程示意图(Tomizawa,1985)

Ⅰ. RNA Ⅰ 与 RNA Ⅱ 在环处相互作用;Ⅱ. 这种相互作用促进了配对;Ⅲ. 配对从 RNA Ⅰ 5′ 端开始,此时环与环之间的作用被破坏;Ⅳ～Ⅵ. RNA Ⅰ 与 RNA Ⅱ 随后进行配对,在这个过程中三个环结构不一定同时相互配对

11.1.2 反义 RNA 在真核生物基因表达调控中的作用

最初,研究反义 RNA 在真核生物基因表达调控中的作用是利用人工构建的反义 RNA 来进行的。Williams(1986)首次发现了真核细胞中天然存在的反义 RNA 系统。在研究中,他观察到小鼠基因组中同一 DNA 正、负链可以分别转录,有的转录出彼此互补的正义 RNA 和反义 RNA,其 3′ 端有长的互补区,推测反义 RNA 呈现类似原核细胞反义 RNA 的作用。Nepveu(1986)报道了正常转化的小鼠细胞系中,在 C-myc 基因座(C-myc locus)存在 3 个彼此分开的反义 RNA 转录区域,它们分别位于第一外显子的上游、第一内含子的内部和基因组的 3′ 端,并在 RNA 聚合酶指导下高水平转录反义 RNA。

真核细胞反义 RNA 的作用方式既有相似于原核生物的一面,也有自己独有的一套作用方式,即反义 RNA 还可能在下列阶段发挥功能:①作用于 mRNA 5′ 端,阻止帽子结构的形成;②作用于外显子与内含子的连接区，阻止前 mRNA 的剪切；③作用于 mRNA 的 poly(A) 尾，阻止 mRNA 的成熟及由核向胞质的运输。例如，在转基因烟草中，反义 RNA 与靶 mRNA 配对结合，使其不能进入胞质或不能在胞质中有效翻译。在胞质中与 5′ 端互补的反义 RNA 比与 3′ 端互补的反义 RNA 具有更强的抑制作用。而在细胞核中，由于反义 RNA 阻止 mRNA 剪切和运转，互补于 3′ 端的反义 RNA 也有较明显的抑制作用。

11.2 RNA 干扰

RNA 干扰（RNA interference，RNAi）是真核生物中由干扰小 RNA（small interfering RNA，siRNA）所介导的转录后基因沉默现象，在调控基因表达、防止基因组中逆转座元件扩增和抵御病毒入侵等方面具有重要功能。RNAi 现象最初发现于秀丽线虫中，此后的研究表明 RNAi 在果蝇、拟南芥、斑马鱼和哺乳动物等真核生物中都高度保守。由于 RNAi 可特异性地抑制靶基因的表达，操作简单，使用成本低，既能灵活组合同时抑制多个靶基因，又能用于大规模的基因筛选，在探索基因功能及作为小分子核酸类药物进行疾病治疗中都具有巨大的应用潜力。2006 年，发现了 RNAi 现象的克雷格·梅洛（Craig Mello）和安德鲁·法尔（Andrew Fire）教授也因此获得了诺贝尔生理学或医学奖。

11.2.1 RNAi 现象的发现

1990 年，乔根森（Jorgensen）等在研究矮牵牛花颜色时发现了 RNA 干扰现象，当时被命名为基因的共抑制现象。1992 年，马奇诺（Macino）和罗马诺（Romano）在粗糙脉孢菌中发现，外源导入的基因可以抑制具有同源序列的内源基因的表达。1995 年，郭苏（Su Guo）和肯尼斯·肯费斯（Kenneth J. Kemphues）发现，外源导入 *Par1* 基因的反义 RNA 或正义 RNA，均能引起线虫体内 *Par1* 基因的表达下调，这是动物 RNA 干扰现象的首次发现。1998 年，美国斯坦福大学的 Andrew Fire 和美国马萨诸塞大学的 Craig Mello 首次将双链 RNA 注入秀丽线虫中，诱发了比单独注射正义 RNA 和单独注射反义 RNA 都要更强的基因沉默，他们将这种由 dsRNA 引发的特定基因表达受抑制的现象称为 RNA 干扰。2001 年，RNA 干扰技术被成功应用于培养的哺乳动物细胞的基因沉默。同年，RNAi 被 *Science* 杂志评为 2001 年度十大科技进展之一。随着人们对 RNAi 现象的深入研究，RNAi 技术已广泛应用于基因功能的探索，药物靶基因的筛选，恶性肿瘤、传染性疾病的基因治疗等领域。

11.2.2 RNAi 的特征

RNA 干扰是指与靶基因序列具有同源性的双链 RNA 所诱导的 mRNA 高效且特异性降解从而引起基因沉默的现象，是转录后基因沉默（post-transcription gene silencing，PTGS），其作用是真核生物抵御外源基因、病毒侵犯的防御机制，同时在生物的生长发育中起着基因调控的作用。通常在转录后水平，RNA 利用由 siRNA 和 microRNA 介导的 RNA 干扰，通过降解目标 mRNA 或阻碍目标基因的翻译来沉默基因的表达。RNA 干扰的主要特征：①级联放大效应。经过切割后新产生的 siRNA 片段，又可作为引物在 RNA 依赖的 RNA 聚合酶的作用下，以 mRNA 为模板重新合成新的 dsRNA，再次与 Dicer 酶结合形成 RNA 诱导的沉默复合物（RNA-induced silencing complex，RISC），介导下一轮的同源 mRNA 的降解。如此循环，可使大量的同源 mRNA 降解，从而产生级联放大效应，显著增强对基因表达的抑制作用。②特异性。siRNA 介导的 RNA 干扰属于转录后基因沉默，有高度的序列特异性。siRNA 是严格按照碱基配对法则与靶 mRNA 结合的，因此只降解同源的 mRNA。由于其高度特异性，不会降解与目的 mRNA 非同源的其他 mRNA，从而实现只针对目的基因的精确沉默。③可遗传性与可传播性。RNA 干扰效应能够稳定地遗传给下一代。Fire 等将 dsRNA 注射到秀丽线虫体内，观察到 dsRNA 从注射处细胞扩散到其他细胞，导致扩散处细胞的基因沉默。此外，他用同样的方法将 dsRNA 注射到线虫的性腺内，观察到在其第一代中同样引起了基因沉默，表明 RNAi 的可遗传性。

11.2.3 RNAi 的作用机制

siRNA 由长度约为 21 个碱基的两条小 RNA 链组成，其中与靶标 RNA 完全互补配对的一条 siRNA 链称为引导链（guide strand），另一条 siRNA 链称为过客链（passenger strand）。引导链和过客链之间有 19 个碱基配对，在双链 siRNA 两端各形成 2 个碱基的 3′ 端悬垂。外源导入或细胞内加工生成的 siRNA 在细胞质内与 Argonaute（Ago）等蛋白因子结合，形成 RISC。这个复合物是小 RNA 行使其功能的核心。RISC 中通常只有一条 siRNA 链被保留，另一条链大部分被丢弃并降解，这种链的选择性主要取决于双链 siRNA 5′ 端碱基配对的热力学稳定性，5′ 端碱基配对相对不稳定的那条链更倾向被 RISC 保留。siRNA 通过碱基配对识别靶标 RNA，在 Mg^{2+} 和 ATP 的参与下，Ago 利用其内切核酸酶活性切割与 siRNA 完全互补配对的靶标 RNA，产生的 RNA 片段易受到 5′ 或 3′ 外切核酸酶的攻击而快速降解，从而在转录后水平沉默靶基因的表达（图 11.2）。

siRNA、RISC 和 Dicer 酶的发现。植物病毒学家鲍尔科姆（Baulcombe）在对植物进行转录后沉默研究时，发现只能检测到 25 nt 的反义核苷酸链，同时他发现也有少量正义核苷酸链出现，这就证明小的 dsRNA 在核苷酸介导的基因沉默中产生，并且只有反义链参与调节过程。为了研究其去向，研究者用放射性标记的方法标记果蝇提取物中的 dsRNA，发现放射性标记的 dsRNA 以一种 ATP 依赖的方式被切割成 21~23 bp 的片段，同时 mRNA 也被切割成类似的片段，从而表明这种小 RNA 确实引导了 mRNA 切割。汉农（Hannon）的研究组用 dsRNA 转染 S2 细胞进行培养，然后在细胞提取液中发现有核酸酶活性，他们将此活性物质命名为 RISC，它只特异性地降解与双链 RNA 同源的 mRNA，而不会降解其他非同源的 mRNA。通过与序列特异性核酸酶共沉淀，发现 RISC 包含一个 25 nt RNA 分子。通过进一步研究发现，单纯的核酸酶（不含有这种 25 nt 的 RNA）不会引起 mRNA 的降解。从这些结果可以推断，这种 25 nt 的 RNA 可能参与切割 mRNA。伯恩斯坦（Bernstein）通过筛选对 dsRNA 具有特异性的 RNA 酶Ⅲ家族酶，结果找到几种类型的 RNA 酶Ⅲ，其中一种可以特异性切割 dsRNA 为 22 nt 的片段，而不切割 ssRNA，这种酶被命名为 Dicer。

RNAi 的分子主要包括以下几种：siRNA、shRNA（short hairpin RNA）、miRNA。虽然它们在结构上各不相同，但是所有这些分子都具有诱导基因沉默的能力，它们在细胞中的作用机制主要包括以下三个步骤。

（1）起始阶段：外源性或内源性双链 RNA 分子被核酸酶 Dicer 加工剪切成 21~25 nt 的小分子双链。

（2）RISC 的组装：产生的小分子双链 RNA 中其中一条链与相关的蛋白质（主要是 Argonaute 蛋白）组装形成具有活性的 RISC。

（3）效应阶段：组装形成的具有活性的 RISC 作用于与其上的单链小分子 RNA 序列互补的 mRNA，并将该 mRNA 降解，使其翻译受到抑制，最终导致基因的沉默。siRNA、shRNA 与 miRNA 对靶基因 mRNA 沉默时作用的位点有所不同，siRNA 沉默目的基因主要作用于 mRNA 的编码序列，而 miRNA 主要作用于 mRNA 的 3′ 非翻译区。

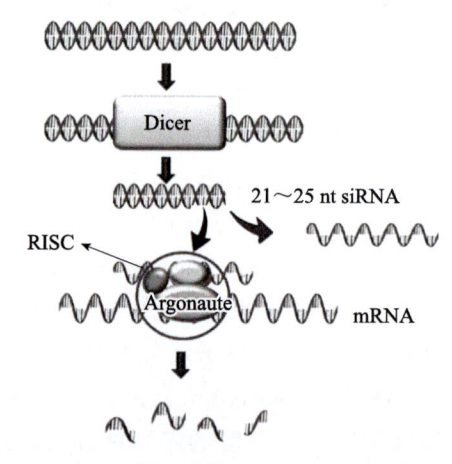

图 11.2 RNAi 的作用机制（何洁凝和田生礼，2014）

在 RNAi 过程中，研究较清楚的蛋白质主要是 Argonaute 蛋白家族。Argonaute（Ago）蛋白属于一个高度保守的蛋白家族，包括 Ago1、Ago2、Ago3、Ago4。它的大小约 100 kDa，这 4 种蛋白质都包含两个重要的结构域：PAZ 和 MID 结构域，它们分别与 miRNA 3′ 和 5′ 端相互作用。在所有的 Ago 蛋白中，只有 Ago2 蛋白包含 PIWI 的结构域，具有切割活性，而 Ago1、Ago3、Ago4 没有此活性。Argonaute 蛋白能与不同的小分子 RNA（miRNA、siRNA）结合，根据小分子 RNA 结构的不同，它们所结合的 Argonaute 蛋白也有所区别，其中 miRNA 与 Ago1 结合，而 siRNA 则与 Ago2 结合。最近研究表明，Ago2 能提高细胞中 miRNA 的稳定性及提高成熟 miRNA 在细胞中的水平；Ago3 蛋白的 PIWI 与 piRNA 相互作用产生沉默转座子的作用；Ago4 在调控哺乳动物精细胞进入减数分裂和减数分裂性染色体失活（MSCI）中起作用。

11.2.4　RNAi 的应用

11.2.4.1　基因功能研究

RNA 干扰能特异性地抑制真核生物中基因的表达，产生类似基因敲除的效果，从而为研究特定基因的功能提供了很好的途径。随着大量未知功能基因的发现，RNA 干扰投入少、周期短、便于操作的优势大大促进了新基因功能的研究。

11.2.4.2　基因治疗

（1）抗病毒治疗。由于 RNA 干扰可以有效地沉默目的基因，阻断病毒基因相应蛋白质的翻译，故被广泛应用于抗病毒治疗。利恩（Leen）等根据 RNAi 作用机制，将 HIV21 末端重复序列、nef 和 vif 附件基因的部分序列设计成干扰片段对 AIDS 病毒进行干扰，结果 AIDS 病毒基因的表达受到了有效的抑制，这为 AIDS 患者的基因治疗提供了新的思路。

（2）抗肿瘤治疗。肿瘤的产生是多基因、多因素共同作用的结果。癌基因与抑癌基因平衡被打破，从而导致恶性肿瘤的产生。RNA 干扰可以特异性抑制癌基因的表达，从而达到治疗肿瘤的目的。邱艳艳等选取针对血管内皮生长因子（VEGF）编码基因的 RNAi 载体，利用慢病毒包装，然后导入结直肠癌细胞，结果发现 VEGF 编码基因的表达被明显抑制，进而有效地抑制了结直肠癌细胞的生长、迁移与增殖。

11.2.4.3　新药开发

随着耐药菌的日益增多、各种疾病发病机制的阐明，传统的化学合成药物、微生物筛选等常规方法已无法满足临床的需要，有针对性的新药开发途径成为新的研究热点。RNA 干扰技术能够很好地应用到鉴定药物靶点和筛选药物方面，能够快速、高通量地对新发现的药物靶基因进行功能分析，缩短药物的筛选过程。达夫（Duff）等利用 RNAi 技术沉默蛋白转移酶 9（PCSK9）的基因，使 PCSK9 蛋白的表达下调，结果发现小鼠血清胆固醇水平明显下降，说明沉默 PCSK9 的基因也许可成为治疗高胆固醇的一个新药物靶点。

11.2.4.4　RNA 生物农药

基于 RNAi 技术开发的生物农药，称为 RNA 生物农药。RNA 生物农药以 dsRNA 与基因序列互补为基础，沉默靶标生物目的基因，使昆虫生长发育异常，从而达到防治害虫的目的。基于 RNAi 的害虫防治策略通常有以下几种方式（张建珍等，2021）：①植物介导表达 dsRNA。通过转基因技术将害虫靶标基因的 dsRNA 在植物体中表达，害虫取食含有 dsRNA 的植物组织后生长发育受阻，生存率下降，种群数量减少，从而达到防治的目的。已在玉米、棉花、烟草和马铃薯等植物中有应用报道，主要针对鳞翅目、鞘翅目和半翅目等咀嚼式和刺吸式口器害虫。②微生物表达 dsRNA。常见的微生物表达 dsRNA 方法有病毒介导法与工程菌介导法。病毒介导法是利用病毒可侵染昆虫的特性，在寄主昆虫体内复制形成靶标基因的 dsRNA，以获得 RNAi 效果。例如，寄生于家蚕的重组病毒产生靶向 *BR-C* 基因的 dsRNA 使家蚕幼虫不能化蛹、成虫形态缺陷。工程菌介导法是通过构建可以表达靶基因 dsRNA 的载体，将其转入细菌和真菌等微生物中，获得大量的 dsRNA。其中缺失 RNaseⅢ 的细菌 HT115 大量表达 dsRNA 的应用较为广泛，将其与饲料混合饲喂害虫,以提高 RNA 生物农药的防效。③纳米材料携带 dsRNA。其原理是利用纳米颗粒通过静电作用和范德瓦耳斯力与 dsRNA 结合,以提高 dsRNA 在昆虫体内的稳定性,保护 dsRNA 不受核酸酶和昆虫体内环境的影响,从而提高 RNAi 效率,促进 RNA 生物农药的防效。

11.3 microRNA

microRNA(简称 miRNA)即微小 RNA,是一类长约 22 nt 的小分子单链非编码 RNA,它通过与靶基因 mRNA 的 3′ 非翻译区的碱基配对,使 mRNA 降解或抑制 mRNA 翻译,从而导致特定基因的沉默。miRNA 是最为丰富的基因家族之一,广泛分布在动物、植物和病毒中。一般认为,多个 miRNA 的碱基序列如果具有相同的 2～8 个识别序列则属于同一个 miRNA 家族。miRNA 被认为是决定转录后基因沉默特异性和敏感性的关键因素,在调控表观遗传方面有重要的作用。现有研究表明 miRNA 在细胞质、细胞核,甚至在细胞外,都发挥着重要的生物学作用。miRNA 广泛参与调控细胞生命活动的众多信号转导途径,对机体的各种生理和病理过程有重要作用。

11.3.1 miRNA 的发现历程

1993 年,李普林(Lee P. Lim)等采用定位克隆的方法在线虫中发现了第一个 miRNA 分子 lin-4。lin-4 基因不编码蛋白质,而是产生一种小分子 RNA。这种小分子 RNA 能与靶 mRNA 的 3′ UTR 的独特区域发生不完全互补作用,从而抑制靶基因的表达。lin-4 的缺失会导致线虫幼虫由 L1 期向 L2 期的转化发生障碍。遗憾的是,这一发现当时并未引起科学界的足够重视,直到 2000 年第二个 miRNA——let-7 的发现,miRNA 在基因表达调控领域的重要作用才逐渐被人们所认识。2000 年,加里·鲁夫昆(Gary Ruvkun)等再次报道了同样的现象,他们在线虫中发现了另外一个具有类似 lin-4 转录后调控功能的 let-7。let-7 与靶基因 mRNA(lin-14、lin-28 和 lin-41 等)的 3′ UTR 结合进而发挥调节作用。随着 let-7 的发现,以及 RNAi 技术在生物研究领域的广泛应用,人们开始意识到在真核细胞中可能普遍存在着具有表达调控作用的 miRNA 分子。随后的几年里,相继在人类、小鼠、大鼠、果蝇、斑马鱼、拟南芥等生物物种中发现了这类非编码小 RNA,并将其命名为 microRNA。

11.3.2 miRNA 生物学形成过程

伴随着测序技术的成熟和生物信息学的快速发展,研究者在对 miRNA 注释时发现,大部分 miRNA 在真核生物基因组上位于基因间隔区,并且这些 miRNA 转录时具有自己的启动子并以独立的转录本转录出来。后来,随着大量 miRNA 被发现,越来越多的研究表明约 40% 的 miRNA 位于编码蛋白基因的内含子区,这些 miRNA 与宿主基因共享启动子和转录元件。此外,科学家还发现约 50% 的 miRNA 以成簇的形式存在于基因组中,并且以多顺反子的形式转录形成初始 miRNA(primary miRNA,pri-miRNA)。

miRNA 在不同生物中的形成过程是一个多步骤的过程。以动物为例,在细胞转录时,多数 miRNA 的形成首先发生在细胞核内。DNA 双链打开,在 RNA 聚合酶 II 的催化下以 DNA 为模板转录成 pri-miRNA,其含有局部的茎-环结构,并且成熟的 miRNA 嵌入其中。典型的 pri-miRNA 由 33～35 个碱基组成,环的尾端和单链部分分别为 5′ 和 3′ 端,5′ 端含有 7-甲基鸟苷区,3′ 端有 poly(A) 尾。RNase III-Drosha 通过剪切 pri-miRNA 的茎-环结构释放一个含 60～80 个碱基的发卡样结构前体 miRNA(precursor miRNA,pre-miRNA)来启动 miRNA 成熟的过程(图 11.3)。Drosha 是一种分子质量约为 160 kDa 的核蛋白,和 Dicer 同样是属于作用于特定 RNA 双链的 RNase III 内切酶。Drosha 的羧基端有两个 RNase Ⅲ 域（RⅢD）和双链 RNA 结合域，两个 RⅢD 内二聚形成一个处理中心，两个 RNase Ⅲ 域分别为 RⅢDa 和 RⅢDb，分别同时作用于 pri-miRNA 的 3′和 5′端。Drosha 和共作用因子 DGCR8 形成一个复合体，DGCR8 提供了 RNA 结合的部位，它的 C 端能够和 Drosha 相互作用，N 端区域包含有细胞核定位的信号，它能够通过 Drosha 的中间区域来募集 RNA。

pre-miRNA 经过 Drosha 的作用过程之后，被运输到细胞质中，之后完成 miRNA 的成熟过程。蛋白质 Exportin5 结合到 Ran-GTP 形成转运复合物，EXP5 用一个类似于棒球手套样的结构包裹 pre-miRNA 的茎的区域，并且伸出隧道样结构识别 pre-miRNA 的 3′端的 2 个碱基。形成转运复合物出核后，GTP 水解，导致复合物解体并将 pre-miRNA 释放到胞质中。pre-miRNA 被输出到细胞质中后，被 Dicer 内切酶在近末端环处进行剪切，

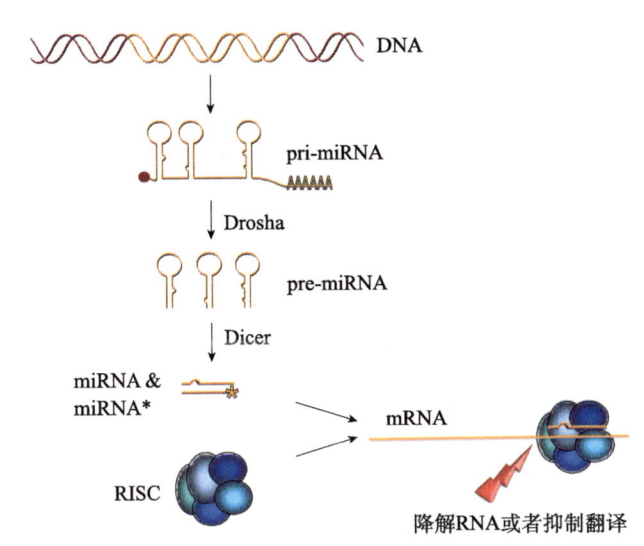

图 11.3 miRNA 的形成过程（Motameny et al., 2010）

释放出一个小的双链 RNA（图 11.4）。Dicer 是一种多结构域蛋白质，约 218 kDa，属于 RNase Ⅲ 家族。它可以加工各种 pre-miRNA，并释放出约 22 个碱基的 miRNA，在 miRNA 的生物学功能方面具有重要的作用。

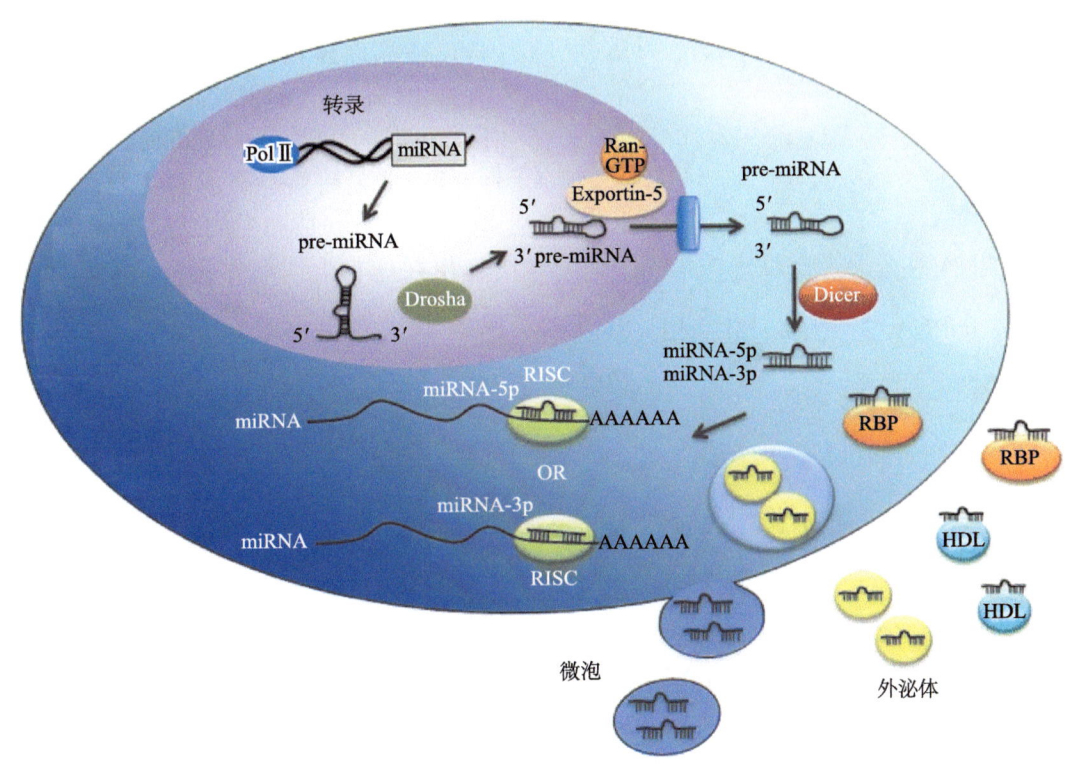

图 11.4 miRNA 的成熟过程（Taipaleenmäki, 2018）
RBP. RNA 结合蛋白；HDL. 高密度脂蛋白

在植物细胞中，miRNA 的形成过程与动物稍有不同。其加工过程主要在细胞核内完成。pri-miRNA 在细胞核内由 DCL1（Dicer-like protein 1）和其他蛋白质如 HYL 蛋白的参与下加工为 pre-miRNA，pre-miRNA 进一步被 DCL1 加工为 miRNA-miRNA* 双链复合体，之后被 HEN1 蛋白甲基化后在 HASTY 蛋白（与动物 Exportin-5 蛋白同源）的协助下从细胞核运往细胞质，并在解旋酶作用下加工

为成熟的 miRNA，从而降解特定的靶基因。

11.3.3 miRNA 的作用方式

不同生物中的 miRNA 发挥生物学功能的方式是多样的。它既可以在细胞质内沉默目标 mRNA，抑制靶基因的表达；也可以在细胞核内，结合到目的基因的启动子区域，导致目的基因的沉默或过表达；甚至可以结合外分泌体分泌到细胞外作用于其他细胞来发挥生物学作用。无论 miRNA 在细胞质内还是细胞核内，它通常是通过造成 mRNA 衰变和翻译抑制，从而使靶基因的表达沉默。前者属于 miRNA 在转录后水平的调控方式，而后者则属于翻译水平的调控方式。在动物细胞中，miRNA 通常与靶基因序列具有较弱的互补性，因此更多地会导致翻译抑制。相对而言，在植物细胞中，miRNA 通常与靶基因序列有较高程度的配对，因而更多地导致靶 mRNA 的降解，而较少看到翻译抑制的现象。例如，拟南芥中 miR-39 或 miR-171 与其靶基因 mRNA 完全互补，导致其靶基因 mRNA 被切割降解。

11.3.4 miRNA 的应用

11.3.4.1 miRNA 在疾病诊断与治疗中的应用

研究表明，miRNA 参与很多种疾病相关基因的表达调控。例如，利用腺相关病毒转染 miRNA-19a/19b 可以减轻由心肌梗死引起的心脏损伤，保护心脏功能，并刺激心肌细胞再生。研究者通过构建先天性心脏病胎鼠模型，发现在先天性心脏病胎鼠的心内膜细胞中，miRNA-34a 表达上调，而抑制 miRNA-34 的表达，则心内膜细胞生长抑制作用消失，因此可以利用 miRNA 调节这些靶基因的表达，从而治疗疾病。目前，基于 miRNA 的疗法已应用于临床，如利用 miRNA-122 的反义抑制剂治疗丙型肝炎，利用 miRNA-34 治疗肝细胞癌，利用 miRNA-506 治疗鼻咽癌等。

11.3.4.2 miRNA 在农业中的应用

鉴于 miRNA 在动物和植物中的重要功能，开发 miRNA 生物农药成为未来病虫害防治的重要选择。如何使目的 miRNA 成功作用于靶标生物，是利用该技术进行病虫害防治的关键。目前主要有两种 miRNA 递送方式：一种是利用转基因或基因编辑技术使植物内源性表达目的 miRNA 片段，待病原体侵染或昆虫取食时，miRNA 进入有害生物体内发挥相应的功能，该方式称为寄主诱导的基因沉默（host induced gene silencing）；另一种方式是将体外合成的功能性 miRNA 经过稳定性处理制作成相应的杀菌剂或杀虫剂，并直接施用在作物上，该方式称为喷洒诱导的基因沉默。

11.4 piRNA

近年来，表观遗传学已成为生命科学领域的研究热点，尤其是对非编码 RNA 的研究。PIWI-相互作用 RNA（PIWI-interacting RNA，piRNA）是 2006 年发现的一类在动物生殖系统特异性表达的小分子非编码 RNA。因为它与生殖细胞特异性 PIWI 家族蛋白相互作用，因此而得名。piRNA 的生成和功能行使均依赖 PIWI 蛋白。PIWI/piRNA 通过表观遗传水平和转录后水平沉默转座子等自私性遗传元件，维持生殖细胞基因组的稳定性和完整性。最近的研究表明，PIWI/piRNA 还可以通过转录后水平调控蛋白质编码基因，参与胚胎发育、性别决定、配子发育等事件的调控。许多研究已表明，piRNA 在沉默转座子、调控信使 RNA（mRNA）和 lncRNA 中扮演了重要角色。特别是在癌症研究领域，piRNA 可能成为新的分子标志物与治疗靶点。

在阿拉温（Aravin）和吉拉德（Girard）等的早期实验中，曾发现 piRNA 分布极不均匀，大部分 piRNA 只能定位在数目有限的几个基因组位点上。这种现象被学者解释为 piRNA 簇（piRNA cluster）。经过进一步观察发现，这些 piRNA 簇序列包含转座子片段。piRNA 前体由基因组上的 piRNA 簇或转座子转录而成，之后被运输出细胞核并在细胞质中加工形成成熟的 piRNA，随后被加载到 PIWI 蛋白上形成 piRISC，最终在转录或转录后水平上沉默转座子。

者认为 piRNA 存在组织特异性，并认为它与调控干细胞增殖有密不可分的关系，主要在维持干细胞功能、配子的形成及沉默外来转座子等方面发挥作用。但有学者在属于体细胞系的雌性果蝇卵泡细胞里观察到了 piRNA，并且在苍蝇的头部、小鼠胰腺及恒河猕猴的附睾组织体细胞系中，也检测到了长短及结构序列均与 piRNA 相似的 pilRNA（piRNA-like small RNA）。

11.4.1　piRNA 的发现历程

2006 年，两个团队的科学家先后从小鼠的睾丸组织中提取出总 RNA，进一步分离提纯后得到一组小 RNA。他们发现这一组小 RNA 的长短异于同属于非编码小 RNA 的 siRNA 和 miRNA，长度为 26～31 nt，且大部分为 29～30 nt。同时，他们观察到 PIWI 家族的成员蛋白质能与之结合形成核糖核蛋白复合体，故将此组 RNA 命名为 piRNA。同年 7 月，*Nature* 和 *Science* 杂志几乎同时报道了在哺乳动物生殖细胞发现的这一类新型非编码小 RNA。piRNA 与 miRNA 和 siRNA 一样，5′ 端也具有强烈的尿嘧啶倾向性（约 86%）。它在动物界中广泛存在，目前尚未在植物中检测到。

piRNA 作为非编码 RNA 的一员，常见于生殖干细胞中。早期的研究仅在果蝇、斑马鱼、小鼠及大鼠的生殖干细胞中提取出 piRNA，故有学

11.4.2　piRNA 的生物合成

piRNA 有两种主要的生成途径（图 11.5）：初级生成途径和次级生成途径（又称"乒乓"循环途径）。初级生成途径产生的 piRNA 在其 5′ 端通常具有一个保守的尿苷（U）；而通过次级生成途径产生的 piRNA 在其 5′ 端与初级生成途径产生的 piRNA 具有 10 nt 的互补，并且第 10 个核苷酸通常为保守的腺苷（A）。

（1）初级生成途径。在果蝇卵巢中，初级生成途径存在于种系细胞（germline）和周围体细胞中，而"乒乓"循环途径仅存在于种系细胞中。在果蝇卵巢体细胞的初级生成途径中，PIWI 亚家族成员中仅 *PIWI* 基因进行表达，前体 piRNA 从 piRNA 基因簇转录为较长的单链转录本。这种转录没有方向性，能够以两条 DNA 链中任一条链为模板来进行。此外，转录的区域通常包含大量被截短的转座

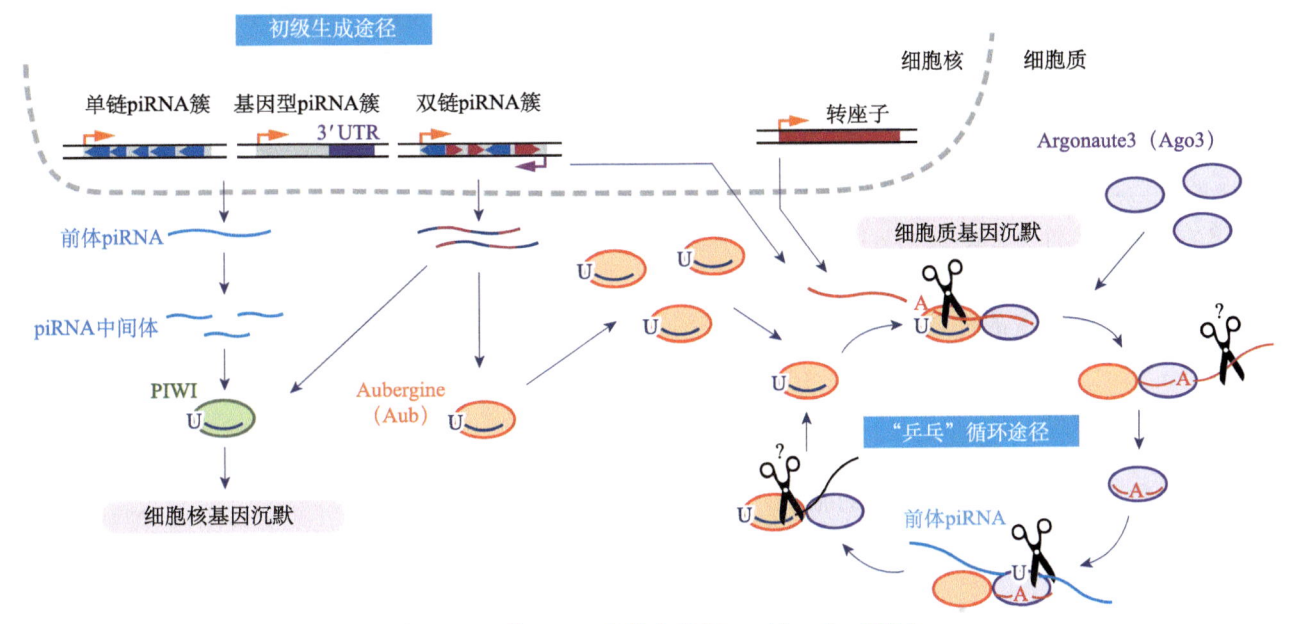

图 11.5　两种 piRNA 生成途径（Iwasaki *et al.*, 2015）
红色表示与转座子序列相同；蓝色表示与转座子序列互补

子片段。通常情况下，绝大多数被转录 piRNA 序列与转座子的反义链一致。这就使得 piRNA 能够与转座子基因的 RNA 结合，从而抑制转座子基因的表达。刚转录出来的较长的前体 piRNA 会被运输至细胞质中，并被加工成各种中间体形式，人们对这个过程尚缺乏详细的了解。有研究表明，位于线粒体表面的内切核酸酶 Zucchini（Zuc）可能负责向 piRNA 的 5′ 端添加一个 U 碱基。piRNA 与 PIWI 的结合及随后的成熟步骤可能发生在被称为 Yb 小体的核周颗粒（perinuclear granule）中。形成 Yb 小体的组分，包括 fs（1）Yb（Yb）、Armitage（Armi）、Vreteno（Vret）、Shutdown 和 Sister of Yb（SoYb），对 piRNA 的成熟都起着至关重要的作用。此外，定位于线粒体的 Minotaur（Mino）和 GasZ 也在初级 piRNA 的加工中起作用。尽管 piRNA 的生成与线粒体之间存在着密切的联系，但 piRNA 的生成是否必须要有线粒体的参与，这个问题目前尚不清楚。在 piRNA 生成的过程中，还需要一种未知功能的 3′→5′ 外切核酸酶的参与，前体 piRNA 才能进一步加工为成熟的 piRNA。随后，在 DmHen1/Pimet 甲基转移酶的作用下，piRNA 的 3′ 端发生 2′-O-甲基化修饰，并形成成熟的 PIWI-piRNA 复合物或 PIWI-piRISC。最后，PIWI-piRNA 复合物进入细胞核并调节靶基因的转录，未结合 piRNA 的 PIWI 则留在细胞质中。在果蝇种系细胞中，初级 piRNA 也可以来源于双链 piRNA 簇，并被加载到 Aubergine（Aub）和 PIWI 上以形成 piRISC。哺乳动物中的初级 piRNA 可以通过类似于果蝇体细胞中的初级生成途径产生。

（2）"乒乓"循环途径。由初级生成途径产生的 piRNA 能够分别与 Aub 及 PIWI 蛋白结合形成 piRISC。其中，Aub-piRISC 通过碱基配对识别底物 RNA，并利用 Aub 的剪切活性剪切底物 RNA 形成次级 piRNA，并被 Ago3 识别结合；反之，Ago3 形成的 piRISC 则切割含转座子序列的底物 RNA，形成新的反义链的 piRNA 与 Aub 结合，如此反复则形成一个正向扩增放大的循环。因此，也称为乒乓扩增循环。

11.4.3 piRNA 的作用机制

piRNA 能在转录水平或转录后水平上沉默转座子，其中位于细胞质中的 PIWI 蛋白，包括果蝇中的 Aub 和 Ago3 及小鼠中的 MIWI 和 MILI 都具有剪切功能，可以通过乒乓扩增循环来剪切转座子的转录产物；而 PIWI 蛋白和 MIWI2 蛋白则能通过诱导异源染色质的形成，抑制转座子的转录。PIWI-piRISC 介导的转座子沉默伴随着转座子位点上组蛋白 H3K9 的甲基化和异源染色质的形成等一系列变化，这一过程可能需要 H3K9 甲基化酶 Su（var）3-9 和 Eggless/SetDB1 的参与。同时，Mael 蛋白也可能参与到了 PIWI 蛋白引起 H3K9me3 之后的转座子沉默过程中，但其并不影响组蛋白 H3K9 的甲基化。锌指蛋白 GTSF1 被证明参与到了 PIWI 蛋白介导的转座子沉默过程中，GTSF1 蛋白与一部分核内的 PIWI 蛋白有直接相互作用，其突变会导致转座子位点 pol Ⅱ 聚合酶的增加及 H3K9me3 标记的丢失。CG9754（silencio/panoramix）作用在 GTSF1 和 PIWI 下游，可以在果蝇生殖细胞中与 PIWI-piRNA 及底物 RNA 形成的复合物作用参与 PIWI-piRNA 介导的转录沉默。

可以看出，piRNA 对基因表达的调控主要体现在两个层面上，即转录调控和转录后调控。转录调控主要是 piRNA 可以通过 DNA 修饰、染色体异染色质化等手段，进行转录水平的基因沉默，甚至引起表观遗传的改变。转录后调控则是通过 piRNA 与转录本互补识别，并介导对 mRNA 的降解或切割，减少转录本 RNA 的数量，实现对其表达的调控。

11.4.4 piRNA 的生物学功能

11.4.4.1 抑制转座子基因转录，维持基因组的稳定性

转座子"寄生"在宿主基因组中，它们可以破坏蛋白质的编码基因，改变转录调控网络，并导致染色体断裂和大规模基因组重排。因此，细胞必须通过保护其基因组 DNA 免受转座子的破坏，以维持基因组的完整性。piRNA 的前体主

要由不同转座子片段转录而来，通过与 PIWI 蛋白结合，从而抑制转座子的转录。因此，piRNA 在维持细胞基因组的稳定性方面发挥着重要的作用。

11.4.4.2 抑制 mRNA 的转录

福克纳（Faukner）等发现在哺乳动物的转录物组中，很多 mRNA 的 3′-UTR 中含有转座子插入序列。例如，鼠的转录物组中 27.7% 的 mRNA 中含有转座子序列，人的转录物组中 28.5% 的 mRNA 中含有转座子序列。基于 mRNA 转录物组分析表明，piRNA 在抑制转座子转座的同时，一些含有转座子序列的 mRNA，同样也会受到 piRNA 的调控。例如，在鼠的卵母细胞中，将反转座子序列引入到报告基因的 3′-UTR，发现报告基因表达的 mRNA 序列不稳定。利姆（Lim）等同样也在鼠的卵母细胞中发现，一些 mRNA 的 5′-UTR 中也存在转座子序列。目前研究表明，piRNA 调控 mRNA 的机制主要有两种：降解机制和剪切机制。Gou 等（2014）在小鼠中的研究表明，CAF1 可以与 piRNA/MIWI 复合物相结合，该复合物可以导致 piRNA 识别的靶 mRNA 进行脱腺苷化，最终使得 mRNA 降解。而 Zhang 等（2015）报道了 piRNA/MIWI 介导的对 mRNA 的剪切机制。Zhang 等（2015）对小鼠球形精子期的相关研究表明，piRNA/MIWI 可以通过碱基配对的方式识别靶 mRNA，且在 piRNA 的 10 nt 有 mRNA 剪切片段的富集，而在 MIWI 催化区域丧失的情况下，piRNA 的 10 nt 位点 mRNA 剪切片段的富集程度显著下降。这表明 piRNA/MIWI 复合物通过 piRNA 识别 MIWI 剪切的方式来调控靶 mRNA。

piRNA 不仅可以从转座子相关的序列中转录出来，还可以从一些假基因中转录出来，假基因来源的 piRNA 可以调控其同一基因家族中的其他基因。例如，在果蝇中，与 X 染色体连锁的 Stellate 基因表达积累会造成雄性个体不育，而与 Y 染色体连锁的假基因 Su（Ste），恰恰是抑制 Stellate 基因表达的关键基因。研究表明，该假基因的反义链通过转录和加工产生成熟的 piRNA，该 piRNA 通过碱基配对的方式来识别 Stellate mRNA，以达到调控 Stellate 基因表达的目的。

11.4.4.3 调控染色体修饰

piRNA 参与维持基因组的稳定性，可能与染色体的表观修饰有关。针对鼠 Rasgrf1 序列的研究表明，Rasgrf1 序列的甲基化过程需要 piRNA 的参与。Yu 等（2015）发现果蝇 PIWI 复合物中存在一种蛋白质"Panoramix"，该蛋白质可以与转录的初始 RNA 结合，不仅可以抑制靶序列的表达，同时对靶序列转录位点附近序列的表达也同样有抑制作用，经过对转录位点的染色体分析发现其沉默的序列上产生了抑制转录的表观修饰。由此推测"Panoramix"蛋白是 piRNA 沉默机制中的受体蛋白，piRNA 沉默机制通过与受体蛋白结合，准确无误地对靶序列的转录位点进行表观修饰，从而达到永久关闭靶基因表达的目的。在诱导多能干细胞（induced pluripotent stem cell，iPSC）中同样发现了 piRNA 的存在。诱导多能干细胞具有分化成各类细胞的潜力，其中表观修饰决定着细胞分化的命运，经过分析认为 piRNA 不仅与转座子沉默、mRNA 转录或转录后调控有关，同样也与染色体和 DNA 的表观修饰有关。通过参与对染色体结构的构建，使得细胞向特定方向进行分化。

总之，piRNA 对基因表达的调控主要体现在两个层面上：转录调控和转录后调控。转录调控主要通过表观修饰来调控基因的表达，通过对染色体和 DNA 的修饰，关闭或打开基因的表达；转录后调控则是通过 piRNA 与转录本互补识别，并介导对 mRNA 的降解或切割，减少转录本 RNA 的数量，实现对其表达的调控。

11.4.4.4 参与癌症的发生

研究人员发现环境因素在引发癌症发生的同时，也相应提高了转座子转座的发生率。Cheng 等（2011）证实乳腺癌的癌细胞中转座子的转录本和转座相关的酶的含量明显高于正常细胞。随着测序技术的发展，在一些癌细胞中也相继发现了 piRNA 的存在，这表明 piRNA 很有可能与癌症的发生、发展有关。Cheng 等（2011）发现 piR-651 在胃癌、结肠癌、肺癌和乳腺癌中表达水平升高，进一步分析发现 piR-651 具有抑制胃癌细胞分裂的作用，使得癌细胞的分裂停留在 G_2/M

期。同样在胃癌患者中，研究者发现其外周血中的 piR-651 和 piR-823 比健康人的表达水平要低。Cheng 等（2011）经过进一步研究发现在胃癌组织中 piR-823 的表达水平虽然低于非癌组，但在提高胃癌细胞组织中 piR-823 的表达水平后，癌细胞的生长受到了抑制。虽然 piRNA 在癌细胞中具体的作用机制还不是很清楚，但是研究表明 piRNA 通路的紊乱会导致癌症发生。

癌细胞中同样也检测到 PIWI 蛋白的存在。Xie 等在肝癌组织中检测到 PIWIL1/HIWI 蛋白，认为该蛋白质具有致癌作用，因为在该蛋白质表达量下降时，肝癌细胞的增殖和迁移能力均降低。同样在胃癌病变前期到胃癌发生的过程中，PIWI 蛋白表达水平也在升高，将 PIWI 表达沉默后，胃癌细胞的增殖受到影响。因此，细胞中 PIWI 蛋白的出现可看作癌症发生的征兆。

11.5 lncRNA

近年来，随着高通量深度测序技术的飞速发展，大量长链非编码 RNA（long non-coding RNA，lncRNA）在真核生物体内不断被发现。lncRNA 是非编码 RNA 的一种，与前面介绍的 siRNA、miRNA 和 piRNA 这些非编码 RNA 的不同之处在于，其长度超过 200 nt，且缺乏明显的开放阅读框，不具有或具有较低的蛋白质编码功能。lncRNA 的生物来源广泛，在生物体内含量巨大，种类繁多，至今没有统一的生物学分类标准。通常 lncRNA 可分为正义 lncRNA（sense lncRNA）、反义 lncRNA（antisense lncRNA）、双向 lncRNA（bidirectional lncRNA）、基因内 lncRNA（intronic lncRNA）及基因间 lncRNA（intergenic lncRNA）5 种主要类型。其中，反义 lncRNA 因其结构特殊而备受关注。lncRNA 长度较长，其初级结构保守性差，但其二级、三级结构保守性却很强，这些高度保守的结构与 lncRNA 的生物学功能密切相关。近年来，越来越多的研究已证实，lncRNA 广泛参与 DNA 甲基化、组蛋白修饰、染色质重塑等生物学过程，能与 DNA、RNA 及蛋白质分子作用，顺式或反式调控靶基因的表达。依据 lncRNA 丰富的生物学功能，有研究人员在 2011 年首次提出将 lncRNA 行使生物学功能的方式分为 4 类（信号分子、诱饵分子、引导分子、支架分子），这极大地推进了 lncRNA 研究领域的进展。

由于其空间结构较复杂，作用机制也多种多样，主要分为以下几个方面：表观遗传学调控、转录调控和转录后调控。lncRNA 主要通过与 mRNA 相互作用调控基因转录后的表达过程，主要包括转录后 mRNA 的剪接、转运、翻译和降解等过程。

11.5.1 lncRNA 在转录后水平的调控机制

11.5.1.1 lncRNA 调控 mRNA 的剪接

前体 mRNA 的剪切是 mRNA 加工代谢中的重要步骤，已有研究证实这一过程常受到 lncRNA 的调控。未成熟的 mRNA，又称为前体 mRNA（pre-mRNA），具有多个剪接位点，且各个剪接位点的剪接能力不同，剪接过程需要依赖富含丝氨酸/精氨酸序列（serine/arginine-rich，SR）的蛋白家族等剪接调控因子的调控。已有研究证实 lncRNA 作为调控因子，调控 SR 蛋白家族磷酸化水平，进而调控 mRNA 的剪接。特里帕蒂（Tripathi）等发现 lncRNA MALAT1 发生缺失突变后，SR 蛋白家族的磷酸化水平降低，同时剪接能力变弱，导致 pre-mRNA 经过剪接后，存在于第三和第四外显子中的内含子并没有被剪切掉（Vidisha et al., 2010）。托勒维（Tollervey）等随后发现 lncRNA MALAT1 能与核蛋白 TDP-43 特异性结合，促使 SR 蛋白家族等剪接因子被招募到核斑点中，进而提高 SR 蛋白家族的磷酸化水平，从而提高 SR 蛋白家族的剪接能力（Tollervey et al., 2011）。布林瓦卡赫（Blin-Wakkach）等发现了一条转录自 Msx1 反义链的 lncRNA Msx1，经研究发现 lncRNA Msx1 通过与 Msx1 的 pre-mRNA 结合，从而干扰 pre-mRNA 的剪接过程，并阻碍 Msx1 的蛋白表达（Blin-Wakkach et al., 2001）。综上所述，lncRNA 不仅可以影响 pre-mRNA 的剪接能力，还可以调控剪接过程。

11.5.1.2　lncRNA 调控 mRNA 的降解

细胞中 mRNA 的水平对基因正常表达是非常必要的，mRNA 的降解也是维持 mRNA 正常水平的关键过程。现已有报道证实 lncRNA 调控 mRNA 的降解过程。沈丽萍等发现 miR-193a-3p 与 RAD51 mRNA 的 3′UTR 结合，促进了 RAD51 mRNA 降解。lnc-RI 作为竞争性内源 RNA 通过与 miR-193a-3p 结合，解除 miR-193a-3p 对 RAD51 mRNA 的降解作用，从而调控 RAD51 mRNA 的稳定性（Shen et al., 2018）。龚成刚等筛选了含有 Alu 元件的多条 lncRNA，Alu 元件已经被证实影响 mRNA 的转录，其中 lncRNA½-sbsRNA 通过与 CDCP1 mRNA 3′ UTR 的 Alu 元件互补成为一个 STAU1 结合位点，先招募 STAU1 与之结合，后招募 UPF1 并激发 STAU1 介导的 mRNA 降解途径，导致 CDCP1 mRNA 降解，抑制了基因的表达（Gong & Maquat, 2011）。据多人研究报道证实，lncRNA 也可以通过与 RNA 结合蛋白结合，以调节 mRNA 的稳定。赵秀丽等在小鼠的背根神经节发现名为 Kcna2 AS RNA 的 lncRNA，其可以与 MZF1 蛋白结合导致 Kcna2 mRNA 降解，引起神经元兴奋，导致疼痛的发生。

11.5.2　lncRNA 在其他水平的调控机制

11.5.2.1　lncRNA 调控 mRNA 的转运

pre-mRNA 在细胞核中经过特异性剪接成为成熟的 mRNA 后，由细胞核转运至细胞质中的核糖体上，才能翻译成蛋白质。已有研究证实，lncRNA 能够影响 mRNA 的转运，从而调控脂肪的生成。蔡睿等已发现在脂肪形成过程中，脂联素（adiponectin）作为脂肪细胞分泌的一种内源性生物活性多肽，同时也是胰岛素增敏激素，可以降低血糖，促进脂肪的形成。在细胞核中，AdipoQ lncRNA 与 AdipoQ mRNA 形成双链，抑制 AdipoQ mRNA 从细胞核向细胞质转移，从而抑制脂肪的形成（Cai et al., 2018）。

11.5.2.2　lncRNA 调控 mRNA 的翻译

目前已有诸多研究表明 lncRNA 能够影响 mRNA 的翻译过程。pu1 基因已被证实是造血过程中的主要转录因子，pu1 基因位点可同时产生 mRNA 和 lncRNA，并且 pu1 lncRNA 可以影响 pu1 mRNA 的翻译过程。魏宁等发现 pu1 lncRNA 表达水平升高后，pu1 蛋白水平降低，反之亦然。随后在分化过程中干扰 pu1 lncRNA 后发现 pu1 mRNA 的表达水平并未发生变化，蛋白质水平却上调了。通过核糖核酸酶保护试验结合 RT-PCR 检测到 pu1 mRNA 和 pu1 lncRNA 形成了 RNA 二聚体。由此可知，pu1 lncRNA 与 pu1 mRNA 形成了双链，阻断了 pu1 mRNA 的翻译，抑制蛋白质的合成（Wei et al., 2015）。Shang（2018）发现 lncRNA THOR（testis-associated highly conserved oncogenic lncRNA）在睾丸中特异性表达，干扰 lncRNA THOR，降低 c-myc mRNA 水平与蛋白质水平，并促进细胞凋亡；过表达 lncRNA THOR 后，通过 RNA 牵拉沉淀实验（pull down experiment）和 RNA 免疫沉淀（RIP）试验，发现促进了蛋白 IGF2BP1 与 c-myc mRNA 结合并提高 c-myc mRNA 水平与蛋白质水平。由此可知，lncRNA THOR 调控 IGF2BP1 蛋白与 c-myc mRNA 结合，进而参与调控 c-myc mRNA 翻译。以上试验说明 lncRNA 通过不同的作用机制来调控 mRNA 的翻译过程。

11.5.3　lncRNA 的生物学功能

lncRNA 参与协调宿主状态，代谢与发育，影响细胞的迁移、分化、周期与凋亡等各种不同的生物过程。位于细胞核内的 lncRNA 参与调控染色质重塑、组蛋白修饰、基因转录、编码基因的剪接和修饰等过程；而位于细胞质中的 lncRNA 则调控编码基因的稳定性、翻译和细胞信号转导通路。lncRNA 可以与 DNA、RNA 和蛋白质相互作用，且在表观遗传水平、转录水平和转录后水平等多个水平调控基因的表达，发挥生物学功能。

11.5.3.1 lncRNA 与宿主免疫

经研究发现，lncRNA 是宿主免疫系统发育及病原菌感染宿主的免疫应答过程中新的调控分子。lncRNA XLOC-09813 充当竞争性内源 RNA 来稳定原癌基因（FOS）的 mRNA 表达，作为调节 Toll 样受体信号通路和相关免疫功能中的关键调控分子（Fan et al., 2019）。lncRNA M2 存在于 M2 巨噬细胞的胞核和胞质内，在转录因子 STAT3 作用下可以促进 lncRNA M2 的转录，并通过 PKA/CREB 途径调控 M2 巨噬细胞的分化。由此可见，lncRNA 可通过调控染色质甲基化状态、NF-κB 等信号通路，从而介导病原菌的感染过程。

11.5.3.2 lncRNA 与癌症发生

lncRNA 在癌症发生过程中起着重要的作用。肿瘤样本的全基因组关联研究已经确定了大量与各种类型癌症相关的 lncRNA（Bhan et al., 2017）。lncRNA 表达的改变及其突变促进肿瘤的发生和转移。lncRNA 可能表现出肿瘤抑制和促进（致癌）功能。利用全基因组 RNA-Seq 分析鉴定出许多在前列腺癌中上调或下调的 lncRNA。例如，PCA3、PCGEM1 和 PCAT-1 对前列腺癌具有高度特异性。HOTAIR（HOX 转录本反义基因间 RNA）是研究最充分的 lncRNA 之一，在多种癌症中过表达，包括乳腺癌、结直肠癌、肝细胞癌、胃肠道癌和非小细胞肺癌。由于 lncRNA 在各种组织中的全基因组表达模式及其组织特异性表达特征，lncRNA 作为新型生物标志物和癌症治疗靶点具有很强的应用前景。

11.5.3.3 lncRNA 与发育

经研究发现，lncRNA 是细胞分化、细胞谱系选择、器官发生和组织稳态的关键参与者（Schmitz et al., 2016）。Fendrr 被证明是在器官发育和胚胎存活中起着至关重要作用的 lncRNA。一项研究显示，在 Fendrr 的第一个外显子处插入一个转录终止元件，会导致心脏功能受损、脐膨出（体壁发育缺陷）和胚胎死亡。lncRNA 还参与中胚层和内胚层的发育。例如，DEANR1（也称为 ALIEN）在内胚层主调节因子 FOXA2 的下游表达。DEANR1 耗竭会导致 FOXA2 表达降低，从而降低 hESC 向内胚层进行分化。另一项在小鼠和斑马鱼的心血管祖细胞中的研究表明，ALIEN 的耗竭干扰了心脏发育，但其功能机制仍有待进一步研究。另一种外胚层衍生物——表皮，也被证实受 lncRNA 的调节。在表皮分化和维持过程中，核 lncRNA ANCR（antisense noncoding RNA in the INK4 locus）通过抑制分化因子（包括转录因子 MAF 和 MAFB）来维持祖细胞库的分化。

思考与挑战

1. 真核生物中非编码 RNA 的作用方式有哪些异同？

2. miRNA 与 siRNA 的起源及产生有何不同？

3. 从进化的角度谈谈非编码 RNA 在生物体中的作用。

数字课程学习

转录后水平调控

课后拓展

1. 温故而知新

2. 拓展与素质教育

主要参考文献

何洁凝, 田生礼. 2014. RNA干扰的研究进展. 生命科学研究, 18(3): 265-274.

张建珍, 柴林, 史学凯, 等. 2021. RNA干扰技术与害虫防治. 山西大学学报(自然科学版), 44(5): 980-987.

Bhan A., Soleimani M., Mandal S. S. 2017. Long noncoding RNA and cancer: A new paradigm. *Cancer Reserch*, 77(15): 3965-3981.

Blin-Wakkach C., Lezot F., Ghoul-Mazgar S., et al. 2001. Endogenous *Msx1* antisense transcript: *in vivo* and *in vitro* evidences, structure, and potential involvement in skeleton development in mammals. *Proceedings of the National Academy of Sciences of USA of USA*, 98(13): 7336-7441.

Burgos M., Hurtado A., Jiménez R., et al. 2021. Non-coding RNAs: lncRNAs, miRNAs, and piRNAs in sexual development. *Sexual Developent*, 15(5-6): 335-350.

Cai R., Sun Y., Qimuge N., et al. 2018. Adiponectin AS lncRNA inhibits adipogenesis by transferring from nucleus to cytoplasm and attenuating *Adiponectin* mRNA translation. *Biochim Biophys Acta-Molecular and Cell Biology of Lipids*, 1863(4): 420-432.

Fan H., Lv Z., Gan L., et al. 2019. A novel lncRNA regulates the toll-like receptor signaling pathway and related immune function by stabilizing FOS mRNA as a competitive endogenous RNA. *Frontiers in Immunology*, 10: 838.

Gong C., Maquat L. E. 2011. lncRNAs transactivate STAU1-mediated mRNA decay by duplexing with 3′UTRs via Alu elements. *Nature*, 470: 284-288.

Iwasaki Y. W., Siomi M. C., Siomi H. 2015. PIWI-interacting RNA: its biogenesis and functions. *Annual Review of Biochemsitry*, 84: 405-433.

Motameny S., Wolters S., Nürnberg P., et al. 2010. Next generation sequencing of miRNAs-strategies, resources and methods. *Genes(Basel)*, 1(1): 70-84.

Panni S., Lovering R. C., Porrasm P., et al. 2020. Non-coding RNA regulatory networks. *Biochimica et Biophysica Acta-Gene Regulatory Mechanisms*, 1863(6): 194417.

Schmitz S. U., Grote P., Herrmann B. G. 2016. Mechanisms of long noncoding RNA function in development and disease. *Cellular and Molecular Life Sciences*, 73(13): 2491-2509.

Shang Y. 2018. LncRNA THOR acts as a retinoblastoma promoter through enhancing the combination of c-myc mRNA and IGF2BP1 protein. *Biomedicine & Pharmacotherapy*, 106: 1243-1249.

Shen L., Wang Q., Liu R., et al. 2018. lncRNA lnc-RI regulates homologous recombination repair of DNA double-strand breaks by stabilizing RAD51 mRNA as a competitive endogenous RNA. *Nucleic Acids Research*, 46(2): 717-772.

Taipaleenmäki H. 2018. Regulation of bone metabolism by microRNAs. *Current Osteoporosis Reports*, 16(1): 1-11.

Tollervey J. R., Curk T., Rogelj B., et al. 2011. Characterizing the RNA targets and position-dependent splicing regulation by TDP-43. *Nature Neuroscience*, 14(4): 452-458.

Tomizawa J. 1985. Control of ColE1 plasmid replication: initial interaction of RNA I and the primer transcript is reversible. *Cell*, 40(3): 527-535.

Vidisha T., Jonathan D., Zhen S., et al. 2010. The nuclear-retained noncoding RNA MALAT1 regulates alternative splicing by modulating SR splicing factor phosphorylation. *Molecular Cell*, 39(6): 925-938.

Wei N., Wang Y., Xu R. X., et al. 2015. *PU.1* antisense lncRNA against its mRNA translation promotes adipogenesis in porcine preadipocytes. *Animal Genetics*, 46(2): 133-140.

第 12 章
蛋白质水平调控

在转录水平上调控基因表达是最有效、最经济的方式。在翻译水平上也存在着多种调控方式，特别是在真核生物中。这些调控方式可能发生在翻译过程（包括蛋白质合成的起始、延伸和终止），以及蛋白质加工、运输和降解等的任一环节，从而调节蛋白质的合成量及活性，并最终对生命进程产生影响。发生在翻译过程中的调控称为翻译水平调控，发生在翻译结束后的蛋白质加工、运输和降解等环节的调控称为翻译后水平调控。

12.1 翻译水平调控

12.1.1 同一操纵子内不同基因的蛋白质合成量差异

12.1.1.1 翻译的极性

原核生物基因组结构的特点之一是形成操纵子，其转录产物为多基因的 mRNA，即多顺反子 mRNA，因此一条操纵子 mRNA 可以翻译出多个独立的多肽链。在翻译时，同一条 mRNA 链上同时结合多个核糖体进行同步翻译，每个核糖体都是从第一个基因 5′ 端的 SD 序列开始向最后一个基因的 3′ 端滑动，从而形成多核糖体（polyribosome）结构。处在同一操纵子 mRNA 上的每个基因均具有各自独立的翻译起始密码子和终止密码子，但是从 mRNA 5′ 端起始的核糖体在每个基因的终止密码子处都会解体。在大亚基解离后，小亚基继续沿着 mRNA 向 3′ 端滑行，找到下一个基因的翻译起始密码子后再次结合大亚基，重建核糖体，并重新启动翻译。由于小亚基在 mRNA 上滑动的过程中存在脱落的可能性，因此距离操纵子 mRNA 5′ 端越远的基因遇到小亚基脱落的概率就越高，完成肽链翻译的概率就越低（图 12.1）。例如，大肠杆菌 lac 操纵子中的 Z、Y、A 基因所编码的产物 β-半乳糖苷酶、半乳糖苷通透酶和半乳糖苷乙酰转移酶被翻译的量并不相同，表现为 Z 产物：Y 产物：A 产物 =5：2：1。

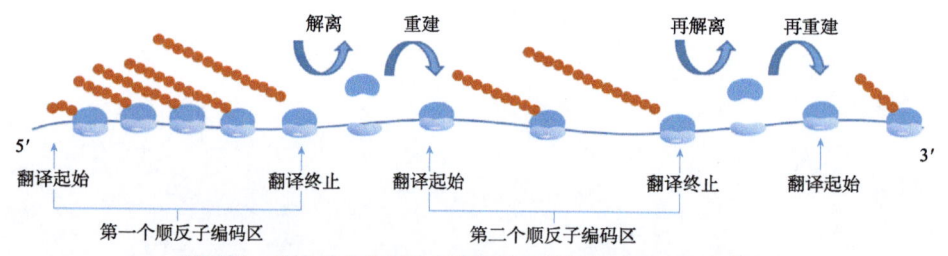

图 12.1 操纵子内多顺反子的协调翻译与核糖体的重建有关

12.1.1.2 mRNA 高级结构

大肠杆菌 R17 病毒的遗传物质是一条能形成链内二级结构和高级结构的正链 RNA（基因组与 mRNA 碱基序列相同的单链 RNA 病毒），包含 4 个基因 cp、rep、ap 和 lys，它们在基因组中的排列顺序为 5′ap-cp-(lys)-rep 3′，其中 lys 与 cp 和 rep 形成重叠基因，即 lys 的 5′ 端和 3′ 端分别与 cp 的 3′ 端和 rep 的 5′ 端重叠。ap 基因的翻译起始密码子位于该 RNA 链的 5′ 端高级结构内部，rep 基因的翻译起始密码子靠近 RNA 的 3′ 端，而 cp 基因的翻译起始密码子暴露于 ap 基因和 rep 基因之间的序列中（图 12.2）。当 R17 病毒侵染大肠杆菌细胞后，细胞内的核糖体首先结合在 cp 基因的翻译起始密码子 AUG 处启动对外壳蛋白 Cp 的翻译，核糖体继续沿着 RNA 链向 3′ 端滑行并打开随后的二级结构，翻译出复制酶 Rep。从操纵子基因翻译的特征看，Rep 蛋白的翻译是依赖上游（5′ 端）cp 基因与核糖体的结合和 RNA 链二级结构的解除；但是翻译 Cp 蛋白的量比翻译 Rep 蛋白多很多，这是因为 Cp 蛋白特异性地结合在 rep 基因 5′ 端的核糖体结合位点上，阻止核糖体与该位点结合，从而阻止 Rep 蛋白的过度翻译。复制酶 Rep 结合在病毒基因组 RNA 链（正链）的 3′ 端，以基因组 RNA 链为模板复制出负链 RNA。再以负链 RNA 为模板复制出有翻译模板功能的正链 RNA，当复制到达 ap 基因区域时，刚被复制出来的正链 RNA 的 ap 基因的翻译起始密码子 AUG 暴露出来，此时核糖体可以结合上来并翻译出侵染附着蛋白 Ap。随着 ap 基因复制的延伸和 Ap 蛋白翻译的进行，ap 基因区域 RNA 的二级结构重建，翻译被再次关闭。所以 Ap 蛋白的翻译仅发生在新生正链 RNA 被复制的短暂时间内，维持 Cp 蛋白与 Ap 蛋白的翻译量比值始终是 180∶1。

12.1.1.3 稀有密码子的使用

在 mRNA 中还存在一种被称为稀有密码子的限速密码子，也称为调谐密码子（modulating codon）。一个氨基酸可以由几个不同的密码子编码，不同密码子的使用频率与对应的 tRNA 丰度有关。丰度低的 tRNA，与之对应的密码子在

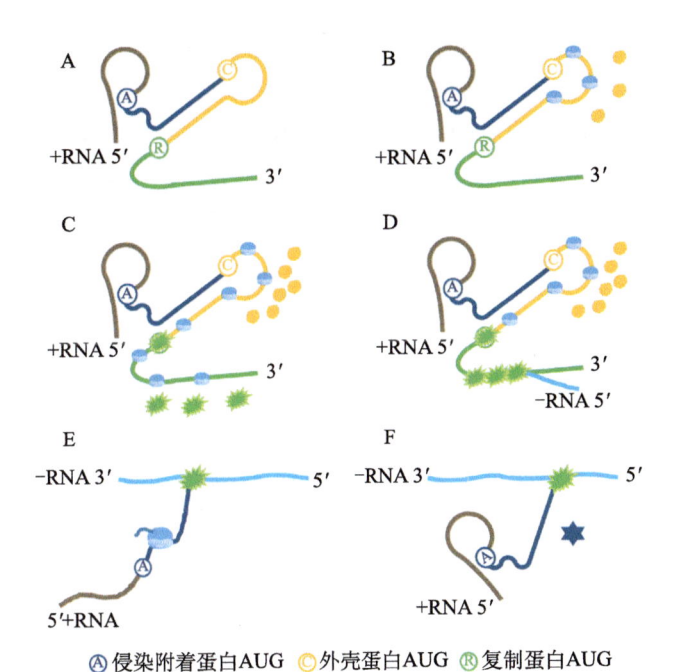

图 12.2 大肠杆菌 R17 病毒 ap、cp、rep 基因的翻译受其 RNA 二级结构的影响

mRNA 中出现的频率也低，氨酰 tRNA 与该密码子结合的速率和释放的速率也相应较低。在翻译的过程中，核糖体会在稀有密码子上"停工待料"，从而降低翻译速率。这类调谐密码子广泛存在于原核和真核生物中。例如，dnaG、rpoD 和 rpsU 是大肠杆菌基因组中同一操纵子上的 3 个基因，而 dnaG 产物∶rpoD 产物∶rpsU 产物约为 50∶2800∶4000。主要原因是 dnaG 序列中含有许多在其他基因中使用频率很低的稀有密码子，在 dnaG 产物翻译过程中产生"限速"效应，成为导致 dnaG 产物显著少于 rpoD 产物和 rpsU 产物的主要调控机制。

12.1.2 信息体与蛋白质的合成

mRNA 与编码的蛋白质结合抑制自身的翻译，这样的复合体称为信息体（informosome）。显然，信息体中储存有大量的遗传信息。例如，储存于卵细胞中的信息体，受精后能迅速释放出 mRNA，快速翻译蛋白质。已知放线菌素能抑制 RNA 的转录，而不能抑制蛋白质的翻译。如果使用放线菌素处理海胆受精卵，理论上由于受精卵中 RNA 的合成被抑制，随后的蛋白质合成也将被抑制，受精卵将无法分化。但事实上，用放线菌素处理海

胆受精卵后并不能阻抑早期卵裂和原肠胚的形成。可以推测，海胆受精卵分化形成囊胚和原肠胚所需要的蛋白质的翻译模板 mRNA 并不是在受精卵中合成的。研究表明，海胆卵经过卵裂形成囊胚和原肠胚所需要的蛋白质是由卵细胞携带的信息体中的 mRNA 翻译而来的。

12.1.3 核糖体蛋白质合成的自体调控

核糖体蛋白质和核糖体 RNA（ribosome RNA，rRNA）的合成是被严格调控的，以保持核糖体蛋白质与 rRNA 的含量处于一种动态平衡的状态。其主要特点为：不同的核糖体蛋白质基因分布于不同的操纵子中，如表 12.1 所示，每个操纵子内都有一个核糖体蛋白质基因作为自身操纵子的调节子基因（星号所示），如 S7、L5、L4、S4、L11 等。这些核蛋白具有双重功能，它们既可以与 rRNA 结合组装成核糖体，又可以与自身所在操纵子 mRNA 5′ 端的 SD 序列结合，关闭自身操纵子 mRNA 的翻译。调节子蛋白质与 rRNA 的结合能力高于与自身 mRNA 的结合能力。因此，当细胞中 rRNA 充足时，该蛋白质以核糖体蛋白质的"身份"优先结合 rRNA 组装成核糖体；当 rRNA 不足时，该蛋白质又以调节子的"身份"结合于自身操纵子 mRNA 上，降低自身及同一操纵子内相关蛋白质的翻译速率。

表 12.1　编码大肠杆菌核糖体蛋白质的操纵子和核糖体蛋白质基因

操纵子	基因和调节子
str	S12、S7*、EF-G、EF-Tu
spc	L14、L24、L5*、S14、S8、S16、L18、S5、L15、L30
s10	S10、L3、L2、L4*、L23、S19、L22、S3、S17、L16、L29
a	S13、S11、S4*、a、L17
L11	L1、L11*

注：* 标明的是该操纵子的调节子；下划线上的基因是受调节子调节的基因，下划线外基因的表达受其他调控蛋白和调控体系的调控

12.1.4 mRNA 的寿命对翻译的调节

蛋白质的翻译必须以 mRNA 为模板，所以 mRNA 的含量也影响了蛋白质的翻译。影响 mRNA 含量的因素主要有两方面，即 mRNA 的合成速率和降解速率（mRNA 的稳定性）。与 DNA 相比，RNA 的稳定性差，而 mRNA 是三类 RNA（mRNA、rRNA 和 tRNA）中稳定性最差、半衰期最短的。原核生物细胞中 mRNA 的半衰期仅几分钟，真核生物细胞中不同的 mRNA 稳定性差异很大，半衰期一般为 0.5～20 h，甚至几天。与核糖体结合可以保护 mRNA 不被降解。所以，未被翻译的 mRNA 将被降解得更快。一般管家基因 mRNA 的稳定性好，而奢侈基因（受诱导表达的基因）的 mRNA 稳定性差。mRNA 的稳定性取决于其二级结构，因此一些 mRNA 分子本质上比其他 mRNA 分子更稳定。一些 RNA 结合蛋白特异性地结合到 RNA 上，可能通过两种方式影响 mRNA 的稳定性。第一，它可以直接改变 RNA 对 RNase（ribonuclease）的敏感性。第二，该蛋白质可能有助于或阻碍与核糖体的结合，间接改变翻译速率，从而间接影响 mRNA 的稳定性。

大肠杆菌的 CsrABC 调节系统由一个 RNA 结合蛋白 CsrA 和两个非编码的调节的小 RNA（small RNA）CsrB 和 CsrC 组成。每个 CsrB 的 RNA 分子上有约 22 个 CsrA 蛋白结合位点，形成大约 9 个 CsrA 二聚体，广泛存在于细菌中，影响其他 mRNA 的翻译。CsrC 的工作方式与 CsrB 相同，但 CsrC 的 RNA 分子上 CsrA 蛋白的结合位点更少。CsrA 蛋白与 CsrB 和 CsrC RNA 的结合增加了它们的稳定性。CsrAB 系统调控着糖作为糖原储存的平衡，CsrA 激活糖酵解及抑制葡萄糖和糖原合成。CsrA 蛋白与糖原合成相关基因的 mRNA 结合，如 glgC（图 12.3）。CsrA 蛋白的结合位点

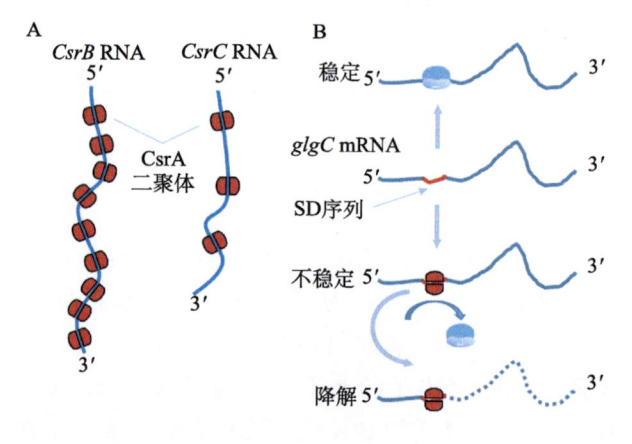

图 12.3　CsrA 调控 mRNA 降解

与 glgC mRNA 的 SD 序列重叠，CsrA 蛋白的结合阻止了核糖体与 mRNA 的结合，从而阻止了翻译，导致糖原合成相关蛋白质的合成量减少，糖原合成受阻，glgC 的 mRNA 被迅速降解。

12.1.5 终止密码解读的移码与通读调节

在正常翻译的情况下，核糖体沿着 mRNA 从 5′ 端向 3′ 端滑行，每移动 3 个核苷酸便在肽链上延伸一个氨基酸残基。当到达终止密码子时，细胞内没有氨酰 tRNA 进入核糖体 A 位点，细胞内的释放因子（release factor，RF）能识别终止密码子，终止肽链的延伸并引起多肽链的释放和核糖体的解体。但核糖体在终止密码子处仍有较低的概率（<10^{-3}）继续合成多肽链的抗终止现象。这种现象可能是经终止密码子的通读（read-through）或移码（frame shift）产生的。通读是指在蛋白质翻译过程中，当核糖体遇到终止密码子时，核糖体任意结合一种氨酰 tRNA，继续蛋白质的合成，翻译出一条延长的多肽链的现象。

移码则是核糖体在 mRNA 上解读密码子延伸肽链时，向前或向后移动非三整数倍个核苷酸，从而改变读码框，使多肽链延伸得以继续的现象。RF2 因子的合成采用移码抗终止的方式维持其自身相对恒定的浓度。在释放因子 RF2 的 mRNA 上，在第 25 位密码子 CUU（Leu）与第 26 位密码子 GAC（Asp）之间有一个 U，第 340 位密码子是基因末端的终止密码子 UAG。当细胞中 RF2 充足时，核糖体在 mRNA 上解读密码子延伸肽链到第 25 位密码子后，RF2 识别并结合于自身 mRNA 中的第 26 位密码子 UGA，终止多肽链的合成，释放出一条只含 25 个氨基酸残基且无功能的多肽链（图 12.4）。当细胞中 RF2 不足时，核糖体对第 26 位终止密码子采用了 +1 移码的解读方式，核糖体通过对第 22、23 位密码子形成的 AGG-GGG 类 SD 序列移码窗口识别，产生 +1 特异滑动配对（specific procrastinating），将原来的 CUULeu 25th UGAStop 26th C 解读为密码子 CUULeu 25th U GACAsp 26th，聚合 Asp 以保证多肽链继续延伸，在第 333 密码子 UAG 处合成终止，形成一条长的有活性的 RF2 多肽链（图 12.4）。

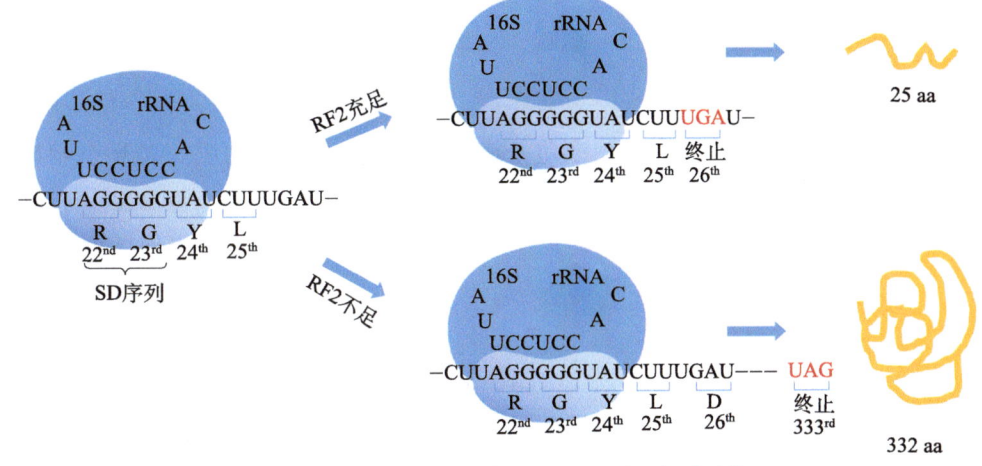

图 12.4　核糖体对终止密码子的 +1 移码解读现象

12.1.6 翻译中的弱化子调控

红霉素是一类大环内酯类抗生素，它可以透过细菌细胞膜，在接近核糖体大亚基的 P 位点与核糖体发生可逆性结合，阻止氨酰 tRNA 进入 P 位点，也阻断肽酰 tRNA 从 A 位点向 P 位点的转位，进而抑制蛋白质的合成。用低浓度 10～100 nmol/L 红霉素处理后，细菌可实现对超过 100 μmol/L 高浓度红霉素的抗性。

细菌对红霉素的抗性是核糖体大亚基 23S rRNA 的中第 2508、2509 位的两个腺嘌呤被甲基化酶 emrC 甲基化修饰（G$_{2057}$AM 2058AM 2059G$_{2060}$），降低了大亚基与红霉素的亲和力。emrC 基因的引导序列中含有一个编码 19 个氨基酸前导肽（leader peptide）的 ORF 和一个 243 个氨基酸的 emrC 蛋白质编码区。在 *emrC* 基因的转录起始位点与其核糖体结合位点（SD-2 序列）之间含有 4 个反向重复序列：①、②、③和④，其中①与②、②与③、③与④可相互配对（图 12.5）。而 *emrC* 基因的核糖体结合位点（SD-2 序列）则位于序列③与④形成的茎-环结构中。当①与②、③与④配对时，*emrC* 基因的核糖体结合位点被封闭于③与④形成的茎-环结构中，emrC 蛋白的翻译被关闭。当②与③配对时，*emrC* 基因的核糖体结合位点被打开，emrC 蛋白的翻译被启动。

当细菌受到低浓度红霉素处理时，仍有少数核糖体缓慢地进行蛋白质的合成，序列①区段被核糖体覆盖，②与③区段则形成茎-环结构，④区段上 *emrC* 基因的核糖体结合位点开放，核糖体结合并翻译出少量的 emrC 酶（图 12.5）。在少量 emrC 酶的作用下，23S rRNA 中第 2508、2509 位的两个腺嘌呤被甲基化，导致红霉素与核糖体结合的能力下降，emrC 酶则被大量合成，23S rRNA 则被大量甲基化。此时，再使用高浓度红霉素处理细菌，细菌表现出对红霉素的抗性。这种现象称为翻译中的弱化子调控。

当 emrC 酶过量时，emrC 蛋白可与其自身 mRNA 结合而抑制 emrC 的继续合成。

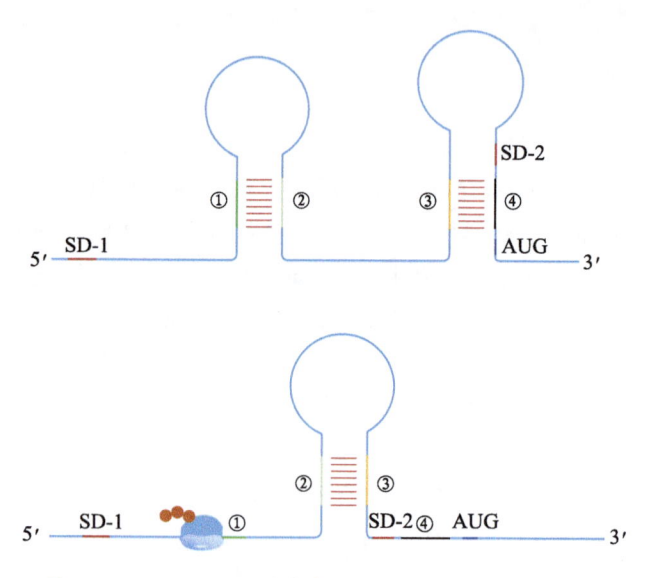

图 12.5 *emrC* mRNA 引导序列所形成的可变的茎-环结构

12.2 翻译后水平调控

新合成的多肽大多数是没有功能的，需要进一步经历前体的加工、转运、折叠、降解等环节，才能最终行使其生物学功能。

12.2.1 蛋白质前体的加工

12.2.1.1 N 端甲硫氨酸和信号肽的切除

我们知道，肽链的合成一般从甲酰甲硫氨酸或甲硫氨酸起始。在肽链合成起始后，甲酰基通常会被去甲酰化酶切除，随后甲硫氨酸被氨肽酶从新生肽链上切除。甲硫氨酸的切除效率受第二位氨基酸残基的影响。例如，回转半径较小的甘氨酸和丙氨酸有助于甲硫氨酸的切除，而精氨酸则不利于甲硫氨酸的切除。在不同物种中，N 端甲硫氨酸被切除的蛋白质占总蛋白质的比率大不相同，一般在 55%~70%。真核生物的细胞器中，其编码的大部分蛋白质 N 端甲酰甲硫氨酸也会被切除。例如，经过对大豆和菠菜质体中的蛋白质分析发现，其中有 6 个蛋白质保留了 N 端甲酰甲硫氨酸；14 个蛋白质去除了甲酰基，但保留了甲硫氨酸；30 个蛋白质最终切除了 N 端甲酰甲硫氨酸。近年来，在细菌、酵母和植物中的研究表明，N 端甲酰甲硫氨酸/甲硫氨酸残基还可作为蛋白质降解的信号，但其具体的分子机制目前尚不清楚。

此外，分泌蛋白的信号肽在穿膜后也要被内质网腔的信号肽酶所切除和水解。

12.2.1.2 新生肽链的剪接和加工

一些新合成的蛋白质在 N 端具有信号肽，当蛋白质转运到达特定的亚细胞区域后，信号肽就有可能被蛋白水解酶切除。另外，有些新生肽链需要经过剪切才能获得生物学活性。例如，胰岛素（insulin）的形成就会经历多次肽链的剪切（图 12.6）。最初，编码胰岛素的 mRNA 被翻译为前胰岛素原（preproinsulin），前胰岛素原在信号肽的介导下，转运到内质网中，随即信号肽被切除，形成胰岛素原（proinsulin）。胰岛素原由三个结构域组成：分别为氨基端的 B 链、羧基端的 A 链和两者之间的连接肽 C 链。胰岛素原的 A 链和 B 链通过二硫键结合在一起，同时 C 链被内肽酶切除，形成成熟形式的胰岛素。系统素（systemin）是植物中的一种肽类激素，它参与植物的虫害防御。系统素原（prosystemin）由 200 个氨基酸组成，经过剪切形成 18 个氨基酸的成熟形式的系统素。一些病毒的 mRNA 可以通过自剪切肽（self-cleaving peptide）而翻译出多个蛋白质。例如，在翻译过程中，2A 肽能够形成高级结构导致其 C 端的甘氨酸和脯氨酸残基之间不能形成肽键，但核糖体却能继续翻译下游的肽链，从而形成独立的两个蛋白质分子。这一发现已被应用在合成生物学中，用于确保蛋白质的等量表达。

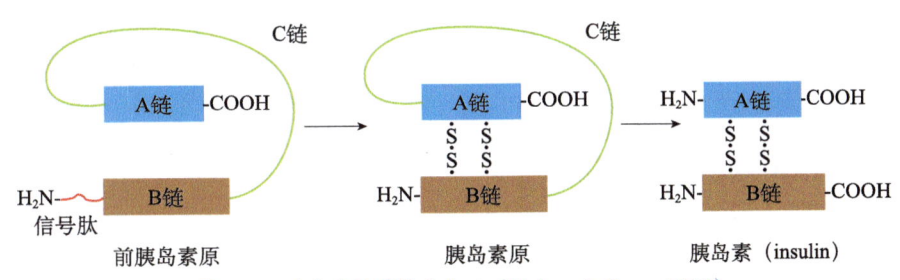

图 12.6　胰岛素的剪接和加工（Nelson & Cox，2017）

12.2.1.3　多肽的修饰

多肽的修饰是指新合成多肽的氨基酸侧链被磷酸化、糖基化、次磺酸化、SUMO 化、乙酰化、羟基化和甲基化等，在真核生物中已检测到超过 460 种不同的修饰方式。与真核生物蛋白质相比，原核生物蛋白质发生的修饰相对较少，而且不同原核生物之间修饰酶的数量差异也很大。蛋白质翻译后修饰可能改变蛋白质的物理和化学性质、折叠、构象分布、稳定性、活性，从而改变功能。

1. 磷酸化

磷酸化是指由蛋白激酶催化的将 ATP 的磷酸基转移到底物蛋白质的氨基酸残基上的过程，这种磷酸化的过程受细胞内蛋白激酶催化。根据磷酸化的氨基酸残基的不同，可将磷酸化蛋白分为 O-磷酸蛋白、N-磷酸蛋白、酰基-磷酸蛋白和 S-磷酸蛋白 4 类。O-磷酸蛋白通常由丝氨酸、苏氨酸或酪氨酸的磷酸化形成；N-磷酸蛋白由精氨酸、赖氨酸或组氨酸的磷酸化形成；酰基-磷酸蛋白由天冬酰胺或谷氨酰胺的磷酸化形成；S-磷酸蛋白由半胱氨酸的磷酸化形成（图 12.7）。

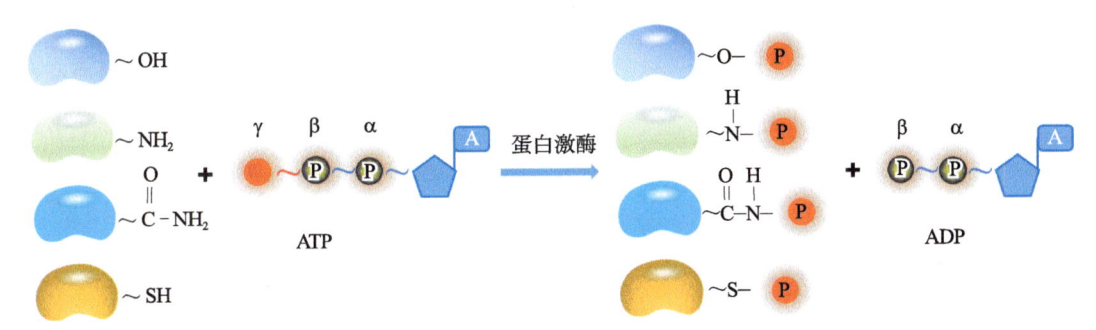

图 12.7　蛋白质的磷酸化过程

2. 糖基化

糖基化是指在糖基转移酶（glycosyltransferase）的控制下，将糖类小分子附加到蛋白质上的过程。所有进入分泌途径的蛋白质几乎都是被糖基化的。糖基转移酶的作用通常是在蛋白质肽链上天冬酰胺的酰胺基加上寡糖（N-糖基化），或在丝氨酸、苏氨酸或羟赖氨酸的羟基加上寡糖（O-糖基化）。N-糖基化开始于内质网并在高尔基体中完成，O-糖基化仅在高尔基体内发生（图12.8）。糖基化主要有以下几个方面的作用：使蛋白质（如肠道膜蛋白）能够抵抗消化酶；赋予蛋白质转导信号的功能；某些蛋白质只有在糖基化之后才能正确折叠。

图 12.8　蛋白质的糖基化过程

3. 次磺酸化

次磺酸化（sulfenation）是蛋白质半胱氨酸残基的自由巯基被活性氧（reactive oxygen species，ROS）如过氧化氢（hydrogen peroxide，H_2O_2）或活性氮分子（reactive nitrogen species，RNS）如过氧亚硝基（peroxynitrite，$ONOO_2$）氧化形成次磺酸（—SOH）的过程，出现在一些酶类的中间反应中，可被进一步氧化为更高级产物如亚磺酸（—SO_2H）、磺酸（—SO_3H），也可被可逆还原为巯基。蛋白质半胱氨酸残基的次磺酸化影响蛋白质-蛋白质之间的相互作用。例如，拟南芥的PRXⅢB蛋白第51位的半胱氨酸残基被过氧化氢氧化形成次磺酸后才能与蛋白质ABI2发生互作（图12.9）。

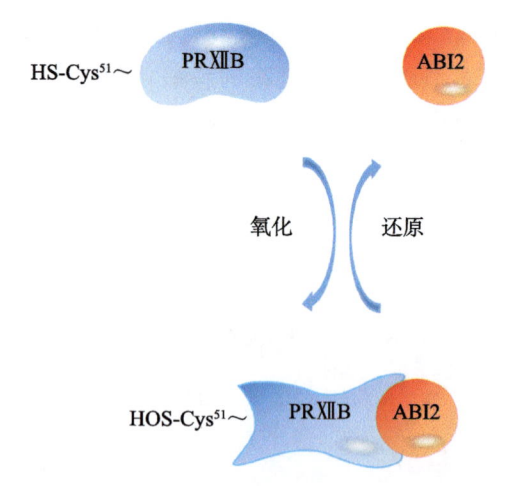

图 12.9　次磺酸化影响蛋白质 PRXⅢB 与 ABI2 之间的互作

4. SUMO 化

SUMO 化（又称类泛素化）是一类重要的翻译后修饰，是指将与泛素蛋白结构相似的 SUMO（small ubiquitin-related modifier protein）分子通过共价键连接到底物蛋白质的赖氨酸残基上。SUMO 化修饰可调控蛋白质的亚细胞定位、稳定性、互作能力和活性，以此参与细胞生长、分化和应激的调控过程。

SUMO 化修饰是一个酶促反应过程，需要一系列催化酶类，包括 SUMO 激活酶 SAE1/2 复合物、SUMO 结合酶 Ubc9、不同的 SUMO 连接酶和 SUMO 蛋白酶。SUMO 以前体的形式表达，其 C 端需要经过特异性的 SUMO 蛋白酶 SENP 切割，以暴露出双甘氨酸残基，获得可供修饰的成熟 SUMO 分子。成熟的 SUMO 分子与 SUMO 激活酶（又称为 E1）SAE1/2 复合物互作，其中 SAE2 上存在一个具有催化活性的半胱氨酸残基。由于 SAE2 亚基具有核定位序列，可能促进 SUMO 相关酶组分在细胞核内的积累。SAE1 和 SAE2 形成二聚体复合物，组成一个 ATP 结合的结构域。SUMO 与 SAE2 的结合导致了 SUMO 双甘氨酸基序的腺苷化（adenylation），而活化的 SUMO 能够通过硫酯键与 SAE2 的催化性半胱氨酸残基共价连接。形成 SAE1/2-SUMO 复合物后，激活酶 SAE1/2 将 SUMO 转移到结合酶 Ubc9（又称为 E2）。在人类细胞中，泛素结合酶具有多个成员，而 SUMO 结合酶只用一个成员，可与所有 SUMO 成员结合。SAE1/2 与 Ubc9 的相互作用将 SUMO 的 C 端双甘氨酸基序通过形成硫酯键转移至 Ubc9 蛋白的催化性半胱氨酸残基。最后，Ubc9 将 SUMO 分子转移至底物蛋白质的赖氨酸残基；SUMO 分子的 C 端甘氨酸残基与底物蛋白质的赖氨酸残基的 ε 氨基之间形成异肽键。

SUMO 蛋白酶 SENP 同时行使两方面的功能，一方面通过切割 SUMO 前体以获得成熟的 SUMO 分子，另一方面将 SUMO 分子从底物蛋白质上移除。人类细胞中存在 6 个 SENP 成员，它们具有不同的亚细胞分布，如 SENP1 定位于 PML 小体，SENP2 分布于核孔复合物，SENP3 定位于核仁，SENP6 分布于细胞质，因此 SENP 成员可能催化不同细胞区域内底物的去 SUMO 化。同时，SENP 对不同 SUMO 前体的切割活性也有所不同：SENP1 和 SENP2 对 SUMO1～SUMO3 前体都具有加工作用，而 SENP3 更偏好加工 SUMO3 前体。对于去 SUMO 化反应，SENP1 更偏好受 SUMO1

修饰的底物，而其他 SENP 主要切割 SUMO2/3 与底物蛋白质之间的异肽键。因此，SUMO 催化酶与蛋白酶协同作用，动态可逆地调控底物蛋白质的 SUMO 化修饰。

SUMO 化修饰在转录、转录后、翻译、翻译后各个步骤对基因表达进行调控，因而广泛参与真核生物的各个生理学过程。例如，细胞周期的核心因子 CDK 蛋白家族受 SUMO 化修饰，因此该修饰在细胞周期的精确控制方面具有关键作用；SUMO 连接酶 MMS21 是染色质结构维持复合物 SMC5/6 的亚基，表明 SUMO 化也是 DNA 损伤修复所必需的；多种参与细胞形态维持的 GTP 相关蛋白都是 SUMO 化的底物，因此 SUMO 化在维持细胞骨架、细胞形态和细胞运动方面也发挥了重要作用。

蛋白质修饰的种类多种多样。除了上述介绍的几种，较常见的还有蛋白质甲基化、乙酰化、泛素化、羟基化、羧基化等。有的蛋白质只发生单一修饰，有的蛋白质可以发生两种及以上的不同修饰，这些修饰之间可以是协同的，也可以是拮抗的。有些蛋白质修饰是可以遗传的，这类调控方式属于表观遗传学修饰，将在后面的章节详细介绍。

12.2.1.4 二硫键的形成

二硫键由同一肽链或不同肽链间的两个半胱氨酸残基的硫醇基团耦合而成。由于细胞内通常处于相对还原的状态，因此细胞质内的蛋白质不易形成二硫键；而内质网腔室内部处于非还原状态，有利于二硫键的形成，因此二硫键常见于分泌蛋白和一些膜蛋白中。二硫键对蛋白质的正确折叠，维持正确的空间结构具有重要的作用。例如，前述的胰岛素就是由 A 链和 B 链通过二硫键结合在一起形成的（图 12.6）。

12.2.1.5 亚基的聚合

在生物体中，蛋白质功能的实现不仅依赖于自身的理化性质，同时也依赖于与其他蛋白质的互作。最典型的是一些多亚基合酶，如 DNA 聚合酶、RNA 聚合酶、组蛋白乙酰化酶复合物 SAGA 和 NuA4 等。它们都由多个亚基通过非共价键聚合而成，从而发挥生物学功能。细菌 RNA 聚合酶的核心酶包括 3 种亚基：α、β 和 β′ 亚基。核心酶的组装始于两个 α 亚基的结合，接着 αα 二聚体与 β 亚基结合形成 ααβ 三聚体，然后与 β′ 结合形成 ααββ′ 四聚体。另外，在生物体内，亚基虽然对核心酶的活性不是必需的，但它常常与 ααββ′ 结合形成 ααββ′ω 复合物，起到稳定 β′ 亚基的功能。成人血红蛋白也是由多个亚基构成的，它由两条 α 链、两条 β 链及 4 分子血红素组成，从多聚核糖体合成后自行释放的 α 链与尚未从多聚核糖体上释放的 β 链相连，然后一并从多聚核糖体上脱离下来，变成 αβ 二聚体。此二聚体再与线粒体内生成的两个血红素结合，最后形成一个由 4 条肽链和 4 个血红素构成的有功能的血红素蛋白分子（图 12.10）。

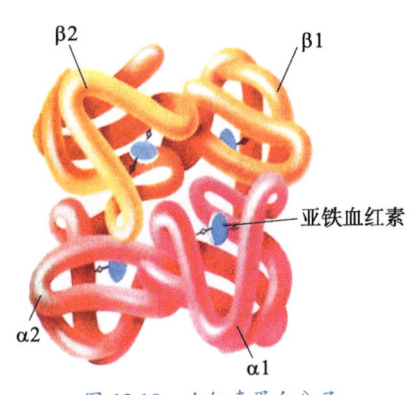

图 12.10　血红素蛋白分子

12.2.2　蛋白质转运

核糖体是蛋白质的合成场所，合成后的蛋白质要发挥功能还必须经过多种途径到达特定区域。在原核生物细胞中，核糖体附着在细胞质膜的内膜上，有的蛋白质需要穿过内膜进入细胞间质中，再穿过细胞外膜扩散到细胞外。真核生物细胞中核糖体或游离或附着在糙面内质网上，在游离的核糖体上合成的蛋白质可扩散到细胞质中，而在糙面内质网上的核糖体合成的蛋白质，则必须先进入糙面内质网腔，经过高尔基体等几个膜系统，通过选择、加工，然后分泌、扩散或运输到其发挥功能的部位。这些蛋白质通过怎样的机制从合成部位运送至功能部位呢？一般来说，蛋白质转运可分为两大类：如果细胞内蛋白质的合成和转运是同步发生的，属于翻译转运同步机制；如果蛋白质从核糖体上释放后才发生转运，则属于翻译后转运机制。这两种转运方式都涉及蛋白质分子特定区域与细胞膜结构的互作关系。

12.2.2.1 翻译转运同步机制

翻译转运同步机制——蛋白质分泌的信号肽假说。分泌是蛋白质从细胞内部释放到胞外空间或进入细胞器的过程。分泌性蛋白质是一类典型的翻译转运同步进行的蛋白质，对这类包括内质网或质膜蛋白质跨膜转运的研究使人们认识到蛋白质转运的机制，即信号肽假说。

信号肽假说认为，在分泌性蛋白质 mRNA 的起始密码子后，存在一段编码 15～30 个疏水性氨基酸的 RNA 序列，这段序列称为信号序列。在蛋白质翻译过程中，mRNA 上的信号序列先被翻译，新合成的信号肽被膜上特定的受体识别并引导蛋白质进入内膜。进入内膜的疏水性信号肽对磷脂双层膜产生扰动效应，诱发形成一个疏水性的通道，允许信号肽在延长的同时穿过细胞膜。而紧随信号肽后是含有 1～3 个氨基酸的信号肽切割位点，信号肽穿过磷脂双层膜后被内质网腔的信号肽酶水解，而正在合成的新生肽随之穿越磷脂双层膜的疏水通道（图 12.11）。按照信号肽假说，信号肽序列对决定蛋白质的特定靶向起着引导作用。

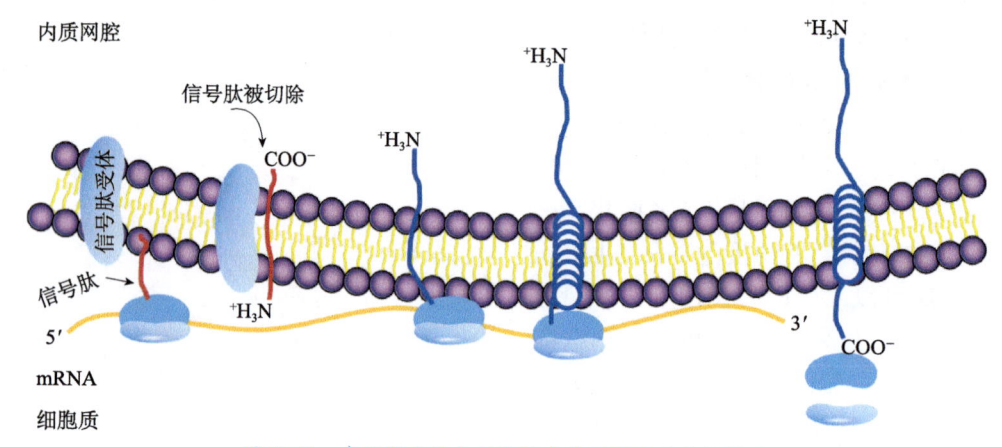

图 12.11 在原核生物中信号肽介导的蛋白质分泌模型

12.2.2.2 翻译后转运机制

蛋白质主要是在糙面内质网上合成的，核糖体结合在内质网膜上，新合成的蛋白质首先进入内质网腔，然后被包被于膜囊中进行转运。而蛋白质的靶向由前导肽决定，前导肽是蛋白质上一段短的、共价修饰的氨基酸序列。在这一过程中，翻译和转运是分开的，属于翻译后转运机制。在该机制中，蛋白质包裹于由内质网形成的小膜泡（vesicle）中，可溶性蛋白质在膜泡空腔中运输，跨膜蛋白质则通过结合在膜上而被运输（图 12.12）。一个膜泡可从其供体区室表面出芽解离，并与高尔基体或质膜表面融合，其负载的蛋白质可被释放进入靶区室膜内的腔体，这样蛋白质被从膜泡转运到下一个区室内，这种方式称为出芽和融合（budding and fusion）。蛋白质从内质网向高尔基体或向质膜运输，由 COP Ⅱ 膜泡转运，是正向转运；而蛋白质从高尔基体向内质网的转运，由 COP Ⅰ 膜泡转运，是反向转运。反向转运过程较弱，但可把参与正向转运的膜泡的膜运回起点。

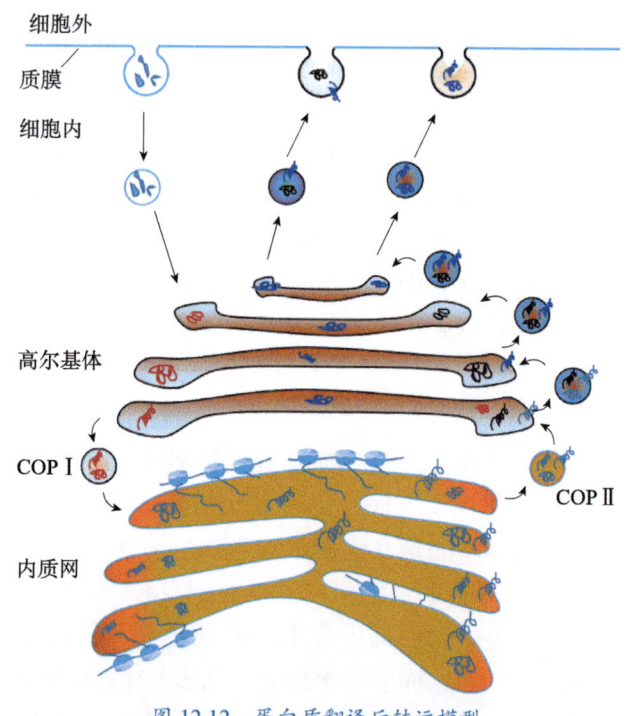

图 12.12 蛋白质翻译后转运模型

12.2.3 蛋白质折叠

许多新生多肽链是没有活性的，多肽链折叠是从没有活性转变为活性状态的重要步骤。新生多肽段的折叠在合成早期就已开始，而不是在合成完后才开始的，随着肽段的延伸同时折叠，又不断进行构象的调整，先形成的结构会作用于后合成肽段的折叠，而后合成的结构又会影响前面已形成的结构的调整。多肽链的折叠主要有两种假说，即新生肽链的自我组装（self-assembly）和分子伴侣介导的蛋白质折叠。

12.2.3.1 新生肽链的自我组装

研究表明，影响蛋白质折叠的作用力包括氢键、离子键、二硫键、范德瓦耳斯力、疏水相互作用力等。依靠这些分子间作用力，许多小分子蛋白质在体外系统中能够自我组装成成熟的蛋白质。克里斯琴·伯默尔·安芬森（Christian Boehmer Anfinsen）通过对牛胰核糖核酸酶（bovine pancreatic ribonuclease）的研究，提出了著名的蛋白质的高级结构由它的一级结构决定的假说，并因此获得了1972年诺贝尔化学奖。

新合成的前胰岛素原是一条较长的多肽链，没有生物活性，长的多肽链的C端向N端折叠，并通过C端两个Cys的—SH与N端两个Cys的—SH形成二硫键而使N端链与C端链结合。同时，切除信号肽后成为胰岛素原。胰岛素原的C端链内的两个Cys再形成二硫键，并继续切除一段肽链后，成为有活性的、成熟的胰岛素（图12.13）。1965年，我国科学家通过分别合成A、B链，然后将A、B链置于合适的溶液中自组装成天然的胰岛素分子，在全球首次人工合成了胰岛素，并进一步提出了胰岛素的A、B链具有形成天然胰岛素正确结构的全部信息。

12.2.3.2 分子伴侣介导的蛋白质折叠

尽管蛋白质的序列信息已经决定了蛋白质的可能构象，但在细胞内，蛋白质的折叠还需要分子伴侣的参与。分子伴侣以非共价键连接的方式协助肽链的折叠和组装，但不参与该肽链功能的一类蛋白质，在确保蛋白质正确折叠的过程中发挥着非常重要的作用。分子伴侣通过与部分折叠的蛋白质或错误折叠的蛋白质结合，或者为蛋白质正确折叠提供适宜的微环境，从而促进蛋白质的正确折叠。

热激蛋白（heat shock protein，HSP）家族和伴侣蛋白（chaperonin）家族是主要的两类分子伴侣。另外，部分蛋白质还存在分子内分子伴侣。例如，枯草杆菌蛋白酶E（subtilisin E）在新生蛋白质的N端存在一段多肽（分子内分子伴侣），在翻译后可自发折叠，并引导后续合成的肽段折叠，待获得正确的构象后，分子内分子伴侣被切除降解，从而形成成熟的蛋白酶E。

分子伴侣介导的蛋白质折叠是对"新生肽链可自行折叠"概念的重大修正，同时分子伴侣具有的生物学功能是：①胁迫保护。防止蛋白质在胁迫条件下变性和不可逆聚集而失去功能，介导逆境消退后的正确折叠。在胁迫条件下，HSP70从细胞质进入核内，防止核酸蛋白质因高温而失活；同时，当胁迫解除后，帮助核酸和蛋白质重新组装。②转运蛋白质。在ATP存在时，细胞质HSP70能与前体蛋白相互作用，防止因过早形成折叠构象而妨碍多肽链跨越内质网和高尔基体膜等。③调节基因表达和DNA复制。RepA蛋白与λ噬菌体P1复制起始区的特异性结合，是DNA复制起始的前提。但是，初生的RepA蛋白极易

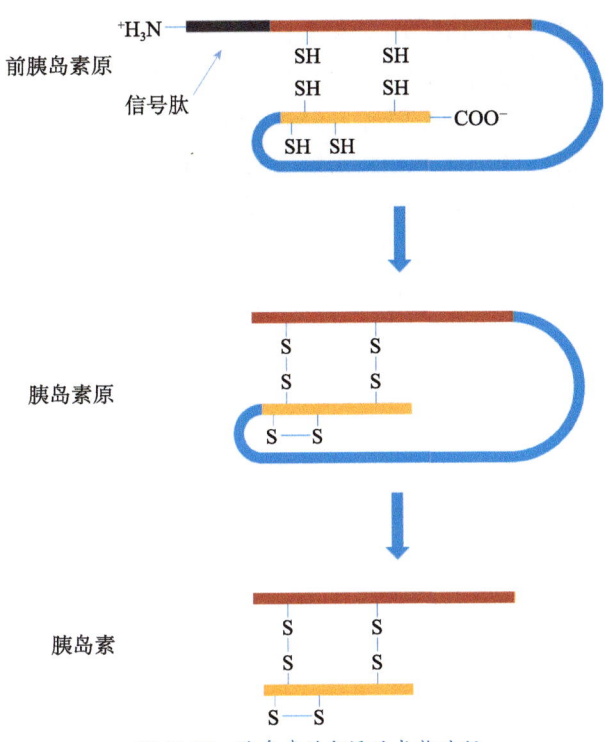

图12.13 胰岛素的翻译后成熟过程

形成无活性的二聚体或 RepA-Dnaj 复合体，与 DNA 的亲和力很弱。当有 DnaK 和 ATP 存在时，无活性的 RepA 同源或异源二聚体迅速解聚成为有活性的单体，ATP 水解使 RepA 构象发生变化，与 DNA 的亲和力大大提高，有利于 DNA 的复制。④组建细胞骨架。TriC 是由 8 个对称单体构成的、含两个堆积环的锥形颗粒。当细胞内缺乏 ATP 时，肌动蛋白主要与 TriC 形成二聚体。当存在 ATP 时，有活性的肌动蛋白单体释放并组装成丝状体；当 ATP 和 GTP 同时存在时，TriC 能在没有任何辅助因子的帮助下，促进肌动蛋白有效地折叠成微管蛋白。⑤帮助靶蛋白进行结构和折叠方式的修饰。例如，无毒性的 PrP 在分子伴侣的辅助下，将自身的氨基酸组分及折叠方式转换为有毒性的 Prp 朊病毒侵染蛋白。

12.2.4 蛋白质降解

细胞为维持旺盛的生命活动，必须频繁地进行物质更新，合成新的蛋白质供生命活动所需，同时降解衰老、失活的蛋白质，废物利用，为新物质的合成提供原料和能量。蛋白质的降解是细胞生理代谢的需要，不可或缺。

在细胞内，蛋白质的降解主要发生在溶酶体、细胞质、线粒体及植物的液泡和叶绿体中。溶酶体含有多种酸性蛋白酶，是动物细胞中蛋白质降解的重要场所。在植物中，液泡是与溶酶体功能类似的细胞器，它也含有众多酸性蛋白酶。溶酶体/液泡通过融合胞吞小泡或自噬小体等方式，将胞吞的内容物降解成小分子物质供细胞重新利用。溶酶体/液泡既能非选择性地降解蛋白质，也能选择性地降解某些特定的蛋白质。例如，在营养充足的情况下，溶酶体主要通过非选择性的方式降解蛋白质；但在营养缺乏的情况下，溶酶体会特异性地降解含有 KFERQ 肽段的蛋白质，从而为生命活动所必需的代谢过程提供原料。

细胞内蛋白质降解是一个高度复杂而又精细的调控系统，存在以下三种主要的途径。

12.2.4.1 细胞程序性死亡

死亡是所有生命个体都要面临的问题。不同类型细胞的寿命也各不相同，从几小时到几年，甚至更长。例如，某些神经细胞的寿命与人的寿命相同，而中性粒细胞的寿命只有十几小时。在正常情况下，细胞的死亡是一个由内在遗传机制调控的、有序的、主动死亡的过程，又称细胞程序性死亡（programmed cell death，PCD）。根据细胞在程序性死亡过程中的形态特征、分子机制及生理效应，可将其分为细胞凋亡（apoptosis）、程序性坏死（progrmmed necrosis）、细胞焦亡（pyroptosis）、植物细胞程序性死亡（plant programmed cell death）等类型。细胞死亡也伴随着蛋白质等大分子物质的降解。例如，在细胞凋亡过程中，半胱氨酸蛋白水解酶 caspase 发挥了重要作用。在正常情况下，caspase 以无活性的酶原形式存在。在凋亡信号的刺激下，酶原形式的 caspase 被切割后形成有活性的蛋白酶，并发生级联反应。被活化后的 caspase 切割蛋白质底物，使细胞呈现出凋亡的形态学特征。

12.2.4.2 细胞自噬

自噬（autophagy）是细胞主动降解胞内废弃物，以便营养物质回收再利用的重要生理过程。自噬主要有微自噬、分子伴侣介导的自噬和巨自噬。微自噬是指溶酶体或液泡通过膜内陷直接将物质包裹降解；分子伴侣介导的自噬是指细胞质内的蛋白质通过与分子伴侣结合，而被带到溶酶体或液泡中被降解；巨自噬，通常也简称为自噬，是指在 Atg 蛋白（autophagy protein）及其他相关蛋白质的作用下，在细胞内形成具有双层膜结构的自噬小体（autophagosome），并将废弃物包裹在自噬小体中，随后通过与溶酶体/液泡融合，从而降解内容物，是最主要的细胞自噬途径。自噬小体的形成是一个复杂而有序的过程。以酵母为例（图 12.14），在饥饿或其他逆境胁迫的条件下，蛋白激酶 TORC1（target of rapamycin complex 1）的活性受到抑制，导致 Atg13（autophagy-related 13）的磷酸化程度降低，Atg13 从而能与 Atg1 和 Atg17 互作，并与 Atg11、Atg29 和 Atg31 形成吞噬泡组装位点；然后通过招募 TRAPPⅢ、Ypt1、COPⅡ及 Atg9 等启动吞噬泡双膜结构的延伸；在膜延伸的过程中，还需要由 Atg6、Atg14、Vps34 和 Vps15 组成的 PI3K 激酶复合物Ⅰ的参与，由它产生的磷脂酰肌醇 3-磷酸进一步募集 Atg2-Atg18

复合物、Atg8-PE 和 Atg5-Atg12-Atg16 复合物等，从而实现双膜的扩张；在吞噬泡膜扩张的过程中，废弃物被膜包围并被吞入形成自噬小体。细胞自噬除了能够非选择性地降解细胞内废弃物，还能通过 Atg8 的 AIM（Atg8-interacting motif）特异性地识别底物蛋白，并将特异性的底物包裹在自噬小体中。近年来，还发现自噬能够通过选择性地吞噬核糖体-mRNA 复合物，降解 mRNA，并且这一过程依赖于 Atg24。2016 年，日本科学家大隅良典（Yoshinori Ohsumi）因在细胞自噬机制方面的开创性研究而获得了 2016 年诺贝尔生理学或医学奖。

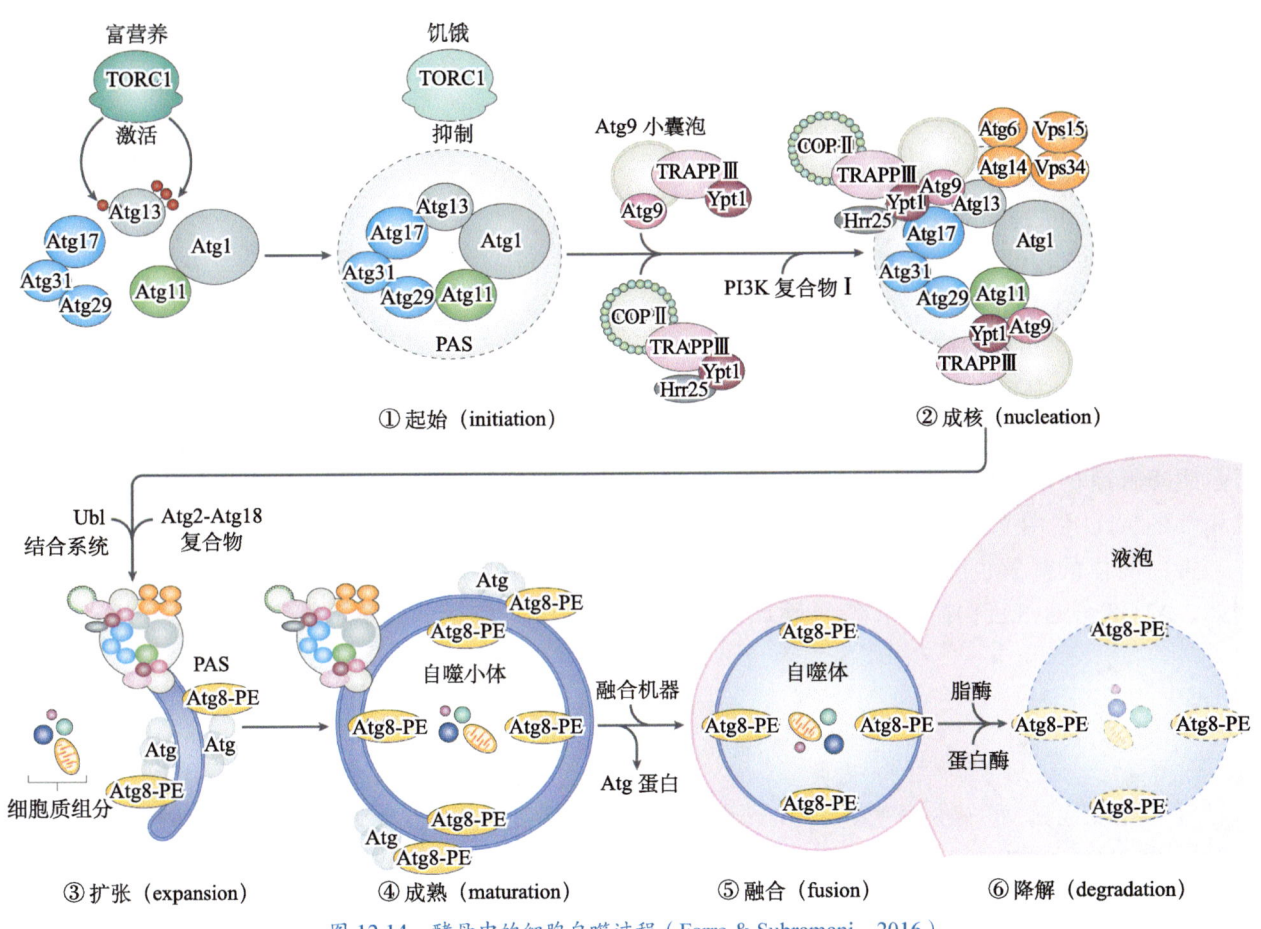

图 12.14　酵母中的细胞自噬过程（Farre & Subramani，2016）

PAS. 自噬体组装位点

12.2.4.3　泛素介导的蛋白质选择性降解

细胞内另一种降解蛋白质的重要途径是泛素-蛋白酶体途径。泛素是一类广泛存在于真核生物中的进化上保守的小分子蛋白质。泛素分子全长 76 个氨基酸残基，分子质量大约为 8.5 kDa，包含 7 个可以直接参与泛素化过程的赖氨酸残基（K6、K11、K27、K29、K33、K48、K63）。蛋白质的泛素化包括以下几个过程（图 12.15），首先 E1 泛素活化酶（ubiquitin-activating enzyme）通过半胱氨酸残基与泛素 C 端活化的甘氨酸残基形成硫酯键，从而形成 E1-泛素复合物；进行泛素 C 端甘氨酸的活化，随后活化后的泛素被转移到 E2 泛素结合酶（ubiquitin-conjugating enzyme）上，形成泛素-E2 复合物；最后在 E3 泛素连接酶（ubiquitin-ligase）的作用下，泛素的羧基与底物蛋白的赖氨酸残基相连。被泛素化标记的蛋白质随即被蛋白酶体降解。阿龙·切哈诺沃（Aaron Ciechanover）和阿夫拉姆·赫什科（Avram Hershko）及欧文·罗斯（Irwin Rose）三位科学家，因在发现泛素-蛋白酶体系统中的重要贡献，而获得了 2004 年诺贝尔化学奖。

蛋白质的稳定性与蛋白质 N 端和 C 端的序列

特性密切相关。这些特征序列被称为 N 端降解决定子（N-degron）和 C 端降解决定子（C-degron）。例如，当蛋白质起始甲硫氨酸残基后的第一位氨基酸残基为 [R/K/H/W/Y/F/L/I]，第二位为 [D/E] 及第三位为 [N/Q] 时，能够被 E3 泛素连接酶 UBR1、UBR2 和 UBR4 特异性识别并降解，这类 N 端降解决定子被称为精氨酸/N 端降解决定子（Arg/N-degron）。当蛋白质起始甲硫氨酸残基后的第一位氨基酸残基为脯氨酸残基时（Pro/N-degron），则能够被 E3 泛素连接酶 GID（glucose-induced degradation）特异性识别。当蛋白质的 C 端为 GG、RG、KG、AG、WG、PG、GG、RxxG、RxxxG 或 R 时，可被不同的 Cullin-RING E3 泛素连接酶识别并降解。

有意思的是，细胞自噬途径与泛素-蛋白酶体蛋白质降解途径存在交互关系。不仅自噬小体形成相关的 ATG 蛋白受到泛素-蛋白酶体系统的调控，蛋白酶体的降解也受到选择性自噬的调控。例如，ATG8 可通过蛋白质互作特异性识别蛋白酶体亚基 RPN10，将蛋白酶体包裹进自噬小体，从而动态调控细胞内的蛋白酶体的水平。在自噬过程中，p62 蛋白作为桥梁将泛素化底物与 LC3/ATG8 相连，从而实现选择性自噬。p62 能够识别精氨酸/N 端降解决定子，并将包含这类降解决定子的蛋白质通过自噬途径进行降解。

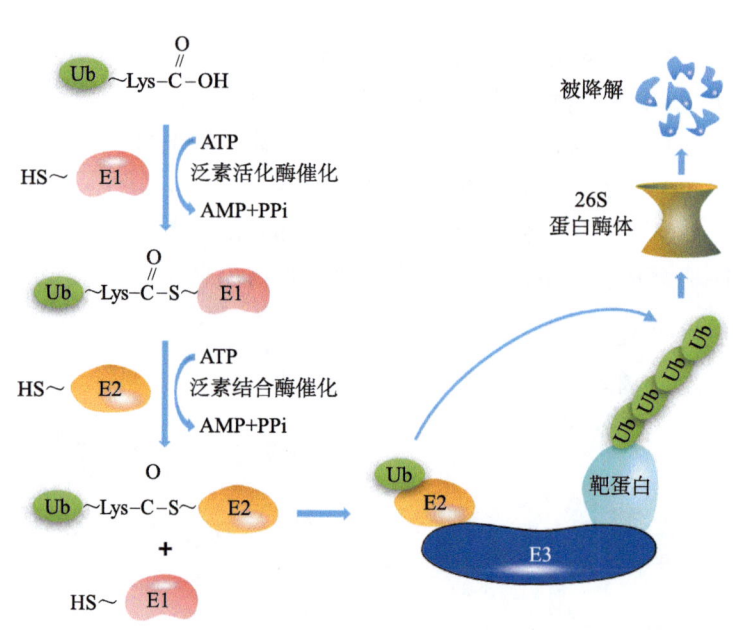

图 12.15　蛋白质降解的泛素途径

思考与挑战

1. 蛋白质在细胞内的分布与蛋白质的功能密切相关，请设计一个实验，确定一种蛋白质在细胞内的定位情况。

2. 随着生物技术的发展，合成生物学开始兴起。在实验中，蛋白质的稳定性往往决定了实验的成败。根据本章所学的内容，试述如何提高蛋白质的稳定性。

数字课程学习

1. 同一操纵子内不同基因翻译量的差异调控转录后水平调控

2. 其他翻译水平调控方式

课后拓展

1. 温故而知新

2. 拓展与素质教育

主要参考文献

郑用琏. 2021. 基础分子生物学. 4版. 北京：高等教育出版社.

Clark D. P., Pazdernik N. J., McGehee M. R. 2018. Molecular Biology. 3rd ed. New York: Academic Press.

Farre J. C., Subramani S. 2016. Mechanistic insights into selective autophagy pathways: lessons from yeast. *Nat Rev Mol Cell Biol*, 17: 537-552.

Macek B., Forchhammer K., Hardouin J. 2019. Protein post-translational modifications in bacteria. *Nature Reviews Microbiology*, 17: 651-664.

Nelson D. L., Cox M. M. 2017. Lehninger Principles of Biochemistry. Annapolis: W. H. Freeman.

Vu L. D., Gevaert K., de Smet I. 2018. Protein language post-translational modifications talking to each other. *Trends in Plant Science*, 23: 1068-1080.

第 13 章
表观遗传学调控

我们知道 DNA 是遗传信息的携带者，决定着生物体的各种性状。那么，为什么同卵双胞胎表现出来的性状并不完全一样呢？这一现象说明，除了 DNA，生物体内应该还包含另外一类遗传信息。这类不依赖 DNA 序列的遗传现象，称为"表观遗传"，如 DNA 甲基化、RNA 甲基化、组蛋白乙酰化等。在这些情况下，遗传信息的载体——DNA 序列本身并没有发生任何改变，但基因表达却发生了显著的变化。更重要的是，这种改变是可遗传的。在这个章节，我们将一起领略表观遗传因子的巨大作用，它提供了基因何时、何地、以何种方式去应用 DNA 遗传信息的指令。

13.1 表观遗传学概述

13.1.1 表观遗传学现象

遗传信息不变，基因的表达调控会不会发生改变呢？如何发生改变呢？先看一下图 13.1 所示的这幅图。在凸凹不平的坡面上放置一个球，每次当球从一个地方滚动时，它所经过的路径通常不会完全相同，小球行进的路线跟坡面的凸凹状况有关。这个小球就相当于"基因型"，一个特定的基因型并不一定对应唯一的表型。不同的环境条件会对表型产生显著的影响。这里，表型就相当于小球经过的路径，而环境条件就相当于坡面的凸凹状况。由此可见，基因组中包含有两类遗传信息：一类是 DNA 序列所提供的遗传信息；另一类就是在本章要学习的表观遗传学信息，这类信息提供了基因何时、何地、以何种方式去应用遗传信息的指令。因此，即使是相同的 DNA 遗传信息（称为"基因型"），在不同的环境条件下，基因表达的方式也可能会不同。这种在 DNA 序列不发生改变的情况下，基因表达甚至表型发生可遗传改变的现象称为"表观遗传学"（epigenetics）。表观遗传学具有 3 个典型的特征：DNA 序列不改变、可遗传、可逆性。

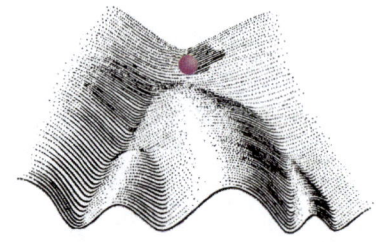

图 13.1 Waddington（1957）提出的经典的表观遗传景观（epigenetic landscape）概念

说明发育过程中细胞决策的过程；在这个动态视觉比喻中，同一个位点上的细胞（由球表示）每次可以走不同的轨迹，从而导致不同的结果或细胞命运

表观遗传学的这种现象在我们生活中经常遇到。最典型的例子就是同卵双胎（monozygotic twins）现象。同卵双胎由同一个受精卵发育而成，拥有完全一样的 DNA 遗传物质，通常长相

非常相似。然而同卵双胎呈现出来的表型并不完全一样。例如，她们的性格、对疾病的易感程度等都会不一样。飞蝗两型性是另外一个典型的表观遗传学现象。飞蝗（*Locusta migratoria*）有两种表型：在虫口密度高时，发育为群居型。这种飞蝗体色偏黑、异常活跃，具有较强的飞行能力。大面积迁飞的飞蝗就属于这种类型。当虫口密度较低时，发育为散居型。散居型飞蝗体色偏绿、行动不活跃，喜欢分散活动，具有较强的生殖能力。在种群密度发生变化时，这两种表型可以相互转变（图13.2）。

图 13.2 飞蝗的散居型（A）和群居型（B）（Simpson & Sword，2008）

在个体独居或者种群密度较低时，表现为散居型；在群居或者种群密度高时，表现为群居型。二者随着种群密度的改变发生相应逆转，因此这种逆转很大程度上由表观遗传学机制调节

13.1.2 表观遗传学的发展

经典遗传学认为，核酸是遗传的分子基础，生命的遗传信息储存在核酸的碱基序列中。同时，DNA 核酸序列不发生改变的情况下，基因表达甚至表型发生可遗传改变的现象，称为表观遗传学现象。

表观遗传学（epigenetics）是研究表观遗传现象的遗传学分支学科，它不符合经典的孟德尔遗传规律的核内遗传。1942 年，沃丁顿（Waddington）首次提出了 epigenetics 一词，并指出表观遗传与遗传是相对的，主要研究基因型和表型的关系。20 世纪 50 年代，表观遗传学定义比较宽泛（且不准确），包含所有从受精卵到成熟器官的发育过程。虽然每个个体所有细胞都含有相同的遗传信息，但基因调控表达模式不同，导致这些由同一个受精卵分裂而成的细胞经过分化后形成了具有不同功能和形态的细胞（如肝细胞、上皮细胞和血细胞等），进而组成了不同的组织和器官。几十年后，霍利迪（R. Holliday）针对 epigenetics 提出了更新的系统性论断，即表观遗传学是指不涉及 DNA 序列的改变，可以通过有丝分裂和减数分裂进行遗传的基因表达变化的遗传学分支领域（Wu & Morris, 2001）。我们可以认为，基因组含有两类遗传信息：一类是传统意义上的遗传信息，即 DNA 序列所提供的遗传信息；另一类是表观遗传学信息，它提供了何时、何地、以何种方式去应用遗传信息的指令。

表观遗传学的发展历程简述如下。

1942 年，沃丁顿（C. H. Waddington）首次提出表观遗传学这一术语。

1961 年，莱昂（M. Lyon）发现了 X 染色体失活现象。

1983 年，DNA 甲基化现象被发现。

1987 年，Holliday 指出基因研究分两个层面：①基因的世代传递规律——遗传学；②从基因型到表型——表观遗传学。

2003 年 10 月开始实施人类表观基因组计划（Human Epigenome Project，HEP）。

2010 年，全球最大的表观遗传学项目——Epitwin 启动，以全球 5000 对同卵双胎为研究对象，深入研究同卵双胎为什么不得同样的疾病，重点研究肥胖、糖尿病、过敏反应、心脏病、骨质疏松症和长寿等。

13.1.3 表观遗传学与人类的疾病

（1）肾母细胞瘤（nephroblastoma）：又称（Wilms tumor），是最常见的腹部恶性肿瘤，其发病率在小儿腹部肿瘤中占首位，特别多见于 2～4 岁儿童。致病因素除了与 11 号染色体上 *WT-1* 基因的丢失或突变有关，还与表观遗传学因素——IGF2 印记缺失有关。什么是印记缺失呢？这是一种典型的表观遗传学调控方式，将在后面的课程中加以详细介绍。

（2）天使综合征：又称快乐木偶综合征，表面看起来面带微笑、温和亲切的孩子，但伴随着一系列神经发育问题，包括严重的智力障碍、语言缺失、癫痫发作、异常的脑电发放、运动障碍、睡眠及喂养问题。其是母源 15 号染色体 q11-q13 上印记基因缺陷导致的一种神经发育性疾病。

（3）面肩肱型肌营养不良（facioscapulo-humeral muscular dystrophy，FSHD）：是一种遗传性肌肉疾病，受其影响最严重的是脸、肩、上臂等部位的肌肉。常伴随着记忆力减退、肌肉萎缩及肌肉体积减小。发病原因是患者的 D4Z4 片段的甲基化缺失。

13.1.4 表观遗传学的主要研究内容

表观遗传学的主要研究内容分为基因转录过程的遗传调控和基因转录后的遗传调控两部分。前者主要研究环境因素作用于亲代并造成子代基因表达方式改变的机制，包括 DNA 甲基化（DNA methylation）、组蛋白修饰（histone modification）、染色质重塑（chromatin remodeling）、基因沉默（gene silencing）和 RNA 编辑（RNA editing）等；后者主要研究 RNA 的调控机制和组蛋白修饰。RNA 的调控机制涉及非编码 RNA（non-coding RNA，ncRNA）、微小 RNA（miRNA）、反义 RNA（antisence RNA）、核糖开关（riboswitch）和 RNA 的甲基化修饰等。近年来研究较多的主要有 DNA 甲基化、组蛋白修饰和非编码 RNA 的调控等。

13.2 DNA 甲基化

13.2.1 DNA 甲基化的概念与种类

在生物基因组 DNA 上，部分碱基如胞嘧啶和腺嘌呤会发生甲基化（methylation）修饰，即在 DNA 甲基转移酶（DNA methyltransferase，DNMT）的催化作用下，以 S-腺苷甲硫氨酸（S-adenosyl-methionine，SAM/AdoMet）作为甲基供体，通过共价键结合的方式获得一个甲基基团（图 13.3）。这种在不改变基因序列的情况下发生的 DNA 碱基的化学修饰过程称为 DNA 甲基化，是重要的表观遗传学修饰形式。

基化的发现可追溯到 20 世纪 50 年代。5-甲基胞嘧啶是最早被发现的 DNA 甲基化修饰方式，随后，N6-甲基腺嘌呤和 N4-甲基胞嘧啶分别于 1968 年和 1983 年在细菌中被报道。这些甲基化修饰位于 DNA 单链（半甲基化，hemimethylation）或 DNA 双链（全甲基化，full methylation）中，是动物、植物、细菌和真菌等生物的一种重要的表观遗传学修饰形式。

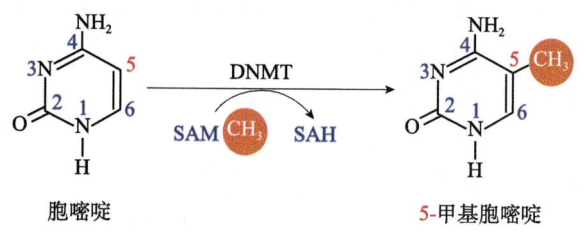

图 13.3 DNA 甲基化过程示意图
SAH. S-腺苷同型半胱氨酸

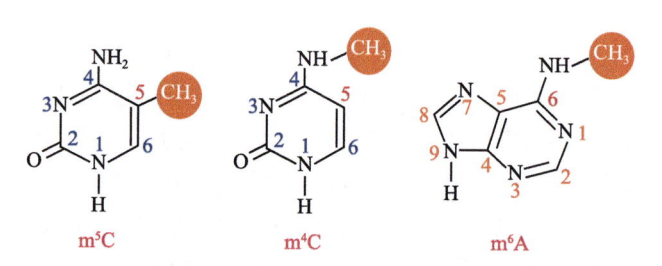

图 13.4 DNA 甲基化修饰的不同类型及其化学结构示意图

m^5C 是高等真核生物基因组 DNA 甲基化的主要修饰方式，是指 DNA 甲基转移酶（DNMT）催化甲基基团从 S-腺苷甲硫氨酸转移到胞嘧啶的嘧啶环第 5 个碳原子上（图 13.5）。m^5C 多发生在对称的 CG 序列中，也存在于对称的 CHG 序列和非对称的 CHH 序列（H 代表碱基 A、T 或 C）。植物基因组 DNA 中，5%~67% 的 DNA 碱基存在 m^5C 修饰，在脊椎动物基因组中所占的比例为 41%~70%；相比于脊椎动物和植物，昆虫 m^5C

DNA 甲基化的形式有多种。DNA 甲基化主要发生在胞嘧啶和腺嘌呤上，发生甲基化后变成 5-甲基胞嘧啶（m^5C）、N4-甲基胞嘧啶（m^4C）或 N6-甲基腺嘌呤（m^6A）。如图 13.4 所示，位于胞嘧啶的嘧啶环上第 5 位获得一个甲基，导致胞嘧啶被甲基化修饰，从而发生 m^5C 甲基化。DNA 甲

的发生率较低，占基因组的 0～14%（Bewick et al., 2017）。

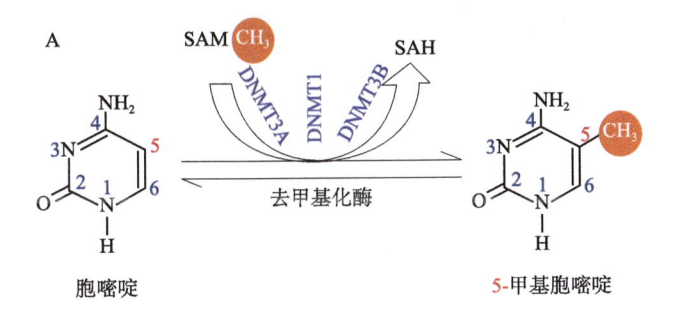

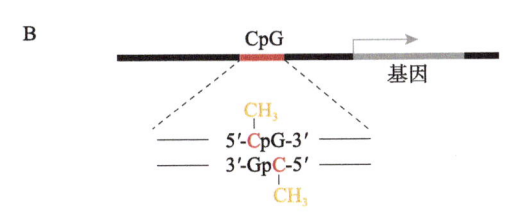

图 13.5 DNA 甲基化（m⁵C）过程示意图（Bewick et al., 2017）
在胞嘧啶甲基化过程中，来自 S-腺苷甲硫氨酸（SAM）的甲基基团（CH₃）在 DNA 甲基转移酶（DNMT）催化下转移到胞嘧啶的嘧啶环第 5 个碳原子上；DNMT 包括 DNMT1、DNMT3A 和 DNMT3B；去甲基化过程由去甲基化酶（demethylase）催化（A）；大多数 DNA 甲基化通常发生在一个基因附近的 CpG 部位和 CpG 岛，以调节相关的基因表达（B）

13.2.2 DNA 甲基化的机制

m⁵C 在高等真核生物中的作用机制主要包括以下几个步骤：从头建立、维持、识别和清除。

（1）DNA 甲基化的从头建立。动物的 DNMT 包含 3 个家族：DNMT1、DNMT2 和 DNMT3，其中 DNMT3 家族由 DNMT3a、DNMT3b 和 DNMT3L 组成。DNMT3a 和 DNMT3b 是从头甲基转移酶，能够催化 m⁵C 的从头建立（图 13.6）；DNMT3L 不具有催化活性，但能够与 DNMT3a 和 DNMT3b 相互作用，提高 DNMT3a 和 DNMT3b 转移甲基基团的活性。

（2）DNA 甲基化的维持。DNMT1 家族不仅能够催化半甲基化 DNA 发生全甲基化，还能对 m⁵C 进行修复，在维持 m⁵C 中发挥关键作用（图 13.6）。DNMT2 也被称为天冬氨酸 tRNA 甲基转移酶 1（tRNA aspartic acid methyltransferase 1，TRDMT1），主要参与催化 tRNA 的 C38 甲基化（Goll et al., 2006）。

图 13.6 DNA 甲基化的建立（A）和维持（B）过程示意图（Goll et al., 2006）

（3）DNA 甲基化的识别。为了行使 m⁵C 的生物学功能，动物需要招募"reader"蛋白特异性识别和结合甲基化位点。根据识别甲基化胞嘧啶的结构域，DNA 甲基化的"reader"蛋白分为 3 个独立家族，即甲基化 CpG 结合蛋白、UHRF 蛋白和锌指（zinc finger）蛋白。目前，已鉴定的甲基化 CpG 结合蛋白为 MeCP2、MBD1、MBD2、MBD3 和 MBD4，这些蛋白质均含有保守的甲基化 CpG 结合域（MBD）。锌指蛋白是指蛋白质 C 端含有锌指模体的一类蛋白质，该家族包含 Kaiso、ZBTB4、ZBTB38、ZFP57 和 KLF4 等成员。UHRF 蛋白（UHRF1 和 UHRF2）含有 SET 和环指结合域（SET and ring-associated domain），能够旋转和结合甲基化胞嘧啶。这些"reader"蛋白特异性识别并结合甲基化位点后，就会对基因的表达产生调控，从而影响生物功能。

（4）DNA 甲基化的清除。为了移除 m⁵C 的甲基基团和保证 DNA 不被过度甲基化，生物会经历周期性的主动去甲基化过程。首先，m⁵C 被 AID/APOBEC（activation-induced cytidine deaminase/apolipoprotein B mRNA-editing enzyme catalytic subunit）脱氨或/和 TET（ten-eleven translocation）连续氧化为 5-羟甲基胞嘧啶（hm⁵C）、醛基胞嘧啶（f⁵C）和羧基胞嘧啶（ca⁵C），起始 DNA 去甲基化；然后，胸腺嘧啶 DNA 糖基化酶（TDG）参与的碱基切除修复（BER）将上述产物转化为未修饰的胞嘧啶（Moore et al., 2013）。

植物 m⁵C DNA 甲基化的机制有一个显著的特征，即发生 RNA 介导的 DNA 甲基化。在植物中，m⁵C 的从头甲基化需要甲基转移酶 DRM2 和 RNA 介导的 DNA 甲基化通路（RdDM）参与（He et al., 2011）。在 m⁵C 的维持方面，植物需要针对不同的甲基化序列招募特异性调控蛋白。例如，

MET1（DNMT1同源基因）参与维持CG序列甲基化，CMT2（chrommethylase 2）和CMT3参与维持CHG序列甲基化，CHH序列甲基化的维持则由CMT2或RdDM参与完成（Matzke & Mosher，2014）。植物m^5C主动去甲基化由DNA糖基化酶家族[ROS1（repressor of silencing 1）、DME（demeter）、DML2（DME-like 2）和DML3]通过碱基切除修复（BER）实现。m^5C在动植物中是一个动态变化的过程，上述调控因子保证了修饰只发生在特定基因组区域，实现对甲基化修饰的精准调控。

m^6A和m^4C以较高的丰度存在于原核生物和一些低等真核生物中，在高等真核生物基因组中含量较低，因此有关m^6A或m^4C在高等真核生物中的研究一直被忽视。随着DNA甲基化检测技术的发展和成熟，m^6A在果蝇（Drosophila melanogaster）、斑马鱼（Danio rerio）和哺乳动物等高等真核生物基因组中已被成功检测。果蝇基因组中的m^6A在早期胚胎发育过程中呈现高度动态变化，且这一动态变化受到去甲基化酶DMAD（TET同源基因）的严格调控。DNA甲基化酶N6AMT1和去甲基化酶hALKBH1在人类基因组m^6A建立和去除过程中扮演着重要角色。目前对m^6A或m^4C发生及清除机制的理解非常有限，有待进一步研究。

13.2.3　DNA甲基化的生物学功能

DNA甲基化在基因表达调控中发挥着重要作用。依据甲基化位点在基因中的位置，DNA甲基化分为基因启动子区甲基化和基因内甲基化。基因启动子区甲基化的作用包括：①直接阻碍转录因子与启动子序列结合；②招募甲基化CpG读取蛋白，并与其他蛋白质（包含辅抑制因子和组蛋白去乙酰化酶）相互作用，改变染色质结构和致密性；③重塑染色质，进而抑制基因转录（Attwood et al.，2002）。基因内甲基化能够调节可变剪接（alternative splicing）和转录延伸（transcription elongation），主要诱导基因转录活性增强。DNA甲基化作为重要的表观遗传学机制调控基因表达，进而影响细胞命运决定、基因印记和生长发育等一系列生物学过程。

（1）DNA甲基化是细胞的"命运转换器"。TET和TDG介导的DNA去甲基化能够启动间充质细胞向上皮细胞转变。转录因子Klf4偶联TET2可以重塑甲基化在基因组的分布，调控细胞命运。DNA扩增子去甲基化能够将B细胞重塑为诱导性多功能干细胞。DNA甲基化还参与调控胚胎干细胞的多能状态。因此，DNA甲基化的级联调控对理解细胞命运调控机制具有非常重要的意义。

（2）DNA甲基化在基因印记（imprinting）中扮演重要角色。植物DNA去甲基化酶ROS1能够改变印记基因DOGL4在胚乳中的表达，调节拟南芥（Arabidopsis thaliana）种子的萌发。印记基因的去甲基化会导致基因印记丢失，引起老鼠细胞异常分化和癌变。在诱导型多功能干细胞衍生过程中，Dlk1-Dio3印记控制区域发生甲基化，导致该基因印记丢失。由此可见，DNA甲基化在维持或改变基因亲本依赖性的表达模式中发挥关键作用。

（3）DNA甲基化介导生长发育。DNA甲基化在早期胚胎发育中展示相应的动态变化特征（Guo et al.，2014）。DNA甲基化的动态变化显著影响胚胎的正常发育，如胚胎左右不对称发育、滞育、孵化和种子休眠等（Wang et al.，2017）。在胚后发育中，DNA甲基化修饰能够改变植物叶片形态、开花时间和结果率等，实现对植物生长发育的精准调控。另外，DNA甲基化还参与调节动物行为、形态和生活史性状等表型。因此，DNA甲基化的适时消除和重编程对生物个体的生长发育和行为反应等均起到至关重要的作用。

此外，DNA甲基化易受外界环境（生物和非生物因子）的影响而发生改变，是生物适应环境的重要机制。在植物和动物中有广泛报道，生物体能够通过改变自身基因组甲基化的水平和分布来应对环境胁迫。例如，DNA甲基化的动态变化有利于增强植物的抗盐性、抗涝性、抗旱性、抗冻性和紫外线耐受性等。DNA甲基化还参与昆虫对病原物、化学药剂、重金属、寄主植物和温度等逆境胁迫的响应。

13.2.4　DNA甲基化的检测方法

许多方法已被成功用于DNA甲基化的检测，包括全基因组亚硫酸氢盐测序（whole genome

bisulfate sequencing，WGBS）、甲基化 DNA 免疫沉淀测序（methylated DNA immunoprecipitation sequencing，MeDIP-seq）、甲基化 DNA 结合蛋白捕获测序（methyl-CpG binding domain-based capture sequencing，MBDCap-seq）、简并代表性亚硫酸氢盐测序（reduced representation bisulfate sequencing，RRBS）、MassArray 飞行质谱和单分子实时测序（single-molecule real time sequencing，SMRT-seq）等。

全基因组亚硫酸氢盐测序是结合重亚硫酸盐处理方法和高通量测序平台，对有参考基因组的物种进行全基因组甲基化研究的检测方法。全基因组亚硫酸氢盐测序可以达到单碱基分辨率，能够构建高精准的全基因组胞嘧啶甲基化图谱，简易流程包括（图 13.7）：首先，将基因组 DNA 打断成小片段；然后，进行 DNA 末端修复和测序接头连接（adapter ligation）；接着，通过亚硫酸氢盐（bisulfite）处理使 DNA 中未甲基化修饰的胞嘧啶（C）转化为尿嘧啶（U），而甲基化修饰的胞嘧啶保持不变；最后，进行全基因组扩增，构建文库和上机测序。

甲基化 DNA 免疫沉淀测序（图 13.8A）和甲基化 DNA 结合蛋白捕获测序（图 13.8B）分别基于特异性抗体和 DNA 甲基化结合蛋白富集甲基化 DNA，并通过高通量测序检测全基因组范围内

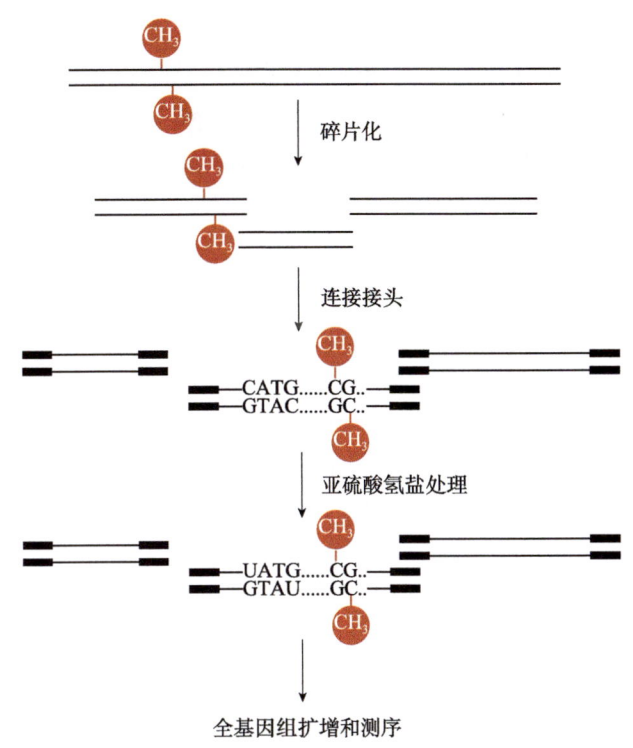

图 13.7　全基因组亚硫酸氢盐测序原理图

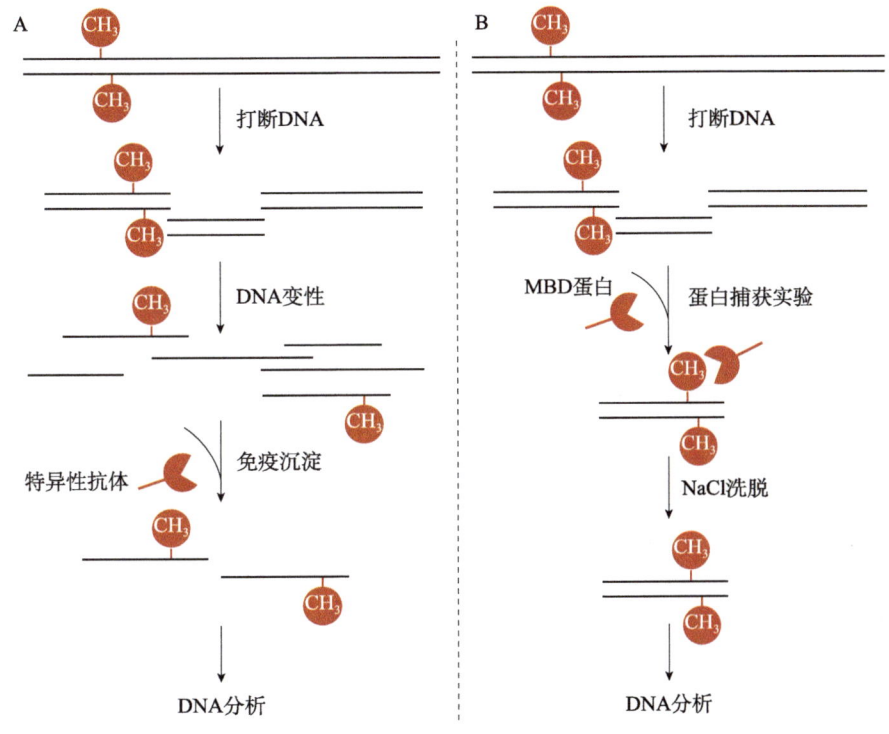

图 13.8　甲基化 DNA 免疫沉淀测序（A）和甲基化 DNA 结合蛋白捕获测序（B）原理图

MeDIP-seq 方法将基因组 DNA 打断、变性后，使用甲基化修饰碱基的特异性抗体对甲基化 DNA 进行免疫沉淀（immunoprecipitation，IP）；MBDCap-seq 方法则利用甲基化 DNA 结合蛋白（MBD protein）捕获甲基化 DNA，再通过 NaCl 洗脱富集甲基化 DNA

的甲基化位点。

简并代表性亚硫酸氢盐测序（图 13.9）利用酶切（如 *Msp* I）富集启动子及 CpG 岛区域，并进行重亚硫酸盐测序分析。该方法能够实现 DNA 甲基化检测的高分辨率和测序数据的高利用率，被认为是一种高性价比的 DNA 甲基化研究方法。

MassArray 飞行质谱是基于 MassArray 分子量阵列技术的 DNA 甲基化检测方法。该方法首先对亚硫酸氢盐处理的 DNA 进行 PCR（同时添加 T7 启动子）和虾碱性磷酸酶（SAP）处理；然后，进行体外转录和尿嘧啶特异性裂解；最后，结合基质辅助激光解吸电离飞行时间质谱（MALDI-TOF MS）技术实现单基因甲基化的定量检测。

单分子实时甲基化测序是基于三代测序技术而开发的直接测定 DNA 甲基化的方法。单分子实时甲基化测序主要采用零级波导技术（zero mode waveguide，ZMW）和荧光基团标记技术，通过 DNA 聚合酶动力学数值的特征性变化，以脉冲间隔值异常的形式展示 DNA 甲基化状态。该检测方法大致可分为三个主要步骤：①在 DNA 末端添加发夹状接头，构建文库（即 SMRTbell）；②固定复合物（SMRTbell、引物和聚合酶）于测序微孔（即 SMRT Cell）；③同时进行聚合酶链反应和测序。

13.2.5 DNA 甲基化研究的具体实例

DNA 甲基化作为重要的表观遗传学机制，在胚胎发育、细胞命运决定和表型调控等一系列生物学过程中发挥至关重要的作用。Morandin 等（2019）以蚂蚁 *Formica exsecta* 为生物模型，采用 RRBS 技术，研究不同发育时期工蚁和蚁后大脑的 DNA 甲基化水平，发现大脑基因组上甲基化位点的分布及频次在工蚁和蚁后之间存在显著差异；基因共表达和共甲基化网络分析显示，DNA 甲基化参与调控蚂蚁的社会分工和生理代谢。为了探究昆虫基因内甲基化的调控机制及功能，Xu 等（2021）研究了家蚕 *Bombyx mori* 卵巢基因组 m⁵C，发现甲基化 CpG 结合蛋白 2/3（MBD2/3）与家蚕卵巢基因 5′ UTR 的 m⁵C 结合后，能够招

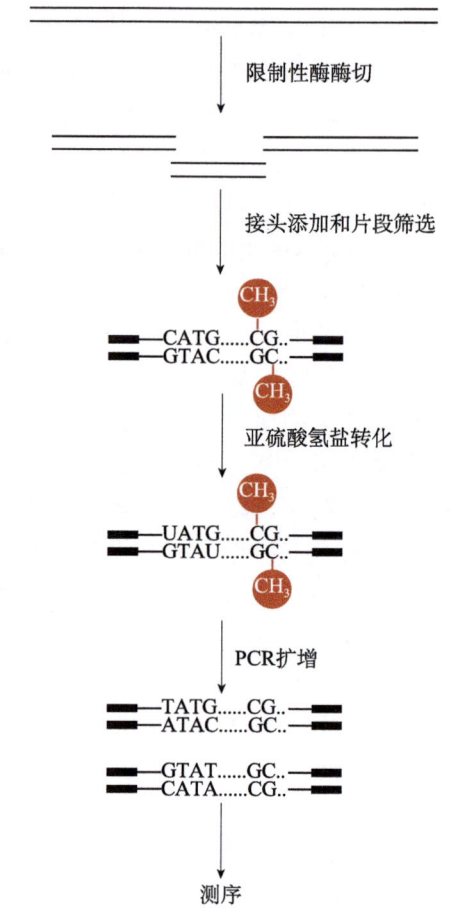

图 13.9 简并代表性亚硫酸氢盐测序原理图

RRBS 包括限制性酶酶切、接头添加和片段筛选、亚硫酸氢盐转化 [未甲基化修饰的胞嘧啶（C）转化为尿嘧啶（U），而甲基化修饰的胞嘧啶保持不变]、PCR 扩增和测序

募乙酰转移酶 Tip60，进而增强组蛋白 H3K27 乙酰化和基因表达，而甲基化基因的高表达有利于家蚕卵的发育和孵化。

综上所述，DNA 甲基化修饰方式多样，发生和去除机制复杂，生物学功能广泛，对生物体的发育、行为和生存都十分重要。但有关 DNA 甲基化的研究还存在诸多有趣的问题有待解决。例如，如何精准检测 DNA 甲基化修饰在生物基因组的分布和占比？除了 m⁵C 修饰，哪些蛋白质或通路参与真核生物 m⁶A 或 m⁴C 修饰？DNA 甲基化如何调控无脊椎动物（尤其是昆虫）的环境适应性？针对上述科学问题开展深入研究，不仅有助于增强人们对 DNA 甲基化一般作用机制和功能的认识，而且有利于增进对基因表观调控分子机制的理解。

13.3 RNA 甲基化

根据其功能，RNA 可分为两大类，包括编码蛋白质的信使 RNA（messenger RNA，mRNA）和非编码 RNA（ncRNA）。RNA 表观遗传学是一个研究 RNA 的化学修饰调节效应的学科（Nachtergaele & He，2018）。RNA 改变涉及其甲基化修饰，进而影响真核基因表达调节，这是继 DNA 和组蛋白甲基化后又一个重大发现。

RNA 甲基化是指在核苷酸的碱基或核糖基上加一个或多个甲基（—CH₃）。最常见的 RNA 甲基化修饰是 6-甲基腺嘌呤修饰（N6-methyladenosine，m⁶A，图 13.10）和尿苷化修饰（uridylation，U-tail）。早在 1974 年，德罗西（Desrosie）就利用真核生物中的多腺苷酸 [poly(A)] 结构，发现了肝癌细胞中 mRNA 的甲基化状态，并确认 mRNA 中主要的甲基化修饰为 m⁶A（约占 80%），它是一种可发生在 mRNA、ncRNA 等腺嘌呤（A）上的甲基化修饰。

13.3.1 常见的 RNA 甲基化修饰及发生机制

mRNA 是一种具有通过 DNA 转录合成遗传信息的 RNA 类型，在蛋白质合成中充当模板并确定肽链的氨基酸序列（Roignant & Soller，2017），是人体内重要的 RNA。mRNA 甲基化修饰占所有 RNA 修饰的 60% 以上，主要发生在位于碱基的氮原子上以形成 m⁶A。除此之外，mRNA 甲基化修饰还包括 5-甲基胞嘧啶（m⁵C）、N1-甲基腺苷（m¹A）、5-羟甲基胞嘧啶（hm⁵C）、N6, 2′-O-二甲基腺苷（m⁶Am）、7-甲基鸟嘌呤（m⁷G）等（图 13.11）。这些修饰可影响各种生物学过程的调控，如 RNA 稳定性、mRNA 的可变剪接和翻译、异常的 mRNA 甲基化与许多疾病有关。

mRNA 甲基化修饰是 RNA 修饰的主要形式。1974 年，Desrosie 使用真核生物中的 poly(A) 结构，发现了肝癌细胞中 mRNA 的甲基化状态，且其主要甲基化修饰为 m⁶A，约占 80%。另外，在各种真核生物和病毒 mRNA 中也检测到了 m⁶A。在哺乳动物中，m⁶A 广泛分布在多个组织中。借助高通量测序技术，已获得了一个粗略的 m⁶A 修饰图。Meyer 研究了小鼠大脑中的 m⁶A 修饰，发现它主要分布在基因内部（约占 94.8%），其中蛋白质编码区（CDS）、非翻译区（UTR）和内含子的比例分别为 50.9%、41.9% 和 2.0%。UTR 的 m⁶A 倾向于在 3′UTR 中富集，而 CDS 主要在终止密码子附近富集（Ke et al., 2015）。m⁶A 修饰主要发生在包含特定核苷酸序列 RRACH（其中

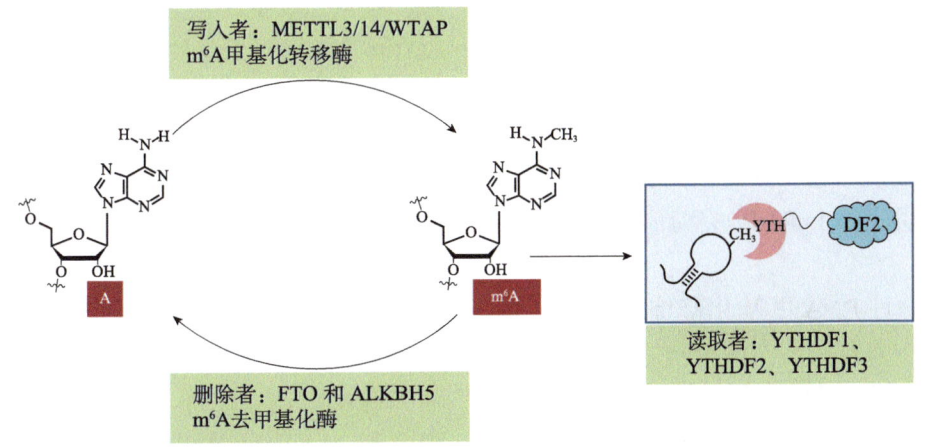

图 13.10 6-甲基腺嘌呤修饰（m⁶A）发生过程和机制（Nachtergaele & He，2018）

该 RNA 甲基化修饰的可逆化过程由甲基转移酶（m⁶A-methyltransferase）复合物作为写入者（writer）"写入"甲基到腺苷酸（A）上，生成 6-甲基腺苷酸（m⁶A），相反地，由去甲基化酶（demethylase）作为删除者（eraser）从 6-甲基腺苷酸上"删除"甲基，生成腺苷酸，从而实现该可逆化过程；甲基化修饰后的腺苷酸被甲基化阅读蛋白（reader）识别，发挥功能

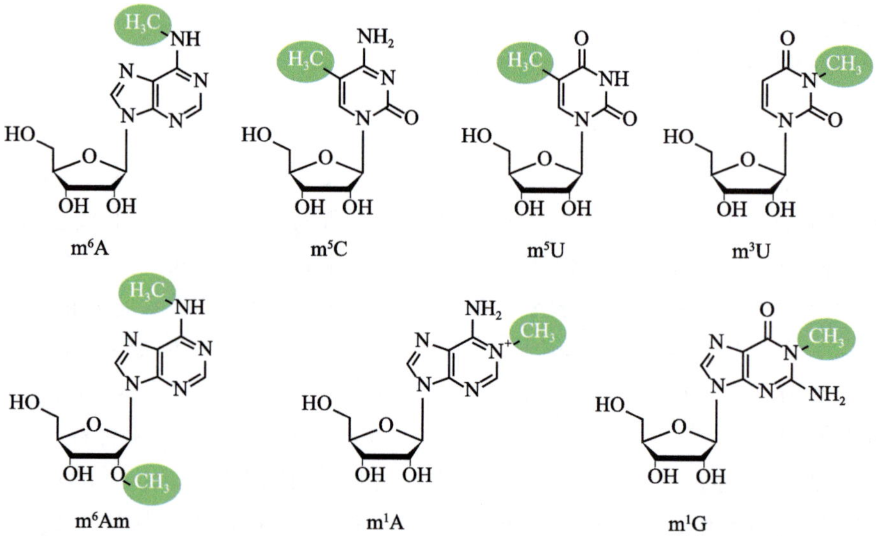

图 13.11　mRNA 甲基化修饰的不同类型及其化学结构示意图（Roignant & Soller，2017）

m⁶A. RNA 分子腺嘌呤第 6 位氮原子上发生甲基化修饰，是一种可逆的 RNA 甲基化；m⁵C. RNA 胞嘧啶的第 5 位碳原子发生甲基化修饰，是一类在 tRNA 及 rRNA 高丰度存在的甲基化修饰；m⁵U. RNA 鸟嘌呤的第 5 位碳原子上加上甲基的一种修饰；m³U. RNA 尿嘧啶的第 3 位氮原子上加上甲基的一种修饰；m⁶Am. 在 m⁶A 修饰的基础上，同一个腺苷酸残基的核糖的 2′ 羟基也被甲基化，产生 2′ 甲氧基结构（2′-O-CH₃）；m¹A. RNA 腺嘌呤第 1 位氮原子上的甲基化修饰，是一类新发现的 RNA 甲基化；m¹G. RNA 鸟嘌呤的第 1 位氮原子上加上甲基的一种修饰

R=A 或 G，H=A、C 或 U）的腺嘌呤上。

mRNA 的 m⁶A 修饰被证明是可逆的，该过程由甲基转移酶（writer）、去甲基化酶（eraser）和甲基阅读蛋白（reader）等共同参与完成。其中甲基转移酶包括 METTL3/14、WTAP 和 KIAA1429 等核心蛋白质，这些蛋白质并不是各自孤立的，而是会形成复合物共同催化 mRNA 上腺苷酸发生 m⁶A 修饰。去甲基化酶包括 FTO 和 ALKBH5 等，主要对已发生 m⁶A 修饰的碱基进行去甲基化修饰。阅读蛋白包括 YTHDF1、YTHDF2 和 YTHDF3，主要功能是识别发生 m⁶A 修饰的碱基，从而激活下游的调控通路如 RNA 降解、miRNA 加工等（Yang et al.，2018）。实验已经鉴定了多种阅读蛋白，包括 YTH 结构域蛋白、核不均一核糖核蛋白（hnRNP）及真核起始因子（eIF）等。

m¹A 是另一种 RNA 甲基化修饰，最早是在 tRNA 和 rRNA 中发现的。不同于 m⁶A 修饰，m¹A 会产生一个正电荷，可通过静电作用影响蛋白质与 RNA 的相互作用及 RNA 的二级结构。哺乳动物线粒体 tRNA 中的 m¹A9 修饰有助于维持线粒体 tRNA 结构的稳定。在 HeLa 细胞中敲除线粒体 tRNA m¹A9 修饰后，线粒体呼吸显著减少，最终导致细胞死亡。tRNA 上第 58 位另一个 m¹A 修饰位点，赖氨酸 tRNA 的 m¹A58 修饰影响反转录的准确度，并影响反转录病毒，如 HIV 感染的效率。起始 tRNA 上 m¹A58 缺失会导致 tRNA 结构异常并引起降解。mRNA 上也有 m¹A 修饰，可影响 mRNA 结构的稳定性，加速翻译的进行，但该修饰如何介导细胞内生理活动及其与疾病的相关性仍需进一步研究。

RNA 的 m⁵C 修饰主要在 mRNA 和 tRNA 中存在，目前已发现两种甲基转移酶：NSUN2 和 Dnmt2，但尚未发现去甲基化酶。

13.3.2　RNA 甲基化修饰的生物学功能

关于 m⁶A 功能的初步认识主要来自化学甲基化抑制剂。环亮氨酸可以抑制 5′ 端 2′-O-甲基核糖和内部 m⁶A 修饰，但不能抑制 mRNA 的 5′ 端 m⁷G 修饰，因此成为经典的甲基化抑制剂。通过施用环亮氨酸和腺苷类似物 A 验证了 m⁶A 的多个 RNA 代谢相关功能，包括影响 mRNA 转录、剪接、核输出、翻译能力、降解及稳定性，并且可以在体内起重要的生物学作用（Niu et al.，2013）。

首先，RNA 甲基化具有动态调节作用。通过监测整个大脑发育过程中 m⁶A 的水平，观察到 m⁶A 甲基化是一种动态的 RNA 修饰。FTO 和 ALKBH5 是普遍表达的具有 m⁶A 去甲基酶活性的蛋白质，但二者的生物学功能不同，这可能归因于它们在不同组织中的表达差异。例如，FTO 在大脑和肌肉中高度表达，而 ALKBH5 在睾丸和肺中高度表达。此外，为了限制其潜在的冗余，FTO 和 ALKBH5 及额外的 RNA 去甲基化酶可能会在细胞或组织特异性环境中催化不同的 mRNA 底物（Wang et al.，2015）。

其次，RNA 甲基化具有神经生物学功能。在胚胎发育过程中，RNA m⁶A 修饰水平显著增加；与其他器官或组织相比，头部的 m⁶A 整体水平明显更高，这表明 mRNA m⁶A 修饰在神经系统中具有潜在的神经生物学功能（Cao et al., 2016）。神经干细胞通过自我更新维持细胞群，并可以分化成各种神经细胞，如神经元、星形胶质细胞和少突胶质细胞。多项研究表明，mRNA m⁶A 修饰可影响神经干细胞的自我更新和分化。这些新发现将促进神经系统疾病的干细胞治疗和基因靶向治疗。mRNA 的 m⁶A 修饰在学习和记忆中具有潜在作用。该修饰调节成年哺乳动物大脑中的生理和压力诱发的行为，并增强弱记忆的强度。作为小鼠大脑区域特异性基因调控网络中新发现的元素，mRNA 的 m⁶A 修饰在多巴胺能神经元的死亡中起着至关重要的作用。在发育中的小鼠小脑中发现了广泛和动态的 m⁶A。RNA m⁶A 以精确的时空方式受到控制，并参与小鼠小脑出生后发育的调节。低压缺氧条件下，Alkbh5 缺陷小鼠小脑 RNA m⁶A 水平失衡，导致核外 RNA 排泄效率增加，小脑表型发生显著变化，包括神经元结构紊乱、异常细胞增殖和分化及其他表型。

另外，RNA 甲基化修饰会影响代谢活性。m⁶A mRNA 转录本的相对丰度在不同类型 mRNA 中差异很大。例如，催乳素 mRNA 只有一个 m⁶A 位点，劳斯肉瘤病毒 mRNA 有 7 个 m⁶A 位点，二氢叶酸还原酶（DHFR）转录物具有三个 m⁶A 位点，SV40 病毒的 mRNA 可以具有多于 10 个 m⁶A 位点，而组蛋白和球蛋白 mRNA 没有 m⁶A 修饰。转录物组分析表明，46% 的 mRNA 仅包含一个 m⁶A 峰，37.3% 有两个峰，其余的有两个以上峰。这表明 m⁶A 本身可能在 RNA 代谢中具有调节作用。

参与 RNA 的 m⁵C 修饰的甲基转移酶 NSUN2 的基因突变会导致认知障碍和智力障碍，NSUN2 还对雄性的生殖力有影响，基因敲除小鼠表现为睾丸缩小和精子分化停滞（Guo et al., 2020; Khan et al., 2012）。

总之，mRNA 甲基化是一种重要的表观转录物组修饰，并且 m⁶A 在大脑中高度表达。mRNA m⁶A 修饰对神经系统具有广泛的影响，在神经干细胞的自我更新、学习记忆、大脑发育、突触生长和胶质瘤细胞增殖中起着重要的作用，这种新的监管系统将促进神经系统疾病的靶向治疗。

13.3.3 RNA 甲基化修饰的检测方法

当前流行的全基因组 RNA 甲基化检测方法包括 MeRIP-Seq（m⁶A-specific methylated RNA immunoprecipitation with next generation sequencing）、miCLIP（m⁶A individual-nucleotide-resolution cross-linking & immuno precipitation）和 SCARLET（site-specific cleavage & radioactive-labeling followed by ligation-assisted extraction & thin-layer chromatography）等。

MeRIP-Seq 方法由迈耶（K. D. Meyer）等于 2012 年提出。首先提取总 RNA，并用 Oligo-dT 磁珠对总 RNA 带有 poly(A) 的 mRNA 进行富集，之后加入片段化试剂或使用超声波仪将完整的 mRNA 进行片段化。片段化后的 RNA 被分成两份，一份加入带有 m⁶A 抗体的免疫磁珠，对含有 m⁶A 的 mRNA 片段进行富集，按照转录物组的建库流程构建常规的测序文库；另一份作为对照，直接构建常规的转录物组测序文库。将构建好的 2 个测序文库，即 m⁶A-seq 文库和 RNA-seq 文库分别进行高通量测序。对发生 m⁶A 程度较高的区域进行富集识别。该方法不能做到单个碱基的分辨，只能对大致的区域（约 100 bp）进行分析，并对 mRNA 上具体区域内甲基化程度进行高级分析（图 13.12）。

miCLIP 方法由 Linder 等（2015）提出。将含有 m⁶A 的 RNA 与相应抗体结合后，通过紫外线进行交联，反转录得到的 cDNA 会出现突变或截断，这样就可以指示 m⁶A 的存在。具体流程如下：首先，使用 Trizol 从细胞系中提取 RNA，再将 RNA 片段化为 30～130 nt 长度，与抗-m⁶A 抗体共孵育，通过紫外线使 RNA 和抗体交联，使用蛋白质 A/G 亲和纯化、SDS-PAGE 和硝酸纤维素膜转印回收抗体-RNA 复合物，接头连接，使用蛋白酶 K 释放 RNA，将 RNA 逆转录为 cDNA，进行 PCR 扩增并测序，最后鉴定 C-T 转换或截段，与已知的基因组序列进行比对，定位鉴定为 m⁶A/m⁶Am 残基的结合位点，并在转录物组中标注。该方法的分辨率为单核苷酸水平（图 13.13）。

SCARLET 由 Liu 等（2013）报道。通过结

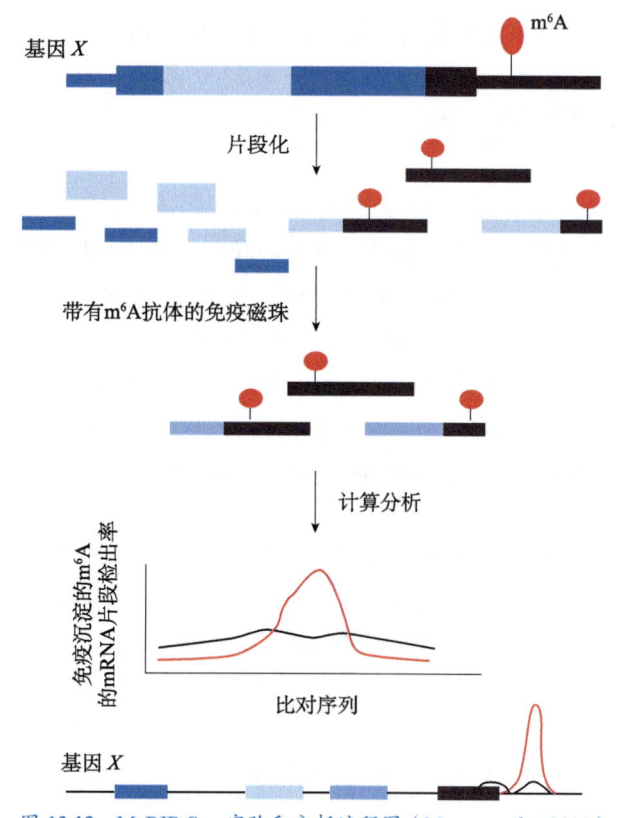

图 13.12　MeRIP-Seq 实验和分析流程图（Meyer et al., 2012）
含 m⁶A 的 RNA 被片段化后，加入带有 m⁶A 抗体（anti-m⁶A）的免疫磁珠，含有 m⁶A 的 mRNA 片段被免疫沉淀（RIP），被富集后进行高通量测序和计算分析

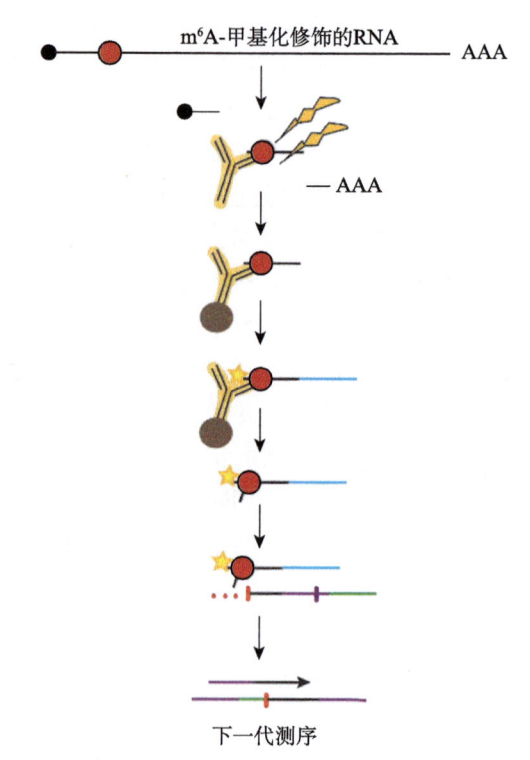

图 13.13　miCLIP 实验和分析流程图（Linder et al., 2015）

合位点特异性的 RNA 酶 H、放射标记、核素酶消化和薄层层析的方法，对 RNA 甲基化修饰进行检测，该方法是从单基因通量下检测 RNA 的甲基化修饰，具体流程为：首先，提取总 RNA，然后选择一个候选 RNA 的候选位点，使用互补的 2′-OMe/2′-H 嵌合寡核苷酸引导 RNA 酶 H 切割，以实现对特定位点的特异性切割。剪切位点用 ^{32}P 放射性标记，用 DNA 连接酶将 ^{32}P 标记的 RNA 片段夹板式连接到一个 116 nt 的单链 DNA 上。然后，用 RNA 酶 T1/A 处理样本，完全消化所有 RNA，而 ^{32}P 标记的候选位点仍以 DNA-^{32}P-（A/m⁶A）p 和 DNA-^{32}P-（A/m⁶A）Cp 的形式保存。将该标记带从凝胶中分离并洗脱，用核酸酶 P1 酶切成含有 5′ 磷酸的单核苷酸，并用薄层色谱法确定 m⁶A 修饰状态。SCARLET 的一个关键步骤是夹板式连接，将候选核糖核苷酸连接到 DNA 寡聚体上，从而阻止其被 RNA 酶 T1/A 消化（图 13.14）。

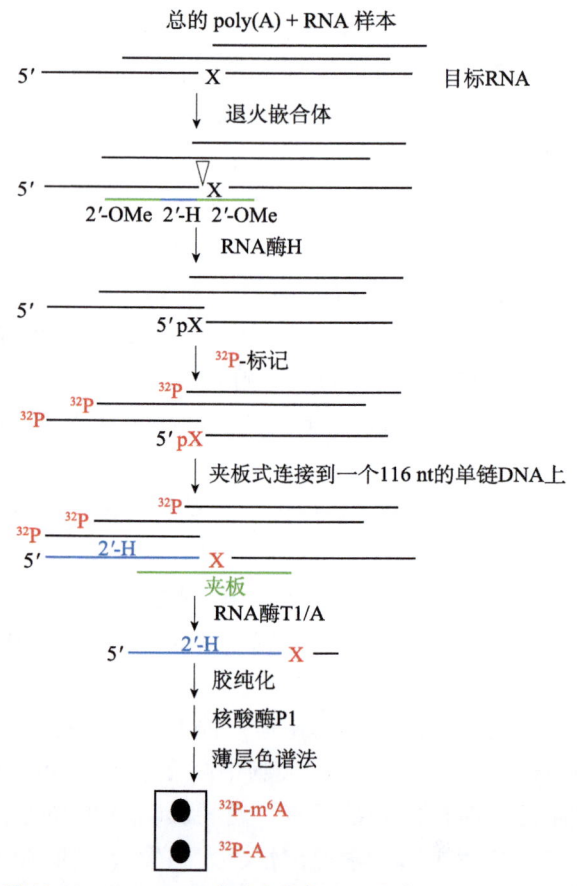

图 13.14　SCARLET 实验和分析流程图（Liu et al., 2013）

13.3.4 RNA 甲基化研究的具体实例

研究表明，紫外线照射会瞬时诱导 RNA m^6A 的修饰，这种修饰发生在 poly(A) 转录本上，并受甲基转移酶 METTL3 和脱甲基酶 FTO 的调节（Xiang et al., 2017）。没有 METTL3 催化活性的情况下，细胞显示对紫外线诱导的环丁烷嘧啶加合物的延迟修复，并加重对紫外线的敏感性，这表明 m^6A 在响应紫外线的 DNA 损伤反应中的重要性。多种 DNA 聚合酶参与了紫外线反应，其中一些在核苷酸切除修复途径切除病变后重新合成 DNA，而其他的则参与转变合成。DNA 聚合酶 κ（Pol κ）与核苷酸切除修复和反式损伤合成有关，它可以在 METTL3 的催化活性下立即定位到紫外线诱发的 DNA 损伤部位。更重要的是，Pol κ 过度表达抑制了与 METTL3 损失相关的环丁烷嘧啶去除缺陷。该研究发现了 RNA m^6A 在紫外线诱发的 DNA 损伤反应中的新功能。

科学家使用 CaMKⅡα-Cre 介导的 Mettl3 条件敲除小鼠，发现海马通过促进神经元早期反应基因的翻译来调节 METTL3 表达以巩固其依赖性记忆，这种效果非常依赖 METTL3 的 m^6A 甲基转移酶功能（Zhang et al., 2018）。消耗小鼠海马中的 METTL3 会降低记忆巩固能力，但如果给予足够的训练或 m^6A 则恢复了 METTL3 的功能。野生型小鼠海马中 METTL3 的丰度与学习效率呈正相关，METTL3 的过表达显著增强了长期记忆的巩固。这些发现揭示了 RNA 的 m^6A 修饰在调节长期记忆形成中的直接作用。

13.4 组蛋白翻译后修饰

组蛋白是真核生物细胞核中高度碱性的蛋白质，与 DNA 组成核小体结构。组蛋白是染色质主要的蛋白质组分。组蛋白家族有 5 个成员，分别是 H1、H2、H3、H4 和 H5，其中 H1 和 H5 为连接组蛋白，H2、H3 和 H4 为核心组蛋白。核心组蛋白的氨基端部分包含一个灵活的、高度碱性的尾部区域，该区域在不同的物种中是保守的，且受到各种翻译后修饰，如乙酰化（acetylation）、甲基化（methylation）、磷酸化（phosphorylation）、泛素化（ubiquitination）、SUMO 化和 ADP 核糖基化（ADP-ribosylation）（图 13.15）。组蛋白通过翻译后修饰能够调控基因的表达。

13.4.1 组蛋白乙酰化修饰

奥尔弗里（Allfrey）等在 1964 年首次报道了组蛋白的乙酰化修饰。后续研究表明组蛋白的乙酰化主要发生在赖氨酸（图 13.16）。

组蛋白乙酰化修饰是一种动态可逆的调控过程。乙酰化修饰由组蛋白乙酰转移酶（histone acetyltransferase，HAT）和组蛋白去乙酰转移酶（histone deacetyltransferase，HDAT）调节。HAT 利用乙酰辅酶 A 作为辅助因子并催化乙酰基转移到赖氨酸侧链的 ε-氨基。在此过程中，它们中和了赖氨酸的正电荷，这一作用有可能削弱组蛋白与 DNA 之间的相互作用。

HAT 有两大类：A 型和 B 型。B 型 HAT 主要是细胞质的乙酰化游离组蛋白，而不是那些已沉积到染色质中的组蛋白。这类 HAT 是高度保守的，所有 B 型 HAT 都与该类型 HAT 的创始成员 scHat1 具有序列同源性。B 型 HAT 在 K5 和 K12（以及 H3 内的某些位点）对新合成的组蛋白 H4 进行乙酰化，这种乙酰化模式对组蛋白的沉积非常重要，之后标记被去除。

A 型 HAT 是一个比 B 型更多样化的酶家族。然而，根据氨基酸序列的同源性和构象结构，它们至少可分为三个独立的组：GNAT、MYST 和 CBP/p300 家族。广义上讲，这些酶中的每一种都会修饰组蛋白 N 端尾部的多个位点。事实上，它们中和正电荷的能力会破坏静电作用的稳定影响，与这类酶在许多转录共激活因子中的功能密

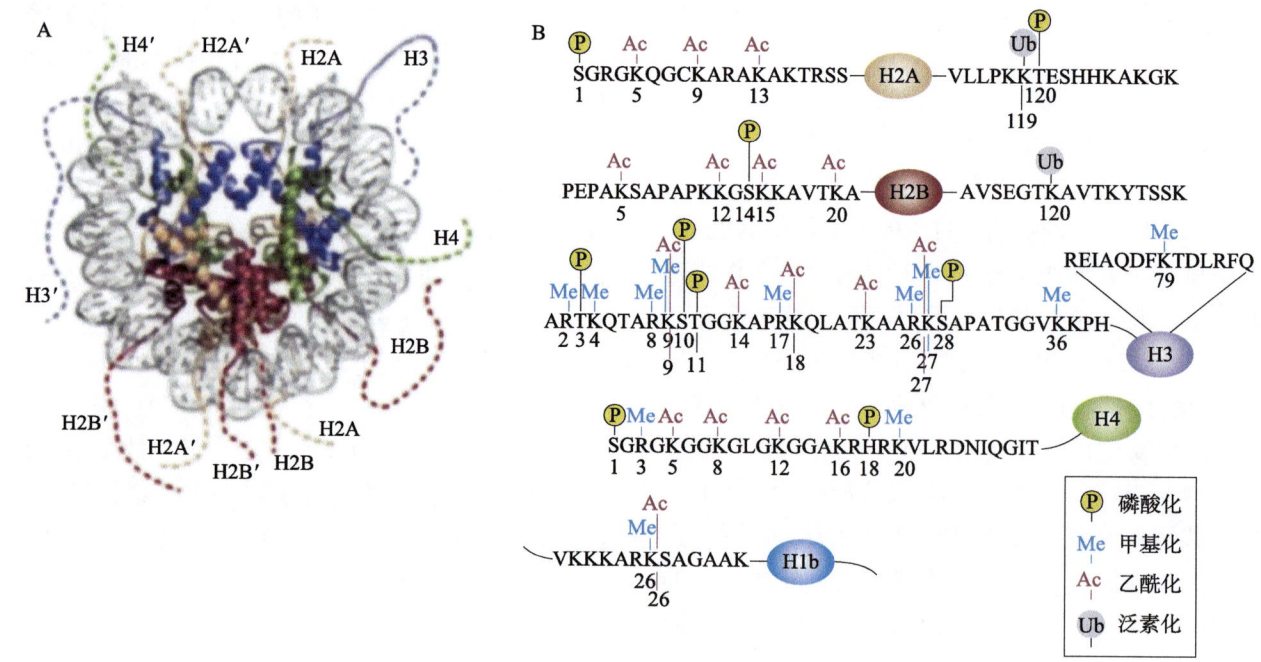

图 13.15 人组蛋白上观察到的翻译后修饰（Luger & Richmond, 1998; Margueron et al., 2005）

A. 从顶部观察的核小体模型，组蛋白如带状图所示；这个模型描绘了组蛋白尾巴的长度（虚线）；H2A 的 N 端位于底部，H2A 的 C 端位于顶部；H2B 的 N 端的尾巴在右边和左边，H2B 的 C 端的尾巴在底部的中心；组蛋白 H3 和 H4 有未修饰的短 C 端尾巴。

B. 在人组蛋白中观察到的翻译后修饰的总结；组蛋白尾部序列显示在一个字母的氨基酸编码中；每个组蛋白的主要部分被描绘成一个椭圆形；这些修饰并不都同时发生在单个组蛋白分子上，相反，在任何一个组蛋白上都可以观察到其中几种修饰的特定组合

图 13.16 赖氨酸的乙酰化修饰（Allfrey et al., 1964）

切相关。然而，参与该调节的不仅是组蛋白尾部，在球状组蛋白核心中还存在其他乙酰化位点。例如，H3K56 被人类（*Homo sapiens*）乙酰化酶 GCN5（hGCN5）乙酰化。H3K56 侧链指向 DNA 大沟，表明乙酰化会影响组蛋白与 DNA 的相互作用，这种情况与组蛋白 N 端尾部赖氨酸乙酰化的作用类似。有趣的是，p300 HAT 的敲除也被证明与 H3K56ac 的缺失有关，这表明 p300 可能也以这个位点为靶点。然而，与 GCN5 敲除不同，p300 敲除增加了 DNA 损伤，可能间接影响

H3K56ac 水平。

与许多组蛋白修饰酶一样，A 型 HAT 通常与大型多蛋白复合物相关。这些复合物中的组成蛋白在控制酶的募集、活性和底物特异性方面起着重要的作用。例如，纯化的酿酒酵母（*Saccharomyces cerevisiae*，sc）scGCN5 去乙酰化游离的组蛋白，但不会乙酰化存在于核小体中的组蛋白。相反，当 scGCN5 存在于所谓的 SAGA（Spt-Ada-GCN5-acetyltransferase）复合物中时，它能有效地乙酰化核小体中的组蛋白。

HDAT 与 HAT 的作用相反，并逆转赖氨酸的乙酰化，赖氨酸的乙酰化恢复了其正电荷水平。这可能会稳定局部染色质的结构，并且与主要是转录抑制因子的 HDAT 一致。HDAT 有 4 类：Ⅰ类和Ⅱ类分别含有与酵母 scRpd3 和 scHda1 最密切相关的酶，Ⅲ类（称为 sirtuin）与酵母 scSir2 同源，而Ⅳ类只有一个成员 HDAT11。与其他三类相比，Ⅲ类活性需要一个特定的辅助因子 NAD$^+$ 参与。

一般来说，HDAT 本身具有较低的底物特异性，一个酶可对组蛋白中的多个位点去乙酰化。由于酶通常存在于多个不同的复合物中，常与其他 HDAT 家族成员一起存在，因此酶募集和特异性问题变得更加复杂。例如，在 NuRD、Sin3a 和 Co-REST 复合物中一起发现了 HDAT1 和 HDAT2。因此，很难确定哪种活性（特定的 HDAT 和 / 或复合物）导致了特定的效果。然而，在某些情况下，至少有可能确定某一特定过程需要哪种酶。例如，已经证明 HDAT1 而不是 HDAT2 控制胚胎干细胞的分化。

13.4.2 组蛋白磷酸化修饰

组蛋白磷酸化修饰是一个高度动态可逆的变化过程，发生磷酸化修饰的氨基酸主要是位于 N 端的丝氨酸、苏氨酸和酪氨酸（图 13.17）。组蛋白磷酸化修饰的水平受磷酸激酶和磷酸酶调控。组蛋白的磷酸化修饰是在激酶的作用下将 ATP 的磷酸基团转移到特定氨基酸侧链的羟基上，脱去一个水分子。由于磷酸基团带有较强的负电荷，因此显著地改变了组蛋白的极性，进而改变了染色质的结构（Strahl & Allis，2000）。对于大多数激酶，现在还不清楚它是如何精确地结合到染色质特定的修饰位点上。磷酸激酶 MAPK1 有一个 DNA 结合结构域，此结构域的存在使其结合在 DNA 特定的区域，进而对组蛋白特定的氨基酸进行磷酸化修饰（Berger，2010）。

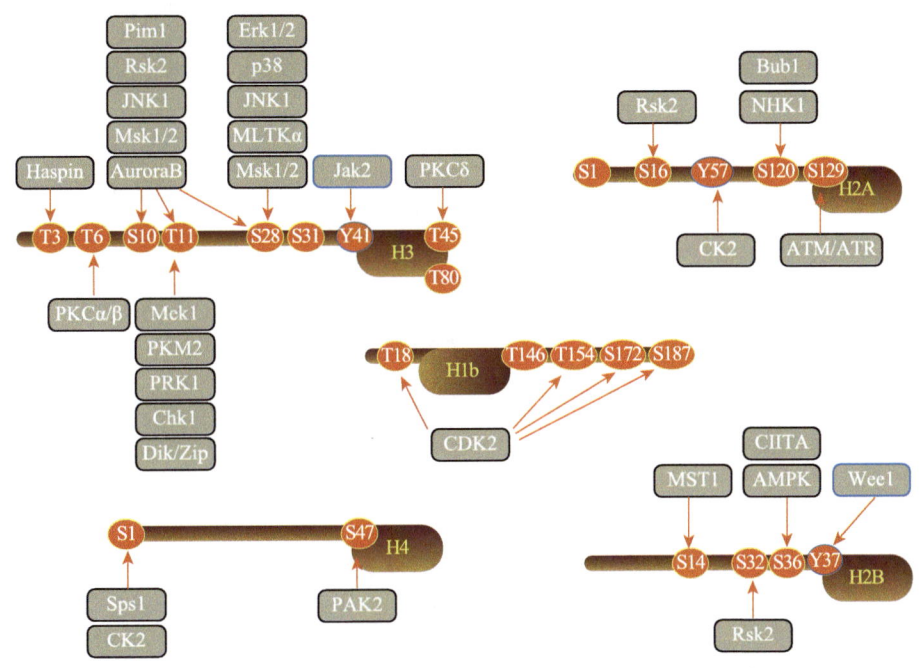

图 13.17 组蛋白磷酸化修饰示意图（Strahl & Allis，2000）

现在对组蛋白去磷酸化修饰的磷酸酶研究比较少。由于组蛋白的磷酸化和去磷酸化修饰一直处于一个快速动态的调控过程中，因此细胞核内磷酸酶的活性必须非常高才能对组蛋白实现快速的去磷酸化修饰。

组蛋白的磷酸化同转录、修复、染色体致密化及细胞周期相关联，所有的组蛋白在体内不同的条件下都可以发生磷酸化修饰，但主要发生在细胞周期、染色质重塑及DNA转录和修复过程中。

13.4.3 组蛋白甲基化修饰

组蛋白甲基化修饰主要发生在组蛋白侧链的赖氨酸和精氨酸上。同组蛋白的乙酰化和磷酸化修饰不同，甲基化修饰不改变组蛋白的电荷数，并且赖氨酸可以发生单甲基化、双甲基化和三甲基化修饰（图13.18）；而精氨酸既可以发生单甲基化修饰，也可以发生对称及不对称的双甲基化修饰（图13.19）。

13.4.3.1 赖氨酸甲基化修饰

第一个被鉴定的组蛋白赖氨酸甲基转移酶（HKMT）是靶向H3K9的SUV39H1。此后鉴定出许多HKMT，其中绝大多数为N端尾部甲基化赖氨酸。引人注目的是，所有的N端赖氨酸甲基化的HKMT都包含一个所谓的SET结构域，该结构域具有酶活性。然而，一个特例是Dot1酶，它在组蛋白球形核心内甲基化H3K79，不包含SET结构域。为什么这种酶在结构上与所有其他酶不同虽然还不清楚，但这可能反映了它的底物H3K79相对难以接近。在任何情况下，HKMT都能催化甲基从S-腺苷甲硫氨酸（SAM）转移到赖氨酸的ε-氨基上。

HKMT往往是相对特异性的酶。例如，粗糙脉孢菌（*Neurospora crassa*）DIM5特异性地甲基化H3K9，而SET7/9靶向H3K4。此外，HKMT还将适当的赖氨酸修饰到特定程度（即单、二和/或三甲基状态）。还是相同的例子，DIM5可以三甲基化H3K9，但SET7/9只能单甲基化H3K4。这些特定的反应产物可以仅使用纯化的酶来产生，因此区分不同组蛋白赖氨酸和不同甲基化状态的能力是酶的固有特性。X射线晶体学研究表明，在酶的催化域中有一个关键残基，决定了酶的活性是否超过了单甲基化产物。在DIM5中，酶的

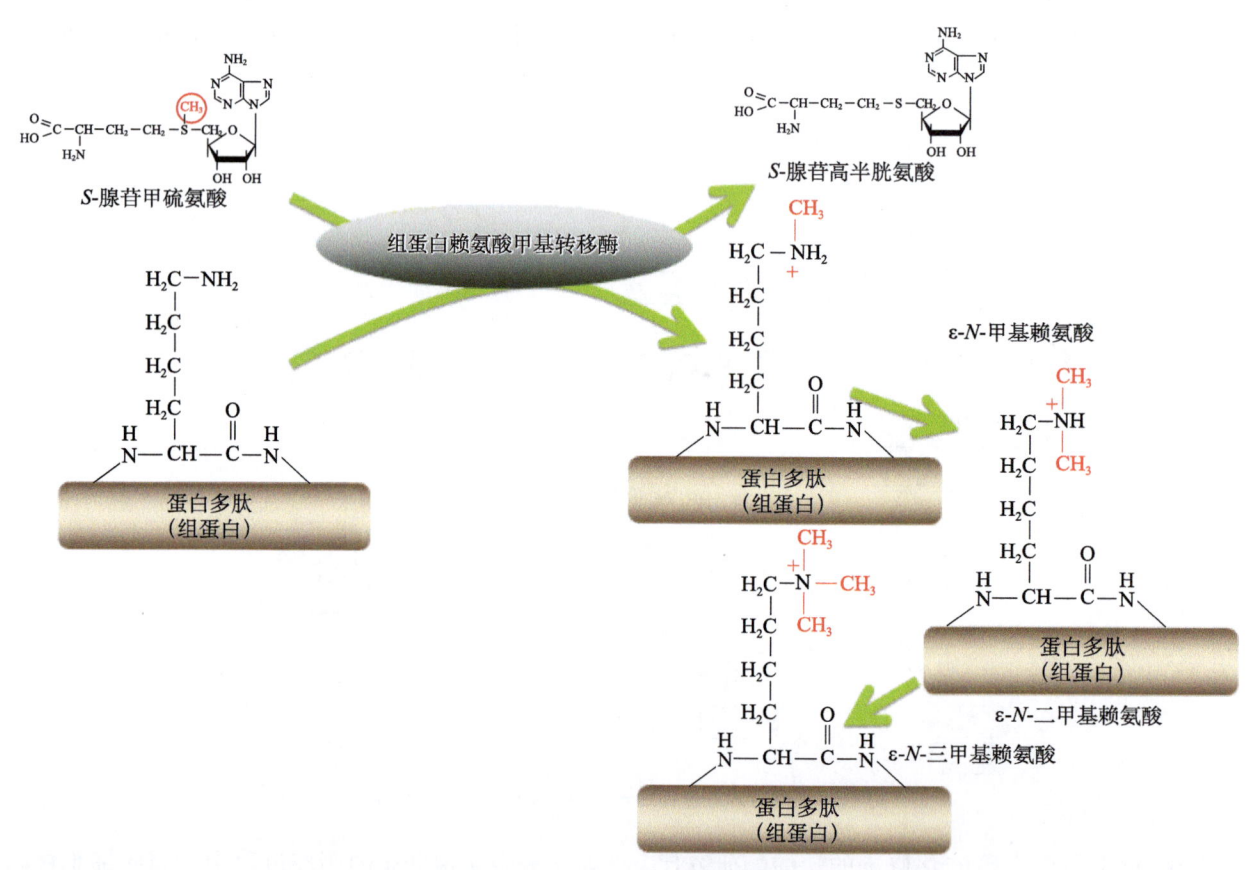

图13.18 赖氨酸甲基化修饰

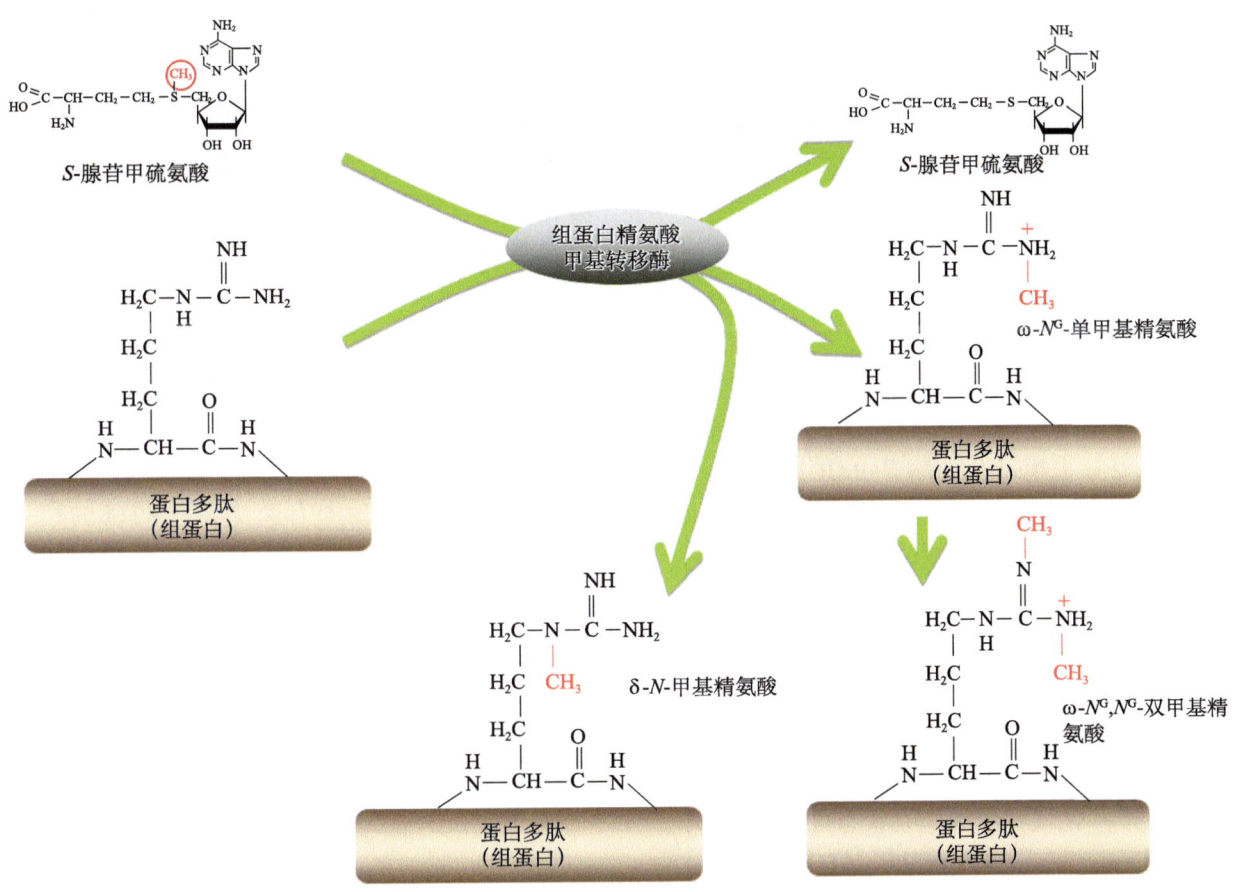

图 13.19　精氨酸甲基化修饰

赖氨酸结合口袋中有一个苯丙氨酸（F281），可以容纳所有甲基化形式的赖氨酸，从而使酶生成三甲基化产物。相比之下，SET7/9 在相应位置有一个酪氨酸（Y305），因此它只能容纳单甲基化产物。巧妙的诱变研究表明，将 DIM5 F281 诱变至 Y 会将酶转化为单甲基转移酶，而 SET7/9 中的相互突变（Y305 至 F）会产生一种能够将其底物三甲基化的酶。一般地说，芳香族决定簇（Y 或 F）似乎是包含 SET 结构域的 HKMT 广泛采用的一种机制来控制甲基化程度。

13.4.3.2　精氨酸甲基化修饰

精氨酸甲基转移酶有两种类型：Ⅰ型和Ⅱ型（图 13.19）。这两种类型的酶构成了含有 11 种酶的大家族，并命名为 HRMT。对于组蛋白精氨酸甲基化修饰，最直接相关的酶为 HRMT1、HRMT4、HRMT5 和 HRMT6。

13.4.3.3　组蛋白去甲基化修饰

多年来，组蛋白甲基化被认为是一种稳定的静态修饰。然而，在 2002 年，许多不同的反应/途径被认为是赖氨酸和精氨酸的潜在去甲基化机制，随后通过实验进行了验证。

最初，人们发现通过脱亚甲基反应将精氨酸转化为瓜氨酸是一种逆转精氨酸甲基化的方法。虽然这一方法不是甲基化的直接逆转，但这一机制推翻了甲基化是不可逆的观点。已报道了一种逆转精氨酸甲基化的反应。Jumonji 蛋白 JMJD6 被证明能够对组蛋白 H3R2 和 H4R3 进行去甲基化反应。然而，这些发现还没有被其他不同的研究人员重新验证。

2004 年，第一个赖氨酸去甲基酶被鉴定出来。发现它以 FAD 为辅助因子，称为赖氨酸特异性去甲基化酶 1（LSD1）。去甲基化反应需要一个质子化的氮，因此它只与单甲基化和二甲基化赖氨酸底物相容。在体外，纯化的 LSD1 催化去除 H3K4me1/2 中的甲基，但在核小体环境中不能使相同的位点去甲基化。然而，当 LSD1 与 Co-REST 抑制复合物结合时，它可以去甲基化核小体组蛋白。因此，复杂的成员赋予 LSD1 核小体识别能力。此外，精确的复合物结合决定 LSD1 要去甲基化的赖氨酸。如前所述，在 Co-REST 环境中，LSD1 去甲基化 H3K4me1/2，但当 LSD1 与雄激素受体结合时，它使 H3K9 去甲基化。这将 LSD1 的活性从抑制因子功能转换为共激活因子功能。

2006 年，研究人员又发现了一类赖氨酸去甲基酶。重要的是，这类酶中的某些酶能够使三甲基化赖氨酸去甲基化。它们采用了与 LSD1 不同的催化机制，使用 Fe^{2+} 和 α-酮戊二酸酯作为辅助因子，以及一种激进的攻击机制。第一个被鉴定为三甲基赖氨酸去甲基化的酶是 JMJD2，它能去甲基 H3K9me3 和 H3K36me3。JMJD2 的酶活性位于 JmjC jumonji 结构域内。目前已知的组蛋白赖氨酸去甲基化酶很多，除了 LSD1，它们都具有催化性的 jumonji 结构域。与赖氨酸甲基转移酶一样，去甲基化酶对其靶向赖氨酸具有高水平的底物特异性。它们对赖氨酸甲基化的程度也很敏感。例如，一些酶只能对单甲基和二甲基底物进行去甲基化，而其他酶可以对甲基化赖氨酸的所有状态进行去甲基化。

13.4.4 组蛋白泛素化修饰

所有先前描述的组蛋白修饰都会导致氨基酸侧链发生相对较小的分子变化。相比之下，泛素化导致更大的共价修饰。泛素本身是一种含 76 个氨基酸的多肽，通过三种酶（活化酶 E1、结合酶 E2 和连接酶 E3）的顺序作用与组蛋白赖氨酸相连（图 13.20）。酶复合物决定了底物的特异性（即赖氨酸的靶向性）及泛素化程度（即单泛素化或多泛素化）。对于组蛋白，单泛素化似乎最相关，尽管确切的修饰位点难以确定。然而，在 H2A 和 H2B 中有两个特征明确的位点。H2AK119ub1 参与基因沉默，而 H2BK123ub1 在转录起始和延伸中起重要作用。尽管泛素化是一个很大的修饰，但它仍是一个高度动态的修饰。这种修饰通过被称为去泛素酶的异肽酶的作用去除，这种活性对基因活性和沉默都很重要。

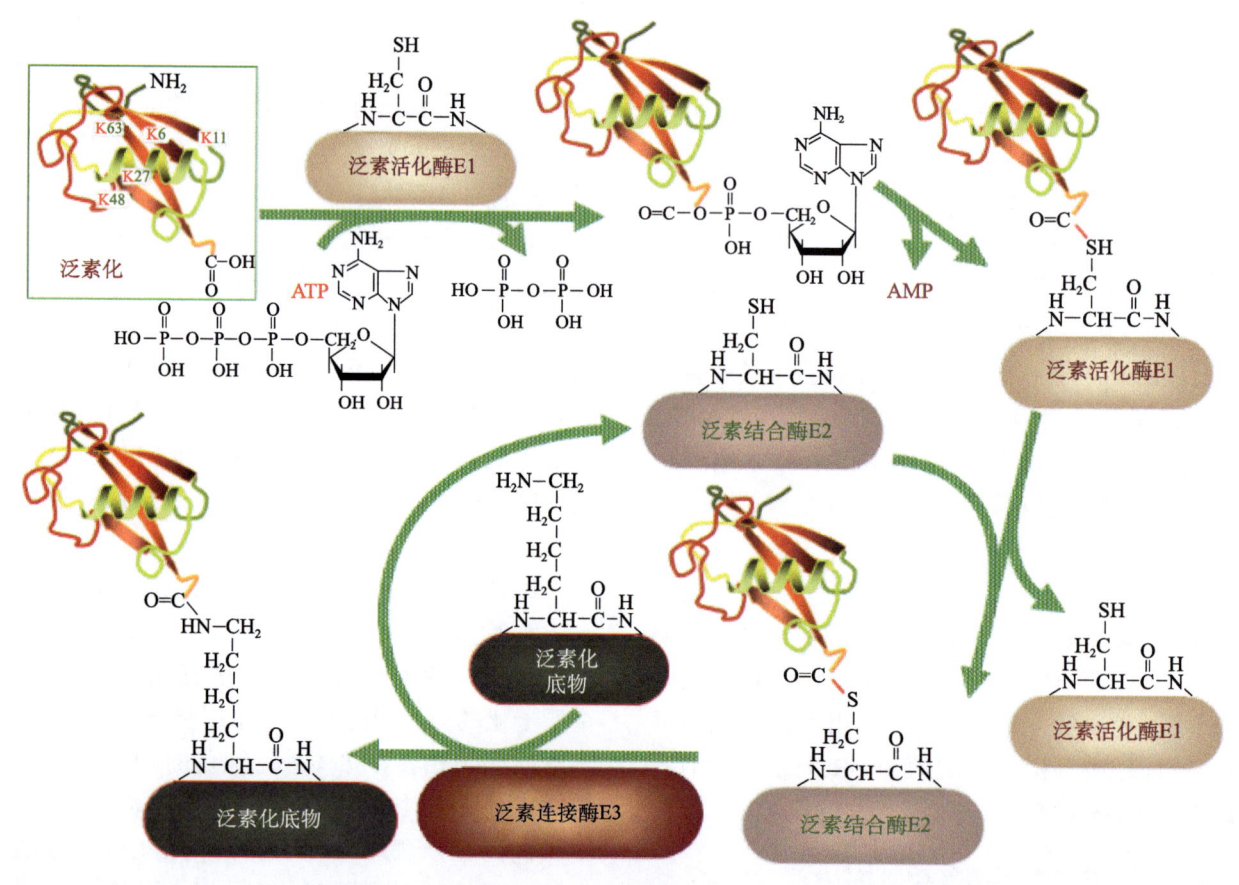

图 13.20 泛素化修饰示意图

13.5 表观遗传学的综合实例

13.5.1 X 染色体失活

在胚胎发育过程中，哺乳动物雌性细胞中两条 X 染色体之一通过 X 染色体失活（X chromosome inactivation，XCI）过程被沉默。XCI 现象被视为表观遗传学调控的经典范例。事实上，在过去的 70 多年里，它已经引起了科学界的极大兴趣。1949 年，巴尔（Barr）和伯特伦（Bertram）首次暗示在雌性哺乳动物细胞中的两条 X 染色体之间存在差异。他们发现其中一条 X 染色体由兼性异染色质组成。这项开创性的工作将以兼性异染色质为特征的非活性 X 染色体称为"巴尔小体"。1961 年，莱昂（Lyon）发现了其中一条 X 染色体上兼性异染色质形成的潜在过程。Lyon 的里程碑式工作提出了他的假设，即"巴尔小体"是一种不活跃的 X 染色体（Xi），出现在有多个 X 染色体的哺乳动物细胞中。与只携带一条 X 染色体的雄性相比，这种失活使得雌性中存在剂量补偿。1962 年，人们发现异步复制是 Xi 的另一个特征，自此这些研究开辟了一个崭新的完整的研究领域，且这个研究领域一直是一个热门的研究领域。即使在过去 50 年中已经发现了这个过程的许多特点，但是还存在许多问题。这一章节将简要介绍 XCI 的关键调节事件。

XCI 是一个发育调控的过程，涉及在 X 染色体上顺序性沉默标记的获得。XCI 有两个特点：第一个特点是印记失活；第二个特点是来自父母本的 X 染色体哪一条失活是随机的。XCI 大多数特征在两种不同模式之间是共享的，但还存在一些差异，反映了失活稳定性的本质和程度。关于哺乳动物 XCI 的大多数研究都是以小鼠模型进行的。在受精阶段，雌性小鼠受精卵均具有 X 染色体活性。发育过程中的第一次失活发生在第一次卵裂时期。这次失活是印迹的，因此只有父系的 X 染色体被失活。随后，在囊胚形成后，来自内部细胞群（ICM）的细胞重新激活不活跃的 X 染色体。在这一阶段，胚胎有两种类型的 XCI 状态：ICM 细胞都有活跃的 X 染色体，而滋养层的外胚层和原始滋养层的内胚层始终保持第一次裂解以来的印迹父系 XCI。之后，只有在分化后，ICM 细胞才能再次失活其中一条 X 染色体，但与第一次裂解事件时相反，此次失活是随机的。由于 ICM 细胞是胚胎的起源，第二次失活将导致每个细胞中随机 XCI 同时在整个发育过程中，其后代将保持特定的 Xi。原始生殖细胞（PGC）在这个方面是个例外，因为这些细胞在小鼠发育中会再次激活 Xi 并在雌性生殖细胞中保持这种状态。

随机和印迹 XCI 都是由单等位基因 *Xist* 表达启动的。这种表达导致了一系列表观遗传修饰，如 RNA 聚合酶Ⅱ、转录因子和常染色质标记。与随机 XCI 相比，印迹 XCI 是暂时的，随机 XCI 建立以后在整个细胞分裂期间和整个生命周期中保持稳定。因此，为了建立稳定的随机 XCI，采用了 CpG 岛甲基化机制。这种修饰比组蛋白修饰更稳定，而组蛋白修饰是印迹 XCI 和早期随机失活的表观遗传事件的特征。虽然 XCI 在小鼠发育阶段存在时间短，但这表明基因沉默动力学是不同的。有证据表明位于 X 染色体失活中心（X chromosome inactivation center，XIC）附近的基因在分化过程中首次沉默（Jobling & Tyler-Smith，2017）。

XCI 中另一个有趣的现象是"逃避"失活，即使在 Xi 上的大部分基因被完全沉默，但有一些基因能从活性或非活性的 X 染色体中表达。基因逃逸 XCI 的具体机制还未完全了解，但最近一项使用转基因方法的研究表明这可能是一个特定位点的内在特性。携带正常沉默或逃逸基因（Jarid1c）位点的 BAC 克隆在雌性 ESC 品系的 X 染色体的随机整合能够重述内源性表达模式。作者认为 DNA 序列本身足以确定一个位点是否受到 XCI 的影响。

13.5.2 基因组印记

当真核生物进行有性繁殖时，每个亲本都贡献了一组单倍体染色体来创造二倍体后代。大多数基因位点都存在两个拷贝或等位基因。根据经典孟德尔遗传学，这两个拷贝都有表达，同时DNA序列的某些变异可能使显性等位基因的表型超过隐性等位基因的表型。然而，一些基因携带表观遗传标记，得以区分母系和父系遗传的等位基因。即使这两个等位基因在其他方面是相同的，但这些基因组的"印记"可以显著改变基因来源的基因表达。

在哺乳动物中，基因组印记表现为根据亲本谱系的单等位基因沉默。由于第二等位基因可能提供基因多样性并掩盖不良性状，因此在复杂的二倍体物种中发现功能单倍体基因有些违反直觉。然而，超过1.5亿年前，在哺乳动物进化中出现了基因组印记，这意味着单等位基因的表达并不一定不利于遗传适应度。相反，有几个位点必须维持印记单等位基因的表达。在人类中，异常的印记是许多发育障碍和神经系统紊乱的基础，并且印记的丢失在癌症中很常见。

即使基因组印记与人类发育和疾病高度相关，但基因组印记直到最近才在哺乳动物中被发现。在20世纪70年代早期已经发现印记导致X染色体失活的现象，该发现比印记导致常染色体失活的发现早20年。这些印记常染色体基因的存在是通过早期的核移植实验预测的，该实验产生了两组分别含有亲本一方染色体的小鼠胚胎。结果发现这些单亲本胚胎异常，而且雌性遗传胚胎和雄性胚胎表现不同的表型。这项研究表明母亲基因组和父亲基因组的不等价性（已考虑性染色体的差异）。随后的补充研究将这些亲本效应缩小到离散的常染色体区域。

1991年，确定了小鼠的三个印记基因：胰岛素样生长因子2受体（*Igf2r*），是母体表达的；其配体，胰岛素样生长因子（*Igf2*）是父体表达的生长发育调节因子；*H19*是母体表达的非编码RNA，并调控*Igf2*基因的转录。*Igf2*的表达受到复杂的调控；*H19*基因在其转录水平上调控该基因，而Igf2蛋白又受到翻译后调控。Igf2在脊椎动物中也高度保守，但其印记状态却不是。系统发育树中Igf2印记的差异推动了许多关于脊椎动物进化和基因组印记起源的理论。

基因组印记常被描述为一种专门的哺乳动物现象，然而早在发现印记哺乳动物基因之前，昆虫和植物的基因表达就存在亲本影响。"印记"一词最早在1960年来描述眼蕈蚊属（*Sciara*）蕈蚊的表观遗传亲本效应。在蕈蚊发育过程的不同阶段，某些父系来源的染色体是异染色质的，并在细胞中独立于基因组组成被消除，而且仅由遗传染色体的生殖系性别决定。20世纪30年代中期，在果蝇中发现了等位基因特异性沉默，当时模糊的报告指出，当父系遗传时X染色体连锁的*scute-8*基因优先沉默。最早的昆虫基因组印记的例子可以追溯到1931年的一份报告，该报告描述了粉蚧科（Pseudococcidae）家族的性别决定。蚧虫（通常被称为水蜡虫）是单倍体模型，其中单倍体是昆虫常用的性别决定系统，雌性是二倍体，而雄性是单倍体。在雄性中，所有父系来源的染色体要么被异染色质沉默，要么被完全消除，因此所有雄性蚧虫都是功能单倍体。

表观遗传的亲本特异性效应早在植物中被证实。在1918年和1919年，两项独立研究表明玉米R位点有亲本特异性效应，该位点控制糊粉胚乳中花青素的表达。当在RR（着色）与rr（无色）杂交的后代中R来自母系亲本时，糊粉种子覆盖的颜色较牢固；相反，如果R来自父系（花粉）亲本时，胚乳着色轻微，外观上有斑点。虽然开花植物的胚乳通常是多倍体的，后来的实验证实了斑点效应确实依赖于亲本起源，而不是基因剂量差异。

现在关于"基因组印记"的定义仅仅包含了在哺乳动物中观察到的亲本起源效应，而并没有包括昆虫、植物及其他物种中存在的亲本效应。然而，这些物种都包含一种保守的调控机制而达到一个共同的目的：在表观遗传学上区分母系基因组和父系基因组。虽然基因组印记可能不是独特的哺乳动物现象，但它在小鼠中的发现确实揭示了人类疾病的表观遗传学基础，并推动了致力于亲本特异性基因表达的研究领域的发展。与许多遗传过程一样，其他生物体的表观遗传学现象也有助于阐明哺乳动物印记的机制及其进化起源。

思考与挑战

1. 表观遗传学的概念和内涵在近代发生了哪些变化？随着相关领域科学研究的深入，表观遗传学的内涵可能会有怎样的延伸和发展？

2. DNA甲基化在不同物种基因组发生的频次差别很大，其进化生物学机制可能是什么？请查阅相关文献，给出你的思考。

3. 在理解环境对生物体的影响特别是跨代影响方面，表观遗传学会发挥怎样的重要作用？表观遗传是否会导致物种表型进化？请查阅相关文献，给出你的思考。

数字课程学习

1. 表观遗传学概述
2. DNA甲基化
3. RNA甲基化
4. 组蛋白修饰
5. 表观遗传学综合实例——基因组印记

课后拓展

1. 温故而知新
2. 拓展与素质教育

主要参考文献

Allfrey V. G., Faulkner R., Mirsky A. E. 1964. Acetylation and methylation of histones and their possible role in the regulation of rna synthesis. *Proc Natl Acad Sci USA*, 51(5): 786-794.

Attwood J. T., Yung R. L., Richardson B. C. 2002. DNA methylation & the regulation of gene transcription. *Cell Mol Life Sci*, 59: 241-257.

Berger S. L. 2010. Cell signaling & transcriptional regulation via histone phosphorylation. *Cold Spring Harb Symp Quant Biol*, 75: 23-26.

Bewick A. J., Vogel K. J., Moore A. J., et al. 2017. Evolution of DNA methylation across insects. *Mol Biol Evol*, 34: 654-665.

Cao G., Li H. B., Yin Z., et al. 2016. Recent advances in dynamic m⁶A RNA modification. *Open Biol*, 6: 160003.

Goll M. G., Kirpekar F., Maggert K. A., et al. 2006. Methylation of tRNAAsp by the DNA methyltransferase homolog Dnmt2. *Science*, 311: 395-398.

Guo G., Wang H., Shi X., et al. 2020. Disease activity-associated alteration of mRNA m⁵C methylation in CD4⁺ T cells of systemic lupus erythematosus. *Front Cell Dev Biol*, 8: 430.

Guo H., Zhu P., Yan L., et al. 2013. The DNA methylation l&scape of human early embryos. *Nature*, 511: 606-610.

He X. J., Chen T., Zhu J. K. 2011. Regulation & function of DNA methylation in plants & animals. *Cell Res*, 21: 442-465.

Jobling M. A., Tyler-Smith C. 2017. Human Y-chromosome variation in the genome-sequencing era. *Nat Rev Genet*, 18: 485-497.

Ke S., Alemu E. A., Mertens C., et al. 2015. A majority of m⁶A residues are in the last exons, allowing the potential for 3′ UTR regulation. *Genes Dev*, 29: 2037-2053.

Khan M. A., Rafiq M. A., Noor A., et al. 2012. Mutation in NSUN2, which encodes an RNA methyltransferase, causes autosomal-recessive intellectual disability. Am J Hum Genet, 90: 856-863.

Linder B., Grozhik A. V., Olarerin-George A. O., et al. 2015. Single-nucleotide-resolution mapping of m^{6}A & m^{6}Am throughout the transcriptome. Nat Methods, 12: 767-772.

Liu N., Parisien M., Dai Q., et al. 2013. Probing N6-methyladenosine RNA modification status at single nucleotide resolution in mRNA & long noncoding RNA. RNA, 19: 1848-1856.

Luger K., Richmond T. J. 1998. The histone tails of the nucleosome. Curr Opin Genet Dev, 8(2): 140-146.

Margueron R., Trojer P., Reinberg D. 2005. The key to development: interpreting the histone code? Curr Opin Genet Dev, 15(2): 163-176.

Matzke M. A., Mosher R. A. 2013. RNA-directed DNA methylation: an epigenetic pathway of increasing complexity. Nat Rev Genet, 15: 394-408.

Meyer K. D., Saletore Y., Zumbo P., et al. 2012. Comprehensive analysis of mRNA methylation reveals enrichment in 3′ UTRs & near stop codons. Cell, 149: 1635-1646.

Moore L. D., Le T., Fan G. 2013. DNA methylation & its basic function. Neuropsychopharmacology, 38: 23-38.

Mor and in C., Brendel V. P., Sundström L., et al. 2019. Changes in gene DNA methylation and expression networks accompany caste specialization and age-related physiological changes in a social insect. Mol Ecol, 28: 1975-1993.

Nachtergaele S., He C. 2018. Chemical modifications in the life of an mRNA transcript. Annu Rev Genet, 52: 349-372.

Niu Y., Zhao X., Wu Y. S., et al. 2013. N6-methyladenosine (m^{6}A) in RNA: an old modification with a novel epigenetic function. Genomics Proteomics Bioinformatics, 11: 8-17.

Roignant J. Y., Soller M. 2017. m^{6}A in mRNA: an ancient mechanism for fine-tuning gene expression. Trends Genet, 33: 380-390.

Simpson S. J., Sword G. A. 2008. Locusts. Curr Biol, 18: R364-R366.

Strahl B. D., Allis C. D. 2000. The language of covalent histone modifications. Nature, 403: 41-45.

Waddington C. H. 1957. The Strategy of the Genes: A Discussion of Some Aspects of Theoretical Biology. London: Allen & Unwin.

Wang L., Liu Z., Lin H., et al. 2017. Epigenetic regulation of left-right asymmetry by DNA methylation. EMBO J, 36: 2987-2997.

Wang X., Zhao B. S., Roundtree I. A., et al. 2015. N(6)-methyladenosine modulates messenger RNA translation efficiency. Cell, 161: 1388-1399.

Wu C.T., Morris J. R. 2001. Genes, genetics, & epigenetics: a correspondence. Science, 293: 1103-1105.

Xiang Y., Laurent B., Hsu C. H., et al. 2017. RNA m^{6}A methylation regulates the ultraviolet-induced DNA damage response. Nature, 543: 573-576.

Xu G., Lyu H., Yi Y., et al. 2021. Intragenic DNA methylation regulates insect gene expression & reproduction through the MBD/Tip60 complex. iScience, 24: 102040.

Yang Y., Hsu P. J., Chen Y. S., et al. 2018. Dynamic transcriptomic m^{6}A decoration: writers, erasers, readers & functions in RNA metabolism. Cell Res, 28: 616-624.

Zhang Z., Wang M., Xie D., et al. 2018. METTL3-mediated N^6-methyladenosine mRNA modification enhances long-term memory consolidation. Cell Res, 28: 1050-1061.

第 14 章 基因组学

基因组是指一个生物体所包含的 DNA（部分病毒是 RNA）里的全部遗传信息，包括基因（编码区）和非编码 DNA，以及线粒体 DNA、叶绿体 DNA。更精确地讲，一个生物体的基因组是指一套染色体中完整的 DNA 序列。例如，生物个体体细胞中的二倍体由两套染色体组成，其中一套 DNA 序列就是一个基因组。基因组 DNA 序列编写了一切生命活动最基本的生物信息，这些信息是生物个体建立和维持其生物学特征所必需的。基因组学（genomics）就是通过分析基因组 DNA 序列或其表达的中间过程或产物等来解读这些信息的学科。

14.1 基因组测序技术的原理

从现代信息学的角度来看，基因组学是一门将数据驱动作为主要研究手段的学科。在技术上，基因组学通过测序和解读序列两个环节来进行研究。生命是由序列组成的，如何获得序列成为基因组学的首要问题，测序技术也就成为基因组学最核心的技术。

14.1.1 前直读法

最早的测序技术诞生于 1964 年，由美国康奈尔大学的罗伯特·霍利（Robert Holley）等对酵母的 Ala-tRNA 的全序列进行测定，是第一条被解读的核苷酸序列。其原理为：使用不同的特异 RNA 酶对高纯度的 RNA 模板进行消化，对消化产生的片段进行分离纯化，然后通过不同的两种消化产物可能重叠的序列间接推导出完整的序列。然而，这种方法流程繁杂，难以重复，同时无法对 DNA 序列进行分析，因此这种方法最终未能得到较大的发展和应用。

14.1.2 直读法

20 世纪 70 年代出现了第一代有效且快速的 DNA 测序技术，其中最主要的是吉尔伯特（Gilbert）等的化学降解法和桑格（Sanger）的双脱氧法（又称链终止法），这两种方法也称为第一代测序技术。

14.1.2.1 化学降解法

化学降解法是一种基于化学试剂特异性降解 DNA 的测序技术。其基本方法是：获得纯化的 DNA 单链分子，在其一端标上放射性标记后，通过 4 组分别添加不同碱基特异性（G、A+G、C、C+T）的化学物质（特异性修饰碱基从而打断磷酸二酯键）处理的反应体系，产生一系列的在一端有放射性标记而另一端由于降解位置不同而产生大小不同的 DNA 片段，最后将这 4 个反应体系并列进行聚丙烯酰胺凝胶电泳，再经过放射自显影技术直接读出正确的 DNA 序列。由于化学降解法所使用的试剂有较强的毒性及重复性不高，因此未能得到广泛的应用。

14.1.2.2 双脱氧法

双脱氧法又称"桑格法"，是一种基于 DNA 合成反应的测序技术。该方法最重要的特点是使用了双脱氧核苷酸（ddNTP），该物质的 3′ 端脱氧而缺乏延伸所需的 3′-OH，无法与之后的核苷酸形成 3′,5′-磷酸二酯键，导致 DNA 合成终止。该方法的基本步骤为：在 4 个单独的反应体系中，在测序引物的 5′ 端标上放射性标记，待其与单链 DNA 模板复性结合后，由 DNA 聚合酶进行 5′→3′ 的延伸反应，合成新的 DNA 链，由于 4 个单独的反应体系中存在一定比例的 ddNTP（ddATP、ddCTP、ddGTP 或 ddTTP），同时 DNA 聚合酶无法准确区分 dNTP 和 ddNTP，当 DNA 合成反应结合上 ddNTP 时，DNA 合成反应终止。每条 DNA 产物有相同的起始位点，而由于 ddNTP 的结合有着随机性，因此反应体系中存在不同的终止位点、大小不同的 DNA 片段。将 4 组反应体系得到的 DNA 片段分 4 个泳道进行聚丙烯酰胺凝胶电泳而分开，最后通过放射自显影按顺序直接读出正确的 DNA 序列（图 14.1）。

桑格法相比化学降解法有着许多优点：其所用试剂无毒性，准确率高，结果较稳定，重复性好，适合自动化。早期的桑格法需要手工操作，因此不适用于大规模测序。然而到了 20 世纪末，桑格法开始不断得到改进和突破。勒罗伊·胡德（Leroy Hood）发明的四色荧光标记代替了原来的放射性标记，是桑格法实现自动化的关键，使测序的效率和分辨率大大提高。另一关键突破是 ABI 公司开发的毛细管电泳法代替原先的聚丙烯酰胺凝胶电泳法（图 14.2），并于 1998 年推出了 ABI Prism 3700 毛细管测序仪，使得测序能够真正实现规模化。

值得注意的是，历时 13 年的人类基因组计划正是采用桑格法才得以完成。桑格法是目前基因检测的国际金标准，还在精确鉴定细菌、真菌领域上发挥着重要作用。

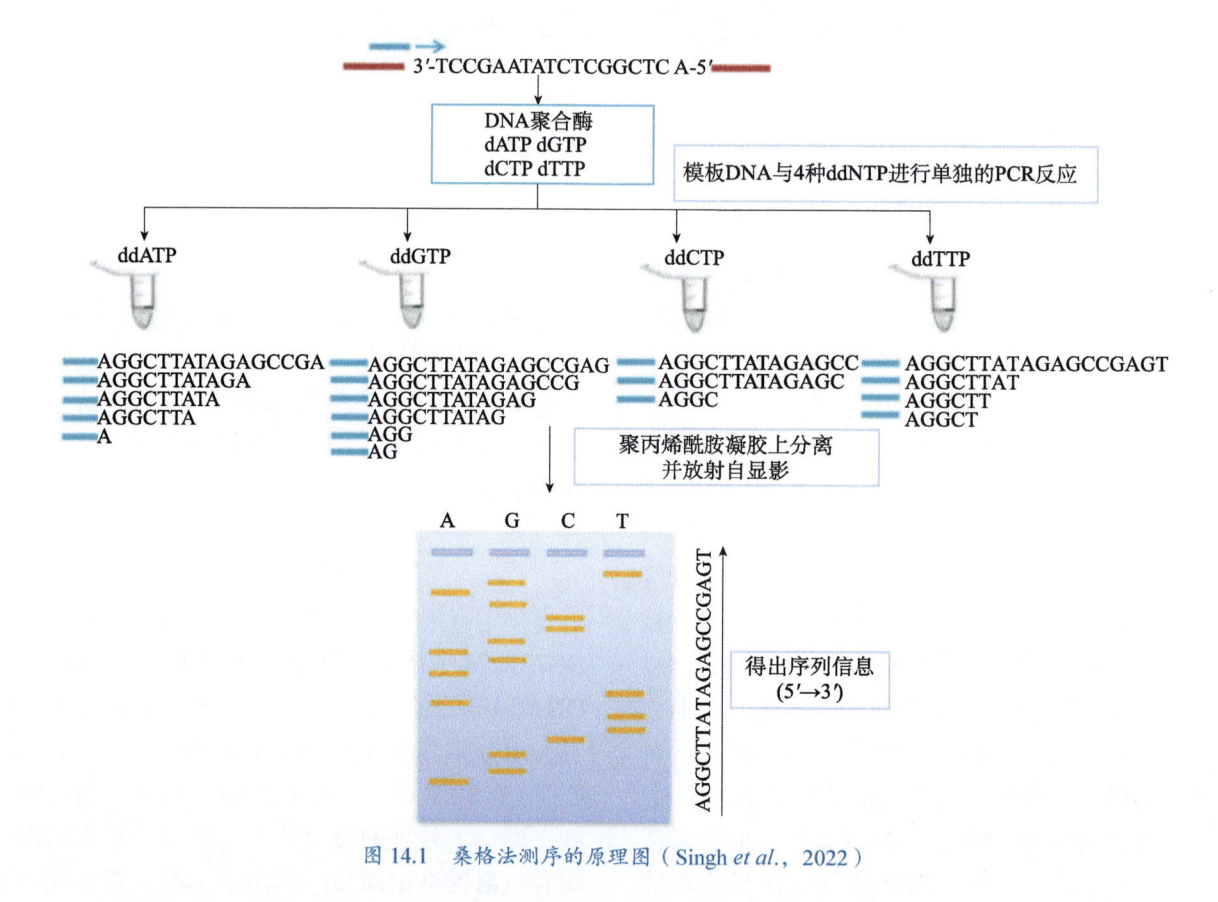

图 14.1 桑格法测序的原理图（Singh *et al.*，2022）

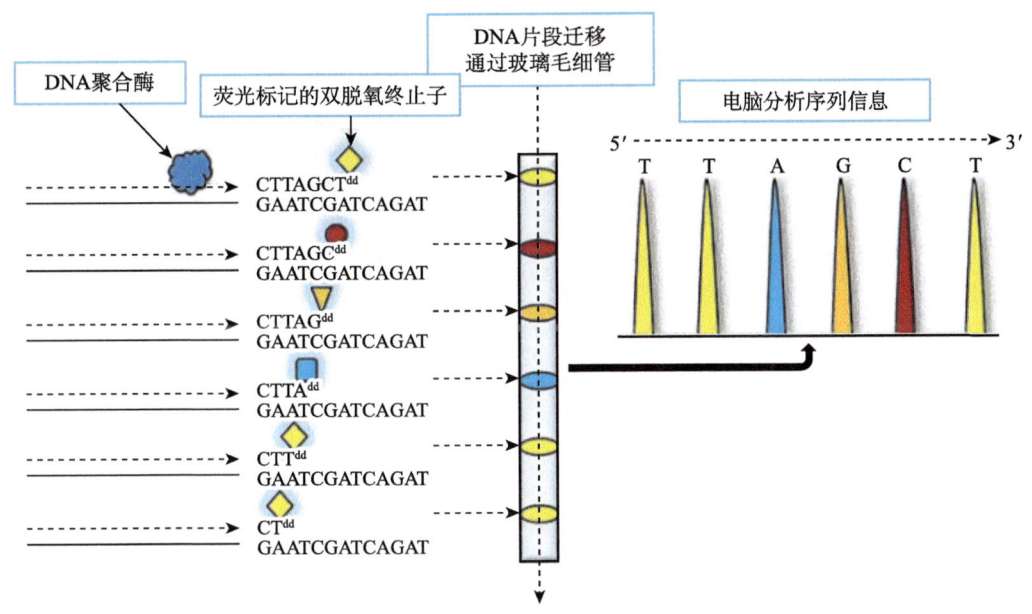

图 14.2　结合四色荧光标记和毛细管电泳法的桑格法原理图（Wangler & Bellen，2017）

14.1.3　第二代测序技术

桑格法相比前直读法和化学降解法有着许多明显的优点，且不断得到发展和完善，然而随着 DNA 测序规模的不断扩大，桑格法的缺点也开始显现。由于桑格法只能实现单道测序，即单次只能对单个模板进行测序，这大大增加了测序的时间成本和经济成本，显然无法满足基因组学迅速发展所带来的大规模 DNA 测序的需求，因此人们迫切寻求一种测序速率更快、测序成本更低的新一代测序技术。

14.1.3.1　454 焦磷酸测序

焦磷酸测序并不直接读取碱基本身，而是通过检测 DNA 聚合反应产生的焦磷酸（PPi）来进行测序，并且是边合成边测序。焦磷酸测序的反应体系主要包括待测 DNA 单链模板、测序引物、5′-磷酰硫酸（adenosine 5′-phosphosulfate，APS）、荧光素、DNA 聚合酶、ATP 硫酸化酶、荧光素酶及三磷酸腺苷双磷酸酶。其原理主要是：引物与模板 DNA 退火结合后，在 DNA 聚合酶的作用下，DNA 模板每结合一个 dNTP 会产生一个 PPi，PPi 在 ATP 硫酸化酶的作用下与 APS 结合产生 ATP，ATP 进一步促进荧光素酶将荧光素转化为氧化荧光素，而氧化荧光素所发出的可见光信号与 ATP 的含量呈正相关（图 14.3）。

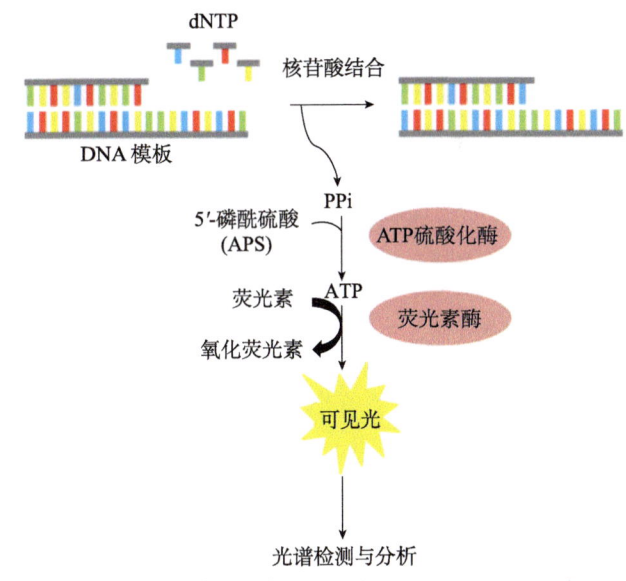

图 14.3　焦磷酸测序原理图（Rybicka et al.，2016）

2005 年，美国 Life Sciences 公司推出的首个焦磷酸测序系统——454 GS20（Genome Sequencer 20 System），能够实现超高通量的基因组测序，开创了边合成边测序的先河，成功对 580 kb 基因组大小的生殖道支原体进行测序，准确率高达 99%。454 GS20 除了首次采用焦磷酸测序技术，其核心技术还包括使用乳液 PCR、微磁珠和微芯片。其基本流程为：先将待测 DNA 打断成大小合适的 DNA 片段，在片段两端加上接头之后进行变性，从而得到带有接头的单链 DNA；将带有接头的单链 DNA 固定到微磁珠表面，再对成千上万颗连接了单链 DNA 的微磁珠进行乳液 PCR 扩增，将得到的单模板扩增的分子簇加载到有几十万个微孔的微芯片进行测序。每一轮测序反应，反应体系中只加入一种 dNTP，若能够与 DNA 模板的下一个碱基互不配对，则进行一次焦磷酸测序反应，产生的光信号经电荷耦合器检测得到峰值；反应结束后，残留的未反应的 dNTP 和 ATP 则在三磷酸腺苷双磷酸酶的作用下去除，以便进行下一轮反应，从而读出每个分子簇的 DNA 序列。

454 焦磷酸测序的优点是读长较长，在 Life Sciences 公司推出的 GS FLX+ 系统中读长可达 1000 nt，与第一代测序相比在通量上增加好几倍。当然 454 焦磷酸测序也存在缺陷，在读取多个重复碱基序列时只能够依赖光的强度来判断有多少个重复碱基，通常会出现少读或多读一个的现象，准确率较低。

14.1.3.2　Ion Torrent 半导体测序

在 DNA 合成反应中，DNA 聚合酶将 dNTP 插入到 DNA 链时，除了释放焦磷酸，还会释放出一个 H^+。Life Technologies 公司推出的 Ion Torrent 测序仪，采用了半导体元件来检测测序反应中 H^+ 的释放导致的 pH 变化来进行测序，因此称为半导体测序技术。Ion Torrent 与 454 焦磷酸测序相似的是采用了乳液 PCR，单链 DNA 被固定到粒子珠状颗粒上并置于单个微孔中进行测序反应，微孔层布满微孔，微孔层底部为离子敏感层，可对反应产生的 H^+ 进行检测。Ion Torrent 不基于光学系统，无须任何荧光染料和发光试剂，因此其测序成本相对较低，具有经济快速的特点。

14.1.3.3　Illumina 循环可逆终止法测序

Illumina 测序基于循环可逆终止技术，与桑格法中使用到的 ddNTP 比较相似的是，在 DNA 聚合反应发生时，对新插入核苷酸的 3′-OH 进行特殊的化学基团保护，保证每一轮反应只插入单个碱基，每轮测序反应结束后用特异的酶将修饰的化学基团去除，以便进行下一轮测序反应，这在很大程度上提高了测序的准确性。此外，新插入的碱基除了 3′-OH 被保护修饰，其 1′ 位还连接了一个带有不同荧光基团的可切割接头，当碱基插入时会发出特定的荧光信号，不同碱基有不同的荧光信号类型，可被仪器检测到从而读取该碱基类型，每一轮反应结束后将可切割接头进行切割使所有荧光消失，再进行下一轮反应。

基于循环可逆终止法，Illumina 先后推出了 Genome Analyzer（GA）Ⅰ、GA Ⅱ、HiSeq、MiSeq、NextSeq、HiSeq X 等多个测序系统，大大满足了不同用户的测序需求。Illumina 除了采用循环可逆终止法，还创新性地采用桥式 PCR 的方法，可进行双端测序，便于后续序列的组装。其基本的测序流程为（图 14.4）：先将待测的基因组 DNA 打断形成合适大小的片段，在双链 DNA 片段的两端连接上接头［除了含有与测序芯片互补的序列，还含有可用于区分样本的索引序列（index）］，通过常规 PCR 对接头进行延伸；将双链 DNA 进行变性得到带接头的单链 DNA，带接头的单链 DNA 通过接头共价连接固定到布满接头的流动槽（flow cell）上，再通过桥式 PCR 对大量不同的单链 DNA 模板进行扩增，得到成千上万均一的模板 DNA 分子簇，可进一步扩大荧光信号。将未固定好的 DNA 去除，得到固定有成千上万模板 DNA 分子簇的流动槽，再将流动槽加载到测序系统上，进行循环可逆终止法测序。流动槽的设计使得 Illumina 测序得以实现超高通量。以 HiSeq 2500 测序仪为例，其 8 通道的流动槽可形成 40 亿个分子簇，同时也大大降低了测序成本。由于 Illumina 推出的各类测序系统在多方面能够满足不同用户的测序需求，因此目前在所有第二代测序技术产生的数据中，Illumina 平台的数据占了 70% 以上。

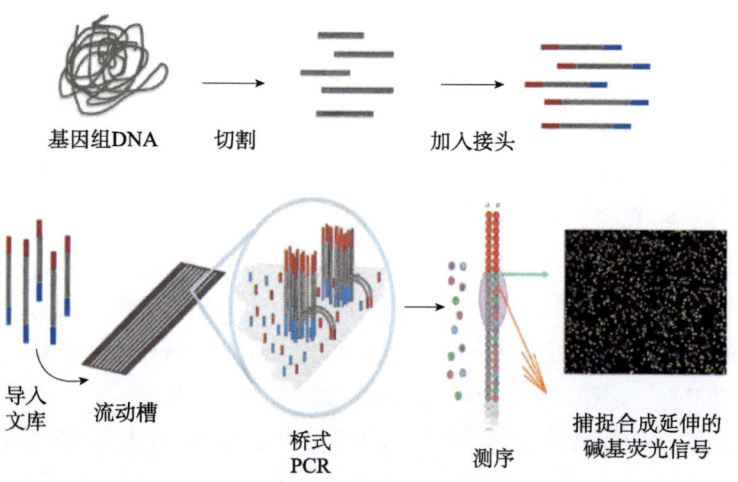

图 14.4　Illumina 测序基本原理（Johnsen et al.，2013）

14.1.3.4 SOLiD 连接测序

连接测序的技术方法最早由美国哈佛大学丘奇（Church）实验室开发，后来经过 ABI 公司将其发展成为另一种第二代测序技术——SOLiD（sequencing by oligo ligation and detection）。与 454 焦磷酸测序和 Illumina 推出的测序系统不同的是，该方法用 DNA 连接酶取代原来的 DNA 聚合酶，而 DNA 连接酶有着高保真度的优点，因此大大提高了测序的精度。该技术的基本原理为（图 14.5）：以四色荧光标记寡核苷酸进行连续的连接反应为基础，底物由部分简并了的寡核苷酸取代 dNTP，通过引物从 3′→5′ 连接延伸反应来进行循环测序。由于用确定了第 1、2 位且相邻几个碱基为简并的寡聚核苷酸进行延伸，每轮反应（一般包括 4 个延伸反应）只能确定特定位置的碱基，为了读出连续的序列，每轮反应结束后测序引物必须往前移动一个碱基，如此循环直至读完间隔序列。该方法对每个碱基进行双色编码。

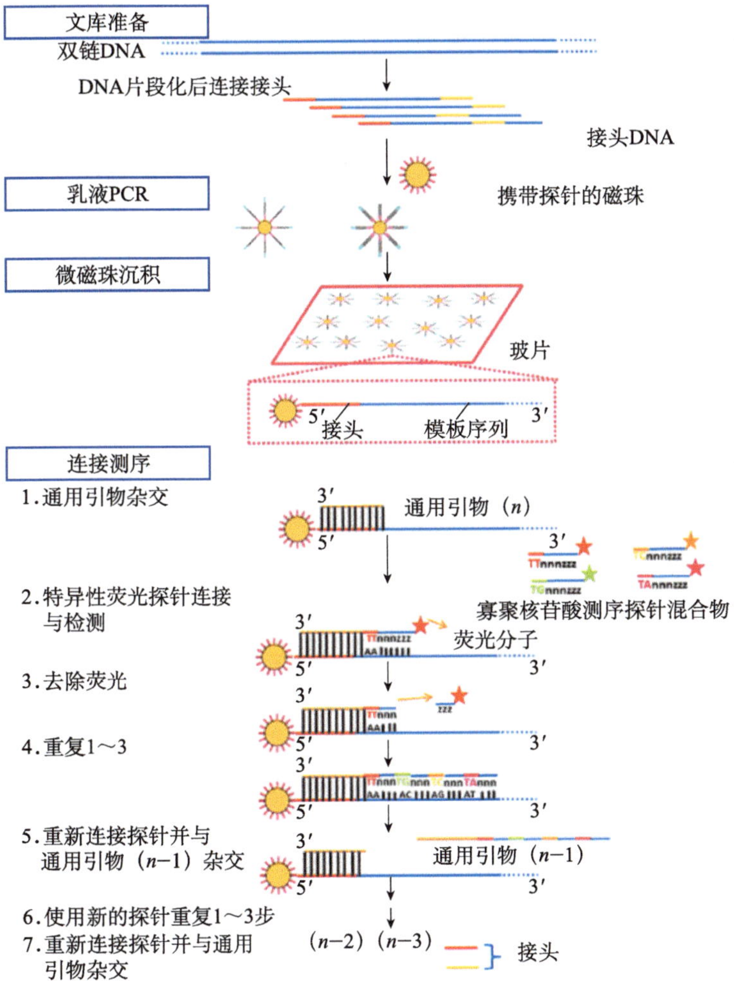

早期的 SOLiD 连接测序与 454 焦磷酸测序类似，采用乳液 PCR 扩增产生 DNA 分子簇。其基本方法为：将 DNA 模板打碎成合适大小的片段，在片段两端加上不同的通用接头，通过其中一端的接头将变性得到的单链 DNA 模板与微磁珠连接，将 PCR 反应组分的水溶液注入高速旋转的矿物油中，水溶液瞬间形成无数个被矿物油包裹的小水滴，这些小水滴就构成独立的 PCR 扩增反应空间，每个小水滴理论上只含有一个 DNA 模板和一个微磁珠，之后通过第二个接头选择两端带有不同接头的乳液 PCR 磁珠克隆，最后加载到测序芯片上进行连接测序。

14.1.4 第三代测序技术

第三代测序技术相比第二代测序技术，能够产生长很多的序列，又称为"长读长测序"（long-read sequencing）。第三代测序技术无需对 DNA 进行 PCR 扩增，直接对单个 DNA 分子进行测序。

14.1.4.1 PacBio 单分子实时测序

PacBio（Pacific Biosciences）是美国太平洋生物科学公司推出的第一个实际应用了基于零模式波导的单分子实时测序（SMRT）平台，可在 DNA 合成中直接观察和区别每个整合到新链上的荧光信号，从而对序列进行读取。零模波导孔是一种亚波长光学纳米结构，能够将激发光限制在纳米孔很小的区域内，使激发光无法激发背景荧光，从而大大提高了信噪比及准确率。PacBio 的突出优点是读长提高、GC 偏差降低和甲基化 DNA 的直接测序，可应用于基因组的从头测序，以获得高质量的基因组序列，获得完整的转录物组信息，并检测可变剪接异构体、靶区多样化突变、表观遗传修饰等。

PacBio 的工作流程主要为：文库构建、测序、生物信息学分析，无须扩增，可以快速完成序列读取。PacBio 文库构建为哑铃状分子结构，整个分子实际相

图 14.5　SOLiD 连接测序原理（Chandran et al., 2020）

当于一个圆环结构，在测序的过程中，它可以周而复始地进行测序，有利于发挥长读长的优势，同时有利于矫正随机错误率。PacBio 将 DNA 聚合酶固定于纳米室底部，该位置可被激光照射到，PacBio 的单链测序原理主要是 DNA 结合到聚合酶上后，通过加入 4 种带有不同荧光标记的 dNTP，当添加的 dNTP 插入 DNA 模板上时，荧光基团被激活并发光，对荧光基团进行捕获并得到该位置的碱基序列，并进入下一轮合成反应直至 DNA 测序完成（图 14.16）。

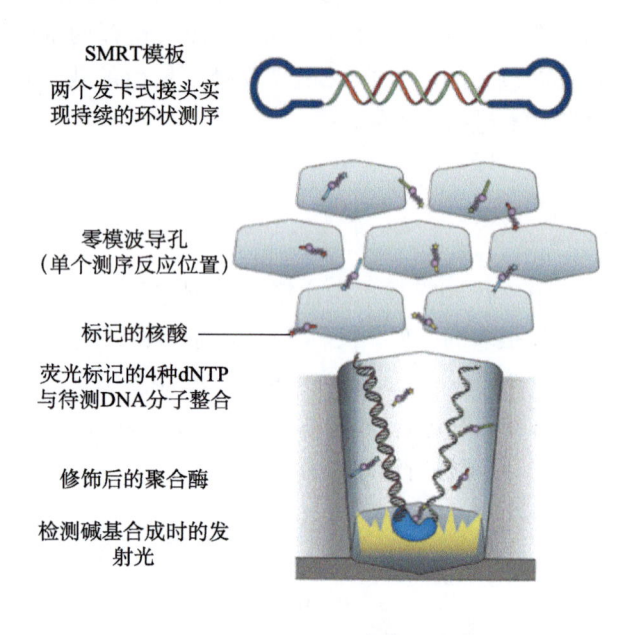

运动，从而形成稳定的电流。当 DNA 或 RNA 分子在电压的作用下通过纳米孔时，由于分子的占位阻断了带电粒子的运动，从而使原本稳定的电流变弱，而 4 种碱基由于结构不同，对电流产生的阻断效果也不同，4 种碱基能够对应 4 种特定的电流峰值使得序列变得可读取。简单地说，纳米孔测序就是根据 DNA 或 RNA 分子通过纳米孔时检测到的特定电流峰值来对碱基进行判断，从而对序列进行读取。

纳米孔测序根据纳米孔的种类不同，可分为物理纳米孔测序和生物纳米孔测序。物理纳米孔主要是使用无机材料制作而成的，但由于技术上的限制，难以进行大规模生产，使得生物纳米孔成为纳米孔测序的主流。生物纳米孔是将跨膜的孔蛋白嵌入膜上。1996 年，David Deamer 及其同事首次将金黄色葡萄球菌毒素 α-溶血素嵌入膜中，并通过在膜两侧添加电压，发现 DNA 通过纳米孔时电流会发生变化。与此同时，牛津大学的黑根·贝利（Hagan Bayley）教授及其团队在传感器上的研究也不断取得突破，并于 2005 年与他人共同创立了牛津纳米孔公司（Oxford Nanopore）。2014 年，该公司推出的一款迷你测序仪——MinION，使得 DNA 测序在任何地方都可以进行，具有便携、实时、长读长和低成本等优点。

图 14.6 PacBio SMRT 测序的原理（Goodwin et al., 2016）

14.1.4.2 Oxford 纳米孔测序

纳米孔测序最早由美国哈佛大学教授大卫·迪默（David Deamer）及其同事提出，其方法主要是根据 DNA 或 RNA 通过纳米孔时产生的信号不同来对序列进行读取，具有高通量、快速、低成本的特点。纳米孔测序是目前发展较快、较热门的一项测序技术。

纳米孔测序的原理为（图 14.7）：纳米孔薄膜将电解质溶液分隔开，通过对薄膜两侧施加一定的电压，使两侧电解质溶液中的带电粒子发生

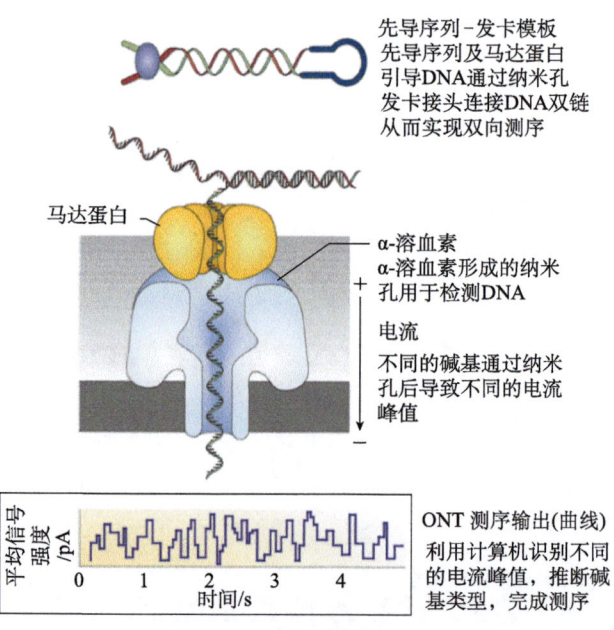

图 14.7 纳米孔测序的原理（Goodwin et al., 2016）

14.2 基因组的组装与注释

通过高通量测序，人们可以获取基因组海量的片段化数据。如何实现对这些数据的有效利用，就需要对高通量测序的原始基因组序列进行进一步的分析，其中主要包括基因组的组装与注释两个步骤。

14.2.1 基因组组装的基本概念

无论是一代、二代还是三代测序，其原理都是先将目标 DNA 打断后再测序，得到的短序列 DNA 片段包含目标基因组信息，但无法直接读取。基因组组装的任务便是将这些短片段连接起来获得目标完整的基因组序列。在进行基因组组装前，必须先对测序得到的短序列片段进行必要的预处理（如去除载体和接头序列等）和质量控制，以保证组装结果的质量。

在实际应用中，二代测序与三代测序是目前最常用的两种测序方法。而它们得到的短序列 DNA 数量十分庞大，因此必须借助计算机算法进行组装。在学习基因组组装过程前，首先需要了解以下几个概念。

（1）读长（read）：测序得到的碱基排列结果。

（2）重叠段（overlap）：不同序列末端之间含有重复碱基排列的部分。

（3）重叠群（contig）：一群相互含有重叠段的连续的（内无间隙）或不连续的（内含间隙）序列。

（4）间隙（gap）：由于测序或比对错误导致的序列中不连续的部分，导致序列信息缺失。

（5）支架（scaffold）：一组已经确定其在染色体上位置的重叠群，可以含有间隙。

（6）完成序列（finished sequence）：已经确定了排列方向与染色体位置的序列，内部无间隙，准确度大于等于 99.9%。

目前的组装策略可分为比对组装和从头组装两种。相较于简便的比对组装方法，从头组装在实际中更常用，基本思路如下：首先将短读长（read）进行两两比对，得到数个重叠段（overlap）；随后将拥有一群相互重叠段的序列组合在一起构成大量的重叠群（contig）；随后根据构建的 454 双端测序文库或 Illumina 配对末端文库中得到的两端序列确定重叠群之间的顺序关系，并由此将它们组合成支架；这一过程中还需要将支架中存在的未知序列间隙或错误测序碱基进行填补或修正，并定位到染色体上；最后将所有的支架拼接完成得到基因组草图（图 14.8）。

根据测序数据类型不同，基因组组装主要分为二代和三代测序基因组数据的组装。根据是否具有参考基因组序列，又可分为比对组装和从头组装。对于不同的生物类型，又可分为原核生物

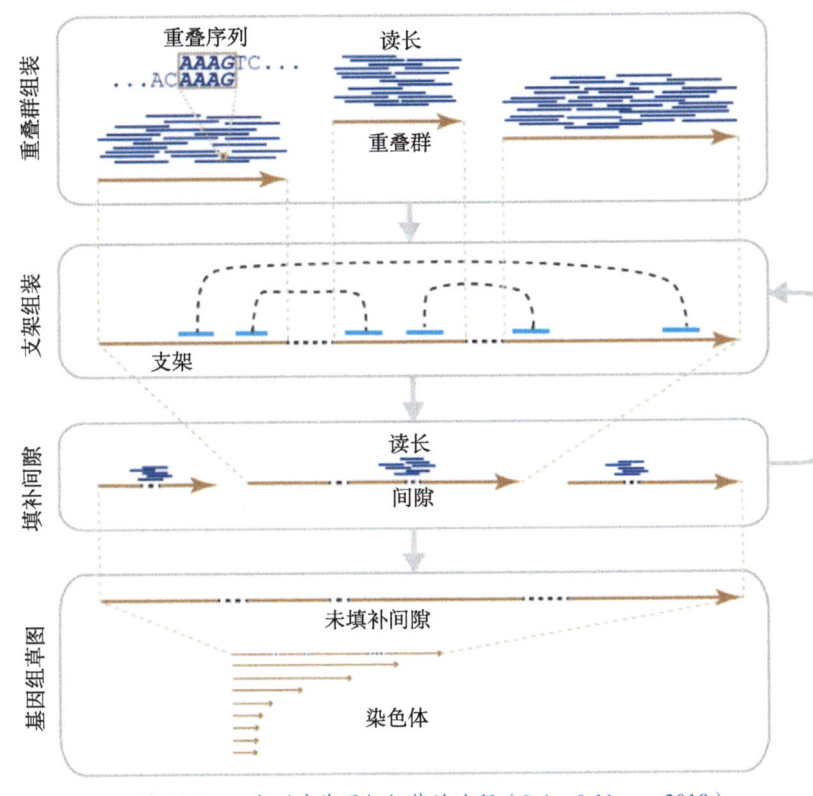

图 14.8 二代测序基因组组装的流程（Sohn & Nam，2018）

与真核生物基因组的组装。下面将介绍基因组组装的基本原理及常用的组装方法。

14.2.2 二代测序基因组的组装

14.2.2.1 比对组装

当已有某一物种的基因组序列作参考时，在进行同一物种内不同个体或不同物种但亲缘关系相近个体的基因组组装时可与该参考序列进行比对，更快地获得目标个体的基因组序列。这种组装方法的优点在于计算量小、速率快、错误率低，而且能借助比对相似序列寻找出目标序列可能存在的变异。但比对组装对参考序列的依赖性较大，大多数物种首次进行测序时并没有参考序列可以比对，因此在早期的基因组测序中从头组装更为常见。

14.2.2.2 从头（de novo）组装

从头组装即不借助任何参考序列，仅凭借测序数据之间的联系进行组装的方法，该方法遵循基因组组装的一般流程。目前常用的运算方法主要有 OLC（overlap layout consensus）组装和 DBG（de Bruijn graph）组装。

OLC 组装算法是一种简单、直观的组装方法，直接根据读长之间的重叠序列进行组装，主要在二代测序早期使用或用于低丰度序列的组装。使用 OLC 算法进行组装时，首先要利用所有读长进行比对，构建重叠图（overlap graph）；然后从中挑选一些读长作为原点，以它们为基础向两边延伸并获得多个具有一定长度的重叠群；得到的这些重叠群再根据多序列比对连接形成支架，填补所有间隙和锚定染色体最终获得结果序列。

DBG 组装与 OLC 组装不同，它不直接利用读长进行比对，而是通过拆分读长构建 de Bruijn 图来进行序列组装，是目前最常用于二代测序所产生的短的高峰度片段的组装方法，具有较好的精度。使用 DBG 算法进行组装时，首先需要将读长分割为短的固定长度的 k-mers（k 一般为奇数），再利用 k-mers 进行比对找出重叠关系，建立 de Bruijn 图。通过计算 de Bruijn 图中的欧拉路径可以获得结果序列的重叠群，进一步组装成支架，最后将间隙填补完全并锚定染色体得到结果序列。目前，二代测序常用的从头组装工具可参见表 14.1。

表 14.1 二代测序常用的从头组装工具

名称	网址
AbySS	https://github.com/bcgsc/abyss
ALLPATHS-LG	http://software.broadinstitute.org/allpaths-lg/blog/
DISCOVAR de novo	https://software.broadinstitute.org/software/discovar/blog/
Meraculous	https://jgi.doe.gov/data-and-tools/meraculous/
Megahit	https://gitee.com/ice_sculpture/megahit
SGA	https://github.com/jts/sga
SOAPdenovo2	https://github.com/aquaskyline/SOAPdenovo2
Velvet	http://github.com/dzerbino/velvet

在测序过程中，间隙的发生无法避免。二代测序中间隙的填补可分为多软件组装、结合参考序列互补间隙、多平台数据组装填补间隙和对间隙两端进行 PCR 扩增 4 种方法，它们之间各有优缺点。例如，多软件组装对测序的深度要求较高，一般使用 40× 及以上的测序数据进行填补，能够得到比较好的效果；结合参考序列互补间隙需要有高深度的测序数据和高质量的参考基因组；多平台数据组装填补间隙要求包含至少 3 个测序平台的数据，但对测序深度没有硬性要求；对间隙两端进行 PCR 扩增则需要有组装完成的数据和参考基因组进行 PCR 引物设计。近两年出现了利用三代测序数据的长读长优势来对二代测序数据进行填补的方法，取得了不错的效果，不过该方法需要有两代测序数据及足够的测序深度。

对支架进行染色体锚定是组装的最后一步。锚定可以基于物理图谱、遗传图谱或高通量染色体构象捕获技术（high-throughput chromosome conformation capture，Hi-C）进行。基于物理图谱进行锚定主要是通过构建细菌人工染色体（bacterial artificial chromosome，BAC）文库，利用序列重叠群之间的关系对支架定位；而遗传图谱锚定则是利用细胞的基因重组原理进行的；Hi-C 技术则是通过构建染色质的三维结构，根据染色质片段之间的交互强度随距离衰减的原理进行定位。与传统的物理图谱和遗传图谱锚定相比，近年来 Hi-C 技术凭借更高的覆盖率、可靠性、准确性和易操作性在各类基因组组装中得到了广泛的应用。

14.2.3 三代测序基因组的组装

三代测序由于使用了全新的单分子测序技术，在保持二代测序高通量优势的同时大幅度提高了序列读长，目前主要以 PacBio 公司的 SMRT 测序技术与 Oxford 公司的蛋白纳米孔测序技术为代表。但是，三代测序的错误率较高，使得它更加依赖测序深度和软件纠错来控制准确度，提高了使用成本和技术难度。

基于三代测序高错误率的特点，组装过程中序列的处理对结果的影响将被扩大。因此随着其不断发展，大量的研究人员也在不断地改进组装技术。三代测序技术组装的过程与二代测序技术的组装相似，一般包括碱基读取与纠错、序列组装、间隙修补与支架锚定几个步骤。各个步骤间都需要使用不同的软件协作才能完成整体的序列组装，其中碱基读取与纠错是决定序列准确度的重要步骤。

三代测序数据的纠错主要有两种方法：一种是利用高质量的二代数据对三代数据进行纠错，常用的软件有 Pacbio To CA、LSC 和 Jabba 等。另一种则是通过提高测序深度来进行纠错，Pacbio To CA、Canu、Lo RDEC 和 proovread 等软件都支持这种纠错方式。通过纠错的测序数据能够大幅度提高准确度，但在面对基因组较大的物种时比较难以适用，这是由于基因组越大，纠错所需要的时间就越长，而且产生的中间结果文件太大，极大地增加了研究成本。

纠错完毕后的三代测序数据便可以进入组装步骤，该过程与二代相似，主要是基于 OLC、de Bruijn 组装方法的改进。使用二代测序数据与三代测序数据进行混装是一个比较好的组装方法，充分发挥了二代测序数据质量高和三代测序数据片段长的优势，有效地提高了组装的准确率。混装有两种策略：第一种是先使用 de Bruijn 法将二代测序数据组装成重叠群，然后利用三代测序数据的长片段与先前的重叠群比对来建立支架，最终完成组装。AHA、ALLPATHS-LG 和 SSPACE-Long Read 等软件均使用该组装方法。第二种则是先利用二代测序数据对三代测序数据进行纠错，再组装成重叠群，最后利用基于二代的配对末端数据建立支架完成组装。目前，三代测序常用的组装工具可参见表 14.2。

表 14.2 三代测序常用的组装工具

名称	网址
Canu	https://github.com/marbl/canu
FALCON	https://github.com/PacificBiosciences/FALCON
Flye	https://github.com/fenderglass/Flye
HGAP	https://github.com/PacificBiosciences/Bioinformatics-Training/wiki/HGAP
Miniasm	https://github.com/lh3/miniasm

14.2.4 基因组注释

组装完成后虽然得到了研究对象的完整序列与位置信息，但此时仍未清楚序列上基因的分布与功能，因此需要对基因组作进一步的功能注释，基因组信息才算完整。基因组注释的目的是得到序列中基因的功能与位置，常用的注释策略包括 *de novo* 预测和同源比对两种，并且往往会结合起来使用。

de novo 预测通过分析基因组内启动子、poly(A) 等编码区和非编码区的特征结构及区别来寻找可能的编码区。现已有各种统计模型和算法可以进行 *de novo* 预测并将结果进行整合，且能够识别所得基因组内大部分编码序列，但其中也可能夹杂了不少"假阳性"或"假阴性"。预测出编码区后，计算机再根据蛋白质氨基酸序列和 cDNA 比对对编码基因的功能进行注释。

同源比对是基于演化论建立的一种注释方式。由于亲缘关系相近的物种都是由共同的祖先演化而来的，因此它们的基因组序列之间应当存在较多的相似序列。当获得待测物种的基因组序列后，便可以选择已知同源物种的 cDNA 序列进行比对和聚类分析，从而获得待测物种基因组中基因的位置与功能。同源比对相较 *de novo* 预测具有更低的错误率，但比较依赖已知物种序列的准确度。

由于原核生物与真核生物的基因组结构具有显著差异，因此两者的基因组注释策略也有很大区别。

14.2.4.1 原核基因组的注释

基于原核生物基因组的特点，目前用于预测原核生物基因常用的工具或网站有 Prodigal、Glimmer、FgeneSB、Prokka 和 RAST 等。其中 RAST（http://rast.nmpdr.org/）整合了大量基因注释工具，是一个常用的针对完整或接近完整的细菌或古菌的基因组注释工具。它利用 SEED（Subsystem-based Encyclopedia of Entities of Interest to Biologists in Genomics）框架内建立的数据和程序，提供自动化的高质量基因调用和功能注释，既支持高质量基因组序列的自动注释，也支持草图基因组的分析。RAST 的预测主要基于 Subsystems 数据库和 FLGfams 蛋白数据库，可用来预测 ORF、rRNA、tRNA 及相应的功能基因，并可以根据预测结果构建代谢网络，表 14.3 展示了部分常用的基因预测工具。

表 14.3 原核基因组常用的基因预测工具

软件	介绍
Glimmer	采用内插马尔可夫模型来识别编码区域和从非编码的 DNA 中区分出来
Prodigal	蛋白质编码基因的预测工具，主要用于细菌和古菌基因组
Prokka	支持更大的数据量与更快的注释时间
RAST	用于注释细菌和古菌基因组，可列出功能注释信息

14.2.4.2 真核基因组的注释

与原核生物的基因组不同，真核生物的基因组由于存在大量的重复序列，并且常常一个重复片段嵌套另一个重复片段，这些重复序列会扰乱注释结果，给基因注释工作带来了巨大的困难，因此对重复序列的筛选尤为重要。鉴定重复序列的工具根据原理可分为根据相似性和从头预测两类，对应物种的重复数据库能够协助辨别不保守的重复序列。

鉴定重复完成后，便需要将蛋白质、表达序列标签（EST）和 RNA-seq 等数据比对到基因组中，能够完成这一功能的软件有 BLAST（使用 Karlin-Altschul 统计的快速数据库搜索工具套件）、BLAT（比 BLAST 快，但功能少）、Splign（用于比对 cDNA 基因组序列）、Spidey（mRNA-DNA 比对工具）、TopHat（用于 RNA 测序比对）等。当获得足够的比对后，便可以根据这些比对结果对测序基因组进行基因预测，表 14.4 展示了部分常用的预测工具及其简要描述。

表 14.4 真核基因组常用的基因预测工具

软件	介绍
Augustus	接受基于 EST 和基于蛋白质的证据提示，精度高
Conrad	基于条件随机场（CRF）的基因预测器
Contrast	基于支持向量机（SVM）和 CRF 的基因预测器
FGENESH	培训文档由 SoftBerry 构建并提供给用户
GAZE	高度可配置的基因预测器
Geneid	能够接受来自 EST 和蛋白质证据的外部线索
Genemark	可自我训练的基因预测器
GeneSeqer	通过剪接位点预测和剪接比对识别前体 mRNA（pre-mRNA）中潜在的外显子-内含子结构的工具
Gnomon	基于 Genscan 的隐马尔可夫模型（HMM）工具，利用 EST 和蛋白质比对来指导基因预测
mGene	基于支持向量机的基因预测器，可直接预测 5′和 3′非翻译区（UTR）和 poly(A) 位点
SNAP	接受 EST 和基于蛋白质的线索提示，且容易训练
Twinscan	对流行的 Genscan 算法的扩展，可使用两个基因组之间的同源性来指导基因预测

同一个基因组常常使用多个不同的工具对功能进行预测，再将结果整合起来，去除冗余，进一步提高结果的准确度。这一过程往往需要一定的手动鉴定和校正，也可以借助如 JIGSAW、Evidence Modeler（EVM）和 GLEAN（或其后续版本 Evigan）等软件辅助校正。

随着测序工作的不断开展，现已经积攒了大量的序列数据，将它们整合成数据库将更有利于基因注释工作的进行，GO 和 KEGG 数据库便由此诞生，并已广泛应用到当前的基因组分析中。

14.3　基因组学的发展与展望

人类基因组结构的研究将是 21 世纪自然科学的前沿和竞争的焦点，对未来生物学、医学和生物技术的发展有着根本的意义。目前国内随着水稻基因组计划的实施及参与人类基因组的研究，已经在计算机基因信息管理系统和基因信息学方面开展工作；理论研究方面也有人向国家自然科学基金会提出有关基因组信息结构的复杂性和动力学研究的建议；实验研究方面，中国科学院生物化学与细胞生物学研究所等国家科研单位早已开始动物染色体人工合成和个体表达系统的研究。我们应抓住有利时机迎头赶上，在国际基因组学研究中争占一席之地。

随着人类基因组测序计划的完成，基因组学的影响力迅速扩大，数以万计的动物、植物、微生物基因组被组装，可以通过基因检测指导靶向药物的研发；可以通过 DNA 编辑技术得到抗病虫害或高产的农业作物新品种；甚至可以找到人类的长寿基因，有朝一日破解人类的生命密码。这些基因组科学领域的巨大进展，一方面来自测序和实验技术的革新，同时也依赖为适应实验和测序技术进步而不断发展的分析手段和方法。

随着测序技术的发展，基因组学测序数据迅猛增长。如何利用好如此海量的基因组学数据，并对其进行整合分析和深度挖掘，成了每个生物研究者心中的迫切愿望。如今随着计算机技术的发展，科学家在不断地开发各种算法和工具来提高基因组数据分析的效率，人工智能等先进技术也被广泛应用于基因组学大数据分析的工具开发。

思考与挑战

1. 有哪些方法可以提高基因组测序的准确性？
2. 破译基因组信息后，就能够完全揭示生命的奥秘吗？还有哪些生命机制是基因组测序所不能解决的？

课后拓展

1. 基因组的基本结构
2. 人类基因组计划
3. 基因组测序技术的发展史
4. 宏基因组学
5. 基因组学的应用
6. 基因组学研究的具体实例
7. 温故而知新
8. 拓展与素质教育

主要参考文献

Acharya K., Blackburn A., Mohammed J., *et al.* 2020. Metagenomic water quality monitoring with a portable laboratory. *Water Research*, 184: 116112.

Chandran H., Meena M., Sharma K. 2020. Microbial biodiversity and bioremediation assessment through omics approaches. *Frontiers in Environmental Chemistry*, 1: 570326.

Crossa J., Perez-Rodriguez P., Cuevas J., *et al.* 2017. Genomic selection in plant breeding: methods, models and perspectives. *Trends in Plant Science*, 22: 961-975.

Goodwin S., McPherson J. D., McCombie W. R. 2016.

Coming of age: ten years of next-generation sequencing technologies. *Nature Reviews Genetics*, 17（6）: 333-351.

Hampton-Marcell J. T., Lopez J. V., Gilbert J. A. 2017. The human microbiome: an emerging tool in forensics. *Microbial Biotechnology*, 10: 228-230.

Johnsen J. M., Nickerson D. A., Reiner A. P. 2013. Massively parallel sequencing: the new frontier of hematologic genomics. *Blood*, 122（19）: 3268-3275.

Kumar A. 2009. An overview of nester genes in eukaryotic genomes. *Eukaryotic Cell*, 8: 1321-1329.

Lewin B. 2000. How Many Genes Are There? New York: Oxford University Press: 69-72.

Li S., Zhu S., Jia Q., *et al.* 2018. The genomic and functional landscapes of developmental plasticity in the American cockroach. *Nature Communications*, 9（1）: 1008.

Lu D., Baiocchi T., Dillman A. R. 2016. Genomics of entomopathogenic nematodes and implications for pest control. *Trends in Parasitology*, 32: 588-598.

Patterson E. L., Saski C., Kupper A., *et al.* 2019. Omics potential in herbicide-resistant weed management. *Plants (Basel)*, 8（12）: 607.

Quince C., Walker A. W., Simpson J. T., *et al.* 2017. Shotgun metagenomics, from sampling to analysis. *Nature Biotechnology*, 35（9）: 833-844.

Rasheed A., Xia X. 2019. From markers to genome-based breeding in wheat. *Theoretical and Applied Genetics*, 132: 767-784.

Rice E. S., Green R. E. 2019. New approaches for genome assembly and scaffolding. *Annual Review of Animal Biosciences*, 7: 17-40.

Rybicka M., Stalke P., Bielawski K. 2016. Current molecular methods for the detection of hepatitis B virus quasispecies. *Reviews in Medical Virology*, 26（5）: 369-381.

Sabeeha, Hasnain S. E. 2019. Forensic epigenetic analysis: the path ahead. *Medical Principles and Practice*, 28（4）: 301-308.

Singh A., Ramakrishna G., Kaila T., *et al.* 2022. Next-generation sequencing technologies: approaches and applications for crop improvement. *In*: Wani S. H., Kumar A. Genomics of Cereal Crops. New York: Springer US: 31-94.

Sohn J. I., Nam J. W. 2018. The present and future of *de novo* whole-genome assembly. *Brief Bioinformatics*, 19（1）: 23-40.

Techtmann S. M., Hazen T. C. 2016. Metagenomic applications in environmental monitoring and bioremediation. *Journal of Industrial Microbiology and Biotechnology*, 43: 1345-1354.

Wangler M. F., Bellen H J. 2017. *In vivo* animal modeling: *Drosophila*. *In:* Morteza J., Sadanha F. Y. L., Mehdi J. Basic Science Methods for Clinical Researchers. London: Academic Press: 211-234.

Zhang Z., Carriero N., Zheng D., *et al.* 2006. PseudoPipe: An automated pseudogene identification pipline. *Bioinformatics*, 22: 1437-1439.

Zhang Z., Harrison P. M., Liu Y., *et al.* 2003. Millions of rears of evolution preserved: A comprehensive catalog of the processed pseudogenes in human genome. *Genome Research*, 13: 2541-2558.

第 15 章 转录物组学

转录物组（transcriptome），广义上是指在一定的生理状态下，细胞中编码基因的信使 RNA（mRNA），以及非编码 RNA（non-coding RNA），包括核糖体 RNA（rRNA）、转运 RNA（tRNA）及其他非编码 RNA 如长链非编码 RNA、环状 RNA 和小 RNA 等在内的全部转录物产物的集合。狭义上的转录物组，往往更多地指编码基因的 mRNA 的集合。一个成熟的 mRNA，通常需要由基因转录出的前体 mRNA 经过剪切（去除内含子）、5′ 端加帽、3′ 端加尾而产生。可变剪切事件的存在，使得单个基因往往存在多种转录形式；

转录后的 RNA 在编码区可发生碱基的加入、丢失或转换等这类被称为 RNA 编辑的事件，可产生编码新蛋白质的 mRNA。此外，转录过程往往受到各种因子的调控，转录本的丰度也因此而呈现丰富的变化。因此，生物体内的转录物组是非常复杂的，反映了生命体在不同生长发育阶段、不同组织器官、不同生理生化状态与不同生存环境下，基因丰富的表达模式。转录物组是连接基因组遗传信息与生物功能的蛋白质组的必然纽带，因而也是生物体由基因型到表型的分子机制的重要一环。

15.1 转录物组测序的原理

转录物组测序（RNA sequencing，RNA-seq）的原理，简单地讲，是获取组织、细胞群或细胞中的目的 RNA，通过一系列实验手段构建测序文库，文库置于高通量测序仪中，得到大数据量的转录本片段序列。每一次测序得到的序列称为一个读长（read）。大量的读长数据通过专业的软件进行后续的数据分析。RNA-seq 的广泛应用促进了对许多生物层面的理解，如揭示了 mRNA 剪接的复杂性、非编码 RNA 和增强子 RNA 调控基因表达的机制。目前大部分的转录物组应用研究主要是基于 Illumina 测序平台的短读长（short read）测序（图 15.1）（Stark et al., 2019），但最近基于长读长 RNA-seq 和直接 RNA 测序的方法，可以帮助解决 Illumina 短读长技术处理不了的问题。

转录物组测序的基本流程主要分为测序文库构建和上机测序两个部分。准备构建文库的样品，需要有充分的设计和准备。要充分根据实验目的需求，选择代表性组织，提取满足转录物组测序文库要求的 RNA。测序文库的构建，包括富集 mRNA 或消除 rRNA、片段化 RNA、加接头、合成 cDNA（dRNA-seq 则无须进行 cDNA 的合成）、低循环数扩增等。上机测序，即将测序文库置于高通量测序平台（第二代测序平台或第三代测序平台）进行一系列测序反应，得到读长序列。

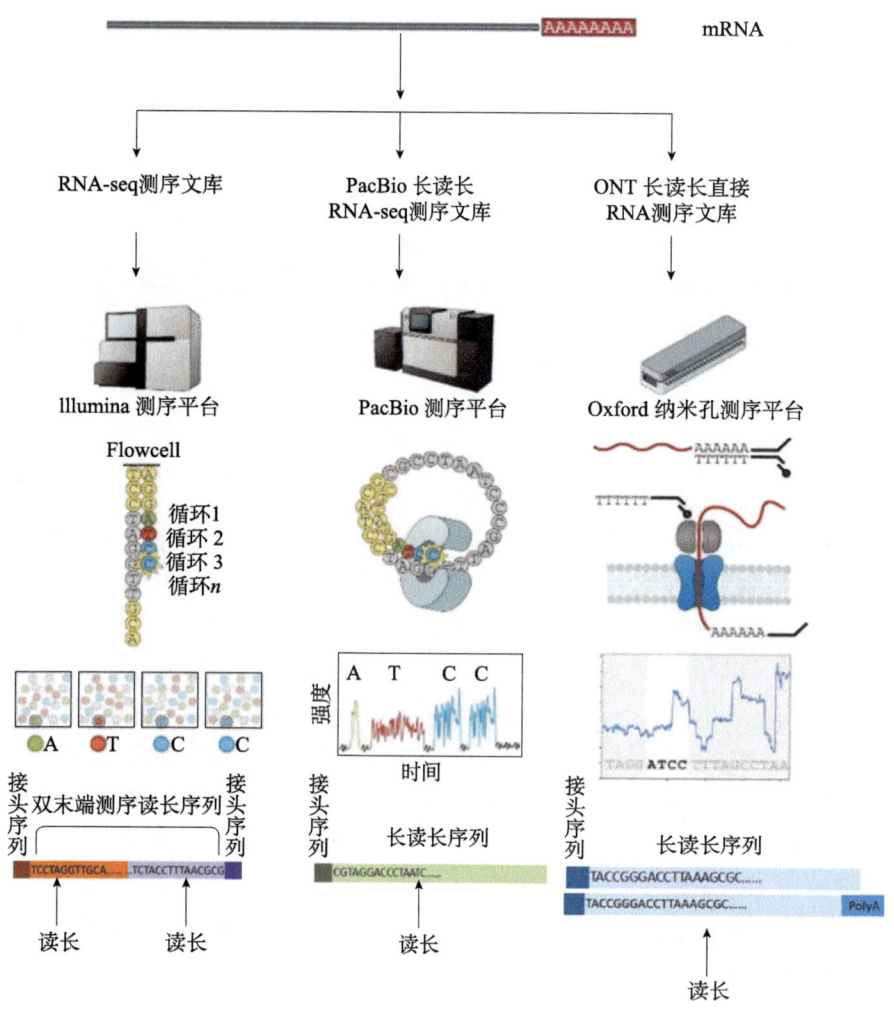

图 15.1　转录物组测序流程及读长信息展示（Stark et al., 2019）

15.1.1　二代转录物组测序技术

转录物组测序（RNA-seq）的主要作用是检测和比较不同样本之间的基因表达情况。在进行 RNA-seq 前，需要充分和细致地设计研究方案，以确定具体的测序安排。首先，生物学重复的设置。对于异质性较低的组织，可以选择 2~3 个生物学重复；而对于异质性高的组织，如疾病人群的血样、不同的地理区系个体等，则需要设置更多的生物学重复。其次，测序样本的选择。根据研究目的选择代表性组织、器官等样品，对于异质性较高的组织，如血液、鳞翅目昆虫的丝腺等，可根据研究目的选择代表性组分、代表性区段等，或者在组织研磨时充分地均质化，这样可避免样本提取或 RNA 提取时带来的偏差。最后，测序深度。对于基因表达分析，一般每个样本最少需要 5 M 的有效读长。目前最常用的双端测序（一个读长为 150 bp），一般需要 6 Gb 的数据就可以满足要求。

从样品提取总 RNA 后，用两种方法获得 mRNA：用带有 Oligo(dT) 的磁珠富集 mRNA，或者利用试剂盒去除 rRNA。为了后续测序时尽可能全面地覆盖转录本序列，需要将得到的 mRNA 片段化，之后利用随机引物进行逆转录合成 cDNA，cDNA 两端分别加入特异性的接头。cDNA 随后用经过低循环数的 PCR 扩增（扩增引物含有后续测序用的引物序列），一方面获得双链 cDNA，另一方面也引入测序引物。扩增循环数一般小于 8，因为过高的循环会带来 PCR 偏好，不能客观地反映转录本的真实表达情况。扩增过后进行片段的选择，一般插入片段的长度选择 350~500 bp。通过文库 DNA 电泳切胶、纯化等操作，可实现对插入片段的选择。

构建好的测序文库，置于二代测序仪进行测序。以 Illumina 平台为例，测序文库被加载到一个流动槽（flowcell），在这里 cDNA 片段通过载片上与接头序列反向互补的一段寡核苷酸相匹配结合。进一步通过桥式 PCR 反应，每个 cDNA 片段产生一个密集克隆簇。最后，克隆簇的序列通过一种称为边合成边测序（sequencing by synthesis）的方式被测定，即单链序列一边被测定，互补链一边被合成。文库测序有两种模式，即单末端（single end）和双末端（pair-end）测序。顾名思义，前者表示每个 cDNA 片段只返回一个读长序列，而后者则返回 cDNA 片段的两个末端读长序列，一端为正向序列，另一端为反向互补序列。目前，双末端测序为测序的主流方式（图 15.2）。

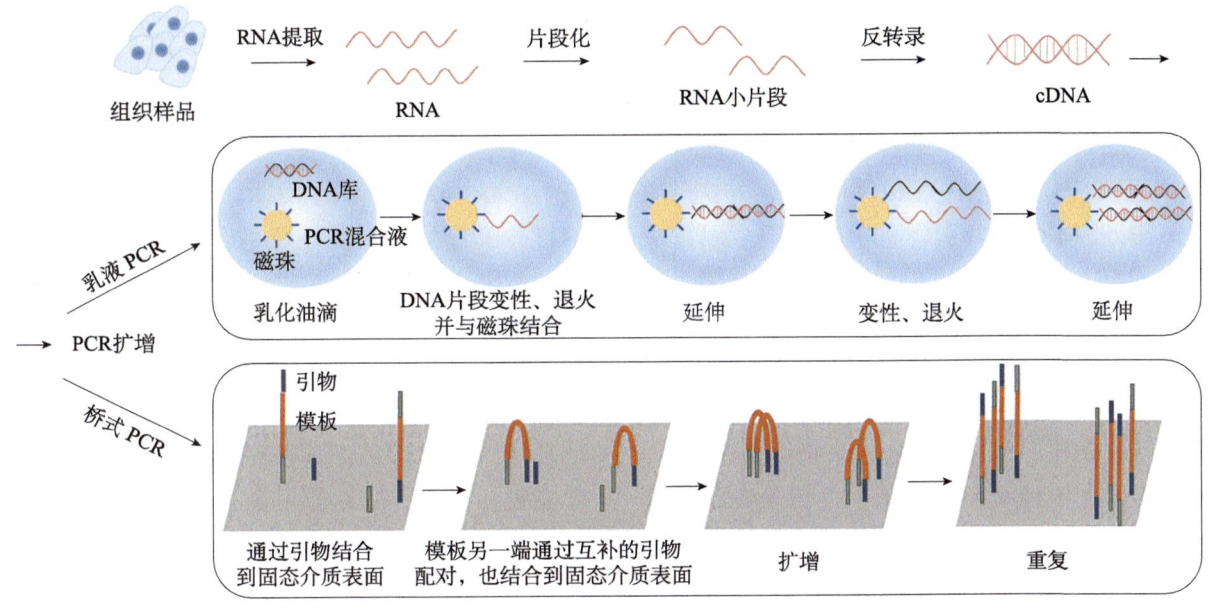

图 15.2　转录物组测序流程示意图（Hong et al., 2020）

15.1.2　三代长读长转录物组测序技术

由于二代转录物组测序读长的限制，其拼接得到的全长转录本序列结构并不完整，新兴的三代长续长转录物组测序技术的出现则可以弥补这一局限。三代测序技术最大的优势就是测序读长可达几十 kb，这远远大于二代测序技术。三代测序的一个反应即可获得转录本的全部序列信息，因此在转录物组文库构建的过程中，不需要对 RNA 进行打断处理，这对于分析可变剪切、确定新转录本更为准确。当然，目前三代转录物组测序技术仍成本过高，还不能进行基因表达量分析，主要是用来产生转录本序列信息。此外，该技术测序错误率仍较高。目前三代长续长转录物组测序技术以 Pacific Biosciences（PacBio）公司的单分子实时测序技术（single molecule real time，SMRT）（图 15.3）和 Oxford Nanopore Technologies 公司的纳米孔单分子测序（ONT）技术为主。现在，PacBio 公司的 Sequel II 三代测序平台通过在测序文库及技术上的改进，推出了能够获得长读长和高准确度序列（high fidelity read，HiFy read）的技术。该技术单次测序中造成的随机测序错误，可通过算法进行自我纠错校正，最终得到高准确度序列。

15.1.2.1　基于单分子实时测序的长读长转录物组测序

利用 PacBio 单分子实时测序（PacBio single-molecule real time sequencing，PacBio SMRT）技术进行长读长转录物组测序，同样需要构建 RNA-seq 文库，进而置于测序平台进行测序。建库过程，也是首先需要获取目的 RNA。与二代短读长测序不同的是，RNA 不再需要片段化，而直接进行反转录合成 cDNA。合成的 cDNA 序列两端加接头序列，再进行低循环数的扩增，最后 cDNA 进行一个环化处理，得到用于上机的测序文库。需要指出的是，该方法需要划分转录本的长度大小，构建分段文库。这是因为在三代转录物组测序过程中，构建好的全长文库需要装载到测序小孔——零模波导孔（ZMW）中，由于 mRNA 的长度不同，在装载过程中会出现一定的偏好性，即测序小孔会优先被长度较短的片段占据，每个测序小孔只能容纳一个文库分子，而大部分长片段则没有测到。因此，为尽量降低装载偏好性的影响，需要根据测序物种 mRNA 的长度进行分段，使一个文库中的序列长度控制在一个较窄的范围内。故构建分级文库较多，也会得到更全面的全长转录本。一般推荐至少构建三种文库类型，目前应用较多的是构建 1～2 kb、2～3 kb、3～6 kb、≥6 kb 四个文库，数据量分布一般是

2∶2∶1∶1或3∶2∶2∶1（例如，测12 G的数据量，4个文库分别测4 G、4 G、2 G和2 G）。

PacBio SMRT 测序技术与前文讲到的 Illumina 二代转录物组测序技术的测序原理基本一样，也是应用边合成边测序的思路。不同的是，PacBio SMRT 测序技术的测序仪中采用自主研发的 SMRT 芯片（SMRT cell）为测序载体。质检合格的测序文库，装载到 SMRT 芯片的测序小孔——零模波导孔进行上机测序。目前每一个 PacBio Sequel 测序仪的 SMRT 芯片大概含有100万个零模波导孔。与二代普通转录物组测序不同，SMRT 技术在构建文库时，基于反转录得到片段化 DNA 后，会将片段序列黏性末端变成平末端，同时目标双链 DNA（dsDNA）分子的两端会分别连接一种封闭的单链环状 DNA，单链两端分别与双链正负链连接后，得到一个类似哑铃（"套马环"）的结构，这种结构称为 SMRT 钟形测序模板（SMRT Bell）（图 15.3D）。当含有 SMRT Bell 的样本文库加载到测序仪平台上 SMRT cell 的芯片时，SMRT Bell 会扩散到零模波导孔的纳米级别小孔中，小孔的外径只有100多纳米，与检测激光波长的数百纳米相比要更小，当激光照射在零模波导小孔底部后，因为波长的原因无法穿过小孔进入上方溶液区，导致只有相对较小的区域才能被照射到，所以能量会被限制在一个极小的小孔范围内，从而达到对单个碱基识别的目的。

在每个零模波导孔中，会有单个 DNA 聚合酶锚定在小孔底部，它可以与 SMRT Bell 的任一发夹接头结合并开始进行 DNA 复制。随后4种不同荧光标记的脱氧核糖核苷三磷酸（dNTP）会产生不同的发射光谱，被添加到 SMRT cell 中，带有不同荧光标记的 dNTP（图 15.3E），通过布朗运动随机进入芯片检测区域并与 DNA 聚合酶结合，被激光照射后发出荧光，产生识别碱基的光脉冲，荧光 dNTP 与 DNA 模板的碱基匹配，在聚合酶的作用下合成一个碱基，与模板匹配的碱基生成化学键的时间远远长于其他碱基停留的时间（图 15.3F），因此，统计荧光信号存在时间的长短，可区分游离的碱基与匹

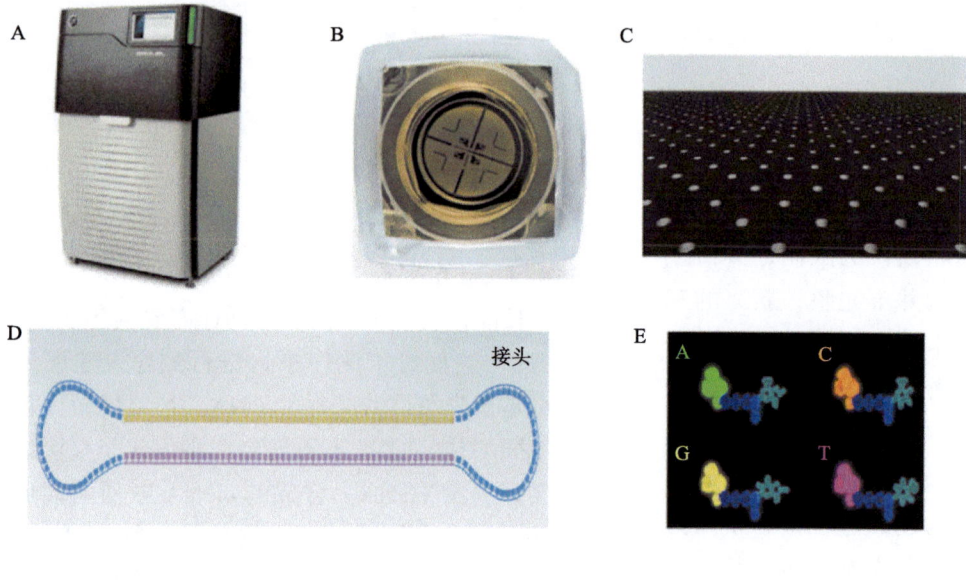

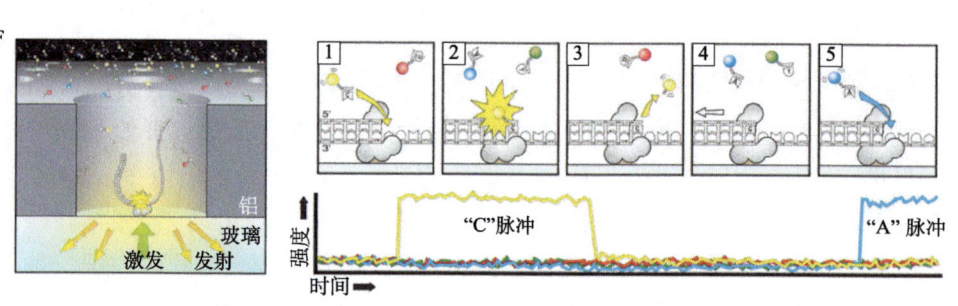

图 15.3 PacBio 单分子实时测序技术测序流程示意图（Rhoads & Au, 2015）

A. 测序仪。B. 单分子测序芯片（SMRT cell）。C. 零模波导孔。D. 测序模板（SMRT Bell）。E. 构建带有荧光基团的 A、G、C、T 四种碱基。F. 测序模板扩散到零模波导孔后，其接头与固定在底部的聚合酶相结合。右方是详细过程图解：核苷酸用不同荧光标记，因此具有不同的发射光谱。当核苷酸被聚合酶保持在检测体系时，就会产生相对应的光脉冲标识，进而被识别。①荧光标记的核苷酸在聚合酶的活性位点与模板结合；②与加入的碱基相对应的颜色的荧光输出（这里以黄色的胞嘧啶 C 为例）升高；③染料连接焦磷酸产物从核苷酸中分离出来，扩散出零模波导孔，结束荧光脉冲；④聚合酶转移到下一个位置；⑤下一个核苷酸胸腺嘌呤（A）在聚合酶的活性位点与模板结合，触发下一个对应的荧光脉冲

配的碱基。另外，通过统计相邻两个碱基之间的测序时间，也可用来检测一些碱基修饰情况，如果碱基存在修饰，则通过聚合酶时的速率会减慢，相邻两峰之间的距离增大，可以通过这个来检测甲基化等信息。在经过聚合酶不断结合反应的过程中，一方面使 DNA 链延伸，另一方面在一个碱基合成结束后，带有荧光基团的磷酸基团会从 dNTP 上掉落，发生猝灭，但这并不影响其他碱基的信号检测，聚合反应会不断持续地进行，测序读长取决于 DNA 聚合酶的有效反应时间，如果 DNA 聚合酶的寿命足够长，则可以对两条待测 DNA 链进行多次测序，最终达到边合成边测序的目的。会有单个 DNA 聚合酶锚定在小孔底部，可以与 SMRT Bell 的任一发夹接头结合并开始进行 DNA 复制。随后 4 种不同荧光标记的脱氧核糖核苷三磷酸（dNTP）会产生不同的发射光谱，最后通过计算机分析不同荧光标记的 dNTP 发射光谱，经过识别从而进一步得到样本的原始测序下机序列文件（Rhoads & Au，2015）。

到目前为止，PacBio Sequel Ⅱ 测序仪已经问世，它相较于前几代产品在通量提升和成本降低的同时，提供 CLR（continuous long read）和 CCS（circular consensus sequencing）两种新的测序模式。CLR 与之前的测序文库相同，采用 15 kb、20 kb、30 kb 等长片段类型的 DNA 片段进行文库构建，而 CCS 测序采用如 8 kb、10 kb 等小片段文库，通过进行单一片段多轮测序的方式来提升测序的准确性。该种兼顾长读长和高准确度测序读长序列，即 high fidelity read，也就是我们常提到的 HiFy read。

15.1.2.2　基于纳米孔单分子测序的长读长转录物组测序

截至目前，Oxford 纳米孔测序仪器平台主要有三种：首先是体积最小的 MinION 纳米孔测序仪（图 15.4A），MinION 纳米孔测序仪的核心是一个有 2048 个纳米孔，分成 512 组，通过专用集成电路控制的流动槽（flowcell）。它的特点是样品制备简单快捷、测序速率快、测序数据实时监控、机器方便携带，能在实验室外进行实地测序，是一种袖珍型、便携式生物分析测序设备。其次是体积中等大小的 GridION X5 纳米孔测序仪（图 15.4B），该测序仪比较适合从事较大的测序项目，本身包含多个测序装置，一次可以使用多达 5 个 MinION 的测序芯片，直接在测序仪上进行碱基序列读取。最后是目前市场上广泛接受并使用的纳米孔测序仪器 PromethION 纳米孔测序仪（图 15.4C），主要分为 PromethION24 和 PromethION48 两种测序机型。其中，PromethION48 测序仪一次最多可运行 48 张测序芯片，每张测序芯片包含多达 3000 个纳米孔通道，最多一次可有 144 000 个有效通道进行测序，一次测序可带来高达 7.6 Tb 的数据。这样的小、中、大三种体积大小不同的机器，它们所使用的芯片是一样的，只是各自承载的芯片数量有所不同。

基于纳米孔单分子测序（ONT）技术的转录物组测序，在构建文库时同样要先将待提取组织样品中的目的 RNA 反转录成 cDNA。在这之后，ONT 建库方式与 DNA 文库建库方式相同，可分为三种方式：1D 建库、2D 建库和 $1D^2$ 建库。目前广泛采用的建库模式是 $1D^2$ 建库。1D 建库仅在 cDNA 分子上加入引导接头（leading adaptor），马达蛋白对双链进行 DNA 解压和解链，引导接头通过纳米孔，随后模板链通过，直接测序模板链序列，最终形成 1D 读长。2D 建库则需要同时加入引导接头和发夹接头（hairpin adaptor），在测序过程中，马达蛋白首先对双链 DNA 进行解压和解链，引导接头通过纳米孔，随后模板链通过，然后发卡接头和互补链通过。在 $1D^2$ 建库中，cDNA 两侧加入 $1D^2$ 接头、测序接头、动力蛋白及 Tether 蛋白，这里 Tether 蛋白的作用是为了将 DNA 链吸附在膜上从而将 DNA 锚定，使其不易被溶液洗走。而之所以要加这个 $1D^2$ 接头，是因为它可以让第二链紧跟着第一链被测序，当模板链完成测序后，纳米孔会捕获互补链的马达蛋白进行进一步的互补链测序。

ONT 技术与以往的测序技术相比皆不同，它是通过电信号的方式来进行碱基识别而不是用光信号的测序技术。该技术的关键是，他们设计了一种由蛋白质（α-溶血素）构成的纳米级小孔，我们称为"pore"。这个纳米孔蛋白自身插在一层由人工合成聚合物形成的薄膜中，该薄膜具有非常高的电阻，薄膜两侧都浸没在含有离子的水溶液中。在薄膜两侧加上不同的电位，离子就会通过纳米级蛋白质小孔，当离子从薄膜的一侧移动到另一侧时，小孔当中就会有电流通过。借助电泳驱动将单个DNA分子陆续通过纳米孔，当DNA碱基通过纳米孔时，就会对离子的流动造成阻碍，形成特征性离子电流变化信号，然而每种碱基所影响的电流变化幅度是不同的，从而短暂地影响流过纳米孔的电流强度，这会进一步使电荷发生变化，通过灵敏的电子设备检测到这些电信号的差异。这样，不同的碱基所造成电流大小的波动，就会被记录下来，从而判断所通过的碱基来达到测序的目的。其中，值得一提的是，在构建文库时会在待测的DNA分子上接上马达蛋白（motor protein），即解旋酶，在测序过程中马达蛋白会附着在纳米孔蛋白上，马达蛋白会对双链DNA进行解压和解链，从而控制单链DNA以一定速率经过纳米孔，当一个纳米孔处理完一个序列后，可重新开始处理另一条新的序列（图15.4 D）。

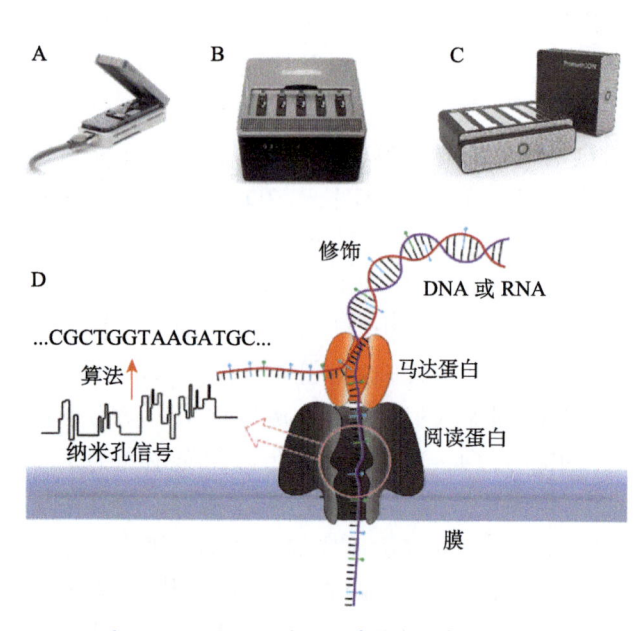

图15.4 Oxford 纳米孔测序技术测序原理简图

A. MinION 纳米孔测序仪；B. GridION X5 纳米孔测序仪；C. PromethION 纳米孔测序仪；D. 纳米孔测序示意图

15.1.3 直接 RNA 测序技术

直接 RNA 测序技术（dRNA-seq）是 ONT 公司的纳米孔单分子测序平台发展的一种转录物组测序新技术。测序文库的构建，涉及两个测序接头的连接。首先，一个双向接头连接到 RNA 分子的 3′ploy(A) 端，随后进行反转以提高测序通量。然后，连接一个已装载马达蛋白驱动测序的测序接头。构建好的测序文库上机进行测序，测序过程是由 3′ 端向 5′ 端进行的（Stephenson et al., 2022）（图 15.5）。

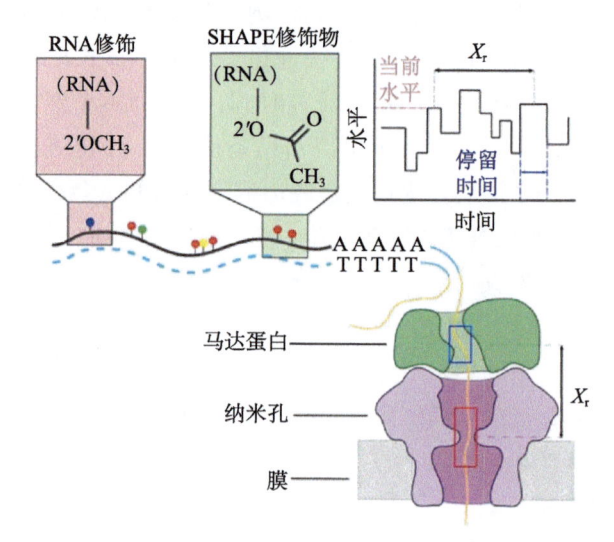

图 15.5 直接 RNA 测序技术的测序方法简图（Stephenson et al., 2022）

X_r. 停留时间

15.1.4 二代普通转录物组和三代长读长转录物组测序技术的比较

二代普通转录物组和三代长读长转录物组测序技术的比较如图 15.6 所示。从文库构建过程 RNA 的处理情况可以看出，二代和三代转录物组测序技术的区别在于，前者需要打断 RNA，后者则不需要（图 15.6A）。三代长读长转录物组有两种测序方案，其中 PacBio 测序仍然需要对文库进行扩增和文库长度的选择，这与二代测序类似；而 ONT 测序则不需要扩增和文库长度的选择。ONT 的 cDNA 测序和直接 RNA 测序的最大区别在于，前者需要反转录成 cDNA，后者则不需要。从测序过程而言，二代普通转录物组和 PacBio 三代长读长转录物组都是边合成边测序（sequencing by systhesis），通过荧光信号产生序列信息；而 ONT 三代长读长转录物组测序技术是采用 cDNA 或 RNA 在驱动蛋白的引导下进入纳米孔，测序不依赖合成反应，通过电信号产生序列信息。从测序产生的数据读长来看，二代普通转录物组的读长很短，只有几百 bp，常见读长为 150 bp 或 250 bp，属于短读长测序，一般不会得到全长的转录本信息。而长读长转录物组测序数据，由于测序读长在 10 kb 以上，因此能够获得完整的转录本信息。测序的实际长度由转录本的长度决定（图 15.6）。正因为如此，长读长转录本能够有效地进行转录事件分析，在挖掘新转录本方面具有优势。此外，直接 RNA 测序技术还能对 RNA 分子上的化学修饰进行鉴定。

二代转录物组数据在覆盖度方面远远高于三代长读长转录物组，所以在评估基因表达方面具有明显优势，因此二代转录的优势和主要分析是基因差异表达分析。生物学发现阶段还远远没有结束。尤其是目前新兴的单细胞测序、空间转录物组技术等已经商业化运作，尽管价格仍然非常昂贵，但已经展现出极大的发展空间。未来，长读长测序方法有可能取代 Illumina 的短读长 RNA-seq 作为默认的研究方法，其中要突破的技术障碍主要是增加通量和降低错误率。因此，长读长测序技术还需要进行重大改进。如果长读长测序变得与短读长测序一样便宜可靠，那么鉴定 mRNA 可变剪切体就会首选长读长测序。

15.1.5 单细胞转录物组及空间转录物组

普通的转录物组分析，往往是不区分组织内细胞类群的异质性，一个组织产生一个 RNA 池。这种分析被认为是混合 RNA（bulk RNA）分析。单细胞转录物组是刻画待测样品中每个细胞的转录物组格局，使得人们能够深入理解高度异质化的组织样本中不同细胞类型的转录物组格局。然而，无论是对组织样本的普通转录物组还是单细胞转录物组，这两项技术均无法为研究人员提供精确的空间定位信息（图 15.7）。

空间转录物组则是从空间层面上来解析转录物组数据的技术，结合组织切片技术来解析组织中的所有 mRNA 信息，并对在特定组织区域内活

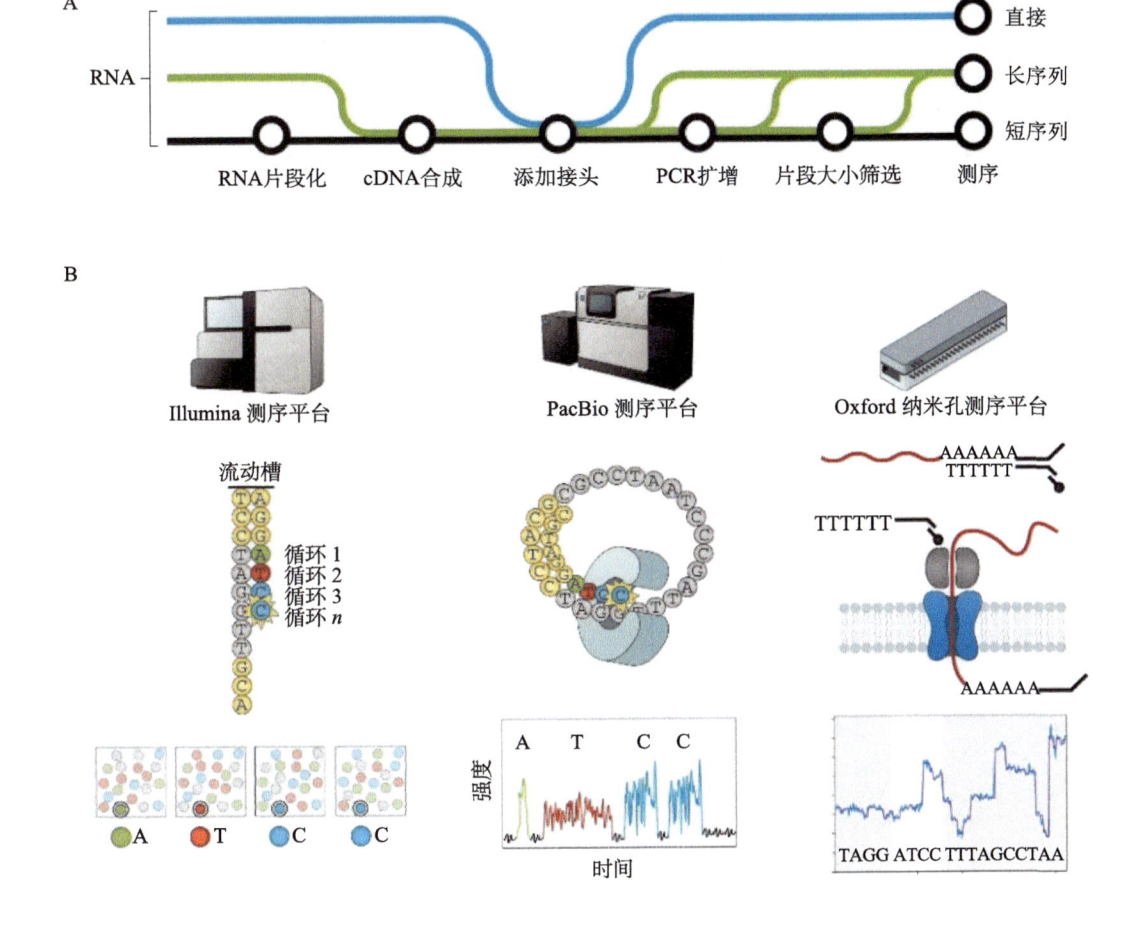

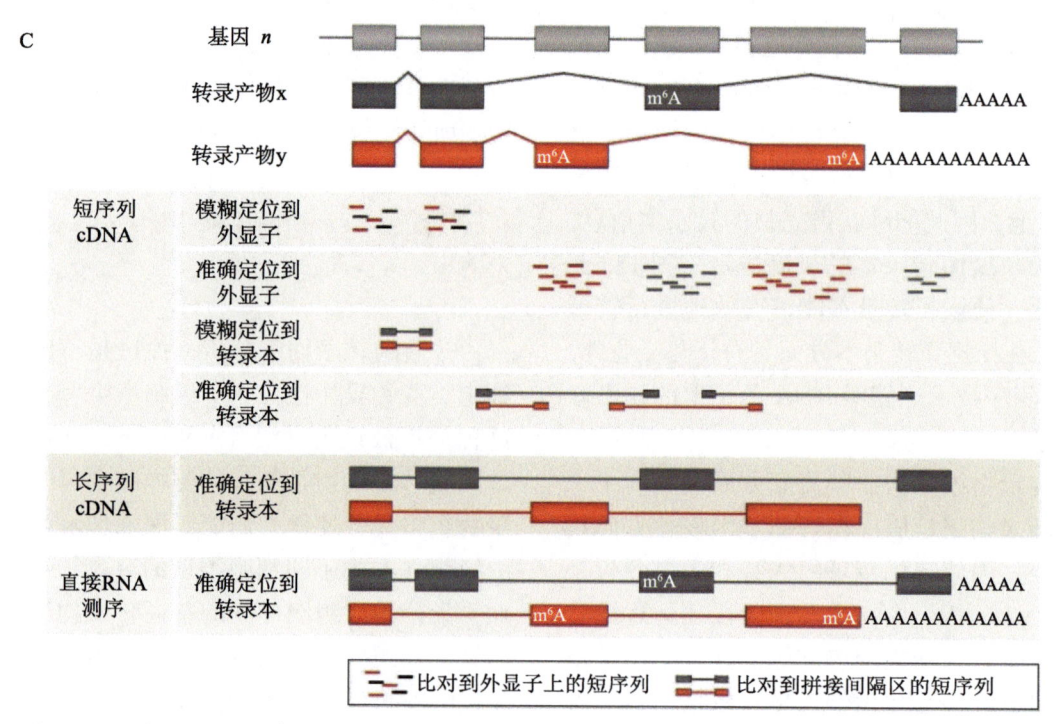

图 15.6　二代转录物组测序、三代转录物组测序和直接 RNA 测序三种技术方法概述（Stark et al., 2019）

A. 三种 RNA 测序技术的建库准备情况示意图。黑色代表普通二代转录物组测序，绿色为三代长读长转录物组测序，蓝色为直接 RNA 测序。基于 cDNA 的二代测序，需要进行 RNA 的片段化、cDNA 合成、加接头、PCR 扩增、选择合适的插入片段、测序这 6 个步骤。三代长读长转录物组测序技术不需要进行 RNA 的打断。B. 三种测序方式的测序过程示意图。Illumina 测序平台（左）：文库中的每一个 cDNA 分子在流动槽上的格子聚集成簇，一边测序一边和产能 3′ 封闭荧光标签。每一轮测序，延伸的 DNA 链被拍照，检测碱基的荧光信号，进而产生 50~500 bp 的读长。Pacific Biosciences（PacBio）测序（中）：文库构建好之后，每个环化的 cDNA 分子被载入一个测序芯片，结合到固定在芯片底部纳米井的聚合酶。链延伸过程，荧光标记的碱基加入进来即被检测到，产生 1~50 kb 的读长。ONT 测序的直接 RNA 测序（右）：文库中的每个分子加载到一个流动槽，其中用来连接接头的马达蛋白对应一个纳米孔。马达蛋白控制 RNA 链通过纳米孔，引起电流变化进而产生 1~10 kb 的读长。C. 三种测序方法的比较。以人转录物组为例，超过 90% 的基因都会由可变剪切产生 2 个或更多的亚型。不同测序方法使得读长增加，对这些亚型复杂度信息的解析也越来越清晰。当不同亚型有公共外显子时，短读长测序中，相当一部分读长只能模糊比对定位；跨外显子-内含子接口的读长可以用来提高亚型分析，但是同样的，如果这种接口也是不同亚型所共有的，依旧会模糊比对。长读长测序能够测相对完整的亚型，很大程度上避免了这种问题，能够使得可变剪切分析得到有效提升。但是，依赖 cDNA 转换的测序方式抹杀了 RNA 碱基的修饰，仅能粗糙地提供 ploy(A) 尾的长度信息。直接 RNA 测序能够有效开展全场可变剪切分析，RNA 修饰检测（如 m⁶A 甲基化），以及 ploy(A) 尾的长度估计

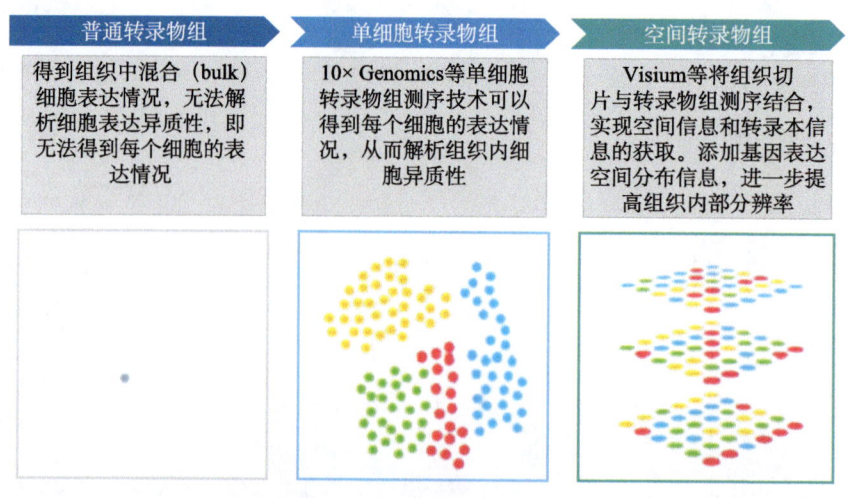

图 15.7　三种转录物组技术的比较

跃表达的功能基因进行进一步的组织定位和区分，该技术能够很好地将组织中具体位置的转录信息保留下来。细胞的空间位置信息对细胞命运调控机制和细胞谱系发生过程的研究是十分重要的，通过借助空间转录物组技术可以高效地检测组织在空间原始位置上的基因表达模式，从而可以为单细胞转录物组学研究提供更好的有效数据支持（图15.7）。

15.1.5.1 单细胞转录物组测序

单细胞转录物组测序（single cell RNA sequencing，scRNA-seq）可对单细胞中mRNA进行基因表达定量、功能富集、代谢通路等分析，使得研究者能够将某一组织的转录物组精细到不同细胞的分辨率水平。

单细胞转录物组分析的原理，概括地讲是针对目的组织样本进一步分离单细胞（图15.8A），进一步利用微流控系统捕获单细胞、得到具有细胞标签（cell label，CL）barcode（条形码）、单分子标签（unique molecular identifier，UMI）barcode 的单细胞转录物组文库（图15.8B），在测序平台进行高通量测序，进一步进行单细胞转录物组数据的深度解析（图15.8C）（Stark et al., 2019）。

单细胞转录物组测序的实现，核心在于单细胞的有效分离和单细胞转录物组文库的成功构建。单细胞转录物组文库构建的第一步，是制备细胞悬液，进行单细胞分选的。微流控分选方法被广泛应用于各种商业化单细胞测序平台。例如，10× Genomics 公司的 Chromium 系统就是利用微流控技术进行单细胞分选的。首先，通过微流控液滴系统，从横向孔道中逐个地输入（bead），每一个凝胶微珠上都布满了标签抓手，每一个抓手都含有一个细胞标签 barcode、单分子标签 barcode 连接形成的序列和一个 ploy(T) 抓手序列，用于捕获 mRNA 的 poly(A) 尾。第一纵向孔道输入细胞，细胞与凝胶微珠碰撞后会吸附在凝胶微珠上。

通过微流控技术，将细胞和凝胶微珠复合物输入到第二纵向孔道，即油相孔道中。这时油滴将吸附在凝胶微珠上的细胞包裹。最终每一个油滴中会包含一个细胞及一个凝胶微珠。此时，每个细胞在相应的油滴中裂解，释放 mRNA，被凝胶微珠上的标签抓手捕获，再进行反转录，最后去除油滴，获得具有细胞 barcode 的 cDNA，就构成了单细胞转录物组测序文库（Macosko et al., 2015）（图15.9）。

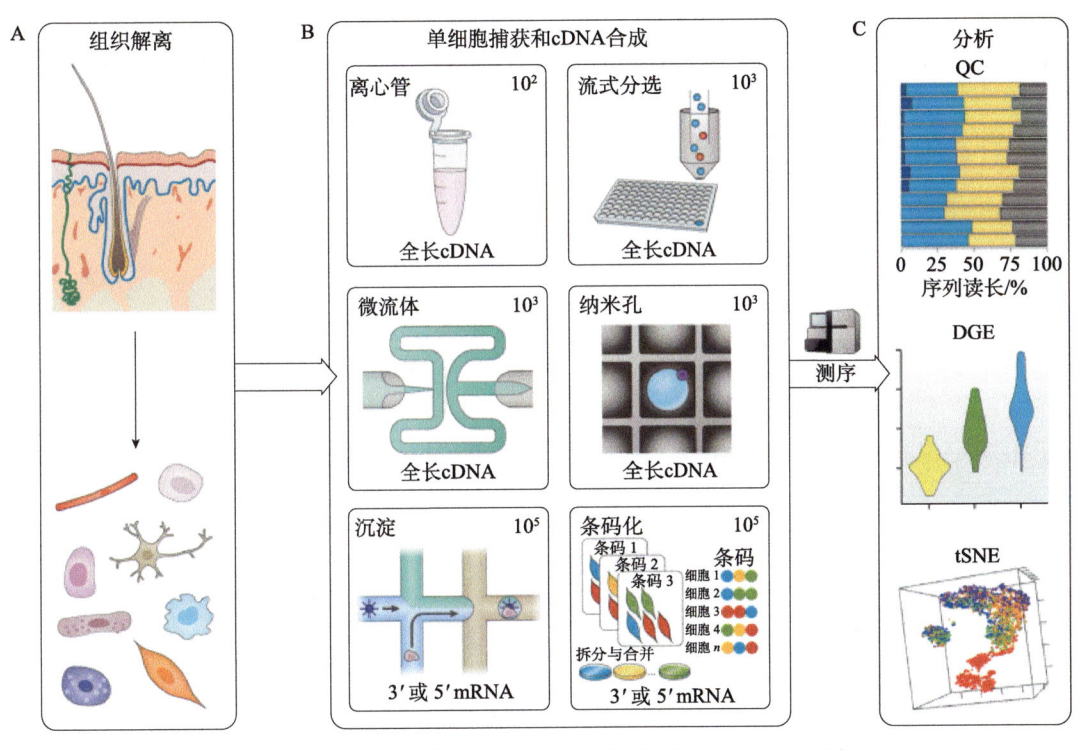

图15.8 单细胞转录物组测序分析框架图（Stark et al., 2019）
QC. 质量控制；DGE. 差异基因表达；tSNE. t-分布随机邻域嵌入分析

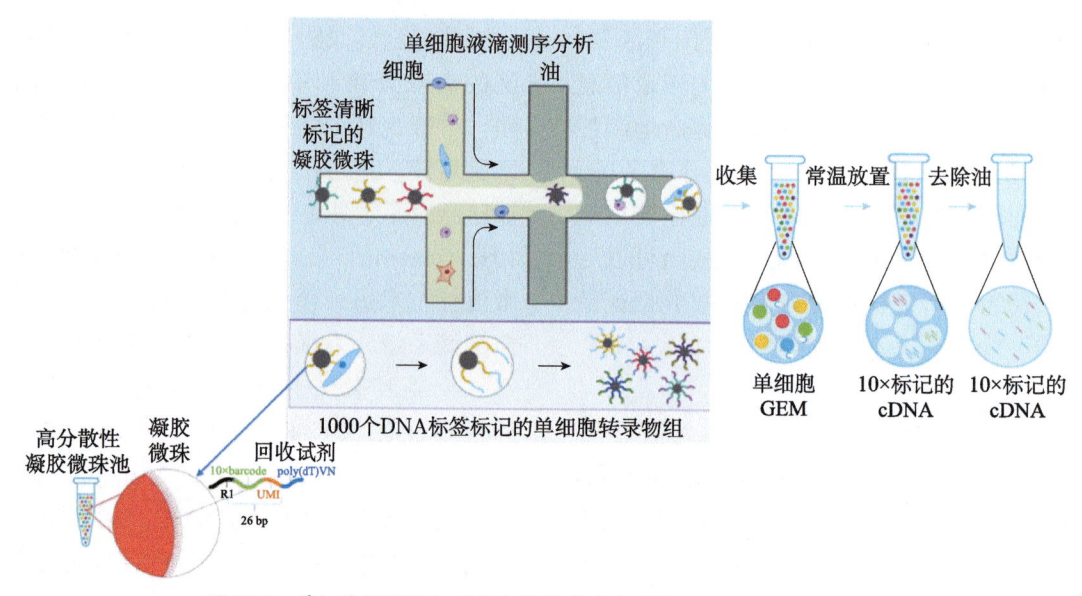

图 15.9　单细胞转录物组测序文库构建流程图（Macosko et al., 2015）

GEM. 油滴包裹的凝胶微珠；R1. 测序仪读出的第一个读长；UMI. 独特分子标识符

单细胞转录物组测序文库构建前的处理和文库构建流程在不同的测序平台和方法有所不同，但最终形成具有特异性标签标记的单细胞转录物组文库，文库构建完成置于高通量测序平台进行转录物组测序，随后即可进行高通量测序和数据分析。在进行数据分析时，单分子标签为每个细胞甚至每个基因或转录本提供了特异性的识别码，使得精确分析每个细胞的功能和特性成为可能。目前单细胞转录物组测序技术商业化运作的主要是 10×Genomics 公司的平台。此外，我国的华大基因科技有限公司也开发了自主的单细胞转录物组测序技术平台。

15.1.5.2　空间转录物组

通俗地讲，空间转录物组（spatial transcriptome）就是从空间层面上来解析转录物组数据的技术，结合组织切片技术来解析组织中的所有 mRNA 信息，并对在特定组织区域内活跃表达的功能基因进行进一步组织定位和区分。借助空间转录物组测序技术则很好地将组织中具体位置的转录信息保留下来。细胞的空间位置信息对细胞命运调控机制和细胞谱系发生过程的研究是十分重要的，通过借助空间转录物组技术可以高效地检测组织在空间原始位置上的基因表达模式，从而可以为单细胞转录物组学研究提供更好的有效数据支持。

空间转录物组测序分析，简而言之就是针对特定组织样本进行获取和组织切片（图 15.10A），然后对切片样本构建空间转录物组测序文库（图 15.10B），随后文库上机测序，得到有具体位置信息的基因表达数据，获得差异表达信息，进而开展后续深入的分析（图 15.10C）。

目前现有的空间转录物组学方法大致可分为 4 种（图 15.11）：第一种是通过计算机算法，结合原位杂交技术，利用单细胞转录物组数据来模拟重构组织的空间形态（图 15.11A）。第二种是基于激光捕获显微切割（laser capture microdissection，LCM）与高通量转录物组测序相结合的直接测量方法。LCM 可以直接在光学显微

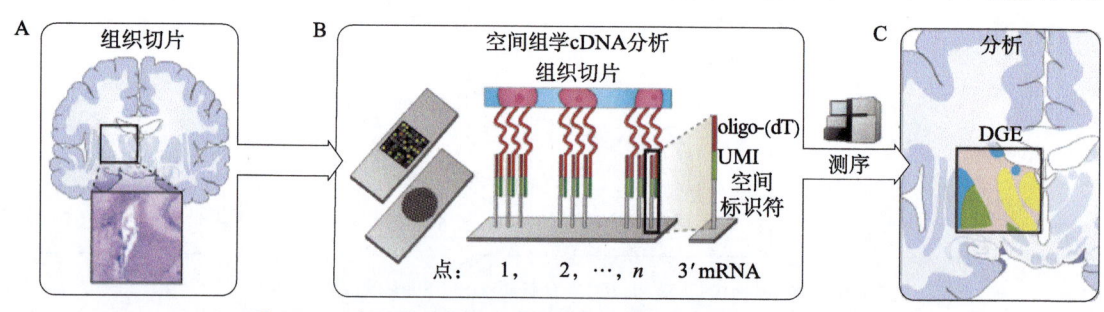

图 15.10　空间转录物组测序技术方法流程（Stark et al., 2019）

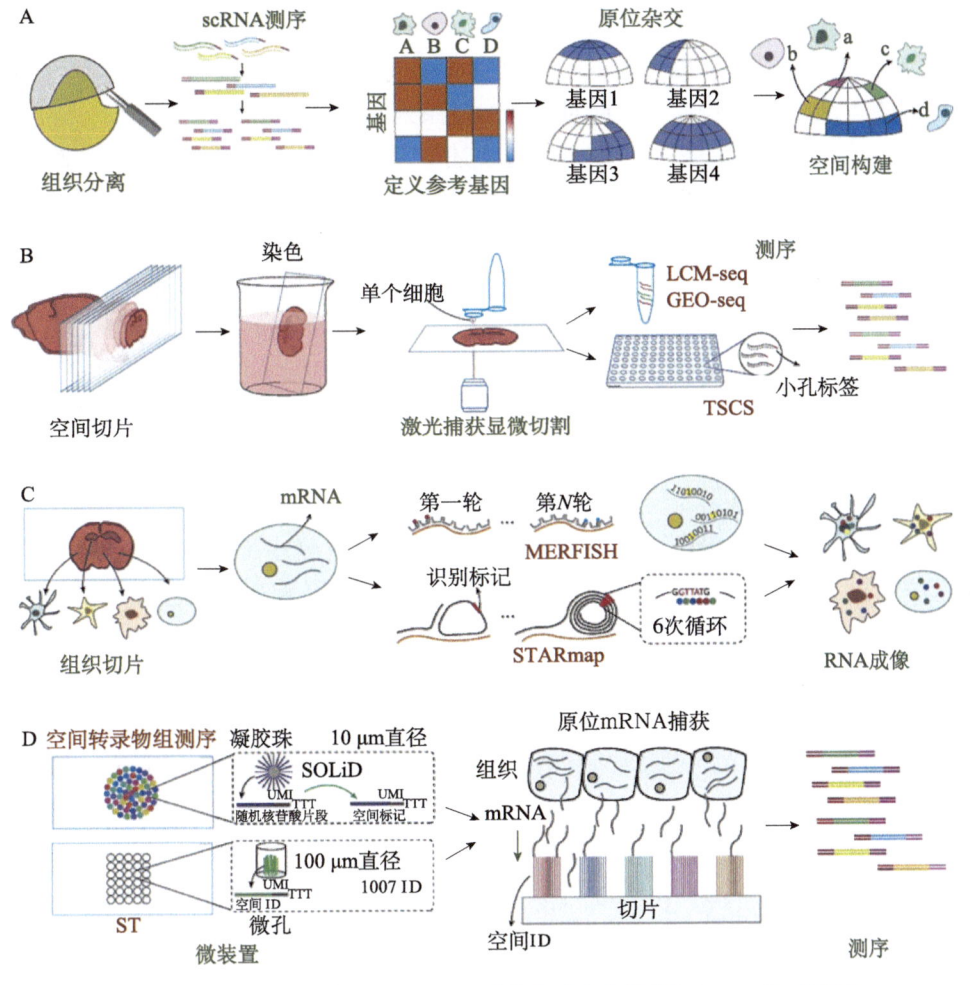

图 15.11 4种主要的空间转录物组测序技术的方法策略（Liao et al., 2021）

LCM-seq. 激光捕获显微切割测序；GEO-seq. 地理群体测序；TSCS. 拓扑单细胞测序；STARmap. 空间分辨转录组分析；SOLiD. 寡核苷酸连接和检测测序；ST. 空间转录组；ID. 标识物

观察的基础上，利用激光能量对特定的组织或细胞类型进行激光切割，切割后的样品通过重力激光弹射，收集到不同的容器中，而这种事先切割待测组织的目的就是可以精确记录并保留组织的位置信息（图15.11B）。第三种是基于高分辨图像的原位测序。原位杂交（FISH）原理就是对冻存组织进行切片时，利用荧光标记的特异核酸探针与细胞内相应的靶向RNA分子杂交，将探针转移到每个细胞中，利用标记的核酸探针来确定组织和细胞中DNA和RNA的空间位置与表达丰度（图15.11C）。第四种是基于空间条形码（spatial barcode）的空间转录物组测序技术。该技术利用组织切片将含有的RNA转移到表面，表面覆盖有已知位置的DNA条形码微颗粒，通过高通量测序可进一步推断出RNA的位置（图15.11D）。随着空间转录物组测序技术的发展与完善，空间转录物组测序技术也在不断地朝着更高的分辨率、更大基因和细胞通量的方向快速发展。目前，10×Genomics公司已经开发了成熟的商业化平台——Visium空间转录物组技术。此外，华大基因科技有限公司还开发了自主的空间转录物组测序技术平台。

15.2 转录物组数据分析方法

下面主要介绍普通的二代转录物组测序及长读长转录物组测序数据的分析方法。二代测序与三代测序原理不同，测序结果文件不同，具体的转录物组数据分析也有所差异，但是总的分析思路相似。

15.2.1 转录物组数据分析的主要思路

测序读长数据获得以后，将开展一系列流程化数据分析，以及进一步根据研究目的开展个性化分析。数据分析的思路简单来说：对于有参考基因组的物种，将读长序列比对到参考基因组或参考基因集；对于无参考基因组的物种，则可以先拼接测序数据形成参考基因集，然后将读长序列比对到该参考基因集。比对之后，可以开展一系列后续分析，包括基因差异表达分析、可变剪切事件分析、新转录本发掘、单核苷酸多态性（single nucleotide polymorphism，SNP）分析等。在这些流程分析的基础上，进行一系列后续个性化深度分析和应用，其往往因研究目的的不同而各具特色（图15.12）。

在流程分析中，差异基因表达分析是转录物组分析的重要内容。为开展此项分析，需要先对每个转录本上的读长数和转录本定量，进一步根据基因/转录本表达量进行统计差异分析，鉴定出差异表达基因。而三代长读长转录物组分析，其优势在于可变剪切、新转录本的挖掘。鉴定出可变剪切转录本或新转录本后，可以结合基因表达数据，进行一系列深度的分析。

另外，对于无参考基因组的转录物组数据，进行转录本拼接后，需要进行转录本的注释，即鉴定出编码区，获得对应的蛋白质序列等，进一步对蛋白质功能进行注释。在此基础上，可开展针对序列的一系列深度分析。

通过上述一系列分析，能够帮助人们了解生物体基因表达格局的全貌；揭示在物种发育、进化过程中，不同内外部环境因子对生物体内基因表达网络的影响；发掘潜在的基因调控网络等，从而帮助人们从转录本的层面，理解生命现象和物种进化的复杂性。

15.2.2 普通二代转录物组数据分析

普通二代转录物组测序（RNA-seq）最重要的作用是检测和比较基因表达情况。由于普通二代测序成本已非常低，因此该技术已经极为广泛地应用到生命科学的各个领域。目前二代转录物组测序数据主要是双端测序读长数据。

RNA-seq测序数据一般为50~250 bp长度的短读长序列，以FASTQ格式文件存储，该格式文件存储核苷酸序列及其测序质量信息，是目前二

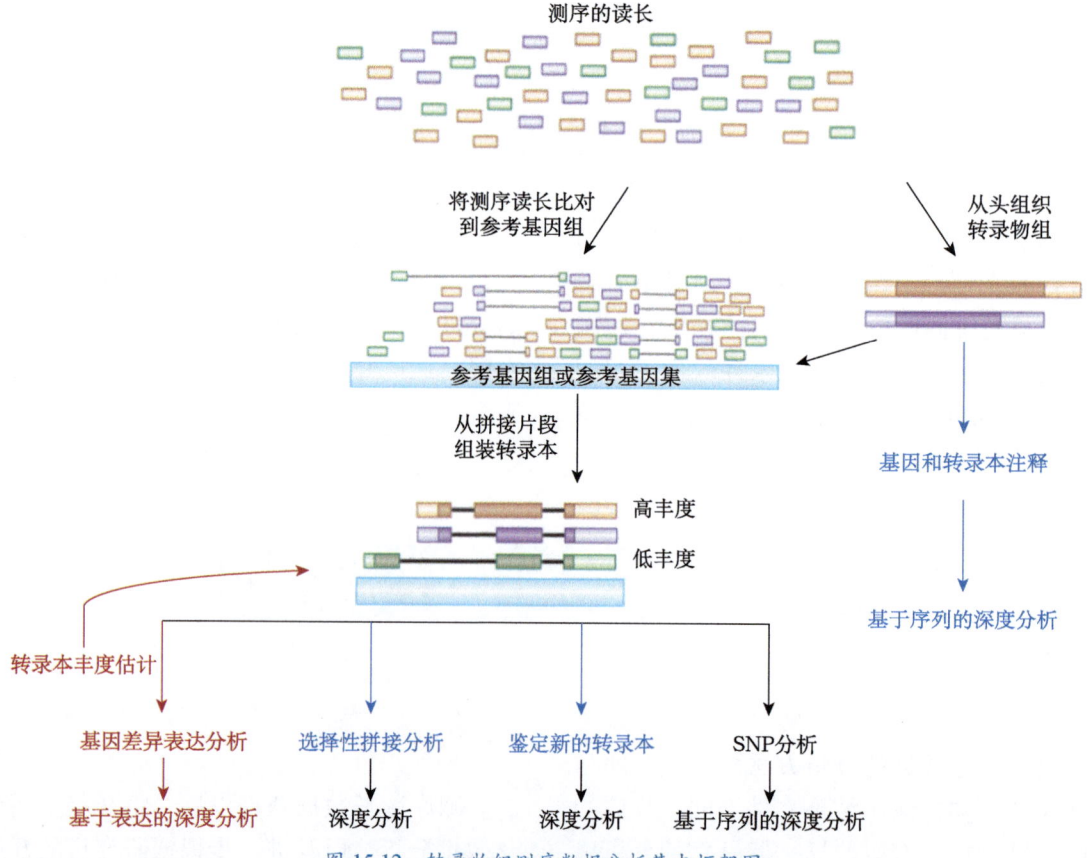

图15.12 转录物组测序数据分析基本框架图

红色：二代普通转录物组数据优势分析；蓝色：三代长读长转录物组数据优势分析；黑色：两种转录物组数据分析均可

代高通量测序的标准输出格式文件。在该文件中，一个读长（read）数据信息由4行数据组成：第一行以@开头，是该读长序列的标识信息；第二行为读长的序列信息；第三行以"+"开头，为该读长的补充信息，通常用不到；第四行是该读长序列中每一个剪辑的质量值，与第二行信息一一对应。测序质量的好坏会影响后续分析的准确性，因此通常下机数据需要进行质量检测，去除低质量数据、接头噪声序列等，相应的数据质控分析软件有FastaQC、Trimmomatic等。数据经过质控后得到称为干净读长（clean read）的数据。在这个基础上，转录物组分析至少包括以下三步。

（1）比对定位读长数据到参考基因组或参考基因集。对于有参考基因组的样本，读长数据比对定位到参考基因组或注释基因集。如果没有参考基因组，则首先需要对读长进行从头组装（*de novo* assembly），构建参考基因集，然后读长比对定位到参考基因集。比对之前，需要对参考基因组或参考基因集进行格式化，建立索引。根据比对策略的不同，分为连续比对和拆分比对。前者一般用于比对参考基因集，如注释基因的mRNA序列或CDS序列；后者则用于比对参考基因组。因为RNA-seq的读长比对参考基因组时由于内含子的存在，比对不连续，此时需要对读长进行拆分。

（2）评估基因表达量。确定每个转录本或参考基因的读长数，并在此基础上，进一步进行标准化、归一化等处理，评估基因表达量。该过程不同的研究目的，会根据具体问题，采用不同的策略，有时可能需要重构转录本，再定量；或者可以直接定量。不同的处理软件，标准化的算法也不同。定量后，生成基因表达数据矩阵。

（3）鉴定差异表达基因。这是二代转录物组测序最有价值的分析。通常根据表达量差异倍数（一般是1.5或2倍差异），以及统计检验，最终确定差异表达基因。

后续的深度发掘，则是以上述分析结果为基础数据进行的一系列后续分析。例如，以基因表达矩阵为数据，针对样本的一些分类分析如聚类（clustering）、热图分析（heat map）、主成分分析、共表达网络分析（gene co-expression network analysis）等。此外，对于差异表达基因，还可以进行功能富集分析，包括基因本体（Gene Ontology, GO）富集和KEGG（Kyoto Encyclopedia of Genes and Genomes）通路富集等。

15.2.2.1 比对定位读长数据到参考基因组或参考基因集

若有参考基因组，则将测序数据比对定位到基因组或者注释基因集，生成比对的位置文件，通常以bam格式保存。比对到参考基因组的软件有Tophat、HISAT或者STAR。由于真核基因几乎都是断裂基因，包含外显子和内含子，而测序数据是连续的cDNA，因此这些软件比对基因组时要能够有效地识别外显子和内含子的边界，进行跨内含子的比对，即拆分（gapped）比对。拆分比对的软件有bowtie。如果比对的是参考基因集或者转录本，则不需要进行拆分比对。不同的比对工具对读长的处理算法不同，对后续定量产生的影响也不同，尤其是对于比对到多处的读长，这种影响更为明显。对于这类多比对的读长，可能有直接过滤、随机放置一处等不同的处理方式，但这些方式都会对结果造成一定的偏差。读长比对的结果文件格式为SAM或BAM。SAM格式的文件属于文本文件，主要包含了读长的信息、比对到的位置等。SAM格式可以转化为二进制的BAM文件，后者文件较小，有利于节省存储空间。格式转化常用的软件有SAMtools。

如果没有参考基因组或参考基因集，则需要对转录物组数据进行从头组装，得到参考基因集。相关软件有Trinity、Bridger、SOAPdenovo-Trans，其中Trinity最常用。需要指出的是，三代测序技术逐渐普及后，一般组装转录物组更倾向采用三代测序技术，而二代转录物组数据的组装已经很少使用了。

15.2.2.2 评估基因表达量

评估基因表达量实质上分两步。第一步，需要计算每个转录本上覆盖的读长数，即读长计数。其中重要的影响因素是一个基因往往有多个转录本，不同样本之间可能存在不同转录本之间的可变表达情况，使得定量的精准度和可比性受到影响。第二步，在此转录本计数的基础上，进行计数数据的标准化，得到标准化后基因的表达量。

为什么要对原始定量的读长数进行标准化呢？因为不同数据之间测序深度、表达格局有差异，并且还存在技术上的一些偏差。为了使后续差异表达分析结果更客观，使不同样本之间的基因表达量数据具备可比性，就需要对原始读长数进行标准化定量。不同的算法对基因表达量定量也有所不同，对后续分析也会产生影响。一般有如下几种主要的标准化方式。

RPKM（reads per kilobase of exon model per million mapped reads）：每百万定位的读长中，每千碱基外显子的读长数。其公式为

$$\text{RPKM}_i = \frac{X_i}{\left(\frac{l_i}{10^3}\right)\left(\frac{N}{10^6}\right)} = \frac{X_i}{l_i N} \cdot 10^9$$

式中，i 代表基因 i；X_i 代表比对定位到基因 i 的读长数（双末端测序中，若一对 paired-read 都比对上该基因，当作两个读长；若只有一个读长比对上，另一个未比对上，当作一个读长计算）；l_i 代表基因 i 的外显子长度；N 代表该测序样本的总读长数。

通过上述计算，则针对基因读长数进行了综合考虑总测序量（R）和基因外显子长度的表达量标准化。

FPKM（fragments per kilobase of exon model per million mapped fragments）：每百万定位的片段中，每千碱基外显子的片段数。

FPKM 的计算方法与 RPKM 类似，差别仅在于 FPKM 计算的是片段（fragment）数，而 RPKM 计算的是读长数。在双末端测序数中，一对双末端读长在计算 RPKM 时算两个读长，而在计算 FPKM 时仅算一个片段。片段比读长的含义更广，因此 FPKM 包含的意义也更广。目前 FPKM 已经基本取代 RPKM，而被更为广泛地使用。

TPM（transcripts per kilobase of exon model per million mapped reads）：每百万定位的读长中，每千碱基外显子的转录本数。目前 TPM 这种标准化处理应用得越来越广泛。其公式为

$$\text{TPM}_i = \frac{X_i}{\left(\frac{l_i}{10^3}\right)\left(\frac{\sum \frac{X_i}{l_i/10^3}}{10^6}\right)} = \frac{\frac{X_i}{l_i}}{\sum \frac{X_j}{l_j}} \cdot 10^6 = \frac{\frac{X_i}{l_i} \cdot 10^6}{\sum \frac{X_j}{l_j} \cdot 10^9} \cdot 10^6$$

所以实际上，TPM 是在 FPKM 的基础上，加入了全部基因 FPKM 值作了进一步的标准化：

$$\text{TPM}_i = \frac{\text{FPKM}_i}{\sum \text{FPKM}_i} \cdot 10^6$$

式中，TPM_i 代表某个基因 i 的 TPM；FPKM_i 代表该基因 i 的 FPKM；$\sum \text{FPKM}_j$ 代表所有基因 FPKM 的总和。因此，TPM 比 FPKM 更客观，目前也更倾向于使用 TPM 来表示基因表达量。

目前常用读长计数及评估表达量的软件有很多，常用的有 StringTie、Htseq-count、featureCount 及 RESM。这些软件都仅能计算读长数用于下游的差异表达分析，而标准化表达量仍需要其他软件或脚本的帮助。这些软件也都是根据比对参考基因组或参考基因集结果进行读长计算的软件。还有一些软件，不需要根据比对结果，直接对参考基因集建立索引后，进行基因表达量评估，如 Salmon、Kallisto 及 Sailfish。这些软件运行的结果，包括基因的读长计数和标准化后的表达量，可用于下游差异表达分析及一系列针对表达量的后续分析。此外，差异基因分析软件 DESeq 及 edgeR 也具有对原始读长数进行标准化的功能。这两种标准化方法的前提假设是表达量居中的基因或转录本，其在所有样本中的表达量是相似的。其中 DESeq 的标准化是以该基因读长数除以所有读长的几何平均数，并取中位数作为校正因子。而 edgeR 采用的是 TMM（trimmed mean of M-value）矫正方法，去除高表达和高差异基因后其余基因在校正后差异倍数尽可能小。这种矫正方法的结果更为可靠，但由于没有对基因长度进行校正，即不同样本比较会得到不同表达值，因此不能在不同样本中整合使用。

15.2.2.3 鉴定差异表达基因

一旦基因表达矩阵建立，就可以通过建模的方式，确定哪一种表达特征在不同样本中可能出现表达水平的变化。用于基因差异分析的模型，早

前的研究提出泊松分布模型。经研究发现，在生物学重复情况下，低表达基因发生符合泊松分布；而随着表达量的升高，则泊松分布就不够准确了，该模型还可能严重低估了个体差异带来的误差。负二项分布则可以通过调整模型的离散度，使模型与实际情况更为符合。此外，还有β负二项分布。

一般通过基因表达倍数和显著性来确定差异表达基因。目前有不少确定基因表达差异的软件。DESeq和edgeR都采用负二项分布来描述读长频数分布情况。Cuffdiff也采用β负二项分布，不过Cuffdiff软件目前已经很少用。edgeR可用于分析有生物学重复和无重复的基因表达数据；而DESeq2则主要用于分析有生物学重复的数据。目前的转录物组分析都是针对生物学重复的数据，这相对于无重复的数据，可靠性更高。此外，还有limma，该软件表现良好，且运行速率快；Ballgown也较为常用，可以分析时间序列的RNA-seq。

15.2.2.4 后续的个性化分析

鉴定差异表达基因只是普通转录本分析的第一个重要结果。后续还有一系列深度分析，可以帮助实现转录物组数据的深度挖掘。

1. 聚类分析

聚类分析根据表达量的相似性，将不同样本及/或基因进行聚类，进而展示出样本或基因间的相似度格局。常用的聚类方法有k均值聚类（k-means clustering）、层次聚类（hierarchical clustering）等。聚类一般用的参数可以选择距离参数，如欧式聚类、曼哈顿聚类等，也可以用相似度参数，如Pearson相似度等。k均值聚类的目的是根据基因表达模式将所有待分析基因分成k个基因簇，使其簇内的平方和最小。k均值聚类的聚类速率快，但是对异常值较为敏感，且需要人为提前确定好聚类数k，因此会具有一定的人为干预性。层次聚类可分为聚集型和分裂型，前者是指从子节点逐渐汇聚到根节点；而后者则是从根节点逐步发散分裂。目前应用广泛的聚集型层次聚类，首先根据基因表达量对基因成对计算距离或相似度，将聚类最小或相似度最大的两个基因合并成簇，进而不断重复这个过程直至所有基因包含在一个大簇中。

2. 主成分分析

主成分分析（principle component analysis，PCA）是一种将多个变量通过线性变换以选出较少个数重要变量的一种多元统计分析方法。研究如何通过少数几个主成分来揭示多个变量间的内部结构，即从原始变量中导出少数几个主成分，使它们尽可能多地保留原始变量的信息，且彼此间互不相关。就转录物组数据而言，每一个检测到的基因都有一个表达量数值（FPKM/RPKM/TPM），所有基因的表达量都在二维空间中转化为一组向量，假设我们此次检测到10 000个基因，那理论上全部数据的空间分布可能涉及10 000个维度，根据我们的降维思路，n维空间中的n个点一定能在一个k（$k<n$）维空间中分析，我们就可以通过线性变换将高维数据最终压缩到第一、第二特征分量所在的二维平面上，得到样本或基因的PCA平面图。

3. 韦恩图分析

韦恩图（Venn diagram），简单概括就是表现不同组事物之间的集合重叠部分的简单可视化呈现。本来是数学分支集合论中的用来表示集合的草图，但在转录物组分析中，韦恩图分析可以帮助对差异表达基因进行共有、特有及上调下调等信息的统计和重叠图形式的展示。

4. 功能富集分析

差异表达基因往往很多，有几十个到上百个，如何从如此众多的差异基因中进一步揭示生物学意义？其中一个策略就是进行功能富集分析，寻找差异表达基因所富集的功能、通路、过程等，这个过程就是富集分析。目前常用的富集分析有基因本体（Gene Ontology，GO）富集分析，以及通路富集，即KEGG（Kyoto Encyclopedia of Genes and Genomes）富集。GO富集分析源于基因的GO注释信息，GO库是世界上最大的基因功能信息来源，它在不同维度和不同层次上对基因进行描述，包括细胞成分（cellular component，CC）、分子功能（molecular function，MF）、生物过程（biological process，BP）。转录物组分析筛选出来的差异表达基因，计算这些差异基因中

GO 分类中某（几）个特定的分支的超几何分布关系，GO 分析会对每个差异表达的基因存在的 GO term 返回一个 p 值（p-value），p 值越小表示差异基因在此 GO term 中越显著富集。

KEGG 富集分析源于基因的 KEGG 注释信息。KEGG 是了解高级功能和生物系统（如细胞、生物和生态系统），从分子水平信息，尤其是大型分子数据集生成的基因组测序和其他高通量实验技术的实用程序数据库资源，由日本京都大学生物信息学中心的金久（Kanehisa）实验室于 1995 年建立，因而 KEGG 的全称为 Kyoto Encyclopedia of Genes and Genomes，是国际上最常用的生物信息数据库之一，以"理解生物系统的高级功能和实用程序资源库"著称。KEGG 注释信息以 K 号记录，对应于数据库中相应的通路信息。转录物组分析筛选出差异表达基因后，计算这些基因 pathway（通路）的超几何分布关系，pathway 分析会对每个差异表达基因存在的 pathway 返回一个 p 值，p 值越小表示差异基因富集在该 pathway 中越显著。

5. 网络分析

与上述富集分析思路类似，互作网络分析也同样是深度针对差异表达基因，进一步挖掘内在的相互关系，筛选出感兴趣的网络及重要的核心基因等。互作网络分析可以直接利用蛋白质互作网络（Protein-Protein Interaction，PPI）数据库（https://cn.string-db.org/）进行互作网络分析。

如果转录物组测序样本足够多，则可以根据多样本的基因表达量矩阵数据，选择其中的高变基因集，进行加权基因共表达网络分析（weighted gene co-expression network analysis，WGCNA）。该分析方法是一种用来描述不同样品之间基因关联模式的系统生物学方法，可以用来鉴定高度协同变化的基因集，并根据基因集的内联性和基因集与表型之间的关联，鉴定关键的基因网络及基因。该分析首先根据一定的标准，将候选基因集划分成若干个共表达模块，每个模块包含相互具有共表达关系的若干基因。一方面可以根据模块的特征表达量建立模块与性状的关系，筛选出与性状最关联的模块；另一方面可以对模块内基因，通过权重分值、关联基因数等特征，筛选出枢纽基因。两方面分析深度整合，实现数据的深度挖掘和分析。

二代转录物组进行基因表达分析的流程及方案如图 15.13 所示。

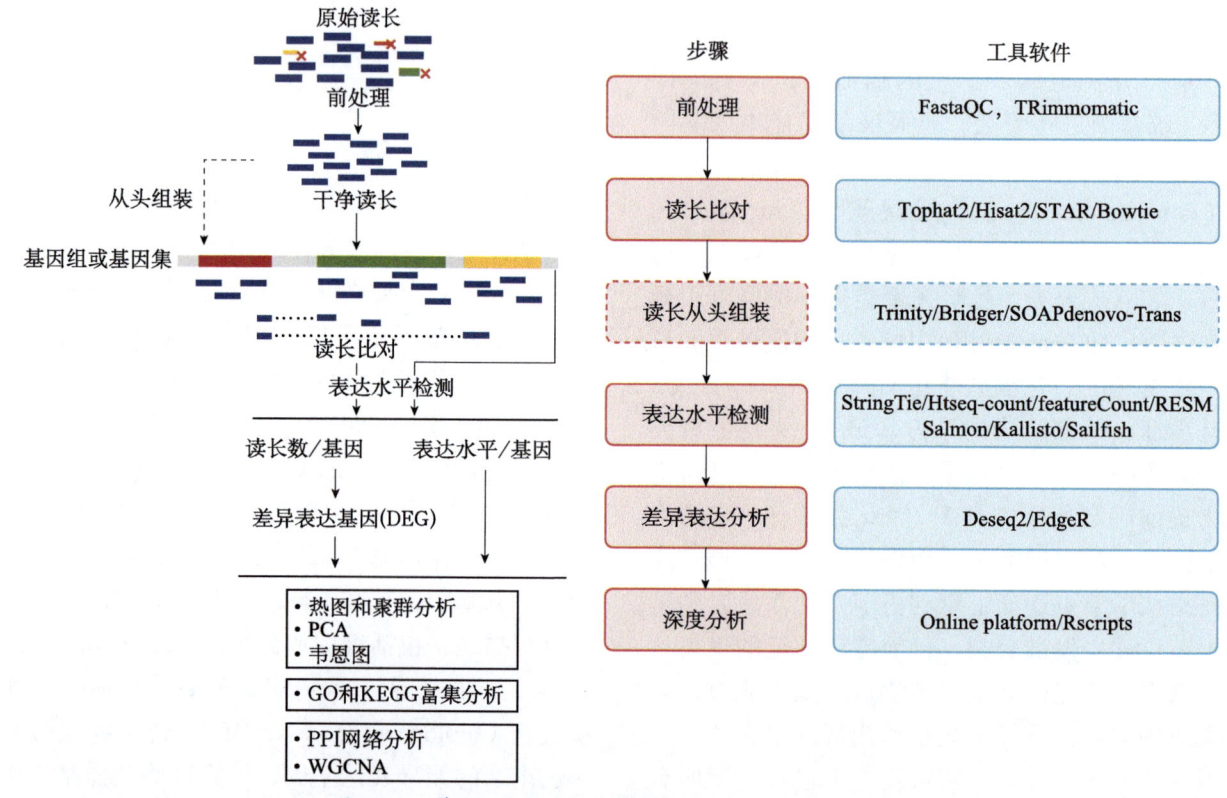

图 15.13 普通二代转录物组基因表达分析的流程及方案图

15.2.3 三代转录物组数据分析

三代转录物组测序的最大优势是不需要拼装，一个反应、一个读长就是一个转录本的一个拷贝，能够有效地测定不同的转录序列信息，因此三代转录物组测序又被称为转录本测序（isoform-sequencing，Iso-seq）。早前的三代测序由于测序错误率较高，需要对下机数据进行充分的纠错。现在由于Pacbio测序技术的改进，其HiFy测序读长已经具有与二代数据类似的准确性，不需要进行纠错。如前所述，三代转录物组数据的优势分析就是转录事件的挖掘。对于有参考基因组的样本，三代转录物组数据可以帮助补充和完善基因组的基因注释信息，发掘新转录本；尤其重要的是发现转录事件，如可变剪切、可变加尾及基因融合事件等。对于没有参考基因组的样本，三代转录物组信息能够提供一套翔实的参考基因集信息。在此基础上，以参考基因集为基础，进一步实现转录事件的分析。

15.2.3.1 原始数据纠错和去冗余

三代测序技术曾经最大的问题在于其极高的错误率，PacBio SMRT 和 ONT 测序数据的误差率分别可高达15%和40%，因此需要一系列严格的纠错方案。纠正 SMRT 和 ONT 测序读数分为三种不同的方法：自我纠正方法、混合纠错策略和基于参考基因组的纠错方法。

自我纠正方法是指利用长读长序列的错误分布比较均匀的事实，在保证长读长序列足够的覆盖率下，利用长读长序列自身的转录物组信息进行纠错，所用的软件如 PacBioToCA。需要注意的是，这种自校正方法需要较高的测序覆盖率才能获得准确的校正，成本较高，因此限制了其推广和使用。混合纠错策略与上述的自纠错软件不同，混合纠错策略是在自纠错的基础上主要通过二代转录物组测序的短读长来纠正全长转录物组长读长，这种方法是目前广为使用的，所用软件如 LoEDEC。上述两种纠错方式一般在目前商业化的测序服务中都已经完成。第三种方法是在长读长与参考基因组的比对过程中，提供基于参考基因组的比对错误校正，一些进行此类错误校正的工具有 minimap2 和 minialign5。这些是用于 PacBio 和 Nanopore 长读长序列的快速准确的比对工具，都能够高效识别和处理插入与错误。需要指出的是，现在 PacBio 的 HiFy 模式则在保证长读长（10~20 kb）的同时，通过对同一 DNA 序列的循环测序而获得高准确性的读长（>99%），已经不需要纠错就可以进入后续分析流程。

原始的转录本测序读长序列需要进一步去冗余，将可能测序不完整的冗余小片段序列剔除。它可以通过 pbtranscript-ToFU 软件包（http://github.com/PacificBiosciences/cDNA_primer/）去冗余软件来实现。

15.2.3.2 转录本比对到参考基因组或参考基因集

去冗余后的转录本序列，即可通过比对参考基因组或参考基因集，发掘新转录本，发掘转录事件，融合基因分析。如果没有参考基因组，则首先需要构建参考基因集，再进行比对和转录事件的挖掘。

1. 针对有参考基因组的分析

三代长读长转录本比对到参考基因组，常用的软件有 GMAP。通过比对参考基因组，结合参考基因组的注释信息，如果转录本数据比对到未被注释到基因的区域，即发掘到了新的转录本，这也是三代转录物组测序的一个重要功能。另外，比对到参考基因组后，结合基因组注释信息，可以进一步进行转录事件的发掘。

2. 针对无参考基因组的分析

对于无参考基因组的三代转录本数据，需要首先构建一个可供比对的参考基因集，也叫作编码基因组（CDS-genome），也称为伪基因组。无参考转录本的组装是三代长读长转录物组测序的优势。PacBio 公司推出了一款可用于进行此类分析的软件包——COGENT。该软件第一步将转录本进行聚类，根据相似度划分成不同的基因家族；第二步对于每个基因家族单独进行编码区重建，最终达到构建编码基因组的目的。构建好参考基因组后，可对编码基因组进行结构注释，预测编码序列（coding sequence，CDS）。PacBio 公司开发了配套软件包 Angel 用来进行编码区预测，并进一步对编码基因组进行功能注释。在此基础上，即可获得该物种的一套参考基因集，用于后续进行针对序列的一系列分析。在具备编码基因组的基础上，可按照有参考基因集的分析思路，通过比对（常用的比对软件有 GMAP）进行转录事件的发掘。

15.2.3.3 新转录本的鉴定

将去冗余后的转录本与参考基因组进行比对后，可对转录本进行结构注释，如果比对到基因间区域，则可认为是未知的新转录本（图 15.14）。MatchAnnot 软件是一款可以将比对结果和注释文件或注释文件和注释文件进行比较的 Python 软件，可以鉴定已知的和新的全长转录本，结果还可以用 igv 等可视化软件进行图形展示。

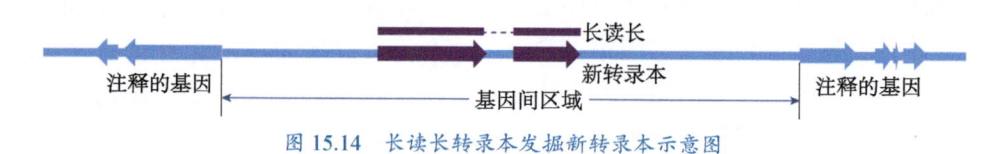

图 15.14　长读长转录本发掘新转录本示意图

15.2.3.4 转录事件的发掘

转录本比对定位到参考基因组或由转录本组装生成的编码基因组后，会获得每个转录本的结构注释信息。根据这些信息，可发掘出丰富的转录事件。选择性转录起始（alternative transcription initiation, ATI）、选择性多聚腺苷酸化（alternative polyadenylation, APA）和选择性剪接（alternative splicing, AS）是重要的三类转录事件，是促进转录物组多样性的三个主要过程。

不同的启动子对 RNA 聚合酶有不同的亲和力，可在不同的启动子上有选择性地启动基因转录，称为选择性转录起始。在转录过程中，受各种因素调控，可形成多种 mRNA 异构体，其中由于不同多聚腺苷酸位点 [poly(A) site] 导致的 mRNA 具有不同长度的 3′ UTR 现象，称为选择性多聚腺苷酸化。选择性多聚腺苷酸化通过产生具有不同 3′ UTR 长度的 mRNA 异构体，在细胞中可对 RNA 运输、定位、稳定性和翻译效率具有多重调节作用，从而产生转录本的复杂性和多样性。

在真核生物中，选择性剪接现象普遍存在。基因转录形成的前体 mRNA（pre-mRNA）在剪接过程中应去掉不同的内含子区域或保留不同的外显子区域，这样会增加多外显子基因来产生蛋白质亚型的数量，并通过多种机制调节基因表达，如改变剪接体亚型的翻译效率、无义介导的 mRNA 衰变和 miRNA 介导的 mRNA 降解等现象。AS 事件可分为 5 种类型：外显子跳过（skipping exon, SE；或 cassette exon）、选择性 5′/3′ 剪切（alternative 5′/3′, 5A5/A3）、互斥外显子（mutually exclusive exon, MX）、内含子保留（retained intron, RI）及可变第一 / 最后外显子（alternative first/last exon, AF/AL）（图 15.15）。

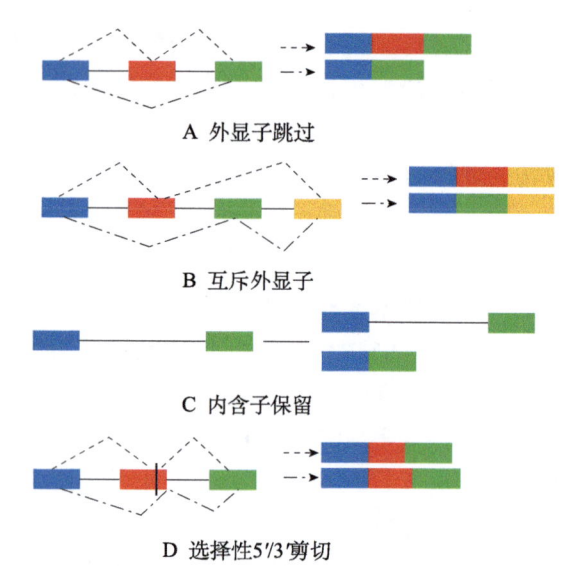

A　外显子跳过

B　互斥外显子

C　内含子保留

D　选择性 5′/3′ 剪切

图 15.15　4 种不同类型的可变剪切事件

在长读长转录物组测序的转录调控分析中，TAPIS、SUPPA、PRAPI 是主要的生物信息学工具，它们使用 Iso-seq 读数来识别 AS 和 APA。TAPIS（Transcriptome Analysis Pipeline from Isoform Sequencing）是一款依赖 Python2.7 的用于分析校正和比对长读段序列、转录本聚类、新转录本和全长转录本可变剪切检测及鉴定分析可变 poly(A) 的一款软件（Abdel-Ghany et al. 2016）。SUPPA 也是一款依赖 Python2.7 的用于分析可变剪切事件的软件。其优势在于高效快捷性，适合分析大量数据，该软件还提供了一套算法，通过计算长读长转录本的表达量，相对准确地评估基因表达量。PRAPI 是一种用于 Iso-seq 分析的一站式解决方案，用于分析 ATI、AS 和 APA。

15.2.3.5 融合转录本（基因）的鉴定

在 RNA 水平上，由多个转录本直接构成的转录本称为融合转录本，融合转录本是反式剪接事件的结果，该事件将两个单独编码的 RNA 连接成一个转录本（图 15.16）。融合基因一般是通过染色体重排产生的，如染色体的易位、插入、颠倒、缺失等，融合基因的产生改变了基因的蛋白质编码序列或调控序列，使得基因功能发生变化，对机体的影响较大。融合转录本鉴定的标准基于一个简单的想法，即来自一个转录本的两个或多个片段可以映射到多个基因座。目前，PacBio 公司开发了一种可靠的方法来识别融合转录本，即 PacBio pbtranscript-ToFU 包。该包提供了一个专门用于检测三代 Iso-seq 数据的融合转录本脚本 fusion_finder.py。

综上所述，三代长读长转录物组测序数据的分析流程和所需软件可以用图 15.17 加以概括。

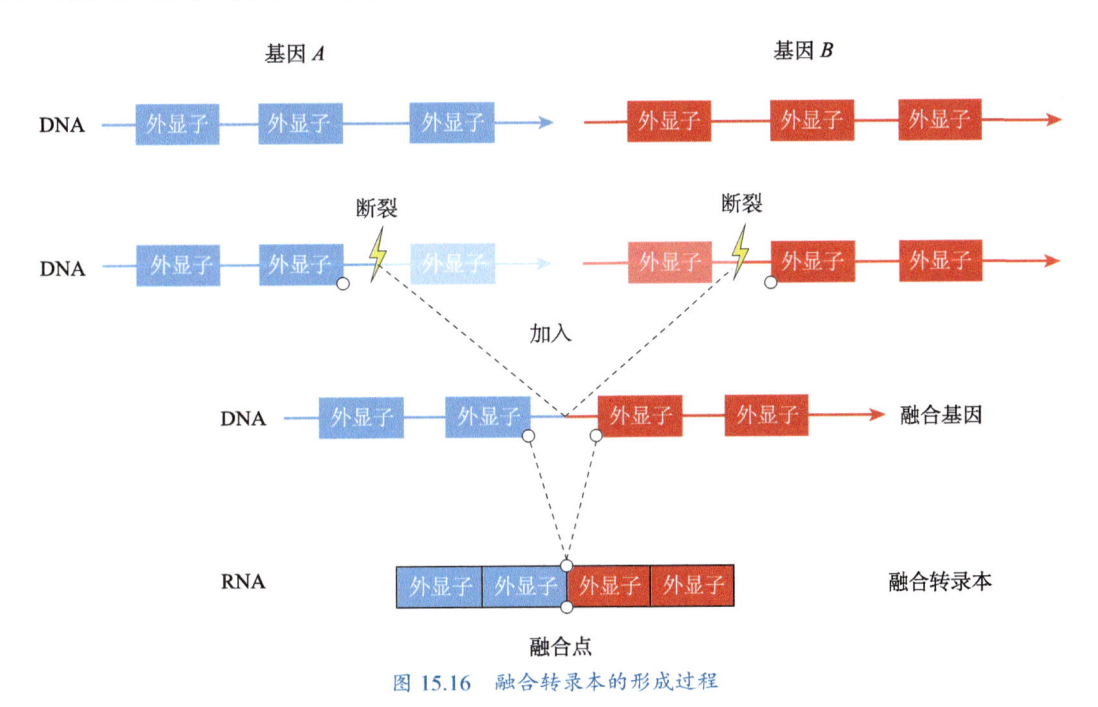

图 15.16 融合转录本的形成过程

图 15.17 长读长转录物组测序分析流程及常用软件

思考与挑战

1. 结合基因芯片与转录物组测序的原理，比较两者在研究基因表达水平方面各有哪些优劣势？

2. 二代普通转录物组数据分析中，依赖比对和不依赖比对的软件，其原理有什么差别？

3. 为何三代长读长转录物组测序技术中，ONT测序技术能进一步优化出直接RNA测序这种更优化的技术，而PacBio SMART测序却至今没有发展出这种技术？

课后拓展

1. 转录物组研究的发展
2. 转录物组测序的应用
3. 温故而知新
4. 拓展与素质教育

主要参考文献

赵陆滟, 曹绍玉, 龙云树, 等. 2019. 全长转录物组测序在植物中的应用研究进展. 植物遗传资源学报, 20（6）: 1390-1398.

Abdel-Ghany S. E., Hamilton M., Jacobi J. L., *et al*. 2015. A survey of the sorghum transcriptome using single-molecule long reads. *Nature Communication*, 7: 11706.

Cui Y., Liu Z. L., Li C. C., *et al*. 2021. Role of juvenile hormone receptor methoprene-tolerant 1 in silkworm larval brain development and domestication. *Zoological Research*, 42（5）: 637-649.

Hong M., Tao S., Zhang L., *et al*. 2020. RNA sequencing: new technologies and applications in cancer research. *Journal of Hematology & Oncology*, 13（1）: 166.

Liao J., Lu X., Shao X., *et al*. 2021. Uncovering an organ's molecular architecture at single-cell resolution by spatially resolved transcriptomics. *Trends in Biotechnology*, 39（1）: 43-58.

Macosko E. Z., Basu A., Satija R., *et al*. 2015. Highly parallel genome-wide expression profiling of individual cells using nanoliter droplets. *Cell*, 161（5）: 1202-1214.

Rhoads A., Au K. F. 2015. PacBio sequencing and its applications. *Genomics Proteomics Bioinformatics*, 13（5）: 278-289.

Sha Z., Banihashemi L. 2022. Integrative omics analysis identifies differential biological pathways that are associated with regional grey matter volume changes in major depressive disorder. *Psychological Medecine*, 52（5）: 924-935.

Stark R., Grzelak M., Hadfield J. 2019. RNA sequencing: the teenage years. *Nature Review Genetics*, 20（11）: 631-656.

Stephenson W., Razaghi R., Busan S., *et al*. 2022. Direct detection of RNA modifications and structure using single-molecule nanopore sequencing. *Cell Genome*, 2（2）: 100097.

Velculescu V. E., Zhang L., Vogelstein B., *et al*. 1995. Serial analysis of gene expression. *Science*, 270（5235）: 484-487.

Xu H., Chen L., Tong X. L., *et al*. 2022. Comprehensive silk gland multi-omics comparison illuminates two alternative mechanisms in silkworm heterosis. *Zoological Research*, 43（4）: 585-596.

Zhang G., Guo G., Hu X. 2010. Deep RNA sequencing at single base-pair resolution reveals high complexity of the rice transcriptome. *Genome Research*, 20（5）: 646-654.

第16章 蛋白质组学

蛋白质组（proteome）的概念是1995年由澳大利亚马克·威尔金斯（Marc Wilkins）提出的，其是指一个基因组（genome）或一个细胞或组织表达的所有蛋白质，也可以指细胞、组织、机体全部蛋白质的存在及其存在方式（Wilkins et al., 1996）。蛋白质组学（proteomics）是研究细胞、组织、器官或生命体基因组所表达的全部蛋白质，包括蛋白质的表达种类、表达量，再通过生物信息学的手段去了解蛋白质如何参与生命体的生命活动（Pandey & Mann, 2000）。其内容包括蛋白质的定性鉴定、定量检测、细胞内定位、相互作用研究等，最终揭示蛋白质功能网络。

16.1 蛋白质组学研究方法

与基因组相比，蛋白质组的研究要更为复杂。一方面，由于基因的拼接和翻译后修饰，蛋白质的数目远远大于基因的数目。人类基因组有25 000~40 000个编码基因，其表达的蛋白质有十几万个之多；另一方面，基因是相对静态的，而蛋白质是动态的，它随着时间、空间的变化而变化。因此，研究手段上，蛋白质组的研究难度更大。20世纪70年代，随着双向电泳技术的发展，同时分离数千种蛋白质变为现实；20世纪80年代，固相化pH梯度凝胶的引进使得双向电泳技术的重复性和复杂性得到了极大限度的提高，从而使蛋白质组研究得以实施。蛋白质组的研究步骤主要包括：蛋白质的提取、分离和鉴定。

16.1.1 蛋白质的提取

如何将细胞、组织等所含有的数以万计的蛋白质进行高效的提取和分离是蛋白质组研究要解决的首要问题。蛋白质的提取方法分为样品制备和提取，选择合适的样品制备方法对获得满意的二维电泳图谱非常重要。样品制备的原则如下：①尽可能采用简单方法进行样品处理，以避免蛋白质丢失。②细胞和组织样品的制备应尽可能减少蛋白质的降解，低温和蛋白酶抑制剂可以防止蛋白质的降解。③样品裂解液应新鲜制备，并且分装冻存于-80℃条件下。④加入尿素之后反应温度不超过37℃，防止氨甲酰化修饰蛋白质。蛋白质的提取方法主要包括如下两个步骤。

1. 细胞裂解

（1）渗透裂解：用低渗溶液悬浮细胞，通常用于血细胞、组织培养细胞等低渗溶液细胞。

（2）冻融裂解：液氮快速冻融，然后在37℃条件下融化，反复几次，通常用于细菌、组织培养细胞。

（3）去污剂裂解：溶解细胞膜释放内含蛋白质，通常用含有去污剂的裂解液重悬细胞，也可以直接用样品裂解液或重泡胀溶液进行裂解，通常用于组织培养细胞。

（4）酶裂解：在等渗溶液中用酶去除细胞壁，常用的酶有溶菌酶、纤维素酶+果胶酶、溶细胞酶，通常用于细菌、植物和酵母等中。

（5）超声波裂解法：利用超声波产生的切应力破碎细胞，但要注意避免产生热量和气泡，通常用于细胞样品。

（6）弗式压碎器：在高压下迫使细胞穿过小孔径而产生剪切力，从而裂解细胞。通常用于含有细胞壁的微生物，如细菌和酵母等。

（7）研磨法：加液氮和砂进行研磨，通常用于固体组织和微生物细胞。

（8）机械匀浆法：破碎固体软组织和动物组织（切成小片），同时加入预冷的匀浆溶液，通常用于固体组织和微生物细胞。

（9）玻璃珠匀浆法：通过剧烈振荡玻璃珠破坏细胞壁，通常用于细胞悬液和微生物。

2. 蛋白质沉淀

（1）硫酸铵盐析：在高盐溶液中，蛋白质倾向于聚合，并从溶液中沉淀下来。然而许多蛋白质在高盐溶液中是可溶的，因此这种方法只能被用来预分离或富集蛋白质。同时残留的硫酸铵会干扰等电聚焦，必须被清除。

（2）三氯乙酸（TCA）沉淀：该法不易造成蛋白质变性和化学修饰，但是蛋白质再溶解较为困难，并且不能完全再溶；残留的TCA必须通过丙酮或乙醇进行彻底清洗，若过多暴露于低pH溶液中会导致某些蛋白质降解或修饰。

（3）丙酮沉淀：丙酮作为一种有机溶剂，能够降低蛋白质在水中的溶解度，导致蛋白质沉淀。其缺点是沉淀效果不稳定。

（4）丙酮/TCA沉淀：两者联用更加有效，但仍然存在难再溶的问题。

（5）苯酚提取：适用于高杂质的植物样品，但过程复杂，耗时长。

16.1.2 蛋白质的分离

16.1.2.1 双向凝胶电泳

双向凝胶电泳（two-dimensional gel electrophoresis，2DE）是目前唯一能将几千种蛋白质同时分离与展示的分离技术（图16.1），是由奥法雷尔（O'Farrell）于1975年提出的。溶液中带电荷的分子能够在电场中迁移，迁移率与电场强度和分子所带电荷的密度有关。在相互垂直的两个方向上，分别基于蛋白质等电点和分子量的不同将蛋白质分离。第一向为变性的等电聚焦电泳，根据蛋白质的等电点进行分离；第二向为十二烷基硫酸钠聚丙烯酰胺凝胶电泳（SDS-PAGE），根据蛋白质分子量进行分离。蛋白质分子经过两次分离后，按照其等电点和分子量的不同二维地分布

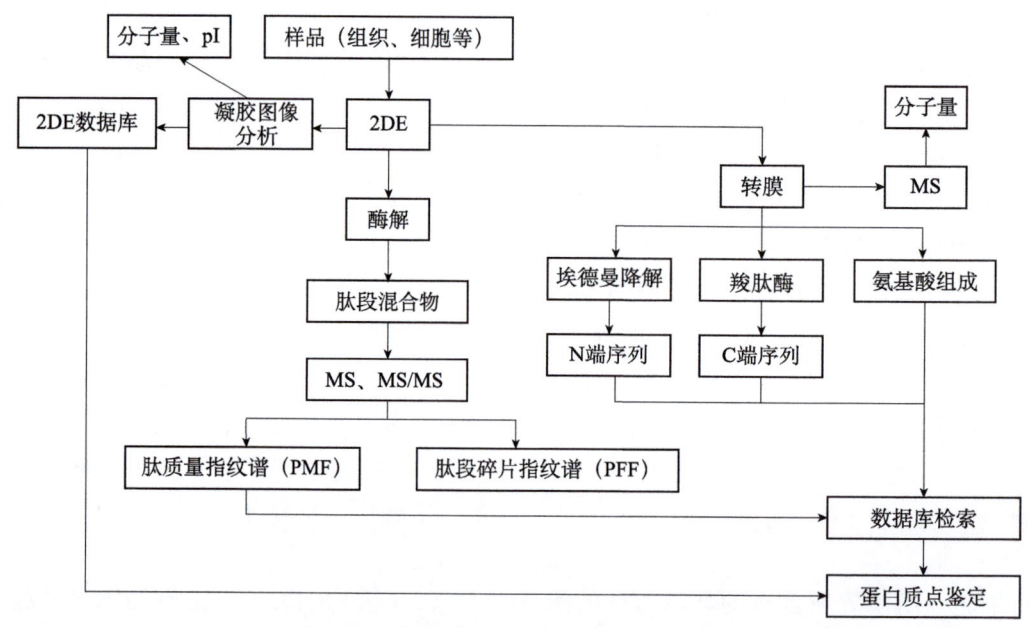

图16.1 基于2DE的蛋白质组学研究示意图

在聚丙烯凝胶上,再经过各种不同的方法(硝酸银、考马斯亮蓝、荧光等)对蛋白质进行染色,最终有效地将蛋白质以图谱的形式显示出来。基于对应蛋白质点灰度、荧光强弱比较不同处理、不同生理病理条件、不同时间等情况下,细胞、组织和体液内某种蛋白质含量的高低,从而获得某条件下的差异蛋白质点(程霞等,2016)。

16.1.2.2 双向荧光差异凝胶电泳

双向荧光差异凝胶电泳(two-dimensional fluorescence difference gel electrophoresis,2D-DIGE)是运用不同的荧光染料,如 Cyanine(Cy)系列荧光化合物 Cy2、Cy3 和 Cy5 等,分别标记不同的蛋白质样品,然后将它们等量混合,在单一的双向凝胶电泳上进行分离。在不同波长激光激发下,这些染料会发出不同的荧光。按照它们所发出荧光的不同,可以比较在不同细胞状态下蛋白质含量的变化(图 16.2)。双向荧光差异凝胶电泳克服了在二维电泳过程中不同凝胶间重复性差的问题,使蛋白质点的匹配、定量更加准确。与传统基于染色分析的 2DE 方法相比,2D-DIGE 在避免不同凝胶之间的重复性差、需要定量分析等问题上有非常明显的优势。

16.1.2.3 等电聚焦电泳

等电聚焦电泳(isoelectric focusing electrophoresis,IFE)是利用两性电解质载体形成一个连续而稳定的线性 pH 梯度,将两性电解质加入含有 pH 梯度缓冲液的电泳槽中,当其处于其本身等电点的环境中则带正电荷,向负极移动;若其处于高于其本身等电点的环境中则带负电荷,向正极移动。当泳动到其自身特有的等电点时,其净电荷为零,泳动速率下降到零,具有不同等电点的物质最后聚集在各自等电点位置,形成一个个清晰的区带。当到达其等电点(此处的 pH 使相应的蛋白质不再带电荷)时,电流达到最小,不再移动。

16.1.2.4 液相色谱

液相色谱(liquid chromatograph,LC)是基于一相是固定不动的固定相,另一相是不断流过固定相的流动相的分离方法。其分离原理是利用待分离的各种物质在两相中的分配系数、吸附能力等亲和能力的差异来进行分离。

16.1.2.5 亲和色谱

亲和色谱(affinity chromatography,AC)是利用生物分子与亲和色谱固定相表面配位体之间的特异性亲和吸附作用,进行选择性分离生物分子的一类色谱方法。在亲和色谱中,将能与待分离蛋白质(配体)特异结合的物质(配基)固定于色谱填料上,制备色谱柱,混合物经过色谱柱时,能与固定相产生特异性结合的蛋白质而将在色谱柱上发生保留行为,从而实现混合物间以亲和性为基础的分离(图 16.3)。在所有色谱分离模

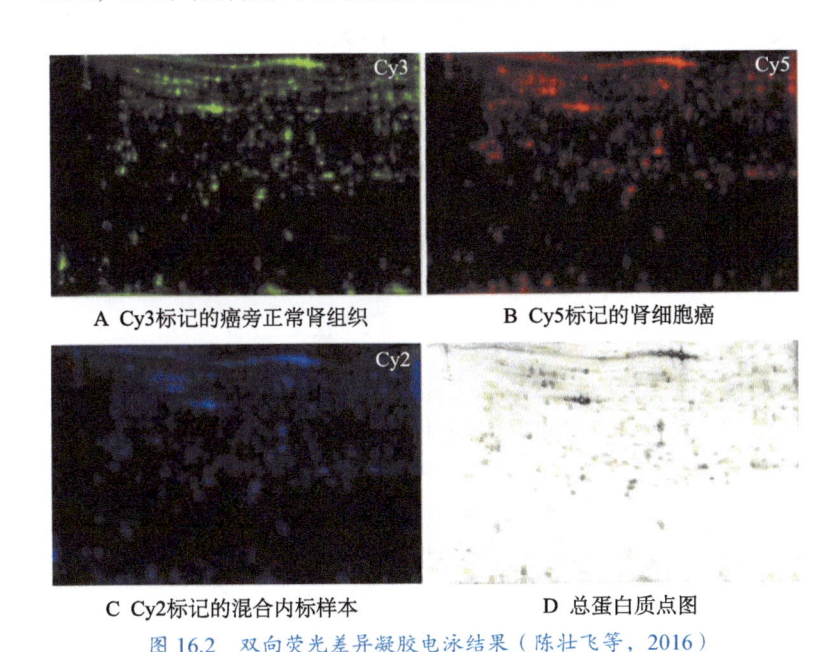

A Cy3标记的癌旁正常肾组织　　B Cy5标记的肾细胞癌

C Cy2标记的混合内标样本　　D 总蛋白质点图

图 16.2　双向荧光差异凝胶电泳结果(陈壮飞等,2016)

图 16.3　亲和色谱作用原理示意图(王嗣岑和贺晓双,2016)

式中，基于分子识别的亲和色谱具有极高的选择性，在生物大分子的分离纯化及功能研究中有着不可替代的作用。

16.1.2.6 离子交换色谱

离子交换色谱（ion exchange chromatography，IEC）是基于蛋白质或多肽所带的电荷来进行分离的，依靠移动相中可溶性分子与含有带电基团的固定相之间发生可逆性吸附来达到分离的目的（图 16.4）。通常使用阳离子或阴离子交换树脂吸附溶液中带有相反电荷的分子。

16.1.2.7 反相液相色谱

反相液相色谱（reversed-phase liquid chromatography，RPLC）具有分离能力强、保留机制清楚等特点，是液相色谱分离模式中使用最为广泛的一种。反相液相色谱法是以表面非极性载体为固定相，以极性强的溶剂为流动相的一种液相色谱分离模式。反相液相色谱固定相大多是硅胶表面嵌合疏水基团，基于样品中的不同组分和疏水基团之间疏水作用的不同而分离。在生物大分子分离中，多采用离子强度较低的酸性水溶液，添加一定量乙腈、异丙醇或甲醇等与水互溶的有机溶剂作为流动相。

16.1.2.8 尺寸排阻色谱

尺寸排阻色谱（size exclusion chromatography，SEC）也称为凝胶色谱法，首先是根据待检测样品的分子尺寸大小，再根据其几何形状的不同，进行分样化的分离，以达到对物质分离的目的。相对于其他高效液相色谱法，尺寸排阻色谱采取的凝胶，其空穴大小能够与需要检测物质的分子大小进行针对化的吻合，若待测样品分子较大，会被阻挡在凝胶空穴外面，进而被排出，而小于凝胶空穴尺寸的分子，则会进入凝胶空穴处，从而达到样品分离的目的（图 16.5）。尺寸排阻色谱多使用琼脂凝胶作为固定相的填充材料，而流动相因具有选择性的功能，可根据需要检测物质的不同，进行水与有机溶剂的选择。与其他色谱方式相比，尺寸排阻色谱的优势在于分辨力较高，在正常情况下不会出现任何的变形，因而被用于分离各种分子量比较大的化合物。

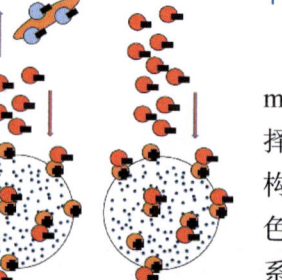

16.1.2.9 多维色谱

多维色谱（multidimensional chromatography，MDC）是将同种色谱不同选择性分离柱或不同类型色谱分离技术组合构成的联用系统。现在应用最多的是二维色谱，其技术的关键是联结两种色谱分离系统之间的接口设备和技术。两根独立控制且极性不同的色谱柱，通过一定的切换手段，将第一根色谱柱的馏分选择性地转移到第二根色谱柱进行二次分离，从而获得比单柱更强大的分离能力的分离系统。

16.1.2.10 多维液相色谱

多维液相色谱（multidimensional liquid chromatography，MDLC）是将两种或多种分离机制不同且相互独立的液相分离模式串联起来构成的分离系统。样品在第一根液相色谱柱洗脱后依次注入后续的色谱柱进行分离的液相色谱柱联用技术。这种技

图 16.4 离子交换色谱原理

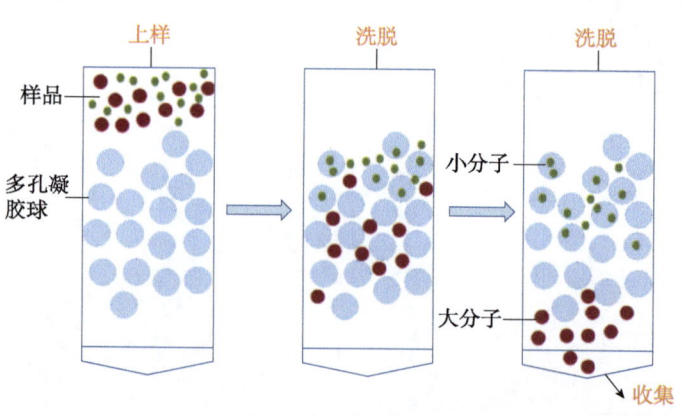

图 16.5 凝胶排阻色谱原理

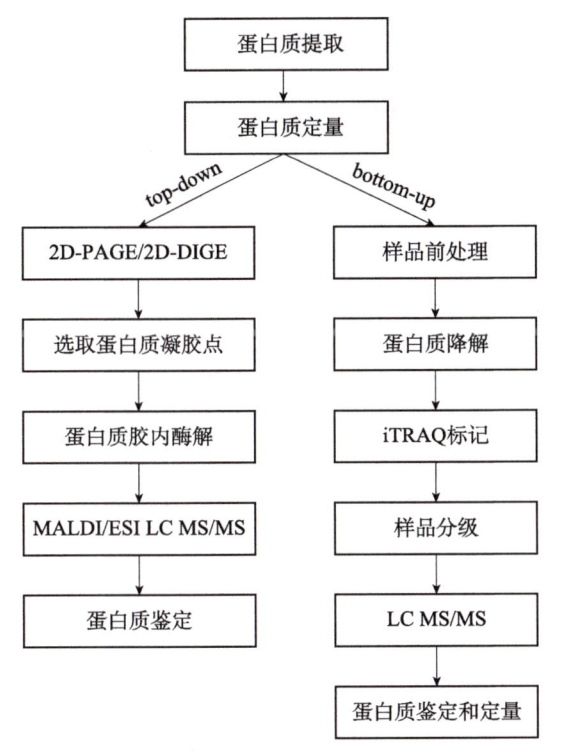

图 16.6 基于质谱技术的蛋白质鉴定的 top-down 和 bottom-up 两种策略（杨倩等，2015；Bruno et al., 2020）

的质荷比（mass charge ratio, m/z）来进行成分和结构分析的方法。其基本原理是使样品中各组分在离子源中发生电离，生成不同质荷比离子，这些离子经加速电场的作用形成离子束，进入质量分析器；在质量分析器中，再利用电场或磁场发生相反的速度色散，将它们分别聚焦而得到图谱，从而确定其质量（图 16.7）。根据离子源的不同，质谱鉴定分析分为基质辅助激光解吸电离飞行时间质谱（MALDI-TOF MS）和电喷雾电离质谱（ESI-MS）。这两种技术具有高灵敏度和高质量检测范围，使得在 fmol（10^{-15}）乃至 amol（10^{-18}）水平检测分子质量高达几十万道尔顿的生物大分子成为可能，从而开拓了质谱学一个崭新的领域——生物质谱。

（1）MALDI-TOF MS：是以具有强紫外吸收的小分子有机酸作为基质，与蛋白质样品混合后加载到不锈钢靶板上形成共结晶薄膜。在其干燥之后，使用脉冲激光对样品、基质进行照射，因为激光的波长，样品不会被吸收，而基质分子吸收激光能量，形成激发态，使蛋白样品解吸附，基质-样品发生电离和气化，在电场加速下进入真空飞行管道，从而到达检测器（图 16.8）。在 MALDI-TOF MS 技术的检验中，其采用的是固相进样，所以分子量的精度可达 0.1 个质量单位，而其检测的灵

术可根据样品组分的性质差别，选择具有最大分离效果的几种色谱分离模式组合（反相液相色谱、离子交换色谱、尺寸排阻色谱、亲和色谱或等电聚焦电泳等），对样品进行分离。

16.1.3 蛋白质的鉴定

蛋白质组学能够提供有关蛋白质序列、丰度、相互作用、翻译后修饰和周转等各种信息。现在利用生物质谱的蛋白质鉴定主要有两种策略（图 16.6）：①基于凝胶电泳系统的自上而下（top-down）的策略，对凝胶电泳分离后的蛋白质进行质谱鉴定；②自下而上（bottom-up）的鸟枪法，即蛋白质复杂混合物不经历电泳分离，而是先将其酶解为肽段混合物，然后经色谱分离，进入串联质谱，进行肽段分析，最后根据质谱图检索出蛋白质。

16.1.3.1 质谱鉴定分析

质谱分析法是通过测定样品离子

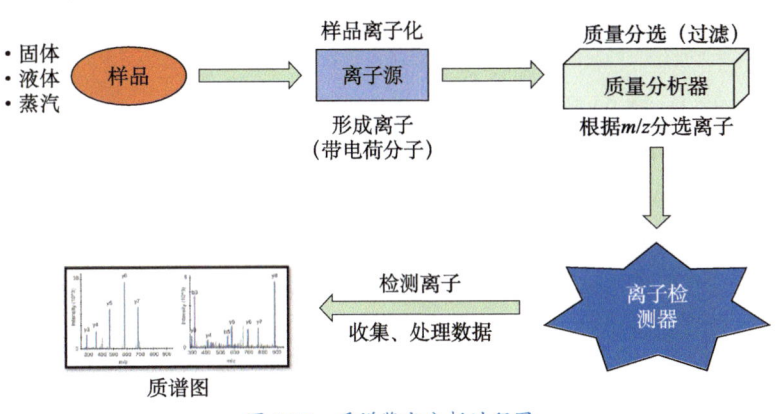

图 16.7 质谱鉴定分析过程图

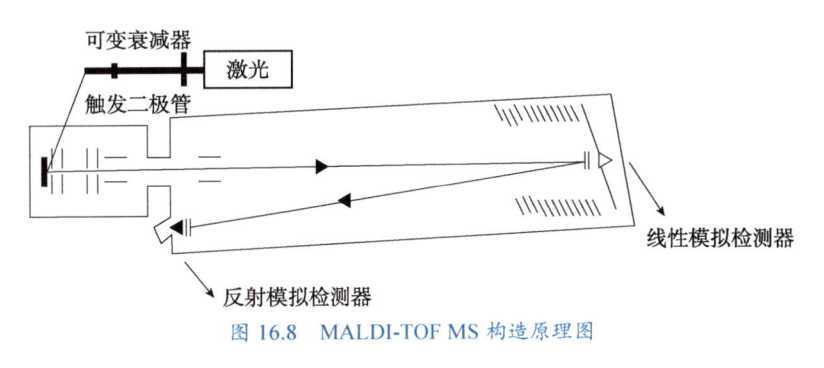

图 16.8 MALDI-TOF MS 构造原理图

度则可高达亚皮摩尔数量级。MALDI-TOF MS 技术还具有分析时间短和较强的抗干扰等特点。

（2）电喷雾电离质谱（electro spray ionization mass spectrometry，ESI-MS）：利用高电场使质谱进样端的毛细管柱流出的液滴带电荷，在氮气气流的作用下，液滴溶剂蒸发，表面积缩小，表面电荷密度不断增加直至产生的库仑斥力与液滴表面张力达到雷利极限，液滴爆型为带电荷的小液滴，这一过程不断重复使最终的液滴非常细小呈喷雾状，这时液滴表面的电场非常强大，使分析物离子化并以带单电荷或多电荷的离子形式进入质量分析器（图16.9）。电喷雾离子源后连接串联质谱可检测离子结构碎片的质荷比，能够提供离子的结构信息。

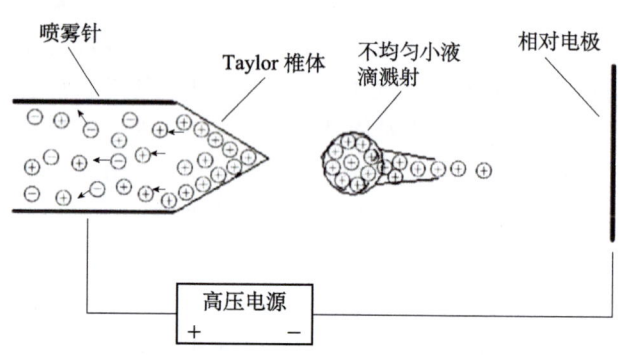

图 16.9　ESI 源内的电荷分离及小液滴分裂过程

16.1.3.2　蛋白质芯片技术

表面增强激光解吸电离飞行时间质谱（surface-enhanced laser desorption/ionization-time of fight-mass spectrometry，SELDI-TOF MS）是一种结合了质谱技术和蛋白质芯片技术的分析方法。由于该技术不会对蛋白质的构象完全依赖，它优于那些抗原-抗体相互作用的蛋白质芯片，这是目前蛋白质组学研究的理想技术平台。其由蛋白质芯片、飞行质谱和分析软件三部分组成。SELDI-TOF MS 分析弥补了二维电泳对低丰度、低溶解度、极端等电点值、极大（分子量＞200 000）和极小（分子量＜10 000）蛋白质无法鉴定的不足，进一步提高了蛋白质分离和鉴定的速率。

16.1.3.3　肽质量指纹谱

肽质量指纹谱（peptide mass fingerprinting，PMF）是指蛋白质被酶切位点专一的蛋白酶水解后得到的肽片段质量图谱。由于每种蛋白质的氨基酸序列（一级结构）都不同，蛋白质被酶水解后，产生的肽片段序列也各不相同，其肽混合物质量也具有特征性，所以称为指纹谱。此技术可用于蛋白质的鉴定，即用实验测得的蛋白质酶解肽段质量数在蛋白质数据库中检索，寻找具有相似肽指纹谱的蛋白质。电泳胶上的蛋白质可被原位酶切或转印到聚偏二氟乙烯（polyvinylidene fluoride，PVDF）膜上酶切得到肽混合物，经质谱分析得到 PMF，检索数据库进行鉴定，还可以选取肽混合物中的某一肽段通过串联质谱测序鉴定（图16.10）。

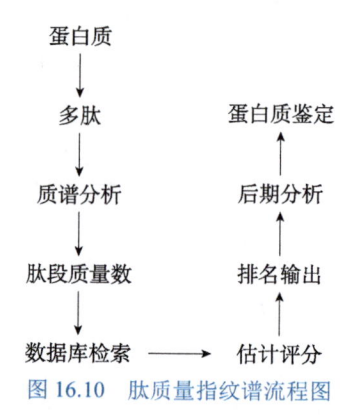

图 16.10　肽质量指纹谱流程图

16.1.3.4　串联质谱数据鉴定技术

蛋白质由 20 种氨基酸组成，一段含 3 个氨基酸的肽有 20^3 种可能的排列方式，含 4 个氨基酸的肽有 20^4 种可能的排列方式，一个特定序列的 4 肽出现的概率为 1/160 000。所以含 5~6 个氨基酸残基的序列片段在一个蛋白质组中已具有很高的特异性，可用来鉴定蛋白质。常用的 2DE 分离和质谱鉴定联用技术能实现对几千种蛋白质的分离分析，但由于其有限的动态范围等因素，限制了该方法的进一步发展。随着质谱仪及质谱分析技术的发展，串联质谱的数据采集效率得到了提高，可获得肽段序列信息。串联质谱数据鉴定技术主要包括以下几个方面。

（1）串联质谱测定多肽序列：肽段母离子在质谱仪的碰撞室经高流速惰性气体碰撞并解离，沿肽链在酰胺键处断裂并形成离子。肽键断裂时，产生 a、b、c 型和 x、y、z 型系列离子，a、b、c 型离子保留肽链 N 端，电荷留在离子 C 端，x、y、

绝对含量（图 16.11）。

（4）同位素标记亲和标签技术（isotope-coded affinity tag，ICAT）：是一种新崛起的定量蛋白质组学的研究工具（图 16.12）。该方法很适用于低丰度蛋白质的测量，使得该技术应用十分广泛。但 ICAT 技术有一些缺点，如只能和含有半胱氨酸残基的蛋白质反应，但含有半胱氨酸残基的蛋白质在总蛋白中的含量较低（周家华等，2020）。

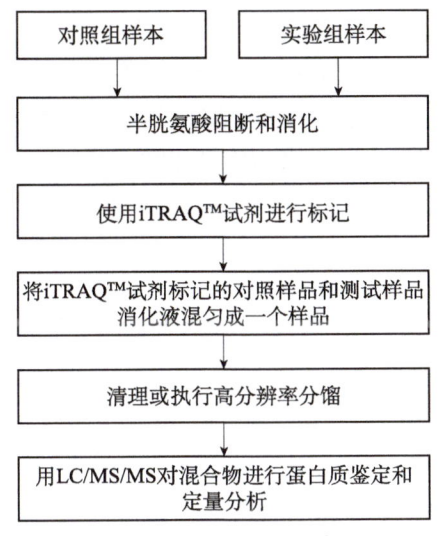

图 16.11　iTRAQ 技术操作流程

z 型离子保留肽链 C 端，电荷留在离子 N 端，其中 b 型和 y 型离子在质谱图中较多见，丰度较高。y、b 系列相邻离子的质量差，即氨基酸残基的质量差，根据完整或互补的 y、b 系列离子可推算出氨基酸的序列。

（2）肽序列标签（peptide sequence tag，PST）：与 PMF 图谱相比，串联质谱技术获取的肽序列图谱相对较为复杂，需要计算软件帮助计算识别 y、b 等各系列离子，数据库检索鉴定蛋白质时，可用读出的部分氨基酸序列结合此段序列前后的离子质量和肽段母离子质量。在数据库中查询，这一鉴定方法称为肽序列标签，或者直接用串联质谱数据进行检索。

（3）同位素标记相对和绝对定量技术（isobaric tag for relative and absolute quantitation，iTRAQ）（周家华等，2020）：是一种在蛋白质组学研究中被广泛应用的定量分析方法，有很好的精确性和可重复性。采用 4 种或 8 种同位素编码的标签，通过特异性标记多肽的氨基基团，然后进行串联质谱分析，可同时比较 4 种或 8 种不同样品中蛋白质的相对含量或

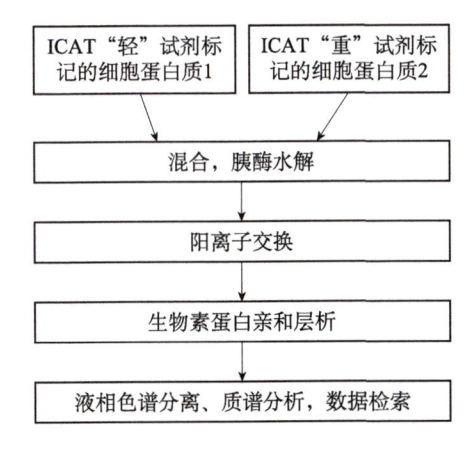

图 16.12　ICAT 实验流程（韩颔尔德木图和孟永梅，2016）

（5）细胞培养氨基酸、稳定同位素标记技术（stable isotope labeling with amino acids in cell culture，SILAC）：是指在细胞培养的过程中利用稳定同位素所标记的氨基酸结合质谱技术对蛋白质的表达进行定量分析的一种新技术（图 16.13）。

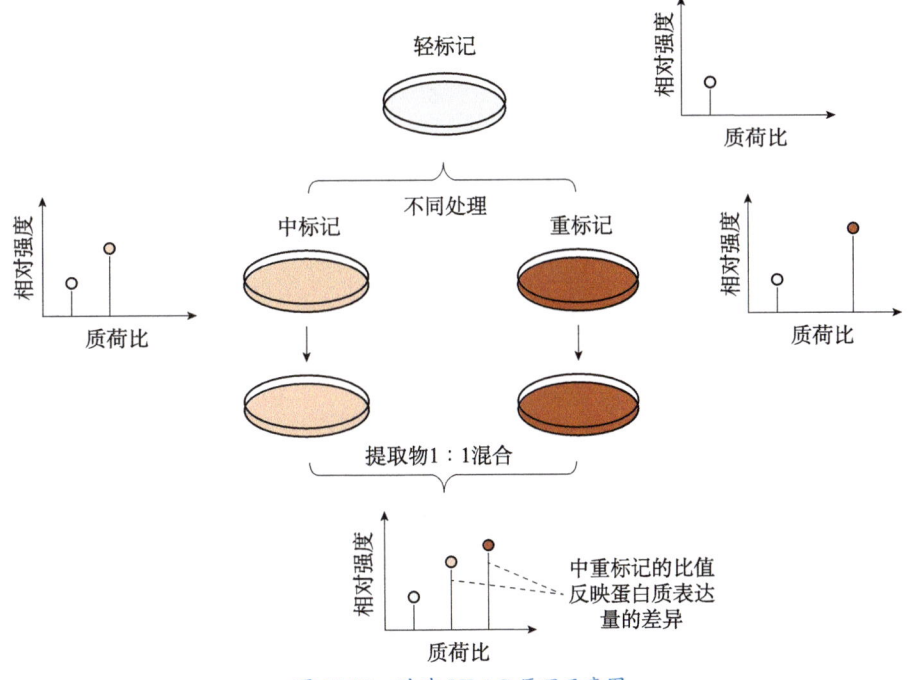

图 16.13　脉冲 SILAC 原理示意图

与 iTRAQ 和 ICAT 相比，SILAC 技术是通过细胞培养的体内标记技术，与体外标记技术相比，SILAC 有高通量、高标记效率、可重复性好、灵敏度高等优点。然而对于很难培养的细胞系，这种代谢标记的技术难以实施。

（6）蛋白质测序仪：蛋白质经过埃德曼降解法（Edman degradation）降解后使用氨基酸测序仪对蛋白质或多肽氨基端进行分析（图 16.14），这是测定蛋白质一级结构的主要方式。

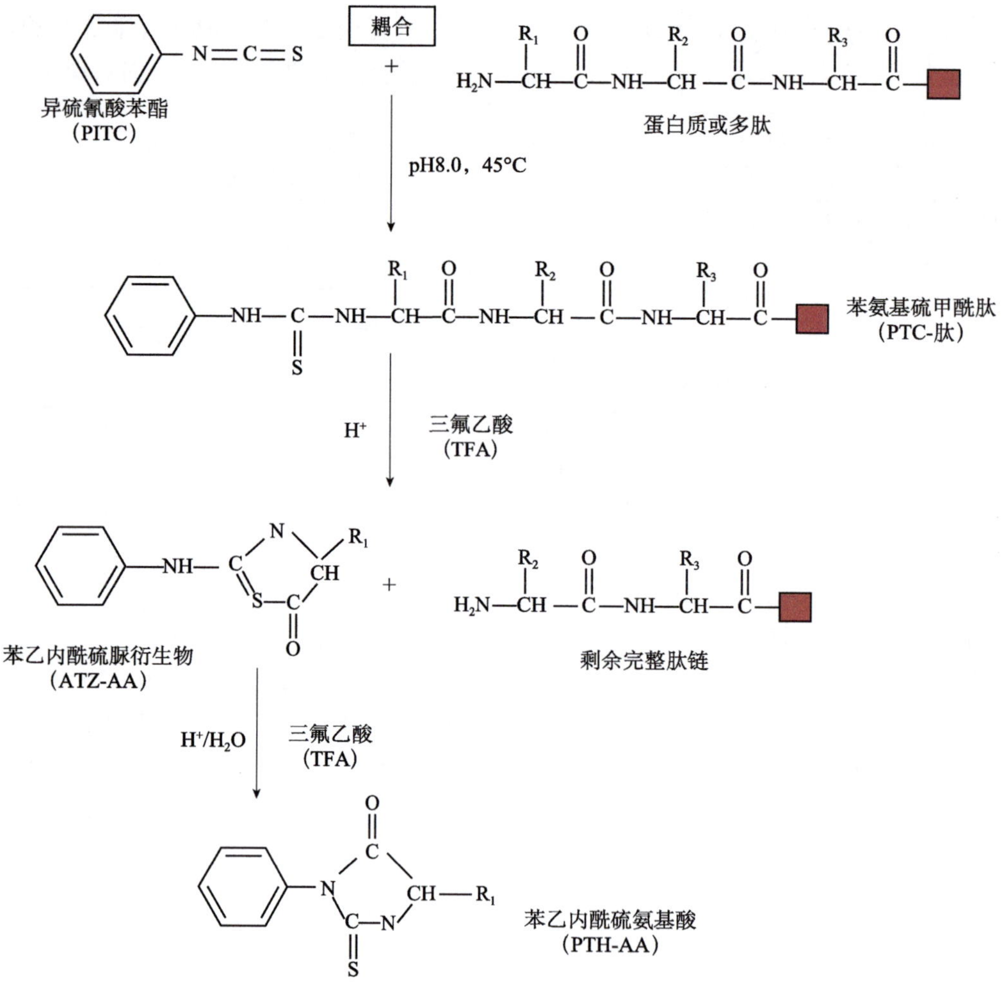

图 16.14 埃德曼降解法原理

16.2 蛋白质相互作用研究

生命的基本过程是不同功能的蛋白质在时空上有序地协同作用的体现，蛋白质作为构成生物体的重要生物大分子，调节和控制着几乎所有的生命基本活动和高级生物学行为。蛋白质-蛋白质相互作用（protein protein interaction，PPI）是分子生物学中最重要的现象之一，几乎在所有的生命过程如细胞通信、代谢、转运、信号转导、免疫应答和基因转录中起核心调控作用。蛋白质表达量、翻译后修饰、亚细胞定位和蛋白质相互作用的变化，决定了组织的形成和分化，器官的发育和衰老，生物个体的发育特征、疾病和死亡等过程（王建，2017）。蛋白质组学的一个重要研究方向是蛋白质相互作用组学。蛋白质与蛋白质相互作用关系的研究方法主要有酵母双杂交系统、基于质谱的蛋白质相互作用、蛋白质芯片技术、细胞共定位技术和蛋白质成像技术。其形式主要包括：蛋白质亚基的聚合、交叉聚合、分子识别、分子的自我装配和多酶复合体。

16.2.1 酵母双杂交系统

酵母双杂交系统（yeast two-hybrid system，Y2H）由斯坦利·菲尔茨（Stanley Fields）和宋玉（Ok-Kyu Song）利用转录激活因子GAL4特性研究真核基因转录调控时建立的体系。该系统利用真核细胞基因调控转录起始过程中，DNA结合结构域（binding domain，BD）识别DNA上的特异性序列并使转录激活结构域（activation domain，AD）启动所调节的基因转录这一原理，将已知蛋白X和待研究蛋白Y的基因分别与编码BD和AD的序列结合，通过载体质粒转入同一酵母细胞中表达，生成两个融合蛋白。若蛋白X和Y可以相互作用，则AD和BD在空间上接近就能形成完整的有活性的转录因子，进而启动转录，表达相应的基因；反之，如果X和Y之间不存在相互作用就不会表达（图16.15）。通过报告基因的表达与否，便可确定是否发生了蛋白质的相互作用。

图 16.15 酵母双杂交系统原理

双杂交筛选的第一步是选择适当的载体系统。目前有许多BD和AD载体已被成功应用，其中应用最广泛的是以GAL4为基础的载体。选定载体后，将待鉴定蛋白质分别构建到BD和AD载体上。构建载体时，除了常规的克隆方法，同源重组的方法更适合于大规模构建重组质粒。在转入同一酵母细胞前进行毒性、自激活报道基因和蛋白质表达的检测。目前用接合方法进行大规模双杂交的方法有两种：一种是阵列筛选法，用不同接合型的表达"猎物"和"诱饵"蛋白的酵母株一一接合。另一种方法是文库筛选法（图16.16），用表达一种"诱饵"蛋白的酵母细胞和一个表达复杂的文库"猎物"蛋白的酵母细胞直接接合。在筛选文库过程中，转化混合物需要在选择性平板上筛选，得到阳性克隆扩增未知片段，然后进行测序。对有意义的相互作用再用其他方法进一步验证，得到蛋白质功能的信息。

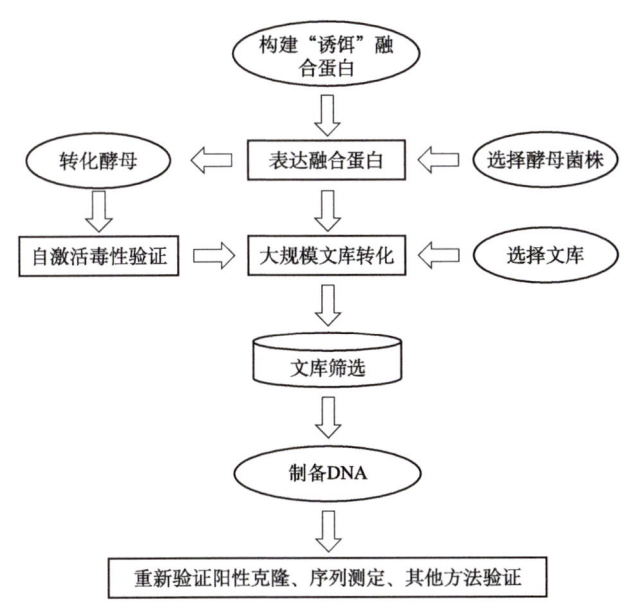

图 16.16 文库筛选法的双杂交实验流程（钱小红和贺福初，2003）

16.2.2 基于质谱的蛋白质相互作用研究方法

质谱具有高灵敏度、高通量等优势，以质谱为手段来检测蛋白质-蛋白质相互作用可在一定程度上弥补其他方法在应用的深度和广度上的缺陷（吴梅和刘小云，2016）。因此，近年来基于质谱技术的蛋白质互作方法正蓬勃发展，并被越来越广泛地应用于科学研究中。通过测定动态蛋白质复合物的组成、翻译后修饰、组装、结构和PPI等方式来全面表征蛋白质复合物的特性，基于质谱的蛋白质相互作用研究方法主要包括以下几种。

（1）亲和层析偶联质谱技术：将某种蛋白质以共价键固定在基质（如琼脂糖）上，含有与之相互作用的蛋白质的细胞裂解液过柱后，先用低盐溶液洗脱下未结合的蛋白质，然后用高盐溶液或SDS溶液洗脱下结合在柱子上的蛋白质，最后用多维液相色谱偶联质谱技术（MDLC-ESI-MS/MS）鉴定靶蛋白的结合蛋白。

（2）免疫共沉淀偶联质谱技术：以细胞内源性靶蛋白为诱饵，用抗靶蛋白抗体与细胞总蛋白进行免疫共沉淀纯化靶蛋白免疫复合物，经凝胶电泳分离后，用质谱技术鉴定靶蛋白的结合蛋白。当进行共沉淀实验时，要从两个方向分别进行共沉淀，即以蛋白 A 的抗体免疫沉淀，以蛋白 B 的抗体免疫检测，同时以蛋白 B 的抗体免疫沉淀，以蛋白 A 的抗体免疫检测。这样可以充分证明二者相互作用存在的真实性。

（3）串联亲和纯化偶联质谱技术：利用特殊设计的蛋白质标签，经过连续的亲和纯化得到接近自然状态的蛋白质复合物。在靶蛋白一端或中部嵌入蛋白质标记，经过两步特异性的亲和纯化，在生理条件下与靶蛋白相互作用的蛋白质便可洗脱下来，然后用质谱技术对得到的蛋白质复合物进行鉴定。

（4）生物传感器偶联质谱技术：当生物大分子结合（如蛋白质相互作用）时会引起作用表面（折射率）的变化，这种光信号可被光感受器接收并转换成电信号传送到计算机，再由计算机还原为模拟的生物信号。

16.2.3 细胞共定位技术

不论是转染到细胞内的质粒过表达的蛋白质产物，还是细胞内源性的基因表达产物，在细胞内都会有特定的定位，随着细胞周期的变化、发育阶段的不同和组织分化的差异，同一种蛋白质的定位会发生一定的变化。目前，已经发展了多种方法来确定蛋白质在细胞内的分布。基于细胞共定位技术的蛋白质相互作用研究技术主要包括以下几种。

（1）荧光蛋白融合技术：应用亚克隆技术，将目的基因与绿色荧光蛋白（green fluorescent protein，GFP）基因构成融合基因，通过愈伤组织转化、基因枪、显微注射、电激转化等方法转化到合适的细胞内，利用目的基因表达调控机制，如启动子和信号序列来控制融合基因的表达，最终得到融合蛋白。

（2）免疫荧光技术：①直接法，用荧光素标记的特异性抗体直接与相应的抗原结合，以检测出相应抗原的成分。②间接法，检测未知抗原时，先用特异性抗体与相应的抗原结合，洗去未结合的抗体，再用荧光素标记的抗特异性抗体（间接荧光抗体）与特异性抗体相结合，形成抗原-特异性抗体-间接荧光抗体复合物，在此复合物上带有比直接法更多的荧光标记物。检测未知抗体时，先用已知抗原与细胞或组织中的抗体反应，再与特异性荧光抗体反应形成抗体-抗原-特异性荧光抗体复合物。③补体法，用特异性抗体和补体的混合液与标本上的抗原反应，补体就结合在抗原-抗体复合物上，再用抗补体的荧光抗体与补体结合，从而形成抗原-抗体-补体-抗补体荧光抗体复合物，在荧光显微镜下所见阳性荧光即抗原所在部位。

16.2.4 蛋白质芯片技术

蛋白质芯片技术，也称为蛋白质微阵列（protein microarray），是将蛋白质探针在固相支持物（载体）表面的大规模集成，利用样品中标记或未标记的靶蛋白分子与探针进行反应，然后通过荧光、放射性同位素或无标记检测等相应的方法进行检测。现已发展出三种不同类型的芯片：玻璃板芯片、3D 胶芯片、微孔芯片。

16.2.5 蛋白质成像技术

利用不同技术获得蛋白质相互作用的信息后，要对结果进行备份保存，从而以数字化的图像存储下来，要尽量完整地保留定性和定量信息，以利于进一步分析。蛋白质成像技术根据分析方法主要分为蛋白质电泳成像和质谱分子成像。电泳凝胶要结合凝胶分析软件进行图像的采集和分析，从而获得每一块凝胶中所分离得到的总蛋白质点数、双向电泳凝胶之间的批次重现性、蛋白质点的缺失和出现，以及多块凝胶之间蛋白质点的表达丰度的定量变化。质谱分子成像，通过将质谱离子扫描技术与专业图像处理软件结合，直接分析生物组织切片，产生任意指定质荷比化合物的二维离子密度图，从而可以对组织中化合物的组成、相对丰度及空间分布情况进行分析和研究。

目前基于蛋白质成像技术的蛋白质相互作用研究方法主要包括以下几种。

（1）2DE 成像技术：该技术不仅拥有高分辨率，单个样品在每块 2DE 凝胶上能分离出数千个蛋白质点，而且可以同时分析多个样品。由凝胶经过平板扫描仪、照相机系统等生成数码图像，通过 2DE 成像软件，首先需要检测蛋白质点，通过划定蛋白质点的边界，将其从背景中分离出来，再通过分配一些数值如强度等进行定量。

（2）双向荧光差异凝胶电泳（two-dimensional fluorescence difference gel electrophoresis，2D-DIGE）：该方法是先对最多 3 个样品分别标记光学上可分辨的荧光染料（Cy2、Cy3 或 Cy5），混合后在同一块凝胶上共同迁移。然后再对该 2DE 图谱采用不同波长的激光扫描，从而可以在同一块凝胶上检测不同的样品分离结果，并通过图像分析软件进行对比分析。利用该方法，可减少因采用不同凝胶引起的实验参数的变化，一次可分析多达 3 个样品。

（3）液相色谱-质谱成像分析技术（LC-MS imaging）：该方法可从不同视角观察，并能按需缩放所获得的图像，还可以检测样品和记录实验中出现的问题，如非目标蛋白质及其他杂质污染。LC-MS 图像分析软件的最终目标是对比分析两个或多个样品，发现它们之间的差异，并对这些差异进行定量分析。

（4）激光微探针质量分析技术（laser microprobe mass analysis imaging technology，LAMMA）或微探针成像技术：使用微聚焦紫外激光束对选择的单个样品点进行激光照射，所获得的 MS 图谱按照该点的空间坐标进行保存，然后照射新的区域并记录相应的 MS 图谱，重复上述过程直至检测完所有样品区域，并且获得每个特定位置相关的 MS 图谱。

（5）基质辅助激光解吸电离质谱成像技术（matrix-assisted laser desorption ionization mass spectrometry imaging，MALDI-IMS）：该方法是基于分析物分子与基质分子混合，在溶剂蒸发后形成分析物与基质分子的共结晶，当采用脉冲激光（一般为紫外激光）照射晶体时，由基质分子经辐射所吸收的能量传递给分析物分子并使其离子化，继而在质量分析器中得到检测（图 16.17）。MALDI-MS 成像技术通过将 MALDI-MS 离子扫描技术与专业图像处理软件结合，直接分析生物组织切片，产生任意指定质荷比化合物的二维离子密度图，从而对组织中化合物的组成、相对丰度及分布情况进行分析。

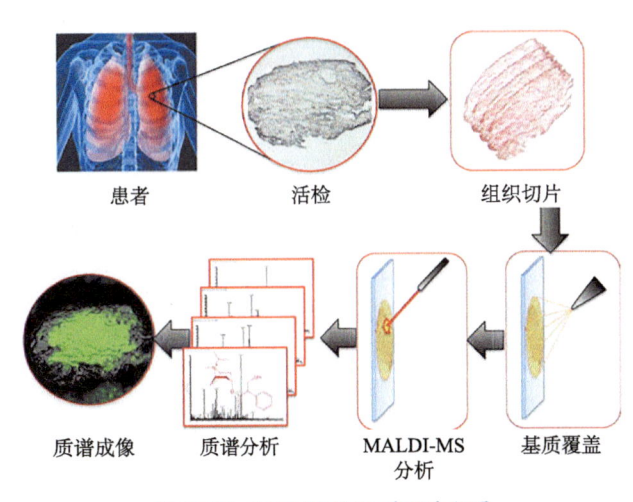

图 16.17 MALDI-IMS 原理流程图

（6）二次离子质谱法（secondary ion mass spectrometry，SIMS）：利用聚焦的高能一次离子束轰击样品表面，穿透样品表面的一次离子进入一定深度并发生级联碰撞，使样品表层原子发生一系列物理和化学变化，表面溅射出二次离子。溅射出的二次离子经过质量分析器按质荷比分离，得到质谱图谱；同时，计算机记录离子信号在每个像素点上的强度和相应空间坐标信息，经过计算机处理生成离子图像。

（7）解吸电喷雾电离质谱成像（desorption electrospray ionization mass spectrometry imaging，DESI-MSI）：该方法是将所用的喷雾溶剂先被加以一定的电压，从雾化器的内套管中喷出，并被雾化器外套管喷出的高速氮气迅速雾化，使带电荷的液滴撞击样品表面。样品在被高速液滴撞击后发生溅射进入气相，同时由于氮气的吹扫和干燥作用，含有样品的带电液滴发生去溶剂化，并沿大气压下的离子传输管迁移，进入质谱前端的毛细管后被质谱仪的检测器检测到。

思考与挑战

1. 蛋白质组学的特异性是什么？
2. 蛋白质组学的研究方法具有多样性，如何根据不同的研究目的选择最合适的研究方法？
3. 如何进一步丰富和发展蛋白质组学技术的方法与种类以适用于更多的应用场景？
4. 如何平衡科学技术发展进步与生物安全之间的关系？
5. 请结合身边的现象，设计运用蛋白质组学技术解决问题的方案。

课后拓展

1. 蛋白质组学发展历程
2. 蛋白质翻译后修饰的鉴定
3. 蛋白质组的生物信息学
4. 蛋白质组学的应用
5. 温故而知新
6. 拓展与素质教育

主要参考文献

曹莉莎，王继生. 2013. 蛋白质组学在药物研究中的应用. 中国医药指南，11（36）：366-368.

常如慧，杨丽凤，赵永，等. 2016. 蛋白质组学在油料作物中的应用研究进展. 贵州农业科学，45（6）：25-28.

陈壮飞，肖耀军，黄泽海，等. 2016. 荧光差异双向凝胶电泳筛选肾透明细胞癌及癌旁组织中的差异表达蛋白. 南方医科大学学报，37（11）：1517-1522.

程霞，苏源，窦玉敏，等. 2016. 植物差异蛋白组学研究中几项主要技术的探讨. 昆明学院学报，38（3）：78-81.

范兴君. 2012. 肝脏毒理学的蛋白质组学研究进展. 牡丹江医学院学报，33（4）：48-50.

郭瑞坤. 2020. 蛋白质组学在农业生物科学研究中的应用. 种子科技，38（8）：119-121.

韩额尔德木图，孟永梅. 2016. iTRAQ多重化学标记串联质谱技术在蛋白质组学中的应用. 中华中医药学刊，34（4）：795-798.

刘晓晨，王亚君. 2020. 蛋白质组学技术在动物营养与健康研究中的应用现状. 中国饲料，（4）：10-14.

钱小红，贺福初. 2003. 蛋白质组学：理论与方法. 北京：科学出版社.

石文昊，童梦莎，李恺，等. 2018. 基于质谱的磷酸化蛋白质组学：富集、检测、鉴定和定量. 生物化学与生物物理进展，45（12）：1250-1258.

宋宇靖，赵旭阳，陈倩，等. 2020. 应用蛋白质组学方法评估抗癫痫药物卡马西平对颞叶癫痫患者脑组织蛋白质组的影响. Journal of Chinese Pharmaceutical Sciences, 29（1）：13-28.

阮崇美，张子军，任春环，等. 2010. 利用双向电泳技术分析山羊精子冷冻前后蛋白组的差异. 中国草食动物，30（4）：17-20.

王建. 2016. 蛋白质相互作用数据库. 中国生物化学与分子生物学报，33（8）：760-767.

王嗣岑，贺晓双. 2016. 亲和色谱技术在药物分析中的应用进展. 西安交通大学学报（医学版），38（6）：777-784.

吴梅，刘小云. 2016. 生物质谱在蛋白-蛋白相互作用研究中的应用. 生命的化学，37（1）：2-8.

杨倩，王丹，常丽丽，等. 2015. 生物质谱技术研究进展及其在蛋白质组学中的应用. 中国农学通报，31（1）：239-246.

叶强，金晓琴，刘伟娜，等. 2016. 植物蛋白质 N- 糖基化修饰研究进展. 浙江师范大学学报（自然科学版），39（1）：80-86.

周家华，秦洪强，叶明亮. 2020. 羧基化蛋白质组学分析进展. 分析测试学报，39（1）：82-88.

Almeida A. M., Plowman J. E., Harland D. P., et al. 2014. Influence of feed restriction on the wool proteome: A combined iTRAQ and fiber structural study. *Journal of Proteomics*, 103: 170-177.

Bouley J., Meunier B., Chambon C., et al. 2005. Proteomic analysis of bovine skeletal muscle hypertrophy. *Proteomics*, 5: 490-500.

Bruno T., Nicola C., Valeria M. M., et al. 2020. Milk microbiota: Characterization methods and role in cheese production. *Journal of Proteomics*, 210: 103534.

Fang X., Chen W., Xin Y., et al. 2012. Proteomic analysis of strawberry leaves infected with *Colletotrichum fragariae*. *Journal of Proteomics*, 75（13）：4074-4090.

Hsieh S. Y., He J. R., Yu M. C., et al. 2011. Secreted ERBB3 isoforms are serum markers for early hepatoma in patients with chronic hepatitis and cirrhosis. *Journal of Proteome Research*, 10（10）：4715-4724.

Hu H., Ding X., Yang Y., et al. 2014. Changes in glucose-6-phosphate dehydrogenase expression results in altered behavior of HBV-associated liver cancer cells. *American Journal of Physiology-Gastrointestinal and Liver Physiology*, 307（6）：G611-G622.

Huang C., Wang Y., Liu S., et al. 2013. Quantitative proteomic analysis identified paraoxonase 1 as a novel serum biomarker for microvascular invasion in hepatocellular carcinoma. *Journal of Proteome Research*, 12（4）：1838-1846.

Jia X., Veiseth-Kent E., Grove H., et al. 2009. Peroxiredoxin-6-A potential protein marker for meat tenderness in bovine longissimus thoracis muscle. *Journal of Animal Science*, 87（7）：2391-2399.

Monti C., Zilocchi M., Coluhnat I., et al. 2019. Proteomics turns functional. *Journal of Proteomics*, 198: 36-44.

Pandey A., Mann M. 2000. Proteomics to study genes and genomes. *Nature*, 405（6788）：837-846.

Tanaka S., Sakai A., Kimura K., et al. 2008. Proteomic analysis of the basic proteins in 5-fluorouracil resistance of human colon cancer cell line using the radical-free and highly reducing method of two-dimensional polyacrylamide gel electrophoresis. *International Journal of Oncology*, 33（2）：361-370.

Tangkijvanich P., Chanmee T., Komtong S., et al. 2010. Diagnostic role of serum glypican-3 in differentiating hepatocellular carcinoma from non-malignant chronic liver disease and other liver cancers. *Journal of Gastroenterology and Hepatology*, 25: 129-137.

Wilkins M. R., Sanchez J. C., Gooley A. A., et al. 1996. Progress with proteome projects: why all proteins expressed by a genome should be identified and how to do it. *Biotechnology and Genetic Engineering Reviews*, 13（1）：19-50.

Yamamoto T., Kikkawa R., Yamada H., et al. 2006. Investigation of proteomic biomarkers *in vivo* hepatotoxicity study of rat liver: toxicity differentiation in hepatotoxicants. *Journal of Toxicological Science*, 31（1）：49-60.

Zhou S., Sauvé R. J., Liu Z., et al. 2011. Heat-induced proteome changes in tomato leaves. *Journal of the American Society for Horticultural Science*, 3: 136.

第 17 章 基因编辑技术

基因编辑，早期特指利用 DNA 的重组和损伤-修复机制在基因组的特定位置进行精确碱基删除、插入和替换的技术。随着相关技术的发展，基因编辑的概念已扩展应用于 DNA 单碱基编辑（base editing）和 RNA 编辑等领域。基因编辑在过去的 30 年间已经发生了巨大的变化与革新，从最开始的低效同源重组技术演变到基于人工靶向核酸酶进行高效改造基因的新阶段。人工靶向核酸酶技术已经从第一代的锌指核酸酶（ZFN）平台跨过转录激活因子样效应物核酸酶（TALEN），进而快速发展到成熟的第三代 CRISPR/Cas 系统。这些基因编辑的发展对细胞水平基因改造、动物个体水平基因功能研究及转基因动物生产和人类基因治疗等都起到了巨大的推动作用。本章将重点介绍基于 CRISPR/Cas 系统的基因编辑。

17.1 CRISPR/Cas 系统

CRISPR/Cas 系统是基于导向 RNA（guide RNA，gRNA）引导 Cas 蛋白靶向作用于特定核酸位置的技术。前期主要是对 DNA 的靶向识别与切割，目前已实现对 RNA 的靶向编辑。该系统最早于 1987 年在革兰氏阴性大肠杆菌 K12 中被发现，其全称为 clustered regularly interspaced short palindromic repeat（CRISPR）/CRISPR associated（Cas），由一组 CRISPR 基因座和 Cas 蛋白组成。Cas 基因编码 CRISPR 相关蛋白（Cas 蛋白），CRISPR 基因座则包含一段高度串联重复并带有特定短回文序列的结构，由一系列高度保守的重复序列（repeat sequence）与间隔序列（spacer sequence）相间排列组成。CRISPR 区域可转录生成一个前体 crRNA（precursor CRISPR RNA，pre-crRNA）分子，然后经 Cas 蛋白或 RNase III 加工处理形成多个成熟的 crRNA。已有的研究表明，大约 40% 的细菌和大多数古菌都拥有 CRISPR/Cas 系统。CRISPR/Cas 系统是细菌和古菌中存在的一种获得性免疫系统，通过编码一些特殊的蛋白质及 RNA，从而对抗噬菌体和质粒 DNA 的入侵。首先，当受到噬菌体的感染时，细菌会捕获一节外源 DNA 序列（前间区序列，protospacer），并将其插入 CRISPR 中的两个重复序列中间。这样，该细菌便可以抵抗此噬菌体的再次感染（图 17.1）。根据 Cas 基因数目和序列的不同，可将目前发现的 CRISPR/Cas 系统分为两大类共 6 种类型（I～VI）。第一大类包括 I 型、III 型和 IV 型 CRISPR/Cas 系统，他们需要利用多个效应蛋白质复合物进行 crRNA 的加工。第二大类包含其余的所有亚型（II 型、V 型和 VI 型），该类 crRNA 的形成仅需要单个 Cas 蛋白进行加工，其中 II 型和部分 V 型还需要一个能与 crRNA 重复回文序列互补配对的反式激活 crRNA（trans-activation crRNA，tracrRNA）形成复合物来启动对 pre-crRNA 的加工。受此启发，科研人员将此系统改造后用于 DNA 双链的切割，进而开发出新的基因组编辑工具。在此基础上，科研人员又开发出了一系列应用于不同场景的人工靶向基因操纵技术，如基因组水平用于 DNA 双链断裂（DSB）介导的基因敲除的 CRISPR/Cas9 和 CRISPR/Cpf1 系统、用于 DNA 单碱基编辑（base editing）和引导编辑（prime editing）的 CRISPR/Cas 系统及 RNA 水平的 CRISPR/C2c2 RNA 编辑系统等多种技术平台。

17.1.1 CRISPR/Cas9 系统

CRISPR/Cas9 是一种 II 型 CRISPR/Cas 系统，其 Cas9 蛋白是该系统特有的 DNA 内切核酸酶，该 Cas9 蛋白中的 HNH 结构域切割与间隔序列互补的 DNA 链，RuvC 结构域切割反向互补链，该系统需要 tracrRNA、crRNA 及具有核酸酶活性的 Cas9 蛋白共同作用，最终造成 DSB。2012 年，美国加利福尼亚大学伯克利分校道德纳（J. A. Doudna）研究组和瑞典于默奥大学沙彭蒂耶（E. Charpentier）研究组对来源于酿脓链球菌（Streptococcus pyogenes）II 型 CRISPR/Cas 系统（SpCRISPR/Cas9）进行改造并在体外研究表明：只需要 Cas9、crRNA 及 tracrRNA 三者共同存在的情况下便可以实现对 DNA 分子的特异性识别和切割。她们还进一步简化了该系统，在不影响切割效率的前提下优化得到了最短的 crRNA 和 tracrRNA，并通过一段环状序列将两者合并，从而设计出一个长 102 nt 的 RNA 单分子，称为向导 RNA（guide RNA，gRNA）或单一向导 RNA（single guide RNA，sgRNA）。gRNA 可以引导 Cas9 蛋白靶向 DNA，其中 gRNA 5′端的 20 nt 序列可以通过碱基配对特异性识别 DNA 上的 20 bp 靶序列，在与靶位点序列毗邻的区域需要一个重要的元件 PAM（protospacer adjacent motif），它是 CRISPR/Cas9 系统识别 protospacer 或靶向 DNA 序列并切割 DNA 的必要条件。对于 SpCRISPR/Cas9 系统来说，PAM 由 NGG 三个碱基构成（图 17.2）。

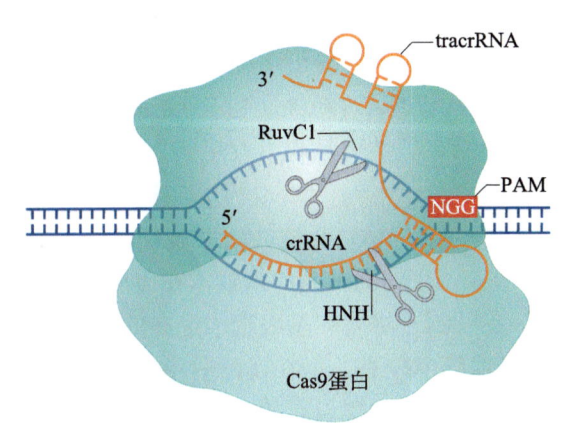

图 17.2 CRISPR/Cas9 系统切割双链 DNA 原理图（Dominguez et al.，2016）

基于上述体外研究的发现，丘奇（G. M. Church）课题组和华裔科学家张锋课题组率先

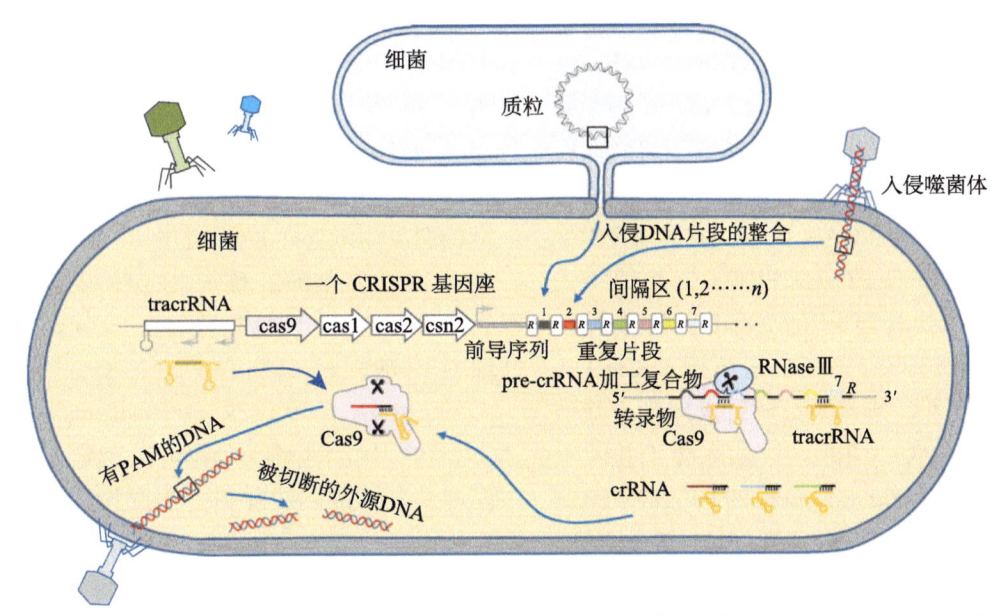

图 17.1 细菌利用 CRISPR 系统进行自身获得性免疫抵抗噬菌体示意图（Fichtner et al.，2014）

于 2013 年 1 月同时报道了来源于酿脓链球菌的 SpCRISPR/Cas9 核酸酶技术可在哺乳动物细胞中进行基因编辑，且打靶效率与 ZFN 和 TALEN 相当。J. A. Doudna 和 E. Charpentier 两位科学家领导的团队也成功报道了该系统在哺乳动物细胞基因组编辑中的应用。目前已成功利用 CRISPR/Cas9 技术对人、动物、植物及微生物等数百个物种实现了基因组编辑。CRISPR/Cas9 系统理论上可以识别基因组上任何有 PAM 序列的位置，并在该位点进行切割，且该系统的构建简单快速，技术门槛较 ZFN 和 TALEN 大为降低。这使得该技术迅速取代 TALEN 技术成为第三代基因组编辑系统。从此，基因组编辑领域开始取得突飞猛进的发展，并迅速带动生命科学基础理论研究、动植物改良和基因治疗等诸多领域产生革命性飞跃。两位女科学家 J. A. Doudna 和 E. Charpentier 也因在该领域的突破性贡献和成就荣获 2020 年诺贝尔化学奖。

虽然 CRISPR/Cas9 核酸酶系统功能强大，但是由于 PAM 序列的限制，该技术在应用中依然会受到一定限制。尽管在基因组中经典的 PAM 序列 NGG 出现频率较高，但在实际应用中需要对特定区域进行编辑时，靶位点的选择仍然会遇到困难。针对该问题，研究者提供了多项解决方案。张锋团队报道了一种来源于嗜热链球菌（*Streptococcus thermophilus*）的 StlCas9，该系统可以识别 PAM 为 NNAGAAW 的靶向 DNA；同时该团队筛选出一种来源于金黄色葡萄球菌的 SaCas9，发现该系统拥有相对简单的 PAM 序列 NNGRR，而且该系统 Cas9 蛋白基因较 RhcCas9 短约 1 kb，适用于腺相关病毒（AAV）呈递系统。2015 年，郑（J. K. Joung）团队在分析 Cas9 结构的基础上，筛选出了 VQR（PAM 序列为 NGAN 或 NGCG）和 VRER（PAM 序列为 NGCG）两种突变体，这两种突变体能够在哺乳动物和斑马鱼胚胎中保持基因组编辑活性，而且这两种突变也适用于 StlCas9 和 SaCas9 系统。此外，研究人员还开发出基于其他细菌来源的 CRISPR/Cas9 系统，如来源于新凶手弗朗西斯菌（*Francisella novicida*）的 FnCas9（PAM 序列为 NGG）、来源于齿垢密螺旋体（*Treponema denticola*）的 TdCas9（PAM 序列为 NAAAAN）、来源于脑膜炎奈瑟菌（*Neisseria meningitides*）的 NmCas9（PAM 序列为 NNNNGATT）和来源于空肠弯曲菌（*Campylobacter jejuni*）的 CjCas9（PAM 序列为 NNNVRYM）等，这些 Cas9 突变体与同源蛋白系统的成功开发大大扩展了 Cas9 靶点的多样性，使其能够更加灵活地应用于基因组编辑中。

17.1.2 CRISPR/Cpf1 系统

第二大类 CRISPR/Cas 系统中的 Ⅱ 型已经发展为成熟的 CRISPR/Cas9 系统，而该大类中其他类型系统的开发将大大丰富基因组编辑方法库。CRISPR/Cpf1（亦名 CRISPR/Cas12a）是第二大类 Ⅴ 型 5 个亚型中的一个，该系统于 2015 年由张锋团队通过生物信息学分析筛选获得，并在体外和体内进行了 DNA 切割活性验证（图 17.3）。

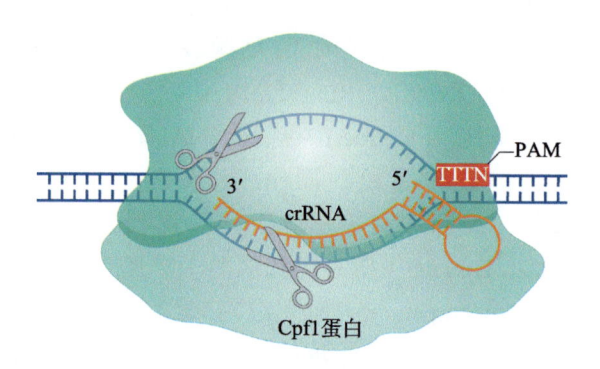

图 17.3 CRISPR/Cpf1 系统切割双链 DNA 原理图

CRISPR/Cpf1 的作用机制与同为第二大类的 CRISPR/Cas9 系统有很大的不同（表 17.1）。第一，Cpf1 的分子量比 Cas9 小。目前广泛使用的 SpCas9 含有 1368 个氨基酸；而新凶手弗朗西斯菌（*Francisella novicida*）、氨基酸球菌（*Acidaminococcus* sp.）和毛螺科菌 *Lachnospiraceae bacterium* 来源的 Cpf1（分别简写为 FnCpf1、AsCpf1 和 LbCpf1）分别含有 1300 个、1307 个和 1228 个氨基酸。第二，Cpf1 与成熟 crRNA 形成 Cpf1-crRNA 核糖核蛋白二元复合物，即可实现对靶基因的识别和剪切；Cpf1 剪切 DNA 所需的 crRNA 长度仅为 42～44 nt，只需要替换 CRISPR 中的间隔序列就可以靶定不同基因，实现多个基因的同时编辑，因此设计步骤可以显著简化，实验成本也可以显著降低。第三，Cpf1 识别位于靶序列 5′ 端富含胸腺嘧啶（T）的 PAM 序列。不同来源的 Cpf1 识别的 PAM 序列也有所不同：FnCpf1 识别的 PAM 序列为 YTN，AsCpf1 和 LbCpf1 识别的 PAM 序列为 TTTN。Cpf1 识别的 PAM 序列与 Cas9 不同，这极大地扩宽了 CRISPR 系统基因组编辑的靶点范围，尤其是富含 AT 的基因组。第四，Cas9 的剪切位点离 PAM 序列很近，在其上游第 3 个核苷酸处进行切割，而 Cpf1 的剪切位点离 PAM 序列较远，在靶 DNA 链的 PAM 序列下游第 23 位核苷酸和非靶 DNA 链的第 18 位核苷酸处进行切割。第五，Cas9 切割 DNA 形成一个平末端；而 Cpf1 切割 DNA 形成一个有 5 个核苷酸突出的黏性末端，这样就可以使插入基因通过 NHEJ 修复以可控的方向插入靶位点，而不必依赖同源重组。因此，对于同源重组发生概率较低的编辑对象，CRISPR/Cpf1 是有利的基因组编辑工具。

表 17.1 CRISPR/Cpf1 和 CRISPR/Cas9 系统的异同点比较

Cpf1	Cas9
Cpf1 蛋白更小	Cas9 蛋白稍大
单个 crRNA	crRNA 和 tracrRNA
PAM（TTTN）	PAM（NGG）
切口远离 PAM	切口靠近 PAM
断口为黏性末端	断口为平末端

CRISPR/Cpf1 已被成功应用于多种细菌、酿酒酵母、植物和动物的基因组编辑，其蛋白质晶体结构也得到解析。然而，Cpf1 的普适性和切割效率相较于 Cas9 还存在一定的差距，这可能与 Cpf1 对 DNA 的结合能力较弱以及 Cpf1 借助 RuvC 一个切割域同时切割双链 DNA 有关。但随着人们对该系统研究的深入，相关的突变筛选及改造将使得 Cpf1 系统成为基因组编辑领域中的重要成员。

17.1.3 DNA 碱基编辑器

DNA 碱基编辑（base editing）是指在基因组上的特定位点对特定碱基进行精准高效替换的基因编辑技术。大部分人类遗传疾病主要由基因的点突变引起，点突变在很多情况下也会影响动植物的生产性状。在早期阶段，对目的基因进行点突变或对特定碱基进行编辑的方法只有借助同源定向修复（HDR）来实现，但是利用该方法获得碱基替换的概率通常较低，特别是这种 HDR 无法借助筛选标记基因进行阳性编辑筛选，这就使得开发高效的碱基编辑系统成为迫在眉睫的重大需求。

17.1.3.1 CBE 编辑器

胞嘧啶碱基编辑器（CBE）一般由 Cas9n 或 nCas9（Cas9 nickase，催化域的 D10A 或 H840A 单个失活）或 dCas9（dead Cas9，催化域的 D10A 和 H840A 同时失活）与胞嘧啶脱氨酶组成，是利用胞嘧啶脱氨酶与尿嘧啶糖基化酶抑制剂蛋白将胞嘧啶（C）的氨基去除，从而使胞嘧啶（C）变成尿嘧啶（U），进而通过 DNA 修复或复制将尿嘧啶（U）转变为胸腺嘧啶（T），最终实现胞嘧啶（C）到胸腺嘧啶（T）的碱基替换（图 17.4A）。2016 年，在 CRISPR/Cas9 系统的基础上，美国哈佛大学的华裔科学家刘如谦团队开发出了第一代单碱基编辑系统 BE1（rAPOBEC1-XTEN-dCas9）。该系统使用不具有切割基因组能力的 dCas9 与胞苷脱氨酶（APOBEC）融合而成，从而在 sgRNA 的引导下使目标基因的胞嘧啶（C）转变为尿嘧啶（U），随后在 DNA 复制的过程中最终使胞嘧啶（C）转变为胸腺嘧啶（T）。为了提高 BE1 系统在体内的编辑效率，该团队又继续开发出了 BE2（APOBEC-XTEN-dCas9-UGI）系统，将尿嘧啶糖基化酶抑制剂蛋白（uracil DNA glycosylase inhibitor，UGI）连接到 BE1 上，通过抑制碱基 U 的切除来提高编辑效率，该系统相比 BE1 系统在人细胞中编辑效率提高了 3 倍。为了进一步提高编辑效率，科研人员将 dCas9 替换为了具有切割单链 DNA 活性的 nCas9（nick Cas9），从而开发出了第三代单碱基编辑器 BE3（rAPOBEC1-XTEN-nCas9-UGI）。与 BE2 不同之处在于，Cas9（D10A）作为 nCas9 切口酶中的一员，它可以使非靶向 DNA 链产生切口，这样使 DNA 单链产生缺失，激活细胞内碱基错配修复途径（mismatch repair，MMR），使修复靶向链的鸟嘌呤（G）变得更加容易，并保留非靶向链的尿嘧啶（U）。基于这种机制，细胞修复更偏向 U:G 到 U:A 到 T:A 的转变，最终完成胞嘧啶（C）到胸腺嘧啶（T）的碱基替换。至此，BE3 系统在哺乳动物细胞中的编辑效果十分可观，编辑位点在距离 PAM 远端的 4~8 nt，平均编辑效率可达到 37%，编辑效率较 BE2 提升 2~6 倍。为了提高 BE 系统的效率、精确度和适用范围，研究人员又开发出了不同的 BE 改造版本，如 eBE、YEE-BE3、HF-BE3 等，使其可以在远离 PAM 或毗邻 PAM 的区域进行高效的单碱基编辑。2017 年 8 月，刘如谦团队在 BE3 的基础上设计了第四代单碱基编辑器 BE4 和 BE4-Gam，优化了 nCas9 和 rA1，以及增加了一个 UGI，另外还优化了 nCas9 与 UGI 的连接序列。BE4 系统家族极大地提高了胞嘧啶（C）到胸腺嘧啶（T）的编辑效率，相比 BE3 提高了约 1.5 倍。另外，该体系也进一步降低了脱靶效应。此后他们团队还开发出了 BE4max、AncBE4max 两种编辑器来进一步提高编辑效率。同时，为了解决野生型 SpCas9 对于 PAM 的局限性，研究人员也开发出了基于 SpCas9 突变体的 BE 系统，如 xCas9-BE4、SpCas9（VQR）-BE3、SpCas9（VRER）-BE3 和 SpCas9（EQR）-BE3 等，基于 SaCas9 的 SaBE3、Sa（KKH）-BE3，以及基于 Cpf1 的 dCpf1-BE-YE、dCpf1-BE-YEE 等。除了基于 APOBEC 的 BE 系统，2016 年，日本神户大学的研究人员西田（Nishida）等基于 BE 系统的原理，利用来自海七鳃鳗（*Petromyzon marinus*）的胞嘧啶脱氨酶类似物 AID（激活诱导的胞苷脱氨酶）PmCDA1 和 nCas9 进行融合，构建了另一套 C 单碱基编辑系统，该系统被称为 target-AID。该系统也可以在哺乳动物细胞中实现胞嘧啶（C）到胸腺嘧啶（T）的碱基突变，编辑位点在距离 PAM 远端 2~8 nt 上，编辑窗口更加广泛，平均编辑效率在 30% 左右。上海交通大学常兴团队则利用人源化的 AID 与 dCas9 融合创建了 TAM 系统，若将 TAM 与 UGI 共表达，则在提升效率的同时可显著增加 C→T 偏好性。CRISPR-X 系统是更加广泛的随机突变系统，在利用突变型的人源 AID 的基础上，在 gRNA 的骨架上加入可被 MS2 蛋白识别的 RNA 发夹结构，通过 MS2 蛋白融合 AID 起到编辑作用。以上系统都可以将 DNA 上的 C 碱基高效编辑为 T 碱基，统称为 CBE 单碱基编辑系统。

A 胞嘧啶碱基编辑器（CBE）

B 腺嘌呤碱基编辑器（ABE）

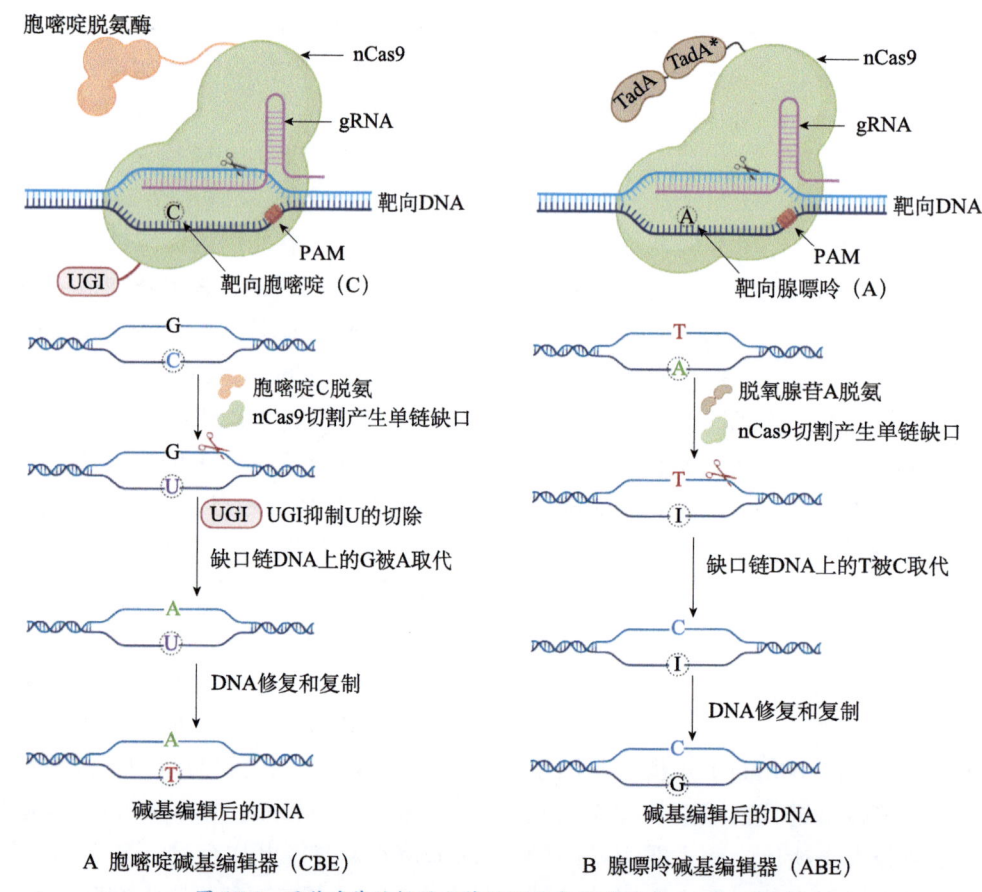

图 17.4 两种碱基编辑器工作原理示意图（Molla *et al.*，2021）

TadA*. 脱氧腺苷脱氨酶

17.1.3.2 ABE 编辑器

腺嘌呤碱基编辑器（ABE）系统是将腺苷脱氨酶（TadA）与 Cas9n 或 dCas9 融合，实现 A 到 G 的碱基编辑，利用腺苷脱氨酶将腺嘌呤（A）上的氨基去掉转换为次黄嘌呤（I），通过 DNA 复制或修复将次黄嘌呤（I）转换为鸟嘌呤（G）（图 17.4B）。ABE 是利用可以直接对 DNA 上腺嘌呤进行脱氨作用的 TadA 突变体，与 Cas9n（D10A）融合，构建直接作用于 ssDNA 的高效诱导腺嘌呤（A）到鸟嘌呤（G）转变的碱基编辑系统，从而实现对靶点的碱基替换。

ABE 系统发展的主要障碍是缺乏任何已知的能够直接作用于 DNA 的腺苷脱氨酶。由于目前已知的腺嘌呤脱氨酶不能以 DNA 为底物对碱基 A 进行脱氨，必须对现有的腺嘌呤脱氨酶进行定向改造，才有可能实现对碱基 A 的编辑。这导致 ABE 系统的开发比 CBE 系统更具挑战性。为了解决这个问题，研究人员进行了很多尝试。例如，刘如谦团队选取大肠杆菌 TadA 为改造对象，将随机突变的 TadA 序列融合 dCas9 构建成随机突变文库，成功筛选到能直接作用于 ssDNA 的 ABE 系统。今后，对于 ABE 系统的优化将主要集中在对碱基编辑效率的提高、扩大编辑活性窗口和碱基编辑范围方面。

DNA 碱基编辑技术的开发为定向修正碱基突变和创制基因组中的关键核苷酸变异提供了重要工具，其在遗传疾病的治疗与动植物新品种的培育等方面有着重大应用价值。然而 DNA 碱基编辑系统作为新近开发的技术，仍然存在一些不足，如碱基转换范围有限、效率较低及存在一定脱靶效应等缺陷，在技术及应用层面等仍具有更深层次的开发潜力，但是相信不久的将来这些问题都可以得到解决。

17.1.4 基于 CRISPR/Cas13 系统的 RNA 编辑技术

CRISPR/Cas13 是一种靶向 RNA 的新型 CRISPR 系统，能在 crRNA 引导下特异切割单链 RNA（single-stranded RNA，ssRNA）。CRISPR/Cas13 属于第二大类的 Ⅵ 型，与其他同类系统的最大区别在于，其核酸酶与其他成员的相似度较低，且不具有 RuvC 结构域，但含有两个 HEPN RNA 酶结构域，因此具有切割 ssRNA 的潜力。Ⅵ-A 型中的 C2c2（Cas13a）是首个被鉴定出具有核酸切割活性的 CRISPR/Cas 系统，该系统可识别并切割 ssRNA。Cas13a 识别靶向 RNA 序列不再需要 PAM 序列，而是依赖 protospacer 相邻位点（protospacer flanking site，PFS）。早期对于 Cas13a 的研究主要是在体外或细菌中进行的，真正将 Cas13a 系统应用于哺乳动物细胞中的 RNA 调控出现于 2017 年。目前，科学家已经从纤毛菌属（*Leptotrichia* spp.）中的细菌和毛螺菌科（Lachnospiraceae）中的多种细菌中鉴定出了 Cas13a。Cas13b 是属于 Ⅵ-B 型的 ssRNA 编辑系统，其体内的 RNA 编辑活性也被证实。Cas13b 结合的 crRNA 在序列长短、核酸二级结构方面与 Cas13a 结合的 crRNA 有显著的不同。Ⅵ-D 亚型的 Cas13d 系统同样被证明具有 ssRNA 切割活性。除 HEPN 结构域，Cas13d 与其他 Ⅵ 型 Cas 效应蛋白无明显的序列相似性，该蛋白比 Cas13a 小许多，这为 RNA 的调控和检测提供了便利。另外，crRNA 可介导 Cas13d 结合靶向 ssRNA，激活后的 Cas13d 可非特异性切割 ssRNA，且切割 ssRNA 时没有 PFS 序列的限制。Cas13 不仅可以直接作为核酸酶切割 ssRNA 来达到类似 RNAi 的效果，其 HEPN 结构域突变体 dCas13a 或 dCas13b 都可以与腺嘌呤脱氨酶（ADAR）融合进行靶向 RNA 单碱基编辑。

17.1.5 PE 编辑器

PE 编辑器（prime editor）是将逆转录酶与 nCas9 融合，并在 sgRNA 的 3′ 端添加逆转录模板，研发得到的新一代 DNA 编辑器，可实现碱基的随意转换及短片段的精准插入和缺失。该系统也由刘如谦团队于 2019 年开发成功，它由逆转录酶 M-MLV RT、nCas9 和 pegRNA（prime editing guide RNA）构成。其中，pegRNA 通过在 gRNA 序列 3′ 端添加一个 5～6 nt 的反转录引物结合位点（prime binding site，PBS）和一个 7～22 nt 包含编辑信息的逆转录模板构建得到（图 17.5）。PE 编辑器的工作原理为：① nCas9 在 PAM 所在

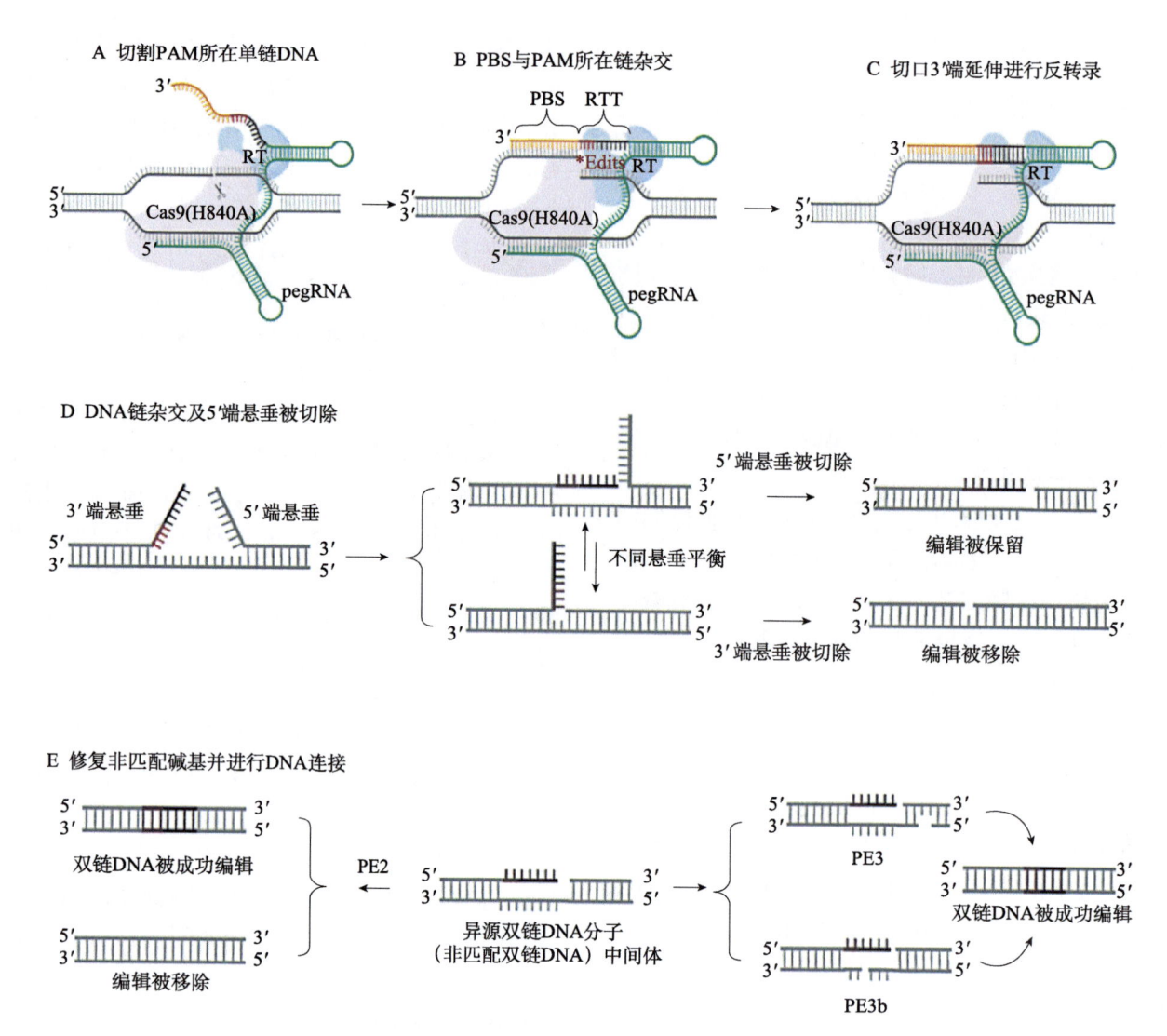

图 17.5　PE 编辑器工作原理示意图（Wang et al.，2022）

单链的 DNA 靶位点引入切割断口；②切割的 3′端与 pegRNA 上的 PBS 杂交结合形成双链结构；③并在逆转录酶的作用下将 pegRNA 上逆转录模板的编辑信息复制到 DNA 链上；④接着切割处悬垂的 5′或 3′尾巴被细胞内的内切核酸酶或 5′外切核酸酶切除，当悬垂的 5′端被切除时新插入的碱基被保留；⑤在 DNA 连接酶的作用下将新的 DNA 序列整合到 DNA 双链上，形成由编辑链和非编辑链组成的异源 DNA 双链，诱导细胞以编辑链为模板对非编辑链进行修复，从而实现对靶位点的精准编辑。通过对逆转录酶 M-MLV RT 进行突变体筛选及尝试在非编辑链引入第二切口（引入另外一条 gRNA 及 nCas9）等方法对原始 PE 编辑器系统进行优化，现在已成功得到 PE3 和 PE3b 等多个版本，优化后的系统可显著提高编辑效率。

相对碱基编辑器，PE 编辑器有着明显的优势：PE 编辑器可完成的编辑类型更为广泛，不仅可以实现任意类型的碱基替换，还可以精确高效地实现小片段插入、缺失及复杂形式混合突变；PE 编辑器的编辑活性窗口更大，可在 33 nt 的 PAM 远端序列内实现多个位点高效编辑；PE 编辑器更为精准，当在目标位点附近有多个相同碱基时可显著降低脱靶效应。PE 编辑器作为才成功开发的最新碱基编辑利器，其优化版本将在未来的碱基编辑领域发挥举足轻重的作用。

17.2 基因编辑系统的呈递方式

基因编辑技术包括 ZFN、TALEN 及 CRISPR/Cas 系统，它们只有呈递到作用部位的细胞内部才可以发挥 DNA 或 RNA 切割功能。这些编辑系统发挥功能需要以 DNA、RNA 或蛋白质的方式呈递到细胞核内，而自然状况下细胞膜及细胞核等膜结构都会作为屏障阻碍外源物质的进入，而 DNA、RNA 或蛋白质作为生物大分子，其呈递效率直接影响后续的基因编辑效果。因此，相关呈递策略的开发优化一直是研究的焦点。在获得基因编辑动物时主要采用受精卵注射的方式来物理呈递人工靶向核酸酶，基因编辑植物的获得主要通过农杆菌侵染的方式来高效实现。本部分内容将主要聚焦细胞水平和活体动物水平的基因编辑系统呈递方式。目前呈递方式主要可以分为病毒和非病毒介导两大类。病毒呈递是利用病毒载体以 RNA 或 DNA 形式来高效呈递基因。非病毒呈递包括物理呈递、化学呈递、基于纳米材料的方法和自组装纳米粒子等。

17.2.1 病毒呈递策略

在过去的十年间，病毒呈递策略在组装方法优化、呈递效率提升及安全性能等方面都获得了显著的提高，这使其成为呈递基因编辑活性成分的重要载体。逆转录病毒、腺病毒和腺相关病毒（AAV）是使用最为广泛的三种病毒系统。为了避免逆转录病毒整合到基因组对细胞产生负面影响，研究人员对逆转录病毒的整合关键氨基酸序列进行了突变改造，使其无法将病毒序列整合到宿主染色体中。目前，非整合慢病毒方法已被成功用于将 ZFN、TALEN、CRISPR/Cas9 和 BE3 等编辑工具呈递到靶细胞中。病毒呈递系统较非病毒呈递系统在动物活体呈递应用上有着明显的优势，它可以通过尾静脉注射等方式远程呈递到肝等器官进行高效靶向编辑。病毒呈递策略在动物细胞和活体中有着非常好的应用，而对于植物基因编辑而言，微生物农杆菌介导的人工靶向核酸酶基因编辑技术平台也已较为成熟，在多种植物如拟南芥、水稻中都得到了成功的应用。

17.2.2 物理呈递策略

除了病毒呈递系统，非病毒呈递系统在基因编辑领域也有着非常广泛的应用。电穿孔（electroporation）是较为常见的物理转染方法，该方法可将 DNA、mRNA 和 Cas9/sgRNA 组成的核糖核蛋白（ribonucleoprotein，RNP）复合体等生物大分子高效呈递到细胞中，从而避免了病毒系统对承载能力要求严格的缺陷。这种方法主要适用于体外细胞的转染，在活体组织器官的转染上具有较大的瓶颈。电转 DNA 可以得到较高的基因编辑效率，而与电转 DNA 相比，电转 RNP 可以得到更高的基因组编辑效率，并降低脱靶率和细胞毒性。电转 mRNA 的基因组编辑效率较低，可能是由于 mRNA 的稳定性较差。高压基因呈递（hydrodynamic gene delivery）也是基于极高压强的物理原理进行生物大分子呈递的物理呈递系统，该系统可通过尾静脉注射将 DNA 等远程呈递到小鼠的心脏、肺、肝和肾等器官，但是由于该系统自身无法使 DNA 等穿透细胞膜，因此需要与其他方法结合使用。另外一种最为直接的物理方法为显微注射（microinjection），该方法可通过显微注射器将生物大分子直接注入细胞中，可以保证呈递效率达到 100%，但是该方法主要适用于受精卵等体积较大细胞的呈递，在其他细胞类型中的应用比较有限。

17.2.3 化学呈递策略

化学呈递策略包括细胞穿梭肽（cell-penetrating peptide，CPP）、脂质体包装（lipid encapsulation）、无机纳米颗粒（inorganic nanoparticle）、修饰等。脂质介导的转染技术在 DNA、mRNA 和 RNP 的呈递中有着较高的效率，也是细胞转染中最受人们欢迎和使用的方法。阳离子脂质体表面带正电荷，能与核酸的磷酸根通过静电作用将 DNA 分子包裹入内，形成表面亲

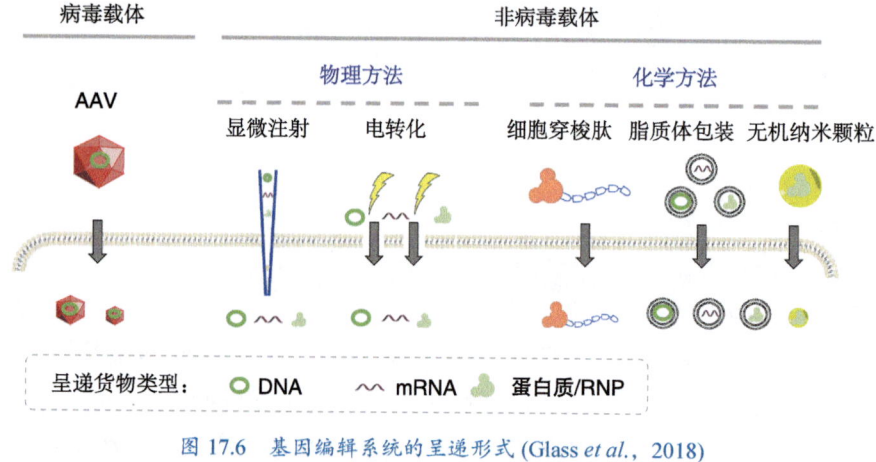

图 17.6　基因编辑系统的呈递形式 (Glass et al., 2018)

水、内部疏水的球状 DNA-脂质复合体，该复合体能被表面带负电荷的细胞膜吸附，再通过膜的融合或细胞的内吞作用将 DNA 呈递到细胞中。该方法可以保护呈递的 DNA 和蛋白质等免受酶类的降解，但是脂质体本身也会有较弱的细胞毒性。用无机材料如金、硅和碳纳米管等制备的纳米颗粒也可以将生物大分子包封起来并呈递到细胞中。纳米颗粒具有极好的稳定性，利用金纳米颗粒对 RNP 进行呈递受到了越来越多的重视，并且有望在将来用于活体 RNP 的呈递。该方法甚至可用于活体 HDR 系统的呈递，这是目前非病毒系统中唯一可实现 HDR 目的的呈递策略。CPP 介导的蛋白质呈递是基于 CPP 这一短肽序列可以自由穿过细胞膜这一特性而建立的，将 CPP 融合于 ZFP 或 Cas9 等核酸酶蛋白中可以实现蛋白质的高效细胞呈递。加利福尼亚大学戴维斯分校的西格尔（D. J. Segal）团队已成功采用腹下注射的方式将 CPP-ZFP 靶向作用于小鼠脑部组织，以实现神经性疾病的治疗。

综上，不同的呈递方式（图 17.6）有各自的优缺点。例如，有些仅适用于某些种类的细胞类型，而绝大多数都无法实现活体靶向器官的精准呈递。

17.3　人工靶向核酸酶衍生技术

人工靶向核酸酶除了可以直接用于基因编辑，在将其核酸切割域突变或舍弃后与其他功能基团组合，在利用其高度特异性的核酸序列识别功能的基础上也可以用于其他的用途，进而开发出了一系列衍生技术，如人工转录因子、活细胞核酸定位及动态成像、核酸检测、靶向免疫沉淀等。

17.3.1　人工转录因子

人工转录因子（artificial transcription factor，ATF）是将 DNA 结合蛋白与转录调控因子融合形成的人工嵌合蛋白，是一种精确定制的分子，旨在结合 DNA 并以预先编程的方式调节转录。根据人工靶向蛋白的不同，可分为人工 ZFP 转录因子、人工 TALE 转录因子和人工 CRISPR/dCas 转录因子，它们分别是将 ZFP 蛋白、TALE 蛋白及 sgRNA/dCas9 复合物与蛋白质转录调控域（effector domain，ED）融合构建而成的（图 17.7）。ATF 可以靶向调控内源基因的转录，包括转录激活和转录抑制。

基于 ZFP 和 TALE 构建的人工转录因子可通过在 DNA 结合蛋白的 N 端或 C 端融合转录激活因子如 VP64 或转录抑制因子如 KRAB 来实现靶基因的转录激活或转录抑制，分别将其命名为 CRISPRa（CRISPR activation）和 CRISPRi（CRISPR interference）。CRISPR/dCas9 自身就可通过占位效应抑制转录聚合酶的转录活性（图 17.8A）。也可以基于 CRISPR/dCas9 构建更多类型的人工转录因子，将转录抑制因子 KRAB 或激活因子 VP64/ScFv 与 dCas9 融合表达来实现基因转录抑制或激活（图 17.8B）。此外，也可通过对 sgRNA 骨架结构进行适配体改造（aptamer-modified）构建 scRNA（scaffold RNA）的方式来实现。通过在 scRNA 中引入蛋白质结合适配器

除了上述介绍的可直接通过招募转录调控因子来调控基因表达，也可通过将 dCas9 与组蛋白或 DNA 表观修饰相关的催化酶融合来实现表观基因组编辑，进而通过改变染色体和 DNA 的开放程度调控基因的表达（图 17.8D）。目前 ZFP、TALE 和 CRISPR/dCas9 都已被成功用于与 DNA 甲基化修饰酶 DNMT3 和 TET 融合调控基因表达，而组蛋白 H3K4/K9/K27 等位点修饰酶如 LSD1、FOG1、SUV39H1、G9A、p300 和 Ezh2 等都可以与 dCas9 融合，通过改变组蛋白的甲基化和乙酰化水平来调控基因的表达。

17.3.2 基于 CRISPR 的动态成像技术

利用 CRISPR 系统的特异靶向功能，可将 dCas9 或 dCpf1 蛋白与荧光蛋白融合表达来实现基因组上靶序列的定位与成像，这种技术与常规的荧光原位杂交（fluorescence in situ hybridization，FISH）技术相比具有诸多优势，比如可用于活体细胞、可针对不同基因、设计简单快捷等。此外，基于 CRISPR/dCas13 系统的 ssRNA 结合特性，也可将其开发成为用于 RNA 定位和活体成像的先进技术。近年来，基于 CRISPR 的基因亚细胞定位和活体成像技术正得到越来越多科研人员的青睐。需要指出的是，对特定的基因组位点进行清晰成像需要招募许多标记蛋白才可以，目前基于

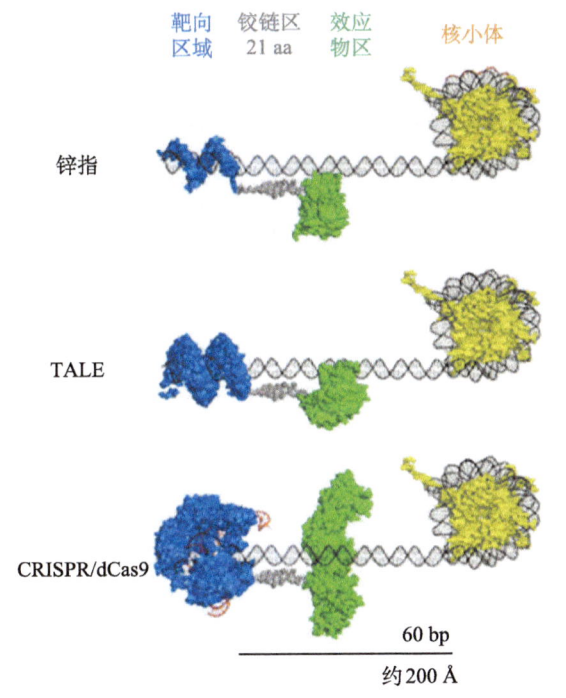

图 17.7 人工转录因子结构示意图

（如 MS2 和 com 结构）来招募特定的 RNA 结合蛋白（如 MCP）和与之融合的转录调控因子，进而实现基因的转录激活或抑制（图 17.8C）。另外，当将含有不同靶向序列和适配体（MS2 和 com）的 scRNA 同时作用于同一细胞或个体时，MS2 招募的 RBP-VP64 和 com 招募的 RBP-KRAB 就可以在基因组的不同位点分别实现基因的转录激活和抑制。为了提高 CRISPRa 或 CRISPRi 的效率，也可采用将 dCas9 融合与 scRNA 改造同时进行的方式来提高基因的转录激活或抑制的效率。

A dCas9 自身转录抑制

B 基于 dCas9 融合的转录抑制或激活

C 基于 gRNA 融合的转录抑制或激活

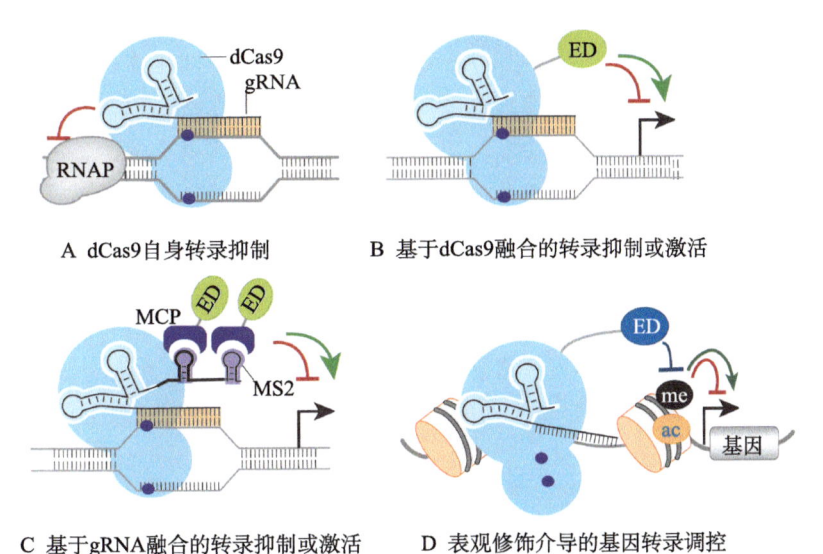

D 表观修饰介导的基因转录调控

图 17.8 基于 dCas9 的基因转录抑制 / 激活系统（Wang et al., 2016）

me. 甲基化修饰；ac. 乙酰化修饰

ZFP 和 TALE 的相关方法主要适用于在基因组中有多个重复序列，而 dCas9 系统则可以通过设计 26～36 个靶向同一基因的 sgRNA 来提高信号强度。整体而言，相关技术目前还无法满足科研人员对普通基因的定位与成像，还需要更多的研究来优化识别的特异性和稳定性。

17.3.3 基于 CRISPR/Cas 的核酸检测技术

2017 年，张锋团队用 Cas13a 切割 RNA 的特性将其改造为一种快速、廉价和高度灵敏的 RNA 检测工具，并将其命名为 SHERLOCK（specific high-sensitivity enzymatic reporter unlocking）。该系统利用 Cas13a 的 RNA 旁系切割活性对 RNA 进行切割并激活荧光信号进行检测。SHERLOCK 技术高度灵敏，可在极微量的反应液中检测出单个 RNA 分子的存在。该团队后续又对 SHERLOCK 诊断平台进行一系列优化，开发出一种微型试纸条测试方法，命名为 SHERLOCK v2，当试纸接触到阳性样品时就会出现一条标记来指示靶分子的存在，测试结果肉眼可见，而无须使用昂贵的设备。

道德纳（J. A. Doudna）团队和我国的王金团队于 2018 年发现 Cas12a 可以非特异性地切割 ssDNA。Doudna 团队利用 Cas12a 的这一非特异 ssRNA 切割特性开发出了另一种 RNA 检测方法 DETECTR（DNA endonuclease targeted CRISPR *trans* reporter），相关技术已被证明可用于 2019-nCoV 新型冠状病毒的检测。

17.3.4 基于 CRISPR 的免疫沉淀技术

除了上述提到的三种衍生技术，研究人员还基于 CRISPR 的高效特异靶向特性开发出了其他一些技术，比如将 CRISPR/dCas9 系统与染色质免疫沉淀（chromatin immunoprecipitation，ChIP）技术结合从而开发出了 CRISPR-IP 技术，并将其命名为 enChIP（engineered DNA-binding molecule-mediated chromatin immunoprecipitation），该技术可用于对靶向基因组序列的识别与富集，进而通过质谱或高通量测序筛选与靶位点结合的蛋白质、DNA 及 RNA 等。

思考与挑战

1. 基因编辑与基因组编辑有何异同？

2. ZFN、TALEN 和 CRISPR/Cas9 三种平台分别适用于哪些情形？

3. 将来有可能取代 CRISPR/Cas 系统的第四代基因编辑系统会是基于什么样的工作原理？

4. 目前基因编辑系统的呈递方式还有哪些值得改进和完善的地方？如何开发出更加高效的呈递方式以适用于不同的场景，如细胞、动植物个体甚至人的活体疾病治疗等？

5. 如何进一步提高人工靶向核酸酶的切割效率并降低脱靶率？在基因编辑阳性细胞及动植物个体的筛选鉴定方面还有哪些技术和方法可以挖掘？

6. 如何进一步丰富基于人工靶向核酸酶的衍生技术种类以适用于更多的场景？

7. 如何在发展及应用基因编辑技术的同时保证生物及生态安全？如何实现技术及应用创新与社会伦理约束之间的平衡？

8. 尝试设计一个方案用于治疗由多个连续碱基突变引起的人血细胞疾病？

课后拓展

1. 基因编辑的历史沿革
2. ZFN 技术
3. TALEN 技术
4. 基因编辑中阳性细胞及动植物个体的筛选鉴定
5. 基因编辑技术的应用
6. 温故而知新
7. 拓展与素质教育

主要参考文献

Cermak T., Doyle E. L., Christian M., *et al.* 2011. Efficient design and assembly of custom TALEN and other TAL effector-based constructs for DNA targeting. *Nucleic Acids Research*, 39: 7879.

Dominguez A. A., Lim W. A., Qi L. S. 2016. Beyond editing: repurposing CRISPR-Cas9 for precision genome regulation and interrogation. *Nature Reviews Molecular Cell Biology*, 17: 5-15.

Fichtner F., Castellanos R.U., Ulker B. 2014. Precision genetic modifications: a new era in molecular biology and crop improvement. *Planta*, 239: 921-939.

Glass Z., Lee M., Li Y. M., *et al.* 2018. Engineering the delivery system for CRISPR-based genome editing. *Trends in Biotechnology*, 36: 173-185.

Klug A. 2010. The discovery of zinc fingers and their development for practical applications in gene regulation and genome manipulation. *Quarterly Reviews of Biophysics*, 43: 1-21.

Molla K. A., Sretenovic S., Bansal K. C., *et al.* 2021. Precise plant genome editing using base editors and prime editors. *Nature Plants*, 7: 1166-1187.

Ren C. H., Xu K., Segal D. J., *et al.* 2019. Strategies for the enrichment and selection of genetically modified cells. *Trends in Biotechnology*, 37: 56-71.

Urnov F. D., Rebar E. J., Holmes M. C., *et al.* 2010. Genome editing with engineered zinc finger nucleases. *Nature Reviews Genetics*, 11: 636-646.

Wang D. W., Fan X. D., Li M. Z., *et al.* 2022. Prime editing in mammals: The next generation of precision genome editing. *CRISPR Journal*, 5: 746-768.

Wang H. F., la Russa M.,Qi L. S. 2016. CRISPR/Cas9 in genome editing and beyond. *Annual Review of Biochemistry*, 85 (85): 227-264.

名词索引

英文索引

A

acetylation 173, 257
activator 82, 193
allosteric protein 191
apurinic-apyrimidinic site 61
attenuation 197
attenuator 196

C

CAP 190, 193
chromatin remodeling 176, 248
cis-mobilizable element 80
citrullination 173
complex transposon 78
composite transposon 79
conjugation intermediate 80
conjugative transposon 79
CRISPR 9, 79
CRISPR/Cas 9, 79
CRP 193, 196

D

DNA methyltransferase 180, 248
double-strand break，DSB 63, 74

E

ESI 304
ESI-MS 303
excision repair 68
excisionase 80

F

ffigure-8 intermediate 74
frameshift mutation 66, 143

H

histone acetyltransferase 173, 206
histone deacetylase 173, 208
histone methylation 174
Holliday junction 69
Holliday model 69
homologous recombination 69, 231
house-keeping gene 185

I

i-motif 19
inducer 189, 216
insertion sequence 76
integrase 80, 84
integrated satellite prophage 81
inverted terminal repeat 77
iTRAQ 305

L

lncRNA 217, 228
luxury gene 185

M

MALDI-TOF MS 252
Mariner 81, 83
mating type 176, 178
methylation 173, 248
microRNA 28, 217
miRNA-miRNA* 223
mismatch repair 66, 315
missense mutation 65

N

nonsense mutation 66, 170
nucleosome-remodeling complex 176

P

passenger gene 76
PCR 7, 252
phenotype 3
phosphorylation 173, 257
PiggyBac 83

PIWI-interacting RNA，piRNA 217, 224
 217, 224, 231
PMF 304
polymerase chain reaction 7
PTGS 219

R

recombination repair 71, 231
repressor protein 188
reverse transcriptase 84
RISC 219
RNAi 219
ROS 61, 238

S

single cell RNA sequencing 287
SOLiD 271, 289
spatial specificity 185
spatial transcriptome 288
SSB 48, 63
substitution 65
SWI/SNF 172, 176
synonymous mutation 65

synthetic biology 10

T

TALEN 312
temporal specificity 185
terminal inverted repeat 77
terminal transferase 180
transition 65
transposable phage 81, 89
transposase 74, 76
transposon circle 74
transversion 65

U

ubiquitination 173, 257
UTR 85, 161

X

X chromosome inactivation 263

Z

ZFN 312

中文索引

A

氨酰 tRNA 合成酶 142

B

靶位点重复 74
摆动假说 146
半保留复制 37
表观遗传学 81, 246

C

插入序列 28, 76
长读长测序 271
长链非编码 RNA 228
超级摆动假说 146
沉默子 30, 105
乘客基因 76
程序性细胞死亡 161
尺寸排阻色谱 302
初级生成途径 225
次磺酸化 237
错配修复 60, 66, 315
错义突变 65

D

单分子实时测序 251, 281
单分子实时测序技术 281
单链断裂模型 69
单细胞转录物组 285
单细胞转录物组测序 287

单元转座子 78
蛋白质降解 236, 242
蛋白质折叠 97, 241
蛋白质组 279, 299
等电聚焦电泳 301
颠换 64
电离辐射 59, 63
独立分离定律 3
独立分配定律 3
多维色谱 302
多维液相色谱 302, 308

E

二代转录物组测序 280, 290
二次生长 6, 190

F

翻译的极性 232
反式剪接 124, 135
反式作用因子 30, 109
反相液相色谱 302
反向末端重复序列 77
反义 RNA 55, 218
肺炎链球菌转化实验 5, 13
分子伴侣 25, 241
分子生物学 182
负控制 188
复合转座子 76
复杂转座子 76
复制子 42, 46

G

冈崎片段　39
共线性假设　5
瓜氨酸化　173
管家基因　185, 234
滚环复制　42

H

合成生物学　10, 237
核苷酸切除修复　68, 257
核基因组　27, 147
核小体重塑复合体　176
核心启动子　94, 102
后随链　39, 75
化学降解法　267
霍利迪模型　69
霍利迪连接体　69

J

基因编辑　2, 312
基因的剂量效应　33
基因的位置效应　33
基因丢失　172, 182
基因扩增　8, 182
基因治疗　221
基因组　2, 26
基因组图谱　9, 30
基因组学　267
基因组印记　263
基因组注释　275, 295
激活蛋白　104, 188
假基因　28
简并性　65, 145
碱基对置换　65
碱基切除修复　68, 249
碱基异构　61, 66
碱性螺旋-环-螺旋　111
焦磷酸测序　269
酵母双杂交　307
接合转座子　76, 79

K

开放阅读框　81, 125
抗终止子　201
空间转录物组　285
空载 tRNA　154, 199

L

离子交换色谱　302
亮氨酸拉链　110
裂解模式　200
螺旋-转角-螺旋　110

M

脉冲标记实验　39
脉冲追踪实验　39
魔斑　199
末端反向重复序列　77

N

内含子　28, 115
逆转录转座子　73, 83
鸟枪法　303

P

"乒乓"循环途径　225

Q

启动子　21, 93
前导链　39
切除修复　68
亲和色谱　301

R

染色体　3, 23
染色质重塑　176
人类基因组计划　8, 268
人类基因组图谱　9
溶原模式　200
熔链温度　31
乳糖操纵子　6, 186
弱化子调控　235

S

三大基本原则　2
三代长读长转录物组测序　281
三股螺旋 DNA 分子　18
桑格法　268
色氨酸操纵子　27, 195
奢侈基因　102, 185
渗漏　188, 191
十基序元件　102
时间特异性　185
噬菌体侵染实验　5
噬菌体侵染细菌实验　14
衰减子　196
衰减作用　197
双开关控制　194
双链断裂模型　69, 70
双螺旋模型　5, 16
双末端测序　280
双筛机制　151
双向复制　40
双向凝胶电泳　300
双向荧光差异凝胶电泳　301, 309
睡美人转座子　83, 87
顺反子　34
顺式剪接　124, 135
顺式可移动元件　79
顺式作用元件　30, 109
四股螺旋 DNA 分子　19
四磷酸鸟苷　199
松弛控制　199

T

肽质量指纹谱　304
糖基化　237
停工待料　198, 233
通读　235
同义密码子　145
同义突变　65
同源异形域　111
同源重组　69
突变　1, 65
脱氨基　60
脱嘧啶　61
脱嘌呤　61

W

外显子　28, 115
无义突变　66
五磷酸鸟苷　199

X

细胞凋亡　8, 242
线粒体基因组　30, 147
效应物　189, 312
协同作用　209
锌指核酸酶　312
信号肽假说　240
信使 RNA　6, 253
信息体　233
选择性剪接　124, 134

Y

严紧反应　198
严紧因子　199
氧化损伤　61
液相色谱　301
一个基因编码一种酶　4
移码　235
移码突变　66, 143
遗传密码　5
遗传图谱　3
异构乳糖　187, 191
诱变剂　4, 66
诱导多能干细胞　227
诱导物　187

Z

杂合病毒实验　15
增强子　30, 104
整合卫星原噬菌体　81
正控制　188
直接 RNA 测序　279, 284
中心法则　2
中性突变　66
重组修复　71
转换　10, 65
转录的不对称性　91
转录后基因沉默　222
转录的极性　90
转录衰减　197
转录抑制因子　112, 207
转录物组　134, 279
转座环　74
转座噬菌体　81
转座子　73
自噬　242
阻遏蛋白　105, 188
组蛋白甲基化　174
组蛋白乙酰化　173
组蛋白乙酰转移酶　173, 206
组合控制　210
组织特异性　105

其他

Ac/Ds 元件　82, 87
Ac 元件　82
AP 位点　68, 195
CpG 岛　180
CRISPR 基因编辑　9
C 值矛盾　27
DNA 变性　31, 124
DNA 测序　8, 269
DNA 重排　172
DNA 存储　10, 66
DNA 的高级结构　22
DNA 二级结构　16, 19
DNA 复性　32
DNA 复制　21, 37
DNA 甲基化　180, 248
DNA 碱基错配　60
DNA 结合域　95, 110
DNA 聚合酶　7, 43
DNA 链断裂　63
DNA 双螺旋结构　5, 68
DNA 损伤　59
DNA 一级结构　16
G- 四链体　19
Illumina 测序　270, 279
Ion Torrent 半导体测序　270
MCI 假说　63
Oxford 纳米孔测序　272, 283
PacBio 单分子实时测序　271, 281
RNA 编辑　117, 137
RNA 干扰　219
RNA 加帽　97, 117
RNA 甲基化　246, 253
RNA 选择性剪接　206
RNA 诱导的沉默复合物　219
SUMO 化修饰　238
UP 元件　94
X 染色体失活　181, 263

章节重点　　　知识点之间的联系

《分子生物学》教学课件申请单

凡使用本书作为授课教材的高校主讲教师，可获赠教学课件一份。欢迎通过以下两种方式之一与我们联系。

1. 关注微信公众号"科学EDU"索取教学课件

扫码关注→"样书课件"→"科学教育平台"

2. 填写以下表格，扫描或拍照后发送至联系人邮箱

姓名：	职称：	职务：
手机：	邮箱：	学校及院系：
本门课程名称：		本门课程选课人数：
您对本书的评价及修改建议：		

联系人：刘畅 编辑　　　电话：010-64000815　　　邮箱：liuchang@mail.sciencep.com